Dynamic Adaptation and Ecology of Plants in Stream and Wetland

하천과 습지, 식물의 역동적인 적응과 생태

Lee, Youl-Kyong · Baek, Hyun-Min

이율경 · 백현민 지음

Institute of Chamecology

참생태연구소

| Citation | Lee, Y.K. and H.M. Baek (2023) Dynamic Adaptation and Ecology of Plants in Stream and Wetland. Institute of Chamecology. Anyang. 512p.

| 인용방법 | 이율경, 백현민 (2023) 하천과 습지, 식물의 역동적인 적응과 생태. 참생태연구소. 안양. 512p.

서문 이 책을 쓰면서

생물다양성 관련하여 많은 연구와 인력 배출, 투자가 동반되어야 함에도 불구하고 시간이 흐름에 따라 생물학 특히, 생태학과 같은 기초과학에 대한 사회적 관심과 투자는 축소되고 있다. 하지만, 환경경영이 시대적 흐름으로 자리매김하고 있고 생물다양성이 국가는 물론 기업 환경경영의 핵심과제로 부상하고 있다. 지표의 여러 생태공간 중에 가장 역동적인 하천 습지는 생물다양성 유지와 보전의 핵심으로 지역 여건에 맞는 다양한 생태정보와 자료의 축적은 매우 중요하다.

저자가 대학에서 식물생태학을 공부할 때에 외국의 자료들은 많이 존재하지만 우리나라 실정에 맞는 깊이있는 자료의 부족을 절실하게 느꼈다. 이후 25년 이상 지났음에도 불구하고 그 기반은 아직까지 태부족하다. 이 책은 우리나라 실정에 맞고 우리말로 된 오래 전부터 생각했던 것들을 정리하였다. 많은 국내·외의 자료들을 참조하였으며 가능한 국내의 자료들이나 사진들을 이용하고자 노력하였다. 또한, 쉬운 이해를 돕기 위해 그림과 사진을 많이 사용했다.

지구라는 거대한 생명체는 가뭄, 홍수, 태풍 등과 같은 작용으로 동적평형을 이루려고 항상 몸부림친다. 사계절이 뚜렷한 온대지방에 위치한 우리나라는 생명이 태동하는 봄이 오고, 집중강우와 더위가 덮치는 여름이 오고, 열매가 무르익는 가을을 거쳐 매서운 추위가 몰아치는 겨울이 오는 순환과정을 거친다. 대륙성 기후 지역인 우리나라의 하천 습지는 계절적 강수에 특히 영향을 많이 받는데 여기의 습지식물들은 육상식물에 비해 생존을 위해 더 많은 역동적인 적응전략이 필요하다. 이 책은 식물의 이러한 역동적 적응전략을 위한 전반적인 생태환경과 식물 특성들의 이야기를 다루었다.

이 책은 총 7장으로 크게 제1부의 기초가 되는 하천 습지의 생태환경과 제2부는 그 속에 살아가는 식물과 식물사회의 적응과 특성으로 구성되어 있다. 먼저 제1부에서 하천 습지의 식물과 식물사회를 이해하기 위해 개념과 정의, 그 기초가 되는 생태환경의 이해가 선행되어야 한다. 제1장에서는 습지에 대한 개념, 정의, 분류에 대한 내용으로 사전적, 법적 정의, 습지분류체계, 습지의 경계 설정, 기능과 중요성, 습지와 주요 하천의 분포에 대한 내용이다. 제2장에서는 물리적 기초가 되는 지형적 관점에서 하천지형, 하천작용, 한반도 지형 특성에 대한 내용을 담았다. 하천지형의 형성과 공간 구조, 유역경관 구분과 단위지형들, 하천작용과 퇴적물 이동, 넓은 충적지형의 발달과 유형, 우리나라의 하천

지형들에 대한 내용들이다. 제3장에서는 물에 기초하는 기후, 수문, 토양에 대한 것들로 기온과 수온, 강수량, 물의 특성, 물의 순환과 물흐름, 토양수, 퇴적물과 토양 환경에 대한 내용들이다. 제4장에서는 화학, 생물적 특성을 간략히 살펴보았다. 필수 영양염류와 독성 영향 물질, 탄소, 질소, 인, 황의 순환, 수환경과 수질에 관련된 pH, 용존산소, 생물화학적산소요구량, 탁도 등, 생태적 과정들에 대한 내용들이다. 제5장에서는 하천 습지에 대한 인간 영향과 현명한 이용으로 습지 면적 감소, 수문곡선의 변화, 수질오염, 보전과 복원, 생태문화, 현명한 이용에 대한 내용들이다.

하천 습지의 생태환경은 주기적인 맥박식의 수문주기, 범람으로 인한 강한 교란체계, 침수 또는 침수와 배수가 순환되는 토양환경의 독특성, 동적평형의 역동성, 상호작용의 연속성을 갖는다. 제2부에서는 이러한 생태환경을 갖는 하천 습지에 경쟁보다 강한 적응력으로 살아가는 역동적인 식물들의 특성과 그 속의 식물사회에 대한 내용들이다. 제6장에서는 환경에 대한 식물의 적응, 반응, 발달에 대한 내용을 담았다. 습지식물의 정의와 분류, 식물 지리와 공간 분포, 진화와 적응 기작, 수문과 습지토양에서의 적응, 번식과 종자 산포 기작, 식생천이, 식물학적 관점에서 습지 유형화에 대한 내용들이다. 제7장에서는 식물종과 식물군락의 이야기로 하천과 호소에서의 식물종다양성과 특성, 수변림의 정의와 발달, 유역경관 수준에서 식물종과 식물사회의 발달 특성, 버드나무류, 오리나무림, 물푸레나무림 등의 목본성 식물사회, 갈대, 달뿌리풀, 갈풀, 물억새, 애기부들, 줄 등의 다년생 추수식물, 고마리, 흰여뀌, 여뀌 등의 일이년생 추수식물, 마름, 가시연, 노랑어리연 등의 부엽식물, 좀개구리밥, 생이가래 등의 부엽식물, 말즘, 이삭물수세미 등의 침수식물로 이루어지는 식물사회를 기술하는데 수변림의 주인이 되는 버드나무류에 대해서는 구체적으로 기술하였다. 또한, 가시연, 단양쑥부쟁이, 매화마름, 독미나리 등과 같은 멸종위기야생식물과 가시박, 단풍잎돼지풀 등과 같은 생태계교란식물에 대해서도 기술하였다.

이상과 같은 내용들은 『한국의 하천식생(2005, 계명대학교출판부)』을 전면적으로 새롭게 쓰는 수준에서 보다 심도있게 보완하였다. 이 책의 내용들은 식물생태학적 관점에서 하천 습지를 보다 깊이있게 이해하고자 하는 사람들에게 많은 도움이 될 것으로 생각된다. 생물·생태 관련 대학생, 기관 및 전문업 종사자, 기업 및 환경단체 종사자, 관심있는 개인들이 그 대상일 것이다.

저자는 집필을 시작하면서 항상 왜?, 어떻게?라는 질문을 먼저 던졌고 글에서도 이러한 많은 고민과 해결, 향후의 여러 과제들을 담고자 노렸했다. 약 3년에 걸쳐 이 책을 준비했지만 아직 담지 못한 주제나 정보들이 있을 수 있다. 하천 습지의 보전과 복원, 식물생태학적 조사방법 등은 후속 작업을 통해 보강해 나가야 할 것을 기약하며 마무리했음을 밝혀둔다. 향후 더 나은 자료와 명쾌한 의미 전달을 위해 더욱 보강할 것을 기약하고 이 책을 위해 도움을 주신 여러 분들께 감사드립니다.

2023년 4월에　생명이 태동하는 봄에　이 율 경

책의 구성과 내용의 흐름

역동(Dynamics) | 제1부 | 하천 습지의 생태환경

제1장 개념 | 정의 | 분류

제3장　기후 | 수문 | 토양

제4장 화학 | 생물

제5장   인간 영향 | 현명한 이용

적응(Adaptation) | ## 제2부 | 식물과 식물사회 특성

제6장   환경에 대응한 식물적응 | 반응 | 발달

제7장 식물종 | 식물사회

제1부   하천 습지의 생태환경

하천 습지의 식물과 식물사회를 이해하기 위해 개념과 정의, 그 기초가 되는 생태환경의 이해가 필요하다. 제1장에서는 습지에 대한 개념, 정의, 분류를 기술하였다. 여기에는 습지와 하천의 사전적, 법적 정의에 대한 개념, 다양한 유형의 습지들에 대한 습지분류체계, 습지의 경계 설정, 습지를 왜 보전해야 하는가?에 대한 기능과 중요성, 습지와 주요 하천의 분포에 대한 내용이다.

제2장에서 제5장까지는 물리, 화학, 생물, 인간 환경을 기술하였다. 제2장에서는 물리적 기초가 되는 지형적 관점에서 하천지형, 하천작용, 한반도 지형 특성에 대한 내용을 담았다. 하천지형은 어떻게 형성되고 그 공간 구조는 어떠한가?, 종적인 위계 구분으로서 유역경관과 횡적 또는 구간적 구분으로서의 단위지형들은 무엇인가?, 침식, 운반, 퇴적의 하천작용과 퇴적물은 어떻게 이동하는가?, 생물의 주요 서식공간인 넓은 충적지형의 유형과 발달, 특성들은 어떠한가?, 우리나라의 하천지형의 특성들에 대한 내용들이다.

제3장에서는 물에 기초하는 기후, 수문, 토양에 대한 내용을 담았다. 먼저 온도와 강수량의 기후, 장마, 태풍, 기후변화 등의 내용이다. 나아가 물의 특성과 거시적, 미시적 수준에서의 물의 순환과 물흐름, 토양수, 기온과 수온 특성, 퇴적물과 토양 환경을 구체적으로 살펴보았다. 제4장에서는 화학, 생물적 특성을 간략히 살펴보았다. 식물 생육에 기초가 되는 필수 영양염류와 독성 영향 물질, 특히 식물에 중요한 탄소, 질소, 인, 황의 순환, 수환경과 수질에 관련된 pH, 용존산소, 생물화학적산소요구량, 탁도 등, 생물들에 의해 일어나는 생태적 과정들에 대한 내용들이다.

마지막으로 제5장에서는 하천 습지에 대한 인간 영향과 현명한 이용에 대한 내용을 담았다. 인류의 산업화와 도시 발달로 인한 습지 면적 감소, 지표의 불투수면 증가에 따른 수문곡선의 변화, 비료의 과다 사용 등으로 수질오염, 이를 해결하기 위한 하천 습지의 보전과 복원, 생태문화, 현명한 이용에 대한 내용들이다. 제1부에서 제시되지 않은 생태환경에 대한 많은 내용들이 있을 수 있지만 전반적으로 식물학적 관점에서 필요한 핵심 내용만 담았음을 밝혀둔다.

낙동강의 물은 발원지인 태백시의 너덜샘에서 출발하여 남쪽으로 굽이굽이 흘러 부산시의 을숙도를 거쳐 남해로 흘러든다. 이 과정에서 다양한 생물-지형적 작용에 의해 낙동강에는 많은 하천습지와 배후습지들이 발달한다(상주시 경천대에서 바라본 낙동강 전경, 2004.8.7).

제1장

개념 | 정의 | 분류

Chapter | ONE

1. 습지와 하천의 정의
2. 습지의 분류
3. 습지의 경계 설정
4. 습지의 기능과 중요성
5. 습지와 하천의 분포

1. 습지와 하천의 정의

1.1 습지의 정의

▌습지의 정의는 추상적인 개념으로 사용 목적에 따라 다르다.

습지의 일반적 정의 │ 습지(濕地, wetland)는 한자의 의미데로 습한(축축한, wet, 濕) 땅(land, 地)을 말하고 우리 말로 늪, 벌, 소 등으로 불린다. 습지라는 단어는 매우 일반적이고 추상적인 개념이다. 1890년 이후 습지를 학술적으로 정의하고자 하였으며(Tinner 1999) 습지는 시대의 요구와 방향에 따라 여러 형태로 정의되어 왔다. 즉, 국가별 상황과 관리 방법에 따라 습지를 정의 또는 분류하는 것으로 인식해야 한다(ME 2011). 이러한 습지에 대한 국제적, 법적, 학술적 정의들을 살펴볼 필요가 있다.

람사르에서의 습지 정의 │ 습지와 관련한 국제 람사르협약(물새 서식지로서 특히 국제적으로 중요한 습지에 관한 협약, Convention on Wetlands of International Importance especially as Waterfowl Habitat)(도움글 1-1)에서는 "자연적이든, 인공적이든, 영구적이든, 임시적이든, 물이 정체되어 있든, 흐르고 있든, 담수이든, 기수이든, 염수이든 관계없이 초본습지(marsh), 알칼리습원(fen), 이탄지(peatland) 또는 물로 된 지역으로 간조(썰물) 시에 수심이 6m

람사르협약(Ramsar Convention)

람사르협약은 습지의 자연자원과 서식지의 보전 및 현명한 이용에 관한 최초의 국제협약이다. 1997년 7월 28일 대한민국은 101번째로 협약에 가입했고 인제의 대암산 용늪을 첫 번째로(1997.3.28), 창녕 우포늪을 두 번째로(1998.3.2) 람사르습지에 등재했다. 국가에서는 람사르습지 등재를 지속적으로 추진하고 있으며 현재 24개 지역(202.672㎢)이 등재되어 있다(2023.2월 기준).

를 넘지 않는 해역을 포함"하는 것으로 습지를 정의한다. 최근에는 6m를 넘는 해양지역까지 습지에 포함시키고 깊은 강이나 호수, 해안의 석호, 맹그로브, 산호초 등을 포함하여 보다 넓은 개념으로 습지를 정의한다(Ramsar 2010). 람사르협약에서 물새(waterfowl)란 생태적으로 습지에 의존해 살아가는 새(bird)를 말한다. 습지 정의에서 수심을 6m로 설정한 것은 바다 오리류가 먹이활동을 위해 잠수할 수 있는 최대 수심에서 비롯된 것이다(Ramsar 2013). 람사르협약의 습지 정의 이외에 광범위한 개념으로 국내법과 학술적인 습지 정의에 대해 살펴볼 필요가 있다.

■ 우리나라 습지보전법과 하천법에서 습지와 하천을 개괄적으로 정의하고 있다.

습지보전법에서 습지의 정의 │ 국내 습지보전법에는 습지를 "담수(淡水, 민물, freshwater), 기수(汽水, 바닷물과 민물이 섞여 염분이 적은 물, blackish water) 또는 염수(鹽水, 바닷물, salt water)가 영구적 또는 일시적으로 그 표면을 덮고 있는 내륙습지 및 연안습지"로 정의하고 있다. 내륙습지는 "육지 또는 섬에 있는 호수, 못, 늪, 하구(河口, estuary) 등의 지역"을, 연안습지는 "만조(滿潮, high tide) 때 수위선(水位線, water level)과 지면의 경계선으로부터 간조(干潮, low tide) 때 수위선과 지면의 경계선까지 지역"으로 정의하고 있다(KLRI 2021a).

하천법에서 하천의 정의 │ 하천은 상위 범주인 습지에 포함되며 하천법에서 이를 정의하고 있다. 하천법에서 "지표면에 내린 빗물 등이 모여 흐르는 물길"로 하천을 정의하고 있다(KLRI 2021d). 하천은 공중(대기)에서 비나 눈의 형태로 지표에 내린 물이 운동에너지에 의해 여러 저항을 견디고 낮은 곳을 향해 유하(流下)하여 호소 또는 바다로 흘러 들어가는 물길이다. 물이 흐르는 가늘고 긴 오목한 지형을 하도(河道, stream channel), 흐르는 물(유수, 流水)에 접하는 부분을 하상(河床, river bed), 범람을 방지하는 공간을 제방(堤防, levee)이라 하고 하천법에서는 이를 통합하여 하천(河川, river, stream)으로 인식한다. 하천법에서 하천의 범위를 '하천구역'이라 하고 물이 흐르는 토지, 하천 부속물 부지, 제외지(제방과 제방 사이의 땅) 등의 세 구역으로 규정하고 있다(KLRI 2021d). 이러한 습지보전법과 하천법에서의 일반적 정의보다는 학술적인 정의가 습지를 이해하는데 보다 효과적이다.

■ 수문, 토양, 식물을 고려하여 학술적으로 습지를 정의하고 사용되는 용어들이 많다.

습지의 학술적 정의 ㅣ Cowardin et al.(1979)은 습지의 구조보다 기능적 관점에서 학술적으로 습지를 정의하고 그 경계를 설정하고자 하였다. 이에 따르면 습지를 3가지 요소에 근거하여 규정하는데, (1) 적어도 일정기간 동안 수생식물(水生植物, hydrophyte)의 우세한 발달, (2) 기질(基質, substrate)이 배수가 어려운 습생토양(hydric soil), (3) 기질이 매년 식물 생육기(growing season)의 일정기간 동안 얕은 물로 덮여있거나 물로 포화된 경우 중 한 가지를 만족해야 한다. 습지에 대한 이러한 학술적 정의는 행정적으로 습지보전을 위한 습지경계 설정과 깊은 관련이 있다(표 1-4 참조).

습지(흔히 호소성의 정체수역 개념)**의 다양한 용어** ㅣ 국내·외적으로 습지와 관련된 단어들은 다양하다. 영어에서 'wetland'(습지)라는 단어가 언제부터 사용되었는지는 명확하지 않지만 'swamp'라는 단어를 대체하기 위해 사용된 것으로 추정한다(Wright 1907). 19세기 과학자들은 습지를 mire, bog 등의 단어로 사용했지만 현재에는 'wetland'로 통용된다(Mitsch and Gosselink 2007). 각각의 단어들은 고유의 지형, 물리, 화학, 생물적 특성이 다르거나 지역 방언처럼 사용되는 경우들이다. 습지와 관련된 영어 단어들은 wetland, bog, bottomland, fen, marsh, mire, moor, peatland, swamp, wet meadow 등이고 우리말에는 습지(濕地), 늪, 벌, 못, 소(沼), 지(池), 당(塘), 습원(濕原), 소택지(沼澤池), 호소(湖沼), 이탄지(泥炭地), 포(浦), 둠벙, 웅덩이 등이 있다. 우리나라에서 사용되는 단어들도 어원이나 의미에 크고 작은 차이들이 있다. 이런 단어들은 물이 흐르는 유수의 하천을 의미하지는 않지만 하천작용과 관련된 충적지형(沖積地形, alluvial landform)의 요소(범람원, 배후습지 등)들을 포함한다. 호소성의 정체수역 습지와 뚜렷이 구별되는 하천습지에 대해 구체적인 정의와 사용되는 여러 단어들을 이해할 필요가 있다.

1.2 하천의 정의

■ 하천습지를 어떻게 정의해야 하는가?

한자적 정의 ㅣ 하천(河川, river, stream)은 한자로 중국의 황하를 지칭하는 하(河)와 지형을 나타내는 천(川)의 합성어로 큰 강(河)과 작은 천(川)을 의미한다. '하'는 갑골문에서 나왔으며 물(氵, 水)과 방(方, 소가 끄는 쟁

중국의 강(江), 하(河), 수(水), 천(川)

강(江)은 전통적으로 중국의 長江(장강, 양자강, 양쯔강)을 지칭한다. 江에서 『工』은 목수의 곱자로 '곧고 반듯하다'의 뜻으로서 『江』은 '곧은 물줄기를 뜻한다.

河(하)는 갑골문에서 黃河(황하)를 일컫는 전용 명사이다. 『河(하)』에서 『可』는 '굽는다', '굴절한다'는 뜻으로서 『河(하)』는 구불구불한 물줄기를 의미한다. 중국의 長江은 곧게 흐르고 黃河는 굽이굽이 흐른다는 의미이다. 江(강)과 河(하)는 크고 작음의 구분이 아니라 물줄기 형태라 할 수 있다. 오늘날은 별도로 구분하지 않고 비슷한 의미로 사용된다.

水(수)는 江河(강하)의 枝流(지류)로 黃河의 지류인 『渭水(위수)』가 대표적이다. 川(천)은 水(수)보다 단위가 낮은 물줄기를 말한다. 우리말로 『내』라고 하고 예로 대전의 유등천을 우리말로 『버드내』라고 한다. (자료: GGILBO 2011)

기인 가래의 형상)이 결합된 형태이다. 방은 이후 옳을 가(可)로 바뀌었다. '하'는 황하에 가래로 둑을 쌓는다는 치수 개념이 포함된 것이다 (DKDHI 2021)(도움글 1-2). 일부에서는 가(可)를 '물이 굽는다'라는 뜻으로 해석하기도 한다 (GGILBO 2011). '천'(川)은 상형문자로 양안의 높은 언덕(자연제방) 사이를 물이 흐르는 형상(물길)을 표현한 것이다 (Ahn 1995). 이러한 한자의 어원에 대해서는 다른 해석이 존재할 수 있다.

하천의 정의 │ 하천은 "규모에 상관없이 육지 표면에서 구배(勾配, 경사, gradient, slope)를 가지고 일정한 물길(하도)을 따라 흐르는 물그릇(집수역)과 물줄기(물길망, 하계망)"를 의미한다. 흔히 사람들에게 인식되는 습지는 물흐름이 거의 없는 정체수역으로 늪, 둠벙, 못 등의 공간을 의미한다. 이러한 공간은 물이 흐르는 하천(또는 하천습지)과는 물리, 화학, 생물적으로 특성이 뚜렷이 구별된다. 하천과 관련해서 여러 단어들이 사용되지만 정의적 구분이 불분명한 경우가 많다.

■ **우리나라의 강, 천, 계곡 등과 같이 하천을 의미하는 단어들은 많다.**

하천(흔히 유수역)의 다양한 용어 │ 하천은 크고 작은 규모의 물줄기를 통칭한다. 우리가 흔히 사용하는 단어들은 가장 큰 규모의 가람(강)부터 내(천), 시내, 개울, 개랑, 개천, 실개울, 실개천, 샛강, 도랑, 골 등 매우 다양하지만 규모에 대한 사전적 정의는 불명확하다(그림 1-1). 한자로는 흔히 강(江, 예: 한강, 낙동강), 천(川, 예: 경안천, 유등천), 소하천(小河川, 예: 청계천, 양재천), 계곡(溪谷, 예: 구천동계곡, 백운계곡)의 순으로 규모가 구분된다. 중국에서는 큰 하천을 '강'(江, 예: 장강 長江) 또는 '하'(河, 예: 황하 黃河)로 부르지만 차이에 대한 역사적 추론들이 있다. 일본에서는 하천을 강으로 표현하지 않고 천(川)으로만 명명하기 때문에 강으로 불리는 하천은 없다(Kim et al. 2009, EKC 2021).

하천과 관련된 영어 단어들 │ 흔히 규모가 크고 길게 흐르는 하천을 영어로 'river'로 표현하고 우리는 '~강'이라 부른다. 강보다 작은 형태의 하천을 영어로 'stream'으로 표현하고 흔히 '~천'이라 한

그림 1-1. 하천크기에 따른 규모적 구분. 송전천(좌: 계곡, 부산시), 오십천(중: 천, 삼척시), 낙동강-금호강 합류부(우: 강, 대구시)는 하천의 크기나 구조, 기능이 달라 하천작용 및 지형과정과 생물과정들이 상이하다.

다. 골짜기나 평지에 흐르는 크지 않은 내(또는 시내)는 지형 구조 및 특성에 따라 brook, rivulet, ravine, gorge, valley, glen, dale, ditch, creek, clough, dell, gill(ghyll), kloof, chine, cayon, canal 등 다양한 단어들로 사용된다. 하천변은 흔히 'riparian'(하천제방을 의미하는 라틴어의 ripa에서 유래)으로 사용되고 'riverine'은 Cowardin et al.(1979)의 습지분류법에서 처음 제안된 것이다. 'riverain'은 주로 하천과 주변환경에 관련된 용어이다. 우리나라에서는 riparian을 하안(河岸, 하천의 양쪽 언덕: 범람 영향지), riverine을 하반(河畔, 물가), riverain을 하변(河邊, 하천 언저리)으로 구분하여 사용하기도 한다.

유역면적 크기별 구분 | 하천과 관련해 통용되는 용어들을 물그릇(유역면적 또는 집수역) 규모에 따라 개략적으로 구분할 수 있다(표 1-1). 우리나라는 하천의 중요도와 유역면적의 크기 등으로 국가하천, 지방하천, 소하천으로 구분하여 행정에서 하천들을 관리한다. 법에서 국가하천은 유역면적이 200㎢ 이상이거나, 50~200㎢로 인구, 저류지, 중요 보호지역 등을 통과하여 국가적 수준에서 관리가 필요한 하천 등으로 규정하고 있다(KLRI 2021d).

표 1-1. 우리나라 하천규모에 따른 유형 구분(KLRI 2021b, 2021d)

규모	국내법에서의 하천 관리 구분 및 용어	관리 구분	규모적 사례
대형	대하천(大河川), 대하(大河), 강(江), 하(河), 가람, 큰 천(川) 등 국토보전 또는 국민경제적으로 중요한 대하천(하천법 적용)	국가하천	한강, 낙동강, 금강, 영산강
중형	중하천(中河川), 천(川), 내 등 지방의 공공 이해와 밀접한 관계가 있는 중형하천(하천법 적용)	지방하천	중랑천, 길안천, 경안천, 유등천
소형	소하천(小河川), 개울, 도랑, 계천(溪川), 실개천, 계곡 등 하천법이 아닌 소하천정비법에 적용 받는 소형하천	소하천	청계천, 양재천, 학의천, 홍제천

그림 1-2. 역동적인 용의 형성과 같이 크게 굽어서 흐르는 회룡포(예천군, 내성천 하류, 2020년)

물의 우리말과 지명 │ 물이 솟아나는 샘을 '용천'(湧泉, spring), 용(龍)과 같은 내(하천) 또는 용이 사는 내를 '용천'(龍川)이라 한다. 용천은 용의 형상데로 흔히 크게 굽어서 흐르는 곡류하천(曲流河川, 사행하천, 물굽이하천, meander stream)의 형태이다(그림 1-2). 용의 순우리말은 미르이고 은하수인 '미리내'는 용 모양을 한 내(水)를 뜻한다. 물을 옛사람들은 '미'라고 불렀고 용은 물과 깊은 관련이 있다. 우리나라의 하천 주변에는 물과 관련되어 '용'이라는 지명들이 많이 있다. 예천의 '회룡포'(回龍浦)(그림 1-2), 진안의 '용담면'(龍潭面), 한강 발원지인 태백의 '검룡소'(儉龍沼) 등이 대표적이다. 밀양(密陽)은 물의 고장으로 '미르양'에서 '밀양'으로 변했을 것이다(Lee 2005c). 북한 대동강변의 '을밀대'(乙密臺)에는 '웃미르'터가 있어 '을밀'(乙密)이라는 이름이 전해지고 그 아래에 '아래미르'가 있다(KTO 2003).

물, 하천, 습지와 관련된 지명들 │ 우리나라의 여러 지명(땅이름)들에는 물, 늪, 하천과 연관된 경우들이 많다. 지명에 물가나 바닷가를 뜻하는 포(浦)가 붙는 경우가 많은데 우포(창녕군), 회룡포(예천군, 내성천), 마포(서울시, 한강), 구성포(홍천군, 홍천강) 등이 대표적이다. 과거에는 배를 이용한 물자 운송이 많았고 강가에 진흉미, 군량미 등을 수납, 보관, 운송하기 위해 관에서 조창(漕倉, 세곡 관리기관)을 많이 설치하여 강창(江倉)이라는 명칭이 두루 사용되었다. 현재 태백시의 삼수동(三水洞)은 태백산 줄기의 삼수령(三水嶺)에서 골지천(한강), 황지천(낙동강), 오십천(삼척 오십천)이 발원하는데서 유래되었다. 삼수동처럼 우리가 사는 동네인 '~동(洞)'에서 한자 洞은 氵(삼수변 수)와 同(같을 동)의 합성어로 "같은 물을 먹고 이용하여 살아가는 동일 물문화의 지리적 공간단위"를 의미한다. 우리나라의 도시 지명에서도 물과 연관된 곳이 많은데 인천(仁川), 합천(陜川), 제천(堤川), 김제(金堤) 등이 있다. 여기서 제천은 제방(堤)과 하천(川)의 합성으로 국내에서 오래된 인공저수지인 의림지(義林池)에서 유래되었다. 호서지방(湖西地方)이라는 말은 의림지의 서쪽으로 지금의 대전, 충청도 지역을 일컫는다. 김제도 벽골제(碧骨堤)와 관련이 있는 지명으로, 호남지방(湖南地方)은 벽골제(일부는 지금의 금강으로 인식)의 남쪽인 지금의 전라도를 일컫는 말이다. 이 외에도 북한강과 남한강이 합류되는 양평군의 양수리와 두물머리, 남한강의 지류인 송천과 골지천이 합류하여 어우러진다는 의미인 정선군의 아우라지 등 마을 이름을 포함하여 크고 작은 지리적 규모의 하천, 습지와 관련된 지명들은 많이 있다.

2. 습지의 분류

2.1 습지분류체계

■ **다양한 형태의 습지를 구분하는 분류체계는 목적에 따라 다를 수 있다.**

다양한 습지의 분류적 접근 │ 습지는 여러 형태로 구분되며 지사적으로 형성 과정은 매우 복잡하고 다양하다. 습지는 산지, 하천, 충적지, 해안, 계곡 등 지표의 다양한 공간에서 관찰된다. 습지는 정의에 따라 저층습원, 배후습지, 하구염습지 뿐만 아니라 하천습지 등 다양한 습성 공간을 특성에 따라 유형화하여 분류할 수 있다. 습지의 유형은 목적에 따라 다양하고 국가에 따라 다르게 분류하기도 한다. 하지만, 습지의 효율적인 보전과 이용, 복원을 위한 습지분류의 핵심 요소는 습지의 형성과 유지에 영향이 큰 지형과 수문조건(수원, 범람빈도)임을 인지해야 한다. 이에 기초하여 다양한 형태의 습지들은 거시적 수준에서 미시적 수준으로 위계적으로 분류해서 이해해야 한다.

습지유형별 분류의 역사 │ 20세기 들어 생태학자들은 습지식물, 수리적 영향, 토양유형 등에 기초하여 습지를 분류하고자 하였다. 이는 습지유형별 물리, 화학, 생물적 특성을 구체적으로 이해하여 생태적으로 습지를 관리하는데 효과적이기 때문이다. 습지유형별 체계적 분류 과정들은 과거부터 부분적으로 시도되었지만 20세기 중후반부터 보다 체계화되기 시작했다(Cowardin et al. 1979, Scott and Jones 1995, Mitsch and Gosselink 2007). 현재와 같은 체계적 분류는 1979년 이후에 이루어졌다.

■ **위계적으로 습지를 분류해야 하고 하천습지와 호소습지는 내륙습지에 속한다.**

미국과 람사르사무국, 국가별 습지유형 분류 │ 미국의 USFWS(U.S. Fish and Wildlife Service 1997)는 국가습지목록(national wetlands inventory, NWI) 구축과 관리를 위해 지형(geologic)과 수리적(hydrologic) 기원에 기초하여 습지유형 분류를 제안하였다(Cowardin et al. 1979). 이에 의하면 최상위의 계(system)는 해양(marine), 하구(estuarine), 호수(lacustrine), 소택(palustrine), 하천(riverine)으로 구분하고 해양의 산호초(coral reef)도 포함한다. 계는 다시

아계(subsystem)로 중분류한다. 람사르(Ramsar)사무국은 1990년에 Cowardin et al.(1979)의 분류를 변형한 국제 습지분류체계를 정식 제안했다(Ramsar 2004, Finlayson 2018). 현재는 이 체계를 여러 국가들에서 이용하거나 일부 변형하여 사용하고 있으며 일부 학자들은 다른 여러 방법으로 습지분류를 시도하였다.

습지의 기능적 분류 | Cowardin et al.(1979) 이후 습지분류를 개선한 여러 방법들이 제안되었다. 습지의 기능을 고려한 수리지형적 분류인 HGM분류(hydrogeomorphic classification)가 가장 대표적이다(그림 1-3). 이 방법은 경관 수준에서 습지의 지형적 모양(geomorphic setting), 물의 기원(water source), 수리동태(hydrodynamics)의 3가지 변수에 기초한다(Brinson 1993). 함몰(depression), 호수변(lacustrine fringe), 해안변(tidal fringe 또는 estuarine), 경사지(slope), 하천(riverine), 평지(유기토양평지 organic soil flat, 무기토양평지 mineral soil flat)의 6가지 계급(class)으로 대분류한다(Brinson et al. 1995). 계급은 아계급(subclass)으로 다시 중분류한다.

우리나라 국가 습지유형 분류 | 다양한 습지의 국제표준화를 위해 람사르사무국은 계(system), 아계(subsystem), 강(class), 아강(subclass)으로 계층화된 35개 유형의 국제 습지분류체계를 사용하도록 권고하고 있다(Ramsar 1990). Lee(2000)는 국내 여건에 맞도록 일부 변형한 습지분류를 시도하기도 하였다. 현재의 국내 습지유형 분류는 대분류(super-system: 공간 및 기원), 중분류(system: 지형), 소분류(sub-system: 수원 및 범람), 상세분류(class: 식생, 토양, 수문)의 4단계로 이루어진다(표 1-2, 그림 1-4, 1-5). 대분류는 습지의 입지와 형성에 따라 연안습지, 내륙습지, 인공습지로 대구분된다. 중분류는 지형 특성에 따라 연안형, 하천형, 호수형, 산지

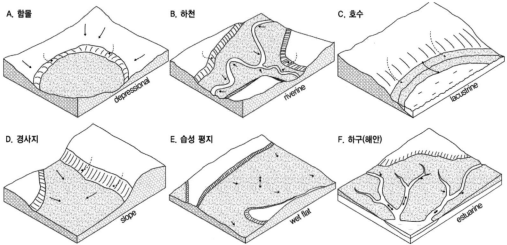

그림 1-3. HGM분류에서 습지 계급의 지형적 모양(Brinson and Malvárez(2002)로부터 작성). HGM 습지분류에서는 유형을 크게 6가지로 대구분한다.

형 등으로 중구분된다(그림 1-4). 소분류는 습지의 특성을 반영하고 습지의 보전과 복원에 가장 중요한 수원과 범람 빈도 및 범위를 기준으로 구분한다. 상세분류는 우리나라 습지의 기질과 생물분포 형태를 나타낸다. 이러한 분류체계로 우리나라에 존재하는 습지는 크게 35개의 단위유형으로 상세분류된다(NWC 2021). 본서에서 다루는 하천습지와 일부 호소성 습지들이 습지분류체계에서 어떤 위치에 있는지를 파악할 필요가 있다.

표 1-2. 우리나라 습지분류체계(내륙습지 이외는 간략히 표현)(NWC 2021)

대분류	중분류(지형)	소분류(수원, 범람)	상세분류(식생, 토양, 수문)
연안 습지	연안	조하대	해양수초대습지, 산호습지, 해양습지
		조간대(조상대)	연안수초대습지, 암석해안습지, 갯벌습지, 해빈습지, 염습지
내륙 습지	하천형 (riverine)	기수역	하구갯벌습지
			하구삼각주습지
			하구염습지
		유수역	하도습지
			보습지
		정수역	배후습지
			용천습지
	호수형 (lacustrine)	기수역	석호습지
			간척호습지
		담수역	담수호습지
			우각호습지
			사구습지
	산지형	강우	고층습원(bog)-산성습원
		지중수	저층습원(fen)-알칼리습원
		지중수/지표수	저습지(marsh)-초본습원
			소택지(swamp)-목본습원
인공 습지	연안	염전	염전
		양식장	연안양식
	내륙	인공호	인공호습지
		농경지	논(水田)
		내수면어업	내수면어업
		용수로	인공수로습지
		조성습지	저류지습지, 수질정화습지, 대체습지, 생태수변공원
		인공웅덩이	채굴지습지

하천형 내의 유수습지와 정수습지 │ 습지라는 단어는 습지유형 분류체계에서 최상위의 개념이다. 중분류로 구분되는 하천형(하천습지)은 대분류의 내륙습지에 포함된다. 하천형은 기수역, 유수역, 정수역으로 소분류된다. 하천습지의 식물을 이해하기 위해서는 유수(lotic, 물흐름)습지와 정수(lentic, 물정체)습

그림 1-4. 하천습지(좌: 곡성군, 침실습지), 배후습지(중: 창녕군, 우포늪), 산지습지(우: 울산시, 무제치늪)의 대표 사례

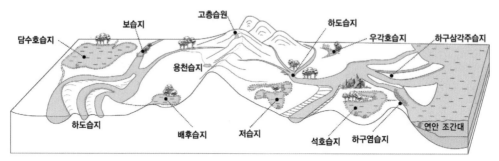

그림 1-5. 습지분류체계에 따른 습지의 다양한 형태들

지 특성을 동시에 고려해야 하기 때문에 본서에서는 이를 '하천 습지'(riparian wetland)로 표현하였다. 따라서, 본서에서는 하천 습지와 관련된 담수(freshwater)의 식물(speices)과 식생(식물사회, vegetation, plant community)을 주로 다루며 수심이 깊은 호수습지(lacustrine)와 산지습지의 내용도 일부 포함하였다.

2.2 하천 습지의 특성 구분

■ 하천 습지에서 물흐름은 식물 분포를 결정짓는 주요 영향 인자이다.

[도움글 1-3]
유수(물흐름)습지와 정수(물정체)습지

물흐름이 뚜렷한 유수습지를 영어로 lotic wetland, running water wetland, riverine 등으로 표현한다. 반면, 물흐름이 거의 없는 정수습지를 영어로 lentic wetland, still water wetland, paulstrine 또는 lacustrine 등으로 표현한다.

하천 습지와 관련한 대구분 | 유형 분류된 습지들은 지형 및 수원(water source), 수문 환경, 식생 등 다양한 요인에 의해 시스템이 유지되고 특성은 뚜렷이 구별된다. 하천과 관련된 습지공간은 물흐름에 따라 유수역(流水域, lotic water zone)과 정수역(停水域, lentic water zone)으로 구분할 수 있다. 물의 염분

농도에 따라서는 기수역(汽水域, brackish water zone)과 담수역(淡水域, freshwater zone)으로 구분할 수 있다.

표 1-3. 유수습지와 정수습지의 상대적 특성 비교(Lee and Kim(2005) 수정)

구분	세부 항목	유수습지(물흐름습지, lotic wetland)	정수습지(물정체습지, lentic wetland)
물리적 요소	수체 유형	개방형	폐쇄형
	공간구조 유형	통로형(선형)	다각형(면형)
	물의 이동 특성	유역(종단) 수평, 수직 이동	횡단 수직 이동
	수체 물 순환시간(특성)	빠름(일방통행)	늦음(순환, 정체흐름)
	지형구조적 안정성	약함(범람으로 파괴)	강함(침수 피해)
	환경 경향성	일정하거나 복잡, 복합	규칙(환경구배 일정)
	서식처 다양성	높음	낮음
생물적 요소	생물적 안정성	불안정(계절 범람 적응종 우세)	안정(경쟁 우세종 우점)
	생물공동체 형태	복잡, 복합	단일, 단순
	생물종 이동성	높음	낮음
	식물생태 특성	적응이 강한 종	적응과 경쟁이 강한 종
	식생 공간 분포(그림6-14참조)	다양(기질, 모자이크, 분반형 등)	대상형, 기질형
	식물종다양성	높음~낮음	보통~낮음
	초본식물 과별 구성	벼과 식물 우세	벼과, 사초과 식물 우세
	대표식물(주로 초본)	갯버들, 달뿌리풀, 물억새, 갈풀 등	갈대, 줄, 애기부들, 마름류 등
	식물줄기 구조 특성	마디 형태 많음	마디, 스펀지 형태 많음
환경적 요소	염도	낮음(바다 유출)	높음(정체 침전)
	우점 토성	다양함(바윗돌~점토)	모래, 점토
	오염 확장성	강함(물흐름으로 이동)	약함(수체 내에 정체)
	녹조 발생(부영양화)	약함(하류의 정체수역 제외)	강함
	오염원(영양염류 등)	순환(이동, 배출)	축적(침전)
	관리 효율성	어려움	용이함

그림 1-6. 하천 내의 유수습지(좌: 순창군, 섬진강)와 횡구조물 상부의 정수습지(우: 군위군, 위천). 하천은 종적으로 연속적으로 변하는 유수습지이지만 횡구조물에 의한 불연속적인 정수습지가 관찰된다.

유수습지와 정수습지의 특성 ┃ 하천 습지에서 식물의 공간 분포 특성에 대해 물의 흐름상태(current condition)를 우선 이해해야 한다. 물흐름이 뚜렷한 유수습지(물흐름습지, lotic wetland)와 미약한 정수습지(물정체습지, lentic wetland)로 구분된다(표 1-3, 그림 1-6)(도움글 1-3). 호소(湖沼), 늪 등의 정수습지는 유수습지인 하천과 연결되어 하천작용과 관련이 있음에도 불구하고 유수습지와 물리, 화학, 생물, 생태적 특성들이 다르다(Odum 1971). 유수습지가 정수습지에 비해 물리환경적으로 불안정하고 매우 복잡 다양한 형태인 환경적 이질성(heterogeneity)을 갖기 때문에 식물종다양성이 높게 나타나는 경향이 있다. 정수습지는 부영양화되는 경향이 있기 때문에 온도가 상승하는 시기(흔히 7~9월)에 수생식물(추수식물, 부엽식물, 부유식물, 침수식물)의 왕성한 번성과 생체량의 증가가 일어난다(그림 3-34 참조). 식물상에서도 뚜렷한 차이가 있다. 유수습지에는 달뿌리풀, 물억새, 갈풀 등이 우세하지만 정수습지에는 갈대, 줄, 애기부들, 고랭이류, 매자기류, 사초류(삿갓사초, 이삭사초 등), 다양한 수생식물 등의 생육이 우세하다. 이러한 습지성 식물종을 이용한 습지경계에 대한 이해와 설정은 매우 효과적이다.

■ **습지경계는 습지식물이 생육하는 지형공간의 특성을 이해하고 설정해야 한다.**

하천 습지식물의 생육 공간 특성 ┃ 하천형 습지에서 습지식물이 발달하기 위해서는 여러 조건을 만족해야 한다. 하천, 호소의 식물들은 여러 지형공간에서 다양한 형태로 적응하며 생육한다. 특히, 하천작용(침식, 운반, 퇴적)과 지형학적 과정으로 퇴적작용이 우세한 충적지형(alluvial landform) 공간이 형성되어야 하며 이러한 곳에 습지성 식생이 우점하는 특성이 있다. 충적지형은 지소적으로 (1) 항상 물에 의해 침수 또는 포화된 상태이거나, (2) 주기적인(계절적인) 침수에 의해 일정기간 간헐적으로 침수되거나, (3) 지하수면(지하수위)이 지표 가까이 있어 토양이 습성의 환경이다.

협의와 광의적 개념의 습지경계 ┃ 협의(狹義, 좁은의미)의 하천형 습지는 습생의 식물군락이 발달한 공간으로 규정할 수 있다. 광의(廣義, 넓은 의미)의 하천형 습지는 협의적 공간을 포함하여 간헐적으로 범람하는 주변의 식생공간까지 확대 정의할 수 있다. 이러한 맥락에서 보전생태학적 개념의 습지경계 설정은 협의개념 지역에 발달한 습지식물(식생)로 핵심지역(核心地域, core zone)을 설정하고 광의개념 지역을 완충지역(緩衝地域, buffer zone)으로 설정할 수 있다(표 1-4 참조). 습지에 대한 경계 설정은 다양한 형태의 습지들을 유형별로 대구분해서 이해할 필요가 있다.

3. 습지의 경계 설정

3.1 경계 설정 요소

■ 습지의 경계를 설정하는데 수문-토양-식물이 중요한 결정인자이다.

구획화와 습지의 경계 | 습지의 경계는 보전생태학에서 제안하는 구획화(區劃化, zoning) 개념을 적용하여 설정하는 것이 좋다(그림 1-7). 구획화는 우수생태공간을 보전하기 위한 일반적인 최선의 방법이며 국제적으로도 적극 권장한다(Primack 1992). 이 개념을 적용한 습지의 경계는 핵심지역(core zone)과 완충지역(buffer zone)으로 설정한다. 핵심지역은 평수위 수준에서 습지성 식물과 토양의 수분구배를 파악하여 경계를 설정한다. 핵심지역을 보호하는 완충지역은 일시적 범람지역 또는 연접한 영향권이며 지형 및 수문 조건을 충분히 고려하여 경계를 설정한다.

그림 1-7. 구획화 개념을 적용한 하천 습지의 경계 설정 사례(여주시, 남한강, 이포보 하류 좌안지역). 핵심지역은 보전대상 공간이고 완충지역은 이를 보호하는 주변의 공간이다.

핵심지역의 결정 | 습지의 핵심지역은 (1) 수리·수문학적으로 일정기간 침수되거나, (2) 배수가 불량한 형태의 토양이거나, (3) 지하수면(地下水面, 지하수위, ground water level 또는 water table)이 지표 가까이 있어 습지성 식생이 발달하는 환경일 것이다. 습지의 경계 설정은 수문-토양-식물에 대한 생태학적 정보에 기초한다. 일차적 요인은 수문이고 토양과 식생은 이차적 요인이다. 습지와 습지식생의 발달은 토양의 젖은 정도(wetness)와 매우 강하게 연결되어 있다. 젖은 정도는 범람 기간(duration), 빈도(frequency), 강도(intensity), 깊이(depth), 시점(timing) 또는 계절(seasonality) 등에 따라 다양하게 표출된다(Richards 2001).

중요 인자별 습지경계 설정 | 토지피복 형상을 세밀하게 구분하는 습지경계는 1960년대 후반부터 여러 방법들이 제시되어 왔다(Tiner 1999). 특히, 미국에서는 1989년 수문-토양-식물에 기초하여 '관할 습지의 인식과 경계에 대한 연방지침'(FICWD 1989)을 작성 배포하였다. 여기에는 습지식생(hydrophytic vegetation), 습지토양(hydric soil), 습지수문(wetland hydrology)에 대해 정성, 정량적 판정 기준이 제시되어 있다. 습지수문은 연평균강수량 수준에서 수문과 지하수면을 고려해서 결정한다. 습지토양은 토양분류체계(soil taxonomy)에 따른 수분구배와 지하수면의 깊이를 고려해서 판단한다. 습지식생은 (1) 절대습지식물(obligate wetland, OBL), 임의습지식물(facultative wetland, FACW), 양생식물(facultative, FAC)의 식피율(植被率, coverage)을 출현지수값(prevalence index value)으로 산출하여 적용한다.

■ **습지유형별 경계는 하천형, 산지형, 호소형에 따라 다르게 설정한다.**

미국의 습지경계 설정 | 미국에서 습지는 습지성 토양 하에서 오랫동안 못(pond)이 되거나 빈번히 침수되는 환경이다. 토성(soil texture)에 따른 투수성의 차이가 있지만 지표로부터 약 15~50㎝ 내에 지하수면이 위치하는 공간으로 습지경계를 설정한다(FICWD 1989). 이를 파악하기 위해서는 지하수면과 토양 환경에 대한 정밀 조사가 필요하다. 하지만, 우리나라는 예산과 인력 부족, 인식 부족 등으로 미국과 같은 명확한 습지경계 설정의 적용에는 한계가 존재한다.

표 1-4. 습지유형별 경계 설정 방법(NWC(2021) 일부 수정)

유형	핵심지역 (core zone)	완충지역 (buffer zone)
하천형	- 횡적범위: 습지 정의에 따른 습지생태계(하도와 지하수면 1m 이내의 범람원) - 종적범위: 습지식물(습생식물과 수생식물)의 발달 정도, 하천서식처의 다양성을 종합적으로 고려하여 설정(충적지형의 특성을 고려)	- 횡적범위: 제방 또는 50~100m 폭(일시적 범람, 침수지역) - 종적범위: 하천 충적지형 고려(단, 국제 또는 국내에서 중요한 철새의 중간기착지 또는 서식처, 멸종위기종이 서식할 경우 핵심지역으로부터 100m 이상 구간 확보)
산지형	- 습지 정의에 따른 습지생태계(지표면 수분포화지역과 1m 이내의 지하수면을 나타내는 지역)	- 완경사지(주로 경사 변곡점: 토양 퇴적지역으로 지하수면이 지표 가까이 있음)를 포함하는 집수역 또는 50~100m 폭
호수형	- 습지 정의에 따른 습지생태계(수심 6m 이내의 수면과 1m 이내의 지하수면을 나타내는 수변)	- 제방 또는 50~100m 폭(일시적 범람, 침수지역) - 6m 이상 깊은 수심지역(핵심지역 설정 가능)

국내 습지경계 설정 | 국내의 습지분류체계에서 하천형, 호수형, 산지형들은 성인과 유지 기작이 다르기 때문에 동일한 방법으로 경계를 설정할 수 없다. 국가에서는 습지유형별로 핵심지역과 완충지

역의 경계 설정을 개괄 제안하고 있다(표 1-4, 그림 1-8). 핵심지역은 습지식물(습생식물과 수생식물)이 우점하거나 습지토양이 우세하는 등의 습지 정의적 범위로 한다. 완충지역은 유형별로 폭을 달리한다.

완충지역의 폭 | 유형별로 하천형은 제방을 기준으로 횡적 경계를 설정하는 경우가 많고 종적으로는 충적지형을 고려하는 것이 좋다. 산지형은 완경사지가 시작하는 변곡점(지하수면이 지표에 가까운 공간)으로 설정하고 호수형은 제방 또는 그 외곽을 포함하도록 한다. 완충지역은 폭이 증가함에 따라 생물다양성이 증가하는 경향이 있으며 야생동물의 분류군에 따라 요구하는 폭이 상이하다(Nieber et al. 2011). 완충지역은 최소 30m이상의 폭으로 지정하는 것이 생태적 기능 확보 및 유지에 효과적이며 완충지역이 두꺼울수록 기능은 강화된다. 미국의 미네소타(Minnesota)주에서는 보전대상습지 면적의 4배를 완충지역으로 설정하도록 권고한다(BWSR 2008). 미국 워싱턴(Washington)주는 습지 등급 또는 훼손 강도, 기능 등에 따라 완충지역을 상이하게 설정하도록 한다(Protecting and Managing Wetlands 2005). 흔히 상관적 수준에서 습성의 입지를 선호하는 습지식물의 분포로 핵심지역과 완충지역의 습지경계를 더욱 세밀하게 이해할 수 있기 때문에 습지식물은 습지경계 설정에서 강력한 보조적 도구로 활용 가능하다.

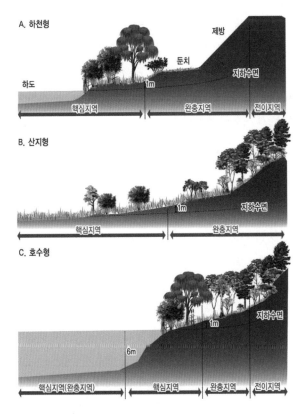

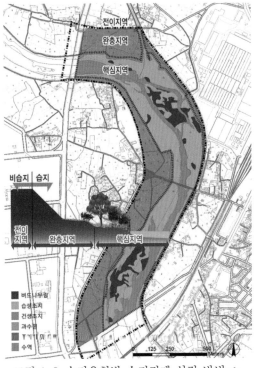

그림 1-8. 습지유형별 습지경계 설정 방법(좌)과 하천형 사례(우: 광주시(전라), 황룡강 하류). 핵심지역과 완충지역을 습지의 경계로 설정한다.

3.2 습지식물로 습지경계 인식

■ 야외에서 습지식물을 기준으로 습지경계를 상관적으로 설정할 수 있다.

습지식물과 습지경계 ｜ 야외에서 습지경계를 어떻게 빠르게 인식하고 설정할 수 있을까? 이에 대한 해답은 습지를 대표하는 주요 식물종의 분포로 인식하는 것이다. 초본식물보다 뿌리가 보다 깊은 곳에 위치하는 목본식물의 분포를 우선 고려하는 것이 좋다. 우리나라의 습지성 목본식물은 버드나무류(willow, *Salix*속)로 대표된다(Lee 2005d). 이들의 뿌리 분포는 대부분 지표로부터 토심 1.5m 이내에 위치하며(Cho 1996) 흔히 토심 60㎝ 이내에 90% 이상의 식물뿌리가 존재한다(Dobson 1995)(그림 3-25, 3-26 참조). 초본성 습지식물의 뿌리는 대부분 토심 1m 이내에 위치한다. 하지만, 습지식물 분포의 일부 비규칙성과 비습지식물(육상식물)의 서식 때문에 습지경계 설정에 한계가 존재한다(FICWD 1989).

비습지식물의 분포와 인식 ｜ 지하수면이 토심 1~1.5m 깊이의 공간에는 초본성 습지식물과 버드나무류 이외의 비습지성 식물종이 서식하기도 한다. 띠, 새, 솔새, 달맞이꽃, 망초류, 쑥, 환삼덩굴, 단풍잎돼지풀 등과 같은 다양한 건생(xero) 또는 중생(meso)의 초본식물이 우세하게 분포할 수 있지만 습지식생의 발달 잠재성을 고려하여 지하수면이 토심 1m 이내 공간을 습지의 핵심지역으로 설정하는 것이 좋다. 제외지의 하천지형은 자연적이든, 인위적이든 많이 변형되어 있어 전형적이지 않은 지형 기복들이 많이 존재하기 때문에 연구자의 섬세한 인지 과정이 필요하다.

■ 어떤 식물종을 습지에서 자라는 식물로 인식할 수 있는가?

습지식물 유형 ｜ 습지로 인식되는 공간에는 다양한 습지성 식물종이 입지의 수리, 물리, 화학, 생물적 특성에 대응하여 서식한다(Lee 2005d). 국내 관속식물은 서식처의 특성에 따라 여러 형태로 분류된다. Choung et al.(2021)에 의하면 국내 총 4,145종의 관속식물 가운데 18%인 729종이 습지성 식물(절대습지식물 401종, 임의습지식물 328종)로 분류된다(부록 참조). 이 식물들로 습지경계를 보다 구체적으로 이해 가능하다. 습지식물 중 침수식물, 부엽식물, 부유식물의 서식처는 항상 물이 존재하는 수공간이기 때문에 이 식물들의 분포는 명확한 습지임을 의미한다. 물가의 추수식물(emergent plant) 및 습초지식물(wet meadow plant)이 번성하는 경우에는 어느 공간까지 물로 포화되었는지 또는 습윤한지 추정하는 과정이 필요하다. 이를 위해서는 지하수면이 토심 1m 사이의 수위가 변동하는 지형공간을 주요 서식처로 하는 습생식물(초본, 목본식물)들에 대한 풍부한 생태입지적 지식을 가져야 한다.

대표 습지식물 | 우리나라 습생공간에서 흔히 관찰되는 목본식물은 버드나무류(버드나무 *Salix koreensis*, 왕버들 *S. chaenomeloides*, 선버들 *S. subfragilis*, 갯버들 *S. gracilistyla*, 키버들 *S. koriyanagi* 등), 오리나무(*Alnus japonica*), 물푸레나무(*Fraxinus rhynchophylla*), 들메나무(*F. mandshurica*), 느릅나무(*Ulmus davidiana* var. *japonica*) 등이다. 초본식물은 갈대(*Phragmites communis*), 달뿌리풀(*P. japonica*), 물억새(*Miscanthus sacchariflorus*), 갈풀(*Phalaris arundinacea*), 기장대풀(*Isachne globosa*), 꽃창포(*Iris ensata* var. *spontanea*), 나도겨풀(*Leersia japonica*), 도루박이(*Scirpus radicans*), 매자기(*S. maritimus*), 큰매자기(*S. fluviatilis*), 큰고랭이(*S. tabernaemontani*), 모새달(*Phacelurus latifolius*), 물잔디(*Pseudoraphis ukishiba*), 부들류(*Typha*속), 미나리(*Oenanthe javanica*), 삿갓사초(*Carex dispalata*), 이삭사초(*C. dimorpholepis*), 흑삼릉(*Sparganium erectum*), 줄(*Zizania caduciflora*), 진퍼리새(*Moliniopsis japonica*), 창포(*Acorus calamus*), 고마리(*Polygonum thunbergii*), 여뀌(*P. taquetii*), 부엽식물, 부유식물, 침수식물 등 매우 다양하다(Lee 2005d)(그림 1-9, 1-10).

그림 1-9. 하천에서 습지성 식물을 이용한 습지경계 설정. 왼쪽(여주시, 남한강)은 항공사진이며 오른쪽은 정사보정영상으로 습지성 식물(버드나무류, 달뿌리풀, 갈풀, 도루박이 등)로 습지경계를 설정한 것이다.

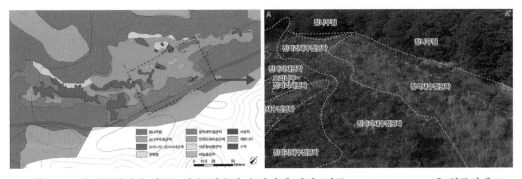

그림 1-10. 산지습지에서 식물군락을 이용한 습지경계 설정. 왼쪽(울산시, 무제치늪 제1늪)은 현존식생도이고 오른쪽은 항공사진으로 참억새(억새)우점군락과 진퍼리새우점군락으로 습성의 습지경계를 보다 명확히 구분한 사례이다.

4. 습지의 기능과 중요성

4.1 하천 습지의 기능

■ 하천생태계는 연결경관형 요소로 인체의 순환계와 같은 기능을 한다.

하천생태계의 정의와 연속성 │ 하천생태계란 무엇인가? 지형 및 생물적 과정들과 관련된 다양한 식물들이 서식하는 하천생태계(河川生態系, riparian ecosystem)는 "하천습지와 인접지역에서 사는 생물상(生物相, biota)을 중심으로 물리, 화학, 생물적 요인들의 상호관계가 발생되는 독립된 하나의 열린 계(open system; cf. closed system 폐쇄된 계)"로 포괄 정의된다. 하천은 공간(구간) 위치에 따라 물리적으로 크기, 수심, 유역면적 등 매우 다른 특성을 가지나 상호 구분하기 힘든 연속성(連續性, continuum; Vannote et al. 1980)(그림 2-13 참조)을 갖기 때문에 통합적 의미에서 하천생태학을 다루는 추세이다(Malanson 1993, Kim et al. 1999b).

하천생태계의 중요성 │ 하천생태계가 특히 중요한 이유는 무엇인가? 하천은 연속성과 생물서식공간 제공, 물질순환 통로, 기후조절, 생물종 이동 통로, 오염물 이동 및 자정작용 등 기능이 매우 다양하다. 한반도와 같은 거대한 지체구조(地體構造, tectonic settings)는 인체(人體, body)에 대응될 수 있다. 거대한 지체구조 속에 형성된 하천들은 인체의 순환계(循環系, circulatory system)와 같다(표 1-5). 사람의 혈관은 하천, 혈액은 하천 내에 흐르는 물로 이해될 수 있다. 하천은 상류에서 하류로 영양분과 각종 물질을 물로 운반하고 오염물질을 정화하면서 항상성(恒常性, homeostasis) 또는 평형(平衡, equilibrium) 상태를 유지한다. 인체는 심장에서 전신으로 혈관을 통해 혈액을 이동시키면서 각종 물질 운반과 교환으로 인체의 항상성을 유지시킨다. 하천에서의 강, 천, 내들은 인체에 대동맥, 소동맥, 모세혈관과도 같다. 즉, 하천의 물리적 구조와 기능은 인체의 순환계와 매우 유사한 통합 연결된 형태이다.

연결경관형 요소와 추이대 │ 경관생태학적으로 하천은 구조와 기능적 상호작용과 연결을 담당하는 중요하고 역동적인 연결경관형(network landscape type) 요소이다(Zonneveld and Forman 1990). 하천은 다양한 생물종의 이동과 산포(散布, dispersion)의 생태통로(ecological corridor) 역할을 하는 등 국가생태계 관리를 위한 핵심 요소이다(Lee 1999b). 하천변의 넓은 지형공간(홍수터, 범람원)은 육상(terrestrial)과 수계(aquatic)의 생물군집이 공유되는 추이대(推移帶 ecotone)(Malanson 1993)로, 다양한 생물종의 생활터전이다. 하천생태계는 지역의 생물서식 및 생물다양성을 지속 가능하도록 한다. 이러한 하천생태계는 하천만의 고유 기능들이 있으나, 넓은 의미에서 습지가 갖는 일반적 기능에 포함시켜 이해하면 된다.

표 1-5. 하천생태계와 인체순환계의 상대적인 비교

특성 구분	하천생태계(stream or riparian ecosystem)	인체순환계(human circulatory system)
부양 대상	생태계	인체
물질순환(이동) 매개체	물	혈액(혈장, 혈구, 물)
매개체 흐름 특성, 통로	일방통행, 하천제방(물길)	일방통행, 혈관
통로 규모, 형태	소형(소하천) ⇒ 대형(강), 흐름	소형(모세혈관) ⇔ 대형(대동맥), 순환
구조 연결성	선형(나무 줄기형)	회유형(뫼비우스띠형)
주요 기능	물질 이동, 홍수조절, 자정작용 등	물질순환 및 운반, 체온조절 등
주요 유지 기작	하천작용	심장박동(혈압)
교란 요인	자연적, 인위적	선천적, 후천적
교란 형태(사례)	횡구조물(하구둑, 댐, 물막이보 등)	동맥경화 등

■ 하천 습지는 다양한 기능으로 질 높은 생태계서비스를 제공한다.

습지의 주요 기능 | 습지는 인류에게 귀중한 자연자원이다. 습지는 자연현상 및 인간활동으로 발생된 각종 유기, 무기 물질을 여러 형태로 변화시키고 순환시켜 지구, 국가, 지역의 생태계시스템을 지속시킨다. 이런 특성으로 습지를 자연의 콩팥으로 묘사하기도 한다. 하천을 포함한 습지생태계는 다양한 기능을 한다. (1) 여러 생태계를 연결하는 고리 역할과 서식처 제공을 통한 생물다양성 보고(biological supermarkets)인 생태적 기능, (2) 서식하는 동·식물, 미생물 등의 수질정화 기능, (3) 운반물의 퇴적, 인의 수착(sorption, 흡수와 흡착), 질산화(nitrification) 및 탈질화(denitrification) 작용, 황의 저감, 영양염류의 흡수, 금속의 수착, 탄소 저장, 메탄 생산 등의 물질순환 기능, (4) 각종 어류와 패류, 수생식물 자원을 생산하는 경제지원 기능, (5) 심미경관을 통한 휴양, 자연교육 및 생태관광, 연구 등의 생태문화 기능(그림 1-11), (6) 홍수 범람 조절(습지 1ha는 120㎜ 수심의 물을 저류), 용수(생활, 농업, 공업용수 등) 공급, 지하수위 조절 및 유지의 수리조절 기능, (7) 온도, 습도, 강수량, 미기후 등의 기후조절 기능, (8) 염습지 등은 파랑으로부터 해안선의 침식 방지와 안정화 기능 등이 있다(Walbridge 1993, GREF 2021, USEPA 2021). 이 기능들은 습지 스스로의 유지는 물론 주변지역과도 밀접한 관련이 있다(Mitsch and Gosselink 2007). 우포늪과 같은 습지는 열저장 능력이 있어 주변 비습지 지대에 비해 기온의 일교차 및 연교차가 작다(Kim 2013a). 습지에서 낮의

증발효과와 높은 비열의 열저장 능력은 지역 기후의 완충 역할을 한다. 이러한 습지의 다양한 기능적 가치, 즉 생태계서비스에 대한 가치는 높게 인식되어야 한다.

표 1-6. 습지의 통합된 생태계서비스 기능(자료: Davidson and Finlayson 2018, Ramsar 2018)

습지유형 / 서비스유형	내륙습지						연안/해양습지					인공습지						
	하천	호수	이탄지	초본습지	지하수	염생초지	맹그로브	잘피	산호초	패류초	석호	켈프	저수지	농경작지	습초지	배수연못	염수지	아쿠아연못
(1) 공급서비스																		
식량	H	H	H	H	na	H	H	H	M	M	M	L	M	H	H	L	H	H
담수	H	H	L	M	H	L	na	na	na	na	L	na	M	na	na	L	na	na
섬유/연료	M	M	H	H	na	L	H	na	na	na	M	na	L	na	na	L	na	L
생화학적 산물	L	?	?	L	?	L	L	?	L	?	?	L	?	na	?	?	L	?
유전물질	L	L	?	?	?	L	L	?	L	?	?	?	L	L	?	?	L	L
(2) 조절서비스																		
기후	L	H	H	H	L	H	H	H	M	L	L	na	M	L	L	na	L	na
수리 조절	H	H	M	M	L	M	H	na	na	na	M	na	H	M	L	na	na	na
오염 조절	H	M	M	M	H	H	H	L	L	M	?	L	L	L	L	H	na	na
침식 방지	M	M	M	M	H	M	H	L	M	L	L	L	L	L	M	M	L	M
자연재해	M	H	M	M	na	H	H	M	H	M	L	L	L	L	na	na	na	na
(3) 문화서비스																		
정신/영감	M	H	M	M	L	?	L	?	H	na	L	?	M	L	L	na	na	na
취미	H	H	L	M	L	?	L	?	H	na	M	?	M	L	L	na	na	na
심미	M	M	L	M	L	M	L	L	H	na	M	M	H	M	M	L	na	na
교육	H	H	L	M	L	L	L	L	L	L	L	L	H	L	L	L	M	L
(4) 지원서비스																		
생물다양성	H	H	H	H	H	M	M	L	H	M	M	M	L	M	M	M	L	M	L
토양 형성	H	L	M	M	na	H	M	na	na	na	na	L	M	L	L	L	na	na
영양염류 순환	H	L	L	M	L	H	M	L	M	na	M	L	L	M	L	H	L	L
수분	L	L	L	L	na	L	M	M	na	na	?	?	L	L	M	L	L	na

주) H: 높음, M: 보통, L: 낮음, ?: 모름, na: 적용 불가

습지의 생태계서비스 기능 | 생태계서비스(ecosystem service)는 1900년 후반에 등장하기 시작하여 인류에게 크게 공급, 조절, 문화, 지원의 4가지 서비스를 말한다(Millennium Ecosystem Assessment 2005)(표 1-6). 습지가 우리에게 주는 생태계서비스로 (1) 공급서비스(provisioning service)는 식량, 담수, 섬유와 연료, 생화학적 생산물, 유전물질 등을 제공한다(그림 1-12). (2) 조절서비스(regulation service)는 기후, 수리, 오염물질, 침식 등을 제어한다. (3) 문화서비스(cultural service)는 심미, 취미, 교육적 지원이고(그림 1-11, 1-12), (4) 지원서비스(supporting service)는 생물다양성, 토양 형성, 영양염류 순환 등이다. 람사르습지로 등록된 튀니지(Tunisia)

그림 1-11. 하천에서의 여름철 휴양기능(울산시, 태화강 선바위). 하천은 사람들에게 휴양 등의 다양한 간접가치를 제공하는데 생태계서비스의 정신/영감의 문화서비스에 해당하는 것이다.

이츠쿨국립공원(Ichkeul National Park, 산림 1,363ha, 호수 8,500ha, 소택 2,737ha)은 물새서식처로 중요하고 지역민에게 다양한 생태계서비스를 제공하는데 2015년 정량화된 경제적 가치 평가가 이루어졌다(Daly-Hassen 2017). 연간 320만달러, 헥타르(ha)당 254달러로 조절서비스(홍수방지 34%, 지하수 보충 23%, 퇴적물 보존 12% 등)는 73%, 공급서비스는 18%, 문화서비스는 9% 등이다. 서비스는 관리비용의 약 10배로 공원 내에 거주하는 가구에 매년 1,600달러 정도 혜택을 주는데 결코 무시할 금액이 아니다.

4.2 가치와 중요성

■ 하천을 포함하는 습지생태계의 생태·자원적 가치는 크다.

경제적 가치 평가 | 습지가 제공하는 다양한 혜택(가치)을 측정하고 비교하는 강력한 도구는 경제적 가치 평가(economic valuation)이다(Barbier et al. 1997). 생태계 유형별로 하구, 습지 및 범람원, 잘피/해초원 등이 경제적 가치가 높게 평가된다(표 1-7). 이러한 평가는 습지자원의 현명한 이용(wise use)(제5장 참조)과 효율적인 관리를 돕는다. 경제적 관점에서 가치는 흔히 가격(금액)으로 평가될 수 있다. 가치는 생산제품의 가격인 직접가치와 잠재적인 이용자들이 갖는 혜택(제품, 서비스, 인류존재 등)인 간접가치로 구분된다. 이러한 가치는 경제적 관점에서 사람들의 지불의사(willingness to pay)로 측정할 수

표 1-7. 생태계 유형별 경제적 가치 추정

생태계 유형(ecosystem types)	US $ ha^{-1}yr^{-1}
하구(estuaries)	22,832
습지 및 범람원(swamps and floodplains)	19,580
잘피/해초원(coastal sea grass/algae beds)	19,004
감조습지/맹그로브(tidal marsh/mangroves)	9,990
호수/강(lakes/rivers)	8,498
산호초(coral reefs)	6,075
열대우림(tropical forests)	2,007
해안대륙붕(coastal continental shelf)	1,610
온대/한대림(temperate/boreal forests)	302
해양(open oceans)	252

자료: Costanza et al.(1997), Batzer and Sharitz(2006)

있다(Ramachandra and Rajinikanth 2005). 특히, 경제적 가치 평가는 우리 주변 각종 개발사업(환경평가, environmental assessment)에서 개발가치(developmental value)와 생태계서비스를 고려한 환경가치(environmental value) 간의 비교에도 종종 사용된다.

습지생태계의 경제적 가치 | 습지는 사람들에게 경제적 수확(이익), 여가생활, 범람 제어, 생물다양성 등을 포함한 다양한 직·간접적 가치를 가지고 있다. 내륙과 해안을 포함하는 습지생태계가 제공하는 경제적 가치는 매년 15.5조달러(약 17,700조원) 또는 모든 생태계가 제공하는 상품 및 서비스 총가치의 46%를 담당하는 것으로 추정한다(Costanza et al. 1997, Batzer and Sharitz 2006, Reddy et al. 2010). 이러한 습지의 경제적 가치는 사람과의 상호작용인 사용가치(use values)(그림 1-11, 1-12)와 그렇지 않은 비사용가치(non-use values)로 구분될 수 있다(표 1-8). 하천을 포함한 습지생태계는 사용가치인 직접이용가치보다는 간접적 가치(간접 이용가치, 비사용가치 등)가 크다. 우리나라 산림 전체의 공익적 가치(수원함양, 토사유출 방지, 산림휴양, 치유 등 12개 항목)가 221조원(cf. 전세계 습지 약 17,700조원)인 것을 감안한다면(2018년 기준, KFS 2020), 습지생태계의 구조와 기능이 갖는 본질적 가치가 크다는 것을 알 수 있다. 즉, 습지는 지구의 지속 가능한 발전의 근원이기 때문에 하천과 습지생태계의 건강한 회복과 유지는 필수적이다.

표 1-8. 습지의 경제적 가치 분류(Barbier et al.(1997) 일부 수정)

대구분	중구분	세부 내용
사용가치	직접이용가치	- 여가 및 생태문화생활(뱃놀이, 낚시, 트래킹, 야생탐험, 탐조 등)
		- 상업적 수확, 경제활동(어류, 패류, 연료, 수송, 농업, 제품 등)
	간접이용가치	- 영양염류 저감(물질순환), 물 여과(수질정화)
		- 홍수시 범람 제어, 태풍으로부터 보호, 지하수 보충
		- 습지와 연접한 생태계 지원, 기후조절, 해안선 보호 등
	선택, 준선택가치	- 잠재적 미래 이용, 미래정보(기술)로 획득될 수 있는 가치 등
비사용가치	존재가치	- 생물다양성, 문화, 유산 등

■ **생산성과 생태계서비스가 높은 습지의 가치 회복은 필요하다.**

습지의 가치 소실 | 지구생태계의 생물진화 및 인류문명의 발달이 물의 이용이라는 맥락에서 그 중요성을 인식한다면 수자원의 건전한 이용, 유지, 관리는 필수적이다. 해양, 빙하를 포함한 내륙의 하천과 호소는 인류가 이용하는 수자원의 중요한 저장공간이다. 오늘날 인간은 하천 및 습지생태계의

그림 1-12. 습지에서의 생태계서비스. 도시지역의 갯벌생태체험(좌: 인천시, 장수천 말단)과 농·어촌지역의 어업활동(우: 창녕군, 우포늪)은 우리가 누리는 직접이용가치이다.

생물다양성을 감소, 유실시키고 생태계의 구조와 기능을 심각하게 교란, 변형시키고 있다(Primack 1992). 이로 인해 하천, 습지생태계가 갖는 사용 및 비사용적 가치는 낮아지고 지속성은 약화되었고 이를 개선하기 위한 인류의 필요적 노력들이 점차 증가하고 있다.

습지의 가치 회복 | 선진국에서는 근대화 이후 20세기 후반부터 습지의 가치를 회복하고 개선하기 위한 많은 노력들이 진행되고 있다. 근본적 해결은 생태계의 근간인 물리 환경(지형 등)과 식물(식생)에 기초한 생물, 무생물 요소들의 건전성과 건강성 회복, 지속가능성의 확보일 것이다. 물리 환경은 하천과 습지생태계의 수문 및 지형을 원형에 가깝도록 개선하는 것이다. 이는 사람들의 체질을 근본적으로 개선하는 것과도 같다. 식물은 질적, 양적인 측면에서 식물종 및 식물군락의 다양성, 계층 구조의 다양성, 세대의 다양성 등을 확보하는 것이다. 이러한 생물 길드(guild)의 다양성을 통해 생물다양성 및 생태질(生態質, ecological quality)이 개선되고 먹이사슬(food chain)과 먹이그물(먹이망, food web)이 건강하게 회복될 수 있다. 개선된 생태적 과정(ecological process)들 속에서 하천 습지의 기능은 강화되고 잠재적 가치는 더욱 증대될 수 있다.

5. 습지와 하천의 분포

5.1 주요 습지의 분포

■ 세계의 습지는 지구의 약 14%를 차지하고 추운지방에 많이 분포한다.

세계의 습지 분포 │ 세계적으로 습지는 어디에 얼마나 분포하는가? 습지라 불리는 통기가 불량한 곳은 지구 육지의 약 14%(Mitsch and Gosselink(2007)는 5~8% 추정)를 차지하고 캐나다, 러시아, 알래스카의 추운 지역에 넓게 분포한다(Eswaren et al. 1996). 습지의 정의와 자료의 한계 등으로 습지면적은 정확히 알 수 없 지만 과학기술의 발달로 자료의 정확성은 점차 높아지고 있다. 전세계 내륙과 해안의 습지는 1,210만 ㎢ 이상(cf. 지구 육지면적 148,940,000㎢)으로 그린란드(Greenland)와 거의 같은 면적이다. 54%는 영구 침수지역 이고 46%는 계절적 침수지역이다(Ramsar 2018). 전세계적으로 습지는 아시아가 전체 면적의 32%, 북미 가 27%, 라틴아메리카 및 카리브해에 16%가 있다. 유럽은 13%, 아프리카에는 10%, 오세아니아에는 3%의 습지가 분포한다(Davidson et al. 2018).

습지유형별 분포 │ 전세계적으로 습지유형별 분포면적 구성비를 보면 자연적인 호수(natural lake)가 29%로 가장 넓고 그 다음으로 목본이 없는 비목본이탄습지(non-forested peatland)가 27%를 차지한다. 주 로 호소(소택지)에 해당되는 초본형(초본/목본)습지(marsh and swamp)가 22%로 비교적 많고, 목본습지(forested wetland) 10%, 하천습지(river and stream) 6%를 구성한다(Davidson and Finlayson 2018, Ramsar 2018)(그림 1-13).

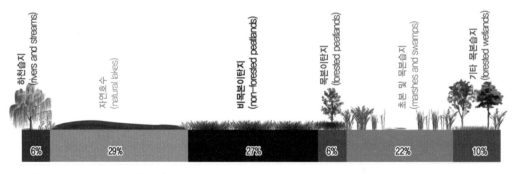

그림 1-13. 습지유형별 상대적 면적 비율(자료: Davidson and Finlayson 2018, Ramsar 2018). 습지유형 중에서 자 연호수, 비목본이탄지, 초본 및 목본습지가 비교적 넓게 분포한다.

■ **우리나라에는 많은 습지들이 분포하고 중요한 습지는 법에서 보호하고 있다.**

국내의 습지 분포 | 환경부에서 관리하는 내륙습지는 2,323개, 734.9㎢(2020년 기준)로 국토면적의 0.0073%에 해당된다(NIE 2022). 면적은 전남(119.2㎢), 경기도(117.1㎢), 경북(113.3㎢)이, 하천형(71.8㎢) 중에는 하도습지(53.0㎢, 879개)와 하구염습지(8.5㎢), 호수형(18.5㎢) 중에는 담수호습지(9.7㎢, 482개)가 넓다. 환경부에서 관리하지 않는 공간을 포함하면 습지면적은 증가할 것이다. 해양수산부에서 관리하는 연안습지(갯벌) 면적은 1987년 이후 감소 추세로 2018년 기준 2,482.0㎢이다. 지역별로 전남 42.5%, 인천과 경기 36.1%, 충남 13.7%, 전북 4.4%, 경남과 부산이 3.3%의 순이다(MOF 2018). 갯벌 중에서 보전가치가 높은 4개 갯벌(서천갯벌, 고창갯벌, 신안갯벌, 보성-순천갯벌)은 유네스코 세계문화유산에 최근 등재되었다(2021.7.31)(MOFA 2021). 즉, 내륙습지와 갯벌을 합하면 국내에는 약 3,216.9㎢ 이상의 습지가 분포하는 것으로 추정할 수 있다.

습지보호지역 분포 | 현재 우리나라에서 습지보호지역 지정은 총 51개소, 면적은 1,634.623㎢로 남한 면적(100,210㎢)의 약 0.016%에 해당된다(2023년 2월 기준). 여의도 면적(약 8.4㎢)의 약 195배에 해당되는 면적이 습지보호지역으로 지정 관리되고 있다. 환경부 지정 30개소(135.249㎢)이고, 해양수산부 지정 14개소(1,421.65㎢), 시·도지사 지정 7개소(면적 8.254㎢)이다(표 1-9, 그림 1-14). 전형적인 하천습지는 담양하천습지(영산강), 영월 한반도습지(서강), 섬진강 침실습지(곡성군), 김해 화포천, 광주(전라) 장록습지(황룡강), 철원 용양보(화강), 충주 비내섬(남한강), 대구달성하천습지(금호강·낙동강 합수부) 등이며 낙동강하구, 한강하구, 순천 동천하구, 고창 인천강하구 등은 하천 말단의 하구역에 형성된 기수역 습지이다.

표 1-9. 습지보호지역 현황(2023년 2월 28일 기준)

지정 기관	개소(면적)	지정 대상 지역명(괄호 안의 번호는 그림 1-14 참조)
환경부	30 (135.249㎢)	낙동강하구(1), 대암산용늪(2), 우포늪(3), 무제치늪(4), 제주 물영아리오름(5), 화엄늪(6), 두웅습지(7), 신불산 고산습지(8), 담양하천습지(9), 신안 장도산지습지(10), 한강하구(11), 밀양 재약산 사자평 고산습지(12), 제주 1100고지(13), 제주 물장오리오름(14), 제주 동백동산습지(15), 고창 운곡습지(16), 상주 공검지(17), 영월 한반도습지(18), 정읍 월영습지(19), 제주 숨은물뱅듸(20), 순천 동천하구(21), 섬진강 침실습지(22), 문경돌리네(23), 김해 화포천(24), 고창 인천강하구(25), 광주 장록습지(26), 철원 용양보(27), 충주 비내섬(28), 경남 고성 마동호(29), 순천 와룡산지습지(30)
해양수산부	14 (1,421.65㎢)	무안갯벌(1), 진도갯벌(2), 순천만갯벌(3), 보성·벌교 갯벌(4), 옹진 장봉도 갯벌(5), 부안줄포만 갯벌(6), 고창갯벌(7), 서천갯벌(8), 신안갯벌(9), 마산만 봉암갯벌(10), 시흥갯벌(11), 대부도갯벌(12), 화성 매향리갯벌(13), 고흥갯벌(14)
시·도지사	7 (8.254㎢)	대구달성하천습지(1), 대청호 추동습지(2), 송도갯벌(3), 경포호·가시연습지(4), 순포호(5), 쌍호(6), 가평리습지(7)

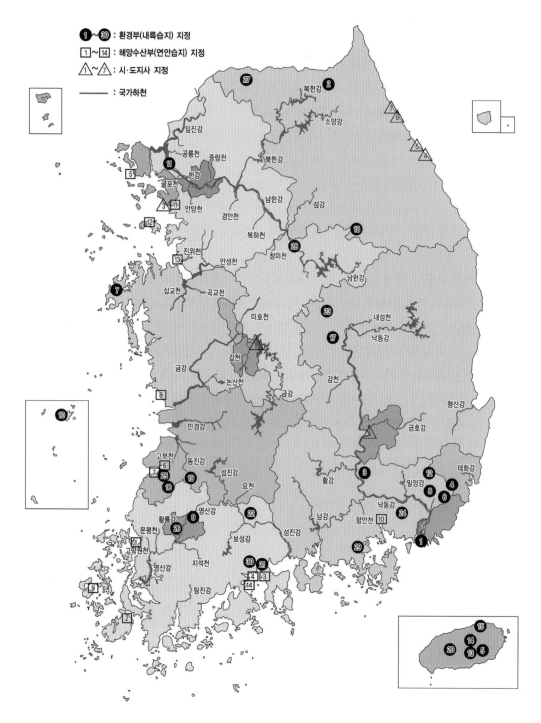

그림 1-14. 우리나라 습지보호지역 현황(2023.2.28 기준). 습지보호지역은 국토를 보전하고자 하는 국가의 노력으로 지정 지역과 면적은 지속적으로 증가한다.

5.2 세계와 한반도의 주요 하천 분포

■ 세계와 우리나라의 큰강들은 어디에 있고 규모는 어느 정도인가?

세계에서 큰 5대강 │ 세계에서 큰강 5개는 나일강(Nile, 6,650km), 아마존-우카얄리-아푸리막강(Amazon-Ucayali-Apurímac, 6,400km), 양쯔강(장강, Yangtze, 6,300km), 미시시피-미주리-레드록강(Mississippi-Missouri-Red Rock, 6,275km), 예니세이-바이칼-셀렝가강(Yenisey-Baikal-Selenga, 5,539km)이다(Britanica 2021, Wikipedia 2021c)(표 1-10, 그림 1-15). 전세계 하천의 수로면적은 485,000~662,000㎢로 추정되고 5~9차수 하천의 면적이 크다(Downing et al. 2012)(하천차수 개념은 그림 2-5 참조). 큰강들은 양쯔강처럼 단일 국가를 통과하기도 하지만 대부분 나일강(11개 국가)처럼 여러 국가를 통과하기 때문에 국가간 분쟁이 발생하기도 한다.

표 1-10. 세계의 큰강들

순위	하천명	길이(km)	유역면적(㎢)	평균유출량(㎥/s)	대륙	국가수
1	Nile	6,650	3,254,555	2,800	아프리카	11
2	Amazon-Ucayali-Apurímac	6,400	7,000,000	209,000	남아메리카	7
3	Yangtze	6,300	1,800,000	30,166	아시아	1
4	Mississippi-Missouri-Red Rock	6,275	2,980,000	16,792	북아메리카	2
5	Yenisey-Baikal-Selenga	5,539	2,580,000	18,050	아시아	2

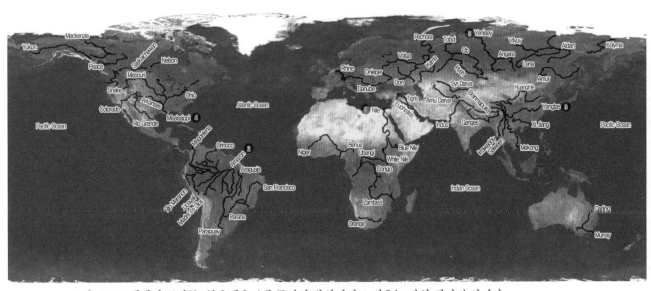

그림 1-15. 세계의 큰강들. 붉은색은 4대 문명의 발상지이고 번호는 강의 길이 순서이다.

한반도의 주요 하천 │ 한반도에서는 압록강(808㎞)이 제일 길고 두만강(525㎞), 낙동강(517㎞), 한강(514㎞), 대동강(430㎞), 금강(401㎞), 섬진강(212㎞), 청천강(199㎞), 예성강(187㎞), 재령강(129㎞) 등의 순이다(Wikipedia 2021f). 우리나라는 하천을 크게 4대강(또는 5대강)으로 구분하여 관리한다. 한강(수도권, 서해, 집수역 25,953.60㎢, 북한 포함 35,770㎢), 낙동강(영남권, 남해, 집수역 23,384.21㎢), 금강(충청권, 서해, 집수역 9,912.15㎢), 영산강(호남권, 서해, 집수역 3,467.83㎢)이 4대강이고 섬진강(영호남권, 남해, 집수역 4,911.89㎢)을 포함하면 5대강이다(MOLIT 2018). 하천길이는 낙동강이 제일 길고 집수역은 한강이 제일 크다. 섬진강은 영산강보다 규모는 크지만 중요도(도시 분포, 경제활동)에서 낮게 평가된다. 국가에서 관리하는 하천구간(국가하천)은 한강이 가장 많고 길다(표 1-11, 그림 1-16).

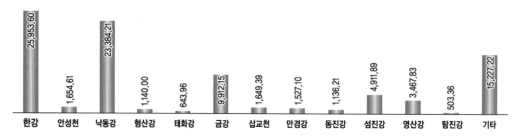

그림 1-16. 우리나라 수계별 유역면적(한강은 북한지역 제외)(단위: ㎢)(하천의 위치는 그림 1-14, 2-6 참조)

표 1-11. 우리나라 국가하천 목록(자료: RIMGIS 2021)(하천의 위치는 그림 1-14, 2-6 참조)

대권역	수계 구분	국가하천명
한강	한강	한강, 달천, 평창강, 원주천, 섬강, 청미천, 복하천, 북한강, 홍천강, 양구서천, 소양강, 경안천, 중랑천, 목감천, 안양천, 굴포천, 공릉천, 신천, 임진강, 문산천
	안성천	안성천, 진위천, 오산천, 황구지천
	한강서해권	아라천
낙동강	낙동강	낙동강, 반변천, 내성천, 감천, 금호강, 황강, 남강, 덕천강, 함안천, 밀양강, 영산천
	낙동강남해권	가화천
	서낙동강	서낙동강, 평강천, 맥도강
	태화강	태화강
	형산강	형산강
	수영강	수영강
금강	금강	금강, 갑천, 대전천, 유등천, 미호천, 논산천, 노성천, 강경천
	동진강	동진강, 정읍천, 고부천, 원평천
	만경강	만경강, 소양천, 전주천
	삽교천	삽교천, 무한천, 곡교천
영산강	영산강	영산강, 황룡강, 지석천, 고막원천, 함평천
	탐진강	탐진강
섬진강	섬진강	섬진강, 요천, 보성강

■ 우리나라 주요 5대강의 지명 유래와 발원지, 그리고 어디로 흘러 가는가?

한강 이름과 발원지 │ 고구려는 한강을 '아리수'(阿利水)라 불렀고 백제는 중국문화를 받아들여 한수 (漢水)라 불렀다. 이후 옛이름은 없어지고 한수 또는 한강(漢江)이라고만 불려졌다. 한강은 우리말의 '한 가람'에서 비롯된 말로 '한'은 '크다, 높다, 넓다, 길다'라는 의미이며 '가람'은 강의 우리말로 '크고 넓은 강'이란 뜻이다(NGII 1987, WAMIS 2021). 현재 한강의 발원지는 강원도 태백시 창죽동(삼수동) 북쪽 계곡, 검 룡소로 물은 서쪽으로 흘러 김포시와 파주시를 거쳐 최종적으로 서해로 유입된다.

낙동강 이름과 발원지 │ 과거 신라가 망하고 고려가 성하면서 영남의 문화가 김해, 양산에서 상주로 이동했다. 낙동강(洛東江)의 이름은 '가락(가야)국의 동쪽을 흐르는 강'이라는 의미에서 유래되었고 가락 국은 현재의 상주를 가르킨다(NGII 1987). 강원도 태백시 황지동의 황지연못에서 발원(Kim et al.(2009)은 보다 높은 산지의 너덜샘)하여 남쪽으로 흘러 부산시를 거쳐 최종적으로 남해로 유입된다.

금강 이름과 발원지 │ 금강의 대표적인 명칭은 금강(錦江)을 비롯해 웅진(熊津), 백마강(白馬江) 등과 연 관이 있다. 지역적으로 흔히 공주(公州, 웅진)의 북쪽을 일컫는다. 금강과 관련하여 '곰'(熊)이 신성시되고 곰(금)은 '짐, 검, 금, 가무' 등으로 전음(轉音)된다. '강' 또는 '나루'(진, 津)는 '강 → 금강 → 錦江'으로, '나루 → 곰나루(고마나루) → 熊津'으로 변했을 것으로 추정한다(NGII 1987). 또한, 예로부터 금강은 비단처럼 아 름답다 하여 錦江(비단강)이라고도 하였다(WAMIS 2021). 전북 장수군 장수읍 수분리의 뜬봉샘에서 발원 하여 서쪽으로 흘러 군산시과 서천군을 거쳐 서해로 유입된다.

섬진강 이름과 발원지 │ 385년(우왕 11경) 왜구가 섬진강 하구를 침입하였을 때 수십만 마리의 두꺼비 떼가 울부짖어 왜구가 광양 쪽으로 피해갔다는 전설이 있다. 이때부터 '두꺼비 섬'(蟾)과 '나루 진'(津)자 를 붙여 섬진강(蟾津江)이라 불렀다고 한다(NGII 1987, WAMIS 2021). 현재 전남 광양시 진상면에는 섬거리(蟾 居里, 두꺼비 사는 마을)라는 마을이 있다(Lee and Kim 2005). 전북 진안군 백운면 신암리의 데미샘에서 발원하여 남쪽으로 흘러 하동군과 광양시를 거쳐 남해로 유입된다.

영산강 이름과 발원지 │ 영산강(榮山江)은 영산포(榮山浦)와 관련된 이름이다. 영산포를 영포라고도 한 다. 영은 소리로 량(梁)과 같은 뜻의 령(靈)으로 볼 수 있으며 '돌' 또는 '들'의 뜻이 된다. 포는 '개'란 뜻으 로 영포는 들개가 된다. 들을 '뫼'라고도 하였으며 다시 '메'로 표기하고 산(山)으로 변해 영산강이 된 것으로 추정한다(NGII 1987). 전남 담양군 용면의 병풍산 가마골 용소에서 발원하여 남서쪽으로 흘러 목포시와 영암군을 거쳐 서해로 유입된다.

감입곡류하는 영월군의 동강구간. 굽이굽이 흐르는 동강은 오랜기간 역동적인 하천작용에 의해 좌우 비대칭의 우수한 경관을 만들었고 국가에서 생태계가 우수한 구간을 생태·경관보호지역으로 지정하여 보전하고 있다.

제2장

하천지형 | 하천작용 | 한반도 지형

Chapter | TWO

1. 지형 형성과 공간 구조

1.1 하천의 발달

■ 지형은 고정되어 있지 않고 지속적으로 변하는 윤회과정을 거친다.

지형윤회설과 하천의 발달 ┃ 하천지형을 형태와 지형과정(geomorphic process)으로 이해하는 기본 개념은 침식작용(浸蝕作用, erosion process)에 기초한 지형윤회설(地形輪回說, geomorphic cycle)이다(Davis 1899). 평탄한 지형이 비, 바람, 하천의 침식작용을 받아 유년기(youth age), 장년기(maturity age), 노년기(old age)의 3단계 지형을 거쳐 해수면과 같은 침식기준면(浸蝕基準面, base level of erosion)까지 낮아진 준평원을 만들고 지각변동으로 새로운 침식작용이 진행된다는 개념이다. 유년기 지형은 하상구배(河床勾配, river slope)가 높아 하방침식(下方侵蝕, downward erosion)이 강하고 많은 퇴적물을 하류로 이동시키는 'V자' 형태의 폭포, 여울이 우세한 협곡하천을 만든다. 장년기 지형의 하천은 측방침식(側方浸蝕, lateral erosion)이 강화되어 'U자' 형태가 되고 하상구배는 완만해진다. 노년기 지형의 하천은 본류 및 지류 모두 하곡(河谷, river valley)이 넓어지고 하상구배는 완만해지며 하천은 더욱 휘고 하천 주변으로 넓은 충적범람원이 발달한다(Davis 1899).

동적평형의 하천 발달 ┃ 하천지형은 형성 과정에 동적평형(dynamic equilibrium)에 도달하려는 특성에 의해 현재와 같은 물길 구조(하계망)를 만들었다. 지형윤회설에서 미국의 그랜드캐니언(Grand Canyon)이 대

그림 2-1. 대표적인 유년기 지형인 미국의 그랜드캐니언

표적 유년기 지형이다(그림 2-1). 알프스산맥, 히말라야산맥, 안데스산맥 등은 장년기 지형이다. 우리나라는 대부분 노년기 지형에 해당되고 호남평야가 대표적 준평원 지역이다(Chunjae Education 2021). 지형은 오랜 지사적 기간을 거치면서 여러 하천과 호소들이 생성, 소멸되었다. 특히, 하천 습지의 생물 분포를 이해하기 위해서는 하천작용과 관련된 물길을 보다 정성, 정량적 구조로 이해해야 한다.

하천경관의 발달 | 하천경관(riverine landscape)은 침식, 운반, 퇴적의 하천작용에 의해 핵심적으로 진화한다(Strahler 1963, Ward et al. 2002)(그림 2-2). 이에 따르면, 하천작용에 영향을 받지 않은 젊은 단계(youthful stage)에는 많은 호수, 폭포, 급류 등이 있다. 수직적인 하방침식은 호수 배수 및 폭포를 감소시키고 깊은 협곡 생성을 초래한다. 이후 협곡의 곡벽이 풍화작용 등으로 폭이 넓어지고 지류에서도 유사한 현상이 발생하여 하천으로 유입되는 퇴적물의 양은 증가한다. 퇴적물의 부하가 증가하고 하천기울기가 감소하여 넓은 범람원이 발달하게 되는 것이다. 이러한 과정은 4차원적 체계(four-dimensional framework) 하에서 이루어지는 하천의 경관 창출 과정이다. 상류와 하류 사이의 유역적 차원(longitudinal dimension), 하도와 수변 범람원 사이의 측면 차원(lateral dimension), 하도와 인접한 지하수 사이에 일어나는 수직적 차원(vertical dimension), 시간 수준에서의 시간적 차원(temporal dimention)으로 이해할 수 있다(Ward 1989). 특히, 하천에서 경관적인 동태는 범람하는 홍수파(flood pulse, Junk et al. 1989) 발생 동안 더 강하게 일어난다(Ward et al. 2002).

그림 2-2. 하천경관의 발달(Ward et al.(2002) 수정). 발달 초기에는 호수, 폭포 등이 있지만 하천작용 및 풍화작용 등으로 이들은 제거되고 하상구배가 감소하여 하천은 휘고 넓은 충적 범람원이 발달한다.

1.2 물길 구조

■ **물길에는 일정한 규칙들이 존재하고 다양한 모양으로 발달한다.**

집수역과 하계망, 하천차수 │ 물길 구조에 대한 개념과 형상, 규칙 등의 이해는 중요하다. 하천을 둘러싸고 있는 분수계(分水界, 마루금, water divide)를 따라 물이 모이는 공간을 집수역(集水域, 유역, 유역분지, watershed, drainage basin, catchment area)이라 한다. 집수역에는 크고 작은 물길들이 복잡하게 발달해 있다. 물길들이 연결된 하계망(河系網, 물길망, 물길 구조, stream network)은 하천차수(河川次數, stream order; Horton 1945, Strahler 1957) 개념으로 정량적인 이해가 가능하다. Horton(1945)이 하천차수 개념을 처음 도입했고 이후 Strahler(1957)가 더욱 개량화하였다. 이후 하천차수를 토대로 하계망과 관련된 분기율, 밀도, 구조 등 여러 법칙들이 밝혀졌다. 법칙들은 하천수의 법칙, 하천길이의 법칙, 유역면적의 법칙 등이 있다(Horton 1945, Schumm 1956, Morisawa 1985).

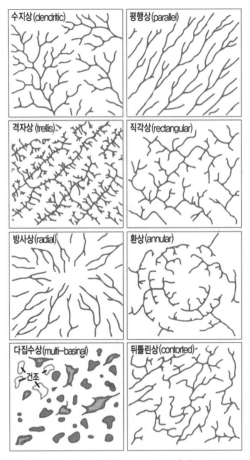

하계망 발달의 이해 │ 지표에 형성된 하계망의 공간구조는 다양하다. 하계망은 기후, 기반암질, 식생 밀도, 지형 등에 따라 차이가 있다. 침식에 약한 퇴적암의 일종인 셰일(shale)이 기반인 지역은 화강암, 사암의 기반암 지역보다 하계망 발달이 양호하다. 하계밀도(drainage density)는 집수역 내의 하계망 발달 정도를 이해하는 지표이다(Lee 2004). 하계밀도는 주로 집수역의 전체 하천길이를 통해 산출한다. 하계밀도는 기후요인(물의 양과 질), 물의 침식력(지질, 식생, 토양 및 지형의 복합관계)으로 결정된다(Knighton 1984). 하계망은 일정한 규칙성을 갖고 여러 형태들로 구분된다. 크게 수지상(dendritic), 평행상(parallel), 격자상(trellis), 직각상(rectangular), 방사상(radial), 환상(annular), 다집수상(multi-basinal), 뒤틀린상(contorted)의 8가지로 대구분된다(USDA 1998)(그림 2-3). 지질 성인에 따라 차이가 있지만 흔히 수지상과 직각상이 많이 관찰되는 편이다. 화산지대(특히, 방패모양의 순상화산 shield volcano, 종모양의 종상화산 tholoide)에서는 방사상이 일반적인 형태이다.

그림 2-3. 하계망의 공간구조 형태들(USDA 1998). 하계망의 공간구조는 다양하며 우리나라에는 수지상과 직각상이 많다.

하계망의 발달 모형과 우리나라에서의 특성 ┃ 하계망은 어떻게 발달하는가?에 대해 학자들은 크게 결정론적 발달 모델과 무작위적 발달 모형을 제시하였다(Lee 2004). 우리나라와 같이 지질구조선이 잘 발달된 지역은 유로가 지질구조선을 반영하여 하계망이 직각이나 예각 또는 둔각으로 구부러진다. 남한강과 낙동강 유로의 20%가 지질구조선을 따라 흐르고 7차수 하천의 유로와 지질구조선은 40~50% 정도 일치한다(Park and Kang 1977, Son 2008). 우리나라의 보편적인 하계망 구조(drainage pattern)는 나뭇가지 모양의 수지상 패턴이며 직각상도 많이 분포한다. 제주도와 같은 화산지역은 한라산 정상을 중심고지로 하는 방사상 공간구조이다. 국내에는 다집수상 등의 형태는 거의 관찰되지 않는다. 이러한 하계망 발달의 이해는 하천을 어떻게 정의하는가?로부터 출발한다.

■ **하계망 분석에는 하천 정의가 필요하고 지형공간자료와 GIS를 이용한다.**

하천의 정의 ┃ 하계망 분석을 위해서는 우선 하천(물길)에 대한 정의가 필요하다. 하천은 지표수(하천 바닥으로 흐르는 물)의 특성 즉, 수분포화기간(수문기간, hydroperiod)에 따라 상시하천(perennial stream), 계절하천(seasonal stream), 간헐하천(temporary or ephemeral stream)으로 구분된다(Lee 2004). 계절하천과 간헐하천은 주로 우기 또는 강우에만 지표수가 흐르고 나머지 기간에는 건천(乾川, 물흐름이 없는 마른 하천)인 상태이다(그림 2-4). 한편, 하천을 포함한 습지들을 수문환경에 따라 여러 형태로 정의하는데 간헐(temporary, wet meadow), 계절(seasonal, shallow meadow), 반영구(semipermanent, deep wetland), 영구(permanent, open wetland) 습지로 구분하기도 한다(Stewart and Kantrud 1971, Montgomery et al. 2018).

그림 2-4. 항상 지표수가 있는 상시하천(좌: 영덕군, 장기천 하류부)과 연중 대부분이 건천인 간헐하천(우: 영덕군, 광천 하류부)(2018.6.20). 광천은 강우시에만 지표수가 일시적으로 흐르는 간헐하천으로 절대습지식물의 서식이 거의 없는 것이 특징이다.

하계망 분석의 지도와 축척 | 연구자는 하계망의 분석 목적에 따라 하천을 정의해야 하는데 Horton(1945)은 지표수와 상관없이 모든 하천을 고려할 것을 제안하였다 (Zavoianu 1978). 오늘날의 하계망 분석에는 실외 현장조사보다 실내에서 컴퓨터를 이용하여 수치지도 및 위성(항공)영상, 수치표고모델(DEM: digital elevation model) 또는 수치표면모델(DSM: digital surface model)과 같은 지형공간자료와 GIS(지리정보시스템, geographic information system)를 활용하는 것이

일반적이다(도움글 2-1). 하계망 분석에 기본이 되는 하천차수는 사용하는 지도(영상)의 축척(scale)에 따라 정의되는 하천이 다를 수 있다. 우리나라 공간 규모의 생태학적 연구에는 흔히 1:50,000 또는 1:25,000 축척 지도를 사용한다. 대축척(1:5,000 등)의 지도를 사용하는 경우, 작은 계곡의 하천까지 정의되어 하계망이 세분화될 수 있어 소축척의 지도보다 하천차수가 증가하는 특성이 있다. 환경부에서 수행하는 수생태건강성평가(어류 분야)에서는 1:120,000 축척의 지도를 이용한다(NIER 2019).

■ 하천차수를 이용한 하계망의 정량화에는 여러 규칙들이 있다.

하천차수의 정량화 규칙 | 하천차수 정량화 체계에는 다음과 같은 규칙들이 있다(그림 2-5). (1) 물길이 시작하면 다른 물길을 만나기 전까지를 1차수 하천으로 정의한다. (2) 차수가 동일한 두 하천(u차수)이 합류하면 1차가 증가한 하천(u+1차수)이 된다. (3) 서로 다른 차수의 하천이 만날 경우 높은 하천차수를 유지한다.

하천분기율 | 하천의 분기율(分岐率, bifurcation ratio, R_b)은 물길수와 하천차수로 산출하고 첨두홍수량(尖頭洪水量, 정점유량, flood peak) 등과 깊은 연관이 있다. 폭이 좁고 분기율이 높은 하천 집수역은 첨두홍수량이 낮고 완만하여 유량의 유출이 지체된다. 반면, 하천의 분기율이 낮은 집수역은 첨두홍수량이 크고 뚜렷해 발생시간이 짧고 홍수피해는 증가한다(Beaumont 1975, Lee 2018). 분기율은 집수

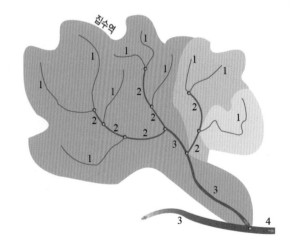

그림 2-5. 하천차수 구분 개념도. 같은 차수의 물길이 만나면 하천차수는 증가하는 규칙성이 있다.

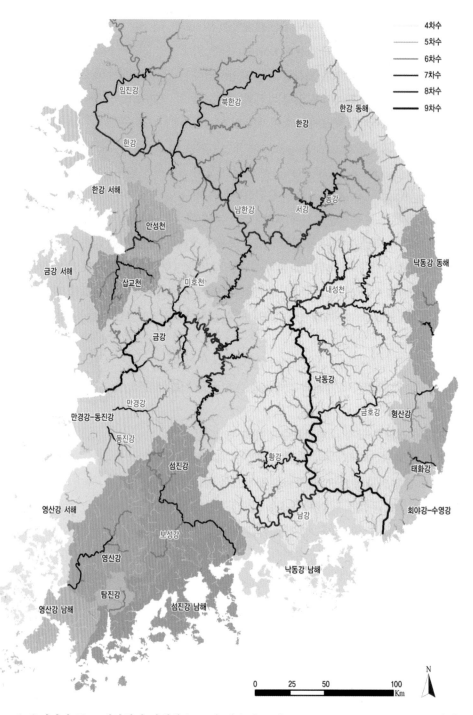

그림 2-6. 우리나라 주요 대하천의 하천차수도 및 대유역 구분도(자료: WAMIS 2021, 1:25,000축척). 소하천
에 해당되는 1~3차수 하천은 제외하였다.

역의 어떤 차수(u)의 물길 수(N)를 차상위 차수(u+1)의 물길수로 나누어 산출한다(식 2-1). 우리나라 대하천 가운데 낙동강이 9차수 하천으로 분류되고 한강이 8차수 하천으로 구분된다(WAMIS 2021)(그림 2-6)(표 2-8 참조). 낙동강은 반변천과 만나는 지점(안동시, 하구로부터 약 429㎞)에서 8차수, 내성천과 만나는 지점(예천군, 하구로부터 약 370㎞)에서 9차수 하천이 된다. 한강은 동강과 서강이 만나는 지점(영월군, 하구로부터 약 348㎞)에서 8차수 하천이 된다.

$$R_b = N_u / N_{(u+1)} \cdots \text{(식 2-1)} \quad (N_u : \text{차수의 물길수}, N_{(u+1)} : \text{차상위 차수의 물길수})$$

우리나라 대하천의 분기율과 특성 | 지질 특성과 기후 환경이 달라도 하천의 평균분기율은 대부분 3~5 범위 내에 있다(Kwon 1990). 하천분기율은 집수역의 형태와 하천차수 등에 따라 다르게 나타난다. 서울 종로구에 위치한 평창천과 구기천은 3차수 하천으로 분기율이 4.28과 4.08이다(Hwang 2018). 제주도는 하천(18개 분석, 3~5차)의 평균분기율이 2.33~5.57이며 주요 하천의 평균분기율이 대체로 낮아 하천의 침식작용이 낮다(Kim 2003e). 한강의 19개 하천(27개 지점) 분석에서 분기율은 2.30~6.89이다(Lee et al. 2018a). 낙동강에서 7차수까지의 하천분기율은 4~5 정도이다. 이는 낙동강 유역분지는 침식이 많이 진행되었고 지질구조의 영향으로 유로가 길고 많은 지류들이 있다는 것이다(BDI 2003). 우리나라 5대강의 하천분기율은 대부분 3~6 사이의 값을 가진다(WAMIS 2021)(표 2-1).

표 2-1. 우리나라 5대강의 하천분기율(자료: WAMIS 2021)

유역명	1차	2차	3차	4차	5차	6차	7차	8차
한강	4.07	4.32	4.49	4.74	3.58	4.44	9.00	-
낙동강	4.36	4.49	4.35	4.46	4.42	3.75	4.00	3.00
금강	3.75	4.25	4.27	4.32	3.70	3.67	3.00	-
섬진강	3.82	4.26	4.36	5.11	6.00	3.00	-	-
영산강	3.67	4.24	4.19	4.38	3.25	-	-	-

하천차수와 관련된 여러 법칙들 | 물길망에는 하천차수와 관련된 여러 법칙들이 있다. 일반적으로 하천차수가 증가할수록 평균하천길이가 일정한 비율로 증가하고(하천길이의 법칙) 하천차수가 낮을수록 하천수는 일정한 분기율에 따라 기하급수적으로 증가하는 경향(하천수의 법칙)이 있다(Allan 1995, Kim 2000b). 모든 차수의 하천은 독립된 집수역을 갖고 하천길이와의 관계에 법칙성이 존재한다. 집수역 내에 하천길이의 비율이 일정하게 유지되면 집수역 면적의 비율도 일정하다. 하천종단면 상에서도 하상구배는 차수가 높아질수록 완만해지는 특성이 있다(Kwon 1990).

2. 유역경관과 단위지형

2.1 경관 수준의 유역적 접근

■ 하천작용과 관련하여 하천을 종단적으로 어떻게 구분 유형화해야 하는가?

상류, 중류, 하류의 종단 구분 │ 하천을 상류, 중류, 하류로 구분 이해하는 것이 적절한가? 하천은 발원지에서 하구(말단)까지 하나로 연결된 연속성을 갖는 거대한 단일 구조체(그림 2-13 참조)로 종단 특성을 명확하게 구분하기 힘들다. 흔히 하천을 상류(上流, upstream, headwater, erosion or source zone), 중류(中流, midstream, transfer zone), 하류(下流, downstream, depositional zone)로 구분하지만 이는 하천작용(침식, 운반, 퇴적)에 따른 일반적 개념의 구분이다. 이 구분은 흔히 독립된 단일 수계(하천)를 3등분하여 구분할 때 사용되며 공간 특성을 정량화하지 못한다. 하지만, 침식이 강한 상류, 침식과 퇴적이 유사하게 일어나는 중류, 퇴적이 강한 하류의 개괄적 특성을 표현하고 있음을 인지해야 한다.

그림 2-7. 하상구배가 높은 섬진강 하류구간. 이 구간은 대하천의 하류구간이지만 하상구배가 높아 중·상류 구간의 식생(갯버들군락 등)이 발달한다.

하천작용과 생물서식처 유형화 │ 생태학적 연구에서 하천 유역의 종단 특성을 정량화하는 방법은 중요하다. 종단 특성에 따라 서식하는 생물상이 확연히 구분되기 때문이다. 정량화의 효과적 방법은 생물 서식처의 물리적 특성을 물길구간 이하 수준(channel reach 또는 habitat 수준)에서 유형화하는 것이다. 지형적으로 산간지역을 통과하는 하류구간은 하상구배가 높아 국지적으로 중·상류적 특성을 나타낼 수 있기 때문에 3등분(상류, 중류, 하류)된 적용은 부적합하다. 이러한 불연속적 특성은 우리나라의 섬진강 하류구간(구례군~하동군)에서 뚜렷이 관찰된다(그림 2-7). 이 구간을 낙동강의 지형 특성(안동시 반변천 합류지점, 하구로부터 길이 429㎞, 해발고도 89m 차이)(그림 2-51 참조)과 비교해 보면 약 2.6배의 높은 하상구배를 갖는다(구례군, 서시천 합류지점, 하구로부터 길이 46.5㎞, 해발고도 25m 차이). 생물·생태학적 관점에서 서식처를 신속하게 구분한다면 유역규모를 나타내는 하천차수와 하천구간의 물리적 특성을 나타내는 하상구배를 동시에 고려하는 것이 좋다. 1:5,000(또는 1:25,000) 축척 수준의 지형도는 실내에서 이런 요소들의 분석이 가능한 효율적인 자료이며(국토지리정보원에서 무상 제공) 실외에서 하폭-수심비 등도 보조 수단으로 고려될 수 있다. 이를 토대로 구분된 12가지 유형(표 2-2)은 하천규모와 침식, 운반, 퇴적의 하천작용 특성을 잘 보여주며 본서의 상류, 중류, 하류의 용어에 각각 대응된다. 12가지 유형 가운데 자연상태에서 거의 관찰되지 않는 유형(예: L-S)도 있다. 이러한 생물서식처 유형화는 하천 규모를 위계적으로 구분, 이해, 적용하는 기초가 된다.

표 2-2. 우리나라 하천지형과 생물·생태적 특성을 고려한 신속한 생물서식처 유형화

하상구배 하천차수	급경사(steep) (S >1/60, S)	중경사(moderate) (1/60≤ S >1/400, M)	완경사(gentle) (1/400≤ S >1/5,000, G)	평경사(flat) (S <1/5,000, F)
1~2차수(소형, Small)	S-S(소형급경사)	S-M(소형중경사)	S-G(소형완경사)	S-F(소형평경사)
3~4차수(중형, Mid)	M-S(중형급경사)	M-M(중형중경사)	M-G(중형완경사)	M-F(중형평경사)
5차수 이상(대형, Large)	L-S(대형급경사)	L-M(대형중경사)	L-G(대형완경사)	L-F(대형평경사)

■ 하천은 공간 규모에 따라 위계적으로 구분해서 이해할 필요가 있다.

하천규모의 위계적 접근 | 하천에 대한 위계적 접근법은 물길 구조를 규모에 따라 큰 수준에서 작은 수준으로 구분하는 것이다. 미북서태평양지역의 하천에서는 지형지역(geomorphic province), 집수역(watershed), 계곡구역(valley segment), 물길구간(channel reach), 서식처(habitat 또는 channel unit) 순으로 위계분류(hierarchical classification)한다(Frissell et al. 1986, Montgomery and Buffington 1997)(그림 2-8, 2-9). 하천의 지형지역이 동일하면 지형, 기후, 지질 등은 대체로 유사하고 흔히 1,000㎢의 공간 규모이다. 집수역은 유역면적이 50~500㎢의 공간 규모이다. 계곡구역은 지형구분 요소로 규모는 0.1~10㎢이고 퇴적물 운반과정에 따라 붕적(崩積, colluvial), 충적(沖積, alluvial), 기반암(bedrock)으로 구분된다. 충적 계곡구역은 소폭포(cascade), 계단-소(沼)(step-pool), 평하상(plane-bed), 여울-소(riffle-pool), 사구물결(dune-riffle), 망상(braided)의 물길구간으로 하위구분한다(그림 2-8, 2-9, 2-10). 충적 계곡구역은 상류에서 유입된 여러 물질들을 불규칙하게 하류로 이동시켜

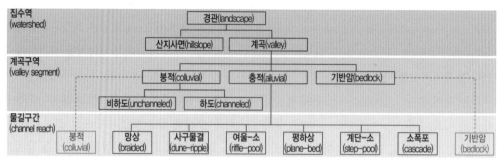

그림 2-8. 집수역의 계곡구역과 물길구간의 위계적 하위단위

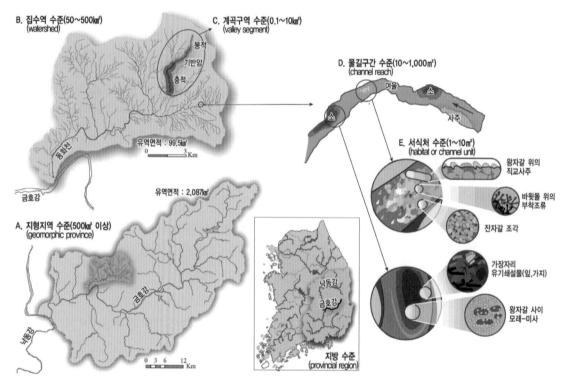

그림 2-9. 하천규모의 위계적 분류 접근(큰 수준의 A에서 작은 수준의 E 방향으로의 접근). 생물·생태학적 연구에서는 흔히 계곡구역보다 작은 수준에서의 분류적 적용이 필요하다.

하류 충적지형 형성과 깊은 관련이 있다. 각 유형들은 하천생물을 연구하는 생태학자들의 주연구 대상이다. 물길구간은 10~1,000㎡의 공간 규모이다. 서식처는 1~10㎡의 공간 규모로 물흐름의 세기와 물결, 물흐름 형태 등의 미소서식처와 하천생물 간의 상관성에 대한 이해에 매우 중요하다.

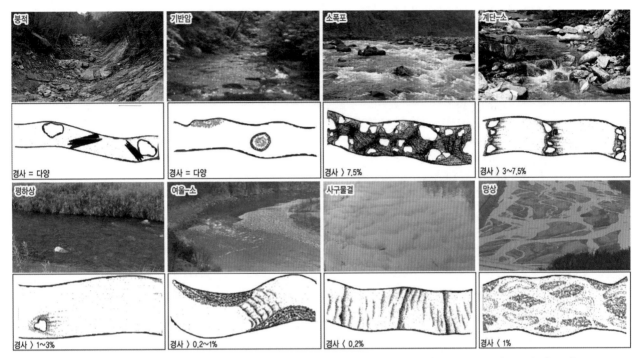

그림 2-10. 하천 계곡구역 및 물길구간 수준의 다양한 하천유형(Buffington and Montgomery(2013) 수정). 계곡구역 및 물길구간 수준에서 하천 경사, 퇴적물 등의 여건에 따라 다양한 하천유형이 발달한다.

서식처 구분의 세분화 | Hawkins et al.(1993)은 서식처 단위(물길구간 및 서식처 수준)를 이전 방법(Bisson et al. 1982)을 개선하여 3계층 체계(three-tiered system)로 제안하였다(표 2-3, 2-4). 그들은 (1) 물흐름 세기(빠름 / 느림), (2) 물흐름 거칠기(난류 亂流, turbulence / 비난류, 순류 順流 non-turbulence), (3) 서식처 형성 또는 과정과 관련된 수리 특성에 기초하여 단계 III에서 18개의 하도지형단위(channel geomorphic unit, CGU)로 세분화하였다.

표 2-3. 3계층 체계로 구분된 하도지형단위(자료: Hawkins et al. 1993)

단계 I (물흐름 세기)	단계 II (물흐름 거칠기)	단계 III (서식처 형성 또는 과정에 관련된 수리 특성)	비고
빠른 유속(fast water)	난류(turbuent)	fall, cascade, rapid, riffle, chute	5개
	비난류(non-turbuent)	sheet, run	2개
느린 유속(slow water)	세굴소(scour pool)	eddy, trench, mid-channel, convergence, lateral, plunge	6개
	댐소(dammed pool)	debris, beaver, landslide, backwater, abandoned channel	5개

표 2-4. 빠른유속(fast water)의 하도지형단위 특성별 등급(자료: Hawkins et al. 1993)

하도지형단위		하상구배	초임계류	하상 거칠기	평균 유속	계단(step) 발달
난류	fall(폭포)	1	해당 없음	해당 없음	1	1
	cascade(소폭포)	2	1	1	2	2
	chute(급류)	3	2	4	3	5
	rapid(급여울)	4	3	2	4	3
	riffle(여울)	5	4	3	5	4
비난류	sheet(포상류)	다양	6	6	6	5
	run(평여울)	6	5	5	7	5

주) 숫자가 작을수록 정도가 크거나, 높다는 것을 의미한다.

■ 경관 수준에서 하천을 유형화하는 방법은 많지만 목적에 따라 사용해야 한다.

경관적 수준에서의 하천 분류들 │ 하천을 경관적 수준에서 여러 형태로 구분할 수 있다. 구분되는 하천지형들에 대해 학자들은 다양한 방법의 분류법을 제안하였다. Schumm(1963)은 하도의 패턴과 유형, 퇴적물, 유속 등을 중심으로 충적하천을 분류하였다(Kim and Park 2002). 이 외에도 수계서식처와 연관된 하천지형의 다차원적 접근(Frissell et al. 1986), 하천작용과 관련된 접근(Schumm et al. 1984), 토지 형상과 퇴적물 이동이 강조된 분류(Paustian et al. 1992) 등이 있다.

최근의 하천유형 구분 │ 최근에는 하천을 집수역 규모에서 물리, 생물 조건 등을 고려한 전체론적 관점에서 분류하고자 한다. 미북서태평양 지역의 하천분류는 지형지역-집수역-계곡구역-물길구간-서식처 수준으로 위계분류하였다. 물길구간(channel reach) 수준에서 물속생물의 서식환경에 따라 6가지로 유형화하였고 비교적 흔하게 사용되는 방법이다. 국제적으로 가장 많이 사용되는 하천서식처 유형화는 4단계의 계층적 구조로 이루어진 Rosgen하천분류법(Rosgen 1994, 1996)으로 평가된다(그림 2-11). 이 분류는 '자연적인 하도 설계'(natural channel design)가 일차적인 목표이다(Buffington and Montgomery 2013). Rosgen은 7개 하천유형(A, B, C, D, E, F, G)으로 대분류하고 다시 하상구배와 하상물질로 세구분한다. 국내에서도 이를 검토하여 국내 실정에 맞도록 변형, 적용하기도 하였다(Lee 2002). 그는 굴입비(하곡(河谷)침식도, entrenchment ratio), 하폭/수심비, 만곡도(굽은 정도), 하상구배, 물길수 등으로 하천형태를 84개로 요약 제시하였다. 굴입비는 지점의 충적토를 깎아 하도를 만드는 정도를 나타내고 '퍼진/파진' 정도의 비를 이용한다(ME 2000). 값이 1.4 이하는 '파진 하천', 2.2 이상은 '퍼진 하천'으로 구분한다. 하폭/수심비는 12 미만은 '좁고 깊은 하천', 이상은 '넓고 얕은 하천'으로 본다. 만곡도(두 지점의 하도길이/직선길이)(도움글 2-2 참조)가 1.2 이하는 비교적 곧은, 1.5 이상은 굽은 하천(사행하천, 곡류하천, 물굽이하천)으로 구분한다.

(사진 자료: https://www.fs.fed.us/eng/pubs/htmlpubs/htm10232808/page05.htm)

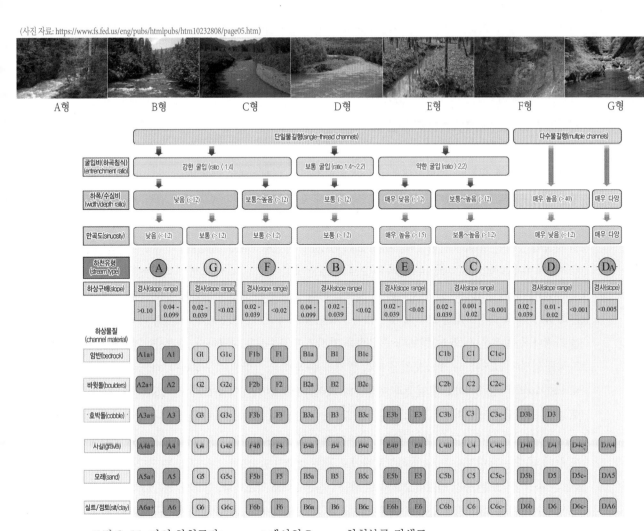

그림 2-11. 자연 하천구간(stream reach)에서의 Rosgen하천분류 검색표

생태학적 연구 목적에 따른 하천분류의 다양성 | 국내에서는 하상구배(1:500 기준)에 따라 하천을 산지하천, 평지하천으로 구분하거나 하천규모에 따라 대하천, 중하천, 소하천으로 구분한다(ME 1999). Harris(1988)는 하천을 해발고도, 하상재료, 평균경사, 저수로의 단면 형태, 하안수림대의 식생 특성을 척도로 8개 유형으로 분류하기도 하였다(Kim et al. 2014d). Yang(2001)은 경기도 4개 하천을 대상으로 여러 인자를 이용하여 27개로 유형화하였다. Lee(2005a)는 강원도 16개 하천을 대상으로 여러 인자를 이용하여 산지자연형, 산지인공형, 혼합형, 평지자연형, 평지인공형의 5개 유형으로 구분하였다. Kim et al.(2014c)은 여러 인자를 이용하여 24개 하천유형으로 구분하였다. 이와 같이 생태학자들은 연구 목적에 따라 하천을 서식처 수준 또는 지형 특성별로 다양하게 유형화하여 사용한다. 생물학에서는 지

질·지형적 특성보다 서식환경적 특성들이 보다 강조되어야 하며 서식환경에 대한 신속한 평가(quick assessment) 방법들이 개발될 필요가 있다(표 2-2 참조). 여기에는 하천유역(거시적 환경)과 물길구간 또는 서식처(미시적 환경) 수준이 동시에 고려되어야 한다. 이러한 신속평가 방법은 구릉성 산지의 기반암에 의해 자유로운 유로변동과 자유곡류가 제한받는 노년기의 감입곡류하천(incised meander stream) 특성을 갖는 우리나라 하천(Kwon 1990)에 효과적일 수 있다.

하상구배에 따른 구분 │ 수변식생은 유출량과 퇴적물을 효과적으로 억제할 수 있지만 가장 큰 영향은 하상구배와 관련이 있다(Zhang et al. 2019). 국내에서 지형 특성, 하상재료의 대표 입경, 하안 구성물질, 하상구배, 사행도 및 하안침식도에 따른 구역분류법(segment clssification; Yamamoto 1988, 2004) 중 하상구배를 이용한 방법이 소개, 제안되었다(Kim et al. 2016, Chun 2019). 하천구역(stream segment)을 하상구배 등의 순으로 4~5개 유형(구역M, 구역1, 구역2-1, 구역2-2, 구역3)으로 구분한 방법이다(표 2-5). 이 방법에 따르면 급경사하천(하천구역M)은 퇴적물 입경이 크거나(자갈 이상) 물길을 따라 입경이 큰 퇴적물 집합체로 구성된다. 하도는 흔히 1/60 이상의 하상구배를 보이고 계단:소가 1:4, 여울:소가 4:1~10:1(저수로 폭의 10배)의 비율로 연속성을 가진다. 물길폭은 1m와 0.3㎧보다 큰 유속을 가지고 평균수심은 다양하다. 중경사하천(하천구역1)은 퇴적물 입경이 크거나(자갈 이상), 물길을 따라 입경이 큰 퇴적물 집합체로 구성된다. 하도는 일반적으로 1/60~1/400의 하상구배이고 물길폭과 여울간의 거리비가 7:1 미만, 여울:소가 5:1~25:1(저수로 폭의 25배)로 여울-소의 연속으로 이루어진다. 물길폭은 5m와 유속 0.3㎧ 보다 큰 유속을 가진다. 완경사하천(하천구역2)은 퇴적물 입경이 매우 작은 물질로 이루어져 있지만 일부 입경이 조금 더 큰 입자로 구성되기도 한다. 하도는 흔히 1/400~1/5,000의 하상구배이고 굽은 정도인 만곡도(도움글 2-2 참조)는 크다(직선길이의 4~5배 정도). 하안침식도는 중간 정도이고 저수로 평균수심은 2~8m 정도이다. 평경사하천(하천구역3)은 퇴적물 입경이 대부분 매우 작은 물질로 이루어져 있다. 하도는 흔히 1/5,000~수평의 하상구배이고 만곡도는 다양하다. 하안침식도는 약하여 하도의 변동은 미미하고 저수로 평균수심은 3~8m 정도이다.

표 2-5. 우리나라 하상구배에 따른 하천구역별 특성(Kim et al.(2016), Chun(2019)에서 일부 수정)

특성 구분	하천구역M (급경사하천)	하천구역1 (중경사하천)	하천구역2(완경사하천)		하천구역3 (평경사하천)
			구역2-1	구역2-2	
퇴적물 입경	다양	> 2cm	1~3cm	0.03~1cm	< 0.3mm
하상물질	기반암 노출 많음	표층 모래 우세	가는모래, 실트, 점토 혼합		실트, 점토
하상구배 표준	> 1/60(다양)	1/60~1/400	1/400~1/5,000		1/5,000~수평
사행 정도	다양	굴곡 적음	사행 심함(8자 사행, 중주 발생)		사행 다양
하안 침식도	아주 심함	아주 심함	중간(하상물질 크면 변화큼)		약함(하도 변동 미미)
저수로 평균수심	다양	0.5~3m	2~8m		3~8m

■ 하천작용과 생물 관점에서 하천을 유역 및 서식처별로 구분한다.

하천작용에 따른 종단 구분 | 하천을 하계망(stream network) 관점에서 위치, 퇴적물의 공급력과 운반력에 따라 공급구역(source segment), 운반구역(transport segment), 반응구역(response segment)으로 구분한다(USDA 1998)(그림 2-12). 상류의 공급구역에서는 붕적하천(崩積, colluvial stream), 기반암, 소폭포, 계단-소, 평하상 물길구간이, 중류의 운반구역에서는 여울-소 물길구간이, 하류의 반응구역에서는 망상, 사구물결 물길구간이 주로 관찰된다(Frissell et al.(1986)의 위계분류 참조)(그림 2-8, 2-9, 2-10 참조). 비슷한 유출량과 퇴적물(유사, sediments) 조건에서 하천구간(channel reach)의 지형과 물리적 과정들의 차이(공급, 운반, 반응)는 상이한 반응 결과로 나타난다. 하천작용과 관련해서는 침식구역(erosion zone), 운반구역(transport zone), 퇴적구역(deposition zone)으로 구분하며 (Schumm et al. 1984), 공급구역, 운반구역, 반응구역에 각각 대응된다. 이러한 분류들은 하천의 생물·생태학적 연구에 적용 가능하지만 수문 또는 지형학적 특성이 강조된 것임을 인식해야 한다.

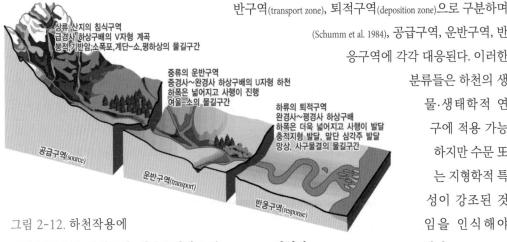

상류 산지의 침식구역
급경사 하상구배의 VX형 계곡
붕적, 기반암, 소폭포, 계단-소, 평하상의 물길구간

중류의 운반구역
중경사~완경사 하상구배의 U자형 하천
하폭은 넓어지고 사행이 진행
여울-소의 물길구간

하류의 퇴적구역
완경사~평경사 하상구배
하폭은 더욱 넓어지고 사행이 발달
충적지형 발달, 말단 삼각주 발달
망상, 사구물결의 물길구간

공급구역(source)

운반구역(transport)

반응구역(response)

그림 2-12. 하천작용에 따른 공급구역, 운반구역, 반응구역의 구분(USDA 1998). 하천의 유역적 위치에 따라 하천작용이 다르기 때문에 특성이 확연히 구별된다.

생물·생태학적 관점의 서식처 구분 | 하천생물을 이용하여 하천유역을 종적으로 구분하기도 하는데 흔히 어류를 이용하는 경우가 많다(Carpenter 1928, Huet 1954). 특히, 회귀성 어류(연어, 장어 등)의 서식처와 관련하여 하도단위(서식처, channel unit)에 대한 다양한 분류적 접근들이 시도되었다(Buffington and Montgomery 2013). 하천작용과 연관되어 하천을 횡적으로 서식처 유형으로 하천목본-관목식생, 관수지(冠水地, 범람시 물로 덮이는 지역) 초본식생, 수중식생 등으로 구분하기도 하고(Lee 2005d) 비오톱(생물서식공간, biotop) 단위로 이해(Berg 1948, Marlier 1951)하기도 한다. 이러한 구분들은 하천에서 중요한 생물자원을 보전하고 관리하는 데 매우 유용한 방법이다. 하지만, 하나로 연결된 연속성을 갖는 하천생태계를 유형화하고 서식처를 구분하는데는 여러 어려움이 있다.

■ 하천생태계는 경관적 수준에서 연속성 개념과 동적평형으로 인식해야 한다.

하천차수와 유역별 구분 │ 하천은 인체의 순환계와 같이 기능적으로 연결되어 있다. 흔히 북미에서는 1~3차수를 상류역(headwater), 4~6차수를 중류역(midreach), 7차수 이상을 하류역(lower reach)으로 구분한다(USDA 1998). 하지만, 국토가 좁고 하천지형이 발달한 노년기 지형의 한반도에서는 북미와 같은 하천차수의 유역별 적용은 맞지 않는 경향이 있다. 1:25,000 축척의 지형도에서 낙동강을 9차수, 한강과 금강을 8차수, 섬진강을 7차수, 영산강을 6차수로 분류하기 때문에(WAMIS 2021) 하천차수에 따른 특성들이 다르다. 예를 들어 한강과 낙동강의 8차수 하천 구간의 물리특성은 분명 다르다. 유역과 차수의 대응은 연속적으로 변하고 하천 특성에 맞는 하나로 연결된 생태계로 이해하고 접근해야 한다.

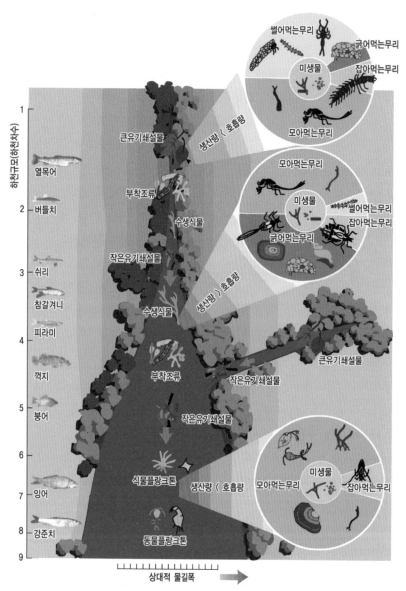

하천연속성과 동적평형 │ 하천연속성 개념(river continuum concept, RCC)은 하천유역 수준에서 생물군집의 생태적 기능을 고려한 이론이다(Vannote et al. 1980)(그림 2-13). 이 개념은 열린생태계(open ecosystem)인 하천에서 지표생물(indicator organism)의 출현에 따라 하천을 구획, 분류, 설명할 수 있다. 여기에서 하천 형태들은 생물학적 요인들을 고려한 하폭, 수심, 유속, 퇴적물과 같은 물리적 요인들 사이

그림 2-13. 하천연속성 개념(USDA(1998) 수정). 하천연속성은 물속생물의 생물·생태적 기능을 고려한 동적평형적 개념이다.

에 균형을 이룬다는 동적평형(dynamic equilibrium)의 지형학 이론에 기초한다(Gordon et al. 2004). 이 개념은 하천구간에 대응한 지표 유기체의 배열과 생물군집의 분포에 대한 설명이 가능하고 하천 구조에 따른 생물종의 생물·생태학적 특성을 보다 쉽게 예측할 수 있다(Wikipedia 2021d). 하천 유역별로 서식하는 저서성 대형무척추동물(수서곤충, benthic macroinvertebrate)군집은 하천 위치의 유기물 특성에 기능적으로 대응하여 출현하기 때문에 유기물의 유입과 분해의 생물과정에 대한 이해가 필요하다(그림 4-22, 4-23 참조).

저서성 대형무척추동물의 섭식기능군 | 하천 상류구간은 식물의 낙엽, 낙지와 같이 큰유기쇄설

물(거친입자유기물, coarse particulate organic matter, CPOM; 1㎜ 이상)이 많이 유입된다. 큰유기쇄설물은 물곰팡이 또는 저서성 대형무척추동물에 의해 작은 유기쇄설물(가는입자유기물, fine particulate organic matter, FPOM; 1㎜ 미만)로 분해된다(그림 2-14)(그림 4-23 참조). 이런 과정을 통해 하천생태계의 물질순환과 에너지 흐름이 유지된다. 저서성 대형무척추동물은 역할(기능)에 따라 섭식기능군(functional feeding groups, FFGs)으로 구분 가능하다. '찔러먹는무리'(piercers), '기생하는무리'(parasites), '썰어먹는무리'(shredders), '모아먹는무리'(collectors), '긁어먹는무리'(scrapers, grazers), '잡아먹는무리'(predators) 등으로 구분한다. 보다 구체적인 내용은 제4장을 참조한다.

그림 2-14. 하천에 유입된 다양한 형태의 낙엽들과 이들의 분해. 유입된 식물체 유기물은 하천에서 다양한 생물적 과정(biological process)을 거치면서 작은유기쇄설물로 분해된다.

유역별 섭식기능군의 구성과 특성 | 하천 상류구간에서 유입되는 유기물은 큰유기쇄설물의 상태이기 때문에 '썰어먹는무리'가 중요한 역할을 한다. 중류구간은 큰유기쇄설물이 감소하면서 썰어먹는무리는 줄고 '긁어먹는무리'와 '모아먹는무리'가 증가한다. 하류구간은 '주워먹는무리'가 현저하게 증가한다(그림 2-13)(표 4-4 참조). 상류구간과 하류구간은 호흡량(respiration)이, 중류구간은 생산량(광합성량, photosynthesis)이 많은 것이 일반적인 특성이다. 이와 같이 하천의 물속 생물군집은 연속적으로 변하며 이에 대응하여 포식자(어류, 포유류 등)들도 변한다. 또한, 작은유기쇄설물이 보다 작은 물질로 분해되어 물질순환에 관여하면 하천 습지에는 식물이 가용할 수 있는 유기물이 증가하여 부영양화는 물론 추수식물 및 수중식물(부엽, 부유, 침수식물)의 증가를 초래한다.

2.2 물길과 유출량의 평형

■ 물길은 동적평형의 역동성을 갖고 물살이 빠르고 느린 반복체계로 이루어진다.

물길의 동적평형 | 물길(하도, channel)의 형태는 하천구간의 공간 특성에 따라 다양하다. 물길의 횡단면 크기에 따라 유량이 결정되는데 수로의 동적인 평형(equilibrium)과 유출량(discharge)이 중요한 변수이다. Lane(1955)은 물길의 평형을 유사량(퇴적물량, sediment discharge, Q_S), 유사입경(퇴적물 크기, sediment particle size, D_{50}), 유출량(streamflow, Q_W), 하상구배(stream slope, S) 4가지 인자들의 상호관계식으로 규명했다(식 2-2). 그는 유사량, 물길 형태, 물길 경사, 침식 저항, 유출량과 같은 다양한 변수들에 대응하여 물길이 형성된다고 인식했다. 이들의 균형이 깨지면 각 인자들은 증감을 통해 동적평형을 유지하려고 한다.

$$Q_S \times Q_W \propto D_{50} \times S \cdots\cdots (\text{식 2-2})$$ (Q_S : 유사량, Q_W : 유출량, D_{50} : 유사입경, S : 하상구배)

강수 유출과 수문곡선 | 유출량은 강수량에 기인하며 양과 질, 시간(계절) 특성에 따라 다르게 나타난다. 하천에서 유출량은 짧은 시간에 하도에 도달하는 홍수유출(stormflow)과 매우 느리게 하도에 도달하는 기저유출(baseflow)로 구분된다(USDA 1998). 홍수유출은 강우시, 기저유출은 강우가 없는 시기의 하천 유량을 결정한다. 우리나라의 기저유출은 대부분 지하수에 의해 유동된다. 하상에 물흐름이 없는 마른 하천인 건천은 유출량이 없는 하천이다. 홍수에 따른 수문곡선(hydrograph)은 상승기(rising limb), 지체기(lag time), 하강기(recession limb) 등을 가진다(그림 3-21, 5-9 참조).

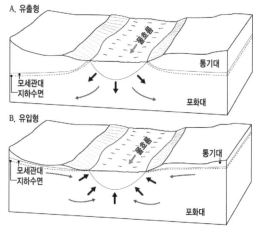

그림 2-15. 지하수 유출 및 유입의 하천 형태

지하수면과 지하수 유동, 기저유출 | 물길과 토양 지하수면(water table)과의 상관성은 유역 전반에 걸쳐 발생되기 때문에 유출량에 영향을 준다. 지하수면의 위치에 따른 물의 이동은 유출형(effluent 또는 losing, 손실하천)과 유입형(influent 또는 gaining, 이득하천)으로 구분된다(그림 2-15). 유입형은 지하수위가 하천수위보다 높아 포화대로부터 지하수가 하도로 유입되기 때문에 하도 유출량은 증가한다. 유출형은 물이 지하 대수층으로 스며들기 때문에 하도 내의 유출량은 감소한다. 우리나라의 하천은 대부분 지하수로 유지되는 기저유출이기 때문에 유입형에 해당된다.

물길발달모형 | 하천에서 퇴적물, 수리적 부하량, 하도 지형과 경사 등의 물리적 균형이 깨지면 물길은 동적평형을 이루기 위해 반응 또는 조정하여 재안정화된다(Lane 1955, Schumm et al. 1984). 이러한 물길발달모형(channel evolution model, Schumm et al. 1984)은 역동적인 하천에서 여러 단계를 거쳐 적용한 형태로 물길이 표출된다. 모형은 5단계로 구분되며 기후변화 및 인간의 영향에 따른 물길의 대응과 변화를 예측할 수 있다(그림 2-16). 단계 I 은 안정(stable), 단계 II 는 물길이 깊어지는 감입(嵌入, incision), 단계III은 강턱이 무너져 물길이 확대(widening)된다. 단계IV는 물길 주변이 무너져 매적(埋積, aggradation)되어 퇴적과 안정화가 진행되고 단계 V 는 평면형(planform)의 거시적인 준평형안정(quasi-equillbrium stable) 상태로 설명될 수 있다(Vermont Agency of Natural Resources 2005). 이러한 물길의 역동성에 따라 소폭포, 여울, 소, 사주 등의 다양한 생물서식공간들이 만들어지고 여기에는 일정한 규칙들이 존재한다.

계단-소와 여울-소 연속체 | 하천 물길은 계단-소(step-pool, 단-소, 게-빔)의 여울-소(riffle-pool)의 반복으로 이루어지는 연속체이다. 하천의 종단곡선은 크게 보면 오목한 형태이지만 실제는 급경사와 완경사가 반복되는 지형적 특성으로 이루어진다. 급경사 부분은 계단 또는 여울, 완경사 또는 역경사 부분을 소라고 한다(Shin 2004b). 하천 최상류 계류에서는 주로 계단-소, 상류~하류 구간에서는 여울-소의 연속체가 발달한다.

계단-소 연속체 | 계단-소 연속체는 산지하천의 계류구간에서 높은 하상구배, 바윗돌(거석, 전석 轉石, boulder)과 왕자갈(cobble)이 우세한 퇴적환경이다. 하천으로 유입되는 퇴적물은 사면침식(斜面侵蝕, slope-washing) 또는 사면이동(斜面移動, mass movement)으로 유입되는 것들이 많고 양의 변화가 매우 불규칙적이다(Whittaker 1987). 물길 내의 계단은 바윗돌 및 큰 도목(倒木, large woody debris) 등에 의해 형성된다. 계단-소의 주기는 하도폭의

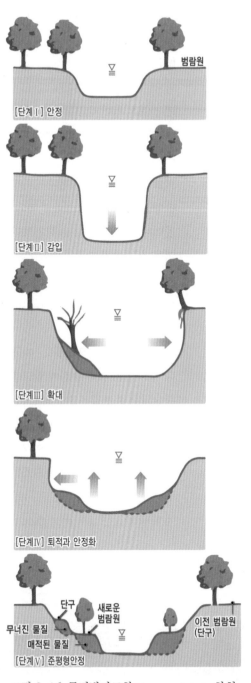

그림 2-16. 물길발달모형(Schumm et al. 1984). 하천에서 물길은 매적과 감입, 축소와 확대 등의 5단계의 과정을 거치면서 형성된다.

1~4배로 나타난다(Leopold 1994, Montgomery and Buffington 1997). 단독 계단-소는 2° 또는 약 4% 이상의 경사도에서(Chin 1989, Grant et al. 1990, Montgomery and Buffington 1997), 연속 계단-소는 4° 또는 약 7% 이상에서 주로 나타난다(Church 2002, Church and Zimmermann 2007). 우리나라 지리산 주변의 하천에서 계단-소는 하도폭의 0.6~4배인 것으로 분석되었다(Kim and Jung 2018). 산지하천에서 하상구배는 하류 방향으로 갈수록 감소하고 계단의 간격은 멀어지고 높이도 낮아져 급류(rapid)로 변한다. 여울-소 연속체 보다 주기가 짧은 것은 높은 하상구배와 난류의 지속성에 의한 에너지 분산이 원인이다(Chin 1989).

여울-소 연속체 │ 하천에서 하상구배가 더욱 감소하면 파장이 하폭의 5~7배에 달하는 여울-소가 종방향을 따라 연속적으로 반복되는 특성이 있다(Leopold 1994, USDA 1998, Son 2008). 간격의 규칙성은 모래하천이나 전석(바윗돌, boulder)하천보다 자갈(gravel 또는 pebble)하천에서 확연히 나타난다(Knighton 1984, Leopold 1994). 여울-소 연속체에서 사행(蛇行, meandering)파장은 하폭의 10~14배(평균 12배)이고 사행하는 하도(물길) 중앙의 사행도는 파장의 1/5(하폭의 2.3배)에 달한다(Leopold 1994). 즉, 사행파장은 여울-소 연속체의 두 배에 해당되는 것으로 이해할 수 있다.

수면흐름 형태와 여울들 │ 여울은 유속에 따라 흔히 급여울(riffle)과 평여울(run)로 다시 구분될 수 있다. 급여울은 흔히 수심이 얕고 흰 포말이 관찰될 정도로 물결이 발생된다. 평여울은 수면에 물결이 관찰되나 흰 포말은 관찰되지 않는 형태이다. 이는 하상구배 등과 관련이 있고 서식하는 생물종 구성에도 차이가 있다. 우리나라 양양남대천에서 하상구배는 평여울 구간에서 0.0011-0.0057, 급여울 구간에서 0.0143-0.0201로 급여울 구간이 높다(Hong et al. 2012). 유속에 따른 물흐름 형태는 퇴적물과 수심 등과 관련이 있다. 물의 수면흐름 형태에 따라 흔히 rapid(cascade), ripple, run, glide, pool 등의 형태로 구분할 수 있고(그림 2-17)(표 2-3, 2-4 참조) 이러한 형태들은 물길을 따라 연속적으로 나타난다. 유속과 수심에 따라 물길은 흔히 pool-glide-riffle-run-pool의 형태가 연속적으로 나타나고 물길의 구조에도 차이

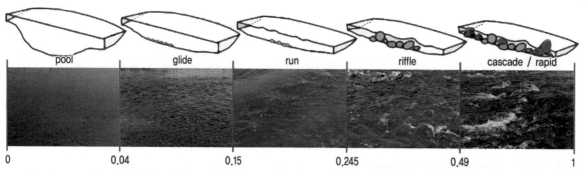

그림 2-17. 수면의 물흐름과 하천단면 형태. 물흐름이 빠르면 하상 퇴적물과 수심 등의 단면 형태가 다르다.

가 있다(Rosenfeld et al. 2011). 이러한 물리, 수문환경과 수계생물과의 관계 연구는 생물·생태학적 연구에 중요한 관심거리이다.

■ 하천에서 물길의 굽은 정도는 만곡도로 이해할 수 있다.

하도(하천)내 물길의 갯수와 만곡도 ｜ 물길의 모양은 여러 형태이고 물길이 하나인 하천과 복수인 하천으로 대구분할 수 있다. 복수의 물길을 갖는 하천을 흔히 망류하천(網流河川, 분류하천, braided stream)이라 한다(그림 2-18). 물길은 상류에서 하류방향으로 여러 요인들에 의해 휘면서 이동한다. 물길이 휘는 정도는 흔히 만곡도(灣曲度, 만곡비, sinuosity index, SI) 또는 굴곡도(屈曲度), 사행도(蛇行度), 곡률도(曲率度)로 표현된다(도움글 2-2). 만곡도는 하천에서 곡선의 하도길이를 두 지점의 직선길이로 나눈 값을 말하며 사행(휘는, 굽은) 정도를 가늠하는 지표이다. 흔히 만곡도가 1.3보다 크면 하천은 사행이 진행되고 있으며(USDA 1998) 만곡도가 1.5 이상이면 사행하천(곡류하천, 물굽이하천)으로 분류한다. 국내에서도 하천의 만곡도를 1에서 1.5 사이의 값으로 5등급 분류하여 하천의 물리구조를 평가하는데 사용하기도 한다(Kim 2019).

[도움글 2-2] **만곡도**(SI) **구분**(Mueller 1968)
SI < 1.05: 직선 (almost straight)
1.05 ≤ SI < 1.25: 약간 굽은 (winding)
1.25 ≤ SI < 1.50: 굽은 (twisty)
1.50 ≤ SI: 많이 굽은 (meandering)

그림 2-18. 망류하천 전경(합천군, 황강). 망류하천은 복수의 물길을 갖는 형태를 말한다.

하천곡률의 발달 모델 ｜ 하천시스템은 동적인 평형(equilibrium)을 지향하고 에너지를 최소화하려는 방향으로 진행한다. 평면적으로는 곡률도(만곡도)를 증가시키고 수직적으로는 일정한 경사를 갖는 흐름으로 하상(河床, 하천표면, river bed)의 기복을 발달시킨다(Yang 1971). 하천은 전체 구간 내에서 에너지 소비를 균등하게 하기 위한 전략으로 곡률의 연속체를 형성한다. 지형학에서 이러한 하천곡률의 발달에 관련된 모델들이 제안되었다(Keller 1972). 이 모델에 의하면 초기 상태의 하천은 직류이면서 하도 양안에 비대칭적 여울이 번갈아 나타난다. 이후 측방침식과 하방침식이 진행되어 곡률도는 증가하고 비대칭성이 진전되어 곡률의 여울-소 연속체가 발달한다는 이론이다.

2.3 지형단위 수준의 횡단면적 접근

■ 우리나라 하천에는 물길구간 이하 수준에서 다양한 지형단위들이 있다.

우리나라 하천의 다양한 지형단위들 │ 지형학에서는 지표에서 관찰되는 여러 지형요소들을 지형단위(geomorphological units)로 정의한다. 하천에는 별도로 구분되는 고유의 속성을 가지는 지형단위들이 많다. 국내 지형학자들은 침식과 퇴적 기원에 의해 형성된 하천 지형단위를 총 35개로 분류한다(NIE 2019)(표 2-6). 폭포, 미앤더코어, 하안단구(河岸段丘), 하천습지 등이며 주로 하천작용(침식, 퇴적, 운반)과 관련이 있다(그림 2-19, 2-20). 지형단위들의 형성과 발달은 서식하는 식물상(flora)과 그에 의존하는 동물상(fauna)에 많은 영향을 끼친다. 지형단위들 가운데 하천생물의 발달과 연관된 단위들을 소개한다. 이 외에도 물속생물 등과 연관된 포트홀, 하식동, 기반암 하상, 소, 망류구간하도, 포인트바, 하중도 등이 있다. 또한, 산지습지, 호소습지 등과 관련된 여러 지형단위들은 별도의 자료를 참조하도록 한다.

폭포 │ 폭포(瀑布, water fall)는 유수가 하천 유로의 위치 차이를 극복하기 위해 물이 수직으로 떨어지거나 미끄러지는 흐름을 갖는 지형이다. 백두산의 장백폭포, 태백의 미인폭포, 연천의 비둘기낭폭포(그림 2-19), 철원의 직탕폭포, 합천의 황계폭포 등이 있다. 폭포에는 두부침식(頭部浸蝕, headward erosion)이 일어나며 일부 폭포는 하천쟁탈(河川爭奪, stream piracy)에 의해 형성된 것으로 설명한다(Son 2014). 하천쟁탈의 지형작용은 어류의 지리적 분포를 이해하는데 중요하다. 식물학적 관점에서 이곳에는 폭포 상부와 하부 사이에 돌단풍군락과 같은 암벽식생(岩壁植生, rock vegetation)이 발달한다. 떨어지는 폭포수가 포말(물거품)되어 흩뿌려지기 때문에 암벽식물들의 서식처 수분 조건은 비교적 습한 환경이 형성된다.

감입곡류, 미앤더코어, 구하도 │ 감입곡류(嵌入曲流, incised meander reach)는 하천이 기반암을 아래로 깎아 곡류하는 하천지형을 말한다. 정선군과 영월군의 동강생태·경관보전지역 일대, 영월군의 한반도 지형이 대표적이다. 감입곡류는 하곡이 대칭을 보이는 굴삭사행(entrenched meander, 예: 그랜드캐니언)(그림 2-1 참조)과 비대칭성을 보이는 생육사행(ingrown meander, 예: 동강)(그림 2-19)으로 구분된다. 침식기준면(base level of erosion)은 이러한 하천지형의 발달에 중요한 역할을 한다. 우리나라 대부분의 하천은 단면적으로 비대칭형으로 생육사행하천에 해당된다. 우리나라 산간지역에서 흔하게 관찰되며 하천 위치에 따라 다양한 식물군락이 발달한다. 일부 경목림(hardwood forest) 또는 버드나무림과 같은 연목림(softwood forest), 달뿌리풀, 갈풀, 물억새 등의 다년생 초본식생이 형성된다. 감입곡류 구간에서 폭이 좁은 '곡류의 목'이 절단되어(영월군 미리내폭포, 양구군 두타연, 울진군 광품폭포 등) 분리된 산지나 구릉지를 미앤드코어(곡류핵 曲流核, meander core)라 한다(그림 2-19)(그림 2-29 비교). 구하도(舊河道, old stream channel)는 하도(물길)의 일부가 자연적 또는 인위적으로 절단되어 현재 하천에서 벗어나 있는 구간을 말한다. 하상구배는 절단된 하도 쪽은 급경사를, 구하도 쪽은 완경사를 이루어 배후습지가 발달하기도 한다. 대표적으로 영월군 방절리, 나주시 죽산보 등지에서 자연적인 구하도습지(그림 2-19, 2-29, 2-50 참조)가 관찰된다. 감입곡류하천에서 발달한 영월군 방절리와 달리 나주시의 죽산보는 자유곡류하천에서 형성된 우각호(牛角湖, oxbow lake)의 형태이다.

하식애 | 하식애(河蝕崖, stream cliff)는 감입곡류의 공격사면인 하천절벽을 말한다(그림 2-19). 동강(영월군, 정선군), 청송의 길안천, 안동 하회마을의 부용대, 부여의 낙화암 등지에서 관찰된다. 하식애에는 암벽식생이 발달하며 석회암 지대인 동강 일대에는 동강고랭이군락 및 회양목군락 등이 관찰된다. 그 외의 지역에서는 측백나무군락, 돌단풍군락, 모감나무군락, 좀목형군락 등도 발달한다. 측백나무군락은 주로 하식애에서 생육하는데 자생지를 천연기념물로 지정한 곳이 많다. 천연기념물은 대구 도동 측백나무숲(제1호), 단양 영천리 측백나무숲(제62호), 영양 감천리 측백나무숲(제114호), 안동 구리 측백나무숲(제252호), 서울 삼청동 측백나무(노거수, 제255호)로 자생지 4곳과 노거수 1개이다(2021년 말 기준)(그림 7-73 참조).

선상지 | 선상지(충적선상지 沖積扇狀地, alluvial fan)는 경사가 가파르고 운반력이 큰 산지하천이 운반에너지가 감소된 평지로 흘러드는 곳에서 발달하는 부채꼴 모양의 충적 퇴적지형이다(그림 2-20)(그림 2-38 참조). 선상지에는 퇴적물량에 비해 유량이 부족하기 때문에 망류하천을 형성하는 경우가 많고 주로 사력물질이기 때문에 일부는 복류(伏流, underflow)의 형태가 관찰된다(Son 2008). 산간지역에는 크고 작은 선상지들이 관찰되는데 느릅나무류(Ulmus spp.), 버드나무류(Salix spp.), 오리나무류(Alnus spp.)가 주로 발달한다.

하천습지, 배후습지 | 하천습지(riverine wetland)는 하도 내에서 영구적 또는 간헐적으로 침수되면서 습지식생이 잘 발달한 구역으로(그림 2-20) 대부분 충적지형이 발달한 곳이다. 국내에서 생태환경이 건강한 담양하천습지(담양군), 한강하구(김포시, 고양시), 광주 장록습지(전라 광주시), 영월 한반도습지(영월군)(그림 2-50 참조), 순천 동천하구습지(순천시)(그림 5-20 참조), 섬진강 침실습지(곡성군)(그림 1-4 참조), 고창 인천강하구(고창군)(그림 2-56 참조) 등의 하천습지(일부는 하구습지)를 국가 습지보호지역으로 지정 관리하고 있다. 배후습지(背後濕地, back swamp)는 범람원에서 자연제방 뒤쪽의 비교적 낮은 저지대에 발달하는 담수습지이다. 창녕군의 우포늪과 쪽지벌, 고령군의 호촌늪, 합천군의 박실지와 정양지 등이 대표적이며 일부를 습지보호지역으로 지정 관리하고 있다. 하천을 종적으로 보면 하류부는 하상구배가 매우 낮아 느린 정체수역이 형성되며 자유곡류의 특성이 증가한다(나주 죽산보 등)(그림 2-50 참조). 이로 인해 충적지형이 잘 발달하고 하천습지 및 배후습지와 같은 자연늪(함암군의 대평늪, 질랄늪, 유전늪 등)이 잘 발달할 수 있다. 낙동강 유역의 자연늪들은 하구로부터 50~170km 구간인 하류구간(함안군 등)에 주로 분포한다(Son and Jeon 2003).

표 2-6. 우리나라에서 관찰되는 하천에 관련된 다양한 지형단위들(NIE 2019)

대구분	지형단위	개괄적 내용
침식 지형	폭포(water fall)	하천의 경사급변점(천이점)에 나타나는 낙수현상
	폭호(plunge pool)	폭포 아래 암반 상에 깊게 파인 둥근 와지
	포트홀(pothole)	하상의 기반암에 마식작용으로 형성된 침식혈
	소(pool)	하천 공격사면 바로 밑의 하상에 형성된 수심이 깊은 곳
	감입곡류구간(incised meander)	기반암을 침식시켜 폭에 비해 곡이 깊은 산지 사이를 흐르는 곡류하천
	미앤더코어(meander core)	곡류가 절단된 후 현재 하도와 구하도 사이에 형성된 원추형의 지형
	협곡(canyon or gorge)	양쪽 곡벽이 급경사를 이루며 좁고 깊은 계곡
	하식애(stream cliff)	하천의 침식작용으로 형성된 단애
	하식동(stream cave)	하천의 침식작용으로 만들어진 동굴
퇴적 지형	삼각주(delta or delta fan)	하구 주변에 하천 운반 퇴적물이 쌓인 삼각형 모양의 퇴적지형
	선상지(alluvial fan)	곡구(계곡 입구)에 발달한 부채꼴 모양의 사력 퇴적지형
	곡저평야(valley plain)	곡저를 중심으로 하곡의 충진(filling)으로 형성된 퇴적평야
	포인트바(point bar)	활주사면에 모래나 자갈이 쌓여 형성된 퇴적지형
	자연제방(natural levee)	홍수 범람으로 하천 양안을 따라 퇴적물이 쌓여 고도차가 있는 지형
	하중도(mid-channel island)	하천 가운데 존재하는 섬 모양의 퇴적지형(목본류 정착)
	사력퇴적지(bar)	하천 가운데 존재하는 섬 모양의 퇴적지형(초본 피복 또는 식생 없음)
	구하도(old channel)	과거에 하천이 흘렀던 하도
	yazoo 하도(yazoo stream)	자연제방 너머 평탄한 범람원을 흐르는 지류하천
	우각호(oxbow lake)	곡류가 절단된 구하도 상에 형성된 소뿔 모양의 호소
	천정천(ceiling river)	하천의 퇴적작용으로 하상(하천바닥)이 주변보다 높아진 하천
	망류하도구간(braided stream)	하천이 분류와 합류를 하면서 그물모양을 이루며 흐르는 하천
	하천습지(riverine wetland)	하천의 본류나 지류 구간에 형성된 하천 내의 습지
	배후습지(back marsh or swamp)	자연제방 뒤에 상대적으로 고도가 낮은 저습지
	샛강습지(interrupted tributary wetland)	하중도와 범람원 사이에 과거 분류구간이나, 현재 습지화된 지형
	하안단구(river terrace)	하천작용으로 만들어진 하천 양안의 계단 모양의 지형
	호소성 습지(lacustrine wetland)	호소 형태의 습지
기타	용천(spring)	지하수의 용출(하천의 발원지 등에 적용)
	기반암하상(rock riverbed)	하천의 바닥이 기반암으로 된 지형(하천구간)
	풍극(wind gap)	하천 유로가 다른 하천 유로에 의해 쟁탈당해 말라버린 하도구간
	범람원(floodplain)	홍수시 하천의 범람으로 사력물질이 쌓인 퇴적지형
	하천충적평야	하천 양안의 제방 내부에 형성된 저기복의 충적지형
	인공호수	인공 구조물이나 토지이용으로 형성된 호수
	포트홀군(pothole group)	기반암하상에 마식작용으로 형성된 침식혈이 집단 분포하는 곳
	하천선돌	암반 하상에 기반암 침식에 의해 형성된 잔류암체
	둠벙습지	계곡 상부에 통수 등에 의해 형성된 습지

그림 2-19. 다양한 단위지형들-1. 위에서부
터 비둘기낭폭포(연천군, 한탄강 지류), 감입곡류하
는 동강(정선군), 곡류절단-곡류핵-구하도(정선
군, 지강천), 하식애(정선군, 동강)이다.

그림 2-20. 다양한 단위지형들-2. 위에서부
터 선상지(인제군), 하천습지(안동시, 낙동강-구담습
지), 배후습지(함안군, 질랄늪), 하안단구(울산시, 대곡
천)이다.

하안단구 | 하안단구(河岸段丘, river terrace)는 과거 하상(하천바닥) 일부가 현재 하상보다 높게 분포하는 계단 모양의 지형을 말한다(그림 2-20). 이러한 곳은 주로 기반암(지반 융기 및 해수면 하강 기원) 또는 둥근 형태의 퇴적물(빙기/간빙기의 기후변화 기원, 원력, 강돌)이 관찰된다. 하안단구는 단구면(段丘面, terrace surface), 단구애(段丘崖, terrace scarp)로 이루어져 있으며 지반 융기 및 해수면 하강으로 침식기준면이 변하거나 기후변화 등이 원인이다(Kim 2008). 평탄한 단구면들은 농경지로 개간되는 경우가 많다. 경작하지 않고 방기(放棄)되었거나 자연상태의 단구에는 경목(물푸레나무, 들메나무, 고로쇠나무, 느릅나무, 서어나무 등) 또는 연목(버드나무, 왕버들, 오리나무, 쪽버들 등)으로 된 수변림 또는 소나무림(fine forest), 참나무림(oak forest)들이 주로 관찰된다.

그림 2-21. 하천작용에 의해 형성된 횡단 구조(청송군, 길안천). 하천은 횡단적으로 급경사의 공격사면과 완경사의 활주사면으로 구분된다.

그림 2-22. 하천단면의 전형적인 구조(하동군, 섬진강). 횡단적으로 지형공간을 세분하여 이해할 수 있다.

■ 하천의 횡단면은 나선 물흐름에 대응하여 지형 구조가 발달한다.

하천 횡단구조 │ 하천과 주변의 산지(고지, upland)가 연결된 일반적인 횡단구조(cross-section)는 하도(stream channel), 범람원(floodplain), 전이지대(transitional upland fringe)로 대구분할 수 있다. 횡단구조는 수분포화기간(수문기간, 침수기간, hydroperiod)의 영향으로 공간 구분이 뚜렷하고 그에 대응하여 식물들이 발달한다. 우리나라와 같이 비대칭으로 생육사행하는 감입곡류하천에서는 양안(兩岸, both banks)의 단면구조가 확연히 다르다. 흐르는 물이 부딪히는 수충부(水衝部, 충수역)의 공격사면(攻擊斜面, 침식사면, erosion zone, 외곡부)과 반대쪽의 퇴적이 활발한 활주사면(滑走斜面, 퇴적사면, 후퇴사면, 방어사면, deposition zone, 내곡부)으로 구분한다(그림 2-21, 2-22).

나선 물흐름과 횡단구조 │ 물은 상류에서 하류 방향으로 흐르면서 활주사면에서 공격사면 방향으로 나선흐름(helical flow)이 발생된다(그림 3-20 참조). 공격사면에는 집중류(convergent flow)의 물흐름으로 급경사(steep slope)의 하천절벽이, 활주사면에는 분산류(divergent flow)의 물흐름으로 완경사(gentle slope)의 충적지형(흔히 자갈 또는 모래)이 형성된다(그림 2-21, 2-22). 공격사면으로 나선형의 집중류는 곡류하천에서 물길이 역동적으로 이동하는 원인이다. 하도에서 수심이 가장 깊은 최심선(最深線, talweg)은 항상 공격사면 방향에 형성된다. 충적지가 발달한 활주사면에는 영양분이 풍부하여 토양환경은 비옥하다. 공격사면에는 바위틈(암극 岩隙, chasmophyte) 또는 바위(암벽 岩壁, rock) 위에 식물들이(돌단풍 등), 활주사면에는 자갈, 모래에 뿌리를 내려 사는 다양한 습생식물들이(달뿌리풀, 물억새 등) 발달한다.

■ 하천식물의 분포는 하천횡단적 수위변동 정도에 따라 공간을 구분할 수 있다.

수위에 따른 하천 횡단모형 │ 수분포화기간에 영향을 받는 하천 횡단구조는 침수빈도와 강도에 밀접한 연관이 있다. 하천식물들의 분포도 이에 대응하여 나타나기 때문

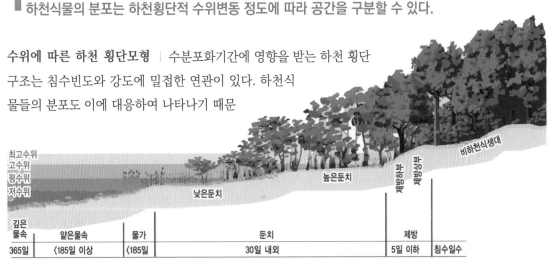

그림 2-23. 하천단면과 연간 침수일수와의 관계(Lee and Kim 2005). 수위변동에 따라 하천관리가 이루어지고 하천에서 넓은 육상공간인 둔치는 30일 내외, 제방은 5일 이하의 침수일수를 가진다.

그림 2-24. 강우 강도별 수위변동(문경시, 영강). 고수위(상), 중수위(중), 저수위(하)에 따라 하천단면의 영향 범위가 상이하다.

에 지형 구조의 일반적인 횡단모형을 이해할 필요가 있다. 횡단의 식생분포는 평수위의 기준상대고도로 해석할 수 있다(Kim et al. 2014d). 자연적인 하천횡단 지형은 물속(수중역), 물가(수변역, 수제 水堤), 하중도, 둔치(강턱, 고수부지역), 제방(堤防, 둑방) 등으로 공간을 구분할 수 있다(그림 2-22). 수위적으로 하중도는 둔치와 유사한 공간으로 인식하면 된다. 제방은 고수위(홍수위)에, 둔치는 중수위(홍수위, 풍수위)에, 물가와 물속은 저수위(평수위, 갈수위)에 영향을 받는 공간이다. 하천식생이 발달하는 공간은 최고수위 아래의 영역이다. 이 영역에 형성된 식생들은 연중 침수일수에 따라 구분 가능하다(Bittmann 1965, ME 1999)(그림 2-23). 침수일수는 수위 구분의 기준지만(도움글 2-3) 이에 대응하여 식물군락의 발달을 이해하는데는 한계가 있다. 수위는 흔히 고·중·저수위로 대구분하지만(그림 2-24) 하천관리를 고려할 때는 갈수위, 평수위, 홍수위 등으로도 구분할 수 있다.

물속 공간 │ 수중권(aquatic zone)이라고도 하고 주로 갈수위 정도의 위치에 해당된다. 연중 내내 침수되어 있는 공간으로 토양은 항상 포화된 상태로 존재한다. 이 공간에는 깊은물속에서부터 침수식물, 부유식물, 부엽식물, 추추식물의 순으로 식생이 띠 형태로 연속적으로 공간 분포한다. 흔히 수생식물(helophyte, aquatic plant)이라 불리는 식물이 자라는 공간이다. 물속공간은 깊은물속과 얕은물속 공간으로 다시 세구분된다. 추수식물은 주로 1m 이하의 얕은물속에서 자라며 줄, 애기부들, 큰고랭이, 세모고랭이, 갈대, 질경이택사, 나도겨풀 등이다. 부엽, 부유, 침수식물과 같은 수생식물들은 주로 깊은물속에 자라지만 얕은물속에서도 서식하기도 한다.

물가 공간 │ 수변권(waterside zone)이라고도 하고 저수위 또는 평수위에 해당된다. 이 공간에는 파랑(wave)에 영향을 받는 물결지(splash zone: 저수위 바로 위 지역, toe zone: 갈수시에 노출 지역)와 약한 강우시 수위가 상승하여 영향을 받는 물가턱(channel bank)으로 세구분된다. 수분조건은 적습~약습하다. 물결지 공간에는 갈대와 같은 추수식물(emergent plant) 또는 고마리, 여뀌, 흰여뀌, 돌피, 물피 등과 같은 습생의 일이년생 식물(습윤지식물, moist-soil species)들이 주로 서식한다. 이들을 흔히 습생식물(hydrophyte)이라 한다. 물가턱 공간에는 달뿌리풀, 갈풀 등과 같은 다년생 습생초본식물이 서식한다.

둔치 공간 | 고수부지권(terrace zone, 강턱)이라고도 하고 평수위, 풍수위, 중수위에 영향을 받는다. 지형학과 수문학에서는 흔히 범람원(氾濫原) 또는 홍수터(洪水-, floodplain)라 한다. 이 공간은 물가 쪽의 낮은둔치와 제방 쪽의 높은둔치 공간으로 다시 세구분된다. 미세지형에 따라 공간의 수분조건은 다르며 다년생식물들이 주로 우점한다. 식물종은 초본성인 달뿌리풀, 갈풀, 물억새가, 목본성은 갯버들, 키버들, 선버들, 왕버들, 버드나무 등이 대표적이다. 이들은 홍수위에 대부분 침수된다(그림 2-25). 특히, 활주사면의 제방 쪽의 둔치에 낮은 함몰된 지형이 만들어지면 둠벙(웅덩이)의 배후습지가 형성되기도 하며 입지 환경(영양염류, 수심 등)에 맞는 수생식물들이 생육한다.

제방 공간 | 하천제방권(stream bank zone, 둑방, 방죽)이라고도 하고 풍수위 이상에서 최고수위 사이의 공간이다. 비교적 건조하고 주로 홍수위에만 침수되며 제방 하부와 상부 공간으로 다시 세구분할 수 있다. 우리나라 제방은 홍수를 대비해 매년 지속적으로 관리된다. 자연적인 제방에는 교목성 식물종이 우점하며 버드나무, 왕버들, 개수양버들, 오리나무, 비술나무 등이 주로 발달한다. 하지만, 인위적인 교란 또는 사면녹화 등으로 아까시나무, 가중나무, 족제비싸리, 큰낭아초, 큰김의털, 자주개자리, 큰금계국, 쑥, 개밀, 쇠뜨기, 애기똥풀, 띠, 칡, 환삼덩굴, 단풍잎돼지풀, 가시박 등의 비하천 식물종(외래식물 포함)이 빈번히 관찰된다.

하천 횡단구조의 변형 | 하천의 횡단구조는 20세기 들어 근대화를 거치면서 원형이 많이 변형되었다. 특히, 우리나라 대하천은 2013년 2월에 종료된 4대강사업(한강, 낙동강, 금강,

[도움글 2-3]
수위(水位, water level)**의 종류**(HRFCO 2021)

- 최고수위(highest water level): 가능최대홍수(probable maximum flood)가 저수지로 유입될 경우에 상승할 수 있는 가장 높은 수위(댐 설계 관련)
- 고수위(high water level): 매년 1~2회 발생 정도의 높은 유량과 수위(하천구조물 설계 기준)
- 저수위(low water level): 정상적인 저수지 운영에서 사용되는 가장 낮은 수위로 1년을 통하여 275일은 이보다 저하하지 않는 수위
- 풍수위(aboundant water level): 연중 95일이 이보다 내려가지 않는 수위
- 홍수위(flood water level): 유입홍수 저장의 제일 높은 수위(홍수조절)
- 평수위(ordinary water level): 1년에 185일보다 저하하지 않는 수위
- 갈수위(drought water level): 1년 355일보다 저하하지 않는 수위
- 사수위(dead storage level): 유사(流砂)의 퇴적으로 인해 저수기능이 상실되는 수위

평수위

홍수위

그림 2-25. 선버들림의 수위 영향(합천군, 낙동강). 하천 둔치의 주요종인 선버들림은 홍수위에 거의 대부분 침수된다.

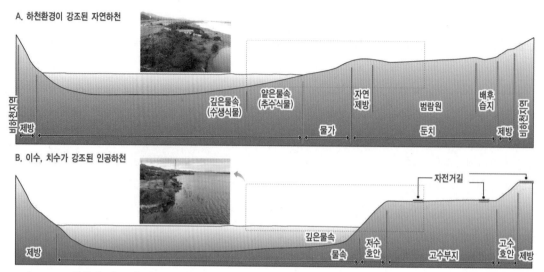

그림 2-26. 생태적 기능이 높은 자연적인 하천단면(상)과 이수, 치수가 강조된 인공적인 하천단면(하)(고령군, 낙동강; 상: 2002년, 하: 2023년). 자연하천에 비해 인공하천은 단면이 완만하지 못하고 지형이 평탄하고 급하게 변하는 형태로 변했다. 둔치는 자전거길 등이 조성되어 있어 지속적인 교란이 발생한다.

영산강)을 통한 하천지형 변화가 뚜렷하다. 4대강사업은 하천환경보다 이수, 치수 개념이 보다 강조되었다. 이로 인해 4대강의 대하천들은 횡단적으로 완만했던 환경구배가 급격한 형태로 변하였다(그림 2-26). 이로 인해 횡적으로 식생이 발달할 수 있는 수변폭이 크게 축소되었고 수변의 버드나무류 우점림은 자연상태보다 좁은 띠형태로 발달하는 경우가 많다. 치수 개념에서 용어는 물가, 둔치가 각각 저수호안과 고수부지, 고수호안 등으로 사용된다.

3. 하천작용과 퇴적물 이동

3.1 하천작용과 물리적 특성

■ 하천작용은 침식, 운반, 퇴적 과정을 의미하며 평형을 위한 역동성을 갖는다.

하천작용과 물길 역동성 │ 물길(하도, channel)의 역동성은 평형을 이루려고 하는 하천작용의 결과이다(Lane 1955). 물길은 상류에서 하류로 흐르면서 파이고 휘어지고 잘리는 이동이 강한 역동성을 가진다. 역동성은 물리적 특성(암석, 토양, 유량, 유속 등)에 따라 다르고 침식(erosion), 운반(transportation, carrying), 퇴적(sedimentation)으로 하천의 상태를 변화시켜 하천작용(fluvial process)의 결과로 나타난다. 하천작용은 하천으로 유입된 퇴적물(유사, sediment)을 하류로 이동시키는 과정들이다. 역동성의 결과로 하상의 형태(bedform)는 짧게는 수 년에서, 길게는 수천 년에 걸쳐 형성된다. 하천작용의 주요 영향 요소는 퇴적물, 수송능력, 식생 등이 있다(NRBMI 2004).

그림 2-27. 상류 영주댐(2016.12. 준공)으로 인한 회룡포의 식생 정착(상: 2003년, 하: 2020년, 예천군, 내성천 하류). 영주댐으로 인해 퇴적물 이동이 감소되어 식생의 정착이 촉진되고 있다.

퇴적물 운반과 영향 요인들 │ 퇴적물과 수송능력, 식생은 어떤 영향을 줄까? 퇴적물은 상류구간에서 공급되는 양, 입자크기, 빈도 등이 주요 영향요인이다. 특정 하천구간에 수용력 이상의 많은 퇴적물이 공급되면 물길바닥이 상승하거나 넓어져 천정천(天井川, ceiling river, 하상이 주변 평야보다 높음) 또는 망류하천(그림 2-18 참조)이 형성되기도 한다. 이는 퇴적물의 수송능력과 연관성이 높다. 하천 내의 물리적 구조(지형, 횡구조물, 제방 형태 및 구조 등)는 하도의 경사, 통수능력, 유수량, 유수 지속시간에 영향을 주기 때문에 퇴적물 수송능력 역시 변한다. 특히, 20세기 후반들어 도시 팽창으로 하천 지표의 식생이 제거되어 토양의 불투수성 면적이 증가하였고 첨두홍수량은 급격히 증가했다(그림 3-21, 3-22, 5-9 참조).

횡구조물에 의한 하천작용의 변형 │ 하천에서 횡구조물(댐, 보 등)

은 하천 본래의 물리적 특성을 변화시켰고 하류에 유수량과 퇴적물의 감소를 유발시켜 하천지형의 변화를 초래하였다. 특히, 낙동강 지류인 내성천, 황강 등과 같은 모래하천 상류에 대형댐 건설로 인해 댐 하류는 상류로부터 모래 이동의 제한 등으로 식생이 안정화되었다(그림 2-27). 정착한 식생은 퇴적물의 공급 과정과 수송능력에 보다 영향을 끼친다. 활주사면에서 둔치와 제방 사이의 이러한 식생들은 퇴적작용을 더욱 촉진시켜 충적지형 및 하천식생의 번무화(蕃茂化, 초목이 무성함)을 초래한다(그림 6-33 참조).

■ 침식의 종류와 발생 유형, 물리적 과정들은 여러 형태로 일어난다.

표 2-7. 침식 유형과 물리적 과정(자료: USDA 1998)

침식 유형 (erosion type)	침식/물리적 과정(erosion/physical process)			
	포상류 (sheet flow)	집중유출 (concentrated flow)	대량붕괴유출 (mass washing)	복합형태 (combination)
포상/우구(sheet/rill)	■	■		
소우곡(interrill)	■			
우구(rill)	■	■		
바람(wind)	■	■		
일시적 우곡(ephemeral gully)		■		
전형적 우곡(classic gully)		■	■	
범람원 세굴(floodplain scour)		■		
도로사면(roadside)				■
제방(streambank)		■	■	
하상(하천바닥, streambed)		■		
산사태(landslide)			■	
파랑/물가(wave/shoreline)				■
도시화, 건설(urban, construction)				■
지표 광산(surface mine)				■
빙하(ice gouging)				■

침식 유형과 물리적 과정 | 침식(浸蝕, erosion)은 특정 공간에서 토양입자가 이탈하는 것을 의미한다. 침식의 원인과 종류는 다양하다(표 2-7). 원인은 빗방울, 지표유출, 수로유출, 중력, 바람, 화학작용 등 여러 과정으로 발생된다. 침식지형들은 포상(布狀, 면, sheet)침식, 소우곡(小雨谷, 가는골, interrill)침식, 우구(雨溝, 세구, 도랑, rill)침식, 우곡(雨谷, 골, gully)침식(그림 2-28), 바람(wind)침식, 강턱(streambank)침식, 호안(lake shore)침식 등으로 다양하게 표출된다. 침식된 물질의 물리적 유출 과정은 포상류(sheet flow),

그림 2-28. 등산로변의 우곡(gully)침식(좌: 밀양시, 사자평)과 대량붕괴유출인 산사태(우: 인제군, 내린천 주변)

집중유출(concentrated flow), 대량붕괴유출(mass washing)(그림 2-28), 복합 형태(combination)로 일어난다. 약한 침식의 포상/우구, 소우곡, 우구 등은 포상류에 의한 물리적 과정에서, 보다 강한 침식의 우구, 우곡, 세굴, 제방, 하상 등은 집중유출의 물리적 과정에서 발생된다.

침식작용의 발생 유형 │ 하천에서 일어나는 침식작용은 여러 형태이다. 발생 양식에 따라 굴삭(掘削, excavation), 마삭(磨削, abrasion), 용식(溶蝕, corrosion)으로 구분된다. 굴삭이란 유수의 압력으로 발생되는 침식을, 마식은 퇴적물(부유물) 입자에 부딪혀 마모되는 침식을, 용식은 화학적 침식을 의미한다. 특히, 용식은 석회암 지대(태백시, 정선군, 영월군, 단양군, 문경시 등)에서 활발하게 일어난다. 낙동강 상류인 태백의 구문소(천연기념물 제417호)가 용식에 의한 대표적 곡류절단(meander cutting) 지형이다(그림 2-29)(그림 2-19 곡류절단 비교). 석회암 지대는 땅속에서 용식에 의한 지반침하로 함몰형의 돌리네(doline)가 발달한다. 대부분의 돌리네는 씽크홀(낙수혈, sink hole)로 물이 빠져 건조하여 밭(못밭, 단양 지역에 많음)으로 이용되지만 습지가 형성된 특이한 돌리네를 국가 습지보호지역(문경 돌리네습지)으로 지정 관리하고 있다(그림 6-93참조).

침식방향에 따른 구분 │ 하천에서 침식은 유수력에 의해 발생하며 진행방향에 따라 측방침식(側方浸蝕, lateral erosion), 하방침식(下方浸蝕, downward erosion), 두부침식(頭部浸蝕, headward erosion)으로 구분된다(그림 2-30). 측방침식은 하천시스템이 평형 상태가 되면 하천의 힘을 소모하기 위해 유로를 연장하는 과정에서 하천 측면에 작용하는 형태이다. 하천은 측방침식으로 인해 곡류하도를 더욱 발달시킨다. 하방침식은 하천바닥 방향으로 작용하는 형태로 흔히 유량과 하상구배에 비례한

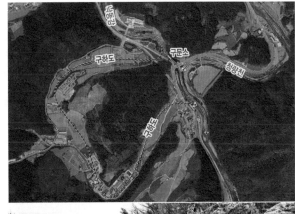

그림 2-29. 용식작용에 의해 형성된 구문소(태백시, 낙동강). 하천에서 침식작용에 의해 형성되는 일반적인 곡류절단(meander cutoff)과는 다르다.

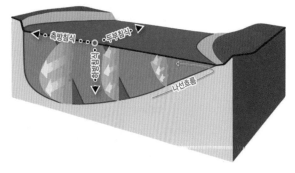

그림 2-30. 침식방향에 따른 유형 구분. 하천에서 유수력에 의한 침식작용은 힘의 방향에 따라 구분된다.

다. 두부침식이란 하천 상류 방향으로 진행되는 형태로 우곡이 성장하여 하곡(河谷, river valley)으로 발달하거나 폭포가 대표적 두부침식이다(Son 2008).

■ **하천에서 물질운반의 종류와 과정들은 여러 형태이고 운동에너지와 관련이 있다.**

물질운반 형태 │ 운반작용에서 퇴적물은 입자크기에 따라 이동하는 형태가 다르다(그림 2-31). 물질운반은 퇴적물의 입자크기와 물의 수송능력(운동에너지) 간에 높은 연관성을 갖는다. 입자가 큰 경우 구르거나(전도, rolling) 미끄러지거나(활동, sliding) 뛰면서(도약, saltating 또는 hopping) 이동하는데 이를 소류(掃流, traction)한다고 표현한다. 이와 같이 하천에서 이동과 관련된 에너지를 소류력(tractive force)이라 하며 물길에서 퇴적물을 끌거나 들어올리는 힘이다(USDA 1998). 소류력은 수심, 하상구배, 물질의 입자 조건에 따라 다르다. 소류는 강바닥에 있는 토사들이 파이는 세굴(洗掘, scour)로 유출하는 형태이다. 모래들은 높은 경사로 도약하여 이동(saltation)하고 작은 입자들은 부유(suspension)해서 이동한다(Knighton 1998). 흔히 유속에 의해 퇴적물이 수중에 떠서 이동하는 현상을 유사(流砂, sediment load)라고 한다. 유사는 하천바닥에 가까운 곳에서 운반되는 소류사(掃流砂, 밑짐, bed load)와 수중에 떠서 운반되는 부유사(浮遊砂, 뜬짐, suspended load)로 구분된다. 아주 작은 부유사를 미세부유사(세류사, wash load)로 별도 구분하기도 한다.

운동에너지와 퇴적물의 크기 │ 운동에너지와 퇴적작용에는 밀접한 관계가 있다. 퇴적물의 입자크기와 물의 수송능력에 따라 큰 크기는 상류에, 작은 크기는 하류에 퇴적된다. 하천구간의 토양 환경

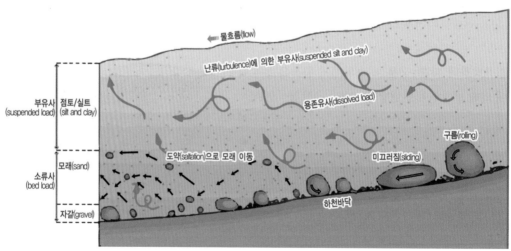

그림 2-31. 소류력에 의한 다양한 물질의 이동 방식(World Rivers(2023) 수정). 퇴적물의 이동은 입자크기에 따라 다르며 입자가 클수록 하천바닥 가까이에서 이동한다.

은 상류 방향에는 강한 운동에너지가 필요한 바윗돌, 호박돌과 굵은 자갈(주먹돌 등)들이, 하류 방향에는 작은 운동에너지로도 이동 가능한 가는모래 또는 점토들로 구성된다. 이러한 토양 환경에 따라 하천식물들은 공간 분포를 달리한다. 물속생물 역시 그에 대응하여 서식한다.

유속과 퇴적물 이동 | 퇴적물의 운반과 퇴적작용 관계에서 침식유속은 모래가 가장 낮은 유속을 필요로 하며 상대적으로 입자크기가 작은 점토, 실트는 보다 많은 유속을 필요로 한다(Chorley et al. 1984)(그림 2-32). 퇴적유속은 입자크기에 거의 비례한다. 즉, 점토는 하천에서 침식작용으로 뜨게되면 퇴적되기는 어렵지만 퇴적되면 움직이기 어렵다는 것을 의미한다. 이는 모래 우점입지보다 응

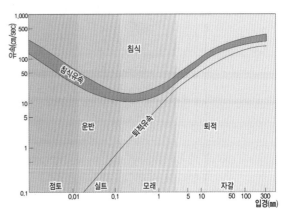

그림 2-32. 유속과 침식, 운반, 퇴적작용과의 관계 (Kwon(1980) 수정). 토양입자의 크기에 따라 퇴적과 침식이 상이하게 일어난다.

집력이 높은 점토 우점입지가 토양의 물리적 안정성이 높아 식물의 정착과 확산이 훨씬 빠르게 진행될 수 있음을 의미한다. 작은 크기의 토양입자가 많은 하류에서 식생의 피복율이 증가하는 이유이기도 하다. 지상줄기로 번식하는 달뿌리풀은 응집력이 낮은 모래 토양에, 지하뿌리로 번식하는 갈대는 점토 토양에 우점하는 것은 하천 습지환경에 적응한 진화적 결과이다.

■ **유역별로 하천작용 속성이 다르기 때문에 하천위치별 물리적 특성들이 구별된다.**

하천위치별 물리적 특성 | 하천의 위치에 따라 하천작용이 달라 물리적 특성들은 다르게 나타난다. 하천은 위치별로 퇴적물, 하상구배, 토양, 하폭, 유폭, 유속, 유량 등에 대한 고유의 물리적 특성을 갖는다(그림 2-33). 도식화에 제시되지 않은 물리적 특성들이 더 있을 수 있으며 주요한 특성들만을 제시하였다. 일반적으로 상류구간은 하상구배가 크기 때문에 침식작용이 강하며 하구(하류)로 갈수록 하상구배가 완만하여 퇴적작용이 증가한다. 하천의 위치에 따라 하천폭(river width)과 하계망(drainage network)이 다르고 유속도 중류의 중간구간부터는 급속히 감소한다. 상류구간은 소류력이 높아 소류의 형태도 바윗돌(boulder)의 형태가 많다. 유수량 및 퇴적물 양은 하류 방향으로 갈수록 증가한다. 퇴적물은 운반력 감소로 인해 중류구간부터 급격히 증가한다. 물속생물에 필요한 용존산소량은 하류로 갈수록 감소하는 경향이 있다. 수심, 연평균기온, 유출량 등은 하류 방향으로 증가하는 특성이 있다. 하천생물들은 서식 위치가 갖는 이러한 물리적 특성들에 반응하여 분포하는 것이다.

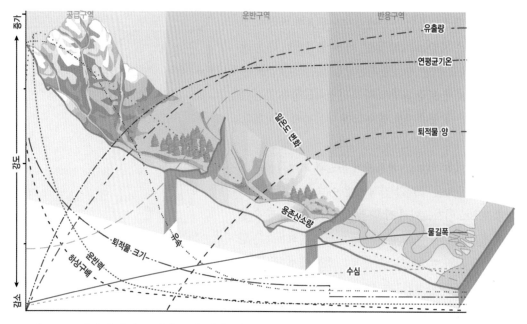

그림 2-33. 하천 유역별 물리적 특성 변화. 하류로 갈수록 유출량, 연평균기온, 퇴적물 양, 물길폭 등은 증가하지만 퇴적물 크기, 운반력, 하상구배 등에 대한 강도는 감소한다.

3.2 퇴적물 이동과 충적지형의 발달

■ 퇴적물은 입자들의 크기 등과 같은 특성에 따라 분급되면서 퇴적된다.

퇴적물의 분급현상 │ 퇴적작용에서 분급현상(分級, sorting)을 이해해야 한다. 분급은 물과 같은 유체 흐름에 비슷하게 반응하는 입자들이 모이고 다르게 반응하는 입자들은 분리되는 작용을 말한다(Eom 2004). 하천에서 토양단면상 입자크기별로 퇴적되는 분급현상이 뚜렷하게 발생되지만 큰 홍수에는 비교적 약하게 발생된다. 퇴적은 기작에 따라 침강분리(沈降分離, sedimentation, 부유상태의 퇴적), 부착성장(附着成長, accretion, 운반능력의 변화에 의한 하상하중의 퇴적), 잠식(蠶食, encroachment, 장애물의 후사면에 퇴적)으로 구분하기도 한다 (Lee et al. 1996).

퇴적물 크기와 충적지형 | 퇴적물(토양)은 물흐름의 세기에 따라 끌림, 도약, 일시 부유 등의 여러 방법으로 운반되어 독특한 환경에 퇴적된다(그림 2-31 참조). 하도에는 도약, 일시 부유에 의해 운반된 모래가, 범람원에는 부유 운반된 세립질의 물질이 주로 퇴적된다(Eom 2004). 일반적으로 입자가 큰 퇴적물일수록 빠른 유속에도 퇴적된다. 하지만, 하천에 횡구조물(댐, 보 등)로 인해 분급현상이 변형되어 나타나는 경우가 많다. 퇴적작용으로 형성된 가장 대표적인 충적지형은 범람원(汎濫原, floodplain)이다. 하천에서 한쪽 강턱이 침식되면 반대 쪽은 퇴적되는 만곡사주(彎曲砂洲, 활처럼 휜 모래톱)가 나타난다. 물길 방향으로 이동하는 만곡사주는 퇴적이 지속되면서 범람원은 수직적으로 성장한다(Chorley et al. 1984).

■ **하천작용에 의해 다양한 하상지형들과 하천유형들이 만들어진다.**

자기조절과 하상지형 | 충적하천에서는 유량 및 퇴적물 등과 같은 요인들에 적응하여 하천의 하상형태는 지속적으로 변한다. 이를 자기조절(self-adjustment) 또는 하천반응(river response)이라 하고(USDA 1998) 하상지형(河床地形, bedform)의 다양성으로 나타난다. 하상지형은 모래나 자갈 하상에서 잘 발달한다. 입경, 수심, 하폭, 여울-소에 해당하는 규모를 갖는 하상지형을 하상미지형(microform), 중규모하상지형(mesoform), 대규모하상지형(macroform), 거대하상지형(megaform)으로 분류한다(Church and Jones 1982).

모래하천과 자갈하천 | 하천 내의 하상 구성물질에 따라 모래하천 또는 자갈하천으로 구분하기도 한다(그림 2-34). 모래하천은 분급이 잘 나타나고 자갈하천은 입도의 편차가 크다. 하상을 구성하는 물질은 상류에서 하류로 갈수록 크기가 작아지는 경향이 있지만 지류가 합류되는 지점에서는 크기의 불

그림 2-34. 자갈하천(좌: 정선군, 동강)과 모래하천(우: 예천군, 내성천). 유사한 규모(하폭, 수심 등)의 하천이나, 집수역의 지질구조 및 하상구배 등과 같은 물리적 특성에 따라 하상 구성물질은 전혀 다르다.

규칙성이 나타난다. 하상지형적으로 모래하상은 하상미지형 또는 중규모하상지형에 해당되고 자갈하상은 대규모하상지형에 해당된다(Shin 2004b). 자갈하천에서 하상 물질의 퇴적구조는 와상구조(瓦狀構造, imbrication, 기와 겹친 모양), 자갈군집(pebble cluster), 횡향자갈댐(transverse clast dam), 종향자갈댐(longitudinal clast dam) 등이 있다(Yang 1997, Shin 2004b).

■ 하천에서 모래사주와 자갈사주는 어떻게 발달하는가?

유속 감소와 모래사주 발달 │ 하천에서 사주는 어떻게 발달할까? 모래질 하상의 지형변화는 유출체계(flow regime)와 관련이 있고 독특한 퇴적 구조를 보인다(Shin 2004b). 모래사주(모래톱, sand bar)와 같은 퇴적은 유속의 감소를 의미하지만 유속, 수심, 하상구배 등 다양한 요인에 의해 변하기 때문에 퇴적구조에서 유속구조를 추정하기는 어렵다(Cho et al. 1995).

자갈사주 발달 │ 하천에서 자갈사주(자갈톱, gravel bar)의 발달을 3단계로 설명한다(Yang 1997). 1단계는 하도 내의 여울에 포상으로 조립질의 물질들이 퇴적되는 단계이다. 2단계는 자갈사주의 상류부에는 조립질이, 하류부에는 세립질이 쌓이는 분급이 일어나고 초본식생이 정착한다. 3단계는 분급이 더욱 진행되어 목본식생이 정착하고 사주 양쪽의 침식력이 달라 자갈사주 한쪽이 강턱(특히, 둔치)에 부착되는 과정이다. 이러한 자갈사주는 우리나라 상류하천에서 빈번히 관찰되는 형태이다.

3.3 하천 횡구조물에 의한 퇴적물 이동의 변화

■ 하천에서 댐과 같은 대형 횡구조물은 하천작용을 크게 변화시킨다.

횡구조물과 청수침식 │ 하천에서 횡구조물(댐과 보)은 물흐름과 퇴적물 이동과 같은 운반작용을 변형시킨다. 특히, 댐 건설로 생긴 크고 작은 인공호(저수지 포함)의 상류(유입하천 합류지역)는 잠정적인 침식기준면(base level of erosion)으로 작용한다. 이로 인해 인공호의 상류지역은 퇴적작용을, 하류지역은 침식작용을 겪게 된다(Shin 2004b). 흔히 댐 하류구간은 자연 상태와 다르게 유량과 유사(퇴적물) 공급량이 뚜렷하

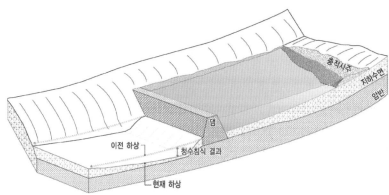

그림 2-35. 횡구조물(댐 또는 대형 저수지)로 인한 청수침식(좌)과 갑주화(우). 횡구조물 직하류에는 퇴적작용이 제한되고 월류의 청수침식으로 하상은 세굴성 침식이 일어난다. 우리나라 하천에서 소형 보(우: 안성시, 한천)의 하류에도 이러한 청수침식의 갑주화 현상들이 부분적으로 관찰된다.

게 감소한다. 댐 하류구간의 유사가 결핍된 유량(sediment starvation flow)은 유사 농도 조절로 하도의 세굴력을 증가시켜 하상을 저하시키고 하상물질은 조립화된다(Graf 2006). 댐 방류수에 의해 하상의 침식이 가속화되어 하상이 깊어지거나 하폭이 좁아져 기존 범람원과 하상은 단구화되기도 한다. 물흐름, 하상물질, 부유하중이 통제되어 댐에서는 맑은 물(淸水, 투명한 물)이 방류되는데 이로 인한 침식을 청수침식(淸水浸蝕, clear-water erosion)이라 한다(Beckinsale 1972). 특히, 횡구조물 직하류는 청수침식에 의해 세립질의 퇴적물이 탈거되어 하상의 돌(pebble, cobble, boulder)들이 거북등처럼 노출되는 갑주화(armoring)가 나타난다(Goudie 2006)(그림 2-35). 갑주화 공간은 식물이 정착할 수 있는 토양이 거의 없어 식생발달이 미약하다.

댐 하류구간의 영향 형태 | 우리나라 금강의 대청댐 하류구간에서 미호천 합류점까지 변형된 침식작용이 나타나고 이후 구간에는 자연적인 형태의 하상퇴적이 일어난다(Son 1986). 미국의 후버댐의 경우 하류 150㎞ 구간까지 콜로라도강의 하상이 침식되었다(Goudie 2006). 댐 하류에서 감소되는 하도용량(능력)은 30~70%에 이르는 것으로 분석되었다(Petts 1979). 본류의 하상침식으로 인해 침식기준면이 하강하고 지류 말단은 상류 방향으로 세굴(두부침식)이 발생될 수 있다. 댐 건설은 하류구간에 포플러류(*Populus* spp.) 또는 버드나무류(*Salix* spp.) 같은 선구수종(pioneer species)들에 의해 천이 초기 개방된 서식처의 이동과 퇴적을 제한시키고 감소시킨다(Scott et al. 1997). 자연적인 지형과정을 고정시키는 댐과 같은 횡구조물은 하천식생의 구성과 발달에 큰 변화를 유발시킨다(Merritt and Cooper 2000). 흔히 하천에서 공간적 이질성은 생물종다양성을 증가시키나 댐 하류구간에는 서식처 유형과 조건이 훼손되어 생물다양성이 저하된다(Kim et al. 2020a). 이와 같이 횡구조물에 의해 조절되는 하천에서는 자연적 유사 이동의 교란이 발생한다. 댐이 건설, 운영되면 큰 입자의 소류사(자갈, 굵은모래)는 댐 상단에 쌓여 이동이 단절된다.

대형댐에서는 부유사를 포함한 99% 이상의 유사 이동이 차단된다는 보고가 있으며(Williams and Wolman 1984) 댐 하류로는 가는 입자의 세류사(가는모래, 점토)만 이동하게 된다(Kim et al. 2020a).

댐 하류구간의 식생 변화 ┃ 흔히 대형 횡구조물에 의한 하천 하류구간의 유량변화는 모래와 자갈의 이동이 제한되어 사주를 고정화시키고 식생 정착과 확장의 원인이 된다(Shafroth et al. 2002, VanLooy and Martin 2005). 사주의 이동과 변화는 그곳에 정착한 식생발달에 영향을 받는다. 식생은 다시 사주의 이동을 고정시키고 하도의 사행을 크게 한다(Jang and Shimizu 2007). 충적하천에서 댐의 하류구간은 하상이 저하되고 하상물질은 조립화되고 홍수규모와 하상소류력이 감소하여 식생 이입이 촉진된다(Woo et al. 2010). Park et al.(2008b)은 국내 21개 댐 건설 전후의 댐 하류구간 사주면적 분석에서 댐 건설 전의 사주면적은 하천면적의 38%에서 건설 후에는 21%로 17%가 감소하였다. 식생면적은 건설 전에 하천면적의 11%였으나, 건설 후에는 24%로 13%가 증가하였다. 분석 가능한 항공사진이 있는 안동댐, 임하댐, 합천댐의 사주와 식생의 경년변화는 사주면적이 매년 42,600㎡ 감소하였으나 식생면적은 매년 51,700㎡ 증가하였다. 즉, 사주면적 감소보다 식생면적의 증가가 큰 것으로 나타났다. Choi et al.(2004c)의 연구에서 합천댐(1988년 완공) 건설 전후(1982년, 1996년 비교) 황강(모래하천) 전체 구간(조정지댐 하류~낙동강 합류구간 약 45㎞)의 식생피복은 약 16배 증가(낙동강 합류부 이전 30㎞ 구간은 33배 증가)하는 등 하천작용과 식생 피복은 강하게 연관되어 있음을 알 수 있다. 이러한 식생면적의 증가는 낙동강 지류인 내성천(모래하천) 상류에 최근 건설한 영주댐(2009.12. 공사 착수, 2016.10.25 준공)에 의해 사주환경의 급격한 변화와 더불어 식생 발달의 빠른 진행천이에서 잘 나타난다(Lee et al. 2015a)(그림 2-27 참조).

■ **다양한 하천정비사업은 자연적인 하천지형 과정에 많은 영향을 준다.**

한강하류 수중보의 건설과 퇴적지형의 발달 ┃ 한강하구의 장항습지(그림 2-36)는 하천작용과 조석의 영향을 받아 형성되었다. 과거 한강 하류의 신곡수중보(신곡보) 건설(1988년 6월, 1,007㎞)과 수중보 하류지역의 과도한 준설 등으로 이 일대는 수리적 변동은 물론 장항습지(수중보 하류 우안지역)의 지형적 변화와 습지식생의 발달을 촉진시켰다(그림 2-37). 신곡수중보 건설 이전인 1985년과 이후인 2006년도에 장항습지의 사주면적은 약 6배가 확장되었다. 식생은 갈대군락이 점차 감소하였고 선버들군락은 증가하였다(Ahn et al. 2012). 신곡수중보 운영으로 면적이 확장된 장항습지에는 서식하는 생물들의 다양성이 높고 민간인의 출입이 제한되어 다양한 철새들이 도래하는 등 습지의 기능과 생태적 가치가 높아 국가에서 습지보호지역(2004.4.17)으로 지정 관리하고 있다.

그림 2-36. 신곡수중보 건설 이후 넓어진 장항습지 전경(고양시, 2008년). 장항습지에는 선버들 등의 버드나무류 수변림, 물억새군락, 갈대군락, 모새달군락 등이 넓게 분포하고 있다.

그림 2-37. 신곡수중보 건설로 인한 장항습지의 지형 변화(영상: 구글어스). 한강 하류에 신곡수중보의 설치(1988년)는 직하류 우안에 위치한 장항습지 일대의 퇴적과 식생의 발달을 가속화시켰다.

하천정비사업과 하천지형 변화 | 우리나라의 크고 작은 자연하천들에는 과거 이수, 치수 위주의 하천정비사업들이 진행되어 하도를 포함한 하천지형의 장기적인 변화가 발생하였다. 하천 상류구간에 댐이 존재하지 않는 충적하천인 지석천(전라 광주시, 전남 화순군 일대)에는 과거 하천정비사업에 따른 하천지형의 변화가 뚜렷하게 관찰된다(Ohk and Lee 2012). 자연적인 충적하천 시기(1966년)와 여러 하천정비사업(제방, 저수로, 취수보 건설)으로 변화된 시기(2002년) 사이의 36년간 주요 변화는 유로형태의 변화(단일사행에서 다지형화), 하도선형의 만곡도 감소(9.2%), 지천사주의 확장, 그리고 사주의 식생활착(97%)이다. 이러한 지석천 하도의 주수로(main channel) 고정화와 사주내 식생이입 등은 댐 하류구간의 조절하천에서 나타나는 대표적인 평면하도 특성과 유사하다.

4. 충적지형의 발달과 특성

■ 하천에는 여러 충적지형이 발달하고 선상지는 상류구간에 주로 발달한다.

그림 2-38. 하천에서 충적지형들. 하천을 따라 선상지 (충적선상지), 범람원, 삼각주가 대표적 충적지형에 해당된다.

하천의 충적지형 ┃ 하천에는 하천작용으로 산지 또는 집수역에서 많은 퇴적물이 이동하여 충적선상지(沖積扇狀地, alluvial fan)-범람원(氾濫原, floodplain)-삼각주(三角洲, delta)로 이어지는 종적인 충적지형(沖積地形, alluvial geomorphlgy)이 발달한다(그림 2-38). 하천은 종적으로 구간마다 유속, 하상구배, 유량 등과 같은 수리·물리적 특성들이 다르고 연속적으로 변하기 때문에(그림 2-33 참조) 충적지형의 형태와 규모는 다양하게 나타난다.

충적선상지의 발달과 특성 ┃ 충적선상지는 유역분지에서 모인 퇴적물이 좁은 계곡을 통해 충적평원이 시작되는 지점(경사급변점)에 이르면 유수의 운반능력이 급감하여 부채꼴 모양의 퇴적체가 형성된 것이다(Cho et al. 1995). 우리나라에서는 경주 북천 일대, 사천 와룡산 자락 용현면 일대, 강릉 칠성산 자락의 금광평(그림 2-39) 선상지가 대표적이다. 충적선상지는 지형조건이 형성되고 퇴적물의 공급이 풍부하면 발달할 수 있다. 구성 퇴적물은 자갈, 모래, 실트-점토 등의 혼합물로 원마도(圓磨度, roundness, 둥근 정도)(그림 3-37 참조)는 낮다. 흔히 하천에서 퇴적물의 원마도는 상류에서 하류로 가면서 높아지는데 입자간의 상호작용과 하상 충돌 등과 관련이 있다(Lee and Kim 2015). 충적퇴적물의 층리(層理, stratification)는 뚜렷하지 않고 분급률이 낮아 입자간 편차가 크다. 토양의 투수성은 크고 수계의 발달이 미약하여 분류하천(分流河川, distibutary stream) 또는 망류하천(망상하천, 網流河川, braided stream)이 발달한다(Kim 2004a). 망류하천은 3가지 조건인 (1) 침식에 취약한 강턱(bank), (2) 풍부한 굵은 퇴적물, (3) 유속이 빠르고 잦은 변동이 발생하는 구간에서 형성된다. 일반적으로 유량 감소 또는 퇴적물 증가로 중앙 퇴적물사주(sediment bar)가 생기면 망류하천이 시작된다. 이후 유속과 유폭의 증감과 침식을 반복하며 많은 유로 형태인 하천으로 발달한다(USDA 1998). 선상지는 배수가 양호하여 흔히 밭으로 이용되지만 선정(선상지 정상부) 부근인 곡구(谷口)에 저수지(예: 금광평 선상지의 칠성저수지)를 만들어 농업용수를 공급하여 논(논습지)으로 이용하는 경우가 많다(그림 2-39).

그림 2-39. 우리나라 금광평 선상지(강릉시 금광면, 금광들).우리나라의 넓은 여러 선상지들은 과거부터 토지이용압이 높아 대부분 취락지 또는 농경지(밭경작지 또는 논경작지로 변화)로 개발되었다.

■ 충적지형인 범람원은 주로 하류구간에 발달하고 다양한 지형단위들이 존재한다.

범람원의 발달과 단위지형 | 범람원(홍수터, 氾濫原, floodplain)은 홍수시 흐르는 물이 하도 경계를 월류하여 형성된 평탄한 충적지형이다. 범람원은 상류에서 운반된 퇴적물이 쌓이는 곳으로 하천의 하류구간에 잘 발달한다(Leopold 1994). 하천에서 상류구간은 흔히 범람원이 좁거나 없고 홍수에 견디는 식생의 발달이 제약을 받으나 생태적 기능은 중요하다(USDA 1998). Leopold et al.(1964)은 범람원의 특징(지형단위)을 8가지로 서술하였다(그림 2-40). (1) 물이 흐르는 하도(channel), (2) 원래 하도가 절단된 우각호(oxbow lake), (3) 하도의 사행으로 강턱의 침식과 퇴적에 의한 만곡사주(point bar), (4) 하도가 측방 이동을 하면서 만곡사주 안쪽에 형성된 물결모양의 이전 물길 흔적만 보이는 사행주름(meander scroll), (5) 사행주름의 굴곡부에 형성되는 구하도(abandoned channel), (6) 하도를 범람한 유수에 의해 하도에 인접하여 조립물질이 퇴적된 자연제방(natural levee), (7) 자연제방 배후에 미립질의 물질이 퇴적된 배후습지(back swamp), (8) 일시적으로 다량의 퇴적물이 급하게 제방을 월류 또는 붕괴하여 자갈 또는 모래 등의 퇴적물이 쌓인 나팔형의 퇴적지인 스플레이(splay)이다. 그 밖에 하천 만곡부 기저부를 범람에 의한 급류로 관통해서 새로 형성된 유로를 급류수로(chute), 우각호와 새로운 하도의 교차지역에 형성된 점토연결(clay plug)(USDA 1998) 등의 지형을 추가로 제안하거나 보완 설명하고 있다. 특히, 곡류절단(meander cutoff)의 형태는 목절단(neck cutoff)(그림 2-19 참조)과 급류수로절단(도랑절단, chute cutoff)으로 구분되는데 하곡이 좁고 깊은 감입곡류 하천에서는 급류수로절단은 발생하기 어렵다(Lee and Yoon 2004). 자연제방 후방의 평탄한 범람원을 흐르는 샛강 형태의 하천을 야주천(yazoo stream)이라 하고 야주지류(yazoo tributary)라고도 한다.

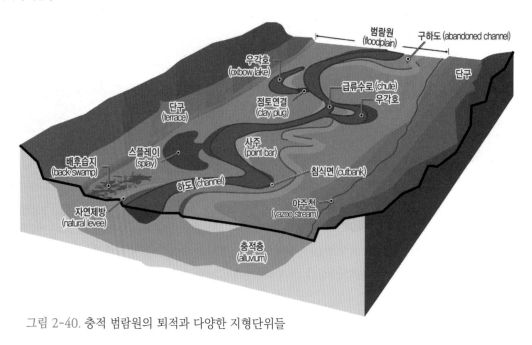

그림 2-40. 충적 범람원의 퇴적과 다양한 지형단위들

■ 하천 충적지는 다양한 형태로 개발되었고 방치하면 자기조절로 회복되기도 한다.

하도의 수로화 | 하천지형에서 하도와 범람원의 형태 변화를 가속화시키는 주요 원인은 하천개수(河川改修, river improvement)의 일종인 하도의 수로화(水路化, channelization)이다(그림 2-41). 19세기 초반부터 시작된 인간의 하천 조절(regulation)인 수로화는 범람원의 충적지형을 뚜렷하게 변화시켰다(Lajczak 1995). 우리나라는 국가하천(2,991km, 99.3%)과 지방하천(23,158km, 86.3%) 총 하천연장 약 26,150km(약 87.6%)에 대한 하천기본계획이 수립되어 하천제방 등에 대한 인위적인 변형, 관리(변화 등)가 진행되었다(MOLIT 2018).

자연제방과 충적지형의 개발 | 자연제방은 지면의 고도가 높아 홍수 피해가 적고 배수가 양호하여 사람들은 주로 취락지 또는 농경지로 개발하였다. 반면, 배후습지는 지하수면이 높아 배수가 불량하고 홍수시 침수 위험성이 높아 토지이용에 대한 압력이 상대적으로 낮았으나 근대화 이후 과학기술(토목, 수문, 건축 등)이 발달하면

그림 2-41. 하천개수의 수로화(여주시와 양평군, 남한강, 이포보 하류). 국내 하천들은 수심 확보 등의 수로화가 많이 진행되었다.

서 사람들은 배후습지를 적극 개발하였다. 흔히 하천 제내지와 제외지(하천 공간)를 인위적으로 배수 또는 개간하여 농경지 또는 주거지, 주차장 등으로 이용하고 있다(그림 5-2, 5-3, 5-12 참조). 우리나라에서 한강의 뚝섬이 자연제방이고 중랑천 하류의 장안평은 배후습지였지만 현재는 대부분 도심지로 개발되었다(Moon 2004)(그림 2-42). 자연제방에 강변도로를 조성하는 경우가 많다. 서울의 한강 좌·우안의 올림픽대로(좌안)와 강변북로(우안)가 이에 해당된다. 이와 같이 우리나라의 대하천 하류 및 중류구간에는 높은 토지이용압으로 충적지형의 자연적 단위지형들이 많이 변형되어 있다.

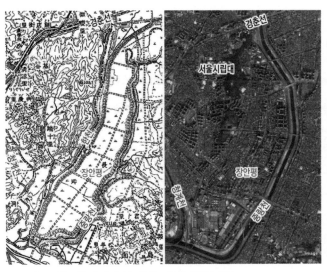

그림 2-42. 충적지형인 서울 장안평의 개발(좌: 일제시대, 우: 현재). 장안평은 한강이 홍수로 범람하게 되면 청계천, 한천과 중랑천의 물이 역류되어 침수되는 배후습지였다.

하중도의 개발 | 하중도(河中島)는 하천의 제방 사이에 형성된 섬모양의 충적지형으로 야생생물들에게 중요한 생태공간이다. 하중도는 토양이 비옥하고 평탄하여 토지이용압이 높기 때문에 근대화를 거치면서 많은 지형변화가 일어났다. Kim et al.(2014a)은 1910년대 일제시대의 지형도를 이용하여 소멸, 개발, 유지의 3가지 유형으로 강원도 하천의 하중도 지형변화(약 100년)를 분석하였다. 수계에 따라 상이하지만 약 47.6~87.6%가 소멸(수몰, 자연소멸, 하천정비, 육지편입)된 것으로 나타났다(그림 2-43). 특히, 북한강과 한탄강 수계에서 각각 87.0%, 85.7%로 소멸율이 높았고 산간지역인 평창강 수계에서 47.6%로 소멸율이 가장 낮았다.

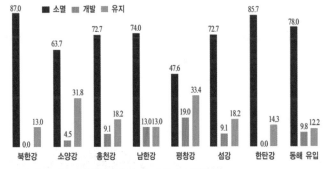

그림 2-43. 강원도 하천의 하중도 변화(자료: Kim et al.(2004a), 단위: %, 소수점 일부 수정). 1910년대 이후 약 100년간 많은 하중도가 소멸되었다.

하도 주변 고지의 개발 | 하도와 범람원 주변의 고지(高地, upland)는 하천의 수변구역(水邊區域)에 해당된다. 고지는 하천생태계를 보호하는 공간으로 완충(buffer) 기능을 하는 전이적 특성을 갖는다. 고지

가장자리(upland fringe)의 지형적 형태를 명확히 단정하기는 어렵다. 편평한 단구(段丘, terrace)이거나 가파른 비탈(scarp)의 형태일 수 있다(그림 2-16 참조). 하방침식하는 감입곡류하천에서 단구는 오랜 지사적 시간을 통해 복수로 존재할 수 있다(USDA 1998). 오래 전부터 편평한 단구를 사람들은 농경지로 개간하여 사용하는 경우가 많았다.

한강 밤섬의 자연적 지형 회복 | 하중도인 한강의 밤섬은 국토종합개발(한강종합개발)을 추진하던 1968~1986년(1차, 2차)에 폭파를 통한 골재채취 및 제방 축조(특히, 여의도 윤중제) 등으로 면적이 크게 축소되었다. 이후 자연적인 방치(자연복원)로 1990년까지 면적이 축소되다가 이후부터는 증가하였다. 밤섬은 방치하기 시작한 1986년 186,361㎡에서 2017년에는 282,122㎢로 약 51% 이상 성장하였다(HBDS 2019). 자연방치되는 기간 동안 밤섬은 생태적이고 지형적인 자기조절(self-adjustment)의 형성 과정을 거치면서 현재와 같이 뚜렷한 하중도 지형이 발달하였다(그림 2-44). 밤섬에는 다양한 생물종이 서식하고 많은 철새가 도래하는 등 생태적 가치가 인정되어 서울시 생태·경관보전지역(1999.8.10) 지정 및 람사르습지로 등록(2012.6.21, 면적 0.273㎢)되어 보전 관리되고 있다.

■ 퇴적물 이동이 많은 하천의 말단에는 삼각주가 발달한다.

삼각주의 발달 | 주로 하천의 말단(강어귀)에 발달하는 삼각주(三角洲)는 반드시 삼각형의 모양은 아니며 그 형성작용과 과정도 다양하다(Cho et al. 1995). 삼각형 모양의 모래톱(사주)인 삼각주를 영어로 '델타'(delta)라 한다. 삼각형 모양의 그리스 문자 델타(Δ)에서 유래되었고 학자에 따라 다양한 의미로 정의

그림 2-44. 버드나무류 수변림이 발달한 밤섬(서울시, 한강, 2010.5.28). 자연방치 이후 밤섬의 지속적인 면적 확장(자료: HBDS 2019, 단위: ㎡)과 더불어 식생의 안정화가 지속되고 있고 밤섬 뒤로 여의도의 고층 빌딩들이 보인다.

된다. 삼각주는 하천에서 운반된 퇴적물이 하천 말단에 쌓여 만들어진 충적지형(퇴적체)이다. 삼각주는 강물이 바다 또는 흐름이 매우 느린 호수로 흘러 들어갈 때 유속이 느려지고 운반에너지가 떨어져 퇴적물이 집적되기 때문에 발달한다(Bhattacharya and Walker 1992). 이러한 삼각주에는 풍부한 야생동물이 서식하고 토양이 비옥하여 고대부터 사람들이 적극 이용한 공간이기 때문에 인류역사에 있어 중요하다. 삼각주는 퇴적작용을 이끄는 에너지의 근원(강, 파랑 및 조류)에 따라 여러 유형으로 분류된다. 특히, 바다와 접하고 있어 파랑과 조류는 삼각주 지형의 위치, 퇴적물 입도의 분포 결정에 중요하다.

삼각주의 형태 │ 삼각주 형태와 형성에 하천의 영향이 크면 하천우세(river-dominated), 파랑의 영향이 크면 파랑우세(wave-dominated), 조석 작용의 영향이 크면 조석우세(tide-dominated)로 구분한다(Galloway and Hobday 1996). 우리나라에는 유일하게 낙동강에 삼각주가 넓게 발달하고 있고 그에 대한 연구는 지속되어 왔다(Ban 1986, Kim 2005). 낙동강 본류와 서낙동강 사이에 위치한 김해평야가 하천우세(하천작용)의 영향으로 형성된 우리나라의 대표적인 충적지형의 삼각주이다(그림 2-45). 낙동강 말단에 위치한 을숙도는 하천의 영향을 받는 하중도이고 보다 외곽에 위치한 대마등, 장자도, 백합등, 신자도 등은 조석의 영향으로 형성된 연안사주섬이다. 이로 인해 을숙도는 하천 물흐름과 평행한 형태이고 연안사주섬은 조석의 흐름과 평행한 형태이다. 자연적인 삼각주 지역은 담수(fresh water)와 해수(salt water)가 혼합되는 기수역(brackish water zone)으로 생물들은 특히 염분에 강한 영향을 받는다.

조석의 영향에 따른 하구 구분 │ 삼각주와 같은 하구생태계는 염분 농도에 영향을 많이 받는데 조석의 영향 크기와 하천유량 간의 상대적 비율로 이해할 수 있다. 하천유량이 조석의 영향 크기보다 많은 하구를 '쐐기형 하구'(salt-wedge estuary), 반대로 조석 영향이 하천유량보다 큰 하구를 '완전혼합형 하구'(well-mixed estuary), 중간적인 하구를 '부분혼합형 하구'(partially-mixed estuary)라고 한다. 한강, 금강, 영산강 등 우리나라에 위치하는 주요 하구는 '완전혼합형 하구'의 형태를 보이고 있다(Won et al. 2012).

그림 2-45. 국내 유일의 삼각주(낙동강, 1984년 구글영상). 낙동강 삼각주에는 농경지, 하굿둑의 건설 및 택지 개발 등 다양한 형태로의 개발이 이루어졌다.

그림 2-46. 염습지에서의 칠면초군락(인천시, 영종도갯벌, 2009.10.31). 칠면초는 가을철에 붉은빛의 우수한 경관을 만든다.

그림 2-47. 대표적인 염생식물인 퉁퉁마디(인천시, 장수천). 염생식물은 가을철 붉은색을 띤다.

하구의 염생식물 | 하구역에는 염분에 내성이 강한 식물들이 주로 서식하는데 대표적인 식물이 갈대, 천일사초, 새섬매자기, 모새달 등이다. 보다 외곽인 해양의 넓은 갯벌 습지에는 상대적으로 높은 염분에서도 잘 견디는 칠면초, 퉁퉁마디(그림 2-47), 해홍나물, 나문재와 같은 전형적인 염생식물(鹽生植物, halophyte)이 서식한다(그림 2-46). 갯벌에서 칠면초군락은 가을철에 붉은색을 띠기 때문에 매우 독특하고 우수한 경관을 창출한다(그림 6-92 참조). 이에 대한 세부적인 내용은 별도의 서적을 참조하도록 한다.

5. 우리나라의 하천지형

5.1 지질 및 지형 특성

■ 한반도는 동고서저 지형이고 감입곡류하천이 발달했다.

경동성 요곡운동과 동고서저 지형 | 우리나라 하천의 특성 이해에 앞서 한반도의 지질 및 지형 특성을 이해하는 것이 중요하다. 현재의 하천 구조가 한반도의 지체구조 특성을 반영하여 발달했기 때문이다. 신생대 이전에 한반도에 발생한 주요 지각운동은 송림변동, 대보조산운동 및 불국사변동이 있다(Kim 2008). 송림변동은 북부지방, 대보조산운동은 중부와 남부지방, 불국사변동은 영남지방에서 주로 일어났으며 당시 생성된 화강암이 널리 관찰된다. 현재 한반도 지형의 근간은 신생대 제3기 마이오세 (Miocene) 이후의 비대칭형인 경동성 요곡운동(傾動性撓曲運動, tilted upwarping)이다. 이러한 지사적 특성은 수도권과 강원도를 포함한 중부지방의 지형 해석에 매우 유효하다. 경동성 요곡운동에 의해 한반도는 융기의 중심축인 백두대간을 중심으로 동쪽은 높고 서쪽은 낮은 동고서저(東高西低)의 지형이 형성되었다(그림 2-48). 중심축에서 거리가 먼 서쪽의 구릉지들은 융기량이 작아 낮은 산지로 변하였다. 우리나라의 지질은 전반적으로 화산지형(제주도, 울릉도) 지역을 제외하고는 지하수저장고인 대수층(帶水層, aquifer)의 발달이 빈약하다(Kim 1996).

고위평탄면과 특성 | 한반도의 고위평탄면(高位平坦面, high-level planation surface)은 중생대 백악기말 이후 장기간 침식작용을 받아 생긴 평탄면이 경동성 요곡운동을 받아 융기되어 형성되었고 거의 900m 이상의 산정부에 분포한다(Park 1998)(그림 2-49). 이들이 위치한 지역들은 낮은 경사와 구릉 형태가 계속되기 때문에 노년기 지형으로 해석한다(小林 1931). 백두대간을 기준으로 동해안으로 발달한 하천은 하천길이에 비해 표고차(標高差, 상대표고)가 커서 대부분 유속이 빠른 것이 특징이다(그림 2-51 참조). 고위평탄면은 해발고도가 높아 기온이 냉량(冷凉, 냉대 혹은 냉온대 특성)하며 안개일수와 강수량이 많고 증발량이 적은 다

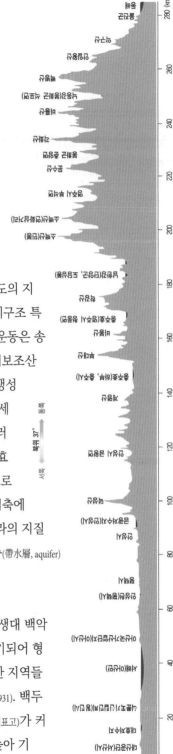

그림 2-48. 37°N 한반도 횡단구조

그림 2-49. **고위평탄지형**(평창군, 대관령-선자령 일대). 우리나라 강원도 능선부 일대 고위평탄지에는 목장 또는 고랭지채소밭으로 이용되는 경우가 많다.

습한 환경이 조성되고 지형면이 평탄하여 수분 함양이 용이하다(Yoon et al. 2014). 이러한 특성과 높은 위치의 지하수면으로 고위평탄면 지역에는 산지습지의 발달 가능성이 높다. 우리나라의 대관령 일대(질뫼늪 등)와 영남알프스 지역(신불산 고산습지, 화엄늪, 사자평 고산습지 등)에 산지습지가 많이 분포하는 이유이다.

감입곡류하천 지형 | 한반도의 노년기적 하천 지형은 자유곡류가 제한받는 지형구조선에 의해 감입곡류하는 특성이다(Kwon 1990). 한반도는 융기로 침식기준면이 높아져 하도는 하방침식과 측방침식이 강하게 진행되어 산간지역에는 감입곡류하천의 발달이 우세하다(Lee and Kim 2005). 우리나라의 감입곡류하천은 태백산맥 서사면과 소백산맥 북·서사면에 집중 분포해 있고 동해사면과 소백산맥 동·남사면에는 감입곡류의 발생률이 낮다. 하천별로는 한강, 금강, 섬진강, 낙동강 순으로 나타나고 특히, 남한강 상류에서 높게 나타난다. 지질적으로 감입곡류하천은 조선계, 평안계, 대동계, 변성암, 경상계, 화강암 순으로 높게 나타난다(Song and Jo 1989). 경기, 강원지역에서 감입곡류하천은 퇴적암에서 분포 빈도가 가장 높고 화성암에서 가장 낮다. 태백산맥으로부터 서쪽 11~20㎞ 거리에 가장 많이 분포한다(Lee and Yoon 2004). 풍화에 강한 암석일수록, 층상구조를 갖는 지질일수록, 지질배열이 유로와 직교할수록, 지질 접촉부에 위치할수록 감입곡류가 높게 나타난다(Song and Jo 1989, Lee and Yoon 2004). 감입곡류의 발생률(1:250,000 축척)은 5차, 4차, 6차수 하천에서 높은 발생률을 보인다. 감입곡류하천은 하상고도 100~200m에서 높은 빈도를 보인다(Song and Jo 1989). 우리나라는 강원도 영월군과 정선군의 동강, 서강, 평창강 등지에서 감입곡류가 뚜렷이 관찰되고 그에 반해 자유곡류는 서해안 저해발 지역의 하천 하류구간에서 잘 발달한다(그림 2-50).

우리나라의 하천 발달 | 한반도에는 거시적 지질 및 지형환경이 만들어진 이후 풍화(風化, weathering)와 침식의 하천작용들이 지속적으로 진행되어 현재와 같은 저위 침식면, 감입곡류, 하안단구 등이 형성되었다. 동고서저의 주요 특성으로 태백산 이북(중부지방)의 백두대간을 중심으로 동쪽은 하상구배가 높은 하천들(양양남대천, 강릉의 남대천과 연곡천, 삼척의 오십천 등)이, 서쪽은 하상구배가 낮은 하천(한강, 금강, 안성천 등)들이 분포한다(그림 2-51). 우리나라는 지질 구조선 방향을 따라 하천들이 많이 진행하고(Park and Kang 1977, Son 2008) 대부분 서해와 남해로 이어진다. 한반도의 서쪽은 평탄한 넓은 평야의 준평원 형태를 나타낸

그림 2-50. 감입곡류하천(좌: 영월군, 평창강)과 자유곡류하천(우: 영암군, 삼포천). 영월군의 평창강에는 우리나라 대하천의 중류~상류구간이 감입곡류하여 한반도 지형을 닮은 우수한 경관이 만들어졌다. 우리나라 하천의 하류구간(특히, 영산강 등)에는 자유곡류 형태가 잘 발달하지만 대부분 수로화가 진행되어 자유곡류의 흔적(삼포천, 영산강의 죽산보, 승촌보 일대 등)만이 관찰되는 경우가 많다. 자유곡류는 미시시피강 하류 등지에서 그 흔적을 쉽게 관찰할 수 있다.

다. 준평원을 통과하는 하천의 하도는 침식기준면과 표고 간에 차이가 작아서 측방침식이 우세한 자유곡류하는 특성이 있으나 이러한 지역은 하천 개수율이 높아 대부분 원형이 변형되어 있다(그림 2-50 우측 그림 참조). 하천개수 이후 주변의 넓은 충적지는 대부분 농경지로 개발되어 자유곡류 형태의 하천 구간은 거의 관찰되지 않고 일부 흔적만 존재한다. 또한, 우리나라는 국토의 약 65% 이상이 산지로 이루어져 상류역(침식작용이 강한 구간)의 구성비가 높게 나타난다.

■ 우리나라 하천 종단구조는 처진 사선형으로 동해 유입 하천은 하상구배가 높다.

하천종단 구조 │ 상류에서 하류 방향의 하천 종단면(縱斷面, longitudinal section)은 특정 구간에서 급하게 휘는 처진 사선형으로 우리나라 주요 하천들에서 명확히 관찰된다(그림 2-51). 서해와 남해에 연결되는 하천들은 중류 이하부터 하상구배가 낮기 때문에 물흐름이 느린 곳에 서식하는 하천생물들의 서식공간이 길게 형성되어 있음을 알 수 있다. 특히, 낙동강 하구(부산시, 을숙도)에서 상류(안동시, 영가대교 상류부)로 약 429km(반변천 합류지점, WAMIS 자료 활용) 지점의 해발고도 차이가 해수면과 89m(국립지리원 수치지도 활용) 정도로 하상구배(0.0002075, 0.21/1,000, 1/4,820)가 매우 낮아 과거에는 배로 이동이 가능하였다.

하상구배 │ 우리나라 대하천에서 하상구배(河床勾配, river slope)는 한강이 비교적 큰 편이다. 하구에서 100km 상류까지 1.3/10,000 정도, 300km까지는 1.3/1,000 정도, 400km 이상은 7/1,000 정도이다. 낙동

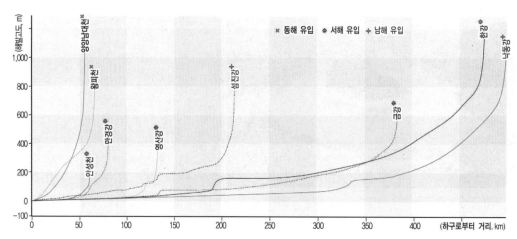

그림 2-51. 우리나라 주요 대하천의 종단 구조. 양양남대천과 왕피천 같이 동해로 유입되는 하천의 경사도가 크고 금강과 한강 같이 서해로 유입되는 하천의 경사도는 상대적으로 낮다.

강은 전체적으로 하상구배가 낮은 편이고 1.5/10,000 정도, 100~300㎞까지는 평균 3.5/1,000이다. 금강은 대청댐까지는 1/5,000~1/8,000 정도이고 대청댐보다 상류는 매우 급하고 1/1,000~1/3,000 정도이다(Ahn 1995, 전술의 분석과 일부 차이). 하상구배가 낮다는 것은 홍수시 배수가 어려워 수해를 겪을 가능성이 높아지는 것을 의미한다. 하상구배가 낮은 낙동강 하류의 경남 김해시의 대산면과 한림면의 화포천 일대는 홍수발생시 피해 발생지역으로 자주 거론되는 곳이기도 하다. 이 지역에 위치하여 잦은 침수를 경험하는 화포천 하류구간을 국가에서는 습지보호지역으로 지정 관리하고 있다.

■ 하계 집중강우가 발생하는 우리나라의 하천은 하상계수가 높아 하천관리가 어렵다.

높은 하상계수 │ 하상계수(河狀系數, regime coefficient)는 연중 최대유량과 최소유량의 차이를 비로 표현한 값이다. 값이 크면 연중 유량변화가 크다는 것을 의미하는데 홍수기와 갈수기의 유량 차이가 크다는 것이다. 자연적인 상태의 하상계수는 낙동강 1:372, 양쯔강 1:22, 나일강 1:30, 라인강 1:14, 테임즈강 1:8 등이다(그림 2-52)(표 2-8 참조). 우리나라 5대강에서 특히 영산강과 섬진강은 600~700 사이의 높은 값을 나타낸다. 우리나라 하천의 하상계수는 중국, 유럽, 미국의 다른 나라 하천들에 비해 월등히 높기 때문에 강수량이 집중되는 장마와 태풍에 큰 피해를 입기도 한다(그림 2-53). 우리나라에서는 하상계수를 낮춰 수해를 줄이기 위한 방안(이수, 치수)으로 횡구조물인 대형댐(dam), 다기능보(weir) 등을 많이 만들었다. 하지만, 수질악화 등을 동반한 여러 수환경의 변화와 문제를 야기시켰다.

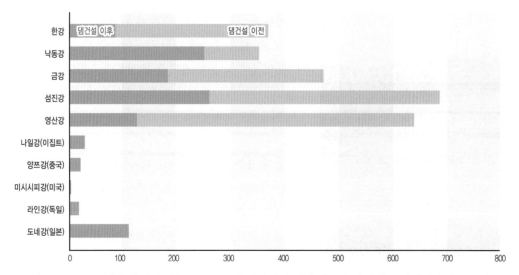

그림 2-52. 주요 하천의 하상계수(NGII 2019). 우리나라의 대하천들은 댐건설로 하상계수가 줄었다.

그림 2-53. 높은 하상계수로 인한 수해(인제군, 한계천, 4차수, 집수역 66.1㎢). 고립된 주택 주변의 하천변(충적지형)이 집중강우(2007년)로 모두 소실되었다.

범람원(둔치)의 발달과 이용 │ 우리나라의 높은 하상계수는 하도 주변에 넓은 범람원(둔치)의 충적지형을 발달시키기 때문에 한강과 낙동강 같은 대하천의 하류구간에는 둔치가 넓게 존재한다. 사람들은 둔치를 농경지, 주차장, 수변공원 등으로 이용하였으나 최근들어 자연복원 또는 보전하는 방향으로 변하고 있다. 특히, 4대강사업(2013년 완공)으로 넓은 둔치에 이루어졌던 농경활동(특히, 비닐하우스 농업)이 제거, 금지된 것은 높은 수준의 보전 노력으로 평가된다. 우리나라 하천의 높은 하상계수는 물관리를 포함한 종합적인 하천관리에 어려움이 크다는 것을 의미한다. 즉, 넓은 둔치에 대한 사람들의 높은 토지이용압과 더불어 잠재적 홍수 피해가 늘 상존하고 있다는 것이다. 선조들은 이러한 문제를 수변림 조성 등의 생태적 방법으로 해결하고자 하였다.

강변의 유존 수변림 | 우리나라 낙동강의 중하류 지역에는 범람과 같은 수문구조에 대응하는 임수(林藪) 또는 마을숲의 문화를 가지고 있다(Kim and Lim 2007). 범람을 막기 위해 인위적으로 조성하거나 유존(遺存)하고 있는 마을숲과 관련하여 여러 곳이 천연기념물로 지정되어 있다. 함양 상림(경남 함양군, 제154호), 담양 관방제림(전남 담양군, 제366호), 성주 경산리 성밖숲(경북 성주군, 제403호) 등이 대표적이다(그림 2-54). 최근 국가에서는 수변지역을 생태벨트(ecological belt)로 조성하는 등으로 생태친화적인 치수 개념으로 하천을 관리하고자 한다. 이러한 수변생태벨트 조성은 장기적으로 상림, 관방제림, 성밖숲과 같은 가치가 높은 미래의 생태숲(ecological forest)으로 성장할 수 있다. 생태숲은 수변을 따라 종적으로 잘 연결되고 주변 자연생태 공간과도 횡적으로 잘 연결된 생태통로(ecological corridor) 등의 복합적인 기능을 한다(그림 7-3, 7-4 참조).

그림 2-54. 대표적 수변림으로 인공림인 상림(상: 함양군, 위천)과 자연림인 성밖숲(하: 성주군, 이천). 하천제방 일대에 수변림은 홍수로부터 배후지역을 보호하는 역할을 한다.

5.2 우리나라의 하천 구분과 주요 특성

■ 5대강 유역으로 구분 관리하고 유역과 하천에 많은 개발이 이루어졌다.

한반도와 우리나라의 5대강 | 한반도에는 유로연장 50㎞, 유역면적 1,000㎢ 이상인 하천이 모두 24개가 있고 남한에 10개, 북한에 14개가 있다(Ahn 1995). 한반도에서 가장 긴 하천은 압록강이고, 두번째

가 두만강, 세번째가 낙동강, 네번째가 한강이다(Wikipedia 2021f). 북한을 제외한 우리나라의 하천을 크게 4대강 또는 5대강 권역으로 대구분한다(표 2-8)(표 1-11 참조). 하천의 규모로 보면 한강, 낙동강, 금강, 섬진강, 영산강 순이지만 4대강 구분에서는 섬진강이 제외된다. 이는 섬진강 유역에 비해 영산강 유역에 광주시(전라), 전남 나주시와 목포시 등의 대도시와 넓은 농경지가 위치하고 있기 때문에 국가에서는 영산강 유역을 보다 중요하게 인식한다. 낙동강과 섬진강은 남해와, 한강, 금강, 영산강은 서해와 연결된다.

4대강 유역의 개발 | 우리나라에서는 제1차 국토종합개발계획(1972~1981년)의 일환으로 4대강유역종합개발사업이 오래 전에 이루어졌다. 크게 (1) 홍수피해 50% 저감, (2) 수해상습지 일소(一消, 일시 제거)와 주요 하천 개수 90%, (3) 상습 홍수피해지 138곳 제거, (4) 59만 8,000ha를 수리안전답(水利安全畓, 수리·관계시설 논)으로 전환, (5) 상수도 보급율 65% 달성과 공업용수 3.8배 증산 공급, (6) 41,420ha의 황폐 산지와 274,016ha의 미입목지(未立木地, 입목이 없는 임지) 일소, (7) 도시 주변 수질오염과 하구 염해(鹽害) 및 역수(逆水) 방지가 그 목표이다. 이러한 7가지 목표에는 여러 이수(利水), 치수(治水), 치산(治山) 사업들을 포함하고 있어 하천에서 일어나는 자연적 수문 및 지형작용들은 현재까지 변형 조절되고 있다. 그래서 우리나라 주요 하천들을 조절강(調節江, regulated river)이라고도 부른다. 이러한 사업의 결과물로 여러 대형 댐들이 건설되었다. 한강 유역의 소양강댐과 충주댐, 금강 유역의 대청댐, 낙동강 유역의 안동댐과 영천댐, 영산강 유역의 장성댐과 담양댐, 섬진강 유역의 수어천댐 등이 대표적이다(AKS 2021).

대형 횡구조물(댐, 보, 하굿둑) | 5대강 유역에는 이수와 치수를 위한 크고 작은 횡구조물(댐, 대형보 등)들이 조성되어 있다(표 2-9, 그림 2-55). 특히, 팔당댐과 같은 대형댐(대댐)들에 의한 수자원(또는 수력발전) 관리는 적극적이다. 이로 인해 자연적인 높은 하상계수는 감소되었으나(MOLIT 2018, NGII 2019)(그림 2-52 참조) 자연적인 하천지형 과정들은 변형되었다(그림 2-27, 2-35, 2-36, 2-37 참조). 대형댐은 다목적댐 21개(소양강댐, 안동댐, 용담댐 등), 수력발전용댐 20개(팔당댐, 도암댐, 보성강댐 등) 등이다(K-water 2021). 4대강사업(2008.2.~2013.2.)으로 대형보(다기능보)들이 한강에 3개(강천보, 여주보 등)(그림 2-55), 낙동강에 8개(상주낙단보, 고령

그림 2-55. 하천의 대형 횡구조물인 댐(상: 팔당댐, 양평군, 한강), 다기능보(중: 이포보, 여주시, 남한강), 하굿둑(하: 서천군, 금강). 대형 횡구조물은 하천의 자연적인 물리, 화학, 생물 특성과 지형과정들을 변화시킨다.

그림 2-56. 열린하구(좌: 고창군, 인천강(주진천))와 닫힌하구(우: 서천군, 판교천). 서해 또는 남해 바다와 연결된 우리나라의 많은 하천들이 닫힌하구로 되어 있어 해수의 이동이 제한된다.

표 2-8. 우리나라 5대강의 주요 환경 특성

하천	유역면적(㎢)	하천길이(m)	하천차수	하상계수	평균경사(%)	평야	행정구역
한강	25,953.6	469.7	8	1:393	39.05	김포	강원, 경기
낙동강	23,384.2	525.7	9	1:372	37.03	김해	경북, 경남
금강	9,912.2	401.4	7	1:299	32.30	논산	충청, 전북
영산강	3,467.8	122.4	5	1:715	37.50	나주	전북, 전남
섬진강	4,911.9	225.3	6	1:682	23.63	없음	전남, 경남

자료: 하상계수(JERI 2005), 하천차수(WAMIS: 1:25,000 축척지도 이용), 유역면적 및 평균경사(WAMIS 2021)

표 2-9. 우리나라 5대강의 대형 횡구조물 주요 특성

하천	대형댐(다목적댐, 발전용댐, 홍수조절댐)	대형 다기능보	하굿둑
한강	소양강댐, 충주댐, 횡성댐, 팔당댐, 의암댐, 한탄강댐 등	3개(강천보, 여주보, 이포보)	수중보
낙동강	안동댐, 임하댐, 합천댐, 남강댐, 군위댐, 부항댐 등	8개(상주낙단보, 고령강정보 등)	1897년
금강	대청댐, 용담댐, 탑정호 등	3개(세종보, 공주보 등)	1990년
영산강	담양호, 장성호, 나주호 등	2개(승촌보, 죽산보)	1981년
섬진강	주암호, 동복호, 섬진강댐(옥정호) 등	없음	없음

강정보 등), 금강에 3개(세종보, 공주보 등), 영산강에 2개(승촌보, 죽산보)가 설치되어 있다. 한강(신곡수중보, 잠실수중보)(그림 2-36, 2-37 참조)과 섬진강을 제외한 낙동강, 금강, 영산강은 하굿둑이 축조되어 있어(그림 2-55) 해수와 담수의 자유로운 이동이 제한받는 닫힌하구(closed estuary)이다. 닫힌하구에는 갈대군락, 새섬매자기군

락, 칠면초군락과 같은 염습지식생의 발달이 열린하구(oped estuary)에 비해 제한된다(그림 2-56). 섬진강의 하류는 산간지역을 통과하는 구간으로 상대적으로 하류역의 특성을 갖는 구간이 짧다. 이는 하류역에 발달하는 식생의 발달이 미흡하다는 것을 간접적으로 시사한다.

■ 5대강 유역의 하계망과 물리적 특성들은 다르다.

하천크기와 하천차수 | 하천의 크기는 유역면적과 하천길이로 이해할 수 있다. 우리나라에서 유역면적은 한강이 제일 크고 그 다음으로 낙동강이다. 하천길이는 낙동강이 제일 길고 그 다음으로 한강이다. 하천차수는 낙동강은 9차수, 한강은 8차수로 높으며(1:25,000 축척, WAMIS 2021) 이는 상대적으로 유역면적과 하천길이가 대형이라는 것을 의미한다. 금강은 7차수, 섬진강은 6차수, 영산강은 5차수 하천으로 구분된다(표 2-8 참조). 국가에서는 2011년부터 우리나라 전체 하천을 크게 21개의 대유역(대권역: 한강, 한강동해, 한강서해, 안성천, 낙동강, 낙동강동해, 낙동강남해, 형산강, 태화강, 회야·수영, 금강, 금강서해, 삽교천, 만경·동진, 섬진강, 섬진강남해, 영산강, 영산강남해, 영산강서해, 탐진강, 제주도), 117개의 중권역, 850개의 표준유역수로 구분하여 관리하고 있다(WAMIS 2021)(표 1-11, 그림 2-6 참조).

기후 및 수환경 | 수계별 연강수량과 계절별 강수량은 한강과 섬진강이 상대적으로 높고 낙동강이 상대적으로 낮다(Lee and Kim 2005)(그림 3-3 참조). 이는 낙동강이 체계적인 생태환경적 운영체계가 수립되면 다른 수계에 비해 저비용으로 하천관리가 가능하다는 것을 의미한다. 한반도의 세부 기후환경에 대해서는 후술한다. 특히, 다른 대하천에 비해 한강 유역은 인구밀도가 높은 수도권의 식수원 해결을 위해 집중적이고 강한 규제적 수질관리가 이루어지고 있다. 유역별 다른 수환경 특성들에 대해서는 별도의 서적을 참조하도록 한다. 나아가 식물학적 관점에서 하천 습지를 보다 명확히 이해하기 위해서는 수환경의 기초가 되는 기후, 수문과 토양환경을 깊이 이해할 필요가 있다.

낙동강의 범람(합천군, 적포교 상류, 2006). 낙동강 하류구간은 홍수시 범람으로 인해 수변공간은 자주 침수된다. 낙동강이 범람하면 왼쪽의 산(임진산) 넘어에 있는 토평천의 물이 역류되기 때문에 배후습지인 우포의 늪생태계가 유지된다.

제3장

기후 | 수문 | 토양

Chapter | THREE

1. 기후
2. 물의 순환과 흐름, 토양수
3. 기온과 수온
4. 퇴적물과 토양 환경

1. 기후

1.1 기후 영향

■ 식물분포를 결정하는 최상위 기후 환경요인는 온도와 강수량 요소이다.

기후와 생물군계 │ 식물의 지리적 공간 분포는 기후인자에 많은 영향을 받는다. 기후에는 기온, 수온, 강수량, 풍향, 습도 등 다양한 인자들이 있다. 식물의 지구적 지리 분포에 영향이 큰 기후인자는 온도(temperature)와 강수량(precipitation, 눈, 비 등의 강수 총량)이다. 지구적 규모에서 온도(기온)와 강수량 조건에 의해 생물군집이 유사한 거대한 고유 상관(相觀, 경관, physiognomy)이 형성된다. 생물학에서는 이를 가장 큰 수준의 생물 분류단위인 생물군계(生物群系, biome)로 정의하고 구분한다. 열대우림, 열대사바나, 사막, 온대초원, 온대림(상록수림, 낙엽활엽수림 등), 북방침엽수림, 툰드라 등으로 구분하는 수준이다.

지구대순환과 기후 특성 │ 지구는 태양복사에너지의 불균형과 지구 자전의 영향으로 에너지 확산을 위한 시구대순환이 일어나는데 대기대순환과 해류대순환의 형태로 이루어진다. 이로 인해 생물군계 지역마다 온도와 강수량이 다르게 나타난다. 온도는 수평적으로 고위도 지역으로 갈수록 낮아지고 수직적으로 해발고도가 높아질수록 공기 밀도 및 복사열의 차이로 낮아지는 특성이 있다. 이러

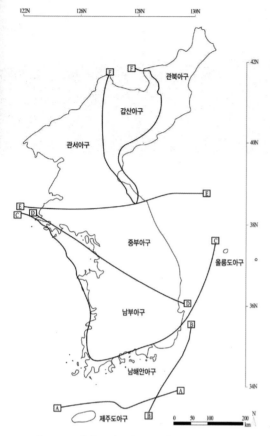

그림 3-1. 한반도의 식물구계 구분(자료: Lee and Yim 2002). 8개의 아구로 구분한다.

한 이해는 지구적 규모이며 한반도의 공간 규모에서는 국가·지방적 수준에서의 중기후적 접근이 필요하다. 보다 작은 국지, 지소적 공간 규모에서는 미기후적 접근이 필요하다.

한반도의 식물 지리 │ 한반도 내에서 강수량은 공간적 위치, 지형 요인 등에 따라 지역별로 차이가 있다. 온도는 저위도 지역과 고위도 지역, 저해발 지역과 고해발 지역 간에 차이가 있다. 한반도의 생물군계는 온대림 지역에 해당되고 온도에 따라 남쪽에서부터 난온대림, 냉온대 남부림, 냉온대 중부림, 냉온대 북부림으로 재분류된다(Kim 1993). 식물지리학에서는 지역별로 식물상의 고유성이 유사하면 같은 식물지리학적 범주로 구분하는데 이를 식물구계(植物區系, floral region 또는 floristics region)라고 한다. 한반도의 식물구계 구분은 학자들마다 일부 차이가 있다. 한반도 전체를 한국-일본 남부 식물구계로 구분하는 경우와 백두산을 포함한 지역을 제외한 나머지 지역만을 한국-일본 식물구계로 구분한다. 일반적으로 한반도의 식물구계는 북한 지역의 3개(관서, 갑산, 관북) 아구를 포함하여 8개(제주도, 울릉도, 남해안, 남부, 중부, 관서, 갑산, 관북)의 아구로 구분한다(Lee and Yim 2002)(그림 3-1). 식물구계에 대한 구체적 이해는 식물 지리와 관련된 별도의 자료를 참조하도록 한다.

■ 하천 습지의 식물들은 물리환경에 대응하여 각각의 최적범위 내에서 분포한다.

습지식물의 일·이차적 분포 영향 요인 │ 하천과 호소에 서식하는 식물들은 온도와 강수량, 어떤 요인에 강한 지배를 받을까? 한반도의 형상은 남북으로 길어 식물은 일차적으로 위도 차이에 따른 온도에 영향을 받는다. 하지만, 하천과 호소는 물이 모이고 이동하는 특성으로 강수량의 지역적 차이가 식물 분포에 강한 영향을 끼친다. 특히, 강수량이 많은 지역의 하천은 침수의 빈도와 강도가 증가할 것이다. 내성이론(Good 1931)에 의하면 모든 식물은 환경요인들에 대한 일정한 내성범위가 있으며 그 요인들 중에서 기후 요인이 가장 중요하고 다음으로 토양, 생물의 상호작용 순이다(Barbour et al. 1998). 국지적 공간에 서식하는 생물들은 이러한 요인들에 대해 생물종 고유 내성의 생태적 최적범위(ecological optimum)를 가진다(그림 6-23, 6-24, 6-25 참조). 이들의 상호작용 결과로 고유하고 구별되는 유사한 특성을 갖는 생물군집 또는 생태계가 형성되는 것이다. 따라서, 습지성 식물은 일차적으로 위도적 위치(온도 요인)에 따라 지리적 분포가 결정되고 강수량에 의한 물리적 요인(수분조건, 토성 등)이 이차적으로 작용하여 각각의 식물들은 고유 내성의 생태적 최적범위 내에서 공간 분포하는 것으로 이해할 수 있다.

1.2 한반도 기후 특성

■ 하천 습지의 식물들은 기후의 영향이 크고 기후변화로 영향력이 더욱 커진다.

기후변화 | 한반도에서 하천, 호소의 습지성 식물의 분포는 강수량 요인의 중·장기적 영향을 이해하는 것이 중요하다. 최근 기후변화에 따른 지구온난화로 기온이 상승하여 강수량은 예년보다 증가하고 집중되는 경향으로 나타난다(Kim et al. 2018b). 이로 인해 하천 습지는 현재의 계획보다 강화된 강수 수용능력을 가져야 한다. 하천 습지에 서식하는 생물들은 예년에 경험한 수문 빈도와 강도보다 강한 환경에 견뎌야 한다. 약 100년간(1912~2008) 전지구의 평균기온 상승율은 0.74±0.03℃이고 우리나라의 평균기온 상승율은 1.7℃로 보다 높은 편이다(KACCC 2021). 우리나라가 속한 북반구의 중위도 지역의 기온과 강수량은 모두 증가하고 있는 추세이다(IPCC 2013).

우리나라 최근 106년간의 기상 변화 | 우리나라의 최근 106년(1912~2017) 동안의 기상자료 분석(Kim et al. 2018b)(그림 3-2)에서 연평균기온은 13.2℃, 연평균강수량은 1,237㎜로 나타났다. 최근 30년의 기온은 20세기 초(1912~1941)보다 1.4℃ (+0.18℃/년) 상승하였고(KACCC(2021)에서는 1.7℃ 제시) 연강수량도 124㎜(+16.3㎜/년) 증가하였다. 계절은 기온이 5℃와 20℃를 기준으로 구분한다(그림 3-3 참조). 기온 상승에 따른 계절의 변화로 강수 패턴은 강도가 커지고 변동성(특히, 일강수량 30~150㎜)이 증가하였다. 이를 기초로 여름철은 19일이 길어지고 겨울철은 18일이 짧아졌다. 봄은 13일, 여름은 10일 빨라지고 가을과 겨울은 각각 9일, 5일이 늦어졌다. 강수량의 특성(강우 강도, 장마기간, 태풍 발생 등)도 변하고 있다. 지구온난화의 영향으로 평균기온 및 최저기온이 높아져 겨울은 줄어들고 여름은 증가하는 특성으로 나타난다. 식물이 휴면에서 깨어나는 시기도 빨라지고 있다. 또한, 기후변화에 따른 강수 예측성이 낮아지는데 최근인 2020년은 긴장마(경기도 54일)로 경제적으로 많은 피해가 발생하기도 하였다.

■ 기온과 강수량과 같은 기후적인 요소는 위도, 지형 등에 강한 영향을 받는다.

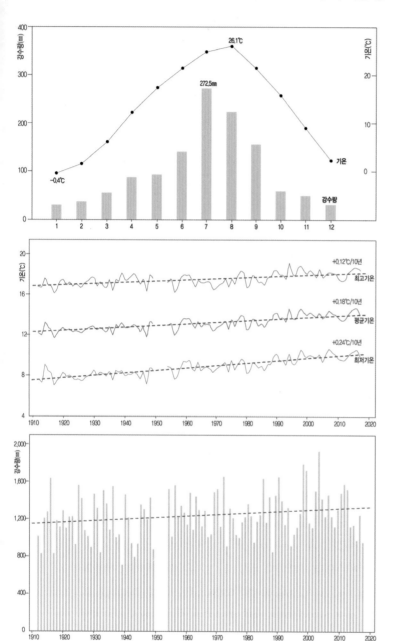

그림 3-2. 우리나라 106년간(1912~2017)의 기상 현황(자료: Kim et al. 2018b). 월평균기온 및 월평균강수량(상), 기온(중)과 연강수량(하)의 경년변화는 전반적으로 증가하는 특성이 있다.

해면경정과 기온의 이해 │ 세계의 평균기온 분포(등온선도)는 해면경정(海面更正, reduction to mean sea leve)한 것을 사용하고 우리나라는 대부분 해면경정 없이 사용한다(Park 2008a). 해면경정 적용 전후에 연평균기온은 차이가 있으며 해면경정 적용보다 낮은 것으로 나타난다. 흔히 기온은 위도, 수륙분포, 해류, 지형, 해발고도 등에 영향을 많이 받는다. 해면경정한 세계 등온선도는 적도에서 극지방으로 가면서 기온이 낮아지고 위도선과 평행한 특성이 있다(Lee 2012a). 이는 위도가 기온 분포에 영향을 미치는 가장 큰 요인임을 잘 보여준다. 우리나라의 기온분포는 지형을 잘 반영하여 나타나며(그림 3-3) 세계적 등온분포로는 이러한 특성을 구체적으로 이해하기 어렵다. 기온감률(氣溫減率, temperature lapse rate)에 따라 해발고도가 높아질수록 기온은 낮아진다. 공기의 습도(습윤단열감율과 건조단열감율)(도움글 3-1 참조)에 따라서도 차이가 있지만 우리나라는 수직적으로 -0.5 ~ -0.6℃/100m 내외이다.

강수량의 지역별 특성 │ 우리나라의 강수적 특성은 지역에 따라 상이하며 연평균강수량은 600~1,500㎜ 사이로 여름철에 집중되는 경향이 있

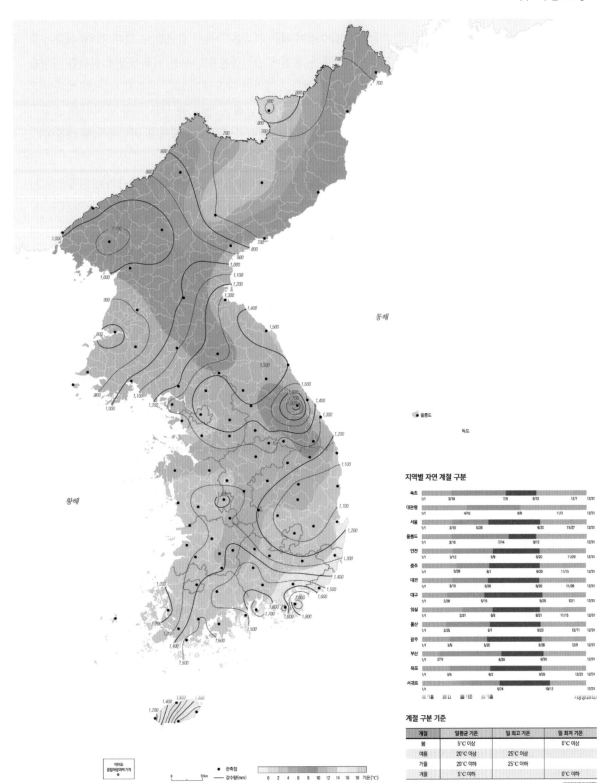

지역별 자연 계절 구분

계절 구분 기준

계절	일평균 기온	일 최고 기온	일 최저 기온
봄	5℃ 이상		0℃ 이상
여름	20℃ 이상	25℃ 이상	
가을	20℃ 이하	25℃ 이하	
겨울	5℃ 이하		0℃ 이하

대한지리학회(1979)

그림 3-3. **우리나라 기온과 강수량 분포**(1981~2010년, 자료: NGII 2019)

다(그림 3-2, 3-14). 봄철, 가을철, 겨울철에 강수량이 적은 지역은 가뭄이 발생할 수 있다. 특히, 식물이 휴면기를 지나 본격적으로 생육하기 시작하는 봄철에 발생하는 봄가뭄은 식물생장에 심각한 영향을 주기도 한다. 우리나라 내에는 지형 등의 특성으로 지역에 따라 비가 많은 다우지(多雨地)와 비가 적은 소우지(小雨地)가 존재한다. 다우지는 제주도, 섬진강과 남해안, 한강 중·상류, 강릉 등지이다. 소우지는 낙동강 중·상류(비그늘지역, 강수그늘지역)가 대표적으로 태백산맥, 소백산맥 등의 지형적 영향 때문이다.

강수량 경년변화 추이 | 우리나라의 여름철 강수량은 최근 50년(1958~2007)에 증가하는 경향으로 나타난다(Park et al. 2008a)(그림 3-2 참조). 2000년 전과 후의 기후 분석(Lee et al. 2011a)에서 일평균강수량은 위도 33°~34°(제주도)에서 7% 이상, 위도가 증가하는 북부지방일수록 5~18%까지 증가하였다. 계절별로는 여름철 위도가 증가함에 따라 강수량도 증가하는 경향으로 나타났다. 강수량은 여름철에 36°~38°N, 126°~130°E 지역(한강 유역 많음)에 집중적으로 증가하는 경향으로 나타났다.

■ 우리나라의 기후는 여름철에 편중된 장마와 태풍을 이해해야 한다.

장마전선과 집중강우 | 한반도는 강수량이 집중되는 여름철과 가을철에 장마와 태풍의 영향을 받는다. 동아시아의 우기(雨期, rainy period)는 띠모양의 장마전선(강우전선)을 형성하여 초여름에 계절풍(季節風, 몬순 monsoon)과 더불어 시작된다. 흔히 정체전선(停滯前線, stationary front)은 전선을 형성하는 두 개의 기단 힘이 비슷할 때 형성된다. 한반도에는 6월 하순부터 7월 중하순까지 정체전선의 영향을 받는데 이 전선을 장마전선이라고 한다. 강수가 지속되는 이 시기를 장마철이라 하며 흔히 집중강우가 발생한다. 우리나라는 '장마'(changma), 일본은 '바이우'(bai-u), 중국은 '메이유'(mai-yu)라고 한다(Park 2008a, Lee 2012a). 흔히 장마전선은 6월 하순 경에 남부지방에 도달하여 남북으로 오르내리다가 7월 중·하순 경에 지속적으로 북상하여 소멸된다(Lee and Lee 1992)(그림 3-4). 장마철의 강수량은 연강수량의 50~70%에 이르고 장마일수는 20~25일 정도이나(Lee 2000) 매년 차이가 있다. 특히, 2020년의 장마일수는 중부지방(수도권) 54일, 남부지방 46일, 제주 49일(KMA 2020)로 매우 길게 나타났으며 큰 재산적 피해를 발생시켰다. 2021년에는 마른장마, 가을장마가 발생하는 등 장마의 발생 특성은 매년 다르게 나타난다.

태풍 | 지구에너지 불균형에 의한 지구대순환으로 북반구에는 여름철에 태풍(颱風, typhoon)이 발생한다. 태풍은 지구에너지 균형을 이루려고 하는 작용이다. 태풍의 에너지원은 여름철 따뜻한 해수에서 증발한 수증기가 응결될 때 방출되는 잠열(潛熱, 숨은열)이며 많은 수증기를 동반하기 때문에 큰 재해가 발생하는 특성이 있다. 우리나라에 영향을 주는 태풍은 7~10월에 주로 5°~25°N, 125°~153°E 사이에

서 많이 발생한다(Park et al. 2006, Ahn et al. 2008). 태풍은 연평균 3.5회(1954~2003년 기준) 정도 한반도에 영향을 준다(Park et al. 2006). 태풍의 진로는 무역풍(trade wind, 위도 0°~30°에 부는 바람)에 의해 서쪽으로 휘면서 북상하다 북위 30°이북에서는 편서풍(westerlies, 위도 30°~60°에 부는 바람)의 영향으로 동쪽으로 휘면서 이동하는 특성이 있다. 태풍은 시계 반대방향으로 회전하기 때문에 북위 30°이북의 중위도에 위치하는 우리나라(편서풍대)의 서쪽은 회전하는 바람을 막는 안전반원이고 오른쪽은 바람이 강해지는 위험반원에 해당된다. 이 때문에 태풍이 서해안 또는 내륙을 관통하는 경우 위험반원에 해당되는 태풍의 오른쪽(동쪽) 지역은 많은 홍수 피해가 발생한다.

강수량과 수자원 이용 | 우리나라의 연평균강수량은 1,237㎜(Kim et al. 2018b)로 세계 평균 973㎜의 약 1.3배에 해당된다. 하지만, 우리나라는 인구밀도가 높아 인구 1인당 연강수총

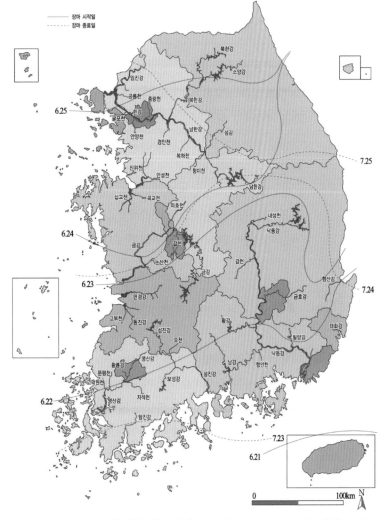

그림 3-4. 우리나라 장마 시작일과 종료일(자료: Lee 2012a). 남쪽에서 북쪽으로 갈수록 시기가 늦어진다.

량은 2,546톤(2008~2016년, 일본 4,964톤, 미국 21,791톤, 중국 4,345톤)으로 세계 평균 약 15,044톤의 약 ⅙에 불과하다(MOLIT 2016). 국내 수자원 총량(육지 기준)에서 41%는 증발산으로 손실되고 59%가 지표(지하수 충전과 유출 발생)로 유출되며 우리가 이용하는 수자원(생활용수, 공업용수, 농업용수)은 전체의 약 19%에 불과하다(RMC 2020). 지표유출은 평상시보다는 홍수시 유출량(홍수기 약 72%)이 증가하고(MOLIT 2016) 수자원의 많은 양은 이용하지 못하고 바다로 유출된다. 최근에는 수자원 총량의 변동은 거의 없지만 수자원 이용량은 급격히 증대하고 있는 추세이다. 특히, 우리나라는 장마와 태풍 같은 하계집중형의 계절적 강수 패턴으로 높

은 하상계수(표 2-8, 그림 2-51, 2-52 참조)를 갖는 하천의 수문적 특성 때문에 수자원 이용과 하천관리에 많은 애로점이 있다.

식물의 수문환경 적응 │ 우리나라의 많은 습지성 식물들은 생육이 왕성한 하절기 동안 장마와 태풍 같은 강한 수문환경에 적응하였다. 하천 습지에 생육하는 습지성 식물은 장마기간 동안 대부분 침수를 경험하고 서식처는 강한 교란을 받는다. 하지만, 범람 스트레스는 식물들이 적응하여 진화하는 강력한 원동력으로 작용한다(Jackson and Colmer 2005). 식물을 포함한 습지성 생물들은 이러한 환경 특성에 맞도록 형태적, 생리적, 시간적, 공간적 진화가 이루어졌다. 생물들은 진화적 전략으로 생활사(life history), 행동(behavioral) 및 형태(morphological)의 3가지 적응 모드를 선택하는 경향이 있다(Lytle and Poff 2004). 물속을 서식처로 하는 생물들은 장마(또는 건조) 전후에 맞추어 생활사를 완성하는 시간적 회피전략을 가지는 특성들이 많다. 식물과 관련된 보다 다양한 적응 전략은 후술(제 6장)을 참조하도록 한다.

■ 우리나라는 대륙성 기후 지역이고 동해안과 서해안의 기후가 다르다.

대륙성 기후와 해양성 기후 │ 우리나라는 대부분 대륙성 기후(大陸性氣候, continental climate)로 구분되며 제주도와 울릉도는 해양성 기후(海洋性氣候, marine climate)의 특성을 나타낸다. 대륙성 기후는 빠르게 가열되고 냉각되는 대륙(고체)의 영향을 많이 받는 기후이고 해양성 기후는 느리게 가열되고 냉각되는 해양(액체)의 영향을 많이 받는 기후이다(표 3-1). 대륙성 기후의 특성은 기온의 연교차가 크다. 여름에는 기온이 높게 올라가고 겨울에는 반대로 기온이 낮게 내려간다. 반대로 해양성 기후는 기온의 연교차와 일교차가 적으며 연중 온도가 높은 것이 특징이다. 강수량은 대륙성 기후가 여름철에 집중되는 경향이 있으며 해양성 기후는 강수량이 많고 고른 특성을 보인다.

표 3-1. 대륙성 기후와 해양성 기후의 주요 특성

기후 구분	지역	일교차	연교차	강수량	강수량 분포	수증기량	바람
대륙성 기후	대륙 동안(내륙)	큼	큼	적음	편중	적음	계절풍
해양성 기후	대륙 서안(해안, 섬)	작음	작음	많음	고름	많음	편서풍

우리나라 동해안과 서해안의 차이 │ 우리나라는 겨울철(1월)에 동해안의 기온이 같은 위도의 서해안에 비해 높게 나타난다. 이는 동해의 수온이 서해보다 높고 태백산맥이 북서계절풍을 막아 동해와 동해안 간에 에너지 교환이 원활히 일어나 국지순환이 활발하기 때문이다(그림 3-5). 여름철(8월)에는 동해안의

기온이 서해안보다 낮다. 즉, 동해안이 서해안보다 여름에는 시원하고 겨울에는 따뜻하다는 것을 의미한다. 비슷한 위도(북위 37° 30′~50′)에 위치한 서울과 강릉 기상관측지점의 기온(1981~2010)을 보면 겨울철(1월)은 서울 -2.4℃, 강릉 0.4℃로 강릉이 2℃ 정도 높다. 여름철(8월)은 서울 25.7℃, 강릉 24.6℃로 강릉이 1.1℃ 정도 낮다. 또한, 여름철 강수량 분포는 전반적으로 동쪽이 적고 서쪽이 많다(Park 2008a)(그림 3-3 참조).

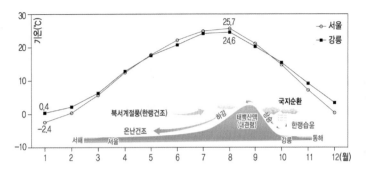

그림 3-5. 강릉과 서울의 연평균기온(1981-2010)(자료: KMA 2022). 서울과 강릉은 비슷한 위도 지역이지만 지형적 특성에 의해 강릉이 서울보다 여름철에는 시원하고 겨울철에는 따뜻하다.

■ 우리나라의 계절풍 기후는 크게 4개 기단에 영향을 받는다.

한반도의 계절풍 │ 한반도의 기후에는 계절풍(季節風, monsoon)을 이해해야 한다. 유라시아 대륙은 연

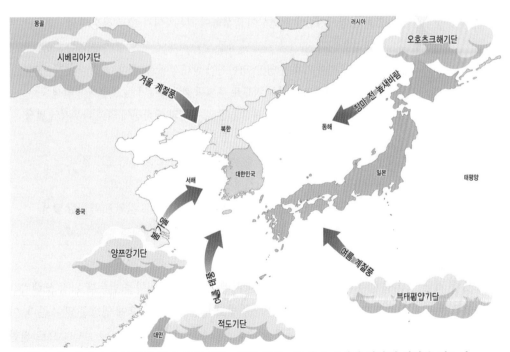

그림 3-6. 우리나라 주변의 주요 영향기단. 우리나라는 크게 4~5개의 기단에 영향을 받는다.

중 편서풍이 부는 서쪽의 서안기후(西岸氣候, wet coastal climate)와 서안에 비해 편서풍이 약하고 계절에 따라 풍향이 바뀌는 동쪽의 동안기후(東岸氣候, east coastal climate)로 대구분된다. 한반도가 위치한 동안지역은 계절별로 대륙과 해양의 영향을 번갈아 받아 풍향이 바뀌는 계절풍이 분다. 여름에는 해양의 영향을, 겨울에는 대륙의 영향을 받는다. 이러한 계절풍 기후 지역은 기온 및 강수량의 계절적 차이가 크다. 한반도 계절풍 기후에 영향을 미치는 주요 기단(氣團, air mass)은 시베리아기단(9월 중순~5월 중순, 겨울철 기온), 오오츠크해기단(장마 이전, 가뭄 원인), 북태평양기단(7월 하순~8월 중순, 여름철 기온), 적도기단(늦여름~초가을, 태풍, 가을 전령사)이다(Lee 2012a)(표 3-2, 그림 3-6). 이외에도 봄과 가을에 온난건조한 양쯔강기단에 영향을 받기도 한다.

표 3-2. 우리나라 주요 영향기단의 유형과 특성(Park(2008a) 등을 참조)

기단 종류	구분	개괄적 내용
시베리아기단	기후	- 가장 오랜기간 동안 영향을 미침, 12월~3월초(흔히 1월에 집중)에 발생
		- 한랭건조, 강한 바람, 삼한사온의 기후적 특성 발생
		- 꽃샘추위는 4월 초에도 발생
	생물	- 식물 생육시작 이후 꽃샘추위로 냉해 발생, 기온 극저로 인한 세포 결빙 등
오오츠크해기단	기후	- 장마 시작 이전의 영향, 장마 전에 발생하는 긴 건기의 원인(모내기 지연)
		- 건기가 장기화되면, 영동지방은 냉해, 영서지방은 한발 피해 발생
		- 영동과 영서지방에 푄현상이 발생하여 기온차이가 10℃ 전후 발생
	생물	- 식물생육 시작, 봄가뭄 발생시 식물 생육 저해, 산불 발생 가능성 높음 등
북태평양기단	기후	- 우리나라 여름 기후에 영향, 영향기간 상대적 짧음, 장마~늦장마 시작 이전
		- 고온다습, 열대기후 연상 정도로 무더워 불쾌지수가 높고 열대야 발생
		- 소나기와 뇌우 발생, 남서계절풍 발생, 산맥과 대하천에 의해 다우지역 발생
		- 여름철 무더위와 연관이 있으며 염장식품의 발달 원인임
	생물	- 집중강우로 인한 침수 피해 발생, 생물서식지 소실, 부영양화 등
적도기단	기후	- 늦여름과 초가을 사이에 일시적인 영향, 가을의 전령사 역할
		- 적도 부근의 북태평양에서 발생한 태풍의 영향으로 강한 비와 바람 발생
	생물	- 태풍으로 인한 침수(서식지 파괴 등) 피해 발생, 결실기 식물 생산 교란 등

한반도 영향 기단 | 겨울철 우리나라는 한랭건조한 시베리아기단의 영향을 받는데 가장 오랜기간 동안 영향을 받는다. 봄철은 오오츠크해기단의 영향을 받고 영동지방의 기후에 영향을 많이 준다. 이 기단의 영향으로 늦봄에서 초여름 사이 북동쪽(영동지방, 한랭다습)에서 남서쪽(영서지방, 고온건조)으로 푄현상의 일종인 높새바람(북쪽을 높, 동쪽을 새라고 하여 북동풍을 의미)이 발생한다. 특히, 봄철 높새바람과 반대 방

향인 영서지방에서 영동지방으로 푄현상인 국지풍이 발생하기도 하는데(그림 3-5 참조) 고성, 양양, 속초, 강릉 일대에 봄철 대형 산불의 원인이 되기도 한다(그림 5-10 참조). 이를 양간지풍(襄杆之風, 양양-간성 사이에 부는 바람) 또는 양강지풍(襄江之風, 양양-강릉 사이에 부는 바람)이라 하며 고온건조하고 풍속이 매우 빠르다. 흔히 남쪽에 고기압, 북쪽에 저기압이 위치하는 남고북저형의 기압 배치가 있고 강한 남서풍이 유입될 때 발생한다. 여름철은 북서태평양기단(북태평양기단)의 영향을 받는데 장마전선의 움직임은 북서태평양 고기압의 움직임과 밀접한 연관이 있다(Park 2008a). 늦여름 즈음에는 석도기단의 영향을 받는데 가을의 전령사 역할을 한다.

▌기온 하강과 관련된 서리는 식물의 생육에 매우 중요하다.

서리와 농사 | 공기 중의 수증기가 지면이나 물체의 표면에 응결하여 생긴 물방울을 이슬(dew)이라 한다. 초가을~늦봄 온도가 어는점 아래(지표 온도 0℃ 이하)로 내려가서 공기 중의 수증기가 얼음결정으로 부착될 때를 서리(frost)라 한다(그림 3-7). 이슬은 식물에게 큰 영향이 없지만, 서리는 식물 잎의 세포를 손상시키기 때문에 기상관측의 대상이 된다(Park 2008a). 서리는 식물의 생육기간(growing period)과 깊은 연관이 있다. 서리는 농경 생활에 중요한 기상인자로 농작물의 생육가능기간을 의미한다. 흔히 봄철 마지막 서리일은 농사의 시작을, 가을이 깊어지면서 첫서리가 내리면 농사가 끝났음을 알리는 신호나 다름없다(Lee 2012a).

우리나라의 무상기간 | 서리가 없는 기간을 무상기간(無霜期間, duration of frost-free period)이라 하는데 해안지역은 길고 내륙지역은 짧다. 무상기간은 양평, 춘천, 홍천 등의 영서 내륙지역과 인제, 대관령 등의 영동 인근 산간지역이 180일 이하를 나타낸다. 해안지역은 200일 이상의 무상기간을 가지며 남해안은 230일 이상으로 일년의 ⅔ 이상이 서리가 발생하지 않는다(Kwon 2006). 즉, 한반도의 무상기간은 해안에서 내륙지역으로, 남에서 북으로 갈수록 짧아지는 특성이 있다(Lee 2012a).

그림 3-7. 이슬(상: 선버들)과 서리(하: 큰비자루국화). 이슬이 낮은 기온에서 동결되어 형성되는 서리는 식물의 생장을 억제한다.

■ 우리나라에서 지형성 강우는 지역의 기후 특성을 이해하는데 중요하다.

강우 유형과 지형성 강우 | 강우에는 여러 유형이 있고 발생 원인도 다르다. 유형에는 지형성 강우(地形性降雨, orographic rain, 산지 상승 원인, 다우지), 전선성 강우(前線性降雨, frontal rain, 기단 원인, 장마), 대류성 강수(對流性降雨, convective rain, 단열냉각 원인, 소나기 또는 스콜), 저기압성 강우(低氣壓性降水, cyclonic precipitation, 저기압 원인, 기압골비)가 있다. 특히, 우리나라에서 지역적 수준의 중기후적 특성들은 지형성 강우와 관련이 깊다. 지형성 강우는 해발이 높은 산지 일대에서 발생하는 형태이다. 습윤한 공기가 높은 산 또는 산맥의 경사면을 따라 상승할 때 습윤단열감률에 의해 비가 내리는데 이러한 강우를 '지형성 강우'라 한다. 이러한 특성으로 강수량은 해발고도가 높아짐에 따라 증가하는 경향이 있다. 지형성 강우가 발생한 산지 반대편에는 건조단열감율로 인해 고온 건조한 바람이 부는데 이러한 현상을 푄현상(foehn)이라 한다(도움글 3-1)(그림 3-5 참조).

> **[도움글 3-1] 푄현상**(높새바람)**과 단열감률**(斷熱減率)
>
> 푄현상은 우리나라에서 주로 태백산맥을 넘어서 부는 바람을 의미한다. 산맥을 중심으로 양쪽 사면지역의 기온이 다르다. 태백산맥과 같은 큰 산의 사면을 따라 공기가 상승 또는 하강할 때 온도는 변하는데 습윤한 공기와 건조한 공기에 차이가 있다. 습윤한 공기는 100m에 0.5℃(습윤단열감률), 건조한 공기는 100m에 1.0℃(건조단열감률) 하강한다(KMA 2021). 이는 비열이 높은 물에 의해 습윤한 공기의 온도가 작게 하강하는 것이다.

우리나라 지형성 강우 지역 | 여름철 남쪽에서 다습한 공기가 이동하면서 한라산에 부딪혀 상승할 때 제주도의 남쪽 사면인 서귀포 일대에는 많은 강우가 내린다. 겨울철 영동지방 및 울릉도 등지에 강설량이 많은 것은 높은 산지로 인한 공기의 강제 상승효과이다(Park 2008a). 하지만, 안동, 대구, 의성 일대는 주변이 높은 산지로 둘러싸여 있어 강수그늘지역(rain shadow area)에 해당되어 연평균강수량이 1,000mm 이하로 비가 적은 소우지역(小雨地域)에 해당된다. 동쪽으로는 태백산맥이, 서쪽과 북쪽으로는 소백산맥이, 남쪽으로는 영남알프스(운문산, 가지산, 천황산, 재약산, 신불산 등)로 둘러싸여 있다. 이 지역은 삼림식생의 발달이 왕성하지 않다. 특히, 소나무의 수형은 강수량이 적은 기후와 그에 따른 토양환경의 더딘 발달로 인해 다른 지역에 비해 왜생하는 것이 특징이다(비교: 곧게 크게 자라는 금강송). 우리나라 내에서 이러한 지역적 강우의 특성들은 모두 지형성 강우의 결과이다.

2. 물의 순환과 흐름, 토양수

2.1 물의 특성과 순환

■ 비열, 밀도 등과 관련된 물의 특성을 이해하는 것은 중요하다.

물의 구조와 특성 | 물은 지구라는 공간에서 독특한 물리·화학적 특성을 갖는 물질로 기본 특성을 이해하는 것은 중요하다. 물이 갖는 특이한 성질들은 많다. 물 1개 분자(molecule)는 수소 2개 원자(atom)와 산소 1개 원자로 이루어져 있고 화학식은 H_2O이다. 물 분자들 간에는 수소원자들이 연결된 수소결합을 하고 있다. 물은 수소결합과 관련되어 여러 물리적 성질(특성)들을 가지는데 생명현상과 관계가 깊은 비열, 밀도, 응집력 등의 특성에 대해 살펴볼 필요가 있다.

높은 비열 | 물은 높은 비열(比熱, specific heat)을 갖는다. 비열은 1g의 물을 1℃ 올리는데 필요한 에너지(cal)를 의미하고 물의 비열은 1이다(참고, 알코올 0.58, 공기 0.17, 건조토양 0.20; van der Valk 2006). 물은 온도를 적게 올리면서 많은 열을 함유할 수 있어 열에 대한 완충능력이 크다. 물은 공기에 비해 비열이 높아 육상환경보다 온도 변화가 작다. 이런 특성으로 하천, 호소의 물은 봄과 가을에 서서히 가열되고 서서히 식는다. 생명체는 75~95%가 물로 이루어져 있기 때문에 급작스런 외부 온도 변화에도 서서히 반응할 수 있다. 액체의 물이 다른 형태(기체 또는 고체)로 전환될 때 많은 에너지가 방출 또는 흡수된다. 물 1g을 1℃에서 2℃ 상승시키는데 1cal의 에너지가 소모되지만 같은 양의 물을 1℃에서 0℃인 얼음으로 변환할 때는 80배나 되는 열에너지를 제거해야 한다(Kang et al. 2016). 온도가 내려가는 가을철 하천과 호소에는 대기와 수체 간의 비열 차이(기온과 수온 차이)로 이른 아침 물안개(흔히 증기안개 또는 김안개, steam fog)가 발생하는 것을 흔히 관찰할 수 있다(그림 3-8). 물안개는 습도가 80% 이상의 높은 조건에서 수온이 기온보다 7~9℃ 이상 높은 조건에서 잘 발생한다(Bang and Hong 2006).

그림 3-8. 물안개(나주시, 나주호). 물안개는 주로 가을철 높은 습도조건에서 물(수체)과 공기(대기)의 높은 온도 차이에 의해 잘 발생한다.

물의 밀도 특성과 응집력 | 순수한 물은 수온이 4℃까지는 밀도가 높아지나, 그 이하로 내려가면 밀도는 오히려 낮아진다. 0℃의 물보다 얼음은 밀도가 8% 정도 낮다(van der Valk 2006). 이런 특성으로 겨울철 얼음은 물에 뜨고 수체의 바닥이 얼지 않아 수생식물을 포함한 물속생물들이 생존할 수 있다. 물은 공기보다 약 770배(담수: 4℃에서 1,000kg/㎥, 해수: 1,025kg/㎥, 공기: 0℃에서 1.29kg/㎥) 정도 밀도가 높다(van der Valk 2006). 물속생물체가 밀어내는 힘이 물의 무게보다 적으면 부력(浮力, buoyancy, 뜨는 힘)이 생기는데 어류 및 수생식물에게 중요한 물의 특성이다. 수소결합을 한 물분자들은 응집(결합, cohesion)하는 힘이 있다. 수표면의 물은 아래(물속)의 물보다 응집력이 약해 물분자 구조들은 위로 부푼 모양으로 팽팽해진다. 이로 인해 표면장력(surface tension)이 생겨 소금쟁이가 물위에 뜰 수 있다. 응집력은 식물 뿌리에서 흡수된 물이 줄기의 물관을 통해 이동하고 토양에서 물이 이동하는 모세관(毛細管, capillary tube) 현상과 관련이 있다.

■ 물은 대부분 수권에 분포하고 여러 형태로 물의 순환이 일어난다.

물의 분포와 이용 | 살아있는 생명체는 대부분 물로 이루어져 있고 생명현상에 물과 연관이 없는 과정은 거의 없다(Kang et al. 2016). 지구의 물은 어디에 존재할까? 지구생태계는 생물권(生物圈, biosphere), 암석권(岩石圈, 지권, lithosphere), 수권(水圈, hydrosphere), 대기권(大氣圈, atomosphere)으로 구분된다. 수권은 지구에서 대부분의 물이 존재하는 영역을 말한다. 지구 표면의 약 74%는 물이나 얼음으로 덮여 있으며 대부분 해양(70.8%)에 존재한다. 바닷물(짠물, 해수)은 지구에 존재하는 물의 약 97%를 차지한다(그림 3-9). 인간이 이용 가능한 담수(민물, 육수) 형태는

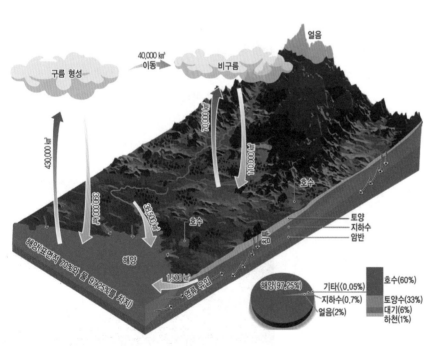

그림 3-9. 지구적 수준에서의 물순환. 지구에너지 불균형은 수증기를 통해 이동하면서 해소되며 지표(하천, 호수), 지하수, 해양 등을 통한 물순환이 일어난다.

약 3%에 불과하며 대부분 빙하나 얼음의 형태로 존재한다. 인간이 직접 이용 가능한 물은 지표수와 지하수를 포함하여 약 0.09%에 불과하다.

거시적 물순환 | 물은 어떻게 순환할까? 대기 중의 수증기는 지구 전체 물의 약 0.001%에 불과한 양이나, 강우와 강설 형성에 매우 중요하다. 수증기는 지구적 순환과 지역의 여러 기상현상을 발생시킨다. 지표면에 도달하는 강수의 근원은 약 64%가 지표면에서 증발된 수증기에 의한 것(70,000㎦)이고 그 나머지는 해양에서 구름으로 증발 이동된 것(40,000㎦)이다. 지구 전체에서 약 500,000㎦의 물이 지표면과 식생을 통해 대기로 증발산(蒸發散, evapotranspiration)되는데 약 78%(390,000㎦)가 해양에, 약 22%(110,000㎦)가 비와 눈의 형태로 지표에 내린다(Kang et al. 2016)(그림 3-9). 포화수증기량은 기온이 1℃ 상승하면 7%가 증가한다(Held and Soden 2006). 지구온난화는 대기 중에 포화수증기량이 증가하는 주원인이 되기 때문에 강수의 강도와 양의 증가로 나타난다.

지표 물순환 경로 | 대기 중의 수증기가 냉각되면 과포화 상태의 구름이 되고 비, 눈, 싸락눈, 우박, 진눈깨비 등의 형태로 지표에 내린다(KMA 2005). 물순환의 기초는 집수역에 내린 이러한 기상현상들이다(그림 3-10). 지표의 물은 해양, 식생, 하천, 토양 또는 지표의 증발산 등을 통해 구름으로 이동하고 다시 강수에 의해 지표에 내리는 순환이 일어난다. 지표에 내린 물은 3가지 경로 형태로 순환이 일어난다(USDA 1998). (1) 먼저 강수 일부는 지표수(地表水, surface water)로 하천을 통해 호수, 바다에 흘러드는 지표유출이 일어난다. (2) 다른 일부 강수는 지중으로 침투하여 비피압대수

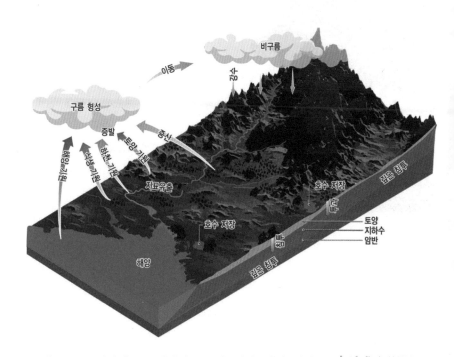

그림 3-10. 지역적 수준에서의 물순환. 해양, 식생, 하천, 토양 등에서 증발산을 통해 대기 중에 구름을 형성한다. 구름은 지표에 강수의 형태로 내려 하천, 호수에 저장되거나 토양과 지하수로 침투 유입되는 일련의 물순환이 일어난다.

증발, 증산, 증발산

자연상태에서 물이 기화(氣化)하여 대기로 환원되는 2가지 과정은 (1) 토양, 물과 같은 무생물 공간에서 발생되는 증발(evaporation)과 (2) 식물의 기공을 통한 증산(transpiration)이다. 이들을 분리하는 것은 사실상 불가능하기 때문에 증발산(evapotranspiration)으로 통합 이해한다.

층(非被壓帶水層, unconfined aquifer, 자유면대수층, 지하수를 품고 있는 압층이 없는 토양 대수층)에 머무르면서, 토양 입자의 흡착수가 되거나 더 깊은 피압대수층(confined aquifer, 암반과 같은 압층 아래의 대수층)까지 침투하여 지하수가 되는 토양침투가 일어난다. (3) 지표 가까운 토양의 통기대(通氣帶, 순환지하수대, vadose water zone)에 있는 물은 식물과 토양의 모세관 작용으로 지표로 올라와 대기 중의 수증기로 증발산되는 대기환원이 일어난다. 특히, 하천, 호소, 토양의 물은 지역 강수에 큰 영향을 끼쳐 지역의 기후 시스템에서 중요한 역할을 한다(Chahine 1992). 물은 이러한 일련의 순환과정들을 통해 지구 및 지역생태계 유지에 필요한 대기후, 중기후, 미기후를 조절한다.

지표의 빠른 물순환 │ 지표에서 일어나는 물의 빠른 순환(short circuiting)은 계층화된 식생구조에 의한 강수차단(降水遮斷, precipitation interception), 토양침투(土壤浸透, soil infiltration), 증발산(蒸發散, evapotranspiration)(도움글 3-2) 등이다(USDA 1998)(그림 3-11). 차단과 증발산은 식물기관(잎, 줄기, 가지)의 모양과 질감, 강우 시기, 식물군락 계층별 식피율, 임령 등에 따라 다르게 나타난다. 강우 초기에는 수관(樹冠, 숲지붕, crown)에서 대부분의 빗물이 차단되지만, 지속되면 낙엽층까지 강우가 도달하여 토양으로 빗물이 침투하거나 지표유출이 일어난다. 강우 초기에는 침투율이 강우율보다 높고 강우가 지속되면 침투율은 급격히 감소하는 경향이 있다. 식생과 낙엽층에서 차단되지 않은 빗물은 토양으로 흡수되는데 강우 강도가 침투능보다 작으면 물은 동일한 비율로 토양으로 침투한다. 하지만, 침투능을 초과하면 침투되지 않은 물은 지표로 유출된다(그림 3-12).

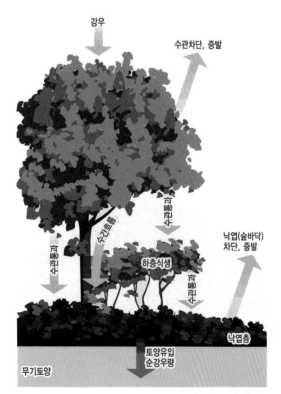

그림 3-11. 숲에서 발생하는 일반적인 강우 이동경로(USDA 1998). 다층구조의 숲에 강우가 발생하면 식물(교목, 아교목, 관목)에 의한 차단이 먼저 발생되고 통과한 물은 지표의 낙엽층과 토양으로 침투한다.

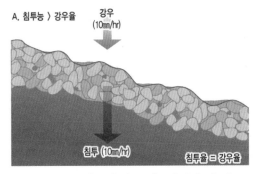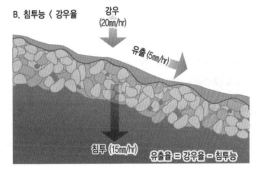

그림 3-12.　강우에 따른 침투와 유출 유형(USDA 1998). 토양의 침투능과 강우율에 따라 빗물이 유출되거나 토양으로 침투가 일어난다.

2.2 유량과 물흐름

■ **수리기하학은 유량과 하천지형과의 관계를 연구하는 학문이다.**

수리기하학과 유량 | 하천지형학의 한 분야인 수리기하학(hydraulic geometry)은 유량 변화에 따른 하도의 기하학적 특성(하폭, 수심, 유속, 하도 경사 등) 변화를 연구하는 것이다(Leopold and Maddock 1953, Choi 2004). 하도 형태에서 가장 의미있는 유량(流量, discharge)을 지배유량(dominant discharge) 또는 유효유량(effective discharge)이라 한다(Knighton 1984). 유량과 관련된 다양한 수리적 과정과 그에 대응한 지형적 과정들은 일정한 규칙을 가지고 매우 복잡한 형태로 발생한다.

수리기하학적 반응과 범람원 | 하폭:수심비가 가장 작을 때의 유효유량을 만제유량(滿堤流量, 만수위 유량, bankful discharge)으로 정의하고 만제유량은 많은 하천에서 약 1.5년의 재현기간을 갖는다(Leopold 1994). 일부에서는 2~3년을 제시하기도 한다(USDA 1998). 흔히 만제유량을 하천 제방(제외지)에서 제내지로 최초로 물이 넘치는 순간의 유량을 의미하기도 한다. 만수위 유량을 갖는 범람원을 '수문학적 범람원'(hydrologic floodplain, 만수위 하폭)이라 한다. '지형학적 범람원'(topographic floodplain)은 특정 재현기간의 홍수위를 기준으로 하며 수문학적 범람원을 포함한다(그림 3-13). 흔히 하천정비에서 100년 또는 200년 홍수빈도의 제방을 계획하는 것이 이를 고려한 것이다. 본류의 유량은 지류들에서 유입되는 유량 때문에 하

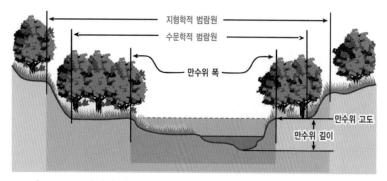

그림 3-13. 지형학적, 수문학적 범람원 개념(USDA 1998)

류로 갈수록 증가한다. 하천에서 하류방향으로 유량 증가에 따른 하폭, 평균수심, 평균유속에 대한 이해는 수리기하학에서 중요하고 하상구배(河床勾配, river slope), 퇴적물, 조도(거침, roughness) 등과 연관 분석이 가능하다(Choi 2004). 하천들은 이런 수리기하학적인 작용들에 의해 위치에 따라 하폭과 수심들이 다르게 나타난다.

■ **하천지형들은 유량 변동에 대응하여 다양한 형태로 반응하여 나타난다.**

유량 변동에 따른 하상물질별 하폭:수심비 │ 유량에 대한 하도의 형태 반응은 하폭:수심비의 값으로 이해할 수 있다. 점토와 같이 입경이 작은 입자로 구성된 응집력 있는 강턱(bank)의 하천은 수심이 깊고 하폭이 좁다. 모래로 된 부서지기 쉬운 물질로 된 강턱의 하천은 하폭이 넓고 수심이 얕아지는 경향이 있다. 이와 같이 강턱의 점토-실트-모래 구성물질의 비율이 하도의 형태와 관련이 있다(Schumm 1960).

하도형태 영향 요인 │ 하도의 형태에 영향을 주는 요인들은 유량, 하폭, 수심, 유속, 하도경사(하상구배), 조도, 퇴적물(하중), 퇴적물량(하중량) 등이 있다(Leopold 1994). 이들 간의 주요 특성은 유량의 증가만큼 하폭은 변하지 않으나 수심은 급속히 증가한다. 퇴적물은 다른 요소들에 비해 빨리 증가하고 하도경사는 하류 방향으로 급속히 감소하는 특성이 있다. 유량 증가에 따른 유속 변화는 크지 않고 조도(수리적 저항)는 약간 감소하는 특성이 있다. 이에 대응하여 형성된 하도는 수변식생의 발달 과정에 영향을 준다. 수변식생들은 물흐름의 저항력을 높여 유속을 줄이는 효과가 있다(Watts and Watts 1990). 특히, 제방의 조밀한 식생은 하도를 더 좁게 만드는 반면, 하상의 식생은 물흐름 저항을 크게 증가시켜 하도 확장과 더불어 유속을 감소시킨다. 하지만 하도의 깊이에는 영향이 거의 없다. 즉, 수리 지형적 모델에서 하도 형태와 유속에 식생이 중요함을 알 수 있다(Huang and Nanson 1997).

강우에 따른 퇴적물 반응 │ 강우량과 유량, 퇴적물 간에는 상호관계가 있다. 지역강우량이 많을수록 유량에 비해 부유하중(뜬짐, suspended load)의 유출이 급증하고 부유하중 총량은 강우량 총량보다 강우

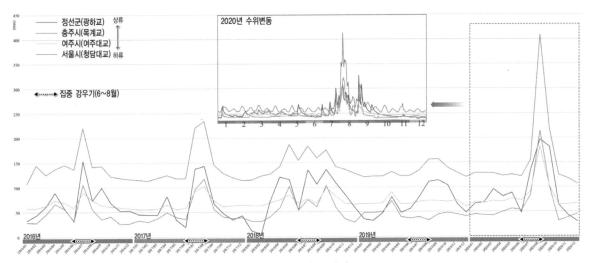

그림 3-14. 한강 상류(정선군)에서 하류(서울시)의 관측지점별 수위변동(2016~2020)(자료: WEIS 2021)

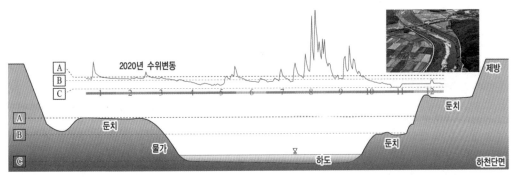

그림 3-15. 한강 지류인 청미천 하류(여주시, 삼합교)에서 하천단면과 수위변동(자료: WEIS 2021)

강도에 의해 결정된다(Park 1994). 이와 같이 유량 변동에 퇴적물들이 다양하게 반응하여 여러 형태의 하천지형이 발달하게 된다.

유량 변동에 대한 식물의 종단, 횡단 분포 | 하천 유량은 지역의 강수 패턴에 직접적인 영향을 받으며 연중 지속적으로 변한다. 우리나라와 같은 대륙성 기후 지역은 강우의 계절적 변동이 크며 하천은 집중강우가 발생하는 홍수기(여름철)에 맥박식으로 수위가 상승한다(그림 3-14). 이러한 유량 변동은 하천 습지에 서식하는 생물종 분포에 큰 영향을 주기 때문에 관련 생태 연구에 선행적 이해가 필요하다. 하천 종단(유역)적으로 유량은 하류 방향으로 갈수록 증가한다. 유속은 하상구배에 따라 그 세기가 달라지는데 높은 하상구배에서는 유속이 빨라진다. 흔히 하천의 하류구간은 하상구배가 낮아 유속

이 느려 정체수역이 형성되기 때문에 추수식물과 수생식물이 번성한다. 하천 횡단(단면)적으로 물가 공간은 유량 변화에 매우 민감하게 반응한다. 유량 변화에 따른 횡단적 수위변동은 초본식물, 관목식물, 교목식물들의 분포를 결정한다(Lee 2005d). Jin and Cho(2016)는 우리나라 청미천(한강 지류) 사주에 분포하는 식생은 여름철 범람 수위에 따라 그 분포가 결정되는 것으로 분석하였다(그림 3-15).

■ 유량 변동과 관련하여 수분포화기간과 물수지를 이해해야 한다.

수리체계와 물수지 ┃ 우포늪과 같은 정체수역인 호소생태계에서 물은 가장 중요한 환경요인이다. 물과 관련된 수리체계(hydrological regime)는 습지성 식물의 종조성, 분포, 다양성, 천이는 물론 일차생산량, 유기물 축적 등을 결정한다. 특히, 식물의 생육과 관련된 습지의 수심, 유량, 유속, 화학성분, 퇴적물 깊이, 토성과 영양염류 등에 영향을 준다. 시간에 따른 계절적 수위변동을 수분포화기간(수문기간, hydroperiod, 물로 덮여있는 기간)이라 하고(Ewel 1990, Mitsch and Gosselink 2007) 습지에서 지표수과 지하수의 상승과 하강으로 정의한다. 즉, 습지에서 물수지(물收支, hydrologic budget) 또는 물의 유입과 유출 간의 균형을 의미한다. 물수지는 한 지점에서 물의 유입과 유출의 총량으로 계산되기 때문에 집수역의 물순환을 이해하는데 매우 중요하다. 물수지는 강수량, 지표와 지하의 유출량, 증발산량, 토양함수량 등의 관계로 산출하며 집수역의 공간과 시간적 위치에 따라 다르게 나타난다.

식물 증발산의 물수지 영향 ┃ 물의 유입과 유출은 지표수와 지하수에서의 변동, 증발산량 등으로 산출한다. 흔히 습도가 증가하거나 풍속이 감소하면 증발산량은 감소한다(Mitsch and Gosselink 2007). 습지에서 습도, 온도, 풍속은 증발산과 관련된 물수지와 강한 연관성을 갖는다(Kang et al. 2009). 유럽의 중영양과 부영양 상태의 이탄습지에서 증발산량이 전체 강수량의 60%(Verhoeven et al. 1988)를 차지하는 등 증발산은 습지 물수지에서 중요한 부분이다. 많은 연구들에서 식생은 증발산과 같은 유역의 수문량에 민감하게 반응한다(Park et al. 2014). 따라서, 습지의 식생환경은 물론 유역의 식생환경에 대한 이해는 수문을 포함한 통합된 습지생태계 관리에 중요하다. 국내 신안장도습지보호지역(신안군)에서의 연간 강수량 감소와 관련한 물수지 변동이 습지에서 버드나무림의 확

그림 3-16. 장도습지보호구역 내의 버드나무림(신안군, 2013.4.24). 도서지역의 습지에서 버드나무림의 번성은 증발산량의 증가로 이용가능한 수자원의 양을 감소시키는 결과를 초래한다.

장을 촉진시키고(Yang and Choi 2009) 버드나무림은 습지의 증발산량을 더욱 증가시키는 상호 연동된 체계를 형성하기도 한다(그림 3-16). Persson(1995)에 의하면 관개(灌漑, irrigation)되지 않은 지역에서 버드나무류 증발산 제한의 주요인은 지하수 수준, 토양 특성 및 뿌리 깊이에 의해 결정되는 물의 가용성이다. 관개지역(토양 수분이 미제한)에서는 엽면적 지수의 변화에만 영향을 받는다. 또한, 증발산량은 5월부터 10월 동안 365~495㎜ 범위로 많은 물의 유출이 발생한다.

■ **산지 비탈면에서의 물흐름은 여러 형태로 일어난다.**

물의 강수 유출 유형 │ 강수(강우, 강설, 융설)로 지표에서 일어나는 물의 유출(runoff)은 여러 형태로 나타난다. 물은 지표흐름(地表流出, surface flow), 지중흐름(地中流出, subsurface flow), 지하수흐름(地下水流出, groundwater flow)의 형태로 지하수, 하천 또는 호소로 유입되고 일부는 대기 중으로 승발산된다. 강수 유출은 강도와 양에 따라 유형의 특성이 다르다.

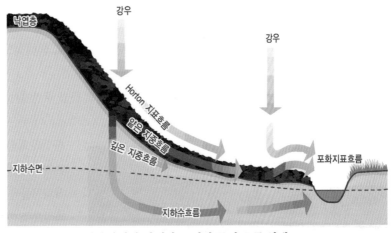

그림 3-17. 비탈면에서 발생하는 여러 물의 흐름 형태(USDA(1998) 수정)

비탈면에서 물의 지표흐름 특성 │ 비탈면에서의 물흐름은 지표흐름과 지중흐름을 이해해야 한다(그림 3-17). 지표흐름은 포화지표흐름(saturated overland flow)과 Horton지표흐름(Horton overland flow, Horton 1933)으로 구분된다. 두 흐름은 강수량과 강우 강도, 토양 함수능력(수분포화도), 침투능력에 따라 특성이 다르다. 비탈면의 지표흐름에서 오목지형을 만나면 일시적인 요지저류(凹地貯留, depression storage)가 발생하기도 하며 저류된 물은 증발 또는 토양으로 침투가 일어난다(USDA 1998). 산비탈면의 요지저류 지형에는 버드나무류, 오리나무(우리나라 중부지방)와 같은 습지성 식물들이 생육하는 것을 흔하게 관찰할 수 있다(그림 3-18). 특히, 유

그림 3-18. 산비탈면 요지저류 지형의 버드나무림(춘천시). 산비탈의 요지 형태 또는 습성토양의 시영공간에는 버드나무림(일부 오리나무림)이 형성되는 경우가 흔하게 관찰된다.

역에 불투수면이 늘어나면 지표유출은 증가한다(그림 3-22, 5-8, 5-9 참조). 이로 인해 집중강우에 하천으로 유입되는 유량 및 첨두홍수량이 증가하여 수해 발생의 원인이 되기도 한다(USDA 1998, Yang and Kim 2004).

비탈면에서 물의 지중흐름 특성 │ 지중흐름은 하천에 물흐름을 지속시키는 중요한 원천이고(Kim et al. 2009) 토양의 성질, 공극의 양과 크기가 중요하다. 삼림토양에서 대공극은 토양전체 부피의 약 35% 까지 차지하여 지중 유출속도를 조절한다. 만일 지중흐름이 막히게 되면 암석층 위를 얇게 덮고 있는 토양층이 포화되어 산사태가 발생할 수 있다(Robert and Thomas 1998). 이러한 산사태를 지형학에서는 중력 사면이동(mass movement)이라 한다.

■ 하천에서 지중흐름인 물길아래흐름은 수리적, 생태적으로 중요한 공간이다.

하천 내에서 물길아래흐름과 복류 │ 하천의 물가 주변에서는 지표수와 지하수 사이 여러 경로의 지중흐름이 일어난다. 물길아래층(hyporheic zone, 지하수-지표수 혼합대)은 하상퇴적물 주변으로 물이 스며드는 하천수의 핵심통로인 물길아래흐름(hyporheic flow, underflow)을 의미한다(Orghidan 1959)(그림 3-19). 물길아래흐름은 하상퇴적물을 통한 물흐름이 결국 지표수로 회귀하는 과정으로 이해할 수 있다(Tonina and Buffington 2009, Boano et al. 2014). 흔히 복류(伏流, underflow)한다고 하며 흐름 도중에 지하수와 섞이기도 한다. 전형적인 복류수는 하천 바닥 아래로 물이 흘러 하류에서 용천(湧泉, springwater, 물이 솟아나는 샘)하는 형태가 많다. 특히, 제주도의 하천은 대부분 복류하는 형태를 갖는다(그림 3-30 참조).

그림 3-19. 하천에서 물길아래흐름(영양군, 길안천). 하천 바닥 아래에 위치한 물길아래층은 하천에서 중요한 생태 공간이다.

물길아래흐름의 특성 │ 하상이 굵은 입자(자갈)일수록 물길아래흐름의 유량은 증가하고(Zellweger et al. 1989) 복류하는 경우가 빈번하다. 하천에서 물길의 폭이 넓어지면 하강흐름(downwelling, 복류)이 발생되고 좁아지면 상승흐름(upwelling, 용천)이 발생한다. 물길아래흐름은 하도 내, 모래-자갈사주, 범람원에서의 흐름으로 구분된다. 이 흐름은 범람원에 서식하는 식물분포에도 영향을 미친다. 물길아래흐름은 수십m에서 수km에 이르기도 한다. 하천의 위치와 규모에 따라 상이하지만 3km 폭에 10m 깊이에 이르는 물길아래흐름을 형성하기도 한다(Stanford and Ward 1993).

생태적 중요성 ｜ 하천과 호소에서 물흐름은 지표흐름과 지중흐름이 상호연결 작용하는 시스템으로 생태학에서 최근들어 그 중요성이 강조되고 있다(Boano et al. 2014). 물길아래층은 하천과 호소에서 지표수와 지하수가 교환되는 공간으로 다양한 물리적, 생지화화적, 열역학적 교환이 발생하기 때문에 생태적으로나 수문적으로 매우 중요한 영역이다(Lee et al. 2012). 물의 하강흐름은 유기물과 용존산소를 서식하는 저서생물(底棲生物, benthos) 및 미생물에게 공급하고 용출의 상승흐름은 종종 영양분이 풍부한 물을 물속생물들에게 공급한다(Boulton et al. 2010). 특히, 물길아래층과 물길아래흐름은 물속 저서생물 등에게 중요하다(Edwards 1998). 국내에서도 그 중요성을 인식하고 있으며 전국 65개 조사지점(pH 6.0~8.3 범위)에서 절지동물문(Arthropoda, 92.9%)이 가장 많이 서식하는 것으로 나타났다. 수온은 계절에 상관없이 12.4~16.4℃ 범위이고 강우패턴과 밀접한 관련이 있다(Cho et al. 2014).

■ **유량과 같은 집수역의 수리·수문적 특성은 삼림구조 등과 밀접한 관련이 있다.**

집수역의 삼림 특성과 물흐름 ｜ 물과 관련된 집수역의 수리·수문적 특성은 지형 및 지질, 기후환경, 토지이용, 삼림구조 등과 밀접한 관련이 있다. 집수역의 삼림을 벌목하면 강수시 하천의 첨두홍수량이 증가한다(Rothacher 1971, Ziemer 1981). 삼림의 벌목은 식생에 의한 강수차단(interception)과 토양침투(infiltration)가 크게 변형되는데 지표흐름은 증가하고 지중흐름은 감소한다. 식생유형별 강수차단은 촘촘한 잎을 갖는 침엽수림(28%)이 활엽수림(13%)에 비해 높다(Dunne and Leopold 1978). 이는 적은 강우에도 활엽수림이 토양 내의 저류량이 높아진다는 것을 의미한다. 우리나라 침엽수(잣나무, 전나무, 리기다소나무)와 활엽수(졸참나무, 서어나무, 까치박달)의 낙엽의 분해는 활엽수, 소나무속(Pinus), 전나무의 순이다(You et al. 2000). 활엽수는 침엽수보다 표면적이 넓고, 부드러운 조직, 리그닌의 낮은 함량 등으로 분해속도가 빨라 토양생물의 서식이 양호하여 토양 공극율을 높일 수 있다. 토양의 낙엽·낙지층(litter layer), 부식층(humus layer), 유기물층(organic horizon)이 잘 발달된 삼림지역에는 토양동물의 서식밀도가 높아 토양의 공극율과 저류량이 증가한다. 토양 공극율과 저류량과 관련된 정보들은 삼림관리에 매우 중요하다.

산불과 토양침식, 식생 회복 ｜ 삼림지역에 산불이 발생하면 토양공극은 물론 침투능 역시 감소한다. 토양공극의 감소는 강우시 토양의 포화시간을 단축시킨다(Martin and Moody 2001). 특히, 식생에 의한 강수차단 기능이 현저히 감수하게 되어 하천으로 유입되는 유량(홍수량)은 물론 퇴적물의 양도 증가한다. Oh et al.(2019)의 연구에서 산불 이후 강릉 주수천의 홍수량은 2.7% 증가하였고 고성의 용촌천은 11.8% 증가하였다. 흔히 집수역에서 삼림이 차지하는 비율이 높고 경사가 급한 상류에서 발생한 산불일수록 홍수량 증가율이 커진다. 산불 발생지역에서 시간이 경과(진행천이)함에 따라 식생 구조가 회복되면 원래의 기능은 회복되고 토양침식에 의한 침식토사량은 감소한다(Seo et al. 2010). 우리나라의 산불 발생지역은 여름철에 홍수량의 증가로 각종 토사재해가 발생하는 경우가 많다(Woo and Kwon 1983). 토양의 침식은 흔히 산불 발생 이후 1~2년이 가장 극심하다(Lee et al. 2004a). 식생의 재생(매토종자 또는 잔존식생, 맹아 재생장 등)이 가능한 중규모 또는 약한 산불의 경우에는 상대적으로 빠른 회복이 가능하다. Choung et al.(2004)은 강원도에서 산불 피해에도 불구하고 생존해 있는 식생의 80%가 3개월 이내에 다시 발아(재생장), 생육하는 것을 확인하였다. 우리나라 중부 동해안에 산불이 발생하면 다층구조(교목-아교목-관목-초본층)를 형성하는데 20년 이상 소요되고 초기 5년 이내의 식생 회복은 미지형적 입지요건(토양환경 등)에 많은 지배를 받는다(Lee et al. 2004b).

■ 하천에서 물은 나선형으로 흐르고 유량 변화는 수위곡선으로 이해할 수 있다.

나선흐름과 물굽이 | 하천에서 물은 어떤 형태로 흐르는가? 사행하는 하천에서 물흐름은 나선흐름(helical flow)의 성질을 가진다(그림 3-20). 나선(螺線, 나사모양의 곡선)은 상류에서 하류 방향으로 물이 흐르면서

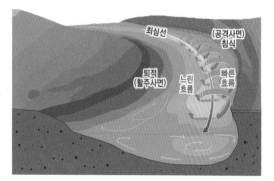

그림 3-20. 하천에서 나선 물흐름. 곡류하천에서 나선의 물흐름은 하천을 더욱 휘게 한다.

활주사면에서 공격사면 방향으로 회전하는 구조이다. 공격사면 쪽에는 빠른 물흐름이, 활주사면 쪽에는 느린 물흐름이 형성된다. 나선흐름은 측방침식을 증가시켜 곡류하천(사행하천)의 물길을 더욱 역동적으로 휘게 한다. 나선흐름으로 최심선(最深線, talweg, 수심이 가장 깊은 물길)은 항상 공격사면 방향에 형성된다. 활주사면에는 영양분이 풍부하여 비옥한 완경사의 안정된 충적 토양환경이 만들어지고 수변식생(달뿌리풀군락, 물억새군락, 갈풀군락, 버드나무림 등)이 넓게 발달한다. 반대로 공격사면에는 급경사지 식생 또는 암벽식생(돌단풍군락, 산철쭉군락, 좀목형군락 등)이 발달하는 특성이 있다.

수위곡선의 개념과 영향 요인 | 유속과 유량의 시간대별 변화를 수위곡선(水位曲線, 수문곡선, hydrograph)으로 나타낸다. 첨두홍수량의 크기를 포함한 수위곡선의 형태는 여러 요인에 의해 달라진다. 중요한 요인은 집수역의 기후, 지형, 지질, 토양, 식생, 토지이용 형태, 물길 특성 등이다. 수위곡선의 형태는 집수역의 수리·수문과 관련된 유량 증가와 홍수 발생 등을 구체적으로 이해하는데 유용하다. 지표가 식생으로 덮인 집수역은 개발된 집수역에 비해 수위곡선이 완만해지는 형태를 나타내기 때문에(Kim et al. 2009) 하류지역의 홍수피해를 저감시키는 효과가 있다. 2개의 집수역 지역(집수역 a, 집수역 b)에 홍수가

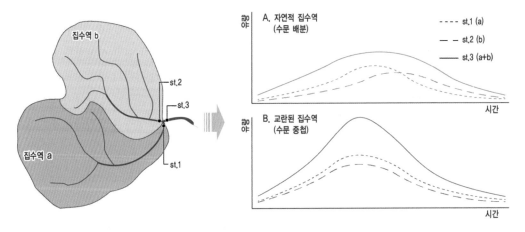

그림 3-21. 집수역의 자연성과 수문 동시성에 따른 수위곡선의 변화(Kim et al.(2009) 수정). 교란된 집수역의 수위곡선이 자연 형태 집수역의 수위곡선에 비해 첨두홍수량이 크고 유출시간이 빠르기 때문에 홍수 발생 가능성이 높다.

발생하면(그림 3-21) 자연 형태의 집수역이 교란된 집수역에 비해 첨두홍수량은 높아지고 유입되는 시간은 중첩되지 않고 배분되는 특성이 있다. 2개의 집수역이 합류된 이후의 수위곡선은 확연히 구별된다. 교란된 집수역 지역에서의 홍수발생 가능성이 보다 증가한다. 특히, 식생이 없는 산지 미입목지(未立木地)에 대한 조림(造林, forestation)은 홍수시 수위곡선의 정점을 낮추는데 매우 효과적이다(Yang et al. 2013). 수위곡선은 집수역의 불투성 지표면과 밀접한 관련이 있다.

불투수성 지표면과 도시화, 유량 변화 | 유량 변화는 불투수성 지표면이 많을수록 더욱 심하게 발생하는데 특히 토양 침투량을 감소시킨다. 토양 내에서도 불투수층(이쇄반층 fragipans 또는 점토반층 claypans)이 있는 지역은 없는 지역보다 동일 강우량에서 시간당 하천유량이 빨리 증가하는 경향이 있다(Gburek et al. 2006)(그림 3-22). 불투수성 지표면이 많은 도시지역에서도 유사한 경향으로 나타난다(그림 5-8, 5-9 참조). 우리나라 광주시(전라)의 도시화로 유역의 불투수성 지표면은 크게 증대하여 토양

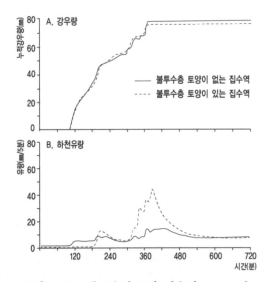

그림 3-22. 불투수성 토양 집수역(13~20ha) 유무에 따른 하천유량의 변화(Gburek et al. 2006). 2개의 집수역이 규모와 강우량은 비슷하나(A) 투수성 토양의 유무에 따라 하천유량의 수위곡선(B) 형태는 매우 다르게 나타난다.

침투량이 줄어 지하수 저류량은 감소하여 2000년대에는 28.4%를 차지하였다. 이로 인해 유역의 물수지(water balance)가 심하게 왜곡되어 홍수빈도 증가와 기저유출(baseflow, 지하수의 하천 유출) 양의 감소가 발생하였고 광주천의 건천화가 진행되고 있다(Yang and Kim 2004)(표 3-3). 도시화가 심한 서울시의 불투수면은 50년(1962년 7.8%, 2015년 48.9%) 사이 약 7배가 증가하였다(Kim 2017). 도시화된 지역의 하계밀도는 자연상태보다 높으며(Graf 1977) 배수로(하수구 포함) 설치로 유출량이 급증하고 식생밀도는 낮아 첨두홍수량이 커지는 특성이 있다(Goudie 2006). 따라서, 도시화된 지역은 이러한 수문적 특성들을 고려하여 홍수피해에 대한 높은 수준의 방제체계 구축이 필요하다.

표 3-3. 광주천(광주시: 전라) 유역의 유출원과 유출요소 변화(Yang and Kim 2004)

구 분		1910년대	1960년대	1990년대	2000년대
유역면적 중 불투성면적비(%)		0	21.8	36.9	39.4
강수량 대비 (100%)	증발산량(초기 손실율)	53.9(0)	53.9(11.7)	53.9(19.9)	53.9(21.1)
	직접유출량	0	9.6	16.2	18.3
	침투량	46.1	36.5	29.9	27.8
	상수도량	0	0.2	5.7	26.8
	상수도 누수량	0	0.1	2.2	2.7
	하수처리수량	0	0	2.9	21.6
	지하수 양수량	0	0	1.1	2.1
	지하수 저류량	46.1	36.6	31.0	28.4

주) 지하수 저유량 = (침투량 + 상수도 누수량) - 지하수 양수량 / 강수량 = 증발산량 + 직접유출량 + 침투량

그림 3-23. 하천식생의 발달(좌)과 제거(우)(합천군, 황강). 하천식생은 유속의 지연 및 토양침식을 감소시키고 토양으로 물의 침투량을 증가시키는 자연적인 홍수저감 역할을 한다.

수변식생과 수위곡선 │ 수변에서 식물뿌리는 물흐름이 느린 하류구간에서 제방의 물리적 안정성을 높이는 역할이 크다(Smith 1976). 수변식생은 유속을 늦춰 첨두홍수량을 낮추고 토양침식을 감소시킨다

(그림 3-23). 하도 내에서 추수식물, 수생식물들은 물흐름의 저항을 만들어 수위곡선을 더욱 완만하게 만들기도 하고 물흐름이 식물 생육에 영향을 주기도 한다. 이러한 식물들의 존재는 하천에서 유량의 유출율은 물론 유속에 의한 침식율을 줄일 수 있다(Zhang et al. 2019). 또한, 토양으로 물의 침투량을 늘려 지하수 함량을 증가시킨다. 하도 내의 도목(쓰러진 나무, large woody debris)이나 큰 퇴적물들은 서식처의 다양성을 만들고 하도 특성을 조절한다.. 하천에 강한 수위변동으로 큰 공간 규모의 영향이 발생하면 하천 스스로가 회복되는 기간은 길다(Frissell et al. 1986). 도목(목재)에 관련된 연구는 소형 하천에 집중되었으나, 대형 하천에서도 도목은 침식, 운반 및 퇴적물의 지형 및 생태학적 특성을 결정하는데 중요한 역할을 한다. 하천에서 도목은 유입량, 활성구간 형태, 식생 유형 및 수원으로부터의 거리 등과 관련이 있다. Gurnell et al.(2000)은 탈리아멘토(Tagliamento)강(Italy)과 같은 자연적인 큰 하천시스템의 역학은 목재, 퇴적물 및 흐름(wood, sediment, flow) 과정 체제 간의 중요한 상호작용을 반영하는 것으로 분석하였고 체제 간의 상호작용은 식생 섬(island)과 범람원 수변림의 생성, 유지 및 파괴에 중요하다. 특히, 물길 내의 도목은 서식공간의 다양성을 유발시켜 수생식물은 물론 어류, 수서곤충과 같은 물속생물의 다양성을 증가시킬 수 있다.

■ 홍수파 개념의 수리 변동은 하천 습지의 생태학 연구에서 중요하게 다루어진다.

홍수파 개념과 측면교환 | 주기적인 범람과 배수가 발생하는 큰 규모의 하천변 전이지역에서 '홍수파 개념'(洪水波槪念, flood-pluse concept)은 하도와 이와 연결된 범람원 사이에 물과 양분, 생물의 측면교환(lateral exchange)이 어떻게 발생하는가를 규명하고 있다(Junk et al. 1989, Bayley 1995)(그림 3-24). 매년 또는 연중 주기적으로 발생하는 홍수파는 하천생태계에서 매우 중요한 생물학적 생산 특성, 물의 이동과 수질, 육지와 수계와의 상호작용과 관련이 있다(Benke et al. 2000). 이 개념은 범람이 하천과 습지생태계에서 재난적 사건으로 인식되었던 이전의 이론들과는 다른 해석으로 생태학자들 사이에서 이들 생태계 유지에 필요한 과정으로 인정받아 왔다(Junk and Wantzen 2004). 낮은 차수의 하천에서 홍수파는 짧고 예측 불가능하기 때문에 측면교환이 제한되지만 장기간 지속되는 예측 가능한 홍수파는 측면교환의 유기체적 적응을 낳는다(Junk et al. 1989). 홍수파는 수변전이대 전체에 생산성이 높은 동적연안대(moving littoral)를 확장하는 가장자리 효과와 연결되어 있다. 홍수파의 수리체계는 정체된 호소시스템보다는 하천시스템에서 생산성을 높인다는 개념이다(Brinson et al. 1981, Brown 1981, Conner and Day 1982, Cronk and Fennessy 2001). 홍수파는 횡단적으로 활주사면의 수변전이대(둔치, 범람원)에 다양하고 풍부한 영양물질을 지속적으로 공급한다. 이로 인해 수변전이대에는 비옥한 토양환경이 만들어지기 때문에 초본 및 목본으로 이루어지는 수변식생의 발달이 촉진된다. 특히, 홍수파는 하천에서 식생천이를 맥박식으로 발달, 되먹임하거나

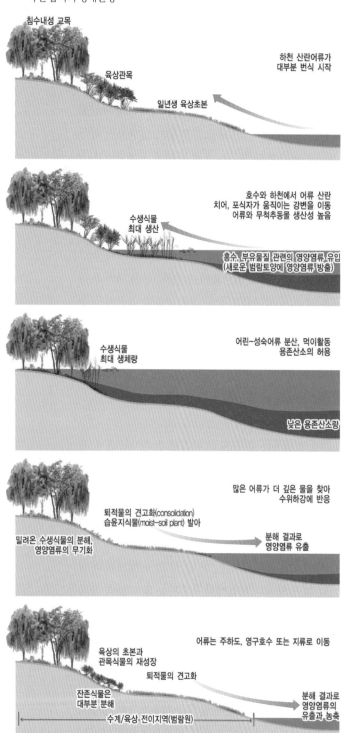

침수내성 교목

육상관목

하천 산란어류가
대부분 번식 시작

일년생 육상초본

호수와 하천에서 어류 산란
치어, 포식자가 움직이는 강변을 이동
어류와 무척추동물 생산성 높음

수생식물
최대 생산

홍수, 부유물질 관련의 영양염류 유입
(새로운 범람토양에 영양염류 방출)

수생식물
최대 생체량

어린-성숙어류 분산, 먹이활동
용존산소의 허용

낮은 용존산소량

퇴적물의 견고화(consolidation)
습윤지식물(moist-soil plant) 발아

많은 어류가 더 깊은 물을 찾아
수위하강에 반응

밀려온 수생식물의 분해,
영양염류의 무기화

분해 결과로
영양염류 유출

육상의 초본과
관목식물의 재성장

어류는 주하도, 영구호수 또는 지류로 이동

퇴적물의 견고화

잔존식물은
대부분 분해

수계/육상·전이지역(범람원)

분해 결과로
영양염류의
유출과, 농축

그림 3-24. 홍수파 개념도(USDA(1998) 수정). 하천 습지 생태계에서
주기적인 범람은 체계 유지에 중요한 생태적 과정이다.

(그림 6-87 참조) 생물지형적 천이 모형(그림 6-89
참조)을 이해하는 기초가 된다.

토양침수와 영양분 순환 │ 토양의 침수는
하천지역에서 일어나는 탈질화(denitrification)
와 다른 질소순환에 매우 중요하다. 탈질능
(denitrification potential)은 흔히 토양표면 쪽에서
증가하기 때문에 수위 상승은 질산염 감소
가 최적화되는 정도를 제어할 수 있다(Burt
et al. 2002). 수변 전이대에 영양분을 공급하는
주기적인 범람은 서식하는 생물들이 이를
이용할 수 있는 원천이다. 어류 및 포식자
와 같은 생물종 역시 이러한 수문체계에 적
응한 생활사를 가진다. 따라서, 하천과 습
지생태계에서 주기적인 범람이 영양분 순
환을 촉진시키는 고유의 자연적 수문체계
현상으로 인식해야 한다.

토양의 침수 빈도와 기간 구분 │ 토양의
침수에 대해서는 빈도와 기간 등을 구분하
여 이해하는 것이 필요하다. 토양학자들
은 범람빈도에 대해 (1) 잦은(frequent, 50회 이
상/100년), (2) 가끔(occasional, 5~50회/100년), (3) 거
의 없는(rare, 1~5회 이상/100년), (4) 없는(none)의 4
가지로 구분해서 이해한다(Tiner 1999). 범람
기간에 대해서는 (1) 매우 긴(very long, 1개월 이
상), (2) 긴(long, 1주~1개월), (3) 짧은(brief, 2~7일),
(4) 매우 짧은(very brief, 4~48시간), (5) 극히 짧은
(extremely brief, 4시간 미만)으로 구분해서 이해한
다(Soil Survey Division Staff 1993).

2.3 토양에서 식물의 물흡수와 물순환

▌식물의 분포는 토양의 수분층 구조와 관련이 있다.

식물의 물흡수와 이용 │ 하천, 호소변에서 지하수면(地下水面, 지하수위, groundwater table)과 토양함수량은 식물들의 서식과 공간적 분포에 영향을 준다. 육상식물은 뿌리를 통해 물을 흡수하기 때문에 토양 내의 수분환경은 생육에 매우 중요하다. 식물은 대부분의 물을 가는 뿌리(세근)로 흡수하여 이용한다(굵은뿌리는 지탱의 기능). 흡수한 물은 뿌리압(root pressure), 모세관 현상(capillarity), 응집력(cohesion)에 의해 줄기의 물관을 통해 잎으로 상승 이동한다. 이동한 물은 최종적으로 잎에서 광합성은 물론 증발산 작용에 이용된다.

토양 내의 식물뿌리 분포 특성 │ 식물뿌리가 자라는 깊이의 토양공간은 전체 생태계의 수문학적 균형, 탄소 및 영양분 순환에 중요한 영향을 준다(Canadell et al. 1996). 하천 습지에 우점 초본식물들은 대부분 마디줄기(internode)로 번식하는데(Lee 2005d) 토양 내의 수분환경이 식물뿌리의 깊이 분포에 영향을 준다(Lee and Ahn 2012)(그림 3-27)(그림 6-52 참조). 즉, 토양 단면에서 식물뿌리 분포는 토양수분(토양용액)의 흡수와 관련이 있다. 특이한 식물종 또는 강수량이 적은 건조지역에서 식물뿌리는 비교적 깊은 곳까지 자라지만 일반적으로 식물뿌리의 95%는 토심 2m 이내에 분포한다(Schenk and Jackson 2002). 하천의 우점수종인 버드나무류들은 뿌리가 1.5m 토심 내에 주로 분포한다(Cho 1996). 많은 습지식물들이 표토로부터 60㎝(2ft) 정도 또는 그 이상 깊이에 뿌리가 분포하지만 많은 부분들은 30㎝(1ft) 이내

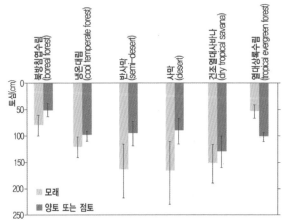

그림 3-25. 세계 6개 식생형의 식물뿌리 분포(자료: Schenk and Jackson 2002). 식물뿌리는 모래토양에서 보다 깊이 자라고 대부분 2m 이내에 분포한다.

그림 3-26. 수목 뿌리 발달의 일반적 형태. 통념적인 뿌리 형태와 달리 현실적인 수목의 뿌리 형태는 옆으로 넓게 퍼지는 모양이다.

에 분포한다(NRC 1999). 흔히 토심 60㎝ 이내에 90% 이상의 식물뿌리가 분포한다(Dobson 1995)(그림 3-25). 초본식물들은 목본식물들에 비해 얕은 토심지역에 대부분의 뿌리가 분포한다. 보다 습윤한 지역에서는 식물의 뿌리 깊이가 얕아지는 특성이 있는데 하천 습지와 같이 지하수면이 높은 습성 지역에서도 유사하다. 흔히 사람들은 수목의 뿌리가 깊고 넓게 뻗는 것으로 인식하고 있으나 실제는 옆으로 얕고 넓게 퍼지는 특성이 있다(그림 3-26).

건조지에서의 지하수면과 식물뿌리의 발달 │ 奧田과 佐々木(1996)의 연구에서 하천식물의 지하뿌리 현존량이 지상부의 3배에 이르고 1.7m의 깊이까지 뿌리가 분포하였다. 낙동강 하구에 물빠짐이 좋은 건조한 모래로 된 연안사주섬(barrier island, 도요등, 신자도 등)의 해양 방향에는 사구식생(沙丘植生, sand dune vegetation)이 잘 발달하고 있다. 특이한 것은 건조성 사구식물종(우산대바랭이, 좀보리사초, 통보리사초 등)을 비롯하여 습지성 식물종인 갈대(또는 달뿌리풀)가 고빈도로 혼생하고 있다(Lee and Ahn 2012)(그림 3-27). 갈대 개체군은 지표 아래의 지하수면(약 1~1.7m 내외) 가까이에서 뿌리줄기로 영양번식(vegetative reproduction)하고 지하부에 많은 에너지(생체량)를 분배하기 때문이다. 하천 중류구간의 건조한 자갈지역에 서식하는 쑥은 뿌리가 1m까지 성장하기도 한다(奧田과 佐々木 1996). 특히, 지하수면은 전술하였듯이 습지의 경계를 결정하는 중요한 요인이기도 하다. 흔히 습지 내에서 지하수면은 물에서 멀어질수록 하강한다.

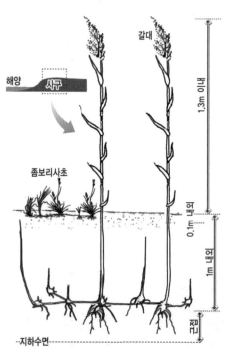

그림 3-27. 낙동강하구 사구식생(신자도, 부산시)의 주요식물 뿌리 분포. 건조한 사구이나 갈대는 깊게 뿌리를 내려 개체군을 유지한다(그림 6-52 참조).

토양 공극과 침투율, 함수능력 │ 식물에 의해 차단되지 않은 강우는 토양으로 침투하는데 큰 공극에서는 중력(重力, gravity)으로, 작은 공극에서는 모세관력(毛細管力, capillary force)으로 이동한다. 토양의 공극율(孔隙率, porosity)은 침투율(침투속도, infiltration rate)과 관련성이 높다. 침투율은 단위면적당 토양 속으로 흡수되는 물의 양을 말한다. 최대 침투율을 토양의 침투능(infiltration capacity)이라고도 한다. 강우 강도가 침투능보다 크면 물은 침투하지 못하고 지표로 유출된다(Horton 지표흐름 참조)(그림 3-12, 3-17 참조). 침투율을 결정하는 중요한 요인은 토양표면에서의 쉬운 유입, 토양의 함수능력(storage capacity), 토양 내의 이동속도 등이다. 침투율은 강우 초기에 높고 강우가 지속되면 토양의 공극이 물로 채워지기 때문에 감소한다. 흔히 강우가 1~2시간 계속되면 빗방울이 지표토양 구조의 파괴 및 공극의 폐색(閉塞, 닫혀서 막힘), 토양의 수분 포화, 점토입자의 팽창 등이 발생하여 침투율은 더 이상 감소하지 않고 일정하게 유지된다. 토양 내의 공극은 물의 이동과 밀접하게 연결되어 있는데 이상적인 토양 공극은 50%를 형성하는 것이다. 흔히 모래와 미사질양토에 비해 양토(壤土, loam, 점토 25~37.5% 함유)에서 식물이 흡수 이용가능한 유효용수량(availabe water capacity)이 높다(Kang et al. 2016).

토양의 수분층 구조 | 토양 공극의 양과 크기는 물의 이동량을 결정한다. 물이 토양 아래로 계속 내려가면 포화대(飽和帶, phreatic zone 또는 zone of saturation)를 만난다. 포화대의 최상부를 지하수면(地下水面, groundwater table) 또는 포화표면(phreatic surface)이라 하고 바로 윗부분을 모세관대(毛細管帶, capillary fringe)라 한다(그림 3-28)(그림 3-31 참조). 모세관대의 두께는 토성에 따라 다르고 토양 공극이 작을수록 두껍다. 모세관대는 모세관력에 의해 물이 채워지거나 빠져나가는 공간으로 생태계에서 중요하다. 토양표면과 모세관대 사이를 통기대(通氣帶, 불포화대, vadose zone 또는 zone of aeration)라 한다(UDSA 1998). 일부 학자들은 모세관대를 통기대에 포함시키기도 하며 (Holden and Fierer 2005) 포화되지 않은 공간이다. 통기대는 다양한 토양동물과 식물뿌리가 존재하는 공간으로 특히 식물에게는 통기대의 수분조건이 생육에 매우 중요하다. 이와 같이 토양 수분층의 구조는 깊은 곳에서부터 포화대-지하수면-모세관대-통기대-낙엽층(지표)으로 이루어진다.

그림 3-28. 토양 수분층 구조

■ **습지에서 토양 지하수의 유출과 유입은 여러 형태이다.**

지하수의 함양과 유출 | 습지토양에서 지하수의 함양(recharge)과 유출(discharge)을 고려해야 한다. 지하수는 습지생태계 유지에 큰 영향을 줄 수도 있고 영향이 없을 수도 있다. 지하수와 지표수의 관계를 고려하여 습지를 크게 6가지 유형으로 구분하기도 한다(Mitsch and Gosselink 2007). 수문적으로 습지의 지표수(수면)가 지하수면보다 낮을 때, 지하수는 습지로 유입된다. 수문학자 또는 지형학자들은 이러한 습지를 지하수 관점에서 유출습지(discharge wetland)라고 한다(그림 2-15 참조). 유출습지의 일종인 용출형(spring 또는 sleep)은 지하수가 지표면과 교차하는 가파른 경사면의 바닥에서 주로 형성된다. 함양습지(recharge wetland)는 유축습지와 상반되는 개념이다. 함몰지형인 북미의 대초원습지(prairie marsh, 국내 미분포)는 지표수의 유입만 있고 유출은 없다. 습지가 지하수면보다 훨씬 상위에 있는 지표수 요지습지(depression wetland, Novitzki 1979)는 증발산으로만 수분소실이 일어나는 함양습지로 대초원습지와는 지하수면의 위치와 구조가 다르다. 감조(減潮, tidal)습지는 밀물과 썰물에 의한 지하수 유동이 일어나는 형태이다.

그림 3-29. 너덜샘(태백시, 낙동강). 너덜샘은 황지연 못보다 상류의 낙동강 발원지에 해당된다.

그림 3-30. 용천(서귀포시, 가시천). 제주도 하천들은 하류의 경사변곡점에서 용천하는 형태가 많다.

지하수면과 용천수 | 지하수면은 물이 포화된 토양흐름으로 하천에 가까울수록 기울기가 가파르게 형성된다. 흔히 강우가 지속되면 지하수면이 토양을 관통하여 지표로 뚫고 나와 지하수의 지표흐름이 발생할 수 있으며 이러한 경우를 빠른복귀유출(quick return flow)이라 한다(USDA 1998). 지하수면이 지표에 노출되어 항상 물이 용출되는 곳을 샘(용천, 湧泉, spring)이라 한다. 이 샘에서 나오는 물을 흔히 샘물(용천수)이라 한다. 우리나라 대하천의 발원지가 되는 검룡소(한강) 너덜샘(낙동강), 뜬봉샘(금강), 데미샘(섬진강) 등이 이에 해당된다(그림 3-29). 특히, 제주도 대부분의 하천은 지질과 지형적 특성으로 복류하여 지표수가 거의 없고 하류구간에서 용천하는 형태가 많다. 용천이 911개에 이르고 92.4%가 해발고도 200m 이하의 저지대에 위치한다(Jejudo 2003)(그림 3-30).

■ **암질별 지하수 함양이 다르고 지하수가 풍부한 석회암 지대의 식물은 특이하다.**

우리나라의 지하수 함양 | 우리나라 지하수 정보는 국가지하수정보센터(www.gims.go.kr)에서 제공된다. 태백산맥을 중심으로 동부 고지대는 지하수 함양지역이고 서부 저지대는 배출지역으로 구분된다. 경기, 충청, 호남지역은 대부분 변성암과 화강암 등의 결정질암으로 이루어져 있어 지하수 부존(賦存)과 산출(産出)이 불규칙하다. 남한강 상류지역은 석회암 지역으로 지하수 산출이 양호하다. 퇴적암으로 이루어진 영남지역은 전반적으로 지하수가 풍부하다(Yang 2008). 한반도의 지질은 지하수저장고인 대수층(帶水層, aquifer)의 발달이 빈약한 조건으로 제주도와 울릉도를 제외하고는 지하수 개발을 기대하기 어렵고 실제 이용가능한 수자원의 양은 크게 제한받는 것으로 이해하기도 한다(Kim 1996).

석회암 지역의 건조토양과 식물 | 우리나라 석회암(퇴적암 일종) 지대는 강원도 삼척에서 전라도 화순

을 잇는 광범위한 벨트에 분포한다. 국토의 약 10% 내외로 지질학적으로 옥천지향사(강릉-군산을 잇는 선과 울진-태백산-영동-목포를 잇는 선 사이에 있는 지대) 일대에 해당된다(GSK 1998)(그림 3-38 참조). 이 지역들에는 석회동굴이 많이 분포하고 과거에 탄광산업이 발달하였다. 석회암 지역은 pH가 높고 다른 토양보다 쉽게 건조해지기 때문에 식생천이가 더디고 빙하기에 남하했던 북방계식물의 피난처가 되기도 한다(NIBR 2014). 국내 식생학에서는 석회암 지역에 분포가 국한되는 식물사회를 특이지 식생으로 분류하고 온전한 식물사회를 높은 보전가치로 평가한다. 석회암의 대표적 지표식물은 회양목, 개부처손, 백부자, 측백나무 등이 있고 국내 하천식물 중에서는 비술나무가 석회암 지역에 집중적으로 분포한다.

■ 토양함수량과 식물의 물 이용에 관련되어 수분퍼텐셜을 이해해야 한다.

토양의 모세관 현상 | 토양에 저장된 물을 토양저장수(soil water storage)라 하고 모세관 현상과 증발산 작용에 의해 대기로 환원된다. 토양에서 소실된 물은 지표 유입, 강우 또는 강설 등에 의해 채워지는 순환과정을 거친다. 토양에서 모세관 현상은 물의 흡착력과 물분자의 응집력에 의해 수분이 이동하는 방식으로 토양입자의 틈(공극)을 통해 물이 대기 중으로 상승(소실)하는 것이다. 모세관 현상으로 토양은 건조하게 된다. 점토질 토양에서 지하수면이 지표면 약 3m 깊이 이내에 있으면 모세관 현상으로 수분은 지표로 상승하여 대기 중으로 증발한다. 일반적으로 토양에서 모세관 현상은 토양 상부가 건조하면 물은 상승하고 하부가 건조하면 하강하는 힘이 작용한다. 하천 물가에서 물이 상승하는 현상을 흔히 관찰할 수 있다(그림 3-31). 모세관 현상은 토양 내의 공극 크기와 분포 상태, 종류 등에 따라 달라진다.

토양함수량과 토양용수량, 영구시듦점 | 토양의 수분은 식물의 광합성과 증발산에 중요하다. 비가 그치면 상부 토양에 있는 소공극의 수분은 표면장력으로 유지되는데, 이때의 토양함수량(土壤含水量, soil moisture content)을 포장

그림 3-31. 하천토양에서 모세관 현상(안성시, 한천). 과습한 하도(수표면)에서 건조한 육상공간(둔치, 하중도 등)으로 수분이 모세관 현상에 의해 상승 이동한다.

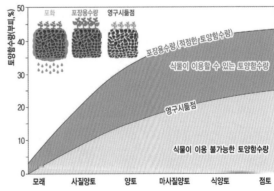

그림 3-32. 토양별 함수량과 영구시듦점과의 관계. 토양의 크기가 작을수록 식물이 이용가능한 토양함수량과 영구시듦점은 높아진다.

용수량(圃場容水量, field capacity)이라 한다(Ryu 2000). 포장용수량은 대공극의 물은 빠져나가 식물의 뿌리호흡을 좋게 하고 소공극에는 식물이 이용 가능한 충분한 양의 물이 존재하고 있기 때문에 식물 생육에 좋은 수분환경이다. 토양에 물의 공급이 제한되면 식물은 점점 더 작은 공극의 물을 이용하는데 토양 함수량은 포장용수량 이하로 내려간다(UDSA 1998). 더 이상 식물이 물을 흡수할 수 없는 상태를 영구시듦점(영구위조점, permanent wilting point)이라 하고 그 이하로 내려가면 식물은 고사(枯死, 말라죽음)하게 된다(그림 3-32). 즉, 토양의 수분퍼텐셜이 영구시듦점에 도달하면 식물의 수분퍼텐셜과 같거나 더 낮아져 토양에서 식물뿌리로 물이 이동하지 않는 것이다. 영구시듦점은 토양의 성질에 따라 다르다. 점토의 포장용수량이 40%, 영구시듦점에서의 함수량은 20%이고, 모래는 포장용수량이 15%, 영구시듦점의 함수량은 5%이다. 또한, 영구시듦점은 토양의 성질과 더불어 식물종, 습도 등에 따라 달라진다(Lee et al. 2016).

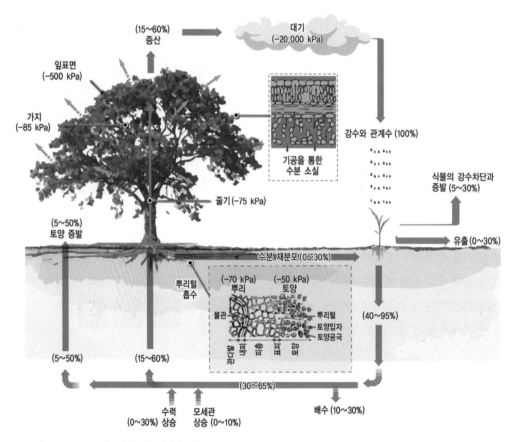

그림 3-33. 토양-식물-대기연속계(자료: Brady and Weil 2017). 이 시스템은 토양에서 식물을 거쳐 대기로 환원되는 물의 이동을 잘 보여준다.

수분퍼텐셜과 토양에 따른 특성 │ 수분퍼텐셜(water potential)은 토양이나 식물체가 포함하는 물의 양을 에너지로 표현한 것으로 물이 이동할 수 있는 능력을 의미한다. 수분퍼텐셜은 높은 쪽에서 낮은 쪽으로 이동한다. 순수한 물에 용질(용액에 녹아 있는 물질)이 첨가되면(농도가 진해지면) 물의 수분퍼펜셜은 낮아진다. 식물에서 음(-)의 값은 세포 외부에서 내부로의 이동을 의미한다. 토양과 무관하게 대부분의 식물은 수분퍼텐셜이 -1.5MPa로 일정하다(Kang et al. 2009). 점토질 토양은 조립질의 모래 토양에 비해 비교적 낮은 수분퍼텐셜에 의해 다량의 물을 함유한다(Slatyer 1967). 이는 미세질 토양에서 총공극량이 크고 토양입자와 물과의 접촉면적이 크기 때문이다(Barbour et al. 1998).

토양-식물-대기연속계 개념 │ 토양보다 식물의 뿌리세포에 더 많은 용질이 있을 때 토양의 물은 식물뿌리로 들어갈 수 있다. 토양에서 식물뿌리로 이동한 물은 수분퍼텐셜의 기울기에 따라 줄기로 이동하고 궁극적으로 잎에 이르게 된다. 수분퍼텐셜은 뿌리, 줄기, 잎의 순으로 낮아진다. 이와 같이 토양에서 식물로 흡수된 물은 잎과 대기로 이동하는 일련의 동적시스템으로 이해할 필요가 있다. 이러한 시스템을 '토양-식물-대기연속계'(soil-plant-atmosphere continuum, SPAC)라 한다(Brady and Weil 2017)(그림 3-33).

식물의 시·공간별 수분퍼텐셜 특성 │ 식물체의 일중 수분퍼텐셜의 변화는 기공(氣孔, stoma)의 개폐와 깊은 연관이 있다(Chambers et al. 1985a). 식물체 내에 수분 함량이 감소하면 수분퍼텐셜이 낮아져 수분스트레스를 받는다. 우리나라 용늪(양구군)에 침입한 목본식물의 증산율(Kang et al. 1998, 2010)은 오전 11시 전후, 오후 15시 전후에 높은 값을 나타내고 12~14시 사이에는 증산량이 0에 가깝다. 또한, 오후가 오전에 비해 2배 정도 높은 것으로 분석되었다. 이는 대기 중의 높은 상대습도(연무 煙霧, haze)와 그에 따른 광량을 원인으로 분석한다. 식물체는 하루 중에서 새벽보다 가장 기온이 높은 정오의 수분퍼텐셜이 낮아지는 경향이 있다. 이와 같이 습지의 목본식물은 대기의 수분조건과 밀접한 관련이 있다. 흔히 습지식물은 주변 육상식물보다 수분퍼텐셜이 높은 특성이 있다(Son et al. 2015). 이는 습지식물이 토양에서 물을 이용하는 양이 풍부하기 때문이다.

3. 기온과 수온

■ 온도는 생물들의 분포에 중요한 제한요인이다.

[도움글 3-3] **온량지수**(溫量指數, warmth index)

온도에 대한 식물의 생육조건을 5℃ 이상으로 설정하고 월평균기온이 5℃ 이상인 월의 월평균기온과 5℃와의 차이를 합산하여 산출한 값이다. 세계의 온량지수는 0~300℃의 분포를 가지고 식물구계학적으로 이 값들이 다르다. 예를 들어, 0~15℃인 지역은 한대기후, 180℃ 이상인 지역은 아열대나 열대기후로 구분할 수 있다. 이에 대응되는 개념은 한랭지수(寒冷指數, coldness index)이다.

식물의 온도 영향 │ 식물에게 온도는 생명 유지와 지리적 분포를 결정하는 가장 중요한 환경인자이다. 식물종마다 온도에 대한 내성이 달라 정확히 규정할 수는 없으나, 흔히 일평균기온이 5℃ 이하로 내려가면 식물은 생육을 멈추고 휴면(休眠, dormancy) 상태에 들어간다. 이에 기초하여 식물이 생육하기 위한 일정 기준 이상의 온도를 고려한 온량지수(溫量指數, warmth index)라는 개념이 제안되었다(Kira 1945)(도움글 3-3). 온도가 상승하면 일정 온도까지는 식물세포의 활동이 증가하여 생장속도가 빨라진다. 반대로 아주 낮은 저온 상태가 되면 식물세포는 동결되기 때문에 생육이 불가능하다. 일반적으로 열대식물은 25~30℃, 아열대식물은 20~25℃, 온대식물은 15~20℃가 생육의 적정온도이다. 하천 습지에서 식물뿌리가 있는 토양 속의 온도는 일반적으로 기온보다 약간 높다(그림 3-35 참조).

생물의 수온 영향 │ 육상생물에는 주로 기온(氣溫, air temperature)과 관련된 기상요인들이 종분포에 영향을 미치고 하천생물은 수온(水溫, water temperature)에 영향을 받는다. 수온은 직·간접적으로 수계의 물리적, 화학적, 생물학적 과정(process)에 영향을 미치기 때문에 하천 습지 생태계 건강성(ecosystem healthy)을 대표하는 매우 중요한 지표(key indicator)이다. 수온은 광합성, 호흡, 대사율과 같은 생리적 영향, 행동, 풍부도, 분포, 생물의 계절학(산란시기, 곤충의 우화 등) 등의 생물학적 요인에 영향을 미친다. 이와 같이 수온은 하천생물의 서식에 큰 영향을 주기 때문에 수온의 변화를 이해하는 것은 중요하다. 하천에서 수온과 유량 변동은 북방계 냉수성 어류(열목어, 둑중개 등)들의 계절적 이동과 관련이 있다. 낙동강의 백천계곡(봉화군)에서 열목어는 기온이 상승하여 눈이 녹아 유량이 증가하는 3월 말부터 시기에 맞춰 산란을 위해 상류구간의 적합한 서식처로 이동한다(Yoon and Jang 2009). 열목어는 1km 이내의 구간을 이동하는데 상대적으로 여름철에 이동이 두드러지며 이동의 차이는 수온에 의해 나타난다(Kim et al. 2015b). 물속에서 겨울철 수온은 변온동물(變溫動物, poikilotherm)인 어류 등과 같은 물속생물의 활동력을 변화시킨다. 우리나라에 서식하는 수생식물들도 연간 수온 변화에 적응한 생활사를 형성하고 있다.

수온 변화와 물속생물 | 생물종은 고유의 제한된 온도범위(내성범위) 내에서만 생육할 수 있다. 그 범위는 생물종에 따라 다르고 최고와 최저의 온도, 물에서는 수온에 대한 범위가 있다. 일반적으로 수온이 상승하면 물속생물들은 먹이사슬 내에서 신진대사와 생식율이 증가하는 경향이 있다(USDA 1998). 습지에서 수온에 영향을 미치는 가장 큰 요인은 지표수와 지하수이다. 지표수는 햇빛에 데워지면서 흐른다. 지표수 중 빗물은 유역의 불투수 표면(콘크리트, 아스팔트 포장 등)에 영향을 받는다. 흔히 지하수는 연중 일정한 수온을 유지한다. 여름철 낮은 수온의 지하수가 용출되는 석회암 지역의 하천은 냉수성 어류들의 서식 구간이 보다 넓게 형성될 수 있다. 이러한 용출수를 이용하여 사람들은 냉수성 어류인 송어를 양식(養殖, 평창군, 문경시 등)하기도 한다.

■ 습지에서 수온은 기온에 영향을 받지만 물의 비열이 높아 온도 변화가 더디게 일어난다.

하천의 연간 수온 변화 | 하천에서 연간 수온 변화는 외부 기온에 영향을 받는다. 기온이 하강하면 수온도 하강하지만 비열이 높은 물에서 수온 변화는 더디게 일어난다. 고체인 육지에 비해 액체인 수역이 서서히 데워지고 서서히 식기 때문이다. 하천의 유량과 수면의 크기는 태양의 복사에너지를 받아 열을 저장하는데 중요하다. 동절기에는 유량이 많고 수역이 넓은 중형 또는 대형 하천이 소하천에 비해 수온 변화가 적고 수온은 높게 형성된다. 남한강의 1차 지류인 복하천(이천시, 죽당천 합류 직후 하폭 약 220m)은 그 지류인 죽당천(말단 하폭 약 55m)에 비해 동절기 수온이 높게 유지되는 것을 알 수 있다(그림 3-34). 이 일대의 기온은 여름철에는 수온과 비슷하고 봄철과 가을철에는 기온이 보다 낮다. 겨울철에는 기온이 더욱 낮아진다는 것을 알 수 있다. 이러한 변화는 큰 호수에서 보다 뚜렷하게 나타난다(Ahn and Lee 2013). 특히, 물이

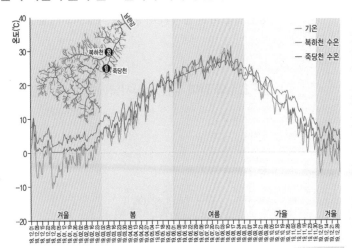

그림 3-34. 복하천(6차수 지점)과 죽당천(2차수 지점)의 연중 수온 및 주변 기온 변화(2019년, 이천시). 겨울철에는 수체가 큰 복하천에서 수온이 보다 높게 유지되고 기온은 수온보다 낮게 형성된다.

흐르는 하폭이 좁은 하천(특히, 계곡 같은 소하천)의 수온 변화는 외부 요인에 영향을 많이 받는다. 흔히 물길 상부가 숲(숲지붕)으로 덮인 하천구간에서는 수온이 내려가고 개방된 수면이 형성된 하천구간에서는 수온이 올라간다.

하천 둔치의 기온 변화 ｜ 하천에서 식생 발달이 왕성하지 않은 둔치는 상대적으로 기온 변화가 크게 발생한다. 그에 반해 식생이 발달한 둔치는 기온 변화가 덜하다. 여주시를 관통하는 남한강 둔치(자갈·모래 혼합토양, 하폭 950~1,000m)에서의 온도 변화를 보면, 계절적 변동이 뚜렷하다(그림 3-35). 흔히 식물생육온도(일평균기온 5℃ 이상)를 고려하면 식물은 4월부터 10월 사이에 생육 가능한 것으로 나타난다. 식물의 지상부(지상 10㎝)와 뿌리가 있는 지하부(10㎝ 깊이)의 온도 차이는 계절에 따른 편차가 나타나는데 지하부가 전반적으로 높게 나타난다. 여름철과 겨울철에는 지하부의 온도가 보다 높게 유지되며 온도 5℃ 가까이에서는 이들의 차이가 줄어든다. 인근 이천기상대(관측소)의 자료와 비교할 때 식물생육기 동안에는 하천 둔치의 지상부가 기상대보다 높은 온도로, 휴면기에는 낮은 온도를 형성한다.

■ 호수와 같이 깊은 수심지역에서는 수온 변화를 계절적으로 이해해야 한다.

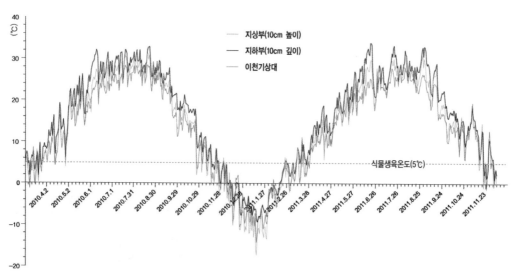

그림 3-35. 남한강 둔치(여주시, 강천섬, 하폭 950~1000m)에서의 온도 변화(2010~2011년). 둔치(자갈과 모래 혼재)에서 지상부와 지하부의 월별 온도 차이는 지하부가 미세하게 높다. 식물생육기에는 둔치의 지상부가 기상대보다 높은 온도로, 휴면기에는 낮은 온도로 나타난다. 이를 보면 하천식물은 흔히 4~10월까지 생육이 가능한 것으로 이해할 수 있다.

호소의 열 저장과 수온약층 | 우리나라가 위치한 북반구의 중위도 지역은 3~9월 사이 호소(湖沼)의 일평균수온이 대기보다 낮기 때문에 물에 열이 저장되는 시기이다. 수체(물그릇)의 크기와 물의 성분 구성에 따라 열저장 정도에는 차이가 있다. 태양 복사열은 표수층의 수온을 올리고 점차 깊은 수심으로 그 열이 전달(확산)된다. 온대지방의 수심이 깊은 호수에서 여름철에는 수표면이 데워지면서 표수 층과 심수층 사이에 수온약층(水溫躍層, themocline)이 형성된다. 수온약층은 일정 수심에 이르면 수온이 급격히 낮아지는 층(구간)을 의미한다. 봄철과 가을철에는 수체의 수온이 균질해져 수온약층은 사라 지고 수체 전체가 혼합되는 역전(순환, 전도, overturn) 현상이 발생한다(Horne and Goldman 1994)(그림 3-36). 일본의 스와호(諏訪湖)에서는 수온약층이 3~5m 수심에서 나타난다(Kim and Lee 2002). 우리나라 주암호(순천시)에서 수온약층은 7월(2000년)에 12m(수온 변화 1.5℃/m 이상) 수심에서 나타났고 8월에는 두 곳으로 깊은 곳은 수 심 23m에 형성되었다(Sun et al. 2003). 우리나라 대하천(4대강)의 다기능보에 의해 깊어진 수심의 하천구간 에서도 수온약층이 형성될 수 있다. 이러한 호소(특히, 호수)의 수심, 수온 등과 관련된 생태연구는 조류 (algae) 및 저서생물(benthos), 어류(fish) 분야에서 상대적으로 활발하다.

호소에서의 계절적 열순환 | 열을 흡수하는 하절기에 비중이 작고 가벼운 고온의 물은 표수층에, 저 온의 무거운 물은 심수층에 위치한다. 이를 '하계 정체기'(summer stagnation period)라 하고 유기물과 영양염 류들이 침전되는 시기이다. 얕은 수심의 호소(흔히, 늪)에서는 물이 바람에 잘 섞이기 때문에 층이 구분 되지 못하는 경우가 많다. 가을철 외부온도(기온)가 하강하면 상대적으로 따뜻한 물(수온)은 대기로 열 을 내놓는다. 차가워진 표수층과 여름철 데워진 심수층이 위아래가 교환되는 '가을 순환기'(circulation period)가 되는데 바닥에 침전된 영양염류들은 상층으로 이동한다. 겨울철에는 물의 최대 비중이 되는 4℃를 기준으로 층이 형성되는 '겨울 정체기'를 형성하며 수온의 연간 순환과정을 거친다. 특히, 수심 이 깊은 곳에서는 호소 바닥 저층의 수온 변화는 발생하지 못한다.

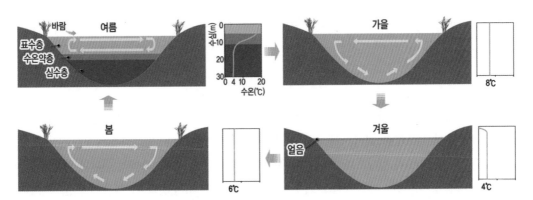

그림 3-36. 온대지역 호수에서 수심별 수온의 계절적 변화. 깊은 수심의 호수에서 봄철과 가을철 에는 표수층과 심수층 간의 수온 차이에 의한 역전 현상이 발생된다.

4. 퇴적물과 토양 환경

■ 이동하는 퇴적물은 마모되고 운반에너지에 따라 크기별로 분급 퇴적된다.

퇴적물의 이동 | 유수력에 의해 퇴적물이 수중에 떠서 이동하는 현상을 유사(流砂, sediment load)라고 한다. 유사는 하천바닥에 가까운 곳에서 운반되는 소류사(밑짐, 掃流砂, bed load)와 수중에 떠서 운반되는 부유사(뜬짐, 浮遊砂, suspended load)로 구분된다(그림 2-31 참조). 소류사의 입경이 부유사보다 크기 때문에 하천바닥 가까운 곳에서 이동한다. 운반에너지가 감소하면 소류사 중에서 큰 입경의 퇴적물은 하천바닥에 퇴적된다. 일반적으로 자갈하천은 소류사가, 모래하천은 소류사와 부유사가, 가는모래하천은 부유사가 우점하는 특성이 있다(KICT 2004). 하천 상류구간은 소류사가, 하류구간으로 갈수록 부유사가 증가한다. 이러한 퇴적물은 연강수량보다 계절적 강수량 변동이 큰 곳에서 많이 발생된다(Eom 2004).

쇄설성 암석 퇴적물의 둥근 정도, 원마도 | 유사는 상류에서 하류 방향으로 이동한다. 상류구간에는 유역 또는 사면에서 입경이 큰 각진 돌들이 하천으로 유입된다. 각진 돌들은 하류로 이동하면서 깨지고 모퉁이가 닳아 마모되어 작고 둥근 형태의 뭉우리돌 또는 차돌멩이로 변한다. 이를 흔히 '강돌'(원력)이라 부른다. 이와 같이 기존 암석에서 깨진 쇄설성 암석입자의 마모 정도를 원마도(圓磨度, roundness)로 표현한다(Yang 1998)(그림 3-37). 흔히 원마도는 상류에서 하류로 가면서 높아지는데 퇴적물 입자간의 상호작용과 하상 충돌 등과 관련이 있다(Lee and Kim 2015). 원마도는 능각(稜角)이나 모서리의 예리한 정도로 표현되는데 흔히 각상, 아각상, 약간 둥근, 둥근, 매우 둥근의 5~6단계로 구분한다.

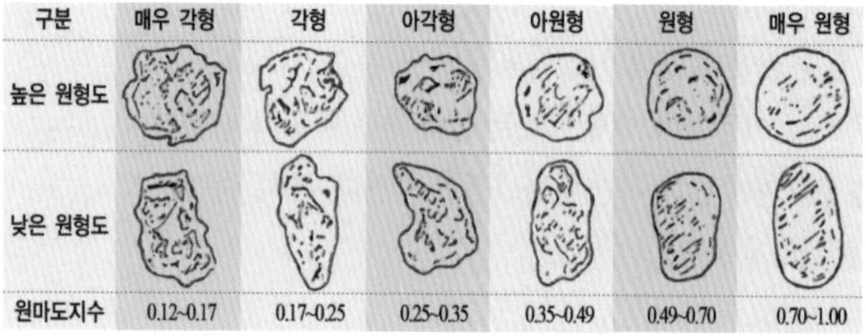

구분	매우 각형	각형	아각형	아원형	원형	매우 원형
높은 원형도						
낮은 원형도						
원마도지수	0.12~0.17	0.17~0.25	0.25~0.35	0.35~0.49	0.49~0.70	0.70~1.00

그림 3-37. 원마도에 따른 쇄설성 퇴적물의 구분. 하천 퇴적물을 모양과 둥근 정도에 따라 여러 유형으로 구분할 수 있다.

퇴적물의 이동과 퇴적 분급 | 하천에 유입되는 퇴적물들은 여러 매체들에 의한 풍화(風化, weathering) 과정에서 만들어진다. 물리, 화학, 생물적 풍화작용에 의해 발생된 하천 퇴적물들은 수력조건(hydraulic condition)에 반응하여 하류 방향으로 운반되며 유수력이 감소하면 퇴적작용이 일어난다. 우리나라와 같이 하절기에 강우가 집중되는 대륙성 기후 지역의 하천은 침식, 운반, 퇴적 작용에 의한 지형변화가 매우 역동적이다. 퇴적물은 유수의 운반에너지에 대응하여 하류로 이동하면서 크기별로 분급작

용(分級, sorting)으로 퇴적된다. 퇴적물의 입자 크기는 상류구간이 크고 하류구간으로 갈수록 작아지는 연속성을 갖는다. 하지만 본류와 지류가 만나는 합류지역은 지류에서 유입되는 다른 크기의 퇴적물에 의한 불연속성이 나타나기도 한다.

■ 토양의 속성은 모재, 기후, 지형 등의 여러 환경조건에 따라 다르다.

토양 생성과 영향 요인 │ 토양의 형성에는 모재, 기후, 생물, 지형, 시간의 5가지 상호의존적 요소와 연결되어 있다(Kang et al. 2016). 모재는 토양의 초기 형성 기원과 연관된 요소로 암석의 종류로 이해할 수 있다. 기후는 온도, 강수량, 바람, 습도 등의 요인으로 물리, 화학, 생물적 풍화와 연관이 있다. 생물은 토양과 상호작용하며 생물적 풍화와 같은 지형 형성과 관련이 있다. 지형은 지표면의 형태로 풍화에 미치는 여러 작용들과 관련이 있다. 시간은 토양의 형성 기간이다. 공간의 물리적 특성들에 따라 시간은 다르게 나타난다. 형성된 토양은 색, 토성, 구조 등의 토양 성질이 다르다.

유역 암석(모재)에 따른 하천 퇴적물 특성 │ 퇴적물의 기원이 되는 암석은 화성암(火成岩, igneous rock, 마그마 기원 암석)보다 퇴적암(堆積岩, sedimentary rock)이 많다. 지표에는 이암(혈암 shale) 52%, 사암(sandstone) 15%, 화강암류(granite) 15%, 석회암류(limestone) 7%, 현무암(basalt) 3%, 기타 8%를 구성한다(Eom 2004). 이암, 사암, 석회암류가 퇴적암에 해당된다. 이암은 가는 입경의 퇴적물을 생성시키고 퇴적물들은 침식으로 크기가 더욱 작아진다(Leopold 1994). 한반도는 국토의 ⅔ 이상이 화강암과 변성암으로 구성되고(NGII 2019) 이에 유래한 토양환경이 만들어져 있다(그림 3-38). 황하(黃河)는 중국 중앙지역의 뢰스(loess, 실트 퇴적 토양, 흔히 황토)의 침식으로 공급된 실트질 입자가 가장 많은 강이다(Eom 2004). 이로 인해 집중강우시 황하는 한자가 의미하는 것과 같이 황토색의 하천으로 변한다. 우리나라에서 복하천(이천시), 내성천(영주시, 예천군 등),

화강암
편마암
퇴적암

그림 3-38. 한반도의 주요 암석 분포도(자료: NGII 2019). 한반도에는 편마암이 많다. 영남지방과 옥천지향사는 퇴적암이고 그 사이에는 화강암들이 분포하고 있다.

황강(합천군) 등의 유역에는 하천으로 모래가 많이 공급되는 지질학적 특성이 있다.

우리나라 지질 특성에 따른 토양 특성 | 토양은 환경조건(모재, 기후, 생물, 지형, 시간 등)에 따라 다른 특성들이 형성된다. 특히, 지질 특성에서 유래된 모재는 지역의 토양환경을 구분하고 이해하는데 중요하다. 우리나라 제3계(第三系, tertiary system)에 속하는 암석은 미고결의 사암, 혈암, 역암으로 동해, 남부에 일부 분포(1.5%)한다. 유래된 토양은 세립질로 토심은 얇고 약간 담색을 나타낸다. 현무암은 주로 제주도에 분포한다. 유래된 토양은 세립질로 토심이 보통이고 암황갈색을 띠는 경우가 많다(KSIS 2021). 경상누층군(慶尙累層群)은 경상남·북도에 넓게 분포하는 약 8,000m 두께의 강, 호수에서 형성된 지층이며 경상계라고도 한다. 여기에 속한 낙동통(洛東統, 낙동층군)은 주로 혈암, 사암, 역암이고 신라통(新羅統, 신라층군)은 안산암, 현무암, 유문암 및 응회암이다. 신라통에서 유래된 토양은 세립질로 토심은 깊고 발달이 좋은 경우가 많다. 낙동통의 사암 및 역암에서 유래된 토양은 조립질로 주로 담색을 띤다. 혈암에서 유래된 토양은 토심이 깊고 발달이 좋은 적색 식질계 토양과 토심이 얇고 자갈이나 암석이 노출된 토양이다(AKS 2021, KSIS 2021). 조선계(朝鮮系)에 속하는 암석은 주로 해양에서 유래된 석회암(퇴적암의 일종)으로 강원도 삼척에서 전라도 화순을 잇는 광범위한 벨트지대에 넓게 분포한다(Kim et al. 2009)(그림 3-38). 유래된 토양은 세립질로 토심이 얇고 담색을 띤다(AKS 2021, KSIS 2021). 변성퇴적암류는 가장 오래된 암석으로 경기도 연천지방의 운모편암, 천매암, 석회암, 규암, 각섬암, 사암 및 점판암 등이다. 운모편암에서 유래된 토양의 토심은 보통이고 적색 또는 갈색을 띤다. 점판암 및 천매암에서 유래된 토양은 비교적 세립질이고 자갈을 많이 함유하고 암갈색을 띤다(KSIS 2021). 불국사화강암 및 대보화강암과 같은 화강암에서 유래된 토양은 흔히 조립질 토성이고 토심은 보통이다. 염기성 심성암은 산청, 하동, 함양 일부 지역이며 유래된 토양은 세립질로 토심이 깊고 적색을 띤다(AKS 2021, KSIS 2021). 지형에 따라 특성이 다른 토양이 생성되는데 구릉 및 대지에는 주로 적황색토, 산록경사지에는 퇴적토, 선상지 및 하천변에는 충적토, 곡간 및 평탄저지에는 회색토가 주로 분포한다(KSIS 2021).

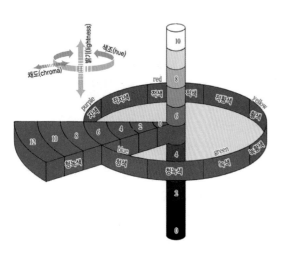

그림 3-39. Munsell의 토양색 구분 방법. 토양색은 밝기, 채도, 색조를 이용하여 구분한다.

토양색 | 토양색(土壤色, 토색, soil color)은 육안으로 비교적 잘 구분된다. 산림토양에서는 흔히 부식물, 철, 망간 등의 산화물이 토양색에 영향을 미치며 구성물의 종류와 화학적 형태에 따라 차이가 난다(Kang 2012). 토양색은 주로 토양의 비옥도를 판정하거나 토양분류의 지표로 사용된다. 토양색 기

술의 지침서는 주로 Munsell의 토색첩을 따른다(Munsell 1905, Kuehni 2002)(그림 3-39). 이에 의하면 기본 색상인 색조(hue), 색상 강도의 채도(chroma), 밝기(lightness)의 3차원적인 접근이다(Kuehni 2002). 흔히 철분이 많은 산화된 토양은 붉은색을, 유기물이 풍부한 토양은 어두운색을 나타낸다. 석회암 지대의 점토질 테라로사(terra rossa)는 붉은색, 습지의 이탄(peat)은 검은색을 띤다.

■ 하상 퇴적물의 크기 분류, 토양의 개념, 토성을 이해해야 한다.

하상 퇴적물의 크기 분류와 토양 | 하상의 퇴적물은 입경(粒經, 입도 粒度, particle size, grain size)에 따라 구분하는 것이 일반적이다. 입경은 해당 하천구간의 물리적 특성을 말해주고 하천생물의 서식과 밀접한 연관성이 있다. 퇴적물은 입경에 따라 바윗돌(호박돌, 전석, 거석, boulder)에서부터 왕자갈(주먹돌, cobble), 잔자갈(pebble), 왕모래(granule), 모래(sand), 점토(진흙, clay) 등으로 분류한다(표 3-4, 그림 3-40). 식물 생장의 생화학반응에 관련된 토성에 적용되는 토양의 크기는 거친모래 크기인 2㎜ 이하이다(Brady and Weil 2019). 하천에서의 물리구조적 퇴적물(2㎜ 이상 포함)과 식물의 생화학 반응인 기능적으로 분류하는 토양(2㎜ 이하만 구분)을 다르게 인식해야 한다. 우리나라 국가 수질공정시험기준의 퇴적물 입도 분석법은 식물의 생화학적 반응과 연관있는 2㎜ 이하로 구분한다.

표 3-4. 퇴적물의 입경(입도) 구분(Wentworth(1922) 일부 수정)

입경 범위(㎜, ㎛)	입경 범위(inch)	Wentworth 등급	일반 용어
> 256 ㎜	> 10.1 in	바윗돌~호박돌(boulder)	호박돌
64~256 ㎜	2.5~10.1 in	주먹돌(cobble)	왕자갈
32~64 ㎜	1.26~2.5 in	매우굵은자갈(very coarse gravel)	잔자갈(pebble)
16~32 ㎜	0.63~1.26 in	굵은자갈(coarse gravel)	잔자갈(pebble)
8~16 ㎜	0.31~0.63 in	중간자갈(medium gravel)	잔자갈(pebble)
4~8 ㎜	0.157~0.31 in	가는자갈(fine gravel)	잔자갈(pebble)
2~4 ㎜	0.079~0.157 in	매우가는자갈(very fine gravel)	왕모래(granule)
1~2 ㎜	0.039~0.079 in	매우굵은모래(very coarse sand)	왕모래
½~1 ㎜	0.020~0.039 in	굵은모래(coarse sand)	잔모래
¼~½ ㎜	0.010~0.020 in	중간모래(medium sand)	잔모래
125~250 ㎛	0.0049~0.010 in	가는모래(fine sand)	모새(시새)
62.5~125 ㎛	0.0025~0.0049 in	매우가는모래(very fine sand)	모새(시새)
3.90625~62.5 ㎛	0.00015~0.0025 in	실트(미사질, silt)	진흙(mud)
< 3.90625 ㎛	< 0.00015 in	점토(식토, clay)	진흙(mud)
< 1 ㎛	< 0.000039 in	콜로이드(colloid)	진흙(mud)

그림 3-40. 퇴적물 입자별 크기 배열. 아래에서 위로 퇴적물들의 입경은 작아지고 점토의 함량은 증가한다.

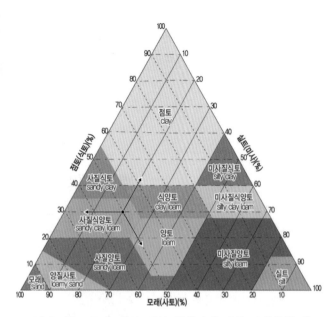

그림 3-41. 모래-실트-점토 구성비에 따른 토성분급 삼각도(미국농무부법). 세 물질의 구성비율을 토대로 분류한다.

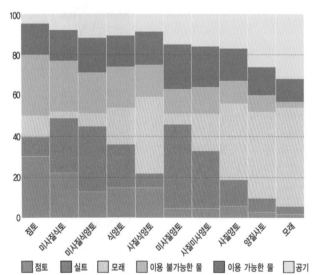

그림 3-42. 토성분급별 입자, 공기, 물의 구성비(Biddle 1998). 토성에 따라 물과 공기의 구성비가 다르다.

토양의 정의와 기능적 개념인 토성 ｜ 토양을 명확히 정의하기는 어렵다. 토양학에는 생물의 대사활동과 관련된 미세토양인 2㎜ 이하의 크기만을 주로 다룬다. 직경이 2㎜가 넘는 자갈 등은 토양(퇴적물)의 이동에는 영향이 크지만 토양의 화학적 기능은 하지 못한다(Brady and Weil 2019). 토양학에서 식물에 필요한 토성(土性, soil texture)은 기능을 고려하여 2㎜ 이하만을 세분류하고 크게 모래(sand, 2~0.05㎜), 실트(silt, 0.05~0.002㎜), 점토(clay, 0.002㎜ 이하)로 분류한다(그림 3-41). 생물·생태학에서 토양 입경과 생물종과의 관계 연구는 일반적이며 화학적 작용 및 생물적 상호작용을 이해하는 것은 보다 확장된 심화 연구에 해당된다(Kang et al. 2016).

토성분급과 간이 토성분석법 ｜ 토양을 모래, 실트, 점토의 구성비에 따라 구분한 것을 토성분급(土性分級, texture class)이라 한다(Brady and Weil 2019). 이들의 구성비에 따라 사토, 양질사토, 사질식토, 사양토, 양토, 실트질양토, 실트질토, 사질식토, 사질식토, 실트질식양토, 식양토, 실트질식토, 식토의 12개 유형으로 재분류한다(그림 3-41). 토양은 입자가 큰 모래의 함량이 높을수록 공기의 비율이 높고 입자가 작은 점토의 구성비가 높을수록 이용 불가능한 물의 양이 증가한다(그림 3-42). 이 분류에 의하면 대부분의 토양은 양토에 해당되며 모래가 현저히 많으면 사질양토, 실트가 많으면 미사질양토(실트질양토) 등으로 분류된다. 토성분급은 토양학에서 중요하게 다루어지며 생물종과 토양과의 관계를 연구하는 생태연구에서도 중요하다. 이를 위해 촉감에 의한 간이 토성분석법은 현장연구에서 매우 실용적이다(표 3-5).

표 3-5. 촉감을 통한 간이 토성분석법(Brady and Weil(2019) 수정)

구분		토양의 간이 측정 내용	토성 구분
1		토양이 공모양으로 뭉쳐지지 않고 분리된다.	사토(모래)
2		토양이 공모양을 형성하지만 리본모양은 만들 수 없다.	양질사토
3		토양은 리본모양이 분명하지 않고 그 길이가 2.5㎝ 보다 짧다.	(양토 계열)
	a	갈리는 소리가 들리고 껄끄러운 느낌이 강하다.	사양토
	b	밀가루같이 부드러운 느낌이 강하다.	실트질양토
	c	껄끄럽고 부드러운 느낌이 약하고 갈리는 소리가 불분명하다.	양토
4		토양이 중간 정도의 점착성과 견고함을 갖고 길이 2.5~5㎝의 리본을 형성한다.	(식양토 계열)
	a	갈리는 소리가 들리고 모래와 같이 껄끄러운 느낌이 강하다.	사질식양토
	b	밀가루같이 부드러운 느낌이 강하다.	실트질식양토
	c	껄끄럽고 부드러운 느낌이 약하고 갈리는 소리가 불분명하다.	식양토
5		토양의 점착성과 견고함이 강하고 5㎝ 이상의 리본을 형성한다.	(식토 계열)
	a	갈리는 소리가 들리고 모래와 같이 껄끄러운 느낌이 강하다.	사질식토
	b	밀가루같이 부드러운 느낌이 강하다.	실트질식토
	c	껄끄럽고 부드러운 느낌이 약하고 갈리는 소리가 불분명하다.	점토(식토)

표 3-6. 토양 특성과 행동에 미치는 일반적 영향(Brady and Weil(2019) 수정)

특성/행동	모래(사토)	실트(미사)	점토(식토)
수분보유능	낮음	중간~높음	높음
통기성	양호	중간	낮음
배수율(통수성)	높음	낮음~중간	매우 낮음
토양유기물 수준	낮음	중간~높음	높음~중간
유기물 분해속도	빠름	중간	느림
봄의 온도 상승	빠름	중간	느림
압밀성(compactibility)	낮음	중간	높음
풍식(wind erosion) 민감도	중간(고운모래는 높음)	높음	낮음
수식(water erosion) 민감도	낮음(고운모래 제외)	높음	높음(입단은 낮음)
수축-팽창 잠재력	매우 낮음	낮음	중간~매우 높음
오염물질 용출 잠재도	높음	중간	낮음(균열없을 경우)
식물양분 저장능	불량	중간~높음	높음
pH완충력	낮음	중간	높음

■ **토성은 생물의 생화학적 대사과정에 중요하고 작은 입자의 토양이 그 역할을 한다.**

토양입자의 결합 성질에 따른 분류 ㅣ 토양에서 입자들이 결합(응집)하는 성질에 따라 퇴적물을 점착성 퇴적물(cohesive sediment)과 비점착성 퇴적물(noncohesive sediment)로 구분하는데 이들의 특성은 다르다. 점착성 퇴적물은 전기·화학 작용이 있는 점토, 실트 성분과 같이 작은 입자들로 이루어져 식물의 대사활동에 중요하다. 비점착성 퇴적물은 모래보다 큰 입자들로 이루어진다. 하천 습지의 범람원에는 점착성 퇴적물이 우세하기 때문에 식물대사가 상대적으로 활발하여 식생발달이 양호하다.

토성에 따른 일반적 특성 ㅣ 모래와 실트, 점토의 구성비에 따라 발생되는 특성과 행동에 미치는 영향은 다르게 발생한다(표 3-6). 모래가 우점하는 토양은 수분보유능이 낮지만 통기, 통수성이 좋아 봄철에 온도 상승이 상대적으로 빠르다. 점토가 우점하는 토양은 유기물 수준이 높고 분해속도가 느리기 때문에 식물의 생육에 필요한 양분 저장능이 상대적으로 높다. 압밀성과 수축과 팽창 잠재력, pH완충력은 점토 성분에서 높게 나타난다.

점토의 주요 역할과 실트, 모래 특성 ㅣ 토성은 토양용액의 화학물질, 영양분의 흡착, 광물의 풍화 및 미생물 생육 등과 밀접한 관계가 있다. 점토는 넓은 표면적을 가지고 있기 때문에 수분과 다른 물질을 흡수할 수 있는 용량이 크다. 이러한 점토 우점 토양이 포화된 후 건조하면 유사한 구성물질들이 응집하기 때문에 딱딱한 덩어리로 뭉쳐 거북등처럼 갈라진다(균탁 龜坼, 거북등 무늬처럼 갈라져 터짐)(그림 3-43). 실트 입자는 모래에 비해 공극의 크기는 작고 입자 수가 많아 수분을 다량 함유할 수 있는 반면, 물이 완전히 배수되기는 어렵다. 모래는 공극이 크기 때문에 수분과 양분 보유 능력이 미미하고 응집력이 약하다. 특히, 점착성이 높은 점토는 토양용액 사이의 용수량(用水量, water capacity), 이온교환 등과 관련된 생물에 중요한 성질을 조절한다. 이 때문에 점토 구성비는 식물의 생육과 관련된 토양환경에서 매우 중요하다. 토양의 근간을 이루는 것은 모래와 실트와 같은 조립질 입자이지만 화학적 작용에 주도적인 역할을 하는 것은 점토이다(Park 2008b).

그림 3-43. 가뭄으로 점토 성분이 많은 하천토양(창녕군, 낙동강)의 균탁. 점토 성분이 많은 토양이 건조하여 마르면 구성물질들이 응집하기 때문에 지표는 딱딱한 덩어리로 뭉쳐 거북등처럼 갈라진다.

■ 토양의 양이온치환용량과 콜로이드는 토양의 비옥도와 관련이 있다.

양이온치환용량과 이온치환능 | 토양의 양이온치환용량(cation exchange capacity, ECE)은 토양 내 치환성 양이온을 흡착할 수 있는 음전하의 총량을 의미한다. 음전하들은 토양용액 중에 있는 다른 양이온들에 의해 치환될 수 있는 양이다. 즉, 양이온치환용량이 높다는 것은 식물이 이용할 수 있는 양이온이 많다는 뜻이며 토양이 비옥하다는 것을 의미한다. 토양용액에 있는 이온(양이온, 음이온)들이 토양입자에 결합하는 능력은 토양의 음전하와 양전하를 띠는 장소의 수에 달려 있다. 토양입자 위에 전하를 띠는 장소의 총수를 이온치환능(ion exchange capacity)이라 한다.

토양 콜로이드와 양이온 교환 | 토양의 화학적 성질은 미세입자 원자 주변에서 일어나는 화학반응이다. 토양 콜로이드(colloid)는 0.1 μm보다 작은 입자물질을 말하며 화학적 변형에 의해 생성된 무기질 콜로이드와 유기물 부식에 의해 생성된 유기질 콜로이드로 나뉜다(Park 2008b). 유기질 콜로이드가 화학적으로 보다 활발하다. 콜로이드는 그 표면과 토양용액 사이에 양이온을 교환할 수 있다. 토양 내의 콜로이드는 음전하를 많이 띠기 때문에 온대지역 대부분의 토양에서는 음이온보다 양이온의 치환이 높다. 식물은 양이온의 용탈을 막을 수 있다. 음이온인 질산(NO_3^-)과 인산(PO_3^+)은 토양에 음전하 장소가 적어 식물에 흡수되지 않고 쉽게 용탈되는 경향이 있다. 흔히 양이온치환능은 유기물 함량이 많으면 증가한다. 토양 내에 양이온들은 점토나 부식토 입자에 있는 양이온들과 지속적으로 대체되거나 치환된다.

■ 토양의 산화환원전위는 습지환경 이해에 중요하고 식물의 공간 분포와 관련이 있다.

산화환원전위 | 유기 또는 무기토양이 물로 포화되면(공극이 물로 채워짐) 혐기적 환경이 형성되고 토양을 통한 산소 확산은 크게 감소한다. 수용액(水溶液, aqueous solution)에서 산소 확산은 배수된 토양과 같은 다공성 매체보다 10,000배 정도 느린 것으로 추정한다(Greenwood 1961, Mitsch and Gosselink 2007). 습지에서 수분포화기간이 길어지면 산화환원전위(酸化還元電位, redox potential 또는 oxidation-reduction potential, ORP, E_h)는 감소한다. 산화환원전위는 토양에서 어떤 물질(식물종)이 전자를 잃어 산화되거나 또는 전자를 얻어 환원되는 세기를 의미하고 어떤 화학반응을 예측할 수 있다. 무기토양에서 산화환원성인 특성(酸化還元成因 特性, redoximorphic feature)의 발달은 혐기환경의 지속, 충분한 토양온도(生物學的零點, 생물학적영점 biological zero, 5℃ 이상), 미생물 활동을 위한 유기물 공급의 조건이 형성되어야 한다(Mitsch and Gosselink 2007). 산화환원성인 특성은 환원(reduction), 전좌(translocation), 또는(그리고) 철과 망간 산화물의 산화(oxidation)에 의해 형성된다

(Vepraskas 1995). 토양의 지속적 산소결핍(anoxia)은 식물뿌리의 화학적 환경을 변화시켜 철, 망간 및 황과 같은 환원된 무기염의 가용성을 높이고 식물뿌리에 독성 수준으로 축적될 수 있다(Ernst 1990). 산화환원전위의 세기에 따른 분자들의 쌍은 여러 형태이다. 배수된 호기적 환경에서는 산화환원전위가 높은 값을 나타내고 침수된 토양에서는 낮은 값을 나타낸다. 쌍을 이루는 분자들의 산화환원전위 값은 다르게 나타난다(표 3-7).

표 3-7. 습지에서 일반적 산화환원쌍들의 표준 산화환원전위(E_h)

(pH=7, 25℃)(Fenchel et al. 2012)

산화환원쌍(redox pair)	E_h(mV)
O_2/H_2O	+820
Fe^{3+}/Fe^{2+}	+770
NO_3^-/N_2	+520
$MnO_2/MnCO_3$	+430
NO_3^-/NO_2^-	+380
NO_3^-/NH_4^+	-220
SO_4^{2-}/HS^-	-240
CO_2/CH_4	-270
S^0/HS^-	-270
H_2O/H_2	-410

습지 환원층의 토양환경 특성과 혐기적 미생물 호흡 | 습지의 경관적 위치에서 기후, 수리·지형적, 토양 특성은 식물군락의 분포와 강한 연관성이 있어 습지환경을 이해하는 최고의 지표이다(Bedford and Morgan 1996). 특히, 습지 토양과 물속의 화학성분들의 농도는 생물종다양성에 영향을 미친다. 침수된 토양에서 질산염이온(NO_3^-), 망간이온(Mn_4^+), 철이온(Fe_3^+), 황산염이온(SO_4^{2-}), 이산화탄소(CO_2), 유기화합물의 성분들은 혐기적 토양 미생물에 의해 환원된 형태로 생산된다(Cronk and Fennessy 2009). 습지에서는 산소 이외의 물질을 산화제(酸化劑, oxidant)로 이용하는 3가지 형태의 중요한 혐기성 호흡이 발생한다. (1) 질산염 환원, (2) 황산염 환원, (3) 철과 망간 환원으로 이들이 각각 최종전자수용체로 사용된다(van der Valk 2006)(그림 3-44). 습지의 혐기적 이탄이나 토양에서는 이러한 혐기성 호흡과 메탄(CH_4) 생성이라는 환원과정이 진행되어 혐기적 미생물의 대사계 변환 및 천이가 발생된다(Kang et al. 2010). 메탄 생성은 일부 원시세균(原始細菌, archaebacteria, 메탄 생성 박테리아) 그룹에서만 발생하고 사용하는 기질(아세테이트 acetate, 기

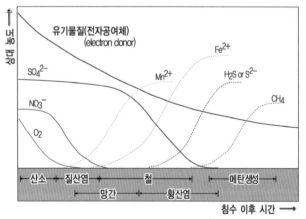
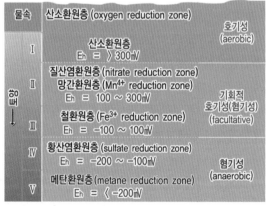

그림 3-44. 습지에서 침수시간과 깊이에 따른 전자수용체의 순차적 환원 반응(Reddy and D'Angelo(1994) 수정). 습지에서 침수시간이 길어져 환원환경이 되면 그 정도에 따라 산소 대신 다른 물질을 산화제로 사용한다.

타 메틸화 화합물 methylated compound, 이산화탄소 등)이 다른 여러 유형들이 있다(van der Valk 2006). 우리나라 용늪(양구군) 이탄층에서의 산화층(oxidized layer)은 지표로부터 0~5㎝ 깊이로 형성되고 10㎝ 이하 깊이는 환원층(reduced layer)이다(Kang 1988).

토양환경별 산화환원전위 특성 │ 습지토양은 수분포화기간이 길기 때문에 낮은 산화환원전위를 갖는 것이 일반적인 특성이다. 습지의 산화환원전위는 배수된 비포화 토양에서는 +400 ~ +700㎷, 적당히 환원된 토양은 +100㎷, 강하게 환원된 포화된 토양에서는 -300㎷ 값을 가진다(Cronk and Fennessy 2009, Pezeshki and DeLaune 2012). 산소가 부족한 포화된 상태에서 세균들은 산화환원전위에 따라 최종전자수용체(最終電子受容體, terminal electron acceptor)로 산소 대신 다른 물질들을 사용한다. 값이 감소함에 따라 일련의 산화환원반응은 지속된다. 산소는 +330㎷에서 대폭 감소한다. 질산염이온은 +250㎷일때 환원이 시작하고 망간이온은 +250㎷, 철이온은 +120㎷, 황산염이온은 -57 ~ -150㎷, 이산화탄소는 -250 ~ -350㎷이다(Cronk and Fennessy 2001)(그림 3-44 참조). 습지에서 pH 7과 온도 25℃의 조건에서 표준 산화환원전위 값은 산화환원되는 쌍에 따라 다르게 나타난다(Fenchel et al. 2012)(표 3-7 참조). 일반적으로 습지에서 산화반응은 +700 ~ +250㎷에서, 환원반응은 +250 ~ -300㎷에서 발생하는데 산화환원전위의 차이에 의해 수체와 토양 사이에 호기성과 혐기성 경계가 존재하는 것으로 알려져 있다(Faulwetter et al. 2009).

식물종별 산화환원전위 차이와 공간 분포 │ 습지에서는 식물종마다 고유의 산화환원전위 값을 가신나(Suslow 2004). 하천과 호소의 식물 분포는 수문과 토양 변수에 강하게 지배받는데 이 변수들의 구배에 따라 식물종의 분포가 구분된다. 흔히 하천 토양의 산화환원전위는 하천의 수문적 계절 변동과 관련이 있으며 식물군락마다 상이하여 식물학적 다양성과 관련이 깊다(Dwire et al. 2006). 물흐름이 있는 하천과 같은 습지공간에서는 식물의 높은 영양염류 이용성이 필요하다. 이러한 이용성은 산화환원전위와도 연관이 있다(Cronk and Fennessy 2009). 맹그로브림에서도 습지 토양의 산화환원전위 상태에 따라 식물종 간의 미세한 공간 분포적 차이가 관찰된다(Gleason et al. 2003).

습지토양에서의 식물 스트레스 │ 환원된 형태의 습지토양에서 낮은 산화환원전위 값은 토양에 식물독성물질을 생산하여 식물 생장에 심각한 스트레스로 작용할 수 있다(Ponnamperuma 1984, Pezeshki 1994, Pezeshki and DeLaune 2012). 습지토양에서 광범위한 용액성 유기화합물은 식물에게 독성을 나타낸다(Cronk and Fennessy 2001). 습지토양에서 산화환원전위가 낮을수록 산소가 부족한 상태를 나타내며 -200㎷ 이하가 되면 메탄가스가 발생한다(그림 3-44 참조).

■ 유기질 함량에 따라 습지토양을 분류하고 무기토양은 양이온과 관련이 있다.

습지의 무기토양과 유기토양 | 습지토양은 유기물의 양(20~35% 기준)에 따라 무기토양(mineral soil)과 유기토양(organic soil)으로 나눌 수 있다(Mitsch and Gosselink 2007, Kim 2013c)(표 3-8). 미국(USDA)의 토양분류법(soil taxonomy)에서 습지토양인 유기질 토양을 토양목의 일종인 히스토졸(histosol)이라 한다. 하천변의 토양 대부분은 히스토졸, 엔티졸(entisol), 인셉티졸(inceptisol)에 속한다(USDA Soil Survey Staff 1998). 토양층 상위 80cm 내에 50% 이상의 풍부한 유기물을 함유한 토양을 이탄토(泥炭土, peat soil)라 한다(AKPG 2006). 이탄토는 세계 토양의 0.8% 정도를 차지하고 우리나라에는 0.004%가 분포한다(AKPG 2006, KSIS 2021). 유기토양은 유기물(주로 식물사체)의 분해 정도에 따라 4종류로 구분하는데 saprists(muck), fibrists(peat), hemists(mucky peat 또는 peaty peat), floists로 나눈다(Mitsch and Gosselink 2007). 이탄이라는 피트(peat)와 흑니(黑泥)라는 머크(muck)는 지역마다 다르고 명확하게 정의된 경계선은 없다. 이탄은 다소 거친 섬유질이 많고 흑니는 더 미세하고 더 분해되고 콜로이드성인 형태이다. 흑니는 미세한 입자크기, 높은 무기질과 점토 비율 때문에 무기질 토양처럼 행동하는 경향이 있다(Allison 1973).

습지에서 토양 유기물의 영향 | 토양의 유기물은 토양 특성에 영향을 준다(표 3-9). 유기토양은 유기물 및 유기탄소의 함량이 높아 산성을 띠는 경우가 많다. 흔히 유기물이 많으면 가밀도(bulk density, 공기와 수분을 포함한 용적비)는 낮아지고 답압(踏壓, stamping) 등은 가밀도를 높인다. 무기토양에서의 주요 금속양이온은 Ca^{2+}, Mg^{2+}, K^+, Na^+이다. 많은 습지들은 무기토양으로 이루어져 있다. 유기토양은 이탄습지와

표 3-8. 습지에서 무기토양과 유기토양의 비교(Mitsch and Gosselink 2007)

구분	무기토양(mineral soil)	유기토양(organic soil)
유기물 함량(%)	20~35 이하	20~35 이상
유기탄소 함량(%)	12~20 이하	12~20 이상
pH	보통 중성	산성
가밀도(bulk density)	높음	낮음
공극율(porosity)	낮음(45~55%)	높음(80%)
투수계수(hydraulic conductivity)	높음(진흙 제외)	낮음~높음
수분 보유능	낮음	높음
양분 이용성(nutrient availability)	일반적으로 높음	종종 적음
양이온치환능	낮음, 주요 양이온 우점	높음, 수소이온 우점
전형적 습지유형	수변림, 초본습지	이탄습지

표 3-9. 토양 유기물이 토양 특성에 미치는 효과(Swift and Sanchez(1984), Goudie(2006)에서 수정)

구분	과정 및 특성	과정의 설명	효과 및 역할
화학	광물화 (mineralization)	유기물 분해로 CO_2, NH_4^+, NO_3^-, PO_4^{3-}, SO_4^{2-} 방출	식물 생장에 필요한 영양염류 공급원
	양이온 치환 (cation exchange)	유기콜로이드는 음전하로 Ca^+, K^+ 등의 양이온을 토양 표면에 고정	토양의 양이온치환능력(CEC) 향상
	완충작용(buffer action)	콜로이드는 약한 pH 완충 역할 수행	일정한 토양 pH 유지 역할
	토양 생화학작용의 매질 역할	다른 유기화합물을 정전기적 또는 공유결합 형태로 결합	살충제의 생물학적 분해와 생물 활동성에 영향
	킬레이트화(chelation)	Cu^{2+}, Mn^{2+}, Zn^{2+}, 기타 양이온들과 안정된 유기물 혼합체 형성	고등식물들에 미량원소 공급 역할
물리	함수율	유기물은 무게의 20배 함수 가능	토양 건조와 수축 방지, 모래 토양함수량 증가 역할
	점토광물과 결합	토양입자 결합으로 토양 입단 형성	토양 공기순환 증진, 토양구조 안정화, 물의 침투율 증대
	토양색	검은 토양색은 유기물에 의해 생성	토양의 온도 상승 역할

같은 유형에 국한되는데 토양색은 흔히 흑색을 띤다. 유기토양은 전술과 같이 분해된 정도에 따라 이탄과 흑니로 구분된다. 수소를 많이 포함한 무기토양이 반영구~영구 침수되면 글레이화작용(gleization)이 일어난다. 이로 인해 철의 환원으로 토양색은 흑색, 회색, 녹색, 청회색을 띠는 경우가 있다.

pH에 따른 양이온 농도 변화 | 일반적으로 토양에 양이온이 많으면 알칼리성 토양이 된다. 습지의 토성분석에는 식물이 많이 필요로 하는 나트륨(Na), 칼슘(Ca), 칼륨(K), 마그네슘(Mg)과 같은 양이온을 주로 분석한다. 흔히 유기물 대사과정에서 유래된 산(부식산 등)이나 산성비에 의해 첨가된 수소이온(H^+)에 의해 토양용액의 수소이온농도(pH)가 증가하기도 한다. 첨가된 수소이온은 토양 내에 있는 양이온(Ca^{2+}, Mg^{2+}, Na^+ 등)을 대체하고 토양의 산성도를 높인다. 높아진 산성도는 Ca^{2+}, Na^+ 등의 양이온을 감소시키고 치환 가능한 Al^{3+}의 농도를 증가시킨다. 토양에 높은 알루미늄 농도는 식물에 독성을 나타낼 수 있다.

여름철 대하천의 하류구간에 형성되는 정체수역 및 배후습지에는 수온 상승 등으로 부영양화는 물론 다양한 수생
식물들의 생육이 매우 왕성하게 일어난다(김해시, 낙동강).

제4장

화학 | 생물

1. 식물의 필수 영양염류와 영향 물질
2. 탄소, 질소, 인, 황의 순환
3. 수환경과 수질
4. 생물 생태적 과정

1. 식물의 필수 영양염류와 영향 물질

1.1 식물의 필수 영양염류

■ 식물의 생존에는 여러 영양염류가 필요하고 필요한 양은 다르다.

식물에 필요한 영양염류 │ 식물에 필요한 필수 영양염류를 17가지로 제시하고 있으나(Kang 2014) 일부 학자들은 몇가지 원소를 추가적으로 제시하기도 한다. 필수원소는 탄소(炭素, carbon, C), 수소(水素, hydrogen, H), 산소(酸素, oxygen, O), 질소(窒素, nitrogen, N), 인(燐, phosphorus, P), 칼륨(potassium, K), 황(黃, sulfur, S), 칼슘(calcium, Ca), 마그네슘(magnesium, Mg), 염소(鹽素, chlorine, Cl), 붕소(硼素, boron, B), 철(鐵, iron, Fe), 망간(manganese, Mn), 구리(銅, copper, Cu), 아연(亞鉛, zinc, Zn), 니켈(nickel, Ni), 몰리브덴(molybdenum, Mo) 등이다(표 4-1). 식물들은 물속과 토양에서 물질교환과 같은 화학작용으로 영양염류를 보충한다. 식물에 탄소, 수소, 산소, 질소, 황, 칼슘, 칼륨, 인, 마그네슘 등은 많은 양을 필요로 하기 때문에 다량원소(多量元素, macroelement)라고 하고 철, 망간, 붕소, 아연, 몰리브덴 등은 적은 양을 필요로 하기 때문에 미량원소(微量元素, microelement)라고 한다. 이러한 영양염류에 대한 식물의 필수성에 대한 정의를 살펴봐야 한다.

영양염류의 필수성 정의 │ 자연에는 다양한 화학원소들이 존재한다. 많은 원소들 중에서 생물에 필요한 필수성(essentiality)을 어떻게 정의할까? 필수성은 동물과 식물에 공통적으로 필요하거나 동물 또는 식물에게만 필요한 것이 있을 수 있다. 생물체에서 여러 물질(원소, 영양염류)들의 필수성을 정의할 때 흔히 Arnon and Stout(1939)의 3가지 정의를 따른다. (1) 물질이 없으면 생물의 생활사를 완성할 수 없고, (2) 물질은 구체적인 기능을 가지며 다른 물질이 이를 대체할 수 없어야 하고, (3) 대사산물의 구성 요소, 효소 반응의 보조 인자 등으로 생물의 영양에 직접 관여해야 하는 경우 등을 의미한다. 특히, 식물의 생육에 있어 필수성으로 정의된 여러 영양염류에 대한 양적인 제한요인은 무엇일까?

식물에 최소율의 법칙 │ 농업에서 작물생산량은 토양 속의 영양염류 중 과잉영양분이 아니라 부족 영양분에 의해 결정되는 것으로 알려져 있다. 이를 '최소양분율'(最少養分律, law of minimum nutrient, von Liebig's Law) 또는 '최소율의 법칙'이라 한다(Liebig 1840). 현대에는 이 개념이 환경요인으로 확장되어 식물종의 생장과 분포는 제한된 환경요인에 의해 결정되는 것으로 인식하고 있다. 하지만, 과잉영양분에 의한 제한과 환경요인들 간의 복합적인 상호작용도 동시에 고려해야 한다(Barbour et al. 1998).

영양염류 흡수와 유지 기작 │ 생물에 필요한 영양염류 중 탄소, 수소, 산소 이외의 원소들은 대부분 물에 녹아 있는 염류로 섭취한다(Kang 2014). 영양염류가 식물체에 흡수되려면 가용성 형태로 존재해야 하고 이 원소들은 식물뿌리 표면 가까이에 위치해야 한다. 식물뿌리 표면에서 식물에 필요한 영양염류들이 지속적으로 유지되는 기작은 뿌리차단(root interception), 집단류(mass flow), 확산(diffusion)이다(Brady and Weil 2019). 영양염류를 수중식물은 몸표면에서, 육상식물은 뿌리에서 흡수하며 동물은 주로 식물로부터의 섭취를 통해서만 획득된다.

■ 탄소, 수소, 산소, 질소는 식물체의 주요 구성물질이다.

생명체 주요 구성성분인 탄소, 수소, 산소 │ 식물체를 구성하는 화합물들은 대부분 물, 유기물, 무기물로 구성되어 있다. 식물체는 탄수화물(炭水化物, carbohydrate), 단백질(蛋白質, protein), 지질(脂質, lipid), 핵산(核酸, nucleic acid) 등과 같은 유기물이 많은 구성비를 차지한다. 탄수화물은 탄소, 수소, 산소의 결합으로 이루어져 있고 식물의 세포벽과 줄기를 구성하는 주요 물질이다. 탄수화물은 광합성의 직접적인 산물인 포도당(葡萄糖, glucose), 셀룰로오스(cellulose), 전분(starch), 설탕 등이다. 지질은 저장성 지질과 막지질로 나뉜다. 저장성 지질은 중성지방이라 불리는 지방산으로 탄소, 수소, 산소로 구성된다. 막지질은 생체막을 구성하는 지질로 탄소, 수소, 산소, 질소, 인, 황 등으로 구성된 화학식을 갖는다. 지방산은 동물성인 포화지방산과 식물성인 불포화지방산으로 나뉜다. 아미노산(amino acid) 복합체인 단백질은

표 4-1. 식물생장의 필수적인 원소와 역할(Barbour et al.(1998), Kang et al.(2016), Brady and Weil(2019)에서 수정)

구분	원소	흡수형태	역할
다량 원소	탄소(C)	CO_2	모든 유기물의 기본 구성 성분
	수소(H)	H_2O	모든 유기물의 기본 구성 성분
	산소(O)	O_2 / CO_2	모든 유기물의 기본 구성 성분
	질소(N)	NO_3^- / NH_4^+	엽록소와 효소의 성분, 단백질 및 핵산의 구성물질
	칼슘(Ca)	Ca^{2+}	세포벽 구성물질, 세포 간 물질이동 조절, 효소의 성분, 식물에서 결핍은 생장 저해, 성숙 지연
	인(P)	HPO_4^- / PO_4^{2-}	에너지 수송, 핵산의 주요 성분, 효소의 성분, 식물에서 부족은 생장 정지, 뿌리 생장 저해, 성숙 지연
	마그네슘(Mg)	Mg^{2+}	세포 내 효소반응의 활성 물질, 엽록소 구성 성분, 식물 단백질 합성
	황(S)	SO_4^{2-}	단백질의 기본 성분, 효소의 성분, 식물은 인만큼 황을 이용, 식물의 과도한 이용은 유독
	칼륨(K)	K^+	삼투와 이온 균형에 관여, 많은 효소의 활성화, 많은 식물에서 필수원소는 아님, C_4식물의 광합성에 관여
	염소(Cl)	Cl^-	삼투와 이온 균형에 관여, 광합성과 효소 활성, 염류토양에서 수분흡수 조절
미량 원소	철(Fe)	Fe^{2+} / Fe^{3+}	엽록소 형성에 관여, 미토콘드리아와 엽록체에서 산소를 활성화시키고 수송 및 전자전달 단백질의 구성물질, 각종 효소 작용
	망간(Mn)	Mn^{2+}	물에서 엽록소로 전자전달 강화, 지방산 합성에 효소 활성화 광합성, 질소대사 및 질소동화작용에 중요 역할
	붕소(B)	$B(OH)_3$ / $B(OH)_4^-$	세포분열, 화분 발아, 탄수화물 대사, 수분대사, 통도조직 유지, 당의 수송 등 15개 기능 관련, 결핍시 뿌리 생장 지체와 잎의 황화 Ca^{+2} 이용, 당 전류 촉진, 핵산 및 식물 호르몬 합성, 세포분열과 생장에 필수
	나트륨(Na)	Na^+	삼투 항상성 유지, 고속도로 재설시 도로변 식물에 유해, 결핍시 생장 감소, 황백화, C_4식물 광합성에 이용
	코발트(Co)	Co_2^+	질소고정박테리아 숙주인 콩과식물의 생장에 필수, 과잉에 의한 독성은 망간 결핍과 유사
	구리(Cu)	Cu^{2+}	엽록체 농축, 광합성율 영향, 효소 활성화, 과잉은 인 흡수 저해, 잎에서 철 농도 억제, 생장 저해 광합성, 질소대사, 탄수화물 및 질소고정 대사에 중요 역할
	몰리브덴(Mo)	MoO_4^{2-}	질소고정박테리아와 시아노박테리아의 질소기체 이용 형태로의 전환 촉매
	아연(Zn)	Zn^{2+}	생장물질(옥신) 형성, 수분관계에 관련, 여러 효소계의 성분, 종사 심숙 및 생산 증진, 전분 합성 촉진
	셀레늄(Se)	SeO_4^{2-}	과잉의 독성은 식물생장 억제, 황백화 현상
	니켈(Ni)	Ni^{2+}	종자 양분축적, 종자 활력, 철 흡수, 대사 과정 조절, 콩과식물에서 질소고정 산물의 독성수준 축적 억제

유전자와 관련된 핵산(DNA, RNA)이 가장 대표적이며 탄소, 수소, 산소, 질소 등으로 구성된다. 건조한 식물체에서 원소별 조성은 탄소 45%, 산소 42%, 수소 5%, 질소 1~2%, 이외 무기물로 구성되어 있다(Wikipedia 2021e).

에너지원의 생성, 광합성 | 식물체에 많은 양을 차지하는 탄소(C), 수소(H), 산소(O)는 광합성의 주요 구성물질들이다. 식물체는 잎의 엽록체(葉綠體, chloroplast)에서 이산화탄소(CO_2)와 물(H_2O)이 반응하여 포도당($C_6H_{12}O_6$)과 산소(O_2)가 생성되는 생화학적 반응이 일어난다. 이 과정에 빛이 필요하기 때문에 광합성(光合成, photosynthesis)이라 한다(식 4-1).

$$6CO_2 + 6H_2O \xrightarrow{\text{(빛)}} C_6H_{12}O_6 + 6O_2 \cdots\cdots \text{(식 4-1)}$$

질소 | 질소(N)는 식물에 있어 생화학 및 생리적 기능을 하기 때문에 식물의 생장과 발달을 좌우하는 매우 중요한 원소이다(Leghari et al. 2016). 농업에서는 토양에 부족한 질소의 양을 보완하기 위해 인위적으로 합성한 화학 질소비료를 시비하여 작물 생산성을 증대시킨다(그림 4-9 참조). 질소는 생물체 구성물인 단백질 생성, 각종 대사 및 효소작용, 광합성 색소인 클로로필a(chlorophyll a, $C_{55}H_{72}MgN_4O_5$)의 생합성 등과 같은 중요한 역할을 한다(Kim and Lee 2002).

탄소와 질소 함량, 탄질비 | 식물체의 건중량(乾重量, dry weight)에서 탄소와 수소의 함량을 비로 나타낸 것을 탄질비(C:N)라 한다. 흔히 식물이 성숙할수록 조직에서 단백질 비율은 감소하고 셀룰로오스 비율 및 탄질비는 증가한다. 식물체가 고사하여 분해될 때 미생물은 탄소(에너지원-탄산가스 생성)를 서서히 호흡에 이용하고 질소(영양원-미생물 생체 증식)를 빨리 이용하기 때문에(Kang et al. 2010) 탄질비는 유기물의 분해속도에 영향을 미친다. 유기물의 부패(호기적 분해, cf. 혐기적 분해는 발효)가 진행되면 토양미생물의 호흡에 의해 탄소는 소진되고 질소는 보존된다. 이로 인해 주변 식물들의 탄질비는 감소한다. 흔히 분해(부패)되는 유기물의 탄질비가 25:1 이상이면(탄소 많은 조건) 토양미생물(분해자)은 토양용액으로부터 충분한 질소를 확보한다(Wagner and Wolf 1999). 미생물들은 토양 내의 무기태질소(NH_4-N이나 NO_3-N)를 이용하게 되어 토양에 존재하는 무기태질소의 부동화(不動化, immobilization, 토양 중의 무기물질이 미생물에 흡수되어 유기태 형태로 변환)가 일어난다. 이 때문에 토양미생물과 식물들은 질소경쟁을 하여 주변 식물들은 질소결핍 현상이 발생된다. 농업에서 퇴비화(堆肥化, composting)는 탄질비를 낮추는 과정으로 이해하면 되는데 탄질비가 높은 미성숙 퇴비를 작물에 사용하면 미생물과 농작물 사이에 질소 쟁탈전이 벌어지기 때문에 작물의 생육이 불량해진다. 유기물에 탄소가 많으면(탄질비 높음) 토양분해 미생물에 필요한 질소가 적어 분해가 더디다. 반대로 탄질비가 낮은 유기물이 분해될 때 유기태질소(탄소화합물과 결합한 형태)는 무기화(無機

化, mineralization, 유기물 내의 원소가 미생물에 의해 무기물 형태로 변화)된다. 흔히 유기물의 탄질비가 30 이상이면 토양 질소의 부동화가 일어나고 15 이하이면 무기화가 일어나는 것으로 알려져 있다(Ryu 2000). 중국 동북부의 습지토양에서 탄질비는 29.9로 침수깊이와 무관하게 변하는 것으로 연구되었다(Liu et al. 2017b). 국내 용늪(양구군)에서 이탄의 탄질비는 표층에서 아래층으로 갈수록 18~25.7로 변동한다(Kang et al. 2010). 균형 잡힌 C:N:P 비율은 지구적 수준에서 토양 및 토양 유기체에서 각각 186:13:1(탄질비 14.3:1)과 60:7:1(탄질비 8.6:1)(Cleveland and Liptzin 2007), 습지토양에서는 539:28:1(탄질비 19.3:1)인 것으로 결정되었다(Xu et al. 2013).

생물체의 질소 함량 | 생물체의 질소 함량은 생물종, 부위, 생육시기, 연령, 환경조건 등에 따라 다르다. 일반적으로 어리고 생리적 활성이 왕성한 생물일수록 질소 함량이 높다. 단세포 조류의 질소 함량은 건중량의 6~10%, 대형수생식물(macrophyte)은 지지조직이 많아 1.3~30%에 불과하다(Welch 1952). 어류는 8.3~10.7%, 무척추동물은 7~10% 정도로 동물이 식물보다 질소 함량이 높다(Jørgensen 1979). 흔히 동물은 체내에 질소를 축적하여 질소 농도가 높은 생물체가 된다.

■ 다른 다량원소들도 식물에 중요한 고유의 역할을 한다.

칼슘 | 칼슘(Ca)은 식물의 성장에 중요한 역할을 하고 생물 스트레스에 대응한 식물의 생리적 과정에 관련이 있다(Ihor 2019). 동물의 뼈와 치아, 식물 세포벽의 주요 구성 성분이고 여러 생리 과정에서 고유의 기능을 한다. 특히, 동물은 식물에서 획득하는 칼슘 함량이 중요하다. 칼슘의 흡수는 식물뿌리에서 주로 일어난다. 식물에서 칼슘 결핍은 강산성 토양을 제외하고는 거의 발생되지 않지만 발생되면 말단 생장점에 영향을 미친다.

인 | 인(P)은 식물체의 세포주기, 생장, 발달, 노화, 스트레스 반응 등 다양한 과정에 관여한다(Kalinina et al. 2018). 인은 세포를 구성하는 주요 물질(인지질, 핵산 등)로 에너지대사(ATP)의 핵심 물질이다. 인은 식물 건조중량의 0.2%에 불과하지만 인의 안정적인 공급이 없으면 식물은 제대로 성장할 수 없다(Schachtman et al. 1998). 식물은 토양에서 인을 흡수하며 최적성장을 위한 가용성 인은 충분하지 않다(Malhotra et al. 2018). 대사 활성이 활발한 어린잎과 새 뿌리의 끝 부분에는 인산이 많이 존재하고 식물은 성숙함에 따라 인은 종자, 과실로 이동하여 집적된다. 인이 부족하면 식물의 생장이 지연 또는 정지되고 개화, 결실이 불량해진다. 특히, 인은 담수의 수질오염(부영양화)과 깊은 연관이 있다.

마그네슘 | 식물체에서 마그네슘(Mg)의 약 20%가 엽록소에서 관찰되어 광합성 작용과 밀접한 관련

이 있다(Taiz and Zeiger 2006). 또한, 오일 및 단백질 합성과 에너지 대사와 관련된 효소 활성에 중요한 역할을 한다. 마그네슘 결핍은 식물 잎의 황화현상으로 쌍자엽식물은 얼룩 반점이, 단자엽식물은 줄무늬로 나타난다. 식물이 이용 가능한 마그네슘은 점토와 부식 화합물의 교환성 마그네슘이다. 사문암에서 유래된 토양은 마그네슘이 풍부하고 칼슘이 매우 적거나 결핍되어 있다(Kim et al. 1997, Brady et al. 2005).

황 │ 황(S)은 단백질의 기본 성분으로 성장, 다양한 대사 및 효소 작용, 스트레스와 해충으로부터 식물의 보호에 중요한 역할을 한다(Zhao et al. 2008, Takahashi et al. 2011). 식물은 생육에 필요한 인을 이용하는 정도의 적당한 양의 황을 이용한다. 과도한 황의 이용은 독성으로 작용한다. 황의 결핍에는 특별한 증상은 없으나, 잎의 색이 담록색으로 변한다. 자연생태계에서 식물은 대기에서 유입되는 황을 이용한다(Zhao et al. 2008).

칼륨 │ 칼륨(K)은 다른 원소와 특성이 다르다. 칼륨은 토양용액에 양이온 형태(K^+)로만 존재하고 기체 형태로 존재하지 않고 대기 손실도 없다. 칼륨은 무독성으로 생명체에서 효소의 촉진제로 역할을 한다. 식물의 삽투압 조절, 에너지 대사, 전분 합성, 광합성 및 당 분해와 같이 동·식물의 주요 대사에 관여한다. 또한, 환경 스트레스에 대한 식물의 저항성(내건성, 내한성 등)에도 중요하다(Wang et al. 2013). 열대, 아열대 기원인 C_4식물의 광합성에도 관련성이 있다. 결핍은 새싹의 성장을 지연시키고 엽록소 축적을 억제시킨다(Stamp and Geisler 1980). 이로 인해 잎의 황화현상과 괴사현상들이 관찰된다. 자연상태에서 칼륨 함량은 다른 영양염류에 비해 많다.

염소 │ 염소(Cl)는 식물의 삼투 및 기공 조절, 광합성과 효소 활성화 등에 관련된 기능을 한다. 적정량을 초과하면 염분스트레스의 주요 물질로 독성을 나타낸다(Chen et al. 2010). 토양에서는 수분 흡수를 조절한다. 자연계에서 비교적 풍부하고 순환도 빠르다. 학자들에 따라 다량원소(Colmenero-Flores et al. 2019) 또는 미량원소로(Chen et al. 2010) 분류하기도 한다. 결핍은 잎끝이 시들고 황백화와 고사가 일어난다.

■ 미량원소들도 식물 생활사에 있어 가용성과 관련이 있다.

미량원소의 이용과 순환 │ 식물에서 여러 미량원소들도 많은 효소 반응에 관여하고 원소에 따라 결핍에 따른 외형적 증상들이 관찰된다. 이들은 토양 내 양적인 문제보다 용해도, 즉 식물의 무기적 가용성과 관련이 있다. 유기물은 미량원소의 중요한 이차 공급원으로 부식되는 유기물 콜로이드입자에 복합체 형태로 결합되는 경향이 있다. 일반적으로 미량원소들은 토양-식물-동물로 이어지는 순환시스템을 이룬다. 특히, 사문암에서 유래된 토양은 잠재적 독성물질들인 코발트(Co), 크롬(Cr), 구리(Cu), 철(Fe), 니켈(Ni)의 농도가 상대적으로 높은 것이 특징이다(Brady et al. 2005, Bini et al. 2017).

철 | 철(Fe)은 식물체 내의 DNA 합성, 호흡 및 광합성과 같은 대사작용에 중요한 역할을 한다(Rout and Sahoo 2015). 철은 토양 속에 풍부하게 존재하는 물질이지만 가용성 철은 상대적으로 제한적이다(Connorton et al. 2017). 가용성 철은 알칼리성 토양에 비해 산성토양에 비교적 많다. 철은 인체에서 혈액의 적혈구 속에 있는 헤모글로빈(hemoglobin) 단백질의 주성분으로 잘 알려져 있다.

망간 | 모암으로부터 유래된 망간(Mn)은 식물이 과다한 양을 흡수했을 때에만 독성으로 작용한다(K-water 2017). 망간 독성을 유발하는 토양의 pH는 5.6 이하이다(cf, 알루미늄 독성은 pH 5.0 이하)(Lee 2012b). 망간 결핍은 식물체에 따라 상이할 수 있지만 잎에 주름이 생기고 컵모양으로 오그라들며 잎의 백화현상이 발생하는 경우가 많다(Brady and Weil 2019).

붕소 | 붕소(B)는 세포분열을 통한 성장, 탄수화물 및 수분 대사작용, 통도조직(通導組織, 식물체 내의 물과 양분 통로조직) 발달, 당의 수송 등 많은 기능을 하는 물질이다. 식물은 낮은 붕소 조건에서 유성생식에 민감성을 갖는다(Ahmad et al. 2009). 붕소의 결핍은 흔히 이차적 영향의 결과로 나타난다(Pilbeam and Kirkby 1983).

나트륨 | 나트륨(Na)은 식물의 삼투와 관련한 항상성 유지, C₄식물의 광합성에 관련된 기능을 한다. 겨울철 도로에 염화나트륨(NaCl) 재설시 도로변 식물에 유해한 영향을 주고 결핍시 황백화 현상이 나타난다. 나트륨은 토양과 물에 광범위하게 분포하여 식물에 쉽게 이용되지만 식물의 생활사를 완성하는데 필요한 물질이라는 필수성(essentiality)의 개념을 고려할 때 식물에 필요한 영양염류로 인식하지 않기도 한다(Subbarao et al. 2003).

코발트 | 코발트(Co)는 식물의 성장과 신진대사에 영향을 주고 다른 원소들과 복합체를 형성한다(Palit et al. 1994). 또한, 질소고정박테리아 숙주인 콩과식물의 생장에 필수적이다. 과잉에 의한 독성은 망간 결핍과 유사하다(Akeel and Jahan 2020).

구리 | 구리(Cu)는 식물의 광합성과 호흡, 에틸렌 감지, 세포벽 대사, 산화적 스트레스 방어 등의 기능으로 식물대사에 필수적이다(Yruela 2008). 구리는 토양에서 대부분 2가 이온 형태로 존재한다. 구리는 대부분 엽록체 내에 함유되어 있어 전체 구리의 70% 정도가 잎에 존재한다. 광합성율 영향, 효소 및 대사 활성화 등의 기능을 하며 과잉은 인의 흡수 저해, 철 농도 억제 등으로 나타난다.

몰리브덴 | 몰리브덴(Mo)은 식물의 산화환원반응과 관련이 있다(Kaiser et al. 2005). 또한, 질소고정박테리아와 시아노박테리아의 질소동화작용에 필요한 성분이다. 식물이 이용할 수 있는 수용성 몰리브덴 이온은 토양의 몰리브덴 함량이 풍부하더라도 식물에 제한적일 수 있다(Zimmer and Mendel 1999).

아연 | 아연(Zn)은 단백질 및 거대분자의 구성요소로 효소의 기능과 관련이 있다(Brown et al. 1993). 과도하면 독성을 가진다(Broadley et al. 2007). 식물의 생장물질인 옥신 생성에 관여하고 종자 생산과 전분 합성, 질소대사 등과도 관련이 있다.

세레늄 | 세레늄(Se)은 동물에게는 필수 영양염류이지만 식물에는 필수성에 대한 논란이 있고 저용량 상태에서 비생물적 스트레스로부터 식물을 보호한다(Gupta and Gupta 2017). 미국 캘리포니아 습지에서 세레늄의 농도가 높아져 동물들에게 독성이 발생하기도 하였다(Läuchli 1993).

니켈 | 니켈(Ni)은 완전한 생활사에서는 필요하지 않지만 고등식물에서 요소성 질소의 분해효소로서 고유 기능을 갖기 때문에 최근에 필수 영양염류로 추가되었다(Gerendás et al. 1999). 습지식물인 생이가래가 유해화학물질로서 니켈에 민감하게 반응하는 것으로 최근 밝혀졌다(NIBR 2019a). 이 외에 종자의 활력, 대사과정 조절, 콩과식물의 질소고정 독성 억제 등의 기능이 있다.

1.2 기타 영향 물질

■ **알루미늄과 같은 금속물질은 식물에 독성을 나타내고 이외 여러 물질들이 있다.**

알루미늄 독성 | 알루미늄(Al)은 식물의 필수 영양성분은 아니며 식물체 뿌리로 흡수되고 대부분 뿌리에 저장되어 인산 함유물질(ATP, DNA)의 대사를 저해한다. 알루미늄 독성은 강산성 토양에 서식하는 생물에게는 가장 일반적인 영향이다. 토양의 pH가 5.2에서는 큰 문제가 없지만 5.0 이하에서는 독성이 발생한다(Mossor-Pietraszewska 2001, Lee 2012b). 알루미늄이온은 토양으로 방출되고 식물뿌리의 발달을 중단시킨다(Panda et al. 2009). 특히, pH가 4.0으로 감소하면 알루미늄의 농도는 기하급수적으로 증가한다. 식물에 독성은 옆가지 발달이 미약하고 뿌리가 짧고 굵은 형태로 끝이 갈색으로 변하는 경우들이 많

다(Brady and Weil 2019). 토양으로부터 흘러나온 다량의 알루미늄, 황산, 질산을 포함하는 토양수는 하천과 호소로 배출된다(Brady and Weil 2019). 하천과 호소에서 칼슘 함량이 줄면 알루미늄의 농도를 높인다. 물속에서 알루미늄은 어류 아가미 세포 피해의 독성으로 작용한다(Park 1987).

환경부 수질 및 토양 공정시험기준의 기타 물질들 | 환경부의 수질오염공정시험기준과 토양오염공정시험기준에는 화학물질 항목별로 분석방법 및 관련 영향 기준들이 제시되어 있다(KLRI 2021c) (표 4-2). 크게 일반 항목, 생물, 유기물질, 금속류, 이온류, 휘발성유기화합물로 구분되어 있는데 필수영양염류를 포함한 여러 이온 화합물과 불소(弗素, fluorine) 크롬(chromium), 브롬(bromine), 납(鉛, lead), 바륨(barium), 비소(砒素, arsenic), 수은(水銀, mercury), 안티몬(antimony), 주석(朱錫, tin), 카드뮴(cadmium) 등의 금속류에 대한 시험기준들이 제시되어 있다. 특히, 수은(미나마타병)과 카드뮴(이따이이따이병)은 과거 1950년대 후반 일본에서 환경오염물질 중독에 의해 발생한 대표적인 환경병의 원인물질로 잘 알려져 있다.

표 4-2. 환경부 수질오염공정시험기준(NIER 2023)

구분	분석 항목	항목수	분석방법수
일반 항목	냄새, 노말헥산 추출물질, 부유물질, 색도, 생물화학적산소요구량, pH, 온도, 용존산소, 잔류염소, 전기전도도, 총유기탄소, 클로로필 a, 탁도, 투명도, 화학적산소요구량, 용존유기탄소 등	16개	22개
이온류	음이온류, 불소화합물, 불소, 브롬이온, 시안, 아질산성 질소, 암모니아성 질소, 염소이온, 인산염인, 질산성 질소, 총인, 총질소 등	16개	54개
금속류	구리, 납, 니켈, 망간, 수은, 철, 안티몬, 카드뮴, 비소 등	18개	81개
유기물질	다이에틸헥실프탈레이트, 석유계총탄화수소, 유기인, 폴리클로리네이티드비페닐, 다이에틸헥실아디페이트, 과불화화합물 등	6개	7개
휘발성 유기물질	1,4-다이옥산, 염화비닐, 아크릴니트릴, 브로모포름-헤드스페이스, 휘발성유기화합물, 폼알데하이드, 헥사클로로벤젠, 나프탈렌, 페놀 등	17개	35개
생물	총대장균군, 분원성대장균군, 대장균, 물벼룩을 이용한 급성독성, 식물성플랑크톤, 발광박테리아를 이용한 급성독성	6개	11개
퇴적물	퇴적물 함수율, 퇴적물 완전연소가능량, 퇴적물 입도2㎜미만 입자, 퇴적물 화학적산소요구량, 퇴적물 총유기탄소량, 퇴적물 총질소, 퇴적물 총인, 퇴적물 수용성인, 퇴적물 구리, 퇴적물 납, 퇴적물 니켈, 퇴적물 비소, 퇴적물 수은, 퇴적물 아연, 퇴적물 카드뮴, 퇴적물 크롬, 퇴적물 리튬, 퇴적물 알루미늄, 퇴적물 메틸수은, 퇴적물 다환방향족탄하수소	20개	44개
연속자동측정방법	부유물질, 생물화학적산소요구량, 수소이온농도, 수온, 총유기탄소, 총인, 총질소, 화학적산소요구량	8개	10개

2. 탄소, 질소, 인, 황의 순환

2.1 탄소 순환

■ 탄소의 순환과 분포는 생태계 유형에 따라 다르지만 습지의 역할이 크다.

탄소의 이용과 순환 유형 │ 탄소는 모든 유기화합물의 핵심 구성물질로 에너지 흐름인 광합성과 깊은 관련이 있다. 생명체의 모든 탄소 공급원은 대기와 물속에 용해되어 있는 이산화탄소이다. 탄소에 대한 광합성에서의 흡수와 동·식물 호흡에서의 손실 차이를 순생태계생산력(net ecosystem productivity)으로 수치화하여 이해하기도 한다. 탄소의 순환은 일주기와 계절주기를 따른다. 이러한 순환 주기는 숲에서도 발생하지만 물에서도 발생한다(Kang et al. 2016).

탄소 분포와 습지 내의 저장 │ 토양 속에는 전세계 식생 및 대기 중의 탄소를 합한 양보다 약 2배의 많은 탄소가 저장되어 있다(Brady and Weil 2019). 습지는 지표면의 5~8%를 차지함에도 불구하고(Mitsch and Gosselink 2007) 전세계 토양 탄소 1,500pg의 20~30%를 보유하고 있다(Lal 2008). 습지는 대규모 탄소 저장고이자 대기 중 이산화탄소의 중요한 흡수원이다(Villa and Bernal 2018). 습지는 산소가 부족한 혐기적 환경으로 유기물 분해속도가 늦기 때문에 탄소저장 능력이 매우 높다. 습지 유형에 따라 탄소를 저장하는 밀도는 상이하다(Nahlik and Fennessy 2016).

■ 탄소는 여러 형태로 존재, 순환하고 기후변화와 깊은 관련이 있다.

탄소 순환 과정 │ 탄소는 지구 내에 주로 대기권에서는 기체(CO_2), 수권에서는 이온(탄산이온 CO_3^{2-}, 탄산수소이온 HCO_3^-), 지권에서는 고체와 액체(석회암, 퇴적암의 유기탄소, 화석연료인 탄화수소 등), 생물권에서는 고체(유기물) 형태로 존재한다. 대기(대기권) 중의 탄소는 물에 용해되거나 잎의 기공을 통해 광합성으로 생물체 내로 유입된다. 물속(수권)의 탄소는 대기 중으로 방출되거나 광합성을 통해 생물체 내로 유입, 다른 물질 등과 화합물 형태로 물속 바닥에 침전된다. 땅속(지권)의 탄소는 화석연료 사용 및 화산활동 등으로 대

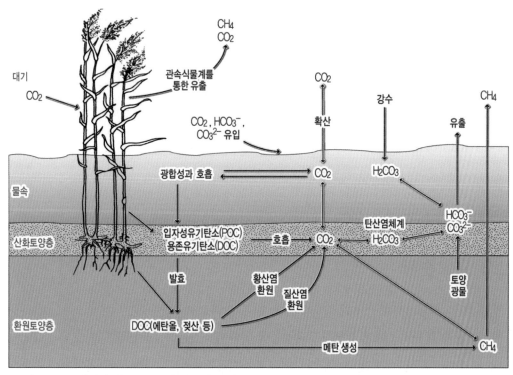

그림 4-1. 습지에서 탄소(carbon)의 변환과 순환 과정(Mitsch and Gosselink(2007) 재작성)

기 중으로 환원되거나 물속에 용해된다. 유기물인 생물체(생물권)는 호흡을 통해 이산화탄소 형태로 방출하거나 죽거나 매몰되어 토양으로 이동한다. 이러한 일련의 과정들을 통해 탄소 순환이 일어난다(그림 4-1). 특히, 습지에서는 산화토양층과 환원토양층에서 탄소 순환은 입자성유기탄소(paticulate organic carbon, POC)와 용존유기탄소(dissolved onganic carbon, DOC)의 다른 형태로 발생한다. 유기탄소들은 미생물의 호기성 호흡, 황산염 및 질산염 환원, 메탄 생성 과정 등을 통해 물속 또는 대기로 방출된다. 습지에서의 탄소 순환에 기여하는 생물체는 수생식물, 수생생물, 미생물 등이다.

탄소 순환의 교란 | 지구적 수준의 탄소 순환에서 기하급수적인 인구 증가와 과도한 화석연료(특히, 석탄, 석유) 사용, 삼림파괴(열대우림 파괴 등), 산업화 등은 온실가스(溫室氣體, greenhouse gases)의 일종인 지구대기권의 탄소 농도에 영향을 미쳤다. 대기 중의 탄소 농도 증가는 기후변화(氣候變化, climate change)를 초래하여고 지구온난화를 더욱 가속화시켰다. 이를 위해 인류는 기후변화협약(기후변화에 의한 유엔 기본 협약, United Nations Framework Convention on Climate Change, 1992년)을 제정하여 온실가스 배출량과 저감량을 설정하는 등 다양한 노력을 하고 있다. 리우환경협약(1992년), 교토의정서(1997년 승인, 2005년 발효), 파리협약(2015년) 등은 국제 기후변화와 관련된 국제적 협약들이다. 최근에는 기업의 비재무적 요소인 환경(environment), 사회(social),

지배구조(governance)를 뜻하는 ESG 경영이 사회적 화두가 되었고 이를 위한 기업들의 노력이 점차 증대되고 있다. 기업들은 탄소배출저감을 위한 목표들이 제시하고 있다. 특히, 기후변화에 대응, 대책 마련을 위해 세계기상기구(WMO)와 유엔환경계획(UNEP)이 공동으로 유엔 산하에 IPCC(Intergovernmental Panel on Climate Change, 1988년)를 설립하였고 이 기구가 2007년 노벨평화상을 수상하기도 하였다. 지구온난화로 인해 우리나라는 강수의 양과 강도가 증가하였고, 식물생육기간의 늘어나고, 기온 상승으로 습지의 부영양화가 증가하는 등의 생태적 변화가 발생되고 있다(그림 3-2 참조).

2.2 질소 순환

■ **식물은 대기 중의 질소를 이용하고 미생물에 의한 질소고정이 일어난다.**

질소의 순환과 기능 | 질소는 생물들의 생화학적 반응을 조절하는 효소를 포함한 모든 단백질의 주성분이다. 대표적 질소화합물은 유전, 발현과 관련된 핵산(nucleic acid)과 광합성과 관련된 엽록소(chlorophyll)이다. 질소 순환 과정(그림 4-2)은 지구 내에서 주로 대기권에서는 질소 기체(N_2)의 습성강하(wet deposition, 눈과 비로 유입)와 건성강하(dry deposition, 먼지 형태 유입)를 통해 생태계로 유입된다(KSPB 2021). 질소는 암모늄태이온(NH_4^+)과 질산태이온(NO_3^-)으로 고정 또는 가공되는 생태계 과정으로 식물에 흡수되고 동물로 이동된다. 유기체에 고정된 질소는 미생물에 의한 탈질화 작용(denitrification)으로 대기 중으로 환원되는 순환을 거친다. 암모늄태 질소와 질산태 질소의 순환에는 미생물에 의한 부동화(不動化, immobilization), 질산화 작용(nitrification), 식물체 흡수 등 여러 가지가 있다. 습지에서의 질소 순환은 유기질소가 용해성 유기질소(soluble organic nitrogen, SON)의 형태에서 암모늄태이온과 질산태이온 등의 과정으로 순환한다. 특히, 버드나무림류가 우점하는 수변림에서의 질소 순환 기능은 매우 높다(Hefting et al. 2004).

질소고정과 질화작용 | 질소는 대기의 약 78%를 구성하고 있으나, 동·식물이 직접 이용할 수 없다. 미생물 질소고정(nitrogen fixation)에 의해 유기체들이 이용할 수 있는 활성질소(reactive nitrogen) 형태로 변환될 때 식물이 이용 가능하다. 대기 중의 질소는 뿌리혹박테리아 등의 질소고정 미생물에 의해 암모늄태이온으로 고정되거나 공중 방전에 의해 질산태이온으로 변환된다(그림 4-3, 4-4, 4-5 참조). 식물은 무기질소인 수용성의 암모늄태이온과 질산태이온 형태로 질소를 이용한다. 식물은 흡수된 질소를 이용하

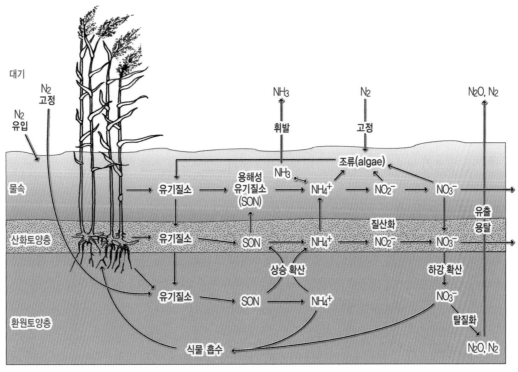

그림 4-2. 습지에서 질소(nitrogen)의 변환과 순환 과정(Mitsch and Gosselink(2007) 재작성)

여 질소동화작용으로 핵산, 단백질 등의 유기질소 화합물을 만든다. 식물뿌리 공간에 pH가 높을 때는 질산태 질소가, pH가 낮을 때는 암모늄태 질소 형태의 흡수가 증가한다(Brady and Weil 2019). 음이온 형태로 존재하는 질산태이온은 양이온 형태인 암모늄태이온과 달리 음전하를 띠는 토양콜로이드에 쉽게 흡착되지 못하는 특성이 있다(Marschner 2012). 암모늄태이온은 질화세균(아질산균, 질산균)에 의해 질산이온(NO_2^-, NO_3^-)으로 산화되는 과정이 일어난다(식 4-2).

$$NH_4^+ \xrightarrow{\text{(아질산균)}} NO_2^- \xrightarrow{\text{(질산균)}} NO_3^- \quad \cdots\cdots \text{(식 4-2)}$$

혐기토양에서 세균의 탈질작용 | 호소생태계의 질소 순환 과정과는 별도로 탈질세균(*Pseudomonas* 또는 *Micrococcus*)에 의해 N_2 형태의 질소로 대기 중으로 방출하는 탈질작용(脫窒作用, denitrification)이 일어나기도 한다. 이러한 작용은 여름철 수온이 높고 유기물이 많은 혐기적 조건에서 활발하다(Kim and Lee 2002). 이 작용은 혐기성 토양 환경에서 탈질세균에 의해 발생된다.

질소고정의 미생물과 형태 | 생물학적으로 질소고정 과정은 대기 중의 질소를 모든 생명체가 이

용하도록 변환시키는 것이다. 주로 토양 미생물에 의해 질소고정이 이루어지나 식물은 공생(共生, symbiosis)이라는 생태학적 과정을 통해 질소를 효율적으로 이용하기도 한다. 여기에는 뿌리혹박테리아(*Rhizobium*), 방선균류(actinomycetes), 시아노박테리아(cyanobacteria) 등 소수의 미생물이 관여한다(Brady and Weil 2019). 이들은 토양이나 물속에서 자유생활을 하는 것과 식물과 공생하는 종류들이다.

■ 가용 질소가 부족한 지역에서는 미생물과의 상리공생으로 질소를 이용한다.

콩과식물의 상리공생 | 육상식물에서의 공생 관계는 콩과식물이 주요 관심 대상이지만 다른 과의 식물에서도 관찰된다(Barbour et al. 1998, Brady and Weil 2019). 콩과식물과 공생관계를 갖는 *Rhizobium*속 및 *Bradyrhizobium*속의 박테리아는 식물체 뿌리털의 내층세포에 침투하여 뿌리혹(root nodule)을 만들어 질소고정 장소로 이용한다. 식물은 박테리아에게 에너지원(탄수화물)을, 박테리아는 식물에게 질소를 제공하는 상리공생(相利共生, mutualism, 상호 이익) 관계를 형성한다(그림 4-4, 4-5 참조).

비콩과식물의 공생 | 산지와 습지에서 비콩과식물의 뿌리에 *Frankia*속의 방선균류(actinomycetes)가 침입했을 때, 식물뿌리에 뿌리혹을 형성한다(Brady and Weil 2019). 국내 습지의 주요종인 오리나무속(*Alnus*)의 식물이 대표적이다(그림 4-3). 질소고정 방선균류가 뿌리혹을 만드는 목본식물은 전세계적으로 많다(Barbour et al. 1998). 특히, 우리나라에 자생하는 분류군은 보리수나무과(Elaeagnaceae)의 *Eleagnus*, *Hippophae*, *Shepherdia*속, 소귀나무과(Myricaceae)의 *Comptonia*, *Myrica*속, 갈매나무과(Rhamnaceae)의 *Ceanothus*, *Colletia*, *Discaria*, *Kentrothamnus*, *Retanilla*, *Talguenea*, *Trevoa*속, 장미과(Rosaceae)의 *Cercocarpus*, *Chaemaebatia*, *Cowania*, *Dryas*, *Purshia*, *Rubus*속이다. 호소나 논에 서식하는 물개구리밥(*Azolla imbricata*)에 공생하는 조류(*Nostoc*류)도 질소를 고정한다(Kim and Lee 2002). 뿌리혹이 없는 질소고정 체계는 *Azolla*(부유 양치식물)-*Anabaena*(남조) 공생체인 시아노박테리아가 관여하고 있다. 이 시아노박테리아는 열대의 벼 재배 논습지에 풍부하며 관련된 연구는 부족한 실정이다(Brady and Weil 2019). 물과 토양에 존재하는 일부 독립 미생물들은 고등식물과 무관하게 비공생질소고정을 한다.

그림 4-3. 오리나무 뿌리혹박테리아(문경시). 오리나무는 뿌리혹의 형태로 *Frankia*속의 방선균류와 공생을 한다.

인공 질소비료과 비료식물의 사용 | 질소가 부족한 토

그림 4-4. 콩과식물인 자운영의 꽃과 뿌리혹박테리아 (나주시, 영산강). 중국 원산의 자운영은 남부지방의 논에 질소공급을 위한 비료식물로 도입되었지만 현재는 야생화되어 남부지방 습지 일대의 습성토양에 흔하게 관찰되는 귀화식물이다.

그림 4-5. 콩과식물인 벳지의 꽃과 뿌리혹박테리아(대구시, 낙동강). 벳지(헤어리벳지)는 건조한 밭경작지의 질소공급을 위한 비료식물로 도입되었지만 현재는 야생화되어 전국 하천변에서 매우 넓게 빈번하게 관찰되는 귀화식물이다.

양에서 질소를 공급하는 유효한 방법으로 농업에서 천연 또는 인공 합성한 질소비료(窒素肥料, nitrogenous fertilizer)를 이용한다(Scherer et al. 2009). 인류에게 이러한 질소비료는 지속적으로 사용량이 증가하고 있다(Mbow al. 2019)(그림 4-9 참조). 과거 국내에서는 남부지방의 벼재배지에 생산력 증대(지력 향상)를 위해 콩과식물인 자운영(*Astragalus sinicus*)을 비료식물(녹비, green manure)로 적극 도입하여 활용하였다(Kang and Kang 2002, Kim et al., 2008)(그림 4-4). 가을철 발아하여 이듬해 모심기 이전인 5월에 결실하는 자운영은 논토양의 질소 함량을 높이는 기능을 한다. 또한, 헤어리벳지(식물명: 벳지, 털갈퀴덩굴, hairy vetch, *Vicia villosa*)는 밭작물 생산 이후 토양에 질소를 공급하기 위한 동계형 비료식물로 근래에 적극 이용되고 있다(Seo et al. 1998, Lim et al. 2014)(그림 4-5). 벳지와 자운영은 야생화되어 우리나라 하천 습지에서 매우 흔하게 관찰된다. 습지 내에서도 벳지는 건조입지에, 자운영은 습성입지에 주로 서식한다. 과거 미입목 산지에 빠른 녹화를 위해 콩과식물인 아까시나무(*Robinia pseudoacacia*)를 식재한 것도 유사한 맥락이다.

■ 수변식물의 질소 흡수 능력은 우수하여 질소 순환에 중요한 역할을 한다.

습지식물의 질소 순환 역할 | 하천변은 질소 순환 속도가 빠른 매우 생산적인 생태계로 알려져 있다 (Hefting et al. 2004). 한강하구 버드나무류의 숲에서 1년 동안 정화되는 질소의 양은 서울시의 탄천하수종말처리장에서 1년간 제거되는 무기태 질소량(4톤)보다 무려 60배나 된다(You 2013). 유럽의 하천습지에

서 식물 생산성 등의 질소 순환(질화, 탈질화) 조절의 핵심은 토양의 호기성, 혐기성 조건을 제어하는 지하수면의 변동인 것으로 알려져 있다(Hefting et al. 2004). 이에 의하면 지하수면이 토양표면에서 10㎝ 깊이인 공간에서 암모니아작용(ammonification)이 주요 과정이고 표토에서는 암모늄태이온이 축적된다. 10~30㎝ 지하수면 깊이에서는 탈질화작용(주로 미세입자 토양)이 선호되기 때문에 질소 가용성을 감소시킨다. 더 건조한 30㎝ 이상의 지하수면 깊이에서는 순질화과정으로 질산염이 축적되는 특성이 있다.

2.3 인 순환

■ 인은 느리게 순환하고 식물은 흔히 용해성 인을 이용한다.

인의 순환 | 인의 순환 과정(그림 4-6)에서 자연상태의 인은 광물에서 공급된다. 암석권에 풍부한 인산염 광물은 인회석(燐灰石, apatite)으로 인은 풍화와 침식 과정을 통해 생물권이나 수권으로 이동한다. 생물권 내에 유입된 인은 생물의 분해 과정을 통해 지권으로 환원된다. 수권에 유입된 인은 침전작용을 통해 지권으로 되돌아가는 순환과정을 거친다. 인의 순환은 속도가 매우 느린 과정이다. 인은 주로 화학, 생물학적 변형에 의한 국지적 순환이지만 지질학적 시간에서의 지각 운동에 의해 지구적 이동이 발생하기도 한다(GSK 2021). 지질학적 시간에서 퇴적된 인은 탄소와 질소와는 달리 대기 중으로 순환되지 않고 변성작용의 결정화 과정을 통한 지각 융기로만 지표면에 노출된다(Ruttenberg 2003). 습지에서 물속 또는 토양층의 인은 식물체로부터 유출되거나 용해성 유기인(soluble organic phosphate, SOP)을 거쳐 인산이온(PO_4^{3-})으로 변환된다. 이러한 형태를 식물(미생물)이 흡수하거나 입자무기인의 형태로 침전되는 과정 등을 거친다.

토양의 인 형태와 식물의 이용 | 토양의 인은 유기인, 염기성 토양에 많은 칼슘과 결합된 무기인, 산성 토양에 많은 철 또는 알루미늄과 결합된 무기인 형태의 화합물을 형성한다. 인은 질소, 황과는 달리 기체 형태로 토양에서 유실되지 않는다. 식물은 토양에 용해된 인을 흡수하는데 토양에 있는 인산이온은 식물뿌리 표면으로 이동이 느려 흡수가 용이하지 않은 경향이 있다. 일반적인 습지 pH 수준(4<pH<9)에서 인은 수소인산이온(알칼리성에서는 HPO_4^{2-}, 산성에서는 $H_2PO_4^{-}$)으로 존재하며(Reddy and DeLaune 2008, Yang 2012) 식물이 이를 흡수한다. 일부 가용성 유기인화합물로도 흡수된다. 흡수된 인산은 식물체 내부

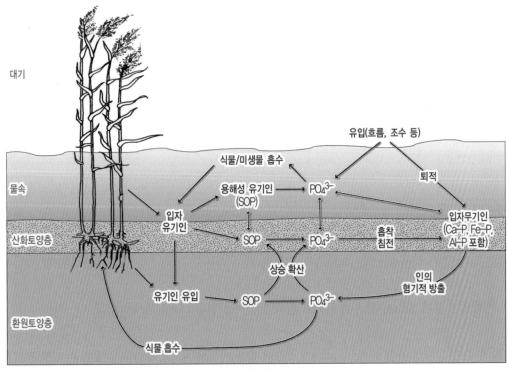

그림 4-6. 습지에서 인(phosphorus)의 변환과 순환 과정(Mitsch and Gosselink(2007) 재작성)

로 이동하여 식물조직의 일부가 된다. 인은 식물잔재물, 동물 배설물 등의 형태로 다시 토양으로 환원되는 순환과정을 거친다. 인의 흡수와 분해는 여러 환경조건들과 연계되어 있다. 흔히 자연 상태에서는 인 성분의 농도가 매우 낮은데 대체로 질소 농도의 1/10 미만이다(Horne and Goldman 1994).

■ 농업에 인산비료를 많이 사용하고 유출된 인은 습지에서 부영양화를 유발시킨다.

인산비료의 사용과 지표유출 | 인은 질소 다음으로 식물 생장을 위해 필요한 다량 영양염류이다(Schachtman et al. 1998). 사람들은 농업에 질소비료와 더불어 작물의 생산성을 높이고 부족한 인산염 보충을 위해 인산비료(燐酸肥料, phosphate fertilizer)를 많이 사용한다(그림 4-9 참조). 인산비료는 천연인산비료와 인조인산비료로 구분되는데 각각 동·식물성 원료와 인회석에서 유래된다. 농업에 사용되는 인산비료는 10~20%만 작물에 흡수된다(Holford 1997). 나머지는 토양에서 식물이 이용할 수 없는 무기 및 유기화합물을 형성하거나 하천 또는 호소의 습지생태계로 유출되어 부영양화를 유발시킨다(Hata et al. 2010).

물에서 인의 순환 | 합성세제에서 발견되는 것과 같은 물속의 인 형태는 무기질이지만 식물들이 직접 섭취하지 않는다(ME 2002). 물속의 인은 부유물질 또는 저질의 침전물에 흡착되어 제거, 순환된다. 반면, 질소는 침전물 등에 강하게 흡착하지 않기 때문에 물을 따라 움직이고 연속적으로 순환한다. 하천을 따라 이동한 인은 해양 바닥에 퇴적되어 변성작용의 결정화 과정을 통한 지구적 순환이 일어난다. 이러한 특성은 수질정화습지의 조성과 정화 목표 달성을 위한 중요한 물질순환적 이해이다.

2.4 황 순환

■ 황의 순환은 질소 순환과 유사하고 습지에서 식물사체와 더불어 축적된다.

황의 순환 | 황의 순환 과정(그림 4-7)에서 식물이 이용 가능한 자연상태의 황은 유기물, 토양 무기물, 대기 중의 황화물 가스 등이다. 토양 표토층에 있는 황은 대부분 유기물로 존재한다. 황의 무기 형태(황산염 sulfate, 황화물 COS: carbonyl sulfide, 황이온(S^{2-}) 화합물)는 가용성 화합물로 식물과 토양미생물이 이에 의존한다(Brady and Weil 2019). 대기 중의 황은 황화물, 황화수소(H_2S), 이산화황(SO_2) 등의 형태이고 생태계(삼림, 호소 등)에 피해를 주는 산성비(acid rain)와도 관련이 있다. 일반적으로 황은 토양-식물-동물-대기시스템과 연관된 순환이 일어나며 주로 황화물, 황산염, 유기물 황, 원소 형태로 질소 순환과 매우 유사하다(Brady and Weil 2019). 특히, 대기는 토양, 습지, 유기체에 중요한 황 공급원이다. 습지에서는 유기황이 황화수소, 황산염, 황산이온 등의 형태로 산화 또는 환원되어 다이메틸설파이드(dimethylsulfide, C_2H_6S) 또는 황산염 형태로 대기 중으로 배출된다.

습지와 혐기토양의 황 | 습지는 혐기적 환경으로 지구적 규모의 시간에서 화석연료인 탄소(식물사체의 축적)가 저장된 석탄이 형성된다. 석탄에는 물속의 용존철이 환원되어 황화철이 형성되는데 대표적 산물이 황철석(FeS_2)이다(FitzPatrick 1986). 석탄 채굴지역(태백시, 정선군, 문경시 등)이 폐광된 이후 폐광구에서 유출되는 산성배수는 하천생태계에 영향을 미치고 하상은 황색~황갈색을 나타내기도 한다(그림 4-16, 4-17 참조). 또한, 혐기적 토양의 굴착 또는 배수 등으로 토양 내의 황화합물이 환원상태에서 산화상태로 노출되면 강산성이 되고 지표흐름을 통해 인근 하천으로 유입될 수 있다(Brady and Weil 2019). 강한 산성 하에서는 식물의 생육에도 악영향이 있다. 흔히 혐기적 토양에서 황화물이온은 환원된 수용성 철 또는

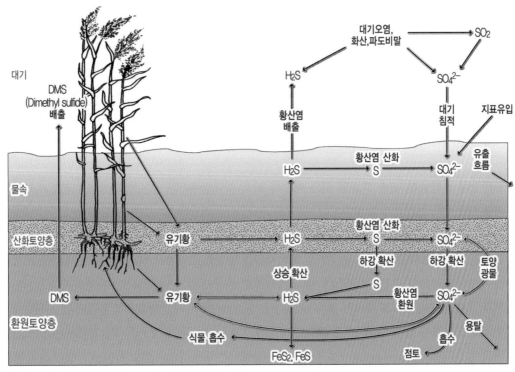

그림 4-7. 습지에서 황(sulfur)의 변환과 순환 과정(Mitsch and Gosselink(2007) 재작성)

망간과 쉽게 반응하여 불용성 황화물로 변환한다. 황화철은 가수분해 과정을 거치며 기체형태인 황화수소로 변환될 수 있는데 이는 습지에서 계란썩는 냄새를 발생시킨다(Brady and Weil 2019). 일반적으로 안정화된 토양 유기물의 탄소, 질소, 황의 함량비는 100:8:1 정도이다.

2.5 인과 질소, 부영양화와 물질순환

■ 수질과 관련된 부영양화는 주로 인과 질소의 과도한 유입이 그 원인이다.

부영양화와 그 원인 │ 질소와 인과 같은 영양염류들은 물속에서 용존 형태로 흡수된다. 이들은 강수, 토사 및 유기물, 퇴적물 등으로 하천과 호소에 유입된다. 정체된 수역(호소, 하천 하류)구간에서 영양염류의 유입량이 유실량을 능가하면 부영양화(富營養化, eutrophication)가, 반대의 경우는 빈영양화(貧營養化, oligotrophication)가 진행된다. 용존 영양염류에 대한 수생식물을 포함한 물속생물들과의 반응 관계는 생태학적 연구에서 중요하게 다루어지는 주제이다(Kim and Lee 2002). 특히, 국가의 먹는물 또는 수환경에 관련된 수질분석에서도 중요하게 다루어지는 항목(총질소 T-N, 총인 T-P)이다(표 4-2 참조). 우리나라에 존재하는 인공호소의 90% 이상이 수심 10m 이하로 얕아 영양염류의 축적 가능성이 높고 부영양화에 따른 영향을 쉽게 받는다(Kim et al. 2012b).

부영양화 원인물질, 담수 호소의 인과 해수의 질소 | 담수에서는 인이, 해수에서는 질소가 부영양화를 일으키기 쉬운 영양염이다(Correll 1999, Brady and Weil 2019). 호소학(limnology)이 발달하면서 인이 부영양화 원인물질로 공식화되어 1970년대 북미 오대호와 유럽 등의 호수에 이를 저감하기 위한 많은 노력들이 시도되었다(Schindler et al. 2016). 이후 과학자들은 담수의 호소에서 인과 더불어 질소량도 조절해야 부영양화가 조절된다고 인식했다. 하지만, 명확한 증거가 없고 인의 제거가 부영양화를 줄이는데 보다 효과가 있는 것으로 알려져 있다(Schindler et al. 2008, 2016). 특히, 자연상태에서 염분이 있는 해수에서 질소를 고정하는 조류(algae)는 수중 조류의 성장을 억제하기 때문에 하구와 해안가에서는 질소 기원의 부영양화이다(Brady and Weil 2019). 하구에서의 부영양화는 일차적으로 질소 제어와 더불어 인의 제어도 필요하다(Pinckney et al. 2001). 흔히 자연상태의 토양에서 인은 질소 농도의 $\frac{1}{10}$ 미만이고(Horne and Goldman 1994) 자연하천의 상류구간이 $\frac{1}{20}$ 정도이며 하류구간은 $\frac{1}{10}$ 정도이다(Kim et al. 2009).

■ 담수에서 부영양화의 주요 원인으로 인을 보다 구체적으로 이해해야 한다.

그림 4-8. 유기질 비료를 이용한 고랭지농업(태백시). 과도한 유기질 및 무기질 비료의 사용은 하천 습지의 부영양화를 초래한다.

자연적 부영양화 과정 | 하천생태계에서 자연적인 부영양화 과정은 수세기에 걸쳐 영양분이 축적되어 발생한다. 하지만, 현재는 사람들에 의한 인위적인 영향이 훨씬 크게 작용한다. 자연적인 부영양화의 진행 과정은 초기 인을 흡수한 조류 및 수생식물들이 과도하게 번성하는 것이다. 이후 생물들이 죽어 습지 바닥에 가라앉으면 미생물은 물속 산소를 이용하여 습지 바닥의 유기물을 분해한다. 수온이 높아지면 분해는 가속화되고 물속은 저산소(hypoxia) 또는 무산소(anoxia) 환경의 혐기적 상태가 된다(Watson et al. 2016).

인 기원의 인위적 부영양화 | 토양계에서 인이 소실되는 주요 경로는 식물체의 흡수, 토양입자의 침식과 용해된 인의 지표유출, 지하수 용탈, 농작물의 식물체 흡수가 가장 많다(Brady and Weil 2019). 인 화합물들은 대부분 식물이 흡수 불가능한 불용성의 형태이다(Malhotra et al. 2018). 사람들은 농업에서 소진되는 토양의 인을 고려하여 비료의 형태로 인을 공급한다(그림 4-8). 특히, 가용성 인의 부족으로 토양의 인과 관련된 환경문제는 경작지의 지력 감소와 호소와 하천에서의 부영양화 촉진이다. 부영양화는 인위적으로 공급된 가용성 인이 경작지의 토양에서 모두 흡수되지 못하고 하천과 호소로 유출되는 것이 주원인이다(Hata et al. 2010).

합성비료의 사용 증가 | 1961~2014년의 자료에서 비료(fertilizer)의 사용은 급속도로 증가했다. 질소비료 및 인산비료의 경우 1990년대까지는 유럽에서 증가하였지만 2000년대에는 아시아에서 사용량이 현저하게 늘었다(FAO 2017)(그림 4-9). 특히, 질소비료의 사용량이 급증하였고 인산비료의 사용량도 증가하였다. 20세기 후반들어 기존 식품시스템에서 생산성 향상(1인당 30% 이상)의 중요한 요소는 질소비료 사용량의 증가(1961년에서 2019년 사이 800% 증가)이다(Mbow et al. 2019). 이러한 합성비료의 사용 급증은 하천과 호소에서 부영양화를 더욱 촉진시켰다.

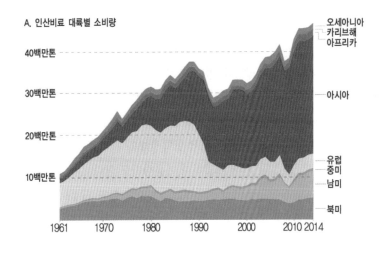

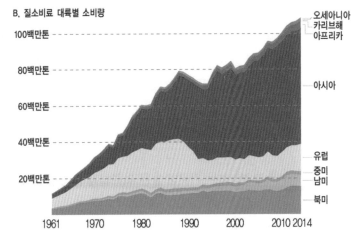

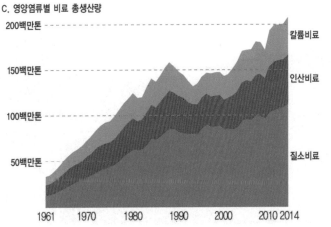

그림 4-9. 1961~2014년간 합성비료의 소비량 추이(자료: FAO 2017). 인공 합성비료의 소비는 증가하는 추세이다.

■ 부영양화는 농도 기준과 생물 영양상태지수 및 지표생물로 이해할 수 있다.

물속 영양상태 평가 우리나라는 생활환경과 관련한 하천수 및 호소수의 수질기준에서 부영양화 지표로 총질소(total nitrogen, T-N)와 총인(total phosphorus, T-P)을 7단계로 구분하여 평가하고 있다. 흔히 물속에서 부영양화가 발생할 수 있는 인의 농도로 용존인(dissolved phosphorus)은 0.03mg/L, 총인은 0.1mg/L이다(Brady and Weil 2019). 수질에서 영양상태와 관련한 항목들을 이용하여 여러 방식의 생물 영양상태지수(trophic state index, TSI)를 개발하여 이용하기도 한다(Kim et al. 2012a, Kim and Kong 2019, Kong and Kim 2019).

부영양화의 생물지표 | 영양상태에 대한 생물의 지표(指標, indicator)로 물속생물을 이용하는데 붉은색 깔따구류(Chironomidae, red type)가 많다는 것은 부영양상태라는 것이다. 특히, 물속의 영양상태와 관련하여 저서성 대형무척추동물(底棲性 大型無脊椎動物, 저서생물, benthic macroinvertebrate)은 매우 효과적인 생물군으로 (Shubert 1984, Yoon et al. 1992, Won et al. 2006, Kong et al. 2012) 현재 많이 활용되고 있다. 부영양화된 호소, 하천에서 식물과 관련한 지표는 부유식물과 부엽식물들과 같은 수생식물이 과도하게 번성하는 것이다(O'Hare et al. 2018)(그림 4-10). 대표적인 식물이 마름, 가시연, 생이가래, 좀개구리밥 등이다. 특히, 부영양화에 '녹조라떼'라는 용어가 최근 많이 사용되고 있으며 조류(특히, 남조류)의 대발생이 원인이다.

■ 부영양화는 기온이 높은 여름철에 많이 발생하고 생태적 영향은 다양하게 나타난다.

부영양화와 녹조현상 발생시기 | 부영양화된 호소와 하천에는 질소화합물과 인화합물이 풍부하여 수온이 상승하는 시기에는 생물의 현존량과 생산성이 증가한다. 계절별로 봄철과 가을철에는 식물플

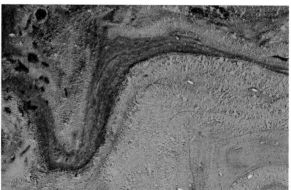

그림 4-10. 부영양화에 따른 수생식물(좌: 창녕군, 장척지)과 조류의 번성(우: 안성시, 한천). 호소, 하천습지에서는 수온이 상승하는 하절기(특히, 8월)에 부영양화에 따른 생물량의 증가 및 조류(특히, 남조류)의 대발생(물꽃현상)이 관찰된다.

랑크톤, 겨울철에는 규조류, 여름철에는 남조류, 녹조류, 와편모조류가 많이 발생한다(Kim and Lee 2002). 특히, 여름철 수온과 영양상태가 높을 때 남조류(藍藻類, blue-green algae, cyanobacteria)의 폭발적인 성장으로 녹조현상(綠潮現象, 물꽃현상, 수화현상, water bloom, algal bloom)이 발생하기도 한다(그림 4-10). 하천에서 수온은 8월 상순이 가장 높고 녹조현상은 높은 기온이 형성되는 7~8월에 주로 발생한다(그림 3-34 참조).

부영양화의 생물 영향 │ 부영양화의 혐기적 상태에서는 어류와 같은 물속생물들이 직·간접적인 영향을 받는데, 극단적인 경우 어류가 집단폐사하기도 한다. 부영양화는 어류의 먹이원인 동물성 플랑크톤(zooplankton)을 감소시키고 남조류의 성장을 촉진시킨다. 남조류는 독소와 악취를 발생시켜 동물들의 음용을 제한한다. 부영영화와 더불어 기체 형태의 암모니아(NH_3) 질소는 어류에 유해한 성분이며 사람들을 포함한 생물들의 음용수와도 연관성이 있다.

생태계 영양단계 변화 │ 부영양화는 에너지가 전달되는 과정인 먹이사슬(food chain)인 영양단계(營養段階, trophic level)에 영향을 준다. 부영양화로 수생태계의 영양단계는 1차 생산자의 과도한 번성과 생물종의 양적, 질적 변화 등의 비정상적 흐름이 형성된다. 이는 생태계의 먹이망에서 생체량(생산성)과 에너지 흐름의 연쇄적이고 전반적인 변화를 유발시킨다(Alexander et al. 2017). 특히, 부영양화된 습지에는 이에 적응한 특정 생물종만 서식 가능하기 때문에 생물다양성은 낮고 생물종이 단순해지는 경향이 있다.

인의 인위적 제거 │ 인의 효과적인 제거 방법은 인이 포함된 폐수를 표토 유출과 토양 침투를 촉진시켜 식물의 흡수와 토양 흡착반응으로 제거하는 것이다. 자연습지, 인공습지, 하천에 접한 완충녹지는 수체로 유입되는 인을 일부 저장할 수 있다. 용해된 형태의 인은 제거 가능하지만 대부분의 인은 철, 알루미늄, 칼슘이 포함된 퇴적물과 결합한다. 인의 제거와 활용에 이러한 결합 가능한 원소들이 포함된 퇴적물을 이용하는 것이 효과적이다. 단자엽식물(monocotyledon, 벼과, 사초과, 부들과 등의 식물), 콩과식물, 십자화과의 일부 식물종에서 이 원소들과의 작용으로 토양에서 가용성 인을 증가시키기도 한다. 부유식물인 부레옥잠의 경우 도시 하수의 30~50%까지 인을 흡수할 수 있다. 인은 식물에 의한 흡착이 제거에 중요한 기작이다. 인의 제거 효율을 높이기 위해서는 일정 비율로 질소를 유지시켜야 하는데 이는 식물 조직 내에 영양염류 함량의 균형을 맞춰야 하기 때문이다(Joo 2008).

■ **수변림, 수생식물은 생산성이 매우 높아 물질순환에 중요한 역할을 한다.**

수변림의 생산성과 물질순환 │ 습지에 발달한 버드나무류 수변림은 다른 어떤 식물군락보다 생산성

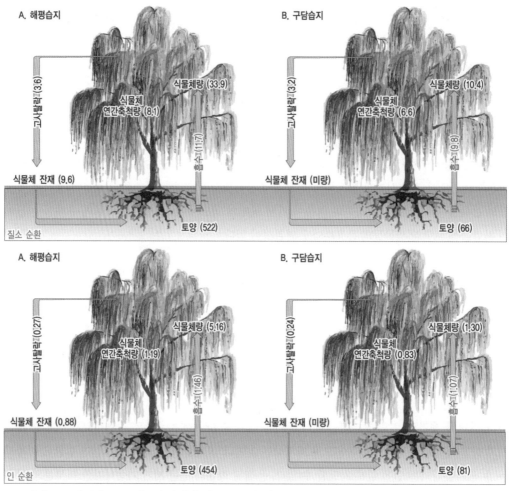

그림 4-11. 낙동강 주요 하도습지에서 질소(N, 상)와 인(P, 하)의 순환(자료: Ryu 1996)(단위: g/㎡/yr)

이 높다. 버드나무류로 이루어진 한강하구의 수변림이 질소, 인, 황을 생물학적으로 처리하는 양은 인위적으로 처리(탄천하수종말처리장)하는 양의 60배에 달한다(You 2013). 이러한 높은 식물 생산성은 습지의 생물화학적 과정의 역동성을 의미한다. 미국 남동부지역 유역경작지의 30%가 수변림인 지역에서 상류에서 유입된 Ca^{2+}과 Mg^{2+}이 수변림 통과 후 각각 39%, 23%, 질소와 인은 각각 68%, 30% 감소했다(Lowrance et al. 1984). 북유럽 에스토니아(Estonia)의 돼지농장 주변 31m 폭의 수변 완충녹지(*Alnus incana*와 습생 초지로 구성)에서 67%의 질소와 81%의 인이 제거되었고, 51m 폭은 96%의 질소와 97%의 인을 흡수하였다(Mander et al. 1999). 식물체량이 1.0kgDM/㎡, 연간생장량이 0.1kgDM/㎡/yr인 낙동강 구담습지(안동시)(그림 2-20 참조)의 수변림에서 질소와 인의 연간흡수량은 각각 9.8gN/㎡/yr, 1.07gP/㎡/yr이었다. 식물체량이 6.5kgDM/㎡, 연간생장량이 0.6kgDM/㎡/yr인 해평습지(구미시)(그림 6-81 참조)의 수변림에서 질소와

그림 4-12. 부영양화된 배후습지에서 수중식물의 번성(창녕군, 우포늪, 2009.8.3)과 물질순환. 남부지방의 부영양 호소에서는 마름, 생이가래, 좀개구리밥, 자라풀, 가시연 등 다양한 수생식물종이 우점한다. 위의 우포늪에는 생이가래가 최우점하고 있다.

그림 4-13. 부영양화된 하천에서의 추수식물 번성(광주시(경기), 경안천, 2018.8.3)과 물질순환. 경안천 말단은 팔당호를 만나면서 정체수역이 형성되어 애기부들, 줄, 갈대 등의 추수식물이 매우 번성한다.

인의 연간흡수량이 각각 11.7gN/㎡/yr, 1.46gP/㎡/yr이다(Ryu 1996)(그림 4-11). 인간활동으로 배출되는 질소와 인의 양을 고려하면 이러한 수변림의 흡수량은 크다(Kim et al. 2009). 이와 같이 수변림은 질소, 인 등의 영양염류(오염물질)는 물론 산소와 이산화탄소의 물질순환에도 중요한 역할을 한다.

수생식물의 물질순환 | 말즘, 검정말과 같은 침수식물은 습지 바닥에 퇴적된 각종 유기물을 제거하는 청소부 역할을 한다. 생이가래, 부레옥잠, 마름과 같은 부유·부엽식물은 부영영화된 습지에서 생산성이 높고 식물뿌리 등에 유기물을 흡착하기 때문에 영양염류의 제거에 유용하다(Joo 2008)(그림 4-12). 갈대, 애기부들, 줄과 같은 추수식물도 생산성이 매우 높아 영양염류의 물질순환에 높은 역할을 한다(그림 4-13). 대형 호소에서 인공수초섬(그림 5-18 참조)은 물질순환은 물론 어류의 산란처를 제공한다.

3. 수환경과 수질

3.1 수환경 특성

■ 물속생물 서식과 연관된 수환경 요인에는 수질, 퇴적물 등 여러 가지가 있다.

수환경과 물속생물 │ 수환경과 관련하여 전술에서 기후(특히, 강수량), 물의 순환, 물의 강한 수소결합과 응집력, 높은 비열, 밀도 등의 물리, 화학적 특성들을 살펴보았다. 이러한 물의 특성과 관련된 다양한 수환경은 물속생물에 많은 영향을 미친다. 특히, 물의 영양상태, pH, 용존산소, 탁도, 수온, 유속 등 수질과 관련된 수환경 특성은 수생식물의 생육에 큰 영향을 끼친다.

수환경 주요 인자 │ 하천 습지에서 수환경과 관련된 화학적 특성은 pH(수소이온농도), 산성도(acidity), 용존산소량(DO), 생물화학적산소요구량(BOD), 화학적산소요구량(COD), 총질소(T-N), 총인(T-P), 독성유기화학물질, 물의 경도(hardness) 등이다. 화학적 특성들은 상류로부터 유입된 여러 요인들(물, 퇴적물, 생물 등)의 상호작용에 의해 결정된다. 토양을 포함한 물의 화학적 특성은 물속생물의 종구성과 군집 구조는 물론 기능에도 영향을 주기 때문에 습지생물의 생리·생태학적인 연구에 매우 중요하게 다루어진다.

■ 수환경에서 영양염류의 유입과 강수에 따른 농도 변화를 이해해야 한다.

영양염류와 부영양화 │ 수환경에서 영양염류(營養鹽類, nutrients) 순환에는 유기물과 무기물을 포함한 토양미생물, 조류(algae), 플랑크톤, 어류, 수생식물 등 다양한 생물들을 복합적으로 이해하는 과정이 필요하다. 영양염류 가운데 질소와 인은 하천이나 호소에서 식물의 생산성을 높이나, 과도한 유입은 수체의 부영양화를 초래한다. 특히, 인은 담수의 하천과 호소에서 부영양화를 일으키는 원인물질이다(Schindler et al. 2008, 2016). 인은 자연상태에서 토양 및 생물로부터 유래되나, 질소와 마찬가지로 인간활동이 많은 집수역의 수체에는 함량의 증가가 뚜렷하다(Kim and Lee 2002, FAO 2017). 우리 주변에는 현대사회의 산업화를 통한 문화적 부영양화(cultural eutrophication)를 경험한 호소가 많다(Goudie 2006). 습지식생(특히, 수생식물 및 추수식물)은 영양염류의 농도를 줄여 부영양화를 저감하는 기능을 하기 때문에 수질 개선을 위한 방안으로 활용된다.

유량 변동과 영양염류 변화 | 대체로 유기물, 질소 계열의 영양염, 유기탄소, 부유물질 등은 유량이 늘어나면 농도가 높아지는 경향이 있고 주요 양이온(Ca^{2+}, Mg^{2+}, Na^+, K^+ 등)과 이산화규소(규산, SiO_2)는 유량이 늘어나면 농도가 낮아지는 경향이 있다(Meybeck et al. 1992). 일반적으로 하천으로 유입되는 영양염류의 총량은 유량이 늘어나면 증가하는 특성이 있다. 강우기간 초기에는 삼림의 숲지붕 및 바닥, 표면 토양층에 건조기간 축적되었던 용존 영양들이 씻겨 유출되기 때문에 유량 증가로 영양염류의 농도는 높아지는 경향이 있다(Joo et al. 2004). 이러한 영양염류의 조절은 물속 및 물길아래층(hyporheic zone, 지하수-지표수 혼합대)과 같은 다양한 공간에서 일어난다(Kim et al. 2009).

삼림 관리에 의한 영양염류 변화 | 삼림 벌목과 농경지 개발과 같은 교란은 하천(호소)으로 유입되는 총질소와 총인의 농도 증가를 초래한다(Ahn 2009). 미국의 Needle Branch 집수역 전체를 벌목하고 가지들을 불태운 경우, 하천수의 NO_3^- 농도는 240% 증가하였고 이런 상태가 6년 이상 지속되었다. 반면 PO_4^{3-}의 농도는 큰 변화가 없었다(Brown et al. 1973). 벌목 이후 질소와 인의 반응과 그 양이 다른 이유는 이온들의 표면반응이 다르기 때문이다. PO_4^{3-}는 하천수계 내에서 광물표면에 흡착되는 과정을 통해 질소보다 더 효과적으로 부동화(immobilization: 영양염 농축과정)되기 때문에 인의 농도변화가 적다.

산불에 의한 영양염류 등의 변화 | 대형 산불(그림 4-14)은 숲의 구조와 종조성에 영향을 미치고 토양의 이화학적 성질과 삼림생태계의 물질순환에도 영향을 미친다(Raison 1979, Beyers et al. 2005). 산불은 영양염류는 물론 토석류와 같은 퇴적물의 증가와도 연관이 있다(Oh et al. 2019). 이러한 영향은 산불의 강도, 지속기간, 토양 수분함량, 발생 시기, 강우 강도 등에 따라 차이가 있다(Chandler et al. 1983). 토양의 침식은 흔히 산불 이후 1~2년이 가장 극심하고(Lee et al. 2004a) 삼림토양의 화학적 성질 변화는 2~3년 이내에 산불 이전의 상태로 회복된다(Woo and Lee 1989). 산불은 토양에서 용탈에 의해 많은 양의 무기태질소가 유출되는 것으로 알려져 있다(Minshall et al. 1997). Cha and Shim(2015)의 연구에서는 산불로 5㎝ 이내의 표토층에서 칼슘, 마그네슘, 총질소 영양염류의 변화가 두드러지고 인은 재 등으로 큰 변화를 보이지 않았다.

그림 4-14. 대형 산불지(고성군, 2020년 5월). 우리나라 산지에서 발생하는 대규모 산불은 하천 습지의 이화학적 구성에 많은 영향을 준다.

3.2 pH(수소이온농도)

▪ 생물에 필요한 반응과 대사작용들은 pH에 많은 영향을 받는다.

pH 정의와 의미 | 토양의 물과 습지의 물에는 여러 용해된 유기물과 무기질 등을 포함하고 있다. 물속의 미세한 유기, 무기 콜로이드(colloid) 입자들은 식물이 이용 가능한 영양분을 흡수하도록 하고 다양한 생물, 화학적 반응들이 일어난다. 많은 반응들은 pH(수소이온농도, hydrogen ion concentration, potential of hydrogen)에 영향을 받는다. pH는 물속의 수소이온농도의 역수에 상용로그를 취한 값으로 표현한다. pH는 물속의 수소이온(H^+)과 수산이온(OH^-)의 농도에 지배를 받으며 생물들의 서식에 중요한 환경 결정인자로 작용한다. 수소이온의 농도가 높으면 산성(酸性, acidic), 수산이온의 농도가 높으면 알칼리성 (염기성, 鹽基性, basic), 두 이온의 양이 비슷하면 중성(中性, neutral)이 된다. 물속생물들의 생식, 대사와 같은 많은 생리적 과정들은 산성이나 알칼리성이 아닌 적정한 pH 범위에서 이루어진다.

토양 유기물의 영향 | 흔히 토양은 pH 5.5~7.0 범위에서 식물의 영양염류 이용율이 높아지는 경향이 있다(Brady and Weil 2019). 자연계에서 식물 부속물인 유기물(잎, 가지 등) 분해 과정의 중간 산물인 산성을 띠는 유기산(有機酸, organic acid)은 해리도(解離度, degree of dissociation)가 높은 카르복실기(-COOH)로 되어 있어 수소이온에 의해 강한 산성을 띠게 된다. 유기산의 일종인 부식산(腐植酸, humic acid)과 풀빅산(fulvic acid)은 토양용액에 녹아 있는 금속류(알루미늄 Al^{3+}, 철 Fe^{2+})와 복합체를 형성하여 가수분해 과정에 수소이온을 생산하기 때문에 산성도를 높인다(WISET 2008). 자연상태에서도 이런 특성 때문에 pH가 4.3까지 내려가기도 한다(NRBMI 2004). 습지에 형성되는 유기물 함량이 높은 토양은 이탄(泥炭, peat)이 대표적이다. 또한, 토양에서 식물뿌리와 미생물 대사로 이산화탄소가 발생하고 첨가되기 때문에 산성도는 더욱 높아진다. 유기물은 비산성 양이온(Ca^{2+}, Mg^{2+} 등)과 수용성 복합체를 형성하여 용탈로 양이온 손실이 촉진되고 유기물은 수소이온을 해리할 수 있는 많은 양의 산성작용기를 가지고 있다(Brady and Weil 2019).

pH와 독성물질 | pH는 생물에 독성으로 작용하는 물질에 영향을 줄 수 있다. 강산 또는 약알칼리는 비용해성 금속물질들을 용해성으로 변화시켜 물속에 독성을 갖는 금속물질의 농도를 증가시킬 수 있다. 특히, 높은 pH는 암모니아 독성을 증대시킬 수 있다. 비이온화된 암모니아는 비교적 높은 독성를 가지지만 이온화된 암모니아는 독성이 거의 없다(ME 2002). 흔히 pH가 중성이거나 알칼리성일 때 알루미늄은 불용성이지만 산성일 때는 알루미늄이 용해되어 물속에서 농도가 높아져 독성을 띤다 (Park 1987, Choo and Lee 2019).

물의 세기를 나타내는 경도는 물의 산완충능력과 관련이 있다.

물의 경도 | 물의 세기를 나타내는 수치는 경도(硬度, hardness)이다. 경도는 칼슘(Ca^{2+}), 마그네슘(Mg^{2+})과 같은 2가 금속양이온으로 산출한다. 금속 성분이 많이 포함된 물을 경수(硬水, 센물, hard water)라 하고 그렇지 않은 물을 연수(軟水, 단물, soft water)라 한다. 흔히 경도가 높은 물은 산뜻하지 않은 진한 맛을, 낮은 물은 담백하고 김빠진 맛이 난다. 경수인 경우 금속이온들이 비누와 먼저 결합하기 때문에 세척 효과를 떨어뜨린다.

암석과 경도, 산완충능력 | 경도가 크면 산을 중화시키는 능력인 알칼리도(alkalinity, 물에 녹았을 때 염기성을 띠는 성질)가 높고 pH 변화에 대한 완충력이 높다는 것을 의미한다. 침식에 약한 퇴적암 지대를 통과하거나 석회암($CaCO_3$) 기반인 하천을 통과할 때, 경수가 되는 경우가 많아 산을 중화시키는 능력이 커진다(NRBMI 2004). 이는 물속의 H_2CO_3가 석회암과 반응하여 Ca^{2+}이온과 $2HCO_3^-$이온으로 해리되기 때문이다. 침식작용에 잘 견디는 지대(화강암, 변성사암, 응회암 등)의 산간계류는 연수인 경우가 많아 산완충능력이 약하다. 우리나라는 화강암이 많아(Choung 1991), 산성비의 피해가 더욱 심각해질 수 있다(Kim et al. 2009). 도시화된 유역을 지나는 하천은 많은 면적이 콘크리트($CaCO_3$)로 되어 있어 산완충능력이 커진다. 흔히 지표수보다 지하수의 경도가 높은 것이 일반적이다.

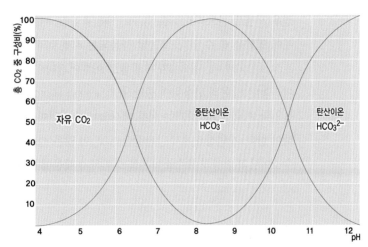

그림 4-15. pH와 관련된 탄소형태의 이론적 CO_2백분율 변화(Stumm and Morgan 1982). 이산화탄소의 농도는 pH에 따라 달라지기 때문에 습지의 물속 pH 농도는 중요하다.

pH의 자연상태 특성과 일반적인 변화 양상을 이해할 필요가 있다.

빗물의 pH 특성 | 빗물의 pH는 강우 및 지표의 화학적 특성들을 반영한다. 바다를 제외한 강우는 대부분 중탄산이온(HCO_3^-)의 형태이고 대기 중의 이산화탄소(CO_2)는 물(H_2O)에 녹아 탄산(H_2CO_3)이 되고

탄산은 해리되어 중탄산이온과 수소이온(H^+)을 생성한다(식 4-3 참조). 이 반응으로 수소이온의 농도가 증가하여 산도(산성의 정도)는 증가하고 pH는 낮아진다. 자연상태의 빗물은 대기의 이산화탄소가 이 반응을 동반하여 pH는 5.6으로 약산성을 띠기 때문에 토양을 산성으로 만드는 경향이 있다(Brady and Weil 2019)(그림 4-15). 탄산염들의 완충작용으로 물의 pH는 조절된다(Wetzel 1975).

수생식물 광합성과 pH 변화 | 흔히 중류 이하 구간의 정체수역에 발달하는 수생식물(식물 및 부착조류 등)의 광합성은 물속의 pH를 높이기도 한다(NRBMI 2004). 하천, 호소의 대형수생식물들이 광합성을 하는 낮 동안에는 식물이 물로부터 이산화탄소를 흡수하고 탄산을 제거함으로 물속의 pH가 높아진다. 반대로 식물이 호흡하는 밤에는 pH가 낮아질 수 있다.

시멘트 콘크리트와 pH 변화 | 유량이 부족한 갈수기(동절기)에 하천을 가로지르는 교량을 건설하는 경우 시멘트 콘크리트(cement concrete, 시멘트, 물, 골재의 혼합물) 타설로 하천수의 pH가 높아져(알칼리성) 수생태계에 영향을 줄 수 있다. 오늘날 사용되는 시멘트의 주성분은 석회석(CaO), 규석(SiO_2), 철광석(Fe_2O_3), 점토(Al_2O_3, 산화알루미늄) 등의 4가지 광물로 이루어진다(Do 2009). 특히, 여러 형태로 존재하는 석회물질들은 이산화탄소, 물과 반응하여 중탄산염($Ca(HCO_3)_2$, $Mg(HCO_3)_2$)을 형성하며 수산이온(OH^-)을 방출시켜 pH를 높인다. 이러한 pH 증가는 어류 폐사(斃死)의 원인이 될 수 있기 때문에 시멘트 콘크리트 타설시 유의해야 한다. 자연상태에서 탄산칼슘($CaCO_3$)이 많은 석회암 지대를 통과하는 하천은 탄산칼슘이 물속의 수소이온과 반응하여 수소이온을 소비하기 때문에 pH는 상승하게 된다.

■ **산성비는 토양과 물의 산도를 높이고 생물들에게 여러 피해를 준다.**

산성비의 정의와 원인 | pH와 연관된 산성비(acid rain)는 1950~1960년대에 노르웨이와 미국의 호소에서 어류의 개체수가 급감하는 원인으로 밝혀지면서 생물학적 관심사가 되었으며(Jacob 1999) 1970년대 이후 여러 국가에서 관련 문제를 해결하고자 많은 노력을 하고 있다(Kjellstrom et al. 2006). 330ppm의 이산화탄소와 평행에 달한 순수한 물의 pH가 5.6(또는 5.7: Jacob 1999)이기 때문에 이보다 낮은 pH를 갖는 강우를 산성비라 한다(Kim and Lee 2002). 산성비는 화산폭발, 번개, 산불 등의 자연적인 요인이 있지만(Sisterson and Liaw 1990) 산업화에 따른 황산화물(SO_X, sulfur oxides) 또는 질소산화물(NO_X, nitrogen oxides)의 인위적인 과배출 원인이 크다(Kjellstrom et al. 2006).

산성비의 피해 | 산성비는 생물들에 여러 악영향을 끼친다. 적정한 pH는 식물 생존에 필요한 영양

물질을 흡수하기 위해 물질들을 용해(溶解, dissolution) 또는 해리(解離, dissociation)시키는데 산성비는 pH를 변화시켜 식물의 생화학작용에 영향을 준다. 산성비는 삼림의 고사, 하천과 호소의 산성화, 알루미늄(Al^{3+}), 철(Fe^{2+}), 마그네슘(Mg^{2+})과 같은 토양의 양이온이 용출되는 피해를 발생시킨다. 산성비의 영향으로 어류가 감소하고 죽는 것은 pH 자체에 의한 것만 아니라 강산성에서 알루미늄과 같은 독성금속이온이 쉽게 활성화되기 때문이다. 알루미늄은 어류의 아가미 활동에 악영향을 주고 많은 점액질을 만든다. 또한, 가용성 인산의 양을 감소시켜 어류의 먹이원이 감소되고 개체수는 줄어든다(Park 1987).

■ **폐광에서 나오는 산성배수는 토양과 수생태계에 악영향을 끼친다.**

폐광산과 토양, 수질 오염 ┃ 알칼리성을 띠는 지표수는 물속의 산성물질들에 의해 산성으로 된다. 산성물질들은 광산에서 배출되는 황산의 강한 무기산, 유기물에서 생성된 부식산(humic acid) 및 풀빅산(fulvic acid)들이다. 우리나라는 강원도 삼척에서 전라도 화순을 잇는 지질학적으로 옥천지향사 일대에 광범위한 석회암(퇴적암 일종) 벨트가 있고 옛부터 탄광산업이 발달하였다(Kim et al. 2009)(그림 4-16)(그림 3-38 참조). 국내 탄광들은 1987년 석탄산업합리화사업이 추진되면서 대부분 폐광되었고 현재 일부만 운영 중이다. 방치된 폐탄광지역에서의 토양 및 수질오염은 매우 우려할 수준이다(NIER 2006). 전국에는 석탄 이외 다양한 금속(금, 은, 동, 연, 아연, 텅스텐, 몰리브덴 등) 폐광산들이 산재하고 있다.

황화합물 영향 ┃ 석탄은 산소가 부족한 습지의 혐기적 환원 환경에서 주로 식물사체가 축적되어 만들어진다. 여기에는 물속 용존철이 환원되어 황화철이 형성되는데, 대표적 산물이 황철석(FeS_2)이다(FitzPatrick 1986). 황철석은 석탄 연소과정에서 산성비의 원인물질인 다량의 황산화물을 발생시켜 대기 및 수질 오염원으로 작용한다. 다른 방치된 금속광산들도 광종에 따라 차이는 있으나, 황화광물들이 많다(Kim et al. 2009). 토양 및 수질과 관련한 폐광지역의 오염은 갱구의 산성배수

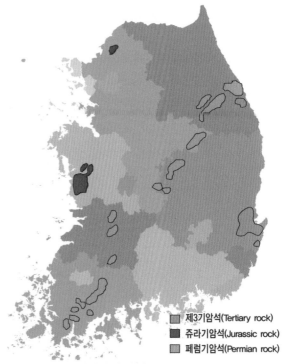

■ 제3기암석(Tertiary rock)
■ 쥐라기암석(Jurassic rock)
■ 페름기암석(Permian rock)

그림 4-16. 우리나라의 탄광 분포도(Kim et al. 2009). 우리나라의 탄광 분포는 대부분 옥천지향사라는 지질대에 위치한다.

그림 4-17. 옐로우보이 현상(강릉시). 황철석이 포함된 폐광 유출수에 의해 하천바닥이 붉은색을 띤다.

(acid mine drainage, AMD), 광미(鑛尾, 광물찌꺼기)와 폐석의 침출수 문제이다. 산성배수의 주요 오염물질은 중금속이며 철, 알루미늄, 망간이 대표적이다(Ahn et al. 2010).

옐로우보이와 백화현상 │ 산성배수에 포함된 황철석 성분은 하천에서 가수분해와 산화작용으로 철이 수산화철과 산화철 등으로 침전되어 하상은 황색 또는 황갈색의 침전물로 코팅되는 소위 옐로우보이(yellow-boy) 현상이 관찰된다(Choo and Lee 2002, Han and Paek 2012)(그림 4-17). 독성이 강한 알루미늄 계열이 침전되면 백색 또는 회백색의 백화현상(chlorosis)이 관찰된다(Michaud 1995, Kim et al. 2010, Choo and Lee 2019).

황철석과 산성배수 │ 산성배수는 황철석 성분이 공기 중의 산소와 물과 반응하여 많은 수소이온을 발생시켜 산성화된 것으로(Evangelou 1995) 이에 대한 학술적 연구들이 집중되었다(Choo and Lee 2019). 산성배수는 pH가 낮아 중금속이 용출되어 물속에 유해한 중금속 물질의 농도가 높아지기 때문에 토양과 수생태계에 문제가 된다(Elliott et al. 1998). 강원도 태백시에 위치한 폐광들의 배출수는 대부분 pH 5.0 미만의 산성이고 물속에 알루미늄, 철, 망간 등의 심각한 중금속 오염이 관찰된다(Kim et al. 2003). 금속폐광의 하천에서도 pH가 산성이고 알루미늄, 철, 비소, 구리, 아연, 황산이온 등 다량의 중금속류가 검출된다(Choo et al. 2004). 이러한 폐광과 관련된 토양 및 수환경 문제를 해결하기 위해 다양한 처리기술의 개발 및 복원노력들이 진행되고 있다(Lee et al. 2018b).

3.3 산소와 이산화탄소

■ 식물의 광합성에는 물과 이산화탄소가 필요하다.

광합성과 이산화탄소 │ 식물은 물(H_2O)과 이산화탄소(CO_2)를 이용하여 잎에서 포도당($C_6H_{12}O_6$)을 만들고 산소(O_2)를 배출하는 광합성(光合成, photosynthesis) 작용을 한다(식 4-1 참조). 하천과 호소의 물에는 여러 형태의 탄산화합물(CO_2, H_2CO_3, HCO_3)이 용해되어 있으며 이들은 상호 변환이 가능하다. 육상의 이산화탄소는 공기 중에 0.56mg/L이 존재하지만 담수의 물속에는 10~60mg/L이 존재한다(Cronk and Fennessy 2001). 이산화탄소와 관련된 광합성 여건은 습지식물이 훨씬 유리하다. 하지만, 이산화탄소의 확산속도는 정체된 물속에서 매우 느리게 일어난다.

이산화탄소와 물의 화학적 반응 | 이산화탄소가 물의 표면으로 확산될 때 탄산(H_2CO_3)을 형성한다. 탄산은 다시 수소이온(H^+)과 중탄산이온(HCO_3)으로 해리된다. 중탄산이온은 수소이온과 탄산이온(CO_3^{2-})으로 해리된다. 이산화탄소-탄산-중탄산시스템은 평형 상태를 유지하려는 경향이 있는 복잡한 화학적 시스템이다(Kang et al. 2016)(식 4-3). 이러한 시스템은 pH에 영향을 받는다. 낮은 pH에서는 이산화탄소의 형태로, 높은 pH에서는 탄산이온 형태로 존재한다.

$$CO_2 + H_2O \leftrightarrow H_2CO_3 \quad / \quad H_2CO_3 \leftrightarrow HCO_3^- + H^+ \quad / \quad HCO_3^- \leftrightarrow H^+ + CO_3^{2-} \cdots\cdots (식 4-3)$$

수생식물의 이산화탄소 이용 | 육상식물과 수생식물의 이산화탄소 이용의 큰 차이점은 기공의 유무이다. 물에 잠긴 수생식물에는 기공이 없다(Cronk and Fennessy 2001). 수생식물은 물속에서 이산화탄소를 식물체로 직접 흡수하여 광합성하는데 이산화탄소는 세포막을 통해 잎으로 직접 확산된다. 일부 수생식물은 중탄산이온을 탄소원으로 이용한다(Kang et al. 2016). 이산화탄소 확산은 물이 공기보다 10^4배 느리다. 이 때문에 광합성이 왕성한 낮 시간대에는 수생식물 잎 부근의 물에는 이산화탄소 고갈이 생겨 식물의 흡수와 광합성 속도가 육상식물보다 늦을 수 있다(Cronk and Fennessy 2001, Kim and Lee 2002).

■ **대기와 광합성 부산물로 공급되는 물속 산소는 생물들에게 매우 중요하다.**

물속 용존산소(DO) | 용존산소(溶存酸素, dissolved oxygen, DO)는 물속에 녹아있는 유리산소(遊離酸素, free oxygen)량을 말한다. 용존산소는 물속 유기체(organisms)에 영향을 미치기 때문에 수질을 평가하는 중요한 척도(parameter)로 사용된다. 대기와 물 사이에서는 끊임없는 분자 확산(diffusion)으로 동적 평형상태(dynamic equilibrium)를 유지하려고 한다. 물속에 녹아있는 용존산소는 주로 생물의 호흡에 사용된다. 산소는 대기의 공기에서 수표면을 통해 확산되어 물에 녹거나 수중식물 또는 조류(algae)의 광합성 산물로 물속에 공급된다. 물속 산소와 연관된 여러 동적인 과정들은 산소농도 평형에 영향을 준다. 영향을 주는 요소들은 물속에서 탄소 및 질소성 산소의 제거, 자연폭기(reaeration), 침천물의 산소요구량, 식물의 광합성과 호흡 등이다.

표 4-3. 증류수의 수온, 산소(O₂), 이산화탄소(CO₂) 포화량 관계(공기 중의 O₂ 함량 20.9%, CO₂ 함량 0.031%, 기압 790mmHg)(Welch 1952)

수온(℃)	O₂(mg·l^{-1})	CO₂	
		흡수계수	mol·l^{-1}×10⁻⁴
0	14.16	1.713	770
5	12.37	1.424	-
10	10.92	1.194	536
15	9.76	1.019	-
20	8.84	0.878	394
25	8.11	0.759	-
30	7.53	0.665	299

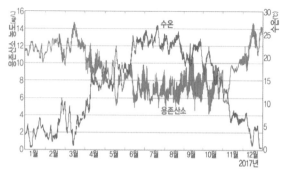

그림 4-18. 미국 뉴저지의 폼프톤(Pompton)강(자료: USGS 2022). 수온이 낮아지면 용존산소는 증가하며 여러 환경 및 지리적 위치 등에 따라 다르다.

그림 4-19. 물속으로 유입되는 공기(고성군(강원), 용촌천). 상류의 급물살 구간에서는 물속으로 많은 양의 공기(산소가 포함된 공기방울)가 유입된다.

용존산소의 시·공간적 변화 특성 | 물속은 육상과 달리 매체(media)가 되는 물과 공기의 성질이 확연히 다르다. 매체의 밀도, 빛과 온도, 수분, 영양염류 및 기체들의 화학적 조성, 생물체 등에서 차이가 난다. 용존산소의 포화량은 수온에 따라 다르고 수온이 낮을수록 용존산소 포화량이 많다(표 4-3, 그림 4-18). 하천에서는 수온이 낮고 많은 대기노출 수표면, 하얀 물꽃을 일으키는 급물살 또는 거친 물결로 흐르는 상류구간에서 용존산소 농도가 높다(그림 4-19). 즉, 물흐름이 빠른 여울에서는 폭기(교반, aeration)에 의한 난류가 형성되어 산소(공기방울)가 물에 잘 녹아든다. 광합성이 활발한 하천구간에서 낮에는 물속의 용존산소가 과포화에 이르기도 하지만 밤이 되면 수중생물들의 호흡으로 용존산소 농도는 낮아진다. 정체된 물에서 용존산소의 확산속도는 연간 10㎝로 매우 느리기 때문에 물속에서 공간별 편차가 있다(Gessner 1955). 계절적으로는 겨울철이 여름철보다 포화량이 증가한다. 겨울철은 산소 포화량이 크지만 생물의 광합성과 호흡 활성이 낮아 수심에 따른 변화가 작다. 여름철은 상층 물속의 산소 포화량이 작지만 생물의 광합성과 호흡 활성이 크기 때문에 하층보다 상층의 용존산소량이 많다. 물에서 산소를 유지하는 능력은 온도 등 다른 환경인자에 영향을 받는다.

생물화학적산소요구량(BOD) | 영양염류의 과다한 유입은 물속생물들의 생체량을 증가시켜 용존산소를 고갈시킬 수 있다. 살아있는 물속생물들은 기능 유지를 위해 호기성 세포 호흡(aerobic cell respiration)이 필요하기 때문에 일정량 이상의 용존산소가 필요하다. 수생태계에서 어류는 가장 높은 수준의 산소를, 박테리아는 가장 낮은 수준의 산소를 필요로 한다. 용존산소를 이용해 분해되는 물질의 부하량을 흔히 생물화학적산소요구량(生物化學的酸素要求量, biochemical oxygen demand, BOD)이라 한다. 즉, BOD는 호기

성 상태에서 수중 미생물이 유기물을 분해하는데 필요한 산소량을 말한다. 탄소와 질소가 분해되는 속도가 다르기 때문에 BOD는 탄소성 BOD(C-BOD)와 질소성 BOD(N-BOD)로 나뉜다. 탄소성 BOD가 먼저 나타나기 때문에 5일간의 BOD_5에는 탄소성 BOD만 포함되는 경우가 많다.

화학적산소요구량(COD) | 화학적산소요구량(化學的酸素要求量, chemical oxygen demand, COD)은 유기물 등의 오염물질을 산화제로 산화 분해시키는데 소비되는 산소량을 의미한다. 즉, 물속의 유기물, 제1철염, 아질산염, 황화물 등은 물속 용존산소를 소비하는데 과망간산 칼륨이나 중크롬산 칼륨 등의 수용액을 산화제로 넣으면 유기물질이 산화되면서 사용된 산화제의 양에 상당하는 산소량을 COD라고 한다. COD가 높으면 유기물의 오염도가 높음을 의미한다. 일반적으로 COD가 BOD보다 높은 수치를 나타내는데 이는 COD분석은 호기성미생물이 분해하지 못하는 유기물까지 분해하기 때문이다.

3.4 염분도, 조도와 부유물질

■ **토양 및 물속 염분도는 식물을 포함한 생물 서식과 생산성에 영향을 미친다.**

물속 염분도 | 염분도(鹽分度, salinity)는 식물을 포함한 물속생물의 생산성에 많은 영향을 준다. 특히, 호소에서의 염분 증가는 물속생물들에게 직·간접적인 영향을 준다. 일반적으로 호소의 염분 농도는 하천에서 유입되는 계절적 강수의 영향으로 감소하는 변동성이 있다(Stoker 1992, Liu et al. 2017a). 염분도에 따른 식물 지상부의 순일차생산성(純一次生産量, net primary productivity)은 낮은 염분도에서 가장 높게 나타난다 (Liu et al. 2017a). 하천에서 염분도는 특히 하천 말단의 기수역에서 높게 나타난다. 이 공간에는 갈대, 천일사초, 새섬매자기, 지채, 칠면초, 갯잔디 등과 같은 내염성 식물들만 제한적으로 분포한다.

토양의 염류화 | 토양 중에 염분이 증가하면 식물의 생장, 개화시기, 종자 생산 등에 피해를 받는다. 높은 염부에 노출된 식물은 세포 내에 나트륨이온의 축적으로 세포 내의 이온과 삼투압의 불균형이 일어나 영양, 대사, 광합성에 장애가 발생한다(Yoon 2015). 토양의 염분도 증가는 전세계적인 현상으로 그 원인 중의 하나인 관개지역이 빠르게 확대되고 있으며 지역마다 차이가 있지만 대체로 전체 토양의 10~50%에 달한다(Goudie 2006). 이러한 토양염류화(土壤鹽類化, soil salinization)는 토양의 증발량이 활발한

건조지역에서 가용성 염분이 토양 표면에 집적되는 과정을 의미한다. 염분에 대한 식물의 대표적인 피해는 도로 재설용 염화칼륨에 의한 것으로 주변 토양 및 유출 하천의 수환경에도 영향을 준다.

■ 물속 부유물질과 빛 조건은 물속생물에게 영향을 준다.

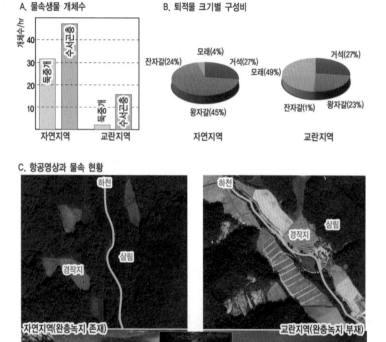

A. 물속생물 개체수

B. 퇴적물 크기별 구성비

C. 항공영상과 물속 현황

수중조도와 물속생물 │ 수중생물들은 광조건에 따라 공간 분포를 달리한다. 물속 침수식물의 경우에도 광조건에 따라 광합성율이 달라진다. 호소에서 수중조도(水中照度, under water irradiance)는 수심이 깊어짐에 따라 감소하며 일반적으로 Beer-Lambert법칙에 따른다(Ingle and Crouch 1988). 수심의 조도는 수심, 수면아래 조도, 흡광계수로 이루어진 식으로 산출되는데 장소와 시기, 투명도 등에 따라 값이 달라진다. 태양광이 도달하는 수심층을 유광층(有光層, euphotic layer 또는 photic zone), 그 보다 깊은 수심층을 무광층(無光層, aphotic layer)이라 한다(Kim and Lee 2002). 이 구분은 식물을 포함한 물속생물의 생장, 생육, 생산과 관련된 용존산소, 영양염류 이용 등을 이해하는데 중요하다.

고랭지농업과 물속 부유물질, 하상 변화 │ 우리나라 한강과 낙동강 상류지역의 고랭지농업지역에는 강우시 토양유실량이 많다(Shin 2004a, Heo et al. 2008). 유실되는 토양은 하천의 탁도를 높이는 주원인이다. 하상구배가 9% 이상의 경사진 유역에서 연간 평균부유총량과 개발정도 사

그림 4-20. 인접한 두 집수역의 둑중개 서식지와 토지이용 관계(평창군 진부면 척천리, 탑동리). 항공사진에서 실선이 하천선(C 위)으로 완충녹지의 유무에 차이가 있다. 교란지역은 큰 입경 퇴적물 사이의 공극에 마사토(굵은모래)가 채워져 있다(C 아래). 이런 특성으로 둑중개와 수서곤충의 서식(A) 및 하상의 퇴적물(B)에 뚜렷한 차이가 있다.

이에 강한 상관성이 있어 생태적 토지이용이 필요하다(Kim et al. 2009). 부유입자들은 물속생물에게 악영향을 주고 정체수역인 호소에서는 부영양화 및 퇴적으로 습지의 육지화를 가속시키는 원인이 된다. 유역면적이 유사한 인접한 2개의 최상류 집수역(강원도 오대산 일대)에서 고랭지농업이 이루어지는 교란지역과 완충식생을 갖는 자연지역 간의 물속환경이 확연히 다르다(미발표)(그림 4-20). 호박돌 또는 왕자갈 아랫 부분에 붙여 산란하는 둑중개(*Cottus poecilopterus*)와 먹이원인 수서곤충의 개체수에서 뚜렷한 차이가 있다. 특히, 교란지역의 하상은 고랭지농업지역에서 유입된 모래(굵은모래, 마사토)의 비율이 월등히 높아 탁도가 증가하고 하상퇴적물의 많은 공극이 모래로 채워져 있다.

4. 생물 생태적 과정

4.1 영양단계의 물질순환과 에너지 흐름

■ 생태적 상호작용은 물질순환과 에너지 흐름으로 이해한다.

생태계 상호작용과 습지의 복잡성 ┃ 하천과 호소의 생물사회는 다양한 생물들이 역동적으로 상호 작용하며 온전하게 잘 엮어진 독립된 생물공동체이다. 생물들 상호관계를 흔히 먹이망으로 표현하 며 습지생태계를 대상으로 관계를 모식화한 경우가 많다. 그 만큼 습지생태계에서 생물 상호작용의 복잡성, 역동성, 다양성, 고유성 등이 다른 유형의 생태계에 비해 의미가 있기 때문이다.

먹이사슬과 먹이망 ┃ 생물들의 복잡한 얼개로 이루어진 생태계는 먹는 생물(포식자, predator)과 먹히는 생물(피식자, prey)들의 상호관계로 이루어진다. 이들의 관계를 먹이사슬(food chain)이라 하고 영양단계(營養段階, trophic level)를 통한 에너지 흐름으로 생태계의 구조와 기능을 이해하고자 하였다(Elton 1927). 정량화

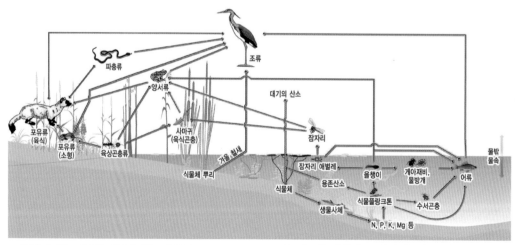

그림 4-21. 우포늪의 먹이망 개념도(Kim et al.(2009) 수정). 우포늪에 서식하는 다양한 생물 상호간에 먹 이관계가 복잡하게 얽혀있다.

는 먹이사슬의 사슬길이(고리수) 등으로 가능하며 평균 사슬길이는 모든 사슬길이의 산술평균으로 산출한다. 사슬의 상부에 위치한 생물은 포식자로 개체수는 적지만 몸집이 크다. 먹이사슬들은 독립적으로 존재하지 않고 여러 사슬들이 얽힌 복잡한 그물형태를 가지기 때문에 먹이망(먹이그물, food web, food cycle)이라 한다. 포식자들은 하나가 아닌 여러 먹이자원(피식자)을 이용하기 때문이다. 하위의 영양단계에서는 사슬이 서로 분리될 수 있지만 상위에서는 백로류, 왜가리, 물총새, 수달 등의 포식자와 사슬이 공유될 수 있다. 특히, 우포늪과 같이 생산성이 높은 호소에서 먹이망은 다양한 생물들에 의해 매우 복잡한 구조로 얽혀있다(그림 4-21).

먹이망 기능군 | 먹이망 내의 역할과 영양단계를 고려하여 서식 생물들을 기능적으로 구분할 수 있다. 기능군을 생산자(producer), 소비자(consumer), 분해자(decomposer)로 구분한다. 이들의 질과 양에 따라 생태계적 순환이 일어난다. 양적으로 안정되기 위해서는 인접단계 간에 ¹⁄₁₀이하의 비율이 필요한데 이를 ¹⁄₁₀법칙(10% law)(Lindeman 1942)이라 한다(Odum 1971, Colinvaux and Barnett 1979). 즉, 영양단계 간에 에너지의 약 10%가 상위단계의 생물체에 고정된다는 것으로 먹이사슬 순환에 대한 기본 이해를 돕는다. 상위의 영양단계에서 더 높은 수준의 내성 유기체 조직에는 살충제와 같은 독소가 분해되지 않고 연속 축적되는 생물농축(生物濃縮, Biomagnification, bioamplification)이 발생하기도 한다. 특히, 카드뮴, 납, 수은, 비소와 같은 중금속 관련의 생물농축은 심각한 환경문제을 유발하여 자주 언급되는 주제이다(Ali and Khan 2018).

물질순환과 에너지 흐름으로서의 과정 | 생물들의 생태적 상호작용에는 영양단계에 대한 구조적, 기능적 이해가 필요하다. 안정된 생태계에서 동일 지위(영양단계) 상에 있는 생물들의 에너지, 생체량, 개체수에 대한 크기는 피라미드적 구조로 인간의 경제구조에 대응될 수 있다. 생태계에서 영양단계가 가장 낮고 가장 많은 크기(생체량)를 갖는 생산자는 식물과 식물플랑크톤(생산 설비 및 노동력)이다. 생산자는 태양에너지와 물, 이산화탄소(생산 재료)를 이용하여 광합성(생산 공정)을 통해 에너지인 포도당을 합성(제품 생산)한다. 소비자는 에너지 흡수와 소비(판매, 소비)를 통한 생태적 과정(생산설비 재투자 및 유지관리)을 생산자의 섭식(포식)으로 한다. 이 과정들을 통해 생태계의 항상성(시장경제 원리)은 유지되며 각 생물종의 개체군 크기는 조절(제품가격 결정)된다. 이러한 관계와 상호작용들은 생태계의 기본 원리인 물질순환(material cycling)과 에너지 흐름(energy flow)의 과정들인 것이다.

■ **물질생산의 독립성을 갖는 식물은 종속성을 갖는 야생동물을 부양한다.**

물질생산의 독립성과 종속성 | Boysen-Jensen(1932)은 식물체가 광합성을 통해 유기물을 생산하는 것을

물질생산(matter production)으로 규정하고 과정을 제시했다. 식물은 광합성 산물인 탄수화물(포도당의 집합체)을 대부분 조직으로 배분하여 생장하고 일부는 호흡으로 소비한다. 탄수화물은 광합성 산물이지만 흡수한 무기영양염류(NH_4, NO_3, PO_4 등)와 결합하여 원형질, 단백질, 지질 등으로 변형(transformation)되기도 한다. 식물은 무기물에서 유기물을 스스로 합성하는 독립영양생물(獨立營養生物, autotrophs)이지만 동물은 반드시 외부로부터 섭취해야 하는 종속영양생물(從屬營養生物, heterotrophs)이다. 습지식물의 이러한 물질생산과 관련하여 생산량(production), 생산력(productivity), 현존량(standing crop, standing stock), 생산구조(production structure) 등에 대한 여러 연구들이 있다.

식물 서식공간은 야생동물에게 삶터 제공 | 식물들은 야생동물들에게 먹이원은 물론 다양한 서식공간을 제공한다. 특히, 물가와 물속의 습생, 수생식물은 수생태계의 건강성 유지에 매우 중요하다. 어류의 산란처 제공, 야생조류의 먹이 및 은식처 제공, 수서곤충의 서식처 제공, 육상곤충의 산란처 제공 등 기능이 다양하다. 흔히 수변림, 추수식물, 수생식물 등이 잘 발달한 건강한 생태공간에서는 곤충의 다양성이 높게 나타나는 특성이 있다(奧田과 佐々木 1996).

물속생물 서식처로서 수생식물 | 습지에는 여러 형태의 수생식물들이 있으며 물속, 수표면, 물위를 서식공간으로 한다. 수생식물은 물흐름에 미치는 영향을 통해 하천을 포함한 습지시스템의 수문 및 퇴적물 역학에 직접적인 영향을 미치고 생지화학적 순환(biogeochemical cycle)에서도 핵심 기능을 하기 때문에 수생태계에서 중요한 구성 요소이다(French and Chambers 1996). 동물들에게 도피처(refuge) 및 주거지(shelter)를 제공하고(Suren et al. 2000), 먹이 공급원 역할을 하고(Gross et al. 2001), 다양한 공간규모에서 복잡한 환경을 제공한다(Rennie and Jackson 2005, Dibble et al. 2006). 즉, 수생식물은 다른 물속생물 군집의 다양성과 구성 등에 많은 영향을 미치는데 물의 정체시간(retention time)과도 연관이 있다(O'Hare et al. 2018). 부착생물(附着生物, periphyton)과 식물플랑크톤(phytoplankton)의 성장속도가 가용할 수 있는 빛과 관련하여 특히 침수식물의 생장에 영향을 미치는 것으로 연구되기도 하였다(Hilton et al. 2006). 이 경우 영양염류가 더 이상 저서성 조류(benthic algae)의 성장을 제한하지 않는 임계값 농도인 c. 100㎍ SRP/L^{-1}(SRP: 용존반응인, soluble reactive phosphorus)을 초과하면 착생조류(epiphytic algae)가 침수식물을 완전히 덮을 수 있어 내성조건(tolerable condition) 아래로 빛이 줄어들 수 있다(O'Hare et al. 2018).

4.2 유기물 분해의 생물적 과정과 물속 생물다양성

■ 하천으로 유입된 유기쇄설물들은 생물들이 관여하는 생태적 과정으로 분해된다.

수생태계에서 물질의 분해 ┃ 하천 내에서 생물종들의 생태계 기능과 과정들은 복잡하게 일어난다. 수변식물들의 낙엽이 하도에 유입되면 표면에 균류의 군체(群體, colony)가 빠르게 형성되어 분해 과정이 시작된다. 균류들은 최적온도가 15~20℃이지만 1℃에서도 생장할 수 있어 가을철의 온도에서도 생육 가능하다(Suberkropp 2001, Kim et al. 2009). 이러한 균류를 비롯한 박테리아(세균, bacteria) 및 원생생물(原生生物, 단세포생물, protozoa)은 수생태계에서 영양염류의 순환과정에 중요한 역할을 한다.

유기쇄설물의 유형과 크기 ┃ 하천으로 유입된 낙엽은 흔히 용탈(leaching), 미생물들의 군체화(colonization), 조각화(fragmentation)의 순으로 분해된다. 조각화는 수서곤충인 가재, 강도래류와 같은 썰어먹는무리(shredder)가 역할을 한다(그림 2-13 참조). 낙엽과 같은 유기쇄설물(부스러기, 有機瑣屑物, organic detritus, debris)은 하천 외부유입과 내부생성으로 기원을 구분한다. 유기쇄설물은 상류에서는 외부유입된 비율이, 하류에서는 내부생성된 비율이 높다. 유기쇄설물은 수서곤충, 어류 등의 물속생물들을 부양하는 중요한 영양원이 된다(Horne and Goldman 1994). 유기쇄설물은 크기에 따라 큰유기쇄설물(1㎜ 이상, CPOM), 작은유기쇄설물(0.5㎛~1㎜, FPOM), 용존유기쇄설물(0.5㎛ 미만, DOM)로 구분한다. 큰유기물쇄설물은 생태계 과정을 거치면서 작은유기물쇄설물과 용존유기쇄설물로 분해된다(그림 4-22, 4-23).

유입된 낙엽의 분해 ┃ 온대지역 하천 상류구간에 주변 신갈나무 잎이 탈리되어 낙엽의 형태로 하천으로 유입되면 250일 이상의 분해 과정을 거친다(그림 4-23)(Bärlocher 1985, Webster and Benfield 1986). 잎이 하천으로 유입되면서 용해성 물질이 용탈되어 용존유기쇄설물이 되고 미생물 군체화, 물리적 절단(cutting), 연화(softening) 과정을 거치고 미생물의 호흡에 의해 무기화로 이산화탄소가 된다. 지속적인 조건형성(conditioning)의 분해 과정을 통해 섭

그림 4-22. 하천의 주요 유기물인 낙엽의 분해(인제군). 주변 산지의 신갈나무림에서 계곡으로 유입된 외부유입의 나뭇잎(신갈나무)이 분해되는 과정(좌에서 우)을 잘 보여준다.

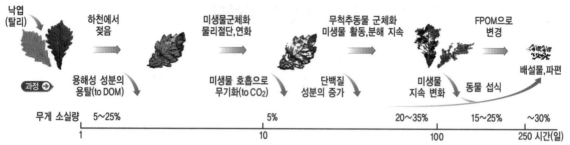

그림 4-23. 온대지역 하천에서 신갈나무 낙엽의 분해 과정. 하천으로 유입된 낙엽은 환경여건에 따라 상이할 수 있으나, 250일이 지나면 분해되는 과정을 거친다.

식기능군의 변화, 동물의 섭식 등으로 낙엽은 최종적으로 배설물 또는 파편 등의 형태인 작은유기쇄설물로 분해된다. 분해 과정에서 처음 잎의 무게 소실율은 분해 생물의 역할에 따라 상이하게 발생한다. 분해생물 중 균류를 수생균류(aquatic hyphomycetes)라 하는데 유럽 및 북미에서는 이에 대한 활발한 연구가 진행되고 있지만 우리나라는 최근들어 신종 발견, 활용 등의 연구가 진행되고 있다(NNIBR 2016). 유입되는 잎의 화학적 성질과 구조 등의 차이로 분해율에는 차이가 있다(Webster and Benfield 1986). 초기 양분 농도가 높은 잎이 낮은 잎보다 더 빨리 분해된다. 흔히 초기 질소 함량이 높거나(Kaushik and Hynes 1971) 리그닌 함량이 낮으면 분해가 빨라진다. 하천으로 유입된 낙엽의 중량 감소는 하천으로 유입된 초기와 중기에 빠르고 후기에는 느리게 일어난다(Webster and Benfield 1986).

추수식물의 분해 │ 정수역이 형성된 대하천 하류구간의 물가와 물속에는 갈대, 줄, 애기부들, 큰고랭이 등과 같은 다양한 추수식물은 물론 부엽, 부유, 침수식물의 생육이 왕성하다. 특히, 갈대, 줄, 애기부들은 우점 또는 아우점하는 식물종이다. 낙동강 하류구간에서 이 3종의 고사잎(낙엽) 분해 연구에서 Chironomus sp.(깔따구속)의 모아주워먹는무리(gathering-collectors)의 기능군이 주요 역할을 하였고(표 4-4 참조), 50% 분해에 소요되는 기간은 줄이 가장 짧았고 그 다음으로 애기부들, 갈대의 순이었다(Kim et al. 2002a). Shin et al.(2006)의 연구에서는 줄기의 분해는 같지만 잎에서는 줄, 갈대, 애기부들의 순이었다. 이에 의하면 부위별 분해는 질소와 양의 상관을, 탄질비(C:N)와는 음의 관계를 가지는 것으로 나타났다. 분해의 차이는 질소와 관련이 있지만 리그닌(lignin)(Fogel and Cromack 1977) 또는 셀룰로오스(cellulose)의 함량(Polisini and Poyd 1972)이 높으면 느린 분해가 일어난다. 잎의 50%가 분해되는 기간은 낙동강 하류에서 부유층(수면층)과 침수층(수심 50㎝)에서 갈대는 224일과 415일, 애기부들은 83일과 131일, 줄은 165일과 325일 소요되었다(Kim et al. 2002a). 수위변동이 작은 팔당호에서 줄과 애기부들의 50% 분해는 각각 140일과 185일이다(Cho 1992). 유기물의 분해속도는 하천 내의 영양상태와 오염 정도에 따라 다르게 진행되며(Andersen 1978, Larsen and Schierup 1981) 분해 생물 및 수온 등과도 연관이 있다.

■ 물속 생산자 역할을 하는 생물들은 부착조류, 식물플랑크톤 등 다양하다.

일차생산자인 부착조류 | 물속에서 일차생산자는 부착조류(attached algae), 수생식물(aquatic plant), 식물플 랑크톤(phytoplankton)이 대표적이다. 계류에서 부착조류는 사상녹조류(filamentous green algae)와 부착성 돌말 류(epilithic diatoms)들이다(Kim et al. 2009). 실 모양의 사상녹조류(예, 주름말 *Ulothrix*)는 봄과 초여름, 초가을에는 다른 녹조류나 남조류(예, 붓뚜껑말 *Oedogonium*, 가죽흔들말 *Phormidium*)가, 겨울에는 주로 돌말류가 번성한다 (Bames and Mann 1991). 우리나라의 여름 계류구간에는 수변식생의 숲지붕(canopy)이 그늘을 형성하여 물속 은 광량이 부족하기 때문에 부착조류의 활성도가 낮아진다. 가을에는 식물들이 낙엽지기 때문에 부 착조류가 이용 가능한 광량이 증가하기 때문에 갈수기인 늦가을부터 초봄에 이르기까지 부착조류는 오히려 번성한다(Kim et al. 2000a). 삼림이 많은 하천구역에서 부착조류는 규조류(Shin and Cho 2000), 남조류, 녹조류 등이 고른 분포를 하고(Kang and Lee 2011) 부영양화된 곳에서는 남조류가 증가하는 특성이 있다 (Shin et al. 2008, Kang and Lee 2011). 부착조류는 주로 하루살이류와 강도래류 같은 수서곤충들의 먹이원이 되 고 이들은 다시 버들치, 퉁가리, 미유기, 둑중개 등과 같은 어류들의 주요 먹이원이 된다.

플랑크톤 | 플랑크톤(plankton)이란 물속에서 물결에 따라 떠다니는 생물을 총칭한다. 플랑크톤은 박 테리아플랑크톤(bacterioplankton), 식물플랑크톤(phytoplankton), 동물플랑크톤(zooplankton)으로 구분된다. 특히, 식물플랑크톤은 물에 부유하는 식물성 부유조류(浮游藻類)로 광합성을 통해 유기물을 생산한다. 가장 대표적인 종류가 남조류(cyanobacteria, 남세균), 규조류(diatoms), 와편모류(dinoflagellates), 은편모류(cryptomonads), 녹조류(green algae) 등이 있다. 식물플랑크톤은 계류에서는 거의 관찰되지 않고 유속이 느린 하천구간 또는 정체수역인 호소 등에 흔히 분포한다.

■ 물속 소비자 역할을 하는 생물들은 다양하고 수서곤충과 어류가 대표적이다.

수서곤충의 구분 | 수서곤충(저서생물, benthos, 일생 중 물속 생활하는 곤충)은 담수에 서식하는 생물로 육안으 로 확인 가능하고 생활터전이 주로 물속 바닥이다. 일반적으로 척추가 없는 동물이라는 개념으로 ' 저서성 대형무척추동물'(底接性大型無脊椎動物, benthic macroinvertebrate)로 표현하기도 한다. 이들은 담수생태 계에서 일차 또는 이차소비자로 먹이사슬에서 중요한 중간 연결고리 단계에 위치한다. 수서곤충 은 1년 동안 되풀이되는 생활사(生活史, life cycle)를 구분하는 화성(化性, voltinism)에 따라 1년에 1회(univoltine, monovoltine), 2회(bivoltine, divoltine), 2회 이상(multivoltine, Polyvoltine), 2년에 1회(semivoltine), 3년 이상 1회(merovoltine) 등 다양하다(Resh and Cardé 2009). 흔히 몸집이 크면 생활사가 길다. 변태(變態,, metamorphosis) 과정에 따라 완

전변태와 불완전변태로 분류된다. 날도래류는 완전변태를 하고 하루살이류, 잠자리류, 강도래류는 불완전변태를 한다.

수서곤충의 특성 | 물속 주요 지표생물인 수서곤충(Shubert 1984, Yoon et al. 1992, Won et al. 2006, Kong et al. 2012)은 수질에 따라 구성이 달라진다. 낙동강에서 수질이 나빠지면 곤충류(저서성 곤충강)의 비율이 낮아지는 특성이 있다(Lee et al. 2001b). 수질환경이 나쁜 하천에서는 실지렁이와 깔따구류(red type) 등이 대표적 환경지표생물로 관찰된다. 하천에서 바닥층의 구성물질과 구조는 수서곤충의 군집 구조를 결정한다. 여울(riffle)에서는 조망형, 포복형, 고착형 종류가 많다. 하천의 깊은 곳인 소(pool)에는 굴잠형, 포복형, 휴소형, 유영형의 종류가 많고 고착형이 적고 조망형은 거의 서식하지 않는다(水野와 御勢 1993).

수서곤충의 섭식기능군과 특성 | 하천에서 영양기능과 하천연속성 개념(river continuum concept)은 생물군집 예측, 인간 영향 등 하천생태계의 기능 규명에 중요하다(Vannote et al. 1980, Palmer et al. 1996)(그림 2-13 참조). 이 개념에 기초하여 수서곤충들은 먹이자원 이용 방식에 따라 섭식기능군(functional feeding groups, FFGs)으로 구분된다(표 4-4). 일부 종은 중복되는 기능을 갖는다. 썰어먹는무리(shredders), 모아먹는무리(collectors), 긁어먹는무리(grazers, scrapers) 등이 있다(그림 4-24). 썰어먹는무리는 큰유기쇄설물(CPOM)을 작은유기쇄설물(FPOM)로 부수는 역할을 한다. 모아먹는무리는 작은유기쇄설물을 먹이원으로 한다. 모아먹는무리에는 1㎜ 미만의 작은유기쇄설물을 걸러먹는무리(collector-filterers)와 바닥 유기물 및 식물사체를 주워먹는무리(collector-gatherers)로 구분할 수 있다. 하천위치로 보면 상류구간에서는 썰어먹는무리와 모아먹는무리가 많다. 중류구간에서는 하천내 생산유기물이 증가하여 긁어먹는무리 또는 걸러먹는무리가 증가한다. 하류구간에는 물속에 떠다니는 작은유기쇄설물이 많아 모아먹는무리가 증가한다. 시스템적

그림 4-24. 작은말조개(좌: 홍천군, 내촌천)와 진강도래(우: 홍천군, 성산천). 조개류(말조개, 재첩, 다슬기 등)는 대표적 걸러먹는무리이고 강도래류는 하천에서 잡아먹는무리의 일종으로 물속 유기물의 물질순환 기능을 한다.

표 4-4. 수서곤충의 섭식기능군별 특성(Kim et al.(2009) 수정)

섭식구분(기능군)	섭식 방법 및 특징	주요 분류군	비고
긁어먹는무리 (scrapers-grazers)	저서 담수조류나 이들 복합체(periphyton)를 긁거나 뜯어먹는 무리, 몸의 구조가 납작하고 배쪽에 빨판을 가진 무리도 있음	강도래류, 날도래류, 다슬기류, 달팽이류	중류, 상류
썰어먹는무리 (shredders)	낙엽이나 큰 유기물 입자나 조각(유기쇄설물)들을 썰어먹는 무리, 유기물을 잘게 썰어줌	강도래류, 각다귀류, 날도래류, 가재류	상류
주워먹는무리 (collector-gatherers)	물속 바닥에 있는 작은 유기물 입자를 주워 모아먹는 무리	날도래류, 먹파리류, 조개류(말조개, 재첩 등)	하류, 중류, 상류
걸러먹는무리 (collector-filterers)	물속에 있는 작은 유기물 입자를 여러 가지 여과장치를 이용하여 걸러 모아먹는 무리	날도래류, 하루살이류	하류, 중류, 상류
잡아먹는무리 (predators, 포식자)	물속의 다른 소비자를 잡아먹는 무리, 턱이 잘 발달되어 있어 잘 무는 편임	잠자리류, 강도래류, 물방개류, 물맴이류	상류~하류

으로 상류는 수집(collecting), 중류는 운반(transporting), 하류는 분산(dispersing)의 시스템이다(NRBMI 2004).

수서곤충의 서식기능군 | 섭식기능군 이외에도 수서곤충(저서성 대형무척추동물)을 서식습성군(habitual dwelling groups, HDGs)으로 구분하기도 하며 지치는무리(skaters), 부유하는무리(planktonic), 잠수하는무리(divers), 헤엄치는무리(swimmers), 붙는무리(clingers), 기는무리(sprawlers), 굴파는무리(burrowers) 등이 있다(Cummins 1973, 1974). 우리나라 하천 상류에서의 서식습성군 분포 현황은 붙는무리와 기는무리의 종수와 개체수가 다른 군보다 많이 출현하는데 이는 빠른 유속에서 살기 적합하기 때문이다(Mun et al. 2018).

어류군집의 영향 | 어류군집은 하천의 공간 규모, 위치 등에 따라 군집 구조나 종조성이 다르다. 이는 경쟁, 포식 등과 같은 생태적 과정과 유량, 수심 변화, 여울의 길이 등과 같은 물리적 과정의 차이가 원인이다(Kim et al. 2009). 어류는 서식공간 특성에 따라 체형이나 행동들이 다르다. 상류구간에서 어류들은 체형이나 행동이 구별되어 경쟁과 포식과 같은 생물적 요소들보다 물리적 요소들이 군집의 구조와 종조성에 영향을 미친다(Moyle and Cech 1982). 어류군집에 대한 영향은 복잡한 하천작용과 식물을 포함한 생물들의 상호작용을 거치면서 중류구간과 하류구간에서도 일어난다. 수심별 공간 분리도 일어나는데 참갈겨니와 긴몰개가 횡구조물(물막이보) 아래의 소에 공존하면 참갈겨니는 소의 중층부, 긴몰개는 중층부와 하층부를 주로 점유하는 경우가 대표적 사례이다(Kang 2005). 어류들은 습지성 식물들이 자라는 얕은수심의 물가, 즉 수초(물풀)가 자라는 공간을 산란처로 많이 이용한다.

합천댐 전경(합천군, 황강). 사람들은 이수, 치수적 개념에서 하천을 관리하기 위해 다양한 형태의 많은 횡구조물을 만들었고 하천생태계의 심각한 단절인 불연속성을 만들었다.

제5장

인간 영향 | 현명한 이용

Chapter | 5

1. 산업화와 도시 발달
2. 수질오염과 생태환경 개선
3. 습지의 생태문화와 현명한 이용

1. 산업화와 도시 발달

1.1 습지 소실과 하천 개량

■ 인류는 하천 습지를 중심으로 정주화, 도시화를 진행하였다.

하천중심의 인류문명 발달 | 세계 4대 인류문명의 발상지인 메소포타미아문명, 인더스문명, 이집트문명, 황하문명은 모두 북반구에 있으며 대하천을 끼고 있다(그림 1-15 참조). 메소포타미아문명은 티그리스-유프라테스강, 인더스문명은 인더스강, 이집트문명은 나일강, 황하문명은 황하를 중심으로 발달하였다. 온화한 기후와 하천작용으로 이들 대하천 주변에는 비옥한 넓은 충적지가 형성되어 있다. 범람의 수문주기는 비교적 예측 가능한 수준에서 주기성을 가지고 발생하기 때문에 인류는 농사 시기를 조절하고 태양력의 천문학, 토목 및 건축학, 기하학 등과 같은 과학기술을 발달시켰다.

우리나라의 도시 발달 | 우리나라의 도시 발달도 하천과 깊은 관련이 있다. 서울시, 부산시, 대구시, 대전시, 울산시, 광주시(전라) 등의 주요 대도시들은 해양에 접해 있기도 하지만 대부분 대하천을 끼고 있거나 접해 있다. 서울시는 한강에, 대구시와 부산시는 낙동강과 금호강에, 대전시는 금강에, 광주시(전라)는 영산강에, 울산시는 태화강에 접해 있거나 중심지역을 관통한다. 최근 건설한 세종시(2012년

7월 1일 출범)도 금강과 미호천에 접해 있다. 우리나라의 다른 중·소도시들도 대하천의 지류 또는 본류와 접해 있다. 좌안과 우안에 따라 시·군의 차이가 있지만 한강(남한강)을 따라 단양군, 충주시, 여주시, 양평군, 가평군, 하남시, 서울시 등이 접해 있다. 낙동강을 따라서는 태백시, 봉화군, 안동시, 예천군, 상주시, 구미시, 칠곡군, 대구시, 창녕군, 김해시, 부산시로 이어진다. 금강을 따라서는 진안군, 무주군, 금산군, 옥천군, 대전시, 세종시, 공주시, 부여군, 논산시, 군산시로 이어진다. 영산강은 담양군, 광주시(전라), 나주시, 목포시로 이어진다. 섬진강은 임실군, 순창군, 곡성군, 구례군, 하동군으로 이어진다.

■ 산업화 및 도시화로 많은 습지들이 소실 또는 변형되었다.

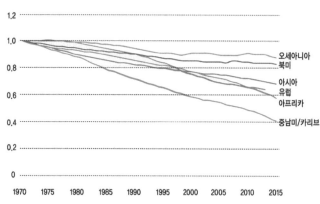

그림 5-1. 세계 습지면적의 감소(자료: Ramsar 2018). 습지면적의 감소는 전세계적인 현상이다.

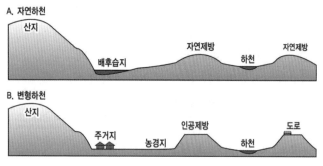

그림 5-2. 충적하천 주변의 지형 변화. 하천 주변의 충적지형은 완만한 지형을 나타내기 때문에 대부분 농경지 및 주거지 등으로 개발되었다.

세계의 습지소실 면적 │ 도시화로 세계의 많은 습지가 소실되었다. 습지면적동향(Wetland Extent Trends, WET, Dixon et al. 2016)지수에 따르면, 1970년대에서 2015년에 이르면서 습지의 면적 감소가 뚜렷이 확인된다. 강수지형습윤지수(precipitation topographic wetness index, PTWI)를 이용한 분석에서 지구에는 개략적으로 2,983만㎢의 습지가 분포하였을 것으로 추정되었고 약 33%의 습지(습지식생지역 458만㎢, 개방수역 264만㎢)가 소실된 것으로 나타났다(Hu et al. 2017b). 학자에 따라 습지의 정의와 경계에 대한 차이가 있기 때문에 습지면적을 54만~2,126만㎢로 추정하기도 한다(Hu et al. 2017a). 람사르의 과학적 추정으로는 세계 습지의 64%가 1900년대 이후에 사라진 것으로 추정한다(Ramsar 2021). 습지는 20세기와 21세기 초에 빠르게 소실(3.7배)되었고 소실율은 20세기 후반에 특히 증가했다(Davidson 2014). 아시아와 유럽 지역에서의 습지 소실율이 두드러졌고(Hu et al. 2017b) 유럽은 최근 둔화되고 있다(Davidson 2014). 대륙별로는 오세아니아가 12%로 가장 적은 면적의 감소가 있었으며 중남미/카리브가 59%

로 가장 많은 면적의 습지가 소실되었다(Ramsar 2018)(그림 5-1). 해안습지보다는 내륙습지의 소실이 많다(Davidson 2014, Hu et al. 2017b). 1700년대 이후 습지 감소로 습지에 의존해 서식하는 생물종 중 내륙습지종은 81%, 해양(해안)습지종은 36%가 영향을 받았다(Ramsar 2021). 이러한 생물종의 소실은 인간활동에 의한 영향이 가장 크다(Hu et al. 2017b). 특히, 하천작용과 관련된 충적지형의 습지(하천습지, 배후습지 등)인 경우 인위적인 하천 제방 건설을 통해 제내지의 배후습지를 농경지로 이용하는 등의 뚜렷한 지형변화를 초래하였다(그림 5-2).

우리나라 내륙습지 소실 | 현재 국가에서 내륙습지(연안습지 제외)로 분류하는 면적은 734.9㎢(2020년 기준 2,323개, 2017년 기준 2,499개)로 국토의 0.0073%를 구성하고 경기도와 전남, 경북에 많이 분포하는 것으로 알려져 있다(NIE 2022). 1960년대 이후 도시화가 가속화되면서 우리나라 습지는 소실 또는 다른 형태(특히, 농경지, 산업단지, 주거지 등)로의 변화가 일어났다. 1980년에서 2000년 사이에 도시가 확장된 천안시는 습지(수역 제외)의 면적이 축소되었으며(Sung 2010) 이는 국내 도시지역의 전반적인 현상이다. 하지만, 일부 도시지역의 최근 토지피복 분석(1989~2019년)에서 생태도시계획으로 습지가 일부 증가하기도 하였다(Park and Jang 2020). 우리나라 한강하구에서 하구습지는 1910년대~1970년대 사이는 완만하게 감소하였으며 수도권 팽창이 시작된 1970년대 이후 급속하게 훼손되었다(Rho 2007). 우포늪과 주변 지역은 최근 82년(1920~2002) 동안 농경지 및 시가화지역은 300%로 급증한 반면, 습지의 면적은 15%로 대폭 감소하였다(Kim 2013a). 낙동강과 남강의 수문체계 변화에 의해 과거 배후습지가 넓게 발달하였다. 특히, 함안군 일대의 습지들은 많이 소실되었다(그림 5-3). 함안군 대산면 일대는 과거 큰홍수가 발생하면 낙동강 제1지류인 남강의 범람으로 빈번히 침수되었기 때문에 배후습지가 넓게 발달하였다. 하지만, 남강댐 건설

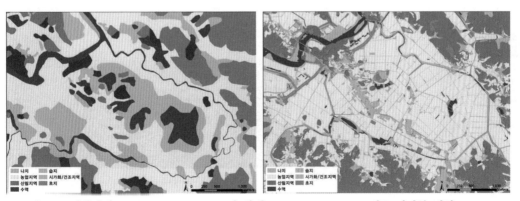

그림 5-3. 일제시대(좌: 일제시대 지형도 기반 분석)와 현재(우: 토지피복분류도 2021.2.9)의 토지피복 변화(함안군 대산면). 배후습지가 많았던 대산면 일대는 남강댐 건설과 홍수시 배수 물길의 변경(가화천)으로 홍수로 인한 범람이 거의 발생하지 않아 많은 습지가 농경지로 개발되었다.

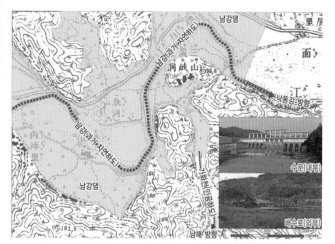

그림 5-4. 남강댐(진주시) 일대의 물길 변화. 남강의 과거 자연하도(일제시대 지형도)는 낙동강 방향으로만 흘렀으나, 남강댐 건설 이후 남해로 유입되는 가화천(사천시)과 연결하여 홍수시 인위적으로 수문체계를 관리한다.

(1969.10.7)과 더불어 남쪽의 가화천과 물길을 인위적으로 연결하여 홍수가 발생하면 남강댐의 물을 가화천을 통해 남해로 빠르게 배수한다(동쪽 남강·낙동강 → 남쪽 가화천으로 배수 변경)(그림 5-4). 이로 인해 대산면 일대는 범람이 거의 발생하지 않아 많은 습지를 농경지로 개발하였다.

연안습지(갯벌) 소실 │ 우리나라는 세계 주요 갯벌국(한반도 서해갯벌, 북유럽 북해연안갯벌, 캐나다 동부연안갯벌, 아마존 유역연안갯벌, 미국 동부 조지아연안갯벌)으로(MEIS 2021) 넓은 갯벌에서 풍부한 수산자원이 생산되고 많은 철새들의 서식공간으로 역할을 한다. 국내 연안습지인 갯벌의 면적은 3,203.0㎢(1987) → 2,393.0㎢(1998) → 2,550.2㎢(2003) → 2,489.4㎢(2008) → 2,487.2㎢(2013) → 2,482.0㎢(2018)로 감소 추세이다(MOF 2018). 면적 감소의 대표적인 원인은 서산간척사업(서산시, 태안군), 시화호 일대 개발(안산시, 시흥시, 화성시), 새만금 개발(군산시, 김제시, 부안군)(그림 5-5), 인천 영종도 및 송도 개발, 화성 화옹지구 개발(그림 5-6) 등이다. 우리나라는 2021년에 연안습지의 중요성을 인식하여 보전 상태가 양호한 4곳의 갯벌(서천군, 고창군, 신안군, 보성군·순천시)을 세계문화유산으로 등재했다(MOFA 2021).

그림 5-5. 새만금 일대 개발(군산시, 부안군, 2023.1.10)과 방조제(2021.4.). 단군 이래 최대 규모의 간척사업으로 멀리보이는 섬이 고군산군도(신시도, 무녀도, 야미도 등), 우측이 군산시, 좌측이 부안군으로 방조제로 연결되어 있다.

그림 5-6. 화성시의 화옹지구 개발(2020.5.20). 남양천과 자안천이 만나는 일대에 넓은 갯벌지역이 존재하였지만 현재는 많은 공간이 간척되어 대부분 농경지 등으로 이용되고 있다.

■ 우리나라는 1900년대 이후 하천에 대한 변형이 심화되었다.

하천 개량의 역사 | 우리나라의 하천에는 1950년 이후 하천개수를 위한 다양한 사업들이 증가하였다. 과거에는 홍수피해 방지를 위한 제방 축조, 콘크리트 호안, 하도의 직강화, 주변 토지이용 강화, 하천복개 등의 형태였지만 최근에는 친환경적인 개수를 강조한 사업들이 진행되고 있다(Lee 2011). 우리나라 하천은 (1) 일제강점기부터 광복 후 근대적 수자원개발 시기, (2) 6.25전쟁 이후 복구사업 시기, (3) 1962년부터 시작된 경제개발 5개년계획 추진(홍수방지, 전력, 농업용수 공급 등의 다목적댐 건설)으로 수자원개발 시기, (4) 1980년대 이후부터 현재까지 친환경 하천 정비로의 전환 시기, (5) 수자원통합관리 시기로 크게 5단계로 구분하여 이해할 수 있다(Oh 2012).

일제강점기와 4대강유역종합개발 | 일제강점기에는 조선의 토지 확보와 산미증식계획(産米增殖計畫)이라는 목표와 연계된 하천정비가 이루어졌다. 하천개수 공사를 위한 현장조사와 더불어 청천강, 대동강, 예성강, 임진강, 한강, 금강, 영산강, 섬진강, 낙동강, 만경강 등 크고 작은 715개 하천치수사업이 시행되었다. 특히, 국가에서 4대강유역종합개발사업(1972~1981)으로 수해상습지 일소(一消, 일시 제거)와 주요 하천 개수 90% 등의 목표로 우리나라 하천에 많은 사업들이 진행되었다(AKS 2021). 그 결과 팔당댐, 소양강댐, 대청댐, 안동댐, 담양댐, 수어천댐 등과 같은 대형 횡구조물인 댐(대댐)들이 건설되었다. 또한 2013년에는 한강과 낙동강, 금강, 영산강에 대형 횡구조물 형태의 다기능보(강천보, 고령강정보, 세종보, 죽산보 등 16개)가 완공되어 운영되고 있다(그림 5-7). 이러한 근대화 과정을 거치면서 많은 하천들은 개수(수로화)가 진행되어 현재는 대부분 원형이 소실 또는 변형된 상태이다.

그림 5-7. 하천에 설치된 대형 횡구조물인 대댐(상: 합천댐, 합천군, 황강)과 다기능보(하: 여주보, 여주시, 남한강). 우리나라는 근대화를 거치면서 하천에 크고 작은 많은 횡구조물을 설치하였다.

1.2 도시화와 댐 건설, 기후변화

■ 도시화율은 점차 증가했고 그에 따라 첨두홍수량도 증가했다.

도시의 성장과 도시화율 | 인류가 도시를 형성하는 과정에서 초기, 중기, 후기의 속성 변화는 다르게 나타난다(Goudie 2006). 초기도시에는 주택 건설 등을 위한 식생 제거, 우물파기 등의 낮은 교란이 발생한다. 중기도시가 되면 토지를 평탄화하고 대량 주택 건설, 물공급을 위한 하천분기가 이루어진다. 후기도시가 되면 건물을 대규모로 신축하여 도시화를 완성한다. 많은 인구를 위해 수도공급을 위한 새로운 체계가 개발되고 인공하도 등을 만들어 홍수를 통제하고자 한다. 도시화율은 도시지역 기준(용도지역상 도시지역인구/전체인구)과 행정구역 기준(읍급 이상 도시인구/전체인구)으로 구분한다. 도시화율은 흔히 전체인구 중 도시지역에 거주하는 인구의 비중을 백분율로 나타낸다. 읍급 이상을 도시지역에 포함할 경우 우리나라는 이미 도시화율이 90%를 넘었다(NGII 2019). 도시화율은 꾸준히 증가하고 있지만 그 추세가 점차 완만해지고 있다(Song 2014).

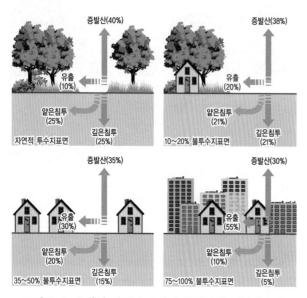

그림 5-8. 유역의 불투수지표면 구성비와 지표유출량의 관계(USDA 1998). 유역에 불투수지표면이 증가하게 되면 지표 유출량은 증가하고 토양 침투는 감소하여첨두홍수량은 증가한다.

도시화와 지표 불투수면의 증가 | 도시화율이 증가하면 각종 개발로 인해 지표의 불투수면은 지속적으로 증가한다. 도시화(urbanization)는 흔히 홍수의 크기와 빈도를 증가시키고 그로 인해 많은 홍수 위험에 노출시킨다(Konrad 2003, Zope et al. 2016). 우리나라 갑천유역의 1975~2005년 사이의 토지피복 변화는 불투수면이 점차 증가하는 경향을 보였다(Choi et al. 2009). 도시지역의 홍수시 유출량은 자연지역에 비해 최고 16배에 달한다(Schueler 1995). 도시화는 자연토양(투수면)이 감소하고 인공토양(불투수면)이 증가한 것이다. 도시화는 홍수시 범람 및 제방붕괴의 확률이 높아지는 주요 원인이 된다. 대부분 불투수면으로 이루어진 우리나라의 도시지역은 55%가 지표수로 유출되는 것으로 이해할 수 있다(그림 5-8). 특히, 우리나라 하천수의 유출량은 절대적으로 강수에 의존하기 때문에 불투수면의 증가는 하류지역의 홍수 위험을 증가시킨다.

도시화에 따른 수문곡선의 변화 | 도시하천에서 첨두홍수량의 증가는 도시화에 따른 하천정비가 가장 큰 영향이다. 산본천(군포시)이 자연하도에서 계획하도로 변화하면 첨두홍수량은 51~158%까지 증가하는 것으로 분석되었다(Han and Lee 1996). 범어천(대구시)의 도시화 전후의 첨두발생시간은 약 15~35분 단축되며 도시화 후의 첨두홍수량은 최대 60% 정도 증가한다(Heo 2003). 우리나라 광주시(전라)의 도시화로 홍수빈도 증가와 기저유출(baseflow, 지하수의 하천 유출) 양의 감소, 광주천의 건천화가 진행되고 있다(Yang and Kim 2004). 이와 같이 도시가 발달하면 불투수면이 증가하여 유속과 첨두홍수량, 총유출량, 첨두홍수시간, 기저유출 등의 물수지 등을 변화시킨다. 특히, 첨두홍수시간은 단축되고, 첨두홍수량은 증가하고, 수문곡선이 급경사를 나타내고, 폭과 정체시간(lag time)이 좁아져 유출이 빨라지는 특성이 있다(그림 5-9). 이를 해결하기 위해 근자연하천으로 되돌리고 집수역의 불투수면 감소, 집수역 삼림의 함수량 증가 등의 노력이 필요하다. 자연상태의 투수지표에서 불투수면이 증가하면 토양으로의 침투는 감소하고 지표로 유출되는 양은 증가한다. 우리나라에서는 각종

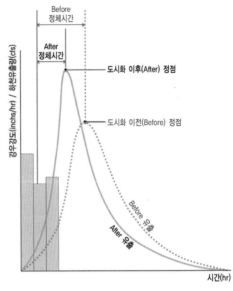

그림 5-9. 도시화 전과 후의 강수강도에 따른 수문곡선의 변화(USDA 1998). 도시화에 따라 강수 강도는 빠르고 강해진다.

개발사업에 기존 녹지율 개념을 보완한 생태면적률을 적용하여 투수율을 개선하고자 한다.

토지이용 변화와 홍수 | 우리나라 안성천(안성시, 평택시) 유역의 1999년 하천유출량 변화는 1986년과 비교하여 유역내 산림은 4.8%, 논 면적은 4.0% 감소한 상태이고, 160.5㎜ 강우조건에서 평택수위관측소 지점의 첨두유출량(첨두홍수량)은 30.3%, 총유출량은 9.3% 증가하였다(Kim et al. 2005). 제주도 한천은 도시화(1980~2005년)로 첨두홍수량은 9.9~33.67%, 총유출량은 12.53~30.21% 증가하였고 첨두홍수 발생 시간은 10분 정도 단축되었다(Yang et al. 2015). 케냐의 나얀도(Nyando)강 14개 단위유역 중 산림벌채율이 높은 단위유역은 그렇지 않은 단위유역에 비해 첨두홍수량이 30~47% 정도 증가하는 등 토지피복 변화는 홍수량의 변화를 발생시킨다(Olang and Fürst 2011).

비생태적 삼림 관리와 홍수 | 강수량이 적은 지역은 산불의 발생빈도가 증가한다. 지형, 기후적으로 산불의 발생이 높은 지역이 존재하는데 우리나라는 봄철 건조한 시기에 동해안 지역은 산불의 발생빈도가 높다(양간지풍)(그림 5-10). 산불로 자연식생이 파괴되면 산사태 발생 가능성은 높아지고 각종 유기 및 무기 잔재물(debris)이 하천으로 대량 유입되어 하천의 환경 여건을 변화시킨다. 산사태의 발생과

표 5-1. 하천 습지에 대한 인간간섭과 서식처 환경변화(Lee and Kim(2005) 수정)

환경변화 유형	행위 속성	훼손 속성	생태환경 훼손				생물서식공간 쇠퇴				생태계 영향규모, 범위
			자정 능력 저하	지형 변화	토양 변화	수질 영향	식생	어류	조류	양서·파충류	
대형 댐/저수지 건설	합법	점	+	++	+++	+	+++	+++	++	+++	+++
하천 직강화	합법	점	+++	+++	+++	++	+++	++	+++	+++	+++
저수로 직선화	합법	점	+++	+++	+++	+++	+++	+++	+++	+++	++
하상 굴착	합법	점	+++	++	+	++	+++	+++	+++	+++	++
하폭 축소	합법	점	-	+++	++	-	++	+++	+	+	++
둔치(고수부지) 개발	합법	점	++	+++	+++	+	+++	+++	++	+++	++
호안 인공재료화	합법	점	++	+++	+++	+	+++	++	+++	+++	+++
낙차공/보(횡구조물)	합법	점	+	++	+++	+	++	+++	+	++	++
하천 복개	합법	점	+++	+++	+	+++	+++	+++	+++	+++	+++
제방의 도로화	합법	점	+	++	+	+	++	-	++	++	++
골재 준설	합법	점	++	+++	++	+	++	+++	++	++	++
식물 채취/벌목	합·불법	비점	++	+	++	+	+++		+	+	+
경작 활동	합·불법	비점	++	+	++	++	+		++	+	+
여가 활동	합·불법	비점	+	+	+	+	+		++	+	+
가축 방목	불법	비점	+		+	+++	+		+	+	++
하수(생활농업) 유입	불법	비점	+	-	-	+++	+		+	+	+++
어류 포획 행위	합·불법	비점	-	-	-	-	-	++		+	+
제방 화입(불법소각)	불법	비점	++	-	-	+	++		++	++	+
쓰레기(폐기물) 투기	불법	비점	-		I	+++		+		+	++
사냥 행위	불법	비점	+	-	-	-		+	+++	+	

주) 변화 강도: +++ 높음, ++ 보통, + 낮음, - 없음

그림 5-10. 2019년 영동지방에 발생한 대규모 산불지(강릉시 옥계면 망운산 일대). 대규모 산불 발생 초기에는 주변 하천으로 많은 유기, 무기 잔재물이 유입된다.

잔재물 유입은 여러 요인에 의한 사면이동(대량물질이동, mass movement)이 대표적이다. 또한, 유역의 삼림 개발(식생구조를 교란시키는 벌목 포함)도 하천환경에 많은 변화를 초래하는 원인이 된다.

자연적 첨두홍수량의 회복 │ 하천 임의구간에서 정점유량은 집수역 규모, 식생의 질·양적 구조, 계절적 강수 조건, 지형의 물리 구조 등의 영향이 크다. 변형된 하천에서 첨두홍수량은 자연하천보다 높으며 대규모 인명 및 재산적 피해를 발생시킨다. 집수역의 식

그림 5-11. 하천 습지의 다양한 교란행위들. 하천 습지에는 다양한 형태의 인위적 교란들이 진행
되고 있으며 이외에도 크고 작은 많은 교란들이 있다.

물사회(특히, 활엽수림)는 토양의 보습력을 높이고, 지표유출(Horton flow)을 감소시키고, 지중유출(subsurface flow)과 지하수유출(ground water flow)을 증가시킴으로써 정점유량을 감소시킬 수 있다(그림 3-21 참조).

■ **대형 횡구조물 건설 등 여러 교란이 진행되었고 습지로 기후변화에 대응해야 한다.**

다양한 형태의 인간 교란 │ 하천 습지에는 다양한 형태로의 교란이 발생한다. 대표적인 것이 대형 횡구조물(댐 및 보)의 건설, 하천 및 저수로 직강화, 하상굴착 및 하폭 확장, 하천 복개, 하천제방의 도로화, 골재 준설, 식물 채취/벌목, 경작활동, 여가활동, 가축 방목, 어류포획행위(낚시 등), 쓰레기 투기 등이다. 이들의 교란 형태는 합법 또는 불법, 점 또는 비점의 형태로 구분할 수 있다. 각각의 교란 유형들은 생태환경에 미치는 영향이 적을 수도 있고 지대할 수도 있다(표 5-1 그림 5-11).

넓은 하천 둔치의 개발과 이용 │ 대륙성 기후 특성을 갖는 우리나라는 높은 하상계수가 형성되기 때문에 중·대하천의 중류 이하구간에서는 넓은 둔치의 충적지형이 발달한다. 제내지의 충적지에는 밀도 높은 중·대도시가 발달한다. 활주사면의 둔치는 맥박식 범람(홍수파 개념)으로 토양이 비옥하기 때문에 과거부터 사람들은 이 공간에 대한 토지이용압이 높다(그림 5-12). 둔치는 범람의 위험 등으로 큰 시설물을 조성하기 어렵기 때문에 농업활동 및 수변조경공원, 주차장, 일부는 수변생태공원 등으로 조성하는 경우가 많다(그림 5-11 참조). 서울시의 한강, 부산시의 낙동강 하류구간에서 흔히 볼 수 있는 토지이용 유형들이다. 기존에 있던 식생들은 대부분 제거되었고 일부 잔존 수목은 고사되기도 한다. 제방에는 도로를 건설하고 경관성을 고려하여 가로수(왕벚나무, 느티나무 등)를 식재한 경우가 많다.

홍수방지 횡구조물(댐)의 건설 │ 댐(dam)은 5,000년 전 이집트에서 만들어진 것이 기록에서 전하는 최초의 댐이며 농업과 홍수를 막기 위해 이후 크고 작은 많은 댐이 만들어졌다(Goudie 2006). 세계적으로 대형댐(대댐)은 1945~1970년 초반에 집중적으로 건설되었다(Beaumont 1978). 우리나라에는 섬진강댐(1961년)을 시작으로 다목적댐 21개(소양강댐, 안동댐, 용담댐 등), 수력발전용댐 20개(팔당댐, 도암댐, 보성강댐 등), 용수댐 14개(광동댐, 영천댐, 수어댐 등), 다기능보 18개(4대강보, 경인아라뱃길 등), 홍수조절용댐 3개(군남댐, 한탄강댐 등), 홍수조절지 등 많은 횡구조물이 건설되어 하천의 생태적 연결성을 단절시키고 있다(K-water 2021)(표 2-9 참조).

지구온난화와 수해 증가 │ 기후변화의 결과인 지구온난화(global warming)는 재앙적 수준으로 홍수피해를 증가시킨다. 특히, 지구의 중위도에 위치하여 편서풍을 나타내는 우리나라는 태풍 경로의 오른쪽에 위치하는 지역(위험반원)의 홍수피해는 더욱 커진다. 지구의 지표 평균기온은 최근 약130년(1880~2012

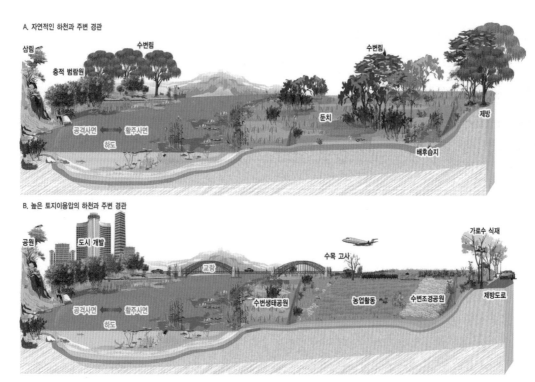

그림 5-12. 우리나라 중·대하천 하류구간과 주변의 토지이용 변화. 우리나라 중·대하천의 하류구간은 넓은 둔치와 충적 범람원의 발달로 밀도 높은 도시개발 등 토지를 적극적으로 이용하였다.

년) 사이 0.85℃ 상승(우리나라 1912~2017년 사이 1.8℃ 상승)하였다(ME 2020). 기온이 1℃ 상승하면 대기 중의 함수량이 7% 증가함을 감안한다면(Held and Soden 2006) 기온상승으로 인한 홍수 피해는 크게 증가할 수 있다.

기후변화와 습지 역할 | 기후변화는 자연적인 생태계 시스템의 건강성과 생물종의 생존에 큰 영향을 준다. 기후변화의 수문적 영향은 습지의 보전과 복원에 중요하다. 메콩(Mekong)강(베트남) 삼각주, 온타리오(Ontario) 남부(캐나다)는 다른 방식의 기후변화 효과를 관찰하기 위한 대표적 예이다(Erwin 2009). 온실가스인 탄소의 저장은 기후변화를 저감하는 역할을 한다. 세계의 습지는 육지의 5~8%에 불과하지만(Mitsch and Gosselink 2007) 매년 830Tg/year의 탄소를 흡수한다(Mitsch et al. 2012). 반면, 산림 1ha(100×100m)는 매년 이산화탄소 10.8톤을 흡수한다. 1999~2008년 우리나라 산림식생은 연평균 3.51Tg/year의 탄소를 흡수하였다(ME 2020). 습지는 단위면적당 탄소의 저장능력이 높고(Nahlik and Fennessy 2016) 전세계 토양 탄소의 20~30%를 저장한다(Lal 2008). 이탄(peat)은 섬유소 탄소의 최대 38%의 탄소를 저장한다(Davis 1946, Kang et al. 2010). 이러한 습지는 온실가스(탄소)의 발생원이자 흡수원(저장고)으로서의 역할이 크기 때문에 온실가스 저감의 기후변화 대응 능력이 있다(Kim 2013a, Villa and Bernal 2018).

2. 수질오염과 생태환경 개선

2.1 수질오염과 홍수유출량 변화

■ 하천식생 단편화와 수질악화는 주거환경의 쾌적성과 관련이 있다.

하천과 호소의 수질오염 │ 근대화 이후 수질오염은 가중되고 다양한 오염물질이 하천 습지로 유입되어 여러 형태의 환경피해를 발생시키고 있다. 우리나라는 1990년대 이후부터 집수역의 점, 비점오염원 관리가 진행되었다. 하지만 이에 대한 완전한 제어는 어려운 것이 현실이다. 대하천의 둔치에는 내걸(냇가에 만든 기다란 논)의 경작활동으로 인과 질소와 같은 부영양화를 초래하는 물질이 하천으로 쉽게 유입된다. 특히, 하천 제방의 콘크리트화 또는 하도의 직선화로 대규모 홍수피해와 다량의 오염물질이 하천으로 직접 유입됨으로써 심각한 수질오염을 야기시키기도 한다(Ojo 1990, Schueler 1995, Lee et al. 1998).

하천식생 소실 및 단편화 │ 국내 하천에는 다양한 형태의 인간간섭이 진행되어 지형의 구조적 변형(특히, 인공제방화, 제방의 도로화, 하천복개, 호안의 인공재료화, 제방 화입 등)이 심각하고 자연지형 구조를 유지하고 있는 하천은 드물다(표 5-1, 그림 5-2, 5-14 참조). 선형적인 연속 구조를 가지는 하천식생의 파편화(fragmentation)를 초래하였고 상호 연결성(connectivity)이 낮아 생태적 기능이 저하되었다(그림 7-4 참조). 자연적인 수변림은 길게 연결되어야 하고 넓은 폭으로 형성되어 있어야 한다(그림 7-7 참조). 특히, 물흐름 조절, 하도화(channelization), 제방 안정화와 같은 하천에 대한 인위적인 영향은 자연교란체계를 방해하고 완만한 환경구배를 급하게 하거나 단절시킨다(그림 2-26 참조). 이는 상하좌우 공간과 상호작용(상·하류, 하천-측면 고지, 지표수-지하수)하는 경로를 단절 또는 교란시키는 것이다(Ward 1998).

그림 5-13. 생태하천복원사업(서울시, 성내천, 2007.5.19). 2000년대 들어 대도시의 많은 소하천들에 생태하천 복원사업들이 진행되었다.

주거질의 향상 | 우리나라 경제가 성장하면서 국민들의 의식 수준도 높아졌다. 삶의 질적인 측면에서 주거환경에 질높은 건강한 하천 습지의 존재는 중요한 부분이 되었다. 특히, 수변식생(생태계)이 잘 발달되어 있고 수질이 양호한 도심하천의 존재는 주택의 높은 가격 상승을 유발한다. 빈번한 침수가 발생되는 지역은 주거지역으로서의 가치가 낮아 주택가격에 악영향을 주기도 한다. 선진국에서는 2000년 이후 하천을 적극적으로 생태복원하고 보전하고 있다. 우리나라도 1990년대 후반들어 생태하천복원사업이 본격적으로 시작되었다(그림 5-13).

■ 생태하천과 생태습지의 복원은 삶의 질은 물론 생태계의 건강성을 회복하는 길이다.

생태하천복원의 시작과 방향 | 국내에서 자연형하천 조성 사업의 역사는 1990년대 후반에 양재천을 중심으로 시작되었다. 1999년 하천법이 개정되면서 하천을 정비할 때 친환경적인 접근이 가능하도록 하였다(Byeon 2010). 이후 하천복원을 위한 다양한 노력들이 진행되었으며 이수, 치수의 개념보다는 친수 개념이 강조되었다. 최근의 생태하천복원사업은 건강한 수생태계 조성을 목표로 하며 원형복원(restoration), 유사복원(rehabilitation), 대체복원(reclamation)의 형태로 구분된다. 복원은 생물종과 생태계 복원 중심, 종적-횡적 연결성 확보, 건강한 물순환 체계 구축, 기후변화 대비, 도심 건천·복개하천 복원, 협의체 중심의 하천사업 추진, 하천 고유의 특징과 역사, 문화를 찾아내는 하천사업, 주민참여, 학습의 장으로서의 하천관리 방향을 전제로 한다(ME and KEC 2011). 이러한 과정들을 거친 우리나라의 하

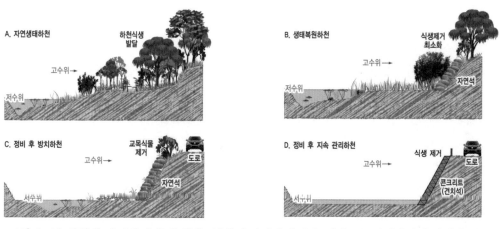

그림 5-14. 하천의 자연성 유형별 형태. 현재 우리나라의 많은 하천들은 자연상태의 하천과 생태 복원한 하천, 정비 후 방치 또는 지속적 관리하천으로 구분될 수 있다.

천들은 크게 자연생태하천, 생태복원하천, 정비 후 방치하천과 지속 관리하천으로 구분할 수 있다(그림 5-14). 과거에는 지속 관리하천이 많았으나 현재는 패러다임의 변화로 생태복원하천 또는 정비 후 방치하천의 형태가 많다.

생태하천복원으로 하천의 온전성과 건강성 회복 | 하천의 복원에서 흔히 생태계의 온전성과 건강성을 말한다. 생태계 온전성(ecosystem integrity)은 생물학적 다양성에 근간한다. 교란되지 않는 자연상태에 준하는 생물상과 다양성을 가지고 있는 수체의 상태나 조건을 의미하며 정상적인 수문체계, 이화학적 온전성, 생물학적 온전성이 종합적으로 갖추어진 상태를 말한다. 생태계 건강성(ecosystem health)은 생태계의 정상적 기능에 근간한다. 생태계의 역동적 성질들이 정상적인 범위 내에서 나타남으로써 정상적인 기능과 생태적 서비스를 발휘하는 상태를 의미한다(ME 2014). 즉, 하천복원은 하천이 갖는 본래의 물리적 구조와 생태적 기능을 회복하는 과정으로 이해하면 된다. 계획, 설계, 조성의 실무와 관련한 세부적인 내용은 별도의 자료를 참조하도록 한다. 수질정화 등을 목적으로 하는 생태습지 조성은 일부 후술을 참고하고 세부적인 내용은 별도의 자료를 참조하도록 한다.

수변생태벨트의 조성 | 수변생태벨트는 수변림의 완충녹지가 갖는 구조와 기능의 개념과 같다. 국가에서는 이 개념으로 일정 폭의 수변림이 발달하도록 효율적인 토지매수의 추진과 더불어 자연생태공간(생태숲)을 조성하는 사업들을 추진하고 있다. 국가에서 매수한 토지를 보전지역, 복원지역, 향상지역으로 구분하고 복원지역은 입지의 특성을 고려하여 숲형, 초지형, 습지형으로 계획한다. 폭은 농촌지역에서는 50m, 도시형 및 교외지역에서는 30m를 제안하고 있다. 하지만 인위적인 영향의 강도를 구분하여 최대 80m까지를 제안하고 있다(KEC 2011).

■ **녹색댐 기능 강화는 홍수발생을 줄이고 수자원의 효율적 이용을 가능하게 한다.**

하천 기능의 왜곡 | 횡구조물 건설 등과 같은 인문적인 영향에 의해 우리나라 대부분의 하천은 조절강(regulated river)이다(Joo et al. 1997). 하천환경이 외면된 이수와 치수가 강조된 하천정비사업으로 하천지형의 구조와 기능적 변화가 심각한 실정이다(ME 2002). 비생태적 하천관리, 오염원 관리 미흡, 국민 녹색의식 미흡, 녹색댐 기능을 위한 건전한 삼림관리(산불, 남벌, 획일화 등) 미흡 등으로 하천생태적 문제가 가중되고 있다(Lee and Kim 2005). 특히, 하천유역의 삼림이 제거되면 유량은 늘고 하천지형 변동이 증가하고 홍수의 발생 빈도와 강도를 높여 녹색댐으로서의 기능이 약화된다(Kim et al. 2009). 이를 해결하기 위한 통합적 시각의 삼림, 하천, 농경지, 주거지 등의 관리방안 마련이 필요하다.

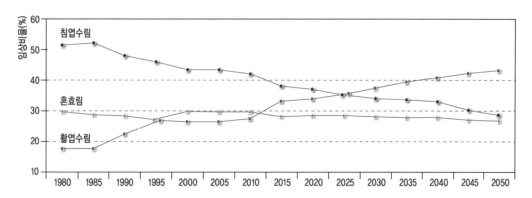

그림 5-15. 삼림 유형별 피복율 경년(1985~2050)변화 및 예측(자료: KFS 2018). 우리나라 삼림 유형은 과거에는 침엽수림의 비율이 높았으나 현재와 미래는 활엽수림의 비율이 증가한다.

녹색댐의 기능 | 녹색댐(green dam, 마르지 않는 수자원의 자연저장시설)이란 삼림의 수원함양 기능을 의미하는데 크게 강우시 홍수유량을 경감시키는 홍수조절기능, 갈수기에도 계곡의 물이 마르지 않게 하는 갈수완화기능, 수질을 깨끗하게 하는 수질정화기능으로 구분된다.

녹색댐으로서의 활엽수림과 침엽수림 | 삼림에서 낙엽은 미생물의 생장을 촉진시켜 토양을 비옥하게 해주고 스펀지 형태의 토양공극이 형성되어 토양 보습력을 높인다. 우리나라와 같이 하계집중형의 강우에서 토양 소동물이 서식하기 좋은 식물사회(특히 낙엽활엽수림)는 수리적으로 높은 기능을 하는 녹색댐의 역할을 한다. 유기물 함량이 높은 토양은 양호한 수분보존능력을 갖는다. 동일한 양의 물을 보존하기 위해서 유기물 함량이 낮은 토양은 더 많은 부피가 요구된다(Brady and Weil 2019). 일반적으로 리그닌 함량이 낮고 질소 함량이 높은 활엽수가 침엽수 낙엽보다 분해 속도가 더 빠르다(Berg and McClagherty 2008). 활엽수림지 토양의 최대 물저장량은 침엽수림지보다 1.2배 많으며 사방지보다 2.3배가 많아(Lee and Kim 2005) 활엽수림 발달로의 삼림관리가 필요하다. 하지만 우리나라의 삼림관리는 침엽수림의 비율이 높은 것이 현실이다(그림 5-15, 5-16). 우리나라 삼림의 자연식생은 다층(교목층, 아교목층, 관목층, 초본층)으로 이루어지고 신갈나무-철쭉꽃군목(Kim 1993)의 참나무활엽수림이다. 우리나라 온대 중

그림 5-16. 단순화된 삼림관리(대구시). 산지에 잣나무와 일본잎갈나무, 리기다소나무 등의 단순화된 침엽수 형태의 조림은 녹색댐으로서의 기능을 약화시킨다.

부와 북부의 생육조건이 좋은 산지에서 영급과 수관밀도가 낮은 침엽수림이 혼효림으로, 혼효림은 다시 활엽수림으로 변화할 전망이 높고 활엽수림의 비율은 점차 증가하고 있다(KFS 2018)(그림 5-15).

2.2 수질 개선

■ 수질 개선을 위해 생태습지를 조성하고 여러 수생식물을 식재하여 관리한다.

표 5-2. 수생식물의 영양염류 흡수능(Brix 1993)(Joo(2008) 재인용)

식물 유형	영양염류 흡수능(kg ha⁻¹ yr⁻¹)	
	질소(N)	인(P)
파피루스(*Cyperus papyrus*)	1,100	50
갈대(*Phragmites australis*)	2,500	120
큰잎부들(*Typha latifolia*)	1,000	180
부레옥잠(*Eichhornia crassipes*)	2,400	350
물상추(*Pistia strationtes*)	900	40
솔잎가래(*Potamogenton pectinatus*)	500	40
붕어마름(*Ceratophylum demersum*)	100	10

표 5-3. 수생식물의 영양염류 함량(Reddy and DeBusk1987, Mun et al. 1999, Shin et al. 2001)(Joo(2008) 재인용)

식물 유형	조직 영양염류 함량(g/kg)	
	질소(N)	인(P)
부레옥잠(*Eichhornia crassipes*)	10-40	1.4-12.0
물상추(*Pistia strationtes*)	12-40	1.5-11.5
피막이속(*Hydrocotyle* sp.)	15-45	2.0-12.5
좀개구리속(*Lemna* sp.)	25-50	4.0-15.0
생이가래속(*Salvinia* sp.)	20-48	1.8-9.0
부들류(*Typha*)	5-24	0.5-4
골풀(*Juncus effusus* var. *decipiens*)	15	2
고랭이류(*Scirpus*)	8-27	1-3
갈대(*Phragmites australis*)	18-21	2-3
올방개(*Eleocharis kroguwai*)	9-18	1-3
줄(*Zizania latifolia*)	14-40	0.5-1.6

식물의 수질정화 능력 | 수질과 관련해 부영양화를 줄이기 위한 노력들이 활발히 진행되고 있다. 대표적인 억제가 질소(N)와 인(P)의 제거이다. 식물의 수질정화 능력은 종에 따라 상이한데 식물 조직 내의 영양염류 함량이 서로 다르다(표 5-2, 5-3). 질소와 인의 제거능은 갈대, 큰잎부들, 부레옥잠 등이 높다(Brix 1993). 갈대, 줄은 질소 0.5g/㎡·day, 인 0.05~0.08g/㎡·day, 부레옥잠 최성기에는 질소 1~2g/㎡·day, 인 0.2~0.5g/㎡·day의 수질정화 능력이 있다(奧田과 佐々木 1996). 수생식물별 물질의 함량 차이는 있지만, 수질 개선을 위해서는 연간 지상부 생체량이 크게 발달해야 하는데 갈대, 줄, 애기부들과 같은 추수식물이 이에 해당된다(Byeon 2008). 우리나라 서낙동강에서도 갈대, 줄 같은 추수식물에서 영양염류의 흡수능이 높았고 하천의 상류에서 하류로 갈수록 이들의 생체량이 증가한다(Kim et al. 2006). 영산강 지류에서도 갈대의 질소, 인의 제거효율이 상대적으로 높게 나타난다(Ihm et al. 1996). 이러한 추수식물의 영양염류

흡수를 통한 수질 개선은 여름과 가을의 생장기에 활발하다. 부유식물은 식물의 뿌리 발달이 제거능에 영향을 미친다(USEPA 1988).

수질정화습지의 조성 | 국내에는 다양한 인공습지가 조성되어 있다(Oh 2014). 시화호 인공습지는 축산폐수 및 생활하수의 자연적인 정화를 위해, 파주 운정지구 인공습지는 신도시의 물순환시스템 구축의 일환으로 조성하였다. 주암호 인공습지는 복내천하수처리장 등에서 유입되는 비점오염원의 저감을 위해, 동복호 인공습지는 광주시(전라)의 주요 상수원인 동복호 수질 개선을 위해 유입하천 말단에 조성하였다. 대청호 인공습지는 수질 개선을 위해 지류 및 소류지 등에 조성하였다. 팔당댐으로 유입되는 광주시(경기) 경안천 말단에는 다기능의 수질정화습지를 조성

그림 5-17. 수질정화습지(광주시(경기), 경안천습지생태공원). 상수원인 팔당호로 유입되기 이전인 경안천 하류(사진의 우측 하천)에 조성된 경안천습지생태공원(하천 우안, 사진 중앙부)은 수생식물을 통한 수질 개선은 물론, 야생 동·식물의 서식처 제공, 생태학습, 생태관광을 하는 등의 다양한 생태문화적 기능을 한다.

하여 한강의 수질을 개선한다(그림 5-17). 국외 사례로 미국의 Incline Village(네바다주), Houghton Lake(미시간주), Las Gallinas Valley(캘리포니아주), Lakeland Wetland(플로리다주), 일본의 동경도항 야조공원, 영국의 Gillespie Park, Barm Elems 등이 있다. 최근의 수질정화습지들은 강우시 하천, 호소로 유입되는 비점오염물질을 정화하기 위한 인공습지, 침강지 등의 자연정화시설을 조성한다. 오염물질의 농도가 높은 초기 강우 유출수는 인공습지에서 정화되고 인공습지 설계유량 이상의 초과유량은 침강지를 거쳐 호소로 유입되는 구조를 갖는 경우가 많다(Kim et al. 2012b).

수질정화습지 제거 효율 | 침수식물이 우점한 저류형 습지에서는 유입수를 2~3일 체류시켜 영양물질을 직접 흡수함으로써 비점오염원을 제거할 수 있다. 총질소(T-N)를 제외한 암모니아성 질소(NH₄-N), 총인(T-P), 인산염(PO₄-P) 모두 약 70%의 높은 제거 효율이 있다(Lee et al. 2010c). 도시에서 발생하는 폐수의 총질소 중 60% 정도는 암모니아의 형태(Reed et al. 1995)로 침수식물을 이용한 제거가 효과적이다. 주암생태습지(주암호) 운영 시 유입수가 습지를 통과하는 동안 평균 정화 효율은 부유물질(SS) 5.8~41.3%와 총질소 41.5~59.3%로 봄부터 가을까지 제거 효율이 양호하다. 총인은 수생식물의 생육과 미생물들의 활동이 미진한 봄철을 제외하고 여름철 13.8%, 가을철 47.0%의 수질 개선 효과를 나타낸다(NWC 2017). 생태습지 조성 시 수질 개선 목적은 습지식생의 면적을 85%까지 극대화하고 생물다양성 목적은 개방수면을 50% 내외로 유지하는 것이 좋다(Cho 2013). Choi et al.(2010)의 연구에서 물흐름이 있는 습지에

서는 BOD의 개선 효율이 높게 나타난다. 국내 양어장 배출수 처리를 위한 수질정화습지에서 생산력 및 영양염류 흡수능 측면에서는 애기부들에 비해 줄이 보다 효과적인 식물종이다(Choung and Roh 2002).

질소와 인의 제거 방법 | 습지에서 질소의 제거는 식물과 부착미생물에 의한 흡수(uptake), 암모니아의 휘발(ammonia volatilization), 질산화와 탈질반응(nitrification, denitrification)의 3가지 기작에 의해 일어난다(Joo 2008). 식물이 직접 질소를 제거하기도 하지만 뿌리 주변에서 질산화와 탈질반응을 촉진시킨다(Reed et al. 1995). 특히, 인산염인은 주로 식물과 미생물 흡수에 의한 생물학적 기작과 흡착 금속이온과 결합, 침전기작의 물리·화학적 기작을 통해 제거되는데(Kadlec and Knight 1996), Song and Kang(2005)의 연구에서 습지에서 식물생장이 느리지만 인산염의 제거율이 높은 것으로 나타났다.

수질정화습지 식물 관리 | 수질정화습지에서 추수식물을 이용해 수질을 개선하기 위해서는 여름철에 지상부를 수확하는 것이 좋은데 절단하여 수확한 식물체는 계 밖으로 제거해야 한다. 이때 절단하는 높이를 수면 아래로 하면 잠긴 줄기의 개체는 죽는다. 팔당호와 같은 대형호소에서 수질 개선 등을 위해 설치한 인공수초섬(수초재배섬)(그림 5-18)은 연간 2~3회 예초작업을 통해 최대생물량을 얻음으로써 수중의 영양염류 제거에 효과가 있다(Byeon 2007). 시화호 인공습지에서 갈대의 건량과 질소, 인의 흡수량은 생장기인 여름부터는 증가하지만 비생육기인 가을에는 감소한다. 갈대는 생장기에 상당한 양의 질소와 인을 제거하지만 비생장기 동안에는 갈대 고사체(줄기, 잎 등)가 토양으로 환원되어 영양염류가 재방출될 가능성이 높기 때문에 수질정화를 위해서는 생육기간 중에 갈대를 수확(계 밖으로 제거)하는 방안이 합리적이다(Ro et al. 2002).

그림 5-18. 인공수초섬(충주호). 인공수초섬은 수질정화 개선은 물론 어류산란처 및 야생조류의 쉼터 제공에도 많은 도움이 된다.

3. 습지의 생태문화와 현명한 이용

3.1 하천과 습지의 생태문화

▎ **하천과 습지는 옛부터 인문생활과 밀접한 관련이 있다.**

하천을 통한 물자수송 | 하천에는 고유의 다양한 인문적 생태문화가 있다. 우리나라 중·대하천에는 과거부터 물자 수송과 교역을 위한 포구가 발달하였다. 지명에 물자를 저장하는 '창'(강창), 포구의 '포'(마포, 영산포 등)라는 이름이 종종 있다. 양평의 두물머리, 정선의 아우라지 등이 물자 수송 및 물길과 연관이 있는 곳들이다. 정선의 아우라지(남한강 지류인 송천과 골지천 합류부)는 뗏목을 이용하여 벌목한 나무를 한양(서울)으로 이동시키기 위한 곳으로 두 물줄기가 어우러지는 곳이다. 내륙에 위치한 안동(낙동강)의 간고등어가 유명한 것은 이동 시간이 길어 고등어가 상하지 않도록 소금으로 간을 했기 때문이다. 금강 하류의 강경(논산시)은 젓갈로 유명하고 물길을 따라 보다 내륙으로 수산물을 이송하였다.

생활 문화 | 습지식물인 버드나무류는 풍류적 문화, 서원, 정자 등과 연관이 있다. 고화(古畵)를 보면 정자 주변에 늘어진 버드나무류(수양버들류)를 흔히 볼 수 있다. 물가에 사는 버드나무류를 잘 표현한 것으로 민속문화에 잘 녹아있다. 조선시대 중기의 기생 홍랑이 천재 문인 고죽 최경창에게 보낸 편지인 '묏버들가'도 버드나무류와 관련이 있는데 산에서 나는 버들 즉, 산버들(키버들)을 의미한다. 장례문화에서도 버드나무류와 일부 연관이 있다. 과거부터 버드나무류를 진통 해열제로 사용하였다. 어릴적 하천에서 풀피리나 버드나무류를 이용하여 버들피리를 만들어 노는 것도 대표적 사례이다.

습지식물과 주거생활 | 갈대를 포함한 여러 습지식물들은 생활공예품 등 인문환경에 다양하게 활용되었다. 광역 분포하는 갈대는 지역에 따라 다양하게 사용되었다. 우리나라를 비롯한 일본, 유럽 등지에서 갈대의 건초는 지붕을 만드는 재료로 많이 활용되었다. 갈대로 만든 초가(草家)의 내구성은 40~50년, 길게는 80년이다(奧田과 佐々木 1996). 물억새 역시 초가지붕을 잇는 재료로 이용되었다. 이러한 짚(건초, 마른 잎)이 생산되는 벼과 식물들은 옛부터 초가지붕 재료는 물론 가축의 먹이와 깔짚으로 널리 사용되었다. 갈대와 물억새 등과 같이 규산질이 많은 식물들은 삿자리 등과 같은 공예품 재료로도 이

그림 5-19. 하천 습지에서의 주요 식량자원. 다슬기(상: 청송군, 길안천)와 마름의 열매(하: 안성시, 한천)의 탄수화물 등은 하천 습지에서 생산되는 인류역사에서 중요한 식량자원이다.

그림 5-20. 하구습지인 순천만(순천시, 순천동천). 순천동천이 남해 바다와 만나 형성된 염습지환경의 순천만습지는 자연경관이 매우 아름답기 때문에 지역의 중요한 관광자원이다.

용되었다. 부들류, 고랭이류, 사초류 등의 잎은 여러 형태의 공예품 등의 돗자리 재료로 사용되었다. 현대에는 갈대와 같은 추수식물과 여러 수생식물을 이용하여 수질을 정화(수질정화습지)하거나 생태공원에 식재하여 자연학습에 적극 활용하고자 하는 노력들이 진행되고 있다.

습지생물과 식생활 │ 옛날 사람들은 물에서 어류와 식물(미나리, 연근 등), 패류(다슬기, 재첩 등) 등을 획득하여 식량으로 이용하였다(그림 5-19). 아시아 지역에서는 마름의 열매(과육, 탄수화물)를 식용하였다. 우리나라는 마름을 '말밤'이라고도 불렀는데 이는 수초를 의미하는 말과 밤맛이 난다는 밤의 합성어이다. 순채는 어린 잎을 식용하였고 다른 나라에서는 가시연의 종자를 식용하기도 하였다. 우리나라를 포함한 아시아권은 불교문화로 수생식물인 연꽃과 많은 관련이 있다.

하천 습지와 관련된 축제 │ 과거나 현대에 하천 습지와 관련된 다양한 축제들이 있다. 물속생물을 이용하기도 하고 습지식물을 이용하기도 한다. 어류를 이용한 축제는 인제군의 열목어축제와 빙어축제, 평창군의 송어축제가 가장 대표적이다. 패류를 이용한 축제는 청송군의 다슬기축제, 하동군의 벚꽃(벚꿀)축제와 재첩축제가 있다. 습지성 식물은 청송군의 주왕산수달래(산철쭉)축제, 합천군의 철쭉(산철쭉)제, 부여군과 무안군의 연꽃축제 등이 있다. 진주시는 남강(낙동강 지류)에서 연등행사(개천제)를 하기도 한다.

하천, 호소의 비경 │ 국내에는 하천, 호소와 관련되어 크고 작은 여러 비경(祕境)들이 있고 사람들이 선호하는 휴양지들이다. 주왕산의 주산지(청송군, 왕버들)(그림

6-54 참조), 순천만(순천시)(그림 5-20)의 염습지, 동강의 감입곡류(영월군, 정선군)(그림 2-19 참조), 한탄강 주상절리(철원군), 내린천(인제군), 구천동계곡(무주군), 벚꽃길(하동군, 구례군), 철새도래지(우포늪, 한강, 낙동강, 금강, 영산강 하구)(그림 1-4, 5-25 참조) 등이 있다.

3.2 습지의 현명한 이용

■ 습지의 현명한 이용은 사람과 생물이 공존하는 지속가능한 이용의 개념이다.

현명한 이용 개념 │ 습지의 현명한 이용(wise use: sustainable use)은 람사르(ramsar) 철학의 중심이다. 체약 당사국은 국가 계획, 정책, 법률, 경영 활동 및 공공 교육을 통해 그들의 영토에 있는 모든 습지와 물 자원을 현명하게 이용하도록 실천해야 한다. 1971년 협약에서 이 개념이 처음 대두되어 1987년 COP3에서 정의 내려졌다. 이후 1999년 COP7에서 생태적인 특성이 고려된 정의로 발전하였다. 현재 람사르의 현명한 이용은 생태계가 유지되는 범위 내에서 인간의 건강한 삶(well-being)을 돕는 생태계서비스가 지속적으로 제공되는 것을 의미한다(NWC 2017). 환경부에서도 현명한 이용에 관한 습지의 혜택에 대해 국가 및 지방정책에 포함시키기 위해 지속적으로 노력하고 있다.

그림 5-21. 지역주민에게 식수원을 공급하는 장도습지(신안군). 오목한 지형의 장도습지는 도서지역 주민에 필요한 식수 제공 등의 높은 수자원적 기능을 한다.

■ 현명한 이용은 습지의 기능을 크게 7가지로 제시하고 있다.

1. 수자원 및 수문학적 기능 │ 인류는 물에 의존하는 생명체이다. 습지는 지하수 저장, 수분 함양 등의 기능으로 인류 및 야생생물들에게 생명수를 제공하는 등 높은 수자원 및 수문적 기능을 한다. 습지는 안정적인 유지용수를 제공함으로써 건강한 수변생태계를 유지시킨다. 습지는 지하수 저장고

역할을 하며 습지토양은 단위체적당 물을 머금을 수 있는 능력이 높다. 제주 동백동산은 총강수량의 67.8%가 지하수로 침투되고 있으며(Ahn and Kim 2015) 신안 장도습지는 섬주민들에게 사시사철 물 걱정 없는 환경을 제공한다(NWC 2017)(그림 5-21).

2. 수질정화 기능 | 습지는 수질정화 능력이 있다. 습지의 갈대나 부들류는 식물체 뿌리가 박테리아 성장을 촉진시키고 부유물질의 여과, 고형물질의 흡착 등의 작용으로 수질을 개선시킨다. 습지는 생물들에 의한 자체 수질정화 능력이 있는데 인위적으로 수질저감 습지 및 시설을 만들어 수질환경을 개선하기도 한다. 생태기능을 이용한 수질저감 습지는 습지규모를 조절하고 수생생물을 관리하여 동일의 자연습지에 비해 정화기능이 높다(MAFRA and KRCC 2004). 이러한 습지는 상수원 보호를 위해 용수댐 및 다목적댐 상류에 인위적으로 조성되는 경우가 많다. 인공습지에서 관리되는 갈대 부산물은 축산농가에 목초 제공, 공예품, 초가지붕의 재료 등으로 활용되는 식물자원이다.

그림 5-22. 상주 공검지(상)와 김제 벽골제의 장생거(하: 수문). 벼농사를 위해 인위적으로 조성한 오래된 저수지와 둑(제방)으로 현재는 그 원형이 많이 변형되었다.

3. 식량제공 기능 | 습지에서의 식량(쌀, 수산자원 등)제공은 인류에게 반드시 필요한 현명한 이용이다. 옛부터 선조들은 논습지를 중요하게 여겼으며 2008년 창원 람사르총회에서 논습지에 대한 중요성을 공식화하였다. 우리 선조들은 논습지의 식량생산을 위해 수리시설을 인공적으로 만들기도 했다. 우리나라에서 삼한시대에 조성한 것으로 알려진 벽골제(김제시), 공검지(상주시), 의림지(제천시)가 대표적이다(그림 5-22). 쌀은 논습지에서 생산되며 최근의 생산 방식은 관행농업에서 생물다양성 증진에 도움이 되는 친환경농업으로 변화하고 있다(Han et al. 2013). 논습지에는 매화마름(*Ranunculus kazusensis*)(그림 7-118 참조), 금개구리(*Pelophylax chosenicus*)와 같이 국가적으로 중요한 멸종위기야생생물이 서식하며 겨울철에는 철새들의 중요 채식장소로 이용된다(Choi et al. 2014b, Nam et al. 2016). 내륙 또는 연안 습지에서는 각종 어류, 게류, 조개류, 고둥류, 새우류 등 다양한 수산자원이 생산된다. 무안군의 갯벌 낙지, 보성군 벌교 여자만의 꼬막, 양양군 남대천의 연어, 고창군의 풍천장어, 하동군의 섬진강 재첩 등이 대표적

이다. 우리나라에는 서해안과 남해안에 갯벌(전남 약 42.5%, 인천시·경기 약 36.1% 등, 2018년 기준)이 넓게 발달하고 있어(MOF 2018) 수산자원의 경제적 효과가 크다. 습지가 서식처인 미나리, 연꽃(연근), 퉁퉁마디(*Salicornia europaea*, 함초 鹹草) 등은 인류에게 건강한 삶의 제공은 물론 문화적 다양성을 제공한다. 특정 지역에서는 이러한 생물종을 이용하여 지역상품을 브랜드화하기도 한다.

4. 생물다양성 보전 기능

생물다양성(biodiversity)은 인류에게 중요한 생물자원이며 습지의 기여도는 높다. 생물다양성의 가치는 무한하며 미래 기술에서 무궁한 자원이 될 수 있다. 건강한 습지는 생물다양성이 높다. 특히, 습지보호지역은 국가 생물다양성 보전의 핵심지역이다(NIER 2016). 우포늪(창녕군)은 213종의 많은 조류가 서식 또는 도래하는(남한의 조류 435종의 약 50%: Lee et al. 2000) 국내 최대의 생태계 보고이다(Park and Choi 2010). 한강하구는 습지의 건강도가 매우 높아 버드나무류 숲의 순일차생산성이 15ton/ha/yr 이상으로 다양한 생물종을 부양한다(You 2013). 이러한 습지들에 대해 최근 생태복원을 통한 생물다양성 증진을 도모하고 있다. 습지의 생물다양성은 좋은 학습교재로 이용되기도 하며 관광자원의 역할도 한다.

그림 5-23. 자연재해 완충기능을 하는 선버들림(황강, 합천군). 수변(둔치)의 버드나무류 수변림은 홍수시 유수 흐름을 효과적으로 조절하고 다양한 야생생물들에게 서식공간을 제공한다.

5. 자연재해 완충 기능

습지는 자연유수지로서 자연재해 완충 기능을 한다. 최근 하천 습지의 버드나무류 수변림은 물질순환 및 야생생물들에게 서식처를 제공하고 물흐름을 조절하는 한편, 홍수 도달시간을 지체시키는 조절자로서의 기능이 재평가되고 있다(崎尾와 山本 2002)(그림 5-23). 해안 사구습지는 염수화를 방지하는 저수조이다. 강변 홍수터는 과거 대부분 배후습지로 자연재해를 완충했으나 대부분 개발되어 그 기능이 소실되었다(그림 5-2 참조). 하지만 최근 생태치수를 위해 조성한 강변저류지들은 자연적 하천지형 구조로의 우수한 복원 사례이다(그림 5-24).

그림 5-24. 한강 우안의 여주강변저류지(여주시, 약 1.85 ㎢). 강변저류지는 큰 홍수(200년 빈도)가 발생하면 한강(남한강)의 물이 월류하여 저류지로 자연 유입되도록 하는 홍수완충 기능이 크고 동시에 야생생물들의 서식공간을 제공한다.

6. 기후변화 대응 기능 | 습지는 탄소저장고이자 온도조절장치로서 기후변화에 대응하는 기능이 있다. 특히, 지구 표면의 약 3%(학자에 따라 5~8% 또는 14%)를 차지하는 습지 이탄층의 탄소저장량은 전세계 숲의 약 2배로(Ahn and Yoon 2014) 이탄층이 건조화될 경우 온실가스인 메탄(CH_4)과 이산화탄소(CO_2), 암모니아(NH_3) 등이 대량 방출된다. 습지의 수생태계(액체)는 육상생태계(고체)에 비해 열을 저장하는 능력이 높고 열전도율이 낮기 때문에 급격한 기온 변화를 완화시키는 역할을 한다.

7. 습지의 휴양 기능 | 습지는 휴양의 좋은 생태관광(ecotour)자원이다. 생태관광은 1983년 멕시코에서 처음 사용된 용어로 관련 시장이 지속적으로 증가하고 있다. 특히, 우수한 자연경관 및 독특한 생물다양성을 내포하는 곳이 생태관광의 주요 대상이고 최근의 생태관광화는 지역의 새로운 성장모델이다. 우리나라에서는 순천만습지(그림 5-20 참조), 우포늪(그림 1-4 참조), 제주 동백동산습지, 금강하구(하류) 등이 대표적이며(그림 5-25) 습지의 지속가능성에 기초하여 개발된 곳들이다. 순천만을 찾는 관광객은 매년 증가하고 휴양의 만족도가 높다. 제주 동백동산습지가 있는 선흘마을은 국내 최초로 지정된 람사르마을이다. 이 마을은 주민 참여 및 친환경시설 및 프로그램 확대로 다양한 생태체험 등을 통해 수익을 창출하는 등 주민들의 거주 만족도가 높다(NWC 2017). 또한, 하천 습지와 관련하여 레프팅, 물놀이, 낚시, 트레킹 등은 사람들에게 휴양의 친숙한 형태이다(그림 5-26).

그림 5-25. 가창오리 군무(군산시, 금강 말단). 금강 하류부의 하천습지는 겨울철새인 가창오리(환경부 멸종위기야생생물 II급, *Anas formosa*)의 군무를 관찰할 수 있는 우수한 생태관광자원 공간이다.

그림 5-26. 하천에서의 다양한 형태의 휴양. 하천은 사람들에게 레프팅(좌: 평창군, 오대천), 물놀이(중: 문경시, 영강), 낚시(우: 구례군, 섬진강), 트레킹 등 다양한 휴양 기능을 제공한다.

제2부 식물과 식물사회 특성

　제1부에서는 하천 습지의 식물과 식물사회를 이해하기 위해 개념과 정의, 그 기초가 되는 생태환경들에 대해 살펴보았다. 이곳의 생태환경은 주기적인 맥박식의 수문주기, 범람으로 인한 강한 교란체계, 침수 또는 침수와 배수가 순환되는 독특한 토양환경, 동적평형의 역동성, 상호작용의 연속성 등을 갖는다. 제2부에서는 이러한 생태환경을 갖는 하천 습지에 경쟁보다 강한 적응력으로 살아가는 식물들의 특성과 그 속의 식물사회에 대한 내용들이다.

　제6장과 제7장에서는 하천 습지에서 발아, 생장, 개화, 번식에 대한 식물들의 전반적인 특성과 주요 식물종, 식물사회를 구체적으로 살펴보았다. 제6장에서는 환경에 대한 식물의 적응, 반응, 발달에 대한 내용을 담았다. 여기에는 습지식물을 어떻게 정의하여 분류하고 이들은 특성은 어떠한가?, 하천과 습지에서 식물 지리와 이들은 어떻게 공간 분포하는가?, 습지식물들의 진화와 적응 기작은 무엇인가?, 독특한 수문과 습지토양에서 식물들은 어떻게 적응하는가?, 식물들의 번식과 종자의 산포 기작은 어떠한가?, 하천과 습지에서의 식생천이는 어떻게 일어나는가?, 지형, 수문학적 관점이 아닌 식물학적 관점에서 습지를 어떻게 유형화하는가?에 대한 내용들을 담고 있다.

　제7장에서는 식물종과 식물군락의 이야기이다. 먼저 하천과 호소에서의 식물종다양성과 특성, 수변림의 정의와 발달, 상류-중류-하류-하구로 연결되는 유역 경관 수준에서 식물종과 식물사회의 발달 특성들을 살펴보았다. 다음으로 하천 습지에서의 버드나무류, 오리나무림, 물푸레나무림 등로 대표되는 목본성 식물사회, 갈대, 달뿌리풀, 갈풀, 물억새, 애기부들, 줄, 매자기류, 나도겨풀 등의 다년생 추수식물, 고마리, 흰여뀌, 여뀌, 돌피, 물피 등과 같은 일이년생 추수식물, 마름, 가시연, 노랑어리연 등과 같은 부엽식물, 개구리밥, 좀개구리밥, 생이가래 등의 부엽식물, 말즘, 나사말, 이삭물수세미 등의 침수식물로 이루어지는 식물사회를 기술하였다. 특히, 하천에서 수변림의 주인이 되는 버드나무류에 대해서는 세부적으로 내용을 파악하였다. 마지막으로 하천 습지에서 보호대상이 되는 가시연, 단양쑥부쟁이, 매화마름, 독미나리 등과 같은 멸종위기야생식물과 가시박, 단풍잎돼지풀 등과 같은 생태계교란식물에 대해서도 기술하였다.

습지를 대표하는 식물인 갈대(낙동강). 습지는 식물뿌리 영역에서 혐기적 조건이 형성될 정도로 충분히 침수되거나
포화되는 열악한 서식환경으로 습지식물종들은 이를 극복하는 독특한 적응 기작을 가지고 있다.

제6장
환경에 대응한
식물적응 | 반응 | 발달

Chapter | SIX

1. 습지식물의 정의와 분류, 특성

1.1 습지식물의 정의와 분류

■ 습지식물의 정의는 수리체계에 기초하지만 포괄적이기 때문에 명확한 구분이 어렵다.

습지식물의 정의 | 습지식물은 물속, 물가 또는 습한 토양에 사는 식물이라는 광역적 개념으로 수초(물풀, 水草), 습초(濕草) 등 다양한 용어로 표현된다. 습지식물(濕地植物, wetland plant, hydrophyte)에 대한 학술적 정의는 수리적인 체계(hydrological regime)에 기초한다. 습지식물은 일정기간 포화된 함수량(water content)의 결과로 산소가 결핍된 기질(토양) 상태 또는 침수된 수중에서 자라는 초본성(herbaceous) 또는 목본성(woody) 식물로 정의될 수 있다(Cowardin et al. 1979). 습지식물이라는 영어의 'hydrophyte'는 19세기 후반부터 유럽에서 정의되어 사용되기 시작하였다(Cronk and Fennessy 2001).

어려운 습지식물의 구분 | 습지식물의 토양은 뿌리 영역에서 혐기적 조건이 발생할 만큼 충분히 오래 침수되거나 포화된다. 습지식물들은 영어로 hydrophyte(습생식물), helophyte(수생식물), hygrophyte(습생식물-추수식물), aquatic macrophyte(대형수생식물), aquatic plant(수생식물), limnophyte(담수식물), amphiphyte(양서

식물), amphibious species(양서식물) 등 다양하게 표현된다(Cronk and Fennesy 2001). Warming(1909)은 처음으로 식물의 수리·수문적인 토양 선호도에 따라 식물군락을 배열하였고 생태적 등급(oecological class)으로 정리하였다(Tiner 1991, 1999). 그는 침수된 과습한(포화된) 토양인 물속에 사는 수생식물(水生植物, helophyte)과 습윤한 물가에 사는 습생식물(濕生植物, hydrophyte) 두 유형으로 구분하였다. Penfound(1952)는 육상식물과 습지식물로 구분하고 습지식물을 다시 침수식물(submerged plant)과 추수식물(emergent plant)로 분류하였다. 역사적으로 학자들의 다양한 노력과 적합해 보이는 용어의 사용에도 불구하고 습지식물(wetland plant)과 수생식물(aquatic plant) 사이에 명확한 구분은 제시하지 못했다(Cronk and Fennessy 2001). 이러한 정의의 어려움은 식생학(vegetation science)의 오래된 논쟁처럼 자연상태에서 식물들이 환경요인들에 대응해 이산(discrete)분포하지 않고 연속(continuous)분포하는 특성 때문일 것이다.

■ 수변의 육상식물을 제외하면 습지식물을 추수, 부엽, 부유, 침수식물로 구분한다.

습지식물의 유형 분류 │ 일반적으로 통용되는 학자들의 습지식물 분류는 어떠한가? 학자들은 침수 또는 포화된 상태에서 식물들이 생장하고 생산, 적응하는 방식에 따라 습지식물을 정의하고 그들의 형태를 분류하고자 하였다. 현재 생물·생태학에서 최소한의 용어 사용으로 가장 단순하게 구분한 것으로 평가되는 Sculthorpe(1967)의 분류를 많이 따른다(Cronk and Fennessy 2001). 그에 따르면 각각의 특성에 따라 습지식물을 추수식물(抽水植物, emergent plant), 침수식물(沈水植物, submerged plant), 부엽식물(浮葉植物, floating-leaved plant), 부유식물(浮游植物, floating plant)로 구분한다(그림 6-1, 6-2).

그림 6-1. 다양한 습지식물이 발달한 전경(함안군, 대평늪). 습지에는 목본-초본의 추수식물과 부유-부엽-침수식물이 공간을 달리하여 분포한다.

생활형에 따른 분류 │ 습지식물들은 서식환경에 따라 여러 형태로 생육한다. 특히, 수환경 구배에 적응하여 공간 분리된 대상(belt, zonation)분포 형태이다. 전술했듯이 공간적으로 물속과 물가에 사는 수계식물은 수생식물과 습생식물로 나눌 수 있다. 습생식물은 물가식물 또는 추수식물이라고도 하고 키가 작은 일이년생추수식물(고마리, 여뀌 등)과 키가 큰 다년

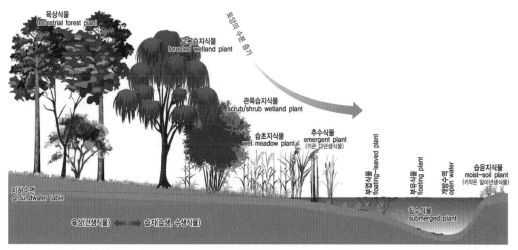

그림 6-2. 습지식물의 유형 분류. 습지식물은 토양의 수분이 증가(수위변동에 따른 영향이 증가)할수록 수생식물-추수식물-습초지식물-관목식물-교목식물로 이어지는 공간 분포가 관찰된다.

생추수식물(갈대, 줄 등)로 구분할 수 있다. 키가 작은 일이년생추수식물은 일시적으로 물이 증감하는 습윤지(약한 강우에도 침수되는 공간, 촉촉한 수분을 갖는 토양)로서 습윤지식물(miost-soil plant)이라고도 할 수 있다. 습윤지식물이라는 용어는 국내에서는 흔하게 사용되지 않으며 식생학에서의 일시식물군락(temporary plant community)으로 이해할 수 있다. 부엽식물, 부유식물, 침수식물로 구분되는 수생식물은 물속을 서식처로 하고 다양한 형태적 구조를 가진다. 거시적으로 습지에서 수분구배(水分勾配, moisture gradient)에 따른 식생분포는 수생식물대, 습생식물대, 물에 포화되지 않은 지역(둔치, 범람원, 고지 高地 등)에서는 습초지대(wet meadow)와 관목림대, 교목림대로 연속 분포한다(그림 6-2).

수분구배에 따른 식물의 출현빈도 구분 | 습지식물을 서식처 토양의 수분구배에 따라 크게 3가지 또는 5가지 유형으로 구분한다(Reed 1988, Tiner 1991, Lichvar et al. 2012, Kang et al. 2016, Choung et al. 2012, 2020, 2021). 3가지로 구분하는 경우, 포화된 습지에서 자라는 절대습지식물(obligate wetland plant), 포화된 습지에서 잘 자랄 수 있으나 다른 곳에서는 잘 자라지 않는 임의습지식물(facultive wetland plant), 일반적으로 습지 밖의 육상에서 자라나 습지에 내성이 있는 우연습지식물(occasional wetland plant)로 구분한다. 5개로 구분하는 경우, 습지에서의 출현빈도에 따라 절대습지식물(obligate wetland plant, OBW), 임의습지식물(facultative wetland plant, FACW), 양생식물(facultative plant, FAC), 임의육상식물(facultative upland plant, FACU), 절대육상식물(obligate upland plant, OBU)로 구분한다(Choung et al. 2012, 2020, 2021)(표 6-1). 우리나라에서 Choung et al.(2012, 2020, 2021)의 분류법은 미국의 습지식물목록(national wetland plant list, NWPL) 구분을 변형한 것으로 빈도 또는 약어에 일부 차이가 있다. 절대습지식물에는 수생식물과 많은 습생식물이 여기에 포함될 수 있다.

표 6-1. 습지생태계 출현빈도에 의한 전체 관속식물의 유형분류(Choung et al. 2012, 2020, 2021)

습지출현빈도 구분	약어	주요 내용	비고
절대습지식물 (obligate wetland plant)	OBW	자연습지에서는 거의 항상 습지에서만 출현하는 식물(습지출현빈도>98% 추정)	수생
임의습지식물 (facultative wetland plant)	FACW	대부분 습지에서 출현하나 낮은 빈도로 육상에서도 출현하는 식물(습지출현빈도 71~98% 추정)	습생
양생식물 (facultative plant)	FAC	습지나 육상에서 비슷한 빈도로 출현하는 식물 (습지출현빈도 31~70% 추정)	중생
임의육상식물 (facultative upland plant)	FACU	대부분 육상에서 출현하나 습지에서도 낮은 빈도로 출현하는 식물(습지출현빈도 3~30% 추정)	약건생
절대육상식물 (obligate upland plant)	OBU	자연상태에서는 거의 항상 육상에서만 출현하고 습지에서는 거의 출현하지 않는 식물(습지출현빈도 <3% 추정)	건생

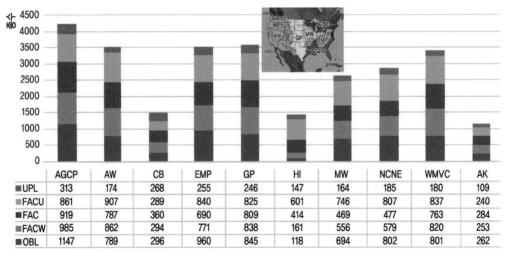

	AGCP	AW	CB	EMP	GP	HI	MW	NCNE	WMVC	AK
■UPL	313	174	268	255	246	147	164	185	180	109
■FACU	861	907	289	840	825	601	746	807	837	240
■FAC	919	787	360	690	809	414	469	477	763	284
■FACW	985	862	294	771	838	161	556	579	820	253
■OBL	1147	789	296	960	845	118	694	802	801	262

그림 6-3. 미국의 습지 지표 현황별 식물종수(2016년 조사결과). 습지를 서식처로 하는 식물종수(FACW, OBL)의 구성비가 높다(Lichvar et al. 2016, Tiner 2016)(AGCP: Atlantic-Gulf Coastal Plain, AW: Arid West, CB: Caribbean, EMP: Eastern Mountains and Piedmont, GP: Great Plains, HI: Hawaii, MW: Midwest, NCNE: Northcentral/Northeast, WMVC: Western Mountains, Valley, and Coast, AK: Alaska; OBL: 절대습지식물 obligate wetland, FACW: 임의습지식물 facultative wetland, FAC: 양생식물 facultative, FACU: 임의육상식물 facultative upland, UPL: 절대육상식물 upland).

습지식물의 종다양성 | 습지식물은 일부 예외를 제외하고는 대부분 속씨식물(angiosperm) 또는 현화식물(flowering plant)이다. 현재까지 알려진 250,000종의 속씨식물 중 약 3~5%만이 습지 환경에 적응하였

다(Cronk and Fennesy 2001). 전술의 유형에 따라 구분한 Choung et al.(2020, 2021)에 의하면 국내 관속식물(4,145종)의 18%(729종)가 습지성 식물(절대습지식물 401종, 임의습지식물 328종)로 분류된다(부록 참조). 습지성 식물은 73%가 습생식물(hygrophyte), 27%가 수중식물(aquatic macrophyte)로 분류된다. 이들 대부분은 초본성 식물이지만 4.7%는 버드나무류와 같은 목본성 식물이다. Lim(2009)은 우리나라의 습지식물(hydrophyte) 가운데 유형별로 갈대, 미나리, 나도겨풀, 줄, 검정말, 말즘, 붕어마름, 이삭물수세미, 마름, 가래, 가는가래, 좀개구리밥, 개구리밥 등이 흔하게 분포하고 한강에 109종, 낙동강에 107종, 금강에 85종, 영산강에 90종이 서식하는 것으로 연구하였다. 미국에서는 지역별 2016년의 연구에서 습지를 서식처로 하는 식물종(절대습지식물, 임의습지식물)의 구성비가 높게 나타난다(Lichvar et al. 2016, Tiner 2016)(그림 6-3).

1.2 습지식물의 유형별 특성

■ 수변의 습초지와 습윤지에는 다양한 식물들이 생육한다.

수변 습초지 | 홍수기에 일시적으로 침수되는 수변의 고지(高地, upland)에는 다양한 육상식물들이 생육한다. 식생의 단면 분포는 물가의 초본식물에서 관목, 교목성으로 이어진다. 초본식물의 습초지(wet meadow)가 형성된 공간은 연중 수차례 침수되고 벼과(Gramineae/Poaceae) 및 사초과(Cyperaceae), 국화과(Compositae/Asteraceae), 산형과(Umbelliferae/Apiaceae) 등의 식물종이 주로 우점한다. 습초지를 북미에서는 우점식물종에 따라 벼과초지(grass meadow), 사초초지(sedge meadow), 광엽초지(forb meadow)로 구분하기도 한다(Eggers and Reed

그림 6-4. 벼과초지(좌: 물억새 우점, 예산군, 무한천), 사초초지(중: 이삭사초 우점, 문경시, 돌리네습지), 광엽초지(우: 낙지다리 우점, 원주시). 우리나라에서는 전반적으로 벼과초지가 우세하게 관찰되고 다음으로 사초초지, 광엽초지의 순이다. 특히, 광엽초지는 매우 드물게 관찰되고 하천에서는 벼과초지, 소택지 등에서는 사초초지가 증가하는 경향이 있다.

2014)(그림 6-4). 벼과초지는 벼과 식물종이 우점하고 우리나라에서는 물억새, 달뿌리풀, 갈대, 산조풀, 갈
풀, 진퍼리새 등이 대표적이다. 사초초지는 사초류와 방동사니류, 고랭이류, 매자기류, 부들류 식물
종이 주로 우점하는데 우리나라에는 삿갓사초, 이삭사초, 매자기, 도루박이, 부들, 애기부들 등이 대
표적이다. 광엽초지는 낙지다리, 궁궁이, 물쑥, 부처꽃, 동의나물 등 여러 식물종이 우점하는 형태가
있다(일부 양생식물도 포함). 이러한 습초지는 식물의 생육기간 대부분 배수되기 때문에 종종 마른초본습지
(dry marsh)로 부르기도 한다(Eggers and Reed 2014). 우리나라에서는 벼과초지가 가장 빈번히 관찰되고 사초
초지는 부분적으로 관찰되고 광엽초지는 비교적 드물다.

습윤지식물 | 습윤지식물(moist-soil species)은 우리나라 습지생태 연구에 잘 사용되지 않는 용어이다. 육
상식물로 수위가 하강하는 등으로 물이 없을 때 습지의 물가에 일시적으로 자리를 잡는데 주로 일년
생 또는 일부 이년생식물과 다년생식물로 구성된다.
흔히 키가 작은 추수식물종(고마리, 흰여뀌, 물피 등)을 포함
하며 수위변동에 민감하게 반응하는 공간이기 때문에
일시출현식물군락이 발달한다. 이들은 물가의 퇴적
공간(활주사면, 댐 상부 등)에 주로 관찰되기 때문에 수위하
강종(drawdown species) 또는 개흙종(뻘종, mudflat species)(여뀌속
Persicaria spp. 등)이라고도 한다(van der Valk 2006). 수위가 하강
하는 동안 매토된 종자은행(埋土種子, seedbank)은 다양한
온도, 빛, 산소 체제와 같은 유리한 조건에 반응, 발아
하기 때문에(Leck 2003) 습윤지식물종이 이 공간을 빠르
게 우점한다(그림 6-5). 습윤지식물종은 물새(waterfowl)를
포함한 다양한 야생동물들에게 먹이와 피난처를 제공
하기 때문에 북미에서는 야생동물 보호의 주요 노력
방안으로 거론된다(Schummer et al. 2012).

그림 6-5. 습윤지식물이 우점한 경관(단양군, 충주댐 상부).
잦은 수위변동이 발생하는 댐 상부의 퇴적공간이 배수
되면 부영양 입지에서 주로 발달하는 일년생식물(물피,
고마리, 좀명아주 등)이 빠르게 종자발아하여 우점한다.

■ **추수식물은 물속 토양에서 싹이 나오는 식물로 줄기와 잎은 물밖에 있다.**

추수식물의 정의 | 추수식물(抽水植物, 정수식물 挺水植物, emergent plant)은 식물체의 아랫 부분인 뿌리는 물속
토양에 있으나 광합성 기관인 줄기의 잎과 생식기관은 물밖 공기 중에 있다. 대부분 초본성 식물이지
만 일부 목본성 식물을 포함한다. 추수식물은 다른 습지식물 유형들과 자원을 경쟁하며 대부분 수심

이 얕은 물가에서 자란다. 추수식물은 초본성 추수식물, 관목성 추수식물, 교목성 추수식물로 구분할 수 있다(van der Valk 2006). 초본성 추수식물은 갈대, 줄, 애기부들과 같이 키가 큰 형태와 질경이택사, 조름나물, 물달개비 등과 같이 키가 작은 형태로 구분할 수 있다(그림 6-6)(그림 6-2 참조). 우리나라의 습지에는 얕은물속에 생육하는 목본성 개체(버드나무류 등)들은 있으나 목본성 추수식물로 분류되는 식물종은 없다.

그림 6-6. 추수식물이 우점하는 일반적 경관(양평군, 남한강-팔당호). 수심이 얕은(1m 이내) 부영양화된 퇴적공간에 줄, 애기부들이 우점하고 있다.

추수식물의 종류 | 추수식물은 단자엽식물(외떡잎식물, 單子葉植物, monocotyledones)에 속한 과(科, family)들이 많다. 세계적으로 여러 과의 주요 식물들이 있다. 우리나라에는 벼과(Gramineae/Poaceae), 사초과(Cyperaceae), 부들과(Typhaceae), 골풀과(Juncaceae)로 분류되는 식물들이 많다. 세계적으로 목본식물은 물푸레나무속(*Fraxinus*), 참나무속(*Quercus*), 버드나무속(*Salix*), 사시나무속(*Populus*), 오리나무속(*Alnus*)에 속하는 교목 및 관목성 식물들이 많다. 우리나라의 습지식물은 대부분 버드나무속의 식물종이고 일부 물푸레나무속과 오리나무속의 식물을 포함한다. Choung et al.(2020, 2021)은 이들 목본식물들을 추수식물로 분류하지는 않았고 국내 추수식물을 110종(일년생 23종, 다년생 87종)으로 분류하였다. 우리나라에는 분포하지 않지만 맹그로브(mangrove)(그림 6-94 참조) 식물들도 여기에 해당된다.

■ 침수식물은 일생의 대부분을 물속에 잠겨 생활하는 식물을 말한다.

침수식물의 정의 | 침수식물(沈水植物, submerged plant)을 어떻게 정의하는가? 전형적인 침수식물은 개화시기를 제외하고 생활사의 대부분을 물속에서 보낸다. 대부분의 침수식물들은 물속의 토양에 뿌리를 내리지만 일부는 뿌리가 없이 물속에서 유영하기도 한다(Cronk and Fennessy 2001). 침수식물을 크게 뿌리(rooted)침수식물(나사말속, *Vallisneria* spp., 말즘, 검정말 등), 비뿌리(unrooted)침수식물(통발속, *Utricularia* spp., 통발, 참통발 등), 부착(attached)침수식물(국내 미분포, Podostemaceae)의 3가지 유형으로 구분할 수 있다(van der Valk 2006)(그림 6-6).

침수식물의 종류 | 우리나라의 대표적 침수식물은 가래과(Potamogetonaceae), 거머리말과(Zosteraceae), 검정말속(*Hydrilla*), 붕어마름속(*Ceratophyllum*) 등이다. Choung et al.(2020, 2021)은 국내 침수식물을 43종으로 분류하고 있다. 특히, 침수식물 중 해양(연안)에 서식하는 거머리말과의 식물들을 잘피(seagrass, 바다풀)라고

그림 6-7. 대표적 뿌리침수식물인 말즘(여주시, 죽당천)과 비뿌리침수식물인 참통발(태안군, 두웅습지). 말즘은 하천과 호소에서, 통발류는 우포늪과 같은 부영양 호소에서 주로 분포한다.

한다. 대부분 거머리말(*Zostera marina*)이고 해양 저서생물과 어란(魚卵, fish egg), 자치어(幼生, larva, 어린물고기)의 주요 서식처 역할을 한다. 잘피는 전세계적으로 5과 13속 60여종이 분포하고 우리나라 연안에는 최근에 2과 4속 9종이 분포하는 것으로 알려져 있다(NIFS 2021). 주변의 하천과 호소에서 흔하게 관찰 가능한 침수식물은 말즘, 검정말, 붕어마름, 이삭물수세미, 나자스말류, 나사말, 통발류 등이다.

침수식물의 특성 | 침수식물의 주요 서식처는 담수 또는 하구, 해안 등지에서 광합성이 가능한 4m 이하의 얕은 수심지역이다(그림 6-38, 6-39참조). 침수식물의 광합성 조직은 일반적으로 물속에 있다(Cook 1996). 잎은 리본 모양으로 길이 생장하거나 여러 개로 나누어지고 물의 움직임에 상처받지 않도록 줄기와 잎은 그리닌(lignin, 단단한 조직) 성분이 적어 부드럽다(그림 6-7). 잎의 특성은 빛의 이용과 용존 기체의 체내 확산을 용이하게 하고 물흐름에 대응하여 물속에서 자유롭게 움직인다(Sculthorpe 1967). 침수식물은 식물 생장에 필요한 양분을 물속과 토양에서 흡수한다. 침수식물은 번식아, 괴경, 로제트, 지하경을 만드는 등 식물종에 따라 다양한 형태의 생활형으로 개체군을 유지한다. 침수식물은 물의 투명도, 저질의 상태, 파랑(波浪, wave), 유속, 수질 등에 의해 분포가 제한된다.

■ 부엽식물은 물속 토양에 고정된 뿌리와 수면 위에 뜨는 잎을 갖는다.

부엽식물의 정의 | 부엽식물(浮葉植物, floating-leaved plant)을 어떻게 정의해야 하는가? 부엽식물은 물속 토양에 식물뿌리를 내리고 물위에 뜨는 잎을 가지는 식물로 정의할 수 있으며 토양에 식물뿌리를 내리지 않는 것이 부유식물과 구별되는 특징이다.

부엽식물의 종류 │ 세계에는 다양한 부엽식물이 서식한다. 우리나라에서는 수련과(Nymphaeaceae), 마름과(Trapaceae), 어리연속(*Nymphoides*), 가래속(*Potamogeton*) 등이 대표적이다(그림 6-8, 6-9). 주변에서 흔하게 관찰할 수 있는 부엽식물은 가시연, 마름, 애기마름, 노랑어리연, 어리연, 수련, 가래, 순채 등이다. Choung et al.(2020, 2021)은 국내 부엽식물을 31종으로 분류하고 있다. 세계에서 가장 큰 수생식물은 빅토리아수련(Amazon water lily, 부엽식물, 최대 3m 잎, 7~8m 줄기)이고 가장 작은 것은 부유식물인 좀개구리밥(minute duckweed)이다(Wikipedia 2021a). 우리나라에서는 가시연이 가장 큰 부엽식물이다.

그림 6-8. 부영양 습지에 우점하는 부엽식물인 마름. 마름은 전국의 부영양 하천의 정체수역과 호소에서 다른식물보다 빠르게 생육하여 수면공간을 우점한다.

부엽식물의 특성 │ 물위에 뜨는 부엽식물의 잎은 뿌리에서 잎자루 형태 또는 줄기와 잎으로 연결된 형태이다. 물속의 잎자루와 줄기는 매우 유연하다. 부엽식물들의 잎은 찢어지는 것을 막기 위해 가장자리가 원형, 계란형, 심장형이 많다. 또한, 억세게 질기고 딱딱한 형태로 물에 섞고 벽히는 것을 방지한다(Guntenspergen et al 1989). 잎의 기공은 육상식물과 달리 항상 열린상태로 윗면에 위치한다(Shtein et al. 2017). 물위에 뜨는 부엽과 물속의 수중엽이 다른 이형엽(異形葉, heterophylly) 형태를 가지며 수중엽은 대부분 잘게 갈라진다(Sculthorpe 1967, Choi 1985). 순채나 가시연은 성엽(成葉)이 부엽만으로 이

그림 6-9. 대표적 부엽식물인 노랑어리연. 하천과 호소와 같은 정체수역의 물가에서 잘 자라며 우리나라 남부지방에서 보다 우세하게 관찰된다. 최근에는 수질정화습지 및 생태습지에 많이 사용된다.

루어져 있다(奧田과 佐々木 1996). 추수식물 중 일부 종(*Sagittaria*속 식물)은 어린시기(juvenile stage)에 부엽을 형성하기도 한다(Kaul 1976, Maberly and Spence 1989). 흔히 부엽식물은 수온이 상승하는 5월 경에 잎이 물에 뜨는데, 종자 또는 뿌리줄기, 번식아 등으로 싹을 내어 생육한다. 부엽식물은 최대 수심 3.5m까지 생육하고 물이 빠진 곳에서 육생(陸生)형으로 생육하는 종(예: 네가래 등)도 있다. 물의 투명도, 저질, 파랑, 영양상태가 분포 제한요인이다(奧田과 佐々木 1996). 부엽식물은 pH, 수질, 수온 등 환경에 대한 내성범위가 넓은 특성을 갖는다. 수온이 상승하는 여름철 부영양화된 호소에서 마름은 입지의 총인과 총질소의 농도가 증가할수록 양적 증가가 뚜렷이 관찰된다.

■ 부유식물은 고정된 뿌리가 없이 수표면을 떠다니는 식물을 말한다.

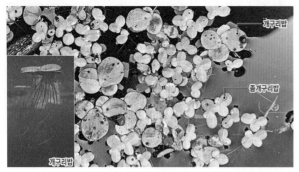

그림 6-10. 부유식물인 개구리밥과 좀개구리밥(안성시, 한천). 개구리밥(큰잎)과 좀개구리밥(작은잎)은 우리나라 습지(호소습지, 논습지 등)에서 고빈도로 관찰되는 대표적인 부유식물이다.

그림 6-11. 부유식물인 생이가래(경산시, 안심습지). 포자로 번식하는 생이가래는 양치식물로 우리나라 남부지방의 부영양습지에서 다른 식물보다 매우 빠르게 수면을 피복하는 특성이 있다.

부유식물의 정의 | 부유식물(浮游植物, floating plant)을 어떻게 정의하는가? 부유식물은 뿌리와 잎이 고정되어 있지 않고 물위(수표면)를 떠다니는 것이 주요 특징이다. 뿌리는 존재하지만 물속 토양에 뿌리를 내리지 않는다. 식물체가 수면에 떠서 생육하기 때문에 표영식물(漂泳植物, free-moving water plant)이라고도 한다.

부유식물의 종류 | 세계적으로 가장 넓게 분포하는 부유식물은 개구리밥과(Lemnaceae)의 개구리밥, 좀개구리밥(그림 6-10), 주로 남부지방에 많이 분포하는 생이가래(그림 6-11)이다. 물위를 떠다니기 때문에 개구리밥류를 부평초(浮萍草)라고도 하는데 부유식물의 특성을 잘 나타낸다. Choung et al.(2020, 2021)은 국내 부유식물을 15종으로 분류하였다. 이들은 통발속(Utricularia) 식물을 부유식물로 구분하지만(Choung et al. 2020) 일부 학자들은 비뿌리(unrooted)침수식물(van der Valk 2006) 또는 부엽식물(Shiga et al. 2020)로 구분하기도 한다.

부유식물의 특성 | 부유식물들은 바람과 물흐름에 역동적으로 움직인다. 흔히 부유식물의 뿌리는 수면 아래로 늘어져 있으며 식물에 필요한 양분의 흡수 역할만을 한다. 부영화된 호소(우포늪 등)에서 수온이 상승하는 하절기에 부유식물의 과도한 성장으로 호소가 녹색 카펫을 펼쳐놓은 것 같은 경관을 창출하기도 한다(그림 4-12 참조).

2. 식물 지리와 공간 분포

2.1 식물의 지리 분포

■ 습지식물들은 지리적으로 광역분포하는 종이 많다.

습지식물의 분포결정 인자 | 습지식물은 서식 가능한 습지생태계의 존재와 더불어 기후, 지형, 여러 환경 요인들에 의해 식물종 고유의 분포가 결정된다. Good(1931,1953)의 내성이론(theory of tolerance)에 의하면 식물의 지리분포에서 영향을 주는 중요인자는 기후요인, 토양요인, 경쟁을 통한 생물요인(분산 이동) 순이다. 즉, 습지식물은 일차적으로 위도적 위치(온도 요인), 이차적으로 강수량에 의한 물리적 요인(토양, 경쟁 등)이 작용하여 식물 고유 내성의 생태적 최적범위 내에서 공간 분포한다. 습지생태계는 내륙에서의 하천작용, 해안가의 조류(潮流, tidal current) 이동, 지진 등의 지형 변동, 댐 또는 보 등 다양한 자연, 인문적 요인에 의해 형성될 수 있다. 습지는 세계적으로 다양한 유형으로 분포할 수 있지만 유지 기작, 구성 요소별 특성 등의 환경여건이 다르다. 이러한 습지유형별 환경여건에 대응하여 고유의 습지식물들이 분포하고 식물사회가 발달한다.

광역분포종 | 지리적으로 몇 개의 대륙에 걸쳐 넓게 분포하는 식물종을 광역분포종(cosmopollitian)이라 한다. Sculthorpe(1967)는 수생식물의 최대 60% 이상이 2개 이상의 대륙에 분포하는 것으로 평가했다. 우리나라에도 흔한 갈대(Phragmites australis)가 대표적인 광역분포종이다(그림 6-12). 이 종들은 물(특히, 해류)과 철새들의 이동, 사람들의 무역 등을 통해 분포범위를 광역적으로 확장시켰다. 하지만, 습지식물들 중 단양쑥부쟁이(그림 7-117 참조), 조름나물, 물쑥, 부처꽃 등과 같이 광역분포하지 않는 경우도 비교적 많다.

그림 6-12. 광역분포하는 갈대(좌: 부산시, 낙동강 하구). 습지식물들은 광역분포하는 종이 많다.

▮ 하천 습지에는 지리적으로 제한된 분포를 갖는 습지식물도 있다.

제한된 분포 환경 ┃ 생물지리적으로 특정지역에 제한적으로 분포하는 식물종을 특산종(特産種, endemic species)이라 한다. 제한의 원인은 확산(dispersal)의 장벽, 특정한 토양이나 기후환경 등이 요구되는 식물의 생태적 특성 때문이며 산지의 이탄습지(bog 또는 fen) 등이 대표적 제한 환경이다. 우리나라는 산지에 형성된 이러한 이탄습지를 국가 습지보호지역으로 지정한 경우가 많다. 대암산의 용늪(양구군), 경남 영남알프스 산지 일대(낙동정맥 일대)의 화엄늪(밀양시)과 무제치늪(울산시) 등이 대표적이다. 이러한 습지에는 분포가 제한적인 식물종이 비교적 많다.

특산종과 제한 분포종 ┃ 식물에 제한된 환경인 산지습지는 끈끈이주걱(그림 6-97 참조), 자주땅귀개, 이삭귀개(그림 6-99 참조), 작은황새풀, 큰방울새란 등과 같은 국내에서 보호가치가 높은 식물종(멸종위기야생식물 등)의 자생지로 보전적 가치가 높다. 이러한 습지들에는 특산종의 분포도 많다. 하천성 식물인 단양쑥부쟁이(*Aster altaicus var. uchiyamae*)는 국내에서 남한강 중류 일부 지역(충주시, 여주시, 원주시 등)의 빈영양 자갈땅에 국한하여 분포하고(Lee 2020) 일본에서 단양쑥부쟁이와 유사한 생태적 특성을 갖는 *Aster kantoensis*도 일부 지역의 하천에 제한적으로 분포하고 있다(奧田과 佐々木 1996). 석회암 산지 또는 하천절벽에 주로 분포하는 측백나무(*Platycladus orientalis*)(그림 7-73참조), 개부처손(*Selaginella stauntoniana*), 동강할미꽃(*Pulsatilla tongkangensis*, 특산종)(그림 6-13), 동강고랭이(*Trichophorum dioicum*, 특산종)(그림 6-13)(그림 7-92 참조) 등은 우리나라에서 제한된 분포를 갖는다(NIBR 2014). 이 외에도 가시연(*Euryale ferox*)(그림 7-114 참조), 매화마름(*Ranunculus trichophyllus var. kadzusensis*)(그림 7-118 참조), 독미나리(*Cicuta virosa*)(그림 7-119 참조) 등 많은 식물들이 하천 습지 등에서 제한된 분포종 또는 중요종으로 취급된다.

그림 6-13. 주로 석회암으로 된 동강(정선군)의 하천절벽(하식애)에서 사는 동강할미꽃과 동강고랭이. 흔히 석회암 바위틈에 뿌리를 내려 살아가며 우리나라 특정지역에서만 국한된 제한분포를 가진다.

하천 구간별 식물분포 특성 ┃ 하천식물은 하천에 국한되어 분포하기 보다는 호소(늪) 지역에도 분포하는 경우가 많다(奧田과 佐々木 1996). 특히, 하천에서 하류구간을 분포 중심으로 하는 갈대, 줄, 애기부들, 큰고랭이 등의 식물종은 호소에서도 고빈도로 관찰된다. 하지만 상류구간이 분포 중심인 달뿌리풀, 갯버들, 돌단풍, 미나리냉이 등과 같은 식물종은 비교적 하천에서만 국한하여 분포한다.

2.2 식물의 공간 분포 유형

■ 하천 습지에서 식물들의 공간 분포에는 여러 가지 유형이 있다.

거시적 경관 수준에서의 식물 분포 │ 식물들은 어떤 패턴으로 공간 분포하는가? 하천식물들의 거시적 수준 즉, 경관생태학적 수준에서의 분포 형태는 기질(matrix), 모자이크(mosaic), 분반(patch), 대상(선, 띠 belt, 통로 corridor)의 4가지 형태로 구별된다(USDA 1998)(도움글 6-1)(그림 6-14, 6-15). 공간규모를 축소 또는 확대하면 공간 분포는 전체를 닮는 자기 유사성(self-similarity)의 형상인 카오스(chaos) 이론의 프렉털(fractal)과도 같다. 특히, 하천 환경에 적응한 우점 식물들은 일반적 환경조건에 잘 사는 넓은 분포범위를 갖는 종들이 대부분이다. 이로 인해 유사한 환경을 갖는 하천구간에서는 한 종에 의해 단일특이적(monospecific) 우점하는 형태의 경관이 형성된다. 우리나라 하천 상류구간에서는 달뿌리풀, 중류 및 하류구간의 둔치에서 물억새 또는 갈풀, 물가에서 갈대, 줄, 애기부들 등이 우점하는 경관을 쉽게 볼 수 있다. 일본의 하천에서도 단일특이적 특성을 나타낸다(奥田과 佐々木 1996). 이러한 단순우점 형태를 기질 분포라고 한다. 반면, 물리적 교란이 일정하고 상대적으로 안정된 호소 또는 유속이 느린 하류구간에서는 점진적 환경구배(environmental gradient)에 따라 식생은 대상 형태로 분포한다. 하천 환경은 드물고 대규모의 교란(범람, 홍수)이 있는 지형과정(geomorphic processes: 범람, 큰 도목, 하도 이동 등)으로 무작위로 교란된 공간에는 식생의 모자이크 또는 분반의 경관이 형성될 수 있다(Suzuki et al. 2002)(그림 6-15).

경관의 이질성과 식생 분포 │ 경관 수준에서 자연 교란은 서식환경의 이질성(heterogeneity)과 지위(niche)

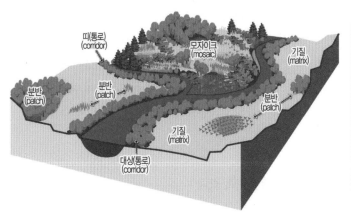

그림 6-14. 하천 습지에서 식생 공간 분포 유형(USDA 1998). 식생의 공간 분포는 형상에 따라 크게 4가지 형태로 구분된다.

> [도움글 6-1] **경관 수준의 하천 습지의 식생 분포**
>
> (1) 기질(바탕, matrix): 하천 내에서 동일 유형의 식물군락이 연결되어 넓게 최우점하는 형태이다. 거시적 경관 수준으로 보면 삼림 및 농경지가 이에 해당된다.
>
> (2) 분반(조각, patch): 비선형의 다각형 구조로 기질 내에 소규모 조각 형태로 식생이 분포하는 형태이다.
>
> (3) 대상(선, 띠 belt, 통로 corridor): 분반 형태가 연결된 선상 구조로 하천에서는 물길과 수평으로 분포하는 형태이다.
>
> (4) 모자이크(쪽무늬, mosaic): 충분히 우점하는 기질 식생이 없고 다양한 분반 형태가 뒤섞여 있는 형태이다.

그림 6-15. 우리나라 하천식생의 전형적 공간 분포(이천시, 복하천). 둔치에는 기질, 수로를 따라 대상, 교란이 빈번한 공간에는 모자이크 또는 분반 형태의 분포가 많다.

그림 6-16. 미시적 수준에서 식물 분포 형태(태안군, 두웅습지). 토양의 수분 환경구배가 고른 호소에서는 습지식물이 집중분포(cf. 대상 또는 기질)하고 비규칙적 교란이 발생하는 하천에서는 집중분포(cf. 선, 기질) 또는 임의분포(cf. 모자이크, 분반)하는 형태가 많다.

의 다양성을 창출한다. 이를 통해 식물의 공간 분리가 일어나고 종다양성과 식생 분포의 유형들이 형성된다. 충적림(alluvial forest)에 관련된 식물종의 생태적 공간 분리에서 미세규모의 환경구배의 역할이 중요한데 9종의 버드나무류가 라인(Rhine)강 상류에 근접하여 공존한다. 이들 식물종들은 토양 산도, 퇴적물 입자 크기, 서식지 안정성 및 지하수 수준 등의 구배를 따라 분리된다(Ward et al. 2002).

미시적 수준에서의 식물 분포 │ 거시적 수준에서 개체들이 집중분포하지만 미시적 수준에서 개체들은 규칙분포(regular pattern), 임의분포(random pattern), 집중분포(clumped pattern)하는 형태로 구분 이해할 수 있다(Molles 2008)(그림 6-16). 주요식물들은 주로 영양번식체(vegetative propagule)로 번식하여 우점하는 특성으로 집중분포하는 형태와 종자로 번식하여 일부 임의분포하는 형태가 많다. 단일특이적인 우점식물들은 집중분포하는 형태를 갖는다. 하지만, 습지식물이 종자번식하더라도 일제히 발아하여 집중분포하는 형태가 관찰될 수 있다. 버드나무류(선버들, 버드나무 등)가 봄철에 많은 종자를 산포하여 수변의 적습한 나지공간에서 일제히 발아하는 경우이다. 흔히 하천에는 교란(범람)으로 모자이크 또는 분반 형태의 식생경관과 식물의 임의분포 형태가 빈번히 나타날 수 있다.

■ 식생의 횡단적 분포는 수위변동과 밀접하게 연결되어 있다.

식생의 횡단적 대상 분포 │ 습지에는 횡단적으로 수위변동에 따라 점진적 환경구배가 형성된다. 식생의 횡단분포는 수문체계와 강하게 연결되어 있는데 하도에서 제방 방향으로 범람의 빈도와 강도가 감소한다. 이로 인해 하천식생은 대상(帶狀, zonal)분포가 뚜렷하게 관찰될 수 있다(그림 6-17). 동북아시아 냉온대지역에서 하천식생의 대상분포는 물속에서 제방쪽으로 무식물대(plankton zone), 초본식물대(herb zone), 관목림대(shrub zone), 연목림대(softwood zone), 경목림대(hardwood zone)로 이어진다(Lee 2005d)(표 7-7, 그림 6-2, 7-17 참조). 호소에서는 점진적 환경구배(수분포화도)에 따른 식생의 대상분포가 보다 뚜렷하게 나타난다.

그림 6-17. 하천식생의 횡단적 대상분포(인제군, 내린천). 횡적으로 비교적 뚜렷히 구별되는 식생의 대상분포가 관찰된다.

수위변동폭에 따른 식생 분포 | 호소는 하천에 비해 수위변동이 수직적이기 때문에 상대적으로 입지가 안정되어 식생의 대상분포가 뚜렷하게 나타난다. 수위변동폭이 거의 없는 호소의 가장자리에는 관목림이 형성되지만 수위변동이 잦은 지속적인 교란이 발생하는 장기간 수위변동폭이 있는 호소의 가장자리에는 수생식생(aquatic)-초본습지(marsh)-습초지(wet meadow)-관목식생(shrub)의 증가된 식생대가 형성된다(Keddy 2000)(그림 6-18). 우리나라 호소의 수위변동은 장기간의 수위변동폭을 가지나, 미미한 경우가 많아 식생 유형의 다양성이 감소하는 경우가 빈번하다. 하천의 물흐름은 상류에서 하류 방향으로 강한 수평 이동을 하기 때문에 호소보다는 식생 분포가 복잡한 형태로 나타난다. 특히, 하천에서 활주사면의 충적지에는 호소에서의 장기간 수위변동 폭과 유사한 식생 분포가 형성될 수 있다.

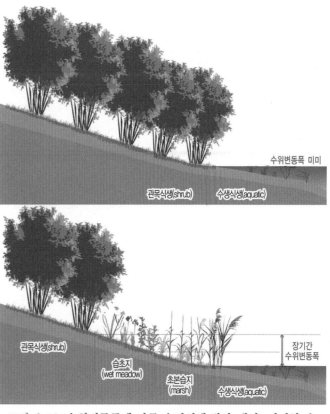

그림 6-18. 수위변동폭에 따른 수변식생 발달 개념. 미미한 수위변동폭의 호소습지 가장자리는 2개(상), 장기간 수위변동폭이 형성되는 호소습지는 4개(하)로 구별되는 식생대가 발달한다.

3. 습지식물의 진화와 적응

3.1 습지식물의 진화와 생태학적 반응

■ 관속식물의 진화는 물에서 육지로, 일부는 다시 물이 지배하는 습지에 적응했다.

육상에서 다시 습지로의 적응진화 │ 식물의 진화에 대한 연구는 습지식물에 대한 규명이 일부 존재하지만 육상식물에 치우쳐 있다. 명백한 사실은 수계의 녹조류(green algae)에서 진화한 육상식물에서 습지식물이 진화했다는 것이다(Cronk and Fennessy 2001). 현재 바닷물에 완전히 잠겨 생존할 수 있는 유일한 속씨식물은 잘피(seagrasses)로 주로 거머리말속(*Zostera*) 식물종이다. 육상 식물체의 구조들은 체내에 물이 이동하는 시스템(뿌리, 유관속 조직 vascular tissue), 수분 손실의 최소화(기공 stomata, 큐티클 cuticle), 식물체를 지탱(섬유소 cellulose, 리그닌 lignin)하는 형태로 진화하였다. 흔히 육상식물은 혹독한 날씨와 중력에 견디기 위해 단단한 세포벽을 가지고 있다. 굴중성(屈重性, gravitropism)은 굴수성(屈水性, hydrotropism)과 굴광성(屈光性, phototropism)과 함께 수계에서 육상으로 진화한 것으로 여겨지는 특성이다. 육상식물은 더 이상 물을 자유롭게 이용할 수 없고 새로운 환경에서 영양분을 찾고 평형세포(statocyte)와 같은 새로운 감각 기능을 발달시키는 진화를 했다(Najrana and Sanchez-Esteban 2016, Vries and Archibald 2018). 육상에 정착한 식물들은 이후 다시 습생의 서식처(하천, 호소)로 적응방산(適應放散, adaptive radiation)하였다. 육상식물들이 진화하고 다양화되면서 여러 습지유형들이 나타나기 시작했다. 최초의 습지는 데본기 중기(mid-Devonian)에 발달했고 이후 여러 형태의 습지 형성과 더불어 습지식물들이 진화했다(Greb et al. 2006). 이러한 진화 방향의 해석은 화석적 증거들의 제시와 더불어 여러 진화적 사건들에 근거한다(Ingrouille 1992).

육상식물과의 유사성 │ 일반적으로 대형수생식물들(macrophytes)은 일반 해부학적 구조, 형태학 및 생리학에서 육상식물의 조상과 유사하다(Sculthorpe 1967, Cronk and Fennessy 2001). 대형수생식물들은 특히, (1) 잎에서 뿌리까지 기체공간연속체(gas-space continuum), (2) 이형엽(heterophylly), (3) 영양생식 생장(복제생장, clonal growth)의 특성이 있다(van der Valk 2006). 이 특성들은 무산소 토양 및 수위변동이라는 습지의 악조건에 식물이 뿌리내려 생존할 수 있는 근원이다. 물밖에서의 수생식물 개화, 곤충 또는 바람에 의존한 수분(受粉, pollinaion), 구조가 잘 발달된 조직(tissue) 등은 육상식물이 가지고 있는 대표적 특성들로 습지식물의 진화 방향에 대한 증거들이다(Moss 1988, Guntenspergen et al. 1989). 하지만 일부 부유식물 또는 침수식물들은 육상식물의 특성을 잃어버리기도 하였다(Cronk and Fennessy 2001). 최근에는 습지의 독특한 환경조건에 대처하는 식물들의 적응진화는 개체 또는 군집 수준의 연구에서 생리학적 연구를 통한 구체적 규명으로 변화하고 있다(Blom and Voesenek 1996).

육상식물에서 침수식물로의 구조적 적응 | 육상식물은 습지식물 중 침수식물과 뿌리, 잎, 목질부, 큐티클, 기공 등의 식물체 부분에서 기본적 유사성이 있거나, 변화된 적응진화를 하였다(Cronk and Fennessy 2001)(표 6-2). 물과 영양염류를 육상식물은 뿌리털과 균근(菌根, mycorrhiza)으로 토양에서 흡수하고 침수식물은 뿌리와 싹(shoot)으로 물속과 토양에서 흡수한다. 잎은 육상식물이 보다 두꺼우며 침수식물의 잎은 빛, 용존기체 및 용존영양염류에 대한 접근성을 극대화시켰다. 침수식물은 목질부의 양과 목질화(lignification) 정도가 훨씬 낮고 큐티클이 보다 얇으며 수분 손실에 대한 우려가 없다. 침수식물은 일반적으로 잎에 기공이 없으며 공기 공간이 많아 부력과 식물체에 증가된 기체 수송이 이루어진다.

표 6-2. 육상식물에서 침수식물로의 진화에서 식물 구조의 기본적 유사성과 변화들(Cronk and Fennessy 2001)

식물체 부분	육상식물의 기능	침수식물의 기능
뿌리 (root)	뿌리는 식물을 토양에 고정, 뿌리털과 균근으로 물과 영양염류를 흡수, 많은 양의 물이 필요함(식물체 건조중량 100g물/g)	뿌리는 식물고정과 영양염류 흡수, 싹에서 물속의 물과 영양염류를 흡수하지만 영양염류는 대부분 토양에서 흡수함
잎 (leaf)	다층으로 두꺼움, 광합성 활성세포는 엽육의 표피 또는 표층 바로 아래에 위치	침수엽은 1~3개층 두께의 광합성 활성세포가 표피에 집중되어 빛과 용존기체, 용존영양염류에 대한 접근성을 극대화
목질부 (木質部, xylem)	목질부는 물과 영양염류를 싹으로 이동시키는 경로, 목질화된 세포벽은 중요한 구조적 요소, 물 대부분은 증산으로 손실	목질부의 양과 목질화 정도가 훨씬 감소되어 있음, 물이 싹을 둘러싸고 있기 때문에 증산으로 인한 물의 손실이 없음
큐티클 (cuticle)	큐티클(방수/발수층)은 모든 세포벽/기체상 계면, 특히 싹의 외부 표면에서 발생, 식물 표면을 통한 수분 손실을 제한함	흔히 큐티클은 얇고 영양염류와 수분 흡수에 대한 중요한 장벽이 아님
기공 (氣孔, stomata)	기공(환경 및 내인성 신호에 따라 달라질 수 있는 표피 개폐구)은 기체 교환을 제어함	기공은 침수 새싹에서 드물게 발견, 일반적으로 침수 잎에는 기공이 없음, 용존기체는 확산을 통해 식물체에 유·출입
세포간극 (細胞間隙, intercellular)	기체 공간은 이산화탄소 분배와 키가 큰 식물의 성장을 허용함, 빛에 대해 경쟁할 때 이점을 제공함	공기 공간은 육상식물보다 훨씬 많은 부피를 차지함, 부력과 식물체 내에서 증가된 기체 수송을 제공함

■ 침수환경을 극복하기 위해 습지식물들은 다양한 방식으로 적응진화하였다.

진화의 대표적 증거 | 습지라는 환경에 식물체가 적응, 진화하기 위해서는 여러 생리적, 형태적 변화가 불가피하다. 특히, 고등식물들은 염분과 무산소(anoxia) 또는 저산소(hypoxia) 조건에서 기관(organ)과 조직(tissue) 체계의 진화적 적응을 하였다(Mitsch and Gosselink 2007). 홍수에 민감한 육상식물들과 달리 수생 또는 습생식물들은 홍수에 견디는 여러 가지 적응력(적응기작)을 가지고 있다(표 6-3). 이에 대해 하술에 간략히, 후술에 보다 세부적으로 기술한다.

표 6-3. 습지식물의 진화생태학적 주요 적응들

1. 구조 및 형태적 적응	호르몬(에틸렌 등)에 의한 활성 변화 촉진
a. 통기조직(aerenchyma)	습지식물 뿌리의 60%(cf. 육상식물 2~7%), 공극율 증가, 기체교환 강화
b. 특이 기관 또는 반응	산소(호흡) 이용을 높이기 위한 방향으로 적응
1) 부정근(adventitious root)	혐기대(anaerobic zone) 위에 다공성 뿌리 발달, 흔히 피목에서 생성
2) 줄기신장(stem elongation)	호기적 환경으로 줄기의 빠른 생장 촉진
3) 피목(lenticle)	무산소대(anoxic zone) 위 줄기 피목의 작은 구멍으로 물에 잠긴 뿌리로 산소를 15~18%까지 유지(예: 맹그로브림)
4) 통기근(pneumatophore)	사이프러스(cypress)의 슬근(무릎모양뿌리, knee), 맹그로브의 빨대(straw) 구조
c. 가압기체흐름(pressurized gas flow)	수동확산(passive diffusion: 농도차), 가압기체흐름(pressurized gas flow: 압력차), 물 속 기체교환(식물조직), 벤추리유도대류(venturied-induced convection: 풍속) 등을 통한 기체 교환(흐름) 강화
2. 생리적 적응	대사적 변화 및 식물 기관을 통한 적응
a. 혐기호흡(anaerobic respiration)	혐기성 호흡시 에탄올(뿌리에 독성 작용) 환원촉매유도효소(ADH) 증가로 에탄올 축적 제어, 세포의 pH 감소 등
b. 말산생산(malate production) 등	비독성 유기산 축적으로 에탄올 생성 감소, 에탄올 대신 독성이 낮은 말산의 생산, 대사의 일정속도 지속 기능
c. 뿌리폭기(aeration) 효과	산소가 근권으로 유출→용해성 환원금속(침전, 해독 원인) 감소, 대사 영향이 없는 기관으로 흡수금속 격리, 높은 대사적 내성범위 가짐
d. 물흡수(water uptake)	수분과 관련된 대사 유지(혐기환경 비내성 식물종 반응: 식물뿌리 침수→수분 흡수 감소→잎 기공 폐쇄 및 증발산과 광합성 감소→고사)
e. 영양염 흡수(nutrient absorption)	산소와 결합한 영양염류(N, P, Fe, Mn, S) 흡수로 대사 유지
f. 염분스트레스(salt stress) 적응	염분은 삼투압 구배로 식물세포에서 수분 소실, 수분 스트레스와 유사 선택적 배제(exclusion), 분비기관(secretory organ)→나트륨 조절
g. 광합성(photosynthesis)	일부 습지식물은 C_4경로(주로 건조지 생육 식물, 탄소의 높은 가용성) 사용 등
3. 생식(reproduction)	유성생식 감소, 뿌리줄기(rhizome), 기는줄기(stolon) 등의 영양번식
4. 종자발아(seed germination)	홍수기를 피한 개화와 결실, 번식아 생산, 부유종자 생산

구조 및 형태적 적응 | 습지식물은 침수된 토양환경에 견디기 위해 구조 및 형태적 적응을 하였다. 식물은 통기조직(通氣組織, aerenchyma) 발달, 부정근(不定根, adventitious root) 형성, 줄기신장 등과 같은 특이 기관의 형성 또는 반응, 가압기체흐름(pressurized gas flow) 등의 특특한 기체흐름이 대표적인 적응이다(Cronk and Fennessy 2001, Mitsch and Gosselink 2007). 산소가 부족한 환경에서 체내에 공기를 저장할 수 있는 통기조직과 식물뿌리와 토양 사이의 산소 확산은 산소가 부족한 습지환경에 매우 효과적이다. 부정근은 침수되었을 때 수면 위의 공간에서 형성되는 새로운 뿌리이다(그림 6-47 참조). 통기근(通氣根, 호흡근, pneumatophore)(그림 6-45 참조)과 피목(皮目, lenticle)(그림 6-46 참조)도 적응진화의 대표적 사례이다. 통기근은 땅속에서 지표를 뚫고 뿌리혹처럼 땅위로 나온 뿌리로 습지식물의 뿌리호흡을 원활하게 한다. 우리나라에 자생하는 습지식물에서 통기근을 갖는 형태는 없으나 식물원에 식재한 낙우송(*Taxodiun distichum*)에서 통기근을 관찰할 수 있다(그림 6-45 참조). 이 외에도 이형엽(異形葉, heterophyll), 다육성(succulent) 줄기 및 뿌리, 뿌리의 목질화(lignification)와 코르크화(suberization) 등이 있다.

생리적 적응 | 홍수에 민감한 식물은 에탄올(ethanol) 축적으로 뿌리세포가 죽을 수 있어 에탄올의 과도한 축적을 피하기 위해 증산 흐름, 유출로 식물체 밖으로 에탄올을 방출시킨다. 또한, 에탄올보다 독성이 낮은 말산(malate), 젖산(lactate) 등을 생산하여 에탄올 생성을 감소시키고 비독성 유기산을 대신 축적하는 등의 생리적 적응을 하였다(McManmon and Crawford 1971, Pezeshki and DeLaune 2012). 이와 같이 습지식물은 침수된 환경에서 독성 생산을 최소화하거나 혐기성 호흡(anaerobic respiration)을 하는 등의 기작을 가지고 있다. 호흡의 혐기성 해당과정(glycolysis, 당분해 과정)은 피루브산(pyruvate)이 젖산으로 환원될 때 NADH(nicotinamide adenine dinucleotide: NAD + hydrogen: H)를 산화시키고 이를 재산화(reoxidation)하는데 산소를 필요로 하지 않기 때문에 이 경로를 혐기성이라 한다. 또한, 산소와 결합한 영양염을 이용하거나 나트륨의 선택적 배제와 분비기관을 통한 배출, 삼투압 구배로 식물세포의 수분 조절 등 식물체 내의 염분 및 영양염 흡수를 조절한다. 토양이 침수되면 습지식물들은 에틸렌(ethylene) 생산이 증가한다(Tiner 1999). 일부 습지식물은 아열대식물에서 주로 관찰되는 C$_4$경로의 광합성을 한다. 식물의 광합성에서는 C$_3$경로가 일반적이다. C$_4$경로로 탄소를 고정하는 식물은 다른 식물보다 이산화탄소를 보다 효율적으로 사용할 수 있다. C$_4$경로를 사용하는 식물들은 하천의 건조한 중류구간에서 주로 관찰되며 주로 벼과(Gramineae/Poaceae), 사초과(방동사니과, Cyperaceae), 명아주과(Chenopodiaceae) 등의 식물들이다(Lee 2005b).

기타 번식적 적응 | 많은 습지식물들은 유성생식은 감소시키고 영양번식은 강화한 특성이 있다. 우리나라 하천의 대표적 우점종인 달뿌리풀, 갈풀, 물억새가 하천토양 내의 종자은행(seedbank)에서 관찰되지 않는 것(Cho et al. 2018)에서 이러한 번식적 특성을 잘 보여준다. 시기적으로 홍수기를 피해 개화 결실하고 번식아(turion) 및 부유종자를 생산하여 번식하기도 한다. 많은 습지식물들은 수분포화기간

(hydroperiod)에 맞추어 결실하여 물을 이용한 산포 전략을 갖는 등 수리환경에 적응하였다(그림 6-68 참조). 이 외에도 물속에서 종자발아, 태생종자(胎生種子, viviparous seed; 맹그로브류) 생산, 범람기에 생장휴면(growth dormancy), 뿌리 재생(再生, regeneration), 뿌리 및 잎자루 신장, 상부토양에서 균근과 공생, 오래사는 종자, 줄기 또는 뿌리 생장방향의 변경, 화본과(禾本科, gramineae) 식물에서 초엽(鞘葉, coleoptile)의 확장, 줄기마디의 싹(bud)에서 휴면이 타파되는 등의 적응진화 특성이 있다(Tiner 1999).

■ 적응과 종분화의 진화는 현재진행형이고 단기적 탄력성과는 구분된다.

범람 환경에서 식물의 탄력적 적응 │ 식물과 동물들은 홍수 또는 가뭄에 살아남기 위해 생활사(life history), 행동(behavioral) 및 형태(morphological)의 적응 모드를 선택하는 경향이 있다(Lytle and Poff 2004). 습지식물을 포함한 물속생물들은 장마(또는 건조) 전후에 맞춰 생활사를 완성하는 회피 전략을 갖는다. 특히, 식물은 기관별 생체량의 시기적(시간적) 배분과 관련한 형태적 적응을 한다. 습지식물들은 장마와 같은 범람 스트레스가 적응진화의 강력한 원동력이 된다. 습지에서 수문(수위변동)에 대응한 식물들의 단기적 탄력성(short-term resilience)은 다양한 서식처에서 성공적인 생육과 정착을 가능하게 하는 중요한 특성이다(Jackson and Colmer 2005).

> **[도움글 6-2]**
> **지역적 변이인 생태형(ecotype)**
>
> 습지에는 지속적인 교란(disturbance)과 스트레스(stress)로 적응력이 강한 생물종들이 주로 생육한다. 동일종일지라도 생육지의 국소적 환경조건에 적응한 지역적 변이인 생태형으로 관찰되는 경우가 많다. 이 식물체들은 형태적 변이(variation)가 심해 동정(identification)이 어려울 수 있다.

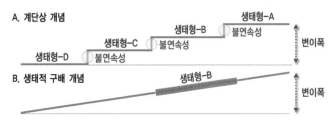

그림 6-19. 생태형의 두 유형(Barbour et al.(1998) 수정). 생태형은 명확히 구분되는 불연속성의 계단상 개념이 아닌 연속적인 생태적 구배로 이해해야 한다.

자연선택과 생태형 │ 습지식물이 홍수에 내성을 갖는 결과로 유전형 또는 표현형 차이가 있는 별개의 개체군이 존재하는 것은 명백한 사실이다(Crawford and Tyler 1969, Tiner 1991, 2016). 식물종 수준에서 개체군들은 환경 요구 사항이 정확히 동일하지 않고 침수 또는 범람 정도에 대한 내성이 다를 수 있다(Tiner 2016). 많은 학자들은 서식처에서 선택적 압력이 존재하는 습지식물의 생태형(生態型, ecotype)에 대한 중요성을 강조하였다(Turesson 1925, Braun-Blanquet 1932, Daubenmire 1968). 표현형적 유연성은 역동적으로 변하는 수문환경에 대한 습지식물의 빠른 대응전략이다. 습지식물은 범람 내성으로 다양한 표현형적 특성을 보이는데 일부 식물종은 새싹 신장으로 침수에 반응한다(George et al. 2012). 흔히 식물들은 주로 개화기간, 형태, 생장 분배 및 속도의 조절로 범람에 대응한다. 이에 적응 못하는 개체들은 격리되는 자연선택(natural selection) 압력으로 작용한다(Barret et al. 1993). 이는 진화생태학에서 종분화(種化, speciation) 과정으로 설명되는 생태형의 개념으로 이해할 수 있다(도움글 6-2). Lee and Yang(1993)은 우리나라에 서식하는 갈대를 염분환경에 따라 크게 염습지형, 유수형, 기수형으로 구분하였고 이를 생태형으로 이해하였다. Herden and Friesen(2019)은 산형과(Apiaceae)의 일종인 *Helosciadium repens*의 수생과 육생의 형태 및 생태학적 차이가 환경조건에 적응한 생태형이 아닌 일시적인 표현형적 가소성(phenotypic plasticity)의 결과임을 제시했다. 흔히 하천 습지에서 입지 환경에 따라 식물종별 형태적 변이 폭은 비교적 크게 나타나는데 표현형적 가소성(단기적 탄력성)인지 생태형인지 구분할 필요가 있다. 생태형은 상호 구별되는 유전적 변이와 서식처의 특이성 등에 기초한다(Turrill 1946). 하지만 자연계에서 발생하는 생태형은 계단상으로 불연속 분포하지 않고 연속적인 생태적 구배(生態的勾配, ecocline)로 변하기 때문에 명확한 구별이 어렵다(Barbour et al. 1998)(그림 6-19). 따라서 현대 식물생태학에서 환경지표로 식물종을 사용하는 것에는 한계로 작용할 수 있다(Tiner 2012).

■ 하천 습지 식물들은 거칠고 침수되는 환경에서 강한 적응력으로 살아간다.

식물의 환경저항성 | 하천과 호소의 식물들은 주어진 입지의 환경 특성에 대응한 다양한 전략으로 적응하였다. 식물들은 내습성(부들, 줄 등), 내염성(갈대, 새섬매자기 등), 내건성(쑥 등), 맹아성(버드나무 등) 등의 고유의 생리·생태적 특성을 가진다. 식물들은 진화하는 동안 다양한 스트레스 조건에 저항하는 광범위한 기작을 개발했는데, 무기영양염류(mineral nutrients)가 중요한 역할을 하는 것으로 인정하고 있다(Amtmann et al. 2008, Marschner 2012). 스트레스에 대한 환경저항성에 대해 칼륨(K) 등이 중요한 역할을 한다(Wang et al. 2013). 특히, 하천에 서식하는 식물들은 불규칙하게 교란받는 수문환경에 적응하는 전략이 있다. 이 전략은 매우 특별하고 좁은 서식공간과 자원을 요구하는 특별식물종(specialist species)보다는 일반적이고 넓은 서식환경에 생육하는 일반식물종(generalist species)들이 갖는 특성이다. 경쟁보다는 적응이 우선시되는 불안정한 하천과 호소의 스트레스적인 침수환경 특성 때문에 여기에 우점하는 주요 식물들은 환경저항성이 강한 일반식물종들로 구성된다. 환경에 대해 내성범위가 좁거나 자원이 제한되는 특별식물종들이 하천 습지공간에 제한적으로 분포하는 경우가 적은 이유이기도 하다.

거친환경에 적응한 하천식물 | 자연계의 식물들은 환경특성의 총합에 대응하여 그 생태적 분포범위(ecological amplitude)가 결정된다(Becking 1957). 하천식물들은 기후(온도, 강수량) 요인을 배제하면 거시적으로 하천의 물리적 특성에 지배받는다(奧田과 佐々木 1996, Lee and Kim 2005). 호소의 경우도 지배받는 물리적 특성과

그림 6-20. 하천의 거친환경에서 빠른 식생 변화(용인시, 한천, 좌에서부터 장마 이전→장마 이후→이듬해 장마 이전). 하천의 지형변화(2020년 집중 강우로 식생이 대부분 파괴됨)는 매우 역동적이기 때문에 그에 대응한 적응이 강한 식물종들은 매우 빠르게 성장, 우점하는 등의 종구성 및 점유의 공간 변화가 관찰된다.

강도가 하천과 다르지만 하천과 연결되어 있음을 인식해야 한다. 하천은 홍수나 범람으로 미소환경의 변화가 크기 때문에 다른 생태계에 비해 관찰되는 식물군락도 다양하고 복잡한 패턴으로 나타난다(Naiman et al. 1998). 특히, 하천 내에서 하도에 가까운 낮은 지형공간은 잦은 수위변동에 역동적으로 변하고 식물사회 역시 지형변화에 따라 빠르고 역동적으로 변화하고 발달한다(그림 6-20). 변화된 하천지형에서 적응력이 강한 식물종은 퇴적물 내의 매토종자(埋土種子, buried seeds) 또는 영양번식체로 매우 빠르게 발아, 성장, 우점한다. 이와 같이 하천의 식물종과 식물사회는 비교적 다양하고 역동적인 거친환경에 적응적인 생활형(형태, 생리, 생장, 생존, 생산 등)의 구조로 진화하였다. 우점식물들은 경쟁(competition)보다는 주어진 환경에 적응(adaptation)한 종들이다. 우리나라와 같이 하절기에 집중되는 강우패턴, 게릴라성 집중강우는 하천식물의 서식에 매우 불리한 조건이다. 이러한 거친 하천 습지 환경에서 갯버들, 달뿌리풀, 선버들, 물억새, 갈풀, 갈대 등은 매우 잘 적응한 식물종들이다.

넓은 내성범위 | 우리나라는 강수가 특정시기에 편중되는 대륙성 기후 지역으로 강수가 고른 해양성 기후 지역에 비해 하천 환경의 변동성이 크다. 계절적으로 강수량이 불규칙하고 여름철에 편중되어 연간 환경조건의 변동 폭은 크고 급변한다. 하천과 호소의 식물들은 이러한 환경에 적응해야 하기 때문에 환경요소에 대한 내성범위가 비교적 넓다. 갈대, 줄, 세모고랭이, 새섬매자기 등은 담수습지에서 염습지에 이르기까지 염도(鹽度, salt density)에 대한 분포범위가 비교적 넓다. 하천 습지에서 달뿌리풀, 갈대의 경우 물속, 물가, 둔치 등 수분조건에 비교적 넓은 분포범위를 갖는다. 갈대는 비교적 건조한 제방에서 과습한 물속에 이르기까지 수분에 대한 분포범위가 넓은데 지하줄기(뿌리부)의 깊이 등으로 제한된 수분환경을 극복한다(Lee and Ahn 2012)(그림 3-27, 6-52 참조).

3.2 생물다양성과 자원경쟁

■ 하천에서 교란에 대응한 생물다양성은 흔히 중류구간에서 높게 형성된다.

중류구간의 높은 생물다양성 │ 하천에서 생물다양성은 어느 구간이 높게 나타나는가? 연평균수온은 하천차수가 증가하는 하류로 갈수록 높아지는 경향이 있지만 일중 온도 변화는 중류구간이 가장 크다(Allan 1995)(그림 2-33 참조). 이는 중류구간의 수생생물이 수온 변화에 대한 적응력이 가장 높다는 것을 의미한다. 지형적으로 퇴적작용과 침식작용이 공존하는 중류구간은 상류구간과 하류구간의 특성을 동시에 가질 수 있다. 중류구간은 상·하류 환경의 공존성으로 물속생물들도 상류구간과 하류구간에 서식하는 생물종이 공존할 수 있고 중류구간에만 서식하는 생물종을 포함하기 때문에 종다양성이 높게 형성된다. 저서성 대형무척추동물(Ward 1998)과 어류의 경우(Suryaningsih et al. 2018)에도 유사하지만 일부 연구들은 하천 특성에 따라 다른 경향을 나타내기도 한다(Paller et al. 2013, Soo et al. 2021).

하천식물의 생물다양성 특성 │ 하천식물(식물사회)도 상대적으로 환경조건이 다양한 중류구간에서 다양성이 높게 나타난다. 자연 상태의 중류구간은 상류와 하류구간에 비해 생물 서식환경의 다양성이 보다 높기 때문에 종다양성이 높게 나타나는 것이다. 일반적으로 하천에서 식물종다양성은 하류구간으로 갈수록 증가하는데 중류역의 산록 완사면 퇴적구간에서 가장 높다(Naiman et al. 2005). 하천에서 식물종다양성은 제한된 하천구간(constrained river reach) 하류에서 증가하는 반면, 망류구간(braided reach)은 상대적으로 다양성이 낮고 사행구간(meandering reach)은 높은 특성이 있다(Ward 1998). 하천 횡단적으로 수변 초지에서의 식물학적 다양성은 수문체계 및 토양의 산화환원 상태의 급격한 환경구배와 밀접한 관련이 있는 것으로 분석하기도 했다(Dwire et al. 2006).

토양환경과 식물 생산성 │ 굵은 입자의 퇴적물 지역(하천 중류와 상류구간)에서 수분 및 영양분 제한은 식물의 생장을 감소시키는 반면, 보다 가는 퇴적물 지역(하류구간)은 더 높은 수분과 영양분의 이용이 가능하기 때문에 초본식물의 생체량이 증가하는 특성이 있다(Steiger et al. 2001). 상류구간에서는 식물생장의 생화학 반응에 관련된 2㎜(거친모래) 이하의 토양을 포함할 수 있는 조건(Brady and Weil 2019)이 하류구간에 비해 불리하기 때문에 상대적으로 초본식물의 생육이 왕성하지 않다. 또한, 범람원에서 초본식물들은 식물체 주변에 가는 입자의 퇴적물을 잘 잡는 특성으로 더 높은 영양분을 포함(Gomes and Asaeda 2009, Baniya et al. 2020)하기 때문에 식물생장이 왕성할 수 있다.

■ 하천의 맥박식 수리환경은 생물다양성과 생산성을 호소보다 높게 한다.

하천과 호소의 생물다양성 특성 | 습지에서 수위가 안정화되면 식물종과 식물군락의 다양성은 감소하는 결과로 나타나기도 한다(Keddy and Reznicek 1986, Shay et al. 1999). 이는 호소보다는 상대적으로 수위 변동이 불안정한 하천이 식물과 관련된 종다양성이 높다는 것을 의미한다(그림 6-18의 수위변동폭 참조). 하천을 따라 분포하는 식물들은 강한 물리적 교란(disturbance)에 대응한 다양성과 역동성을 가지며 유속 (current velocity)이 가장 강한 교란요인이다(Nilsson 1987). 하천에서 식물종의 풍부도(richness)를 물로 이동하는 영양번식체의 결과로 설명하기도 하는데(Nilsson et al. 1994) 하천의 많은 식물종(특히, 우점종)들이 영양번식하기 때문이다. 이러한 특성은 다른 생물에서도 유사하게 나타난다. 정수환경보다 유수의 이탄습지에서 부착조류(diatom)의 다양성(diversity) 및 풍부도(richness) 등이 높게 나타난다(Szigyártó et al. 2017). 저서성 대형무척추동물에서도 유수생태계(하천)가 정수생태계(호소)보다 다양성이 높은데 이는 유수생태계가 더 높은 수준의 용존 산소, 더 빠른 유속, 더 많은 수의 분류군의 존재, 더 균형 잡힌 영양(trophic) 피라미드가 포함된 것으로 이해하였다(Finley 2015).

수리·수문환경과 식물 생산성 | 상시 침수된 목본습지는 맥박식 수리환경(pulsing hydrology)으로 침수되는 목본습지들에 비해 순일차생산성(net primary productivity)이 낮다(Brinson et al. 1981, Brown 1981, Conner and Day 1982, Cronk and Fennessy 2001)(그림 6-21). 습지의 수리환경과 관련해 물이 고인(평균 707g/㎡/y), 느린(평균 1,090g/㎡/y), 흐르는(평균 1,498g/㎡/y) 습지 순으로 목본식물의 순일차생산성이 증가하는데 이는 높은 수리에너지가 많은 영양분을 공급(유입)하는 비료효과 (fertilizer effect) 때문이다(Brinson et al. 1981). 미국 켄터키주 서쪽 석탄지역(Western Kentucky Coal Field)의 목본습지에서 계절적 범람습지가 느린흐름을 갖는 습지에 비해 약 2배 이상, 고인 정체습지에 비해 약 6배 이상 순일차생산성이 높다(Mitsch 1991). 즉, 하천의 맥박식 수리체계에서 생육하는 식물들은 정체수역(호소)에서 생육하는 식물들에 비해 생산성이 높다는 것을 알 수 있다. 외부 또는 내부 기원의 목질 및 비목질성 물질의 분해는 수문체계와 후속의 혐기생활의 정도에 영향을 받는다(Mitsch and Gosselink 2007). 이와 같이 습지의 생산성은 수리·수문체계와 밀접한 관계가 있다.

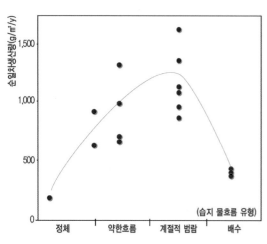

그림 6-21. 물흐름과 관련된 목본습지 유형별 순일차생산성(자료: Conner and Day 1982). 맥박식 수리체계를 갖는 계절적 범람습지의 생산성이 가장 높다.

수리환경과 식물의 성장 | 연간 범람하는 환경에 노출되는 초본식물은 특히 식물의 생장이 활발한 시기에 홍수가 발생하면 해마다 식피면적은 점차 줄어든다(Baniya et al. 2020). 흔히 식물은 봄철 생장을 시작하면 뿌리의 생체량은 줄고 줄기의 생체량은 늘어난다. 광합성은 홍수기에 크게 감소하지만 식물 생장기 초기에 홍수가 발생하면 새싹이 다시 나온다. 특히, 대홍수(spate, 큰물)는 하천 주요종인 달뿌리풀의 지상부 생체량을 감소시키고 퇴적물이 축적되면 이차적인 새싹 발생의 계기가 된다(Asaeda and Rajapakse 2008). 우리나라에서 홍수(장마, 태풍) 이후 7~8월에 달뿌리풀과 갈풀의 마디에서 이차적인 새로운 싹이 발생하는 현상을 빈번히 관찰할 수 있다(그림 7-78, 7-83 참조).

■ 하천 습지에서 생물종의 풍부도를 설명하는 이론은 여러 가지가 있다.

생물다양성 증가의 원리와 일반적 이론들 | 하천에서 교란은 하천군집 구조와 종다양성을 결정하는 주요인이다(Reice 1985). 유속이 증가하면 식물다양성은 적정 수준에 이르기까지 증가하는 경향이 있다. 이는 중간교란가설(intermediate disturbance hypothesis)을 따르는 결과이다(Cronk and Fennessy 2001). 하지만 지역적 규모의 일부 연구에서 음의 상관성으로 보고되기도 한다(Lake 2000). 수위가 안정된 호소보다는 맥박식 수분포화기간(pulsing hydroperiod)을 갖는 하천에서 식물종의 풍부도가 높게 나타난다(Cherry 2011). 이는 낮은 수준의 교란은 생태학적으로 경쟁배제(competitive exclusion) 원리가 작용하여 종풍부도가 감소하기 때문이다. Pollock et al.(1998)은 알래스카 남동부 해안심의 카다샨(Kadashan)강 유역과 인근의 습지에서 홍수 빈도, 생산성, 공간적 이질성이 식물종풍부도와 상관성이 있음을 밝혔다. 중간범람 빈도와 높은 SVFF(범람빈도의 공간적 이질성, spatial variation of flood frequencies)를 갖는 습지는 종풍부도가 높고 빈번하거나 드물거나 영구적으로 범람하고 SVFF가 낮은 습지는 종풍부도가 낮다. 이를 생산성과 관련된 동적평형모델(dynamic equilibrium model, Huston 1994)을 지지하는 결과로 설명하기도 하였다. 이와 같이 하천 습지에서 종풍부도(species richness)에 관한 일반적인 이론은 동적평형모델(Huston 1979, 1994), 이질환경에서의 자원경쟁이론(Tilman 1982), 경쟁배제이론(Hardin 1960), 중간교란가설(Connell 1978) 등으로 설명된다(Naiman et al. 2005).

동적평형모델 | 동적평형모델(dynamic equilibrium model, Huston 1979, 1994)은 생산성-교란-다양성구배(productivity-disturbance-diversity gradient)에 기초한 공간패턴에서 다양성에 대한 중요한 예측을 한다. 이 모델은 크게 4가지로 요약된다(Naiman et al. 2005)(표 6-4). (1) 생산성이 높은 교란이 없는 시스템의 경우 우점종이 비우점종을 제거하기 때문에 다양성은 낮아지는 경향이 있다. (2) 비생산적이고 교란이 빈번하지 않는 시스템의 경우 경쟁배제가 매우 느리기 때문에 다양성은 높아지는 경향이 있다. (3) 비생산적이고 교란이 빈번한 시스템의 경우 잦은 교란이 느리게 자라는 종을 번식 이전에 제거하기 때문에 다양성이 낮다.

(4) 생산적이고 교란이 빈번한 시스템의 경우 경쟁배제가 발생하지 않을 정도로 잦은 교란이 발생하기 때문에 다양성이 높아진다.

표 6-4. 생산성과 교란에 대응한 동적평형모델

구분	교란 미미	교란 빈번
생산적	다양성 감소 경향, 우점종이 비우점종 제거	다양성 증가 경향, 경쟁배제 미발생
비생산적	다양성 증가 경향, 경쟁배제 느림	다양성 감소 경향, 느린 생장 식물의 제거

자원경쟁이론 | 자원경쟁이론(resource competition theory)에 의하면 종다양성은 주로 자원가용성과 생산성에 의해 통제되고 교란의 영향은 강조되지 않는 것으로 예측한다(Tilman 1982). 이에 의하면 (1) 자원이 부족한 환경에서 흔히 종풍부도가 증가한다. (2) 높은 다양성을 가지는 군집은 많은 공동의 우점종을 가진다. 특히, 하천에서 공간적 이질성은 다른 자원을 이용하는 생물종에 의해 공간 분리되기 때문에 종풍부도를 증가시키는 특성이 있다.

경쟁배제이론 | 경쟁배제이론(competitive exclusion theory)은 유사한 자원을 공유하는 생태적 지위가 같은 두 종은 동일 공간에 공존할 수 없다는 이론이다(Hardin 1960). 경쟁배제 원리는 교란 수준이 낮으면 종간경쟁 작용으로 경쟁에 약한 종이 배제되기 때문에 다양성은 낮아진다(Connell 1978). 반면, 높은 교란(빈도, 강도)은 정착종(colonist)이나 수명이 긴 종을 배제하기 때문에 다양성이 낮아지는데 흔히 수명이 짧고 크기가 작은 종이 우점하는 경향이 있다(Naiman et al. 2005). 이로 인해 교란이 강한 하천에서, 하천 내에서는 수위변동이 잦은 물가에서 수명이 짧은 식물종이 우점 또는 고빈도 출현하는 것이다.

중간교란가설 | 중간교란가설(intermediate disturbance hypothesis)은 교란의 규모, 빈도와 강도가 중간 수준인 서식처에서 생물다양성이 높다는 이론이다(Connell 1978, Dial and Roughgarden 1988). 이는 천이과정의 초기종과 후기종이 공존하기 때문이다. 낮은 수준의 교란에서는 경쟁에 강한 생물종이 종속된 다른 생물종을 제거하고 해당 생태계를 지배한다. 하지만 잦은 산불이나 삼림 벌목과 같은 인간의 영향으로 높은 수준의 교란이 발생하면 많은 생물종은 국지적 멸종 위험성이 높고 내성을 가진 생물종만 서식한다. 흔히 하천에서 중간 홍수 빈도에 노출된 습지에서 식물군집의 종풍부도가 높다(Pollock et al. 1998). 이 가설은 생태학에서 오랜기간 동안 생물다양성을 설명하는 개념으로 널리 인식되었다. 하지만 최근에는 이 가설에 대한 이론적 약점과 예측의 실패를 이유로 적용의 한계를 지적하고 생산성 변화와 관련된 전술의 동적평형모델의 적합성을 제시하기도 하였다(Huston 2014).

교란과 생산성, 종풍부도 │ 생산성과 교란은 종다양성의 주요 결정 요인이다. 이론적인 모델 결과에서 종풍부도는 두 요인의 중간 수준에서 정점에 도달하는 것으로 예측한다(Kadmon and Benjamini 2006). 교란-생산성-종풍부도의 관계는 교란과 생산성은 음의 상관성이, 생산성과 종풍부도 간에는 단봉

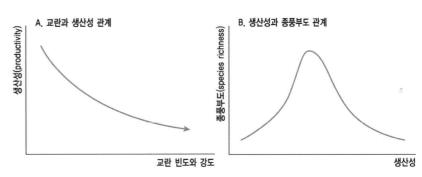

그림 6-22. 한 지역에서 교란-생산성-종풍부도와 관련된 일반적 관계(Rosenzweig 1995, Lake 2000). 교란과 생산성은 음의 상관성이(A), 생산성과 종풍부도 간에는 단봉형(B) 관계가 형성된다.

형(unimodal) 관계가 형성된다(Rosenzweig 1995, Lake 2000(그림 6-22). 즉, 교란의 빈도가 높고 강할수록 생산성은 감소하는 결과로 나타난다. 생산성은 중간 정도에서는 종풍부도가 높고 생산성이 낮거나 높은 경우에서는 경쟁, 적응 등에 의해 종풍부도는 낮게 나타나는 경향이 있다.

■ 식물종은 제한된 자원에 대한 경쟁과 적응으로 공간 분리가 일어난다.

식물종의 경쟁 방식 │ 경쟁(competition)은 부정적인 상호작용으로 무한하지 않은 제한된 자원(resources)에 의해 발생된다. 생물에게 자원은 산소, 빛, 영양염류, 토양 공간 등 매우 다양하다(Harper 1977). 생물군집에서 종의 분포를 결정하는 주요한 요소는 존재하는 생물종 간의 상대적 경쟁 능력, 시스템의 자원 가용성, 교란의 유형 및 빈도이다(Chambers and Prespas 1988, Campbell and Grime 1992). 식물은 환경구배(영양 수준, 수심 등)에 대한 경쟁 정도에 따라 공간 분포가 결정되며 경쟁이 약한 종은 경쟁이 적은 주변지역으로 분포가 제한되는 경향이 있다(Barrat-Segretain 1996, Grace and Wetzel 1981, 1998). 경쟁은 생물군집 구조(structure) 및 동태(dynamics)에도 영향을 미치는데 크게 3가지 유형으로 이해할 수 있다(Cronk and Fennessy 2001). (1) 이용경쟁(exploitative competition)은 가장 흔한 형태로 동종 또는 이종의 개체군에서 부족한 자원을 경쟁하는 경우이다. (2) 간섭경쟁(interference competition)은 경쟁종이 한 자원에 대해 다른 경쟁종의 접근을 적극적으로 거부하는 경우이다. (3) 타감작용(allolopathy)은 경쟁종이 화학물질을 서식환경에 생산, 방출하여 다른 경쟁종의 성장을 감소시켜 경쟁에 우위를 확보하기 위한 전략이다. 흔히, 습지식물에 대한 경쟁에 관련된 연구는 유사한 생활형을 갖는 식물종 간에 이루어졌는데 이는 다른 생활형을 갖는 식물종들이 직접적으로 상호작용하지 않는다는 것을 전제로 한다.

생태적 지위(ecological niche)

생태적 지위란 생태계 내에서 해당 생물종이 가지는 기능적 역할과 방식을 의미한다. 여기에는 생육, 번식에 필요한 모든 물리, 화학, 생물 조건들을 포함한다. 지위는 조건에 따라 경쟁이 없을 때의 기본지위와 경쟁이 있을 때의 실현지위로 구분한다(Begon et al. 2006). 기본적으로 동일한 생태적 지위를 가지는 두 종은 동일 자원에 대해 종간경쟁을 하기 때문에 공존할 수 없다(Prosser et al. 2007). 생태적 지위의 크기에 따라 일반종(generalist species)과 특별종(specialist species)으로 나눌 수 있다. 넓은 생태적 지위를 가지는 일반종은 다양한 공간과 먹이, 환경조건을 이용하거나 견딜 수 있다. 좁은 생태적 지위를 갖는 특별종은 단일한 서식공간 또는 특별한 먹이나 환경조건에만 살 수 있다(Begon et al. 2006).

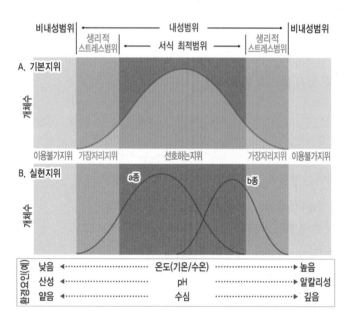

그림 6-23. 기본지위와 실현지위의 이론적 개념. 기본지위(A)는 경쟁이 없는 조건이며 생리적 스트레스범위와 서식 최적범위를 갖는다. 두 종이 경쟁하면 서식범위가 분리되는 실현지위(B)로 나타난다.

종내경쟁 | 종내경쟁(種內競爭, intraspecific competition)은 동일한 종의 개체들 사이에 일어나는 경쟁으로 자원 가용성과 개체군 밀도에 대한 함수적 인식이 필요하다. 조밀하고 단일 특이적 식분을 형성하는 많은 습지식물 개체군에서 일어나며 습지식생 천이에서의 자기솎음(self-thinning) 현상이 대표적 사례이다(그림 6-85 참조). 부유식물은 전체 수면을 덮을 때까지 영양번식하여 수공간이 제한 요소가 될 때까지 밀도 의존적 성장을 한다(Gopal and Goel 1993). Moen and Cohen(1989)은 수생식물(*Potamogeton pectinatus*, *Myriophyllum sibiricum*)의 밀도가 높으면 식물의 성장율이 감소한다는 특성을 밝혔다. 갈대는 유럽에서 종내경쟁의 주요 연구 주제인데 새싹의 밀도와 생체량은 성장 초기단계에서 -$\frac{3}{2}$멱법칙(冪法則, power law, 거듭제곱법칙)에 따라 변하는 경향을 밝혔다(Harper 1977). 즉, 새싹의 밀도가 증가함에 따라 새싹 생체량은 약 -$\frac{3}{2}$의 기울기로 감소하는 것이다(Mook and van der Toorn 1982).

종간경쟁과 실현지위 | 종간경쟁(種間競爭, interspecific competition)은 제한된 동일 자원이 필요할 때 이종 개체 간에서 발생하는데 종의 분포와 풍부도 등의 결정에 중요하다(Gaudet and Keddy 1995). 식물을 포함한 모든 생물들은 종간경쟁에 의해 조건과 자원을 이용할 수 있는 서식범위의 생태적 지위(生態的 地位, ecological niche)를 가진다(Chased and Leibold 2003)(도움글 6-3)(그림 6-23). 모든 생물종은 경쟁이 없을 때의 기본지위(fundamental niche, 생리적 최적범위)와 경쟁이 있

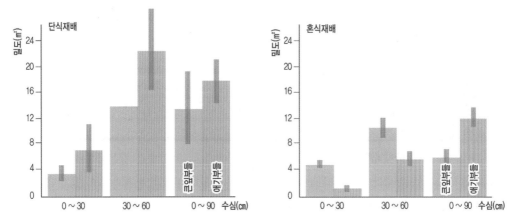

그림 6-24. 수심에 대한 큰잎부들과 애기부들의 종간경쟁(자료: Grace and Wetzel 1998). 종간경쟁이 존재하는 혼식재배에서 큰잎부들이 얕은물속에서, 애기부들이 깊은물속에서 밀도가 증가한다.

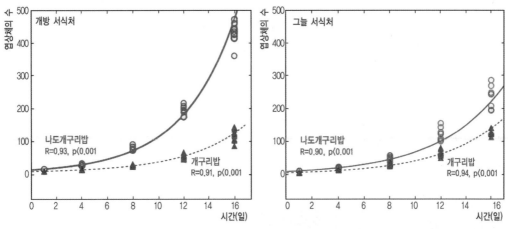

그림 6-25. 나도개구리밥과 개구리밥의 종간경쟁(자료: Strzalek and Kufel 2021). 두 종의 제한된 자원에 따른 종간경쟁에서 나도개구리밥이 개구리밥 보다 우세한 경쟁 특성을 가진다.

는 실현지위(realized niche, 생태적 최적범위)가 있다. 경쟁 능력과 관련된 식물종의 특성에는 생체량, 높이, 번식체 생산량, 성장 형태, 영양염류 흡수 효율, 뿌리 산소 공급 등이다(Cronk and Fennessy 2001). Grace and Wetzel(1981, 1998)은 미시간(Michigan) 연못에서 15년 간 큰잎부들(*Typha latifolia*)과 애기부들(*T. angustifolia*)의 수심에 대한 종간경쟁을 분석하였다(그림 6-24). 그 결과 큰잎부들은 얕은물속에서 애기부들은 대체하였다. 이는 경쟁에 열등한 애기부들이 더 깊은 곳을 피난처로 사용하는 것으로 이해했다. 이들은 경쟁 우위를 식물종의 생리학적 차이로 설명했는데 큰잎부들은 큰 엽면적으로 빛에 대해 보다 우세하고 애기부들은 보다 얇고 키가 큰 잎, 작은 뿌리줄기를 갖기 때문에 깊은물속에 더 적합한 것으로 이해했다. 큰잎부들은 깊은 수심에서 생존할 수 없고 중간 수심에서는 두종이 공존하는 지위중복(niche overlap)이 발생한다. 단일재배(monoculture)에서 애기부들의 밀도는 수심에 관계없이 항상 큰잎부들보다 밀도보다 높았으나 혼합재배(mixed culture)에서는 애기부들의 밀도가 크게 감소하는 것으로 나타났다. 이러한 현상은 우리나라 내에서 얕은 수심에서 깊은 수심으로 갈대-줄-애기부들의 순으로 공간 분포하는 종간경쟁의 결과에 대응하여 이해할 수 있다(그림 6-40 참조). 또한, 습지식물에서 종간경쟁에 대한 우위를 제공하는 생리학적 다른 적응은 근권에 산소를 공급하는 능력이다. 줄(*Zizania latifolia*)과 갈대(*Phragmites australis*)를 혼합재배할 때, 갈대는 수심이 얕은물속(10~35cm)에, 줄은 깊은물속(20~90cm)으로 공간 분리된다. 줄은 공중 새싹에서 뿌리로 산소를 효율적을 전달하는 뿌리 통기 능력이 있기 때문에 이러한 공간 분리가 일어나는데(Yamasaki 1984) 식물종에 따라 근권에 산소를 공급하는 정도가 다르다(Brix et al. 1992, Callaway and King 1996). 즉, 식물체의 기체 수송에서 수동확산에만 의존하는 전략보다 가압기체흐름, 물속 기체교환, 또는 벤추리유도대류가 일어나는 식물종에서 침수토양인 습지에서 경쟁에 보다 유리하다(그림 6-49, 6-50 참조). 개구리밥(*Spirodela polyrhiza*)과 나도개구리밥(*Lemna minor*)의 혼합재배에서도 종간경쟁 특성이 나타나는데 개방 및 그늘 서식처 모두에서 잎의 크기가 작은 나도개구리밥이 경쟁에 보다 우세하다(Strzalek and Kufel 2021)(그림 6-25). 이는 자연상태의 부영양 습지에서 좀개구리밥이 개구리밥 보다 우세한 것과 맥락을 같이 하는 것으로 이해할 수 있다.

교란과 스트레스에 식물 적응 │ 자연생태계 내의 모든 식물은 서식환경의 물리적 교란(disturbance)과 생리적 스트레스(stress)에 의해 분포가 제한되고(Grime 1979, Gu and Choi 1992) 여러 자원들을 경쟁한다. 생태학적으로 제한된 자원의 경쟁에는 종간경쟁과 종내경쟁이 복잡하게 작용한다. 특히, 역동적인 하천

그림 6-26. 입지가 안정된 산림과 불안정한 하천 수변림. 영양분이 풍부하고 안정된 산림(좌: 울릉도, 알봉, 너도밤나무군락)은 종간경쟁이 우세하고 불안정한 하천 수변림(우: 산청군, 경호강, 선버들-갯버들군락)에는 적응이 강한 식물종이 단순특이적 우점하는 특성이 있다.

습지환경에 생육하는 식물들은 교란과 스트레스에 대응하는 특성으로 진화해 왔다(Hancock et al. 1996). 하천 습지환경은 자원을 경쟁하는 생물이 배제되는 경쟁배제원리가 작용하여 적응(adaptation 또는 fitness)에 강한 식물이 많고 입지가 안정된 산림에서는 경쟁에 강한 식물이 우세하게 나타난다(그림 6-26). 이로 인해 하천 습지를 피복하는 식생경관은 특정종이 단순특이적 우점하는 기질(matrix) 형태의 공간 분포 형태를 강하게 나타낸다(그림 6-14, 6-15 참조).

r-선택과 K-선택하는 식물종 | 생식의 생활사 패턴에서 식물은 매우 극단적인 스펙트럼 상에 위치하는데(MacArther and Wilson 1967), r-선택과 K-선택을 하는 식물로 구분할 수 있다. r-선택 식물종은 서식처의 환경변이가 심하기 때문에 초기 생존율이 높고 사망율은 완만하거나 급격히 떨어진다. K-선택 식물종은 초기 사망율이 높고 후기 사망율은 매우 낮다. r-선택종은 적응이, K-선택종은 경쟁이 강한 공간을 주로 선택한다. r-선택종은 낮은 경쟁력으로 짧은 생활사를 갖는 천이 초기종이고 K-선택종은 높은 경쟁력으로 긴 생활사를 갖는 천이 후기종이 많다. 무상기간(無霜期間, frost-free period)의 길이 즉, 생장기간이 짧은 지역의 개체군은 r-선택을, 긴 지역의 개체군은 K-선택의 대상이 되는데 McNaughton(1975)은 부들속(*Typha*) 3종으로 이러한 특성을 밝혔다. 그 결과 r-선택된 유전자형이 발달 속도가 더 빠르고 번식력이 높고 더 많은 자손을 생산하지만 각 자손에는 적은 에너지를 소비한다. 또한, 고밀도 상황에서 경쟁 능력을 증가시키는 형질에 대한 증거는 없다. 하천의 매토종자에는 교란 이후 빠른 복원을 가능하게 하는 r-선택 식물종인 일년생식물종이 많고 우점종인 달뿌리풀, 갈풀, 물억새 등은 K-선택 식물종으로 구분되는데 매토종자(seedbank)가 없다(Cho et al. 2018).

C-S-R개념 | r-선택과 K-선택의 이론을 확장한 C-S-R개념(Grime 1979)은 환경 요인(stress와 disturbance)에 따라 스트레스와 경쟁의 적응 수준을 고려하여 기능별로 구분하였다(그림 6-27). 식물을 경쟁종(competitor, C), 스트레스 내성종(stress-tolerator, S), 터주종(ruderal, R)으로 분류하고 이들의 중간형태도 별도로 세분화하였다. 경쟁종은 주로 번식 능력이 낮고 성장율이 높은 종으로 교란받지 않고 생산적인 서식지(스트레스가 없는 조건)가 전형적이며 성장기에 늦게 개화하는 경향이 있다. 다른 연구자에 의해 '자원수집 전문종'(resource capture specialists: Grace 1991) 또는 '생체량 저장종'(biomass storers: Kautsky 1988)이라고도 명명되었다. 이 식물들은 뿌리줄기 및 번식아와 같은 저장기관에

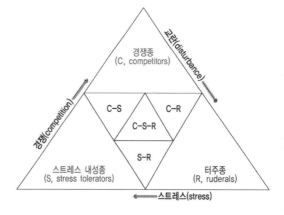

그림 6-27. C-S-R 개념(Grime 1979). 식물종은 교란과 스트레스에 적응한 정도에 따라 여러 유형으로 구분 가능하며 습지에는 터주종 또는 스트레스 내성종의 구성비가 높다.

생체량을 축적하는 것이 특징으로 영양번식(무성생식)이 유성생식보다 우세하다. 교란이 적고 스트레스가 많은 조건(낮은 영양소 또는 높은 염도 등)에서 종종 번성하기도 한다. 스트레스 내성종은 번식 노력이 낮고 성장율이 낮다. 일반적으로 교란받지 않고 덜 생산적인 지역(스트레스가 많은 서식지)에서 발생한다. 이 식물들은 자원 가용성이 낮은 생산적인 서식지에서 천이 후기의 아우점종(sub-dominant species)으로 발생하는 경향이 있다. 터주종은 일반적으로 교란되고 생산적인 환경에서 발견되며 일반적으로 일년생이다. 높은 번식 능력, 빠른 성장율 및 짧은 수명을 가진 종들이며 이 종들은 스트레스에 강하지도 않고 경쟁적이지도 않다. 이 식물들은 분산(dispersal)으로써 경쟁을 피하는 경향이 있다. 즉, 경쟁종은 자원이 풍부한 곳에, 스트레스 내성종은 특정한 제한환경(염분, 수분, 온도 등)이 있는 곳에, 터주종은 교란이 빈번히 발생하는 곳에 많이 출현하는 특성으로 이해할 수 있다. 하천 습지에서는 터주종 또는 스트레스 내성종에 치우친 식물종이 많이 관찰된다. 비하천성(non-riparian habitat) 버드나무류는 스트레스-내성 경쟁종(stress-tolerant competitor)으로 설명될 수 있다(Decker 2006).

C-S-R개념의 확장 │ 많은 연구자들은 식물의 생활사 특성이 상대적 경쟁 능력을 설명할 수 있는지 분석하였다. Day et al.(1988)은 하천변습지(캐나다 동부 오타와(Ottawa)강)의 식생패턴이 C-S-R개념과 일치하는지를 연구했다. 이에 의하면 식물군락의 구성에 식물종 구성 및 물리적 스트레스와 관련된 요인들이 영향을 미쳤는데 현존량(standing crop)과 낙엽(litter) 구배와 수심(water depth) 구배이다. 이를 토대로 C-S-R개념을 확장하여 연구 지역에서 비옥도(fertility)와 교란의 범위에 따라 관찰되는 식생을 5가지 생활사 유형으로 분류했다. (1) 복제우점종(clonal dominants)은 단일형(또는 거의 단일형)을 형성하는 큰 뿌리줄기의 식물종으로 교란받지 않고 비옥한 장소에서 발생한다(예: *Typha latifolia*, *Sparganium eurycarpum*). (2) 간극점령종(gap colonizers)은 뿌리줄기가 없지만 높은 다산성(높은 종자군)과 빠른 발아 능력(예: *Lythrum salicaria*)을 보유한 대형 식물종이다. (3) 스트레스 내성종(stress tolerators)은 성장 속도가 느리고 상록수 조직을 가진다. 흔히 불모의 침수 해안지역에서 발견되며(예: *Eleocharis acicularis*, *Isoetes echinospora*, *Ranunculus flammula*), Grime(1979)의 스트레스 내성종 전략과 유사하다. (4) 갈대(reeds)는 흐르는 물의 해안 불모지에서 잎이 없는 새싹과 깊은 뿌리를 갖는 식물종이다(예: *Equisetum fluviatile*, *Eleocharis smallii*, *Scirpus acutus*, *S. americanus*). (5) 터주종(ruderal species)은 매년 종자은행에서 발아 및 성장하는 일년생식물로 번식력이 높고 교란이 심한 장소에서 발견되는 경향이 있다. 이 식생들에서 식물 생체량은 번식력이 높고 교란이 적은 장소에서 제일 높지만 경쟁배제의 원리에 의해 종풍부도는 가장 낮게 나타나는 특징이 있다. 종풍부도는 낮은 번식력과 교란지역에서 가장 높게 나타났다.

4. 수문과 습지토양에서의 식물 적응

4.1 수환경에서의 식물 적응

■ 하천 습지식물은 홍수기를 피한 시간적 회피로 환경에 적응한다.

유수체계에 하천 습지식물의 적응 | 하천과 호소에 생육하는 식물들은 고유 특성에 따라 수위변동에 적응하여 분포하는 공간 분리(서식처 분리)로 이해할 수 있다. 많은 하천생물종(특히, 동물)의 생활사 경쟁은 연간 유수체계(flow regime)에 따라 시간적으로 이용 가능한 다수의 서식처를 필요로 한다. 역동적인 하천 습지환경에 대한 적응은 서식처가 파괴되고 재창조되는 홍수기와 건조기 동안 견디는 생물종(특히, 하천식물종)만이 서식 가능하도록 한다(Poff et al. 1997). 대륙성 기후 지역인 우리나라와 같이 범람이 계절적일 때 일부 식물들의 활발한 성장 또는 묘목 형성과 같은 중요기간은 건조기와 일치한다. 범람에 내성을 갖는 많은 나무들은 생장 기간의 55~60% 동안 물에 잠기지 않는다(Cronk and Fennessy 2001). 특히, 역동적인 하천에 서식하는 식물들은 스스로 움직이지 못하기 때문에 진화적으로 적응이 우선된 서식공간의 분리가 일어난다. 네덜란드 라인(Rhine)강에서 소리쟁이속(*Rumex*) 7종은 홍수기간 동안 개화 및 종자 생산을 지연시키거나 짧은 건조기간 동안 개화를 가속화시켜 종자를 생산하는 전략으로 하천환경에서 공간 분리로 적응하였다(Blom et al. 1999).

수문체계에 대응한 식물 생식의 시기적 적응 | 하천에서 식물들은 유성생식과 무성생식의 균형, 종자산포 유형, 종자크기, 휴면

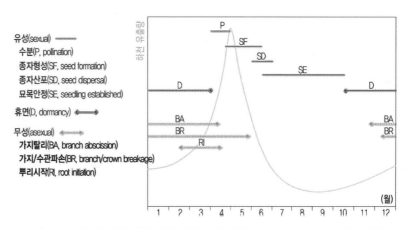

그림 6-28. 북미 미류나무림의 생식적 계절학(자료: Braatne et al. 1996). 북미 미류나무림의 일반화된 생식(재생) 시간과 지속기간이 하천유출량의 연간패턴과 밀접한 연관이 있다.

그림 6-29. 버드나무류 수변림의 빠른 개화와 생장(고양시, 한강하구 장항습지, 2009.4.13). 하천 습지에서 버드나무류는 다른 식물들보다 빨리 개화, 결실, 생장하는 특성으로 우점한다.

기간, 종자수명 등을 통한 전략으로 적응하였다. Braatne et al.(1996)은 풍수산포(風水散脯, anemochory and hydrochory)하는 북미의 미류나무림(*Populus* spp.)의 생식적 계절성(phenology)으로 이러한 특성을 잘 보여주었다(그림 6-28). 계절적 수위변동으로 수변에 습윤의 묘상(seedbed)이 형성되는 시기가 종자산포 시기와 일치하는데 봄철 융설(snowmelt)과 폭풍의 강물 흐름이 감소하는 시기이다. 이러한 특성들은 호주의 수변식물종에서도 관찰되는(Pettit et al. 2001) 하천수목의 일반적인 특성으로 이해할 수 있다. 버드나무류는 종자산포 시기와 수위와의 상호작용이 하천변에서의 성공과 우점을 결정하는데 매우 중요하다(Blom 1999). 강수 패턴에 따라 이러한 수변림의 정착과 확장, 유지가 결정된다. 일본의 버드나무류의 식물들은 융설 홍수 이후 다른 식물보다 시기적으로 빨리 많은 종자를 생산한다(Sakio and Yamamoto 2002). 우리나라에서도 버드나무류는 장마가 시작하기 이전에 개화, 결실, 종자산포의 생활사를 완성한다(Lee 2002)(그림 6-29)(그림 7-24 참조).

■ 하천 습지식물은 수리체계와 수리지형적 동태에 적응하였고 공간 분리가 일어난다.

하상구배와 식물 분포 | 하천 유역의 종적 위치에 따라 관찰되는 식물들은 다르다. 하천구간의 지형에 따른 위치에너지 크기는 지형 변화와 식물들의 정착에 매우 중요하다. 위치에너지의 크기는 하상구배와 높은 연관성이 있다. 奧田과 佐々木(1996)은 일본에서 기후적 요인(온량지수 warmth index)과 환경적 요인(하상구배 river slope)과의 연관성을 분석하였다. 황철나무, 분버들, 새양버들 등의 식물군락들은 기후와 환경적 요인에 강하게 영향을 받는 것으로 나타났다. 이는 우리나라의 특성과 유사한데 이들은 중부 이북 하천의 상류지역에만 주로 분포한다(Lee 2005d). 갈대군락, 달뿌리풀군락, 애기부들군락 등은 기후와는 밀접한 관계가 없지만 하상구배와 같은 환경요인과는 강한 연관성이 있는 것으로 분석되었다(奧田과 佐々木 1996). 우리나라에서도 유사한 특성으로 나타난다(Lee 2005d).

수환경에 적응한 식물의 형질 특성 | 수변에 사는 식물들은 범람시 바윗돌, 호박돌 및 암석 쇄설물, 유기물 파편 등에 의해 물리적으로 쉽게 상처를 받는다. 이러한 하천 공간에서 계류~상류구간의 교목식물들은 목질이 단단한 경목(hardwood)이, 중류~하류구간의 유수와 침수 영향지역에는 목질이 연하여 쉽게 휘는 연목(softwood)이 흔히 생육한다(그림 6-30). 우리나라에서 경목은 물푸레나무림(ash forest)이,

그림 6-30. 계곡부의 경목림(상: 정선군, 임계천)과 홍수에 잘 휘는 연목림(하: 울산시, 태화강). 하천의 계곡~
상류구간에서는 큰 입경의 쇄설물을 포함한 강한 수력에 견디는 단단한 경목성인 물푸레나무림이,
하류구간은 물흐름에 순응하여 쉽게 휘는 연목성인 버드나무류림이 효과적 생존전략이다.

연목은 버드나무류(willow)로 이루어진 수변림이 대표적이다. 관목식물들은 물흐름에 상처를 받은 후 측면맹아로 맹아지(萌芽枝, 움가지, coppice shoot)를 왕성하게 형성하는 것이 특징이다(그림 6-31)(그림 7-43 참조).

수리환경에 적응한 버드나무류의 연목성 | 하천은 상류로부터 많은 퇴적물이 유입되고 유량 및 유속의 증가로 하천지형은 시속적으로 파괴 또는 생신된다(그림 6-20, 6-33 참조). 홍수는 토양 표면을 침식시키고 그 과정에서 부유 퇴적물과 각종 파편들이 식물체와 충돌하여 식물들은 강한 교란과 스트레스를 받는다(그림 6-31). 상처를 받은 식물체는 맹아지가 증가하는데 특히 선버들에서 나타나는 두드러진 특성이다(그림 7-43 참조). 목본식물의 연목성(버드나무류, 오리나무류, 미류나무류 등)은 이러한 역동적 수문환경에 적응하여 하천 습지에서 번성하는 주요 원인이기도 하다(Naiman et al. 2005, Lee 2005d). 하천식물들의 분포는 하천의 수리지형적 동태와 매우 연관성이 높다. 일본에서 버드나무류가 하천에서 우점하는 것을 수위의 계절적 변동패턴(홍수, 유설 등)으로 설명하고 있으며(Sakio and Yamamoto 2002) 우리나라도 동일하다. 또한, 버드나무류는 우점하는 초본식물들(갈대, 달뿌리풀, 물억새 등)에 비해 빠른 시기에 개화, 결실, 산포하기 때문에 초본식물들이 높은 식피율을 형성하기 이전인 4~5월 중에

그림 6-31. 버드나무류의 부유물 걸림과 맹아지 형성(상: 선버들, 창녕군, 낙동강), 높은 맹아력(하: 버드나무, 춘천시, 의암호). 가지에 걸린 부유쓰레기로 범람 수위의 유추가 가능하고 줄기 훼손 이후 식물은 잠아 또는 부정아에서 형성된 맹아지를 증가시킨다. 또한, 생명력 있는 도목의 줄기 또는 가지에서 높은 맹아력으로 영양번식을 한다.

이들 개체들 틈의 적지(適地, suitable site)에 정착, 발아하여 개체군을 확장하는 전략을 가진다.

하천작용에 대응한 버드나무류의 공간 분리 | 홍수가 하천식물에 미치는 영향은 소류력(물흐름 세기) 및 이동물질에 의한 식물체 파괴와 매몰, 생육환경의 변형 또는 파괴, 식물대사(광합성 및 호흡 등) 작용의 생리활성 영향 등 매우 다양하다. 이러한 영향에 버드나무류도 종별로 다른 공간에 적응한 공간 분리가 일어난다. 일본에서 선버들은 하천 전반에서 나타나고 왕버들은 특정 지역의 하류공간에 주로 나타난다. 일본에서 갯버들은 자갈과 모래, 선버들은 점토성분이 많은 지역에 분포가 두드러진다(新山 1987)(그림 6-32). 우리나라와 유사하지만 왕버들은 중부 이남 하천의 중류~하류구간에서 고빈도로 관찰되며 보다 상류구간에서도 관찰된다(Lee 2005d). 주변에서 흔히 관찰되는 점토성분이 많은 공간은 하천 하류구간과 하구의 활주사면의 물가턱 또는 둔치, 호소 상부의 유입하천이 만나는 충적지형으로 주로 선버들림이 우세하게 발달한다.

하천식물의 정착과 확장 조건 | 하천식물들은 범람 등으로 나지가 형성되었을 때 정착 가능한 조건이 형성되느냐가 생육에 중요하다(奧田과 佐々木 1996). 이는 다른 식물이 생육하고 있거나 환경이 잘 갖추어진 공간에 침투해 경쟁하기 보다 새로운 나지공간에 어떻게 침투, 활착, 정착하는지가 식물의 분포를 결정하는 중요한 기회요소임을 알 수 있다. 일본의 북쪽지방은 봄철 융설홍수와 전년의 홍수로 만들어진 나지 또는 퇴적지가 배수된 이후 버드나무류 식물이 종자로 정착할 수 있는 절호의 기회이다. 반면, 일본 서쪽은 상대적으로 불규칙한 장마와 태풍 등으로 나지가 왕성하게 생성되지 않아 버드나무류 식물들이 제대로 정착하지 못한다(Sakio and Yamamoto 2002).

그림 6-32. 하천작용에 대응한 갯버들(좌: 정선군, 동강-한강 중류)과 선버들의 유역적 공간 분리(우: 고령군, 낙동강 하류). 하천의 수변에서 갯버들군락은 자갈과 모래성분이 우세한 상류~중류구간을, 선버들군락은 점토성분이 우세한 중하류~하류구간을 대표하는 하천 위치(유역)적 공간 분리가 관찰된다.

하천식생의 번무화 | 하천에서 초목이 무성한 식생의 번무화(蕃茂化)는 특히 댐, 저수지와 같은 대형 횡구조물에 의해 조절되는 하천의 하류지역에서 빈번하게 발생된다. 우리나라에서 이전에는 댐의 유황(flow duration) 조절로 식생이 번무하는 것이 일반적이었으나(Woo 2008) 최근에는 많은 하천에서 이러한 현상들이 발생되고 있다(Kim et al. 2020a). 이는 하천에서 식물이 생육을 시작하는 4월의 강우량 증가는 식생이 발아할 수 있는 충분한 수분공급 조건을 만들고 5월 이후 침수시간 감소는 식생이 활착하고 성장할 수 있는 조건을 만들었기 때문이다(Kim and Kim 2020). 하천에 우점하는 버드나무류가 4월 중순에서 5월 중순에 종자를 산포하는 점, 산포, 발아에 적절한 수분이 필요한 점, 발아한 유묘가 완전히 정착할 때까지 침수 또는 극심한 범람이 없어야 하는 점 등(Lee 2002)을 고려하면 강우량 및 하천 수위변동과 식생발달 간의 상관관계가 명확하다. Kim et al.(2020a)은 최근 1984~2011년(28년)과 2012~2018년(7년)의 월강수량을 비교하면 4월에는 30% 증가하고 5~9월에는 최대 48% 감소하였는데 하천식생의 안정화를 촉진한 것으로 분석하였다. Kim and Kim(2020)의 연구에서 최근에 식생면적이 크게 증가한 섬강 문막교(원주시), 청미천 원부교(여주시), 내성천 향석(예천군) 지점의 수위변동 분석 결과 식생이 번무한 지역에서 침수시간이 크게 감소한 것으로 나타났다. 내성천에서는 영주댐 건설과 운영(2009년 12월 공사 착수, 2016년 12월 본댐 준공)으로 인해 2011년부터 2018년까지 식생 면적이 17배 증가하였다(Kim and Kim 2019)(그림 2-27 참조). 전국적으로 우리나라 국가하천의 약 34% 공간을 식생이 피복하고 있다(KICT 2015). 이러한 하천식생의 분포면적 증감은 홍수 횟수가 늘어날수록 식생분포 면적이 줄어드는 경향(Riis and Biggs 2003), 하천에서의 잦은 침수는 식생의 발생과 성장을 억제한다는 일반적인 특성과 일치한다(Miller et al. 2013).

물가와 둔치에서 하천식생의 정착과 안정화 | 물가의 상시 수위가 변동하는 나지에는 일년생식물

그림 6-33 둔치의 나지(좌 안성시, 한천)와 식생 정착 이후 충적된 두꺼운 퇴적체 형성(우 여주시, 복하천)

굵은모래가 우점하는 하천구간은 범람 이후 나지가 쉽게 형성된다. 그 곳을 다년생 식생이 정착한 이후에는 가는입자(점토, 가는모래) 물질의 퇴적을 가속시켜 둔치에는 두꺼운 퇴적체가 발달하게 되고 쉽게 파괴되지 않는 특성이 있다.

들이 일시적으로 정착하고 유수에 의해 쉽게 쇠퇴, 재생, 이동하는 특성이 지속된다. 물가는 유수에 의해 가는 입자의 퇴적물은 씻기고 상대적으로 굵은 입자의 퇴적물로 이루어져 식물 정착과 안정화가 어렵다. 보다 고지의 범람원(둔치 등)에 형성된 나지에 다년생식물종이 정착하면 세력을 확장하여 식피 공간을 넓히고(그림 6-33) 범람원의 퇴적물 기질은 홍수 이후 변한다. 낮고 약한 흐름 교란과 얕은 침수의 경우 범람원의 표토 상부는 미세한 물질이 퇴적되어 초본식물의 성장을 향상시키고 기질은 거친 물질에서 미세한 물질로 변한다. 반면, 높고 강한 흐름 교란과 깊은 침수는 초본식물의 성장을 억제시킨다(Steiger et al. 2001). 중류 이하 구간에서 식생(초본 및 목본식생)이 발달한 유동이 적은 범람원 퇴적체는 가는입자의 물질이 지속적으로 충적되는 특성이 있다(그림 6-33 우측 그림 참조). 이와 같이 침수된 물의 환경, 퇴적과 침식공간, 퇴적물, 영양분 등의 상호작용은 하천식생의 빠른 성장에 유리한 조건을 만들 수 있다(Steiger et al. 2001).

그림 6-34. 계류변식물인 돌틈의 산철쭉군락(문경시, 조령천). 수달래(물가에 사는 달래)라고도 하는 산철쭉은 주로 수변 바위틈에 뿌리를 잘 내린다.

빠른 유속환경의 적응 | 상류지역에 사는 식물들은 강한 유속의 물리적 환경에 적응하기 위해 단단하거나 다발 형태를 갖는 뿌리, 줄기의 유연성, 높은 맹아력, 가지가 모여있거나 부드러운 잎을 갖는 경우가 많다. 이러한 특성을 갖는 식물들을 계류변식물(유수식물 流水植物, rheophyte)이라 하고(Jang et al. 2012) 돌틈 또는 바위 틈에 뿌리를 내려 생육하기 쉬운 특성들이다. 갯버들, 산철쭉, 돌단풍, 산뚝사초 등이 대표적이다(그림 6-34)(그림 6-63 참조). 일본에서는 육상식물의 0.5~1%가 계류변식물로 구분되는 것으로 예상하고 있으며 일본 서남부를 분포의 북한계로 인식하기도 한다(奧田과 佐々木 1996).

추수식물과 유속 | 유속은 정체수역에 발달하는 추수식물의 생산량(생체량과 밀도 등)에도 깊은 관계가 있다. 유속이 적정수준을 초과하면 일차생산성은 감소하고 (Chambers et al. 1991, Madsen et al. 1993) 식물의 생장과 종다양성에도 영향을 준다(Madsen et al. 2001). 캐나다의 자연하천(앨버타주 Alberta, 보우(Bow)강)에서 대형수생식물들은 0.01~1㎧ 범위 내에서 유속이 증가하면 생체량이 감소하고 1㎧을 초과하면 추수식물이 거의 생육하지 않는 것으로 나타났다(Chambers et al. 1991). 유속은 습지식물 개체군의 표면에서 급격히 감소하며 잎의 면적이 큰 식물은 유선형의 띠 모양의 잎을 가진 종보다 유속을 더 감소시키는 등(Sand-Jensen and Mebus 1996) 습지식물의 형태와 유속은 밀접한 상호작용을 한다. 특히, 하천 내에 횡구조물(물막이보)이 설치된 경우 상부에는 정수환경이, 하부에는 유수환경이 형성되는데 우리나라 중·소하천에서 흔히 볼 수 있다. 횡구조물 상부에는 줄, 애기부들, 갈대, 마름

등의 호소성 식물이, 하부에는 달뿌리풀과 같은 하천성 식물이 우세하게 발달한다(그림 6-35).

파랑의 영향 | 대형호(팔당호 등)에서 파랑(wave)은 식물 분포에 영향을 미친다. 개방수면이 넓은 큰 호소에서의 파랑은 가장자리 사면 지형을 파괴시켜 수변식생의 정착을 어렵게 하기도 한다. 파랑에 의해 수변식생이 파괴되는 공간을 비말대(飛沫帶, splash zone)라고도 한다. 일본의 대형호인 비와호(琵琶湖)에서 파랑에 대응한 침수식물의 공간 분포가 다르게 나타난다. *Elodea nuttalli*는 파랑이 적은 곳에, 검정말과 새우가래 등은 상대적으로 파랑에 대한 내성이 있는 곳에 공간 분포한다(奧田과 佐々木 1996).

그림 6-35. 물흐름 차이에 따른 하천 습지식물의 공간 분리(안성시, 한천). 하천 횡구조물 상부(느린 유속)는 정수식물인 줄, 애기부들, 갈대, 마름이 우점하지만 하부(빠른 유속)는 달뿌리풀이 우점한다.

■ 수생식물은 불리한 물속환경에 적응한 형태적, 생리적 기작을 가지고 있다.

부력의 형성과 부드러운 잎, 표현형적 가소성 | 수생식물은 육상식물이 겪는 압력이 없기 때문에 세포 표면은 부드럽고 무게를 상쇄하는 부력을 가진다(Okuda 2002). 침수식물의 잎과 줄기는 그리닌(lignin, 단단한 조직) 성분이 적어 부드럽고 유선형을 하고 있기 때문에 물흐름에서 잘 적응할 수 있다. 또한, 하천 습지에서 범람으로 인해 육상식물의 잎이 물에 잠기면 새롭게 성장하는 잎은 육상환경에서 성장한 잎보다 더 높은 수준의 산소를 갖고 더 얇은 잎과 세포벽을 갖는 표현형적 가소성(phenotypic plasticity)의 특성이 있다(Mommer et al. 2007).

제한된 이산화탄소의 적응 | 침수식물은 물속의 낮은 이산화탄소 농도의 제한된 환경에 적응하였기 때문에 육상식물과는 기작이 다르다. 침수식물들은 광합성을 위해 용존유기탄소(dissolved inorganic carbon, DIC)를 이용하는데 Arens(1933)와 Steemann Nielsen(1946)의 관련 연구를 시작으로 이후 식물에서 빛과 용존유기탄소의 사용에 대한 많은 연구들이 수행되었다(Pedersen et al. 2013). 용존유기탄소 이용의 대표적인 적응은 중탄산염이온(HCO$_3$)을 이용하는 것이다(Prins et al. 1982, Lucas 1983). 중탄산염이온을 이용하는 수씨식물은 낮은 탄소 수준의 물속환경에서도 pH를 유지하고 이산화탄소를 만족스러운 수준으로 유지할 수 있다(Pedersen et al. 2013). 그 밖의 적응은 호흡에 사용된 이산화탄소의 재이용(Madsen and Sand-Jensen 1991), 이산화탄소가 풍부한 밤에 흡수하는 물속산대사(aquatic acid metabolism)(Cockburn 1985) 등이 있다.

기체교환을 하는 기공의 개폐와 분포 │ 습지식물에서 공기가 출입하는 기관인 잎의 기공(氣功, stomata)
은 육상식물(태양 반대쪽, 잎의 뒷면)과 달리 공기와 접한 표면(위쪽, 잎의 앞면)에 위치하여 대기와 기체교환을
한다. 부엽, 부유식물은 수체를 서식처로 하기 때문에 물이 부족할 위험성이 없어 기공은 항상 열려
있는 상태이다(Shtein et al. 2017). 하지만, 완전히 물속에 잠긴 침수식물은 기공이 없으며 표피세포를 통해
물에 용해된 영양분과 기체를 흡수한다.

■ **수질과 탁도 등의 수환경에 따른 식물의 분포와 반응은 다르게 나타난다.**

수환경에 대한 습지식물의 반응 │ 수환경에 대한 식물의 반응은 매우 다양하고 관련된 많은 생리,
생태학적 연구들이 있다. 주로 호소를 대상으로 하는 연구가 많으며 하천에는 상대적으로 관련 연구
가 적고(O'Hare et al. 2018) 대하천 하류구간에 집중되어 있다. 우리나라 만경강 유역의 하천에서 수생식물
은 pH에 큰 영양을 받고 교란지 식생과 습생식물은 총질소와 인산에 영향을 받는 것으로 분석되기도
하였다(Kim et al. 2002b). 특히, 물속을 서식처로 하는 수생식물은 상대적으로 수환경에 보다 민감하게 반
응하고 pH, 총질소, 총인, 탁도 등 다양한 인자에 영향을 받는다. Shin et al.(1997)은 침수식물 중 말즘
은 pH와 전기전도도가 낮은 곳에서, 물수세미(이삭물수세미로 판단)는 전기전도도는 높고 pH는 낮은 곳에
서, 검정말과 붕어마름은 수환경 요인들에 비교적 넓은 분포범위를 나타내는 것으로 분석하였다. 특
히, 총질소와 총인은 부영양화에 대한 수생식물의 번성과 강한 연관성을 가진다.

부영양화에 대한 수생식물의 반응 │ 수체의 부영양화에 대응한 추수식물의 급격한 번성은 수생식
물에 비해 비교적 미약하다. 추수식물은 일정 기간 얕은 수심이 지속되고 물흐름이 거의 없는 부영양
환경이 유지되는 입지에 번성하는 특성이 있다(Lee 2005d). 하지만, 깊은 수심이 형성된 부영양 습지라
면 침수식물, 부유·부엽식물과 같은 수생식물의 번성이 두드러지게 빠르다. 부영양화는 비정상적인
공급원에서 과다한 영양염류의 유입과 관련된 현상으로 습지식물의 번성과 빠른 성장은 물론 경쟁
에 약한 식물종은 배제되어 식물종다양성이 감소되기도 한다. 부영양화에 대한 식물들의 반응 연구
는 호소, 하구, 대하천 지역에서 비교적 많다. 奧田과 佐々木(1996)에 의하면 일본에서 총인과 총질소
의 부영양화에 따라 침수식물은 분포에 영향을 받는다. 토카이(東海) 지방에서 순채와 수련은 약산성
으로 질소와 인산 농도가 낮은 수역에, 마름과 어리연은 생육범위가 넓고 pH 5.5~10으로 질소와 인
산이 저농도에서 고농도에 이르는 수역에 걸쳐 분포하는 등 수질에 따라 식물분포가 다르다.

농업에 따른 부영양화와 습지식물의 분포 │ 부영양화는 인위적인 공급에서 파생된 과다한 다량 영

양염류(macro-nutrients)와 관련된 증후군으로 과도한 수생식물의 성장 및 덜 경쟁적인 종의 배제로 이어 진다(O'Hare et al. 2018). 부영양화는 세계적인 현상이며 농업활동이 집약적이고 인구 밀도가 높은 곳이면 어디든지 발생한다(Smith 2003). Doren et al.(1997)은 미국 남부 플로리다주의 에버글레이즈(Everglades) 습지 들에서 상류 농업지역에서 잠재적인 영양염 유입원인 수로(canal)흐름 구조와 습지식물의 분포를 연구 하였다. 인 농도와 부들속(*Typha domingensis*)의 존재는 영양염 유입원의 거리와 음의 관계를 보였고 층층 고랭이속(*Cladium*) 및 기타 자연 군집과는 양의 관계로 나타났다. 즉, *Typha* 확장, *Cladium*초지 및 습지 대초원(wet prairie) 군집의 감소는 인 농도 증가 사이에 강한 관계가 있다. 이와 같이 영양소 투입(비료)이 이루어진 농업지역의 유출수는 습지식생의 구조와 동태에 영향을 준다.

상호작용에 의한 수생식물의 성장 영향 │ 수생식물의 성장 제한은 물속 영양염류와도 관련이 있다. Hilton et al.(2006)은 하천에서 부착생물(附着生物, periphyton)과 식물플랑크톤의 성장 속도가 대형수생식물 의 군집 구조와 생체량, 그리고 부영양화의 다른 현상에 대한 중요한 원인으로 제시하였다. 이에 따 르면 식물 잎에서 조류(algae)의 과도한 성장은 수생식물(부엽, 부유식물 제외)이 이용할 수 있는 빛의 양을 조 절하는 핵심적인 역할을 하고 식물 생장에 필요한 에너지가 제한된다는 것이다. 하지만, 영양 수준, 갈조(brownification), 부유사(suspended sediment load) 등에 따라 상호경쟁에 대한 예측은 달리 나타날 수 있다 (O'Hare et al. 2018). 대형수생식물의 성장에 대한 수심 한계는 물의 탁도가 식물에 도달하는 빛의 1~4% 미 만인 경우로(Sculthorpe 1967) 빛에 대한 경쟁은 중요하다(O'Hare et al. 2018).

탁도와 침수식물 │ 물속의 탁도(濁度, turbidity)는 특히 침수식물의 분포에 제한요인으로 작용한다. 탁도 는 물의 투명도로 이해할 수 있으며 햇빛이 물속에 도달하는 정도를 의미한다. 부영양화된 습지에는 조류 및 플랑크톤의 번성으로 물속 탁도가 높아져 습지 바닥의 침수식물은 빛의 이용성이 떨어진다. 부유물질이 많은 경우에도 탁도는 증가한다. 수생식물의 일종인 통발의 생육에는 탁도, 수온, 용존산

그림 6-36. 물속에서 빠르게 성장하는 마름(좌)과 검정말(우)(예산군, 무한천, 2016.5.12). 부엽 및 침수식물들은 생육초기 물속에서 매우 빠르게 성장하여 수공간을 우점한다(뒤에 많은 개체들은 물표면으로 줄기를 성장한다).

소가 주요 영향 요인이다(Jeong et al. 2016). 통발의 초기 생장은 광합성에 의존하기 때문에 수온과 빛의 투과 조건(탁도)이 생육 초기에 매우 중요하다. 또한, 습지 바닥의 저질 상태, 파랑의 세기 등도 제한요인이다. 특히, 마름, 검정말과 같은 침수식물 또는 부엽식물들은 탁도가 증가하기 이전인 4~5월에 발아하여 빠르게 줄기를 생장시켜 수표면 가까이 생장한다(그림 6-36). 많은 추수성 식물들도 침수 상태에서 줄기를 물밖으로 빠르게 생장시키는 특성이 있다(Voesenek et al. 1996).

그림 6-37. 낙동강 하구의 갈대밭(부산시, 을숙도). 갈대는 하천 말단의 염분이 있는 하구역에 우점하는 식물종이다.

염도(salinity) | 담수와 해수가 만나는 기수역(汽水域, brackish water zone)은 갈대(그림 6-37), 천일사초, 새섬매자기, 모새달 등과 같은 염분에 내성이 있는 추수성 식물들이 주로 생육한다. 이들은 비교적 염분농도가 낮은 곳에서도 생육한다. 염분의 농도가 보다 높은 조석(tide)에 의해 매일 침수되는 갯벌지역에는 갯잔디, 칠면초, 나문재, 해홍나물, 퉁퉁마디, 큰비쑥, 갯질경, 갯개미취, 지채 등과 같은 염생식물(鹽生植物, halophyte)들이 생육한다(그림 2-46, 2-47 참조). 이들은 전형적인 염습지에만 제한적으로 분포하는 식물종으로 분류되며 이에 대한 정의, 유지 기작, 특성 등은 별도의 자료를 참조하도록 한다.

■ 수생식물은 수심별로 종별 공간 분리가 일어난다.

수심에 대응한 수생식물 분포 | 수생식물들은 형성기간이 오래되고 수심이 얕고 부영양화된 호소에서 잘 자란다. 수생식물의 수심별 분포는 물속의 조도(照度, irradiance), 유기물 함량, 파랑 작용의 강도 등에 영향을 받는다(Pearsall 1921). 흔히 담수습지에서 추수식물과 부엽식물이 생장하는 얕은수심지역과 깊은수심지역을 구분하는 수심분리 시점을 2m(6.6ft) 미만으로 인식하기도 한다(Tiner 1999). 특히, 부엽식물과 침수식물은 수심에 대응하여 발달 분포한다. 부엽식물은 3.5m 이하의 수심에서 주로 생육하고 일년생 부엽식물은 최대 수심이 생육의 제한요인이다(奧田과 佐々木 1996). 일본의 비와호에서 부엽식물은 수심 3.5m 깊이까지 생육하고 식물종에 따라 분포하는 수심 영역이 다르다(奧田과 佐々木 1996)(그림 6-38). 침수식물의 분포 한계는 흔히 물속 조도 1~2%(1~4%: Sculthorpe 1967)의 깊이까지 제한된다(Kim and Lee 2002). 대표적 침수식물인 말즘은 수심 1~3m에서 가장 흔하게 서식하나(Bolduan et al. 1994) 최대 수심 7m까지 생육하기도 한다(Tobiessen and Snow 1984). 창녕군의 목포늪에서 마름과 말즘은 수심이 깊을수록 피도는 증가하고 가시연, 자라풀, 검정말, 나자스말, 붕어마름은 수심이 깊을수록 피도는 낮아진다(Lim et al.

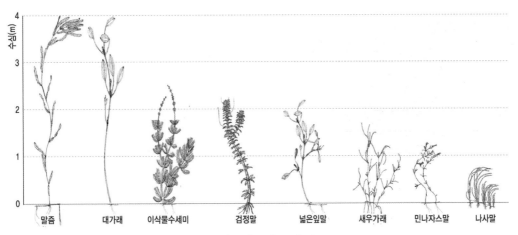

그림 6-38. 비와호(일본)에서 수심에 따른 침수식물의 공간 분포(자료:奧田과 佐々 1996)

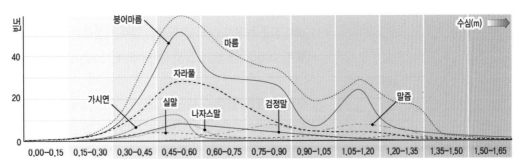

그림 6-39. 목포늪(창녕군)에서 수심에 따른 수생식물의 공간 분포(자료: Lim et al 2016)

2016)(그림 6-39). 이에 의하면 말즘은 평균 97.7㎝(최대 133㎝)의 깊이에서, 마름은 평균 76.2㎝(최대 244㎝)의 수심지역에서 생육하였다. 비교적 깊은 수심에서 침수식물 및 부엽식물이 생육 가능한 것은 줄기의 빠른 신장능력 때문이다(그림 6-36 참조).

추수식물의 수심별 공간 분리 | 수심은 추수식물의 서식에 제한요인이다. 갈대는 비교적 깊은 수심에서도 생육 가능하지만 우리나라의 습지 가장자리에는 자원을 경쟁하여 갈대, 줄, 애기부들의 공간 분리가 관찰된다. 수심이 가장 깊은 곳은 애기부들이, 다음은 줄이, 가장 얕은 곳에는 갈대가 띠 형태로 분포한다(그림 6-40). 팔당호(양평군, 남한강과 북한강 합류) 가장자리의 얕은 수심지역에서 이러한 식물종별 공간 분리가 잘 관찰된다(Lee et al. 2002a). 일본에서도 유사하며 갈대대(reed belt), 줄대(Manchurian wild rice belt), 애기부들대(bulrush belt)라 부른다(奧田과 佐々木 1996). 기준 수위(수심)와 토양(점토량)과의 관계에서도 식물종별 공간 분리가 관찰된다(그림 6-41). 점토 퇴적량이 증가하면 물가에서는 매자기가, 물속에서는 애기

그림 6-40. 갈대-줄-애기부들 공간 분리(양평군, 북한강). 정수역의 수변부에는 얕은 곳에서부터 갈대, 줄, 애기부들 순으로 공간 분포한다.

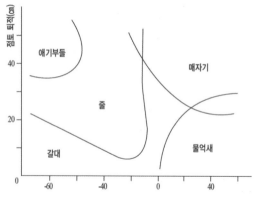

그림 6-41. 수심과 토양조건에 따른 습생식물의 공간 분포(자료: 奧田과 佐々 1996, 일본 비와호). 습지식물들은 토양조건과 기준수위에 따라 공간 분포를 달리한다.

부들이 증가한다. 애기부들은 줄에 비해 점토 퇴적량이 많은 지역을 선호하는 것을 알 수 있다. 이러한 공간 분리는 자원에 대한 종간경쟁(種間競爭, interspecific competition)과 실현지위(realized niche, 생태적 최적범위)의 차이로 발생된다. 북미의 큰잎부들과 애기부들의 수심 경쟁실험에서 공간 분리가 뚜렷하게 나타난다(Grace and Wetzel 1981). 수심에 적응한 식물종들은 흔히 특정종에 의해 단순특이적 우점하는 형태로 나타난다. 수심 조건은 강수, 배수, 증발에 따라 수위가 일시, 주기적으로 상승 또는 하강하기 때문에 명확히 규정하기는 힘들다. 물부추 등 일부 식물종들은 추수 또는 침수상태에서도 생육 가능하고 나도겨풀, 물잔디 등의 반추수식물은 수심이 깊어지면 줄기가 수변에 떠서 번식한다(奧田과 佐々木 1996, Lee and Kim 2005). 선물수세미, 구와말과 같은 일부 식물들은 수심에 따라 형태(침수형, 추수형, 육상형)를 달리하기도 한다(奧田과 佐々木 1996).

수심에 따른 공간 구분 | Forel(1901)은 스위스 호소에서 수심에 따라 서식공간을 구분하였다. 수변의 얕은 곳에서 추수식물대, 침수식물대, 차축조(쇠뜨기말, 윤조류의 일종, Chara braunii)의 분포한계까지를 연안대(littoral zone), 그 이하를 심연대(profoundal zone)로 구분하였다. Forel 이후 석회성분의 양에 따른 수질과 관련된 패류대의 차이를 고려하여 아연안대(sublitteral zone)를 별도로 구분하기도 하였다(Ekman 1915). 호소의 연안대까지는 영양염류와 태양에너지가 풍부하며 추수식물 및 부엽식물 등이 주로 서식하는 상대적으로 얕은 수심공간에 해당된다.

■ **수생식물을 포함한 관속식물들은 온도에 반응하는 정도가 다르다.**

추수식물의 온도 반응 | 온대지역에 위치한 한반도에서 식물의 생장이 왕성한 시기는 태양에너지가 풍부하고 물속 유기물질의 분해활동이 가장 왕성한 6~9월 사이(최성기는 기온이 가장 높은 8월)이다. 이 시기에 맞춰 습지식물들은 저장된 탄소와 영양분을 에너지로 사용하여 매우 빠르게 성장한다. 추수식

물의 대부분은 겨울철에 지하경(지하줄기, rhizome)의 싹(눈, bud)으로 휴면(休眠, dormancy)한다. 이듬해 봄철 온도가 상승하면 식물은 지하경에서 새싹을 내어 생장하고 하천바닥에 있는 종자도 발아한다. 식물 분포의 제한요인으로 온도(수온)는 식물종에 따라 다르다. 일본에서 겨울눈의 출아 최저온도가 10℃가 일반적이지만 쇠털골은 5℃, 새섬매자기는 5~10℃ 내외로 다른 종들에 비해 출아시기가 빠르다. 미나리는 내한성이 강한 식물이며 기온이 10℃를 넘어서면 생장을 시작한다(奥田과 佐々木 1996). 우리나라 복하천(이천시, 2019년 수온)을 감안하면 3월 상순이 수온 10℃에 해당되는 시기이다(그림 3-34 참조). 하천 규모가 작으면 3월 중순~하순에 이른다.

수온에 대응한 수생식물의 번식 ㅣ 우리나라에서 부엽식물은 겨울에 관찰되지 않는다. 습지 바닥에서 겨울을 보내고 수온이 상승하는 5월 전후에 생장하여 잎이 물위에 뜬다. 마름, 가시연과 같은 일년생식물은 종자로, 순채, 노랑어리연과 같은 많은 다년생식물은 지하경이나 번식아(繁殖芽, turion)로 겨울을 보내고 봄에 싹이 튼다. 말즘, 검정말, 물수세미, 이삭물수세미 등의 침수식물도 번식아를 형성하는데(Lim et al. 2016) 번식아는 최저수온 1~4℃에서 생존가능하다(Tobiessen and Snow 1984). 수생식물이 최대로 성장하는 시기는 수온이 가장 높은 8월이다. 웃사란 가시로 일종의 번식모듈(module)인 번식아(Kim 2013d)는 수생식물의 독특한 번식 및 월동기관에 해당되며 형태, 시

그림 6-42. 말즘의 번식아(용인시, 한천, 2021.6.18). 많은 수생식물은 번식아를 통한 무성번식을 한다.

기, 위치는 다양하다(그림 6-42). 개구리밥의 경우 기온이 7℃ 이하로 내려가면 생장할 수 없어 번식아를 형성하며 호소 바닥에 침강(Sculthorpe 1967) 월동하여 이듬해 봄에 생장을 한다(Appenroth and Bergfeld 1993, Kwak and Kim 2008)(그림 6-71, 6-72 참조). 가래속(Potamogeton)과 같은 수생식물의 경우 여름에 휴면하기도 한다(Tobiessen and Snow 1984). 일본 치바현의 치바시(Chiba, 千葉市, 북위 35° 정도)의 호소에서 번식아를 생성하는 말즘의 발아, 번식아 생장의 생활사는 발아(germination), 비활성생장(inactive growth), 활성생장(active growth), 생식(reproductive), 휴면(dormant)의 5단계로 구분하는데 수온과 깊은 연관이 있다(Kunii 1982). 이에 의하면 말즘은 수온이 가을철 20℃ 이하로 내려갈 때 번식아가 형성되고 봄철 10℃ 이상으로 상승할 때 새싹이 발아한다. 우리나라 미호천(청주시) 중류구간에서 말즘은 약 20~23℃(2022.5.17, 11~13시 측정) 사이에서 번식아를 형성한 개체들이 관찰되었다. 일본의 치바현에서 일부 마름류(Trapa natans var. quadrispin)는 종자가 저온에서 휴면이 해제되고 마름류는 수온이 10℃ 이상이 되는 3월 하순에 발아하기 시작한다(奥田과 佐々木 1996). 검정말의 번식아는 15~35℃의 온도에서 최적으로 발아한다(Netherland 1997). 붕어마름 역시 생육초기의 수온은 생육 전반에 많은 영향을 준다(Fukuhara et al. 1997).

저온에 견디는 버드나무류의 내동성 | 관속식물들에게 낮은 온도는 생육저해 요인이며 식물은 세포분열을 통한 생육이나 활성이 억제되는 휴면(休眠, dormancy)으로 이를 해결한다. 냉온대 낙엽활엽수림대에 속한 우리나라 삼림식생은 낙엽수(산지는 참나무류, 습지는 버드나무류 등)가 주인이 된다. 흔히 식물에 온도와 빛(광주기)과 같은 환경신호는 새싹 휴면의 발달과 탈출을 조절하는 데 중요하다(Cooke et al. 2012). 특히, 온도에 대한 내동성(耐凍性, freezing resistance)은 버드나무류의 가장 중요한 겨울철 생존 요인이다. Sakai(1970)에 의하면 버드나무류의 종별 겨울 내동성 정도는 지리적 지역의 기온에 따라 다르다. 하지만, 열대지방이 원산지인 버드나무류를 북해도 야외에서 1년 동안 재배하면 약 -30℃에서 16시간 동안 동결되지 않는 나뭇가지가 생성되는 등 극저온의 동결을 견디는 유전적 잠재력은 열대 버드나무류에도 분명히 존재한다(Sakai 1970, Sakai and Wardle 1978). von Fircks(1992)는 식물의 겨울철 내동성 피해는 저온 스트레스를 견디는 고유한 능력의 부재보다는 불완전한 겨울철 순응(acclimation) 때문으로 분석하였다. 종종 지역에 자생하는 식물 개체들은 내동성 한계에 도달하거나 초과하는 기온보다 특히 서리가 유목들에 영향이 크다(Sakai and Wardle 1978).

4.2 침수토양에서 식물 적응

■ 산소가 부족한 침수토양에서 습지식물은 효과적인 기체 보전 및 대사적 적응을 한다.

침수토양 환경에서의 습지식물 적응 | 토양공극이 물로 채워지면 포화(water saturated) 또는 담수(waterlogged)되었다고 한다. 이러한 상태가 지속되면 통기가 불량한 혐기적(저산소 hypoxia, 무산소 anoxia) 습지환경이 형성된다. 식물뿌리의 근권(根圈, rhizosphere, rooting zone)에서 산소의 대사적 고갈은 토양이 담수될 때 빠르게 발생한다. 습지식물들은 이를 극복하기 위해 독특한 구조로 적응진화하였다. 범람에 대한 식물의 반응은 호기적 환경으로 성장하거나 무산소 지역에 자유롭게 침투할 수 있도록 산소공급을 증가시키는 여러 기작(mechanism)과 구조적 적응(adaptation)에 대한 진화이다(Blom and Voesenek 1996, Mitsch and Gosselink 2007). 우리나라 하천 습지식물은 주로 버드나무류와 벼과, 사초과 식물이고(Lee 2005d) 이들은 토양의 저산소 상태를 견디는 기작이 있다. 하천 상류의 선상지는 굵고 거친 입경의 토양지역으로 이곳에 서식하는 버드나무류는 건조에 내성을 가지고 있어야 한다(Sakio and Yamamoto 2002). 하류의 사행구간 또는 충적지, 배후습지 등은 가는 입경의 모래 또는 점토성분으로 되어 있어 습지식물들은 저산소 상태에서 견디

는 능력이나 통기조직(通氣組織, aerenchyma tissue) 발달, 부정근(不定根, adventitious root) 생성, 피목(皮目, lenticel) 발달, 버팀뿌리(prop root) 형성, 맹아(萌芽, sprout) 능력 등이 필요하다. 아마존 중부 유역에서 범람(매년 50~270일 침수)에 따른 수백종의 식물들은 산소결핍에 따른 형태적(morphological), 생물계절적(phenological), 생리적(physiological) 적응 변화가 관찰된다(Parolin 2001). 이 식물들은 부정근, 피목, 길이생장과 같은 줄기비대(stem hypertrophy)가 일어나고 침수와 가뭄조건 모두에서 잎과 줄기의 호흡(respiration), 잎의 엽록체(leaf chlorophyll), 수분퍼텐셜(water potential), 광합성 동화(photosynthetic assimilation)에 적응적 변화가 관찰된다. 습지에서 범람은 목본 및 초본식물들이 산소농도가 가장 높은 수면 일대에서 부정근을 생성하도록 유도한다. 부정근을 잘 만드는 습지식물들은 흔히 기체공간연속체나 통기근이 잘 발달되어 있지 않다(van der Valk 2006). 습지식물 줄기의 빠른 확장도 침수에 반응하는 식물의 적응이다(Blom and Voesenek 1996). 하지만, 온도가 낮은 서늘한 휴면기 동안 잘 배수된 충적지의 범람은 영구범람 습지와 같은 형태적, 생리학적 식물 적응으로 이어지지는 않는다(Naiman et al. 2005).

습지토양의 공기 변화 | 토양공기의 질소 함량은 대기(산소 약 21%, 이산화탄소 0.035%, 질소 78% 이상)와 비슷한 경향이 있다. 토양 내에 산소는 대기보다 낮고 이산화탄소는 높으며 이들 관계는 일반적으로 역의 관계이다. 기체들의 구성 비율은 토양의 공극 정도에 따라 다를 수 있다. 배수가 불량한 토양의 산소 함량은 5% 이하로 감소하여 혐기적 상태가 된다. 담수상태에서 유기물이 분해되면 메탄(CH_4), 황화수소(H_2S)와 같은 기체의 농도가 토양공기 중에 현저히 증가한다(Brady and Weil 2019). 토양 내의 산소와 이산화탄소 농도는 미생물의 활동에 크게 의존한다. 미생물은 유기물, 식물잔재물 등의 유기탄소화합물에 의존해 살아간다. 흔히 토양의 온도가 올라갈수록 미생물의 활동은 증가한다.

산소의 중요성과 호기적 환경 | 토양 내의 산소는 식물체의 분해 과정과 생장에 큰 영향을 준다(Brady and Weil 2019). 혐기적 조건의 토양이 산소가 있는 호기적 조건의 토양보다 분해속도가 훨씬 느리다(Cronk and Fennessy 2001). 통기가 불량한 토양은 에틸렌기체, 메탄기체, 알코올 및 유기산과 같이 부분 산화된 생산물을 포함하고 일부 기체는 식물 및 분해자 생물에게 독성으로 작용하기도 한다(Brady and Weil 2019). 일부 부산물은 악취를 내거나 식물의 생장을 억제하기도 한다. 습지식물들은 이러한 독성물질을 극복 또는 제어하기 위한 대사적 기작들을 가지고 있다.

혐기성 대사 | 식물체 세포에 산소가 부족하면 혐기성 대사가 일어나며 ATP(adenosine triphosphate, 생명체 유지 필요에너지) 생산은 호기성 대사에 비해 훨씬 감소하지만 계속된다. 이를 습지식물의 진화적 적응으로 간주한다. 이러한 혐기성 대사를 통해 짧은 기간 동안 식물들은 무산소 상태를 견딜수 있다(Studer and Braendle 1987). 식물뿌리에 통기조직의 발달 및 침수토양의 배수 등이 일어나면 호기성 대사로

전환된다. 혐기성 대사가 일어나는 동안 식물체에 화학적 변화가 일어나는데 에탄올과 유기산의 축적, 세포의 pH 감소 등이다(Cronk and Fennessy 2001). 식물 세포가 혐기성 대사를 하고 있다는 지표는 증가된 ADH(알코올탈수소효소, alcohol dehydrogenase)의 활성이다. ADH는 에탄올 합성의 마지막 단계를 촉매하는데 침수토양에서 농도가 증가하다가 배수(호기적 상태)되면 감소한다. Monk et al.(1984)의 연구는 혐기적 토양에서 습지식물은 30μ mol g^{-1} 생중량(生重量, fresh weight) 보다 고농도로 에탄올이 축적되지 않는 안정기(plateau)를 나타내었고 건조지 식물종(Iris germanica)은 70μ mol g^{-1} 생중량의 농도에 꾸준히 에탄올을 축적하고 안정기는 관찰되지 않았다. 이와 같이 습지식물들은 알코올 발효의 주산물인 에탄올(독성으로 작용) 축적을 줄이거나 견디는 대사들을 가지고 있다(McManmon and Crawford 1971).

침수토양에서 습지의 에틸렌 축적과 반응들 │ 식물에서 침수에 대한 여러 신호가 있지만 식물체 내에서 합성되는 에틸렌(ethylene, C$_2$H$_4$)의 축적은 침수의 중요한 신호이다(Sasidharan and Voesenek 2015). 토양이 혐기상태인 저산소 상태가 되면 에틸렌의 축적 및 기타 식물호르몬 변화로 통기조직의 발달이 유도된다(Kozlowski et al. 1991, Evans 2003, van der Valk 2006). 에틸렌 생산은 셀룰라아제(cellulase)를 활성화시켜 세포벽을 부드럽게 하여 피목과 부정근 모두에서 줄기 비대와 통기조직의 발달을 유발한다(Kozlowski 1984a, 1984b). 에틸렌은 물에서 공기에서의 확산 속도보다 약 10,000배 느리기 때문에 침수된 조직에 빠르게 농축된다. 이러한 에틸렌의 효과가 저산소 조직에서 발생하는 것만은 아니다(Bradford and Yang 1980). 크고 많은 통기조직의 형성으로 식물체는 다공성이 증가하여 산소 이동을 향상시킨다. 다공성은 수문학적 체계를 비롯하여 온도에도 영향을 받는 것으로 연구되기도 하였다(Pan et al. 2020).

습지성 목본식물의 침수 반응 │ 버드나무류는 체내에 에틸렌과 옥신(auxin)의 농도가 증가하며 지베렐린(gibberellin)과 사이토키닌(cytokinin)의 감소, 앱시스산(abscisic acid)의 농도 증가, 기공 폐쇄 등의 다양한 생리적 변화를 발생시켜 침수조건에 견딘다. 또한, 버드나무류를 포함한 침수된 목본식물들의 비대해진 피목은 침수된 뿌리에 산소 공급 및 이산화탄소, 유해가스 등을 배출시키고 공극이 많은 부정근을 발달시켜 기능이 약화된 뿌리의 역할을 대체 또는 보조한다.

근권 산소화 │ 에틸렌 합성은 '근권 산소화'(rhizosphere oxygenation)로도 알려져 있다(Naiman et al. 2005)(그림 6-43). 이는 식물뿌리에서의 '방사형 산소 소실'(radial O$_2$ loss, ROL)로 인접 토양으로 산소가 이동하여 미세한 산화영역을 생성하는 습지식물에서 주로 발생한다. 식물에서 줄기를 통해 뿌리 통기조직으로 이동한 산소는 뿌리대사에 이용되고 초과된 산소는 주변의 토양으로 확산(유출)된다. 즉, 식물뿌리 근처에는 산화층(oxidized layer)이 형성되어 뿌리 주변 토양에 산소를 공급하기 때문에 산화환원전위를 증가시킨다(Armstrong 1978). 근권에 산소를 공급하는 식물의 능력은 식물뿌리의 산소 수준, 뿌리체적의 크기 및 뿌리의 투과성(permeability)에 따라 다르고 일 시간별, 발생공간(전체 또는 부분) 등이 다를 수 있다(Cronk and Fennessy 2001). 토양에 산소 농도가 높으면 식물뿌리에서 소실되는 산소는 줄어든다(Reddy et al. 1990). 확산된 산소는 토양 내의 환원된 철을 산화시키기 때문에 식물 잔뿌리 주변에는 산화된 철(oxidized iron, Fe^{3+})의 침전물 축적이 발생된다(Vepraskas 1995, Havens and Virginia Institute of Marine Science 1996). 철과 망간, 황산염 퇴적물로 된 식물뿌리 주변의 갈색퇴적물은 습지의 존재를 의미한다(Tinner 1999). 영양염류의 순환은 뿌리에서 유도된 산소에 의해 회복되고 산소화된 근권에는 독성이 없어진다(Blom 1999). 침수에 내성을 가지는 습지식물들은 광범위한 독성으로 작용하는 에탄올 화합물의 축적에 견디는 대사들을 가지고 있다(McManmon and Crawford 1971). 특히, 범람에 내성이 있는 식물들의 근권 산소화는 주변의 비내성 식물종의 생존을 허용할 만큼 충분히 퇴적물의 무산소 환경을 개선할 수 있다(Ernst 1990).

방사형 산소 소실의 특성 | 많은 습지식물에서 뿌리의 통기조직이 발달한 조직에서는 방사형 산소 소실(ROL)이 일어나는데 기저부에 불투과성 장벽(뿌리 측면)이 존재한다(그림 6-43). 이를 통해 뿌리 정점(말단)으로 확산되는 산소의 양을 증가시키고 호기성 근권을 발달시켜 혐기적 침수토양에서 뿌리의 침투를 향상시키는데 식물종마다 그 정도가 다르다. 이 때문에 장벽이 있는 식물은 보다 깊은 토양으로 뿌리를 내리고 뿌리도 더욱 길어진다. 그에 반해 통기조직의 비율이 높지만 ROL에 대한 장벽이 없는(또는 약간의 장벽이 있는) 식물종은 뿌리를 따라 상당한 양의 산소가 소실되어 정점으로의 산소 확산이 제한되기 때문에 뿌리 신장 역시 제한된다. ROL 장벽은 수베린(suberin)이 뿌리 피질 및/또는 외피의 세포벽에 침착되었기 때문이다(Colmer and Voesenek 2009). 이러한 장벽은 (1) 이산화탄소, 메탄, 에틸렌과 같은 토양 유래 기체, (2) 침수토양에 종종 존재하는 잠재적인 독성물질(예: 환원된 금속이온), (3) 영양염류와 물의 유입을 방해할 수 있다(Colmer 2003).

침수환경에서 식물 통기조직의 발달 | 통기조직의 발달은 육상식물이 아닌 범람에 내성이 있는 식물의 특징으로(Grosse et al. 1998) 침수토양에서 식물뿌리로의 산소 확산에 의존하지 않을 수 있다. 식물뿌리에 산소 공급은 뿌리 투과성(permeability), 뿌리호흡 속도, 식물체 상부로부터 확산경로 길이, 뿌리의

그림 6-43. 습지식물 뿌리 주변의 산화층. 습지식물은 뿌리에서 주변의 토양으로 산소를 확산시켜 뿌리 인근의 토양생물들에게 산소를 공급한다. 방사형 산소 소실(ROL)의 물리적 장벽은 수베린(진한붉은색: 농도는 양을 의미함)에 의한 것이며 화살표 크기는 산소의 양을 의미한다.

공극율 등에 의해 영향을 받는다(Mitsch and Gosselink 2007). 기체확산모델(gas diffusion model)은 통기조직이 발달한 습지식물에 뿌리의 산소 농도를 결정하는 중요한 요소이다. 범람 내성종인 *Senecio aquaticus*는 뿌리호흡(산소 이용)이 50% 억제되는 반면, 비내성종인 *S. jacobaea*는 완전히 억제(Lambers et al. 1978)되는 결과에서 침수토양 환경에서 습지식물의 통기조직 발달의 높은 적응기작을 보여준다. 특히, 침수토양에서 발생하는 식물뿌리의 산소 결핍 외에도 완전한 수중식물(예: 침수식물)은 식물조직의 통기를 유지하기에 충분한 산소 공급이 제한되지만 일부 종에서는 수중 광합성에 의해 부분적으로 산소가 공급될 수도 있다(Vashist et al. 2011). 식물의 통기조직 발달과 뿌리 호흡, 생장 등과 관련된 연구들은 지속적인 침수토양 환경에서 성장하는 벼(rice, *Oryza sativa*)에서 많이 이루어져 있다.

통기조직의 발달 특성과 구성 | 식물에서 체내의 공기 공간은 통기조직(aerenchyma, 공기로 찬 다공성 조직)과 세포간극(lacunae, 공기로 찬 열린공간)의 형태로 생성된다(van der Valk 2006). 통기조직은 세포붕괴(lysigeny) 또는 붕괴없는 세포분리(schizogeny)로 인한 세포간 공간 확장에 의해 형성된다(Naiman et al. 2005). 식물의 이러한 통기조직은 피질(cortex)의 성숙 과정에서 세포붕괴 및 세포분리에 의해 형성되어 벌집구조를 발달시킨다(Mitsch and Gosselink 2007). 어리연속(*Nymphoides*), *Luronium*속, *Littorella*속 등은 세포붕괴형이고 동의나물속(*Caltha*), 소리쟁이속(*Rumex*), 터리풀속(*Filipendula*) 등은 세포분리형에 해당된다(Naiman et al. 2005). 속이 비어 있는 내강구조(hollow structure) 및 스펀지 형태의 통기조직으로 식물뿌리로 산소를 이동시키거나 기근(aerial root) 등의 조직을 형성하는 것이다(그림 6-44)(그림 6-58, 6-59 참조). 침수에 내성이 없는 식물에서 통기조직은 뿌리 전체의 10~12%(일부는 2~7%: Mitsch and Gosselink 2007)를 차지하지만 내성이 있는 식물에서는 뿌

그림 6-44. 습지식물에서 통기조직의 발달. 습지에 서식하는 여러 식물들은 마디를 통한 내강구조 또는 스펀지 형태의 통기조직을 발달시켰다.

리의 50~60% 공간을 차지한다(Smirnoff and Crawford 1983, Smits et al. 1990). 초본 수생식물은 식물체 전체 공극율이 50%를 초과하기도 한다(van der Valk 2006). 통기조직을 이루는 공극은 흔히 수생식물 체적의 30~60%로 이해할 수 있다(Kwak and Kim 2008). 많은 침수내성종들에서 토양의 산화환원전위(酸化還元電位, redox potential)가 낮아지는 환원상태가 증가할수록 식물조직의 공극율은 증가한다(Smirnoff and Crawford 1983, Cronk and Fennessy 2001). 일반적으로 침수식물은 추수식물에 비해 공극율이 높고(Sculthorpe 1967) 뿌리에 산소를 더 적게 공급한다(Barko and Smart 1981). 단위뿌리질량 당 산소방출은 침수식물이 $0.08 \sim 5.4 \mu g O_2 mg^{-1} h^{-1}$이고 추수식물이 $0.8 \sim 9.8 \mu g O_2 mg^{-1} h^{-1}$이다(Carpenter et al. 1983). 통기조직의 발달은 습생식물보다 침수식물의 일반적인 특성으로 설명하기도 한다(Jung et al. 2008). 초본 또는 목본성 습지식물들은 침수에 대응하기 위해 줄기의 기저부(밑둥치)가 통기조직 발달로 인해 비대(肥大, hypertrophy)해진다(Cronk and Fennessy 2001). 침수식물과 부엽식물 등의 통기조직은 햇빛, 산소, 이산화탄소를 접촉하는 물표면에 잎 등이 부유되도록 한다. 일반적으로 부유, 부엽하는 수생식물은 식물체의 크기와 상관없이 어느 부위든 통기조직이 망상으로 잘 발달되어 부유기능과 광합성 기능을 동시에 수행 가능하도록 구조적으로 분화하였다(Sculthorpe 1967, Lemon and Posluszny 1997, Kwak and Kim 2008).

그림 6-45. 땅위에 나온 낙우송의 통기근(영덕군, 기청산식물원). 낙우송은 통기근으로 땅위 공기를 통해 뿌리호흡을 원활히 한다.

기체교환을 위한 피목과 통기근 | 기체공간연속체(gas-space continuum)는 초본식물에서 잘 발달되어 있고 목본식물의 경우는 통기근(通氣根, 호흡근, pneumatophore)과 피목(皮目, lenticel)의 형태로 적응한다(van der Valk 2006). 서양 사람들은 통기근을 무릎을 닮았다하여 '무릎모양뿌리'라는 의미로 슬근(膝筋, knee root)이라고도 한다. 우리나라에서는 무릎모양뿌리를 갖는 자생식물의 관찰은 어렵고 식재한 낙우송에서 관찰 가능하다(그림 6-45). 이러한 식물들은 대기에서 통기근과 피목을 통해 뿌리로 기체를 공급한다(Brix 1993). 통기성 뿌리와 연결된 줄기 기저부의 통기조직은 줄기에 산소

그림 6-46. 버드나무류의 피목 발달(나주시, 영산강). 버드나무류들은 침수되면 산소 교환과 부정근 형성을 위해 줄기에 피목들이 부풀어 오른다(화살표 참조).

그림 6-47. 호소(상: 안성시, 고삼저수지)와 하천(중: 왕버들, 청주시, 미호천)에서 버드나무류 및 초본식물(하: 달뿌리풀과 고마리, 청주시, 석남천)의 부정근 형성. 수위변동폭이 있는 공간에 버드나무류는 지상(수표면 바로 위)에 부정근을 형성하는 경우가 많은데 이는 범람환경에 적응한 하천 습지식물의 적응진화적 결과이다. 초본식물들 역시 물속과 물밖에서 부정근을 빈번하게 형성한다.

진입점(oxygen entry point) 역할을 하는 비대피목(hypertrophic lenticel)을 형성한다(Shimamura et al. 2010). 침수되면 피목은 비대해지고 줄기에서 2~3㎜ 정도 돌출되는데(Hook and Scholtens 1978) 이는 산소 교환과 확산 증가를 위한 식물의 적응이다(Hook et al. 1970)(그림 6-46). 수위선에서 피목과 비대피목이 차단되면 식물뿌리의 산소상태는 감소한다(Armstrong 1978). 비대해진 피목이 공기에 노출되면 붕괴되지만 큰 세포간 공간과 폐쇄층(closing layers)의 많은 파손으로 상당한 산소 교환이 가능하다(Hook et al. 1970, Hook and Brown 1972).

부정근의 발달 │ 부정근의 생성과 얕은 뿌리 형성은 침수 환경에서 습지식물이 적응하는 방법이다(Laan et al. 1989, Koncalova 1990). 부정근은 침수저항성 목본식물(*Salix*, *Alnus* 등) 외에 많은 초본식물에서도 생성되는데(Cronk and Fennessy 2001) 갈대, 달뿌리풀, 물억새, 갈풀, 고마리, 흰여뀌 등의 주요 습지식물이 이러한 특성을 가진다. 식물이 물에 잠기면 오래된 많은 뿌리가 죽지만 잘 발달된 통기조직을 갖는 부정근인 통기성 뿌리(aerenchymatous root)가 줄기 밑에서 나오고 혐기성 토양으로 제한된 정도로 자라는 해부학적 변화를 동반한다(George et al. 2012). 범람으로 식물이 새로운 적응된 뿌리를 형성하든, 기존 뿌리에서 통기조직을 강화하든, 침수내성은 식물종에 따라 상이하다(Laan et al. 1991). 부정근의 형성에는 에틸렌 및 일부 옥신(auxin)과 같은 호르몬의 역할이 중요하다(Blom 1999, George et al. 2012). 일반적으로 줄기에 형성되는 부정근(adventitious stem roots)은 비대피목에서 나오고 뿌리에 형성되는 부정근(adventitious soil root)은 범람으로 원뿌리가 죽은 지점에서 나온다(Kozlowski 1984a, 1984b). 부정근은 일반적으로 흰색이고 다육성(다공성)이고 가지가 거의 없으며 수위선(물선, water line) 근처에서 형성된다(그림 6-47). 부정근은 세포 구조, 혐기성 호흡 속도, 고농도 이산화탄소를 견디는 능력들이 원뿌리와 다르다(Hook et al. 1972). 범람기간에 대한 비대화된 피목과 부정근의 형성은 식물종에 따라 다르며 대부분 15일 이내이다(Havens and Virginia Institute of Marine Science 1996). 부정근의 성장이 침수시간과 높은 상관관계가 있어 수분포화기간(수문주기, 침수기간)의 생물학적 지표로 사용할 수도 있다(Reyes 2012).

수분과 영양염류 흡수 | 범람 환경에 내성이 없는 식물(육상식물)들은 뿌리 대사의 전반적인 감소에 대한 반응으로 물이 풍부함에도 감소된 수분 흡수를 보인다. 수분 흡수의 감소는 기공 폐쇄, 이산화탄소 흡수 감소, 증산 감소, 시들음 등과 같은 가뭄 상태에서 보이는 것과 유사한 증상을 초래한다(Mendelssohn and Burdick 1988). 기공 폐쇄는 호르몬(abscisic acid)에 의해 유도되며(Dörffling et al. 1980) 식물뿌리의 침수 결과로 잎 조직에서 호르몬 농도가 증가한다. 이러한 반응들은 가뭄에 시달리는 식물의 경우와 유사한 것으로 수분 손실과 세포질에 대한 손상을 최소화한다. 무산소 환경에 영향을 받는 초기 과정 중 하나는 식물 조직의 에너지 결핍으로 토양에서 영양염류 흡수를 제어하는 능력이 소실되는 것이다. 특히, 영향을 많이 받는 영양염류는 질소, 인, 철, 망간, 황이며 습지식물들은 이를 극복하는 여러 적응 기작을 가지고 있다. 기작은 독성 수준에 이르지 않도록 영양염류들은 근권 산소화로 토양에 침전되거나 비영향 조직(액포 vacuole 등)에 축적, 높은 대사적 내성 등이다(Mitsch and Gosselink 2007). 이와 같이 습지식물은 육상식물에 비해 무산소 환경에 견디는 신진대사 유지 등의 능력이 높다.

> [도움글 6-4] **확산(diffusion)과 집단류(mass flow) 물질이동**
>
> 확산은 에너지가 필요없는 농도 차이(기울기)에 의한 이동이다. 집단류는 물질이동 형태에서 확산과 대비되는 용어로 사용된다. 집단류는 공기와 수분이동의 설명에 흔히 사용되는데 전압(全壓) 차이로 발생한다. 토양의 공기는 주로 확산, 수분은 집단류에 의한 이동 비중이 크다. 집단류는 식물에서 뿌리, 줄기, 잎의 수분퍼텐셜(water potential) 차이에 의한 물질이동을 말한다. 인과 칼륨을 제외한 대부분의 영양염류가 집단류에 의해 이동한다(Ryu 2000).

■ **습지식물은 혐기적 환경에 적응한 기체이동 기작으로 이를 극복한다.**

습지식물의 기체이동 기작 | 습지식물의 통기조직은 기체가 공기기관과 물속기관 간 확산(이동)을 용이하게 한다. 일부 습지식물은 기체확산 향상과 혐기환경에 잘 견디기 위해 수동확산(passive diffusion, 농도차 이동), **가압기체흐름**(집단류 集團流, mass flow, pressurized ventilation, bulk flow, convective throughflow, 식물체 내외의 온도와 수증기 압력구배에 의한 이동), 물속에서의 발달된 기체교환(underwater gas exchange, 식물조직 이동), 벤추리유도대

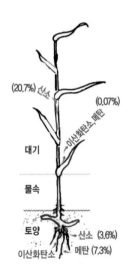

그림 6-48. 식물에서의 기체 수동확산. 수동확산은 농도차에 의한 기체이동 방식으로 식물에 일반적인 주요한 방식이다.

류(venturi-induced convection, 바람세기 구배에 의한 이동) 등의 기작을 가진다(Dacey 1980, 1981, Brix 1993, Cronk and Fennessy 2001)(도움글 6-4)(그림 6-48, 6-49, 6-50). 수동확산은 관속식물의 일반적인 기체이동이나 다른 기작들은 습지식물의 두드러진 특성이다. 수생식물의 물속 발달된 기체교환은 침수된 식물조직과 물 사이에 일어나는 기체교환을 의미한다.

수동확산 | 수동확산은 대부분의 식물에서 일어나는 가장 일반적인 기체이동이다. 수동확산은 농도차에 의해 이동(고농도→저농도)하는 물리적 과정으로 공기 중의 산소 농도가 더욱 높다. 갈대는 대기의 공기줄기에서 산소 농도가 20.7%이나 뿌리줄기에서는 3.6%에 불과하다. 이산화탄소와 메탄의 농도는 반대로 뿌리줄기에서 7.3%에서 공기줄기에서는 0.07%로 감소한다(Brix 1993)(그림 6-48).

가압기체흐름 | 식물체 내부의 공기 확산은 매우 느린 속도로 일어나기 때문에 뿌리줄기로의 산소 이동은 부적절하거나 다른 기작에 의해 기체이동이 증가될 수 있다. 추수식물과 부엽식물에서 대류적인 기체흐름인 가압기체흐름은 오래된 싹(shoot)과 새싹의 공극율에 따른 압력 차이로 발생하고 새싹에서 오래된 싹으로의 기체이동이 일어난다(그림 6-49). 밤보다 낮에 산소의 높은 축적이 일어난다. 가압기체흐름은 온대지역에서 이른 봄 갈대류(*Phragmites*)의 뿌리와 싹의 분열조직에 산소를 공급하는 중요 기작이다(Colmer 2003, van der Valk 2006). 침수식물에서 가압기체흐름은 없으며 식물조직은 물에서 직접 기체교환을 하는 확산으로만 산소를 공급한다(van der Valk 2006). 유럽 온대지역의 범람원과 하변의 수변림의 우점종인 오리나무류(*Alnus glutinosa*)에서 유사한 현상(피질조직 내부 기체공간과 외부 대기 사이 온도구배)이 관찰되며 연구자들은 이를 가압기체흐름(pressurized gas flow) 또는 열삼투기체흐름(thero-osmotic gas fflow)으로 정의하기도 하였다(Grosse and Schröder 1984, Grosse et al. 1991). Dacey(1980, 1981)는 이러한 시스템은 압력구배에 의해 공기를 가져오기 때문에 펌프(pump)라 지칭했다. 이 펌프는 식물대사에 의존하지 않는 물리적 현상이다. 다공성과 열에 관련된 열증산(thermal transpiration)과 습도유도가압 또는 습도압력(humidity-induced pressurization or hygrometric pressure)에 의해 어린잎(새싹)이 높은 압력을 유지한다. 얼마나 많은 산소를 전달할 수 있는지는 물리적 한계가 있으며 이는 습지식물들의 생존 최대 수심을 결정하는 요인이기도 하다(Visser et al. 2000).

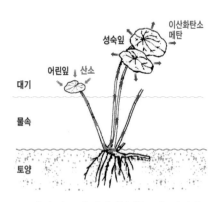

그림 6-49. 가압기체흐름. 이 기작은 어린잎과 성숙잎 사이의 압력차에 의한 기체흐름이다.

벤추리유도대류 | 벤추리유도대류는 갈대에서 설명되었는데(Armstrong et al. 1992) 풍속 기울기로 일어나는 기체이동의 기작이다(그림 6-50). 갈대의 죽거나 부러진 줄기는 2~3년 동안 뿌리줄기에 낮게 붙어 있을 수 있고 생장한 키가 큰 줄기 사이에 풍속에 의한 이들 간에 압력 차이가 발생하여 기체가 이동하는 원리이다. 벤추리유도대류를 통해 뿌리줄기에 들어가는 산소의 비율은 강한 바람이 불거나 뿌리줄기의 단위 길이당 죽은 싹과 부러진 싹의 수가 많을 때 상당히 중요할 수 있다(Armstrong et al. 1992).

■ 통기불량의 토양에서 식물은 공생, 에너지 배분 등과 같은 생리적 전략을 갖는다.

산성토양에서의 질소 고정 | 물흐름이 미미한 정체수역이 형성되는 습지는 유기물이 많이 축적되는 장소로 산성에 내성이 있는 식물종이 많다. 산성화된 습지환경 하에서는 질소를 고정하는 미생물과 공생하는 경우가 많다. 토양에 주요 질소 고정은 공생 시스템이며 저질소 토양의 비옥도와 생산성을 향상시키는데 중요한 역할을 할 수 있다(Zahran 1999). 근류근(根瘤菌, *Rhizobium*, *Sinorhizobium*, *Mesorhizobium*, *Bradyrhizobium*, *Azorhizobium*속 등)-콩과식물의 공생이 학자들에게 많은 관심을 받았으나 비콩과식물(오리나무류 *Alnus*, *Parasponia*, *Zamia*속) 등도 이에 해당된다(그림 4-3, 4-4, 4-5 참조). 특히, 인류의 주요 식량자원인 쌀 생산과 관련된 논습지의 벼에 대한 질소 고정 관련 연구가 활발하다.

통기불량 토양에서의 식물생장 반응 | 통기가 불량한(산소가 부족한) 토양환경 즉, 범람에 대한 내성은 식물종 및 생태형에 따라 다르며 형태 및 생리적 적응과 관련이 있다(Kozolowski 1984). 흔히 통기가 불량한 토양에서 식물은 뿌리보다 지상부의 생장이 감소한다. 침수는 토양 내의 산소를 빠르게 고갈시키고 식물의 대사작용을 변화시켜 생장을 억제시킨다. 우선적인 반응으로 잎의 기공 폐쇄, 광합성과 포도당의 식물체 이동 감소, 뿌리의 흡수능력 억제, 식물호르몬의 불균형 등이 초래된다(Brady and Weil 2019). 토양에 수분이 적을 때는 식물은 잎 생산보다는 뿌리 생산에 많은 에너지를 배분하고 증산을 감소시켜 식물이 생존을 돕는다. 수분 가용성이 증가할 때는 일부 개체는 웃자라는 특성으로 빛에 대한 경쟁력을 높인다. 줄기의 길이 생장과 잎 생산으로의 생체량 배분 변동은 식물의 생존 경쟁력을 높인다(Kang et al. 2016). 습지식물들

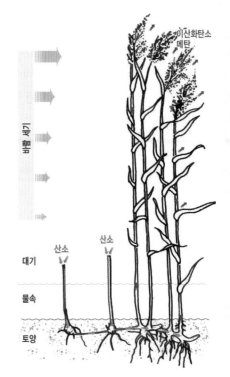

그림 6-50 벤추리유도대류 기체이동. 이 기작은 갈대 등에서 식물체 위치별 풍속에 의한 기체흐름이다.

은 주기적인 토양 포화와 그에 따른 화학 변화를 견딜 수 있는 여러 특성들을 가져야 한다. 침수는 낮아지는 토양의 산화환원전위를 포함하여 식물뿌리에 스트레스를 준다. 범람 직후에 식물의 순광합성량이 감소하는 것이 일반적이다(Kozolowski 2001).

범람에 대응한 식물군락의 분포 │ 일시적으로 형성되는 많은 습지(예: 둠벙)에서 식물군락들의 유지는 대체로 수명이 긴 휴면 종자은행(매토종자)과 가뭄을 견디는 영양번식체로부터의 발아 또는 정착이다. 범람의 깊이, 기간 및 빈도는 식물군락의 구성에 영향을 미치며 깊이가 영향이 가장 작고 개별 홍수 사건의 기간이 더욱 중요하다(Casanova and Brock 2000). 이렇게 일시적으로 형성되는 습지에 지속적으로 분포하는 식물군락들은 홍수와 건조의 변동에 반응하거나 견디는 능력이 있는 종들로 구성된다.

■ **습지식물은 지하수면 위치 변동에 따라 생존에 크게 영향을 받는다.**

지하수면에 대응한 식물뿌리의 반응 │ 토양 단면에서 식물뿌리의 깊이는 상부로부터 강수 침투깊이와 지하수면의 깊이에 의해 강하게 영향을 받는다(Fan et al. 2017). 지하수면은 식물의 증발산 등과 관련되어 월별, 계절별, 매년 패턴이 있는 변동성을 갖는다(Tiner 1999). 배수가 잘 되는 고지대의 식물뿌리는

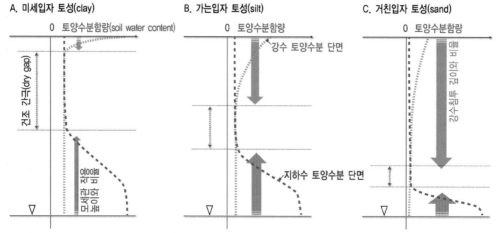

그림 6-51. 토성에 따른 두 가지 토양수 유동과 조절 단면 모식도(Fang et al. 2017). 강수침투 유동(다홍색 화살표)과 그에 따른 토양수분 단면(녹색 점선), 지하수 모세관 작용(파란색 화살표)과 그에 따른 토양수분 단면(파란색 점선)은 토성에 따라 다르며 화살표의 너비와 길이는 유동범위를 나타낸다. 토성이 미세할수록 강수 토양수분 유동과 모세관 작용에 의한 지하수 토양수분 유동은 얕고 약하게 발생한다.

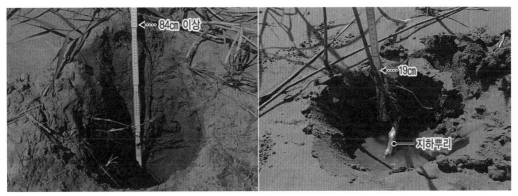

그림 6-52. 지하수면 위치에 따른 갈대 지하뿌리의 깊이(부산시, 낙동강하구). 동일 식물이라도 건조한 지역(좌: 깊은 지하수면, 사구)이 습한지역(우: 얕은 지하수면, 염습지) 보다 깊은 토심공간에 뿌리를 발달시킨다.

강수의 침투깊이에 따르고 침수된 환경에서 초본 또는 목본식물들은 지하수면 아래의 산소 스트레스를 피하기 위해 얕은 뿌리시스템을 형성하는 경향이 있다. 흔히 하천 습지를 포함한 관속식물들의 뿌리 깊이는 수분 유동과 관련된 지하수면, 토성과 깊은 관련이 깊다. 수분의 두 가지 유동과 단면 특성은 토성에 따라 다르게 일어난다(Fan et al. 2017)(그림 6-51). 토성이 미세할수록 강수 토양수분 유동은 얕고 모세관 작용에 의한 지하수 토양수분 유동은 깊다. 즉, 강수의 침투는 모래와 같이 토양입자의 크기가 크고 거칠수록 강하고 깊고 점토와 같이 미세하고 부드러울수록 약하고 얕게 일어나며 식물들의 뿌리는 이에 내응하여 이동한다(Schenk and Jackson 2005, Fan et al. 2017). 하지만, 거친 입자의 토양(모래, 자갈)에서 얕은 지하수면은 식물뿌리를 더 얕게 형성하고 미세한 입자의 토양(점토)에서 깊은 지하수면은 뿌리를 더 깊게 형성할 수 있다(Fan et al. 2017). 하천 습지에서 버드나무류를 포함한 습지식물은 가뭄으로 지하수면이 하강하면 식물뿌리 분포에 영향을 미치는데 더 깊이 뿌리를 내리고 뿌리 길이를 늘린다(Splunder et al. 2011). 중류구간의 건조한 곳에 서식하는 식물들은 깊은 곳까지 뿌리를 생장시킨다. 중류구간의 자갈밭(높은 둔치 등)에 사는 쑥은 깊이 1m까지 뿌리를 뻗기도 한다(奧田과 佐々木 1996). 낙동강 하구 연안사주섬의 주요종인 갈대의 뿌리도 서식하는 장소(습생의 염습지역과 건생의 사구지역)의 지하수면 위치에 따라 지하뿌리의 위치가 상이하다(Lee and Ahn 2012)(그림 6-52)(그림 3-27 참조). 실험실의 정상조건에서 자란 버드나무류 유묘는 2~8개의 굵은 뿌리를 형성하지만 침수조건에서 자란 유묘는 8~27개의 가는 수염뿌리의 형태로 발달한다(Lee 2002). 버드나무속의 식물은 건조한 조건에서 뿌리를 깊게 내리는데 침수조건에서는 용존산소의 효율적 이용을 위해 가늘고 짧은 부정근을 많이 만든다(그림 6-47 참조). 초본식물의 경우에도 지하수면이 높은 물가에 사는 식물의 경우 산소의 효율적 이용을 위해 지표 가까이에 잔뿌리를 많이 형성하는 특성이 있다. 이와 같이 지하수면은 버드나무류의 분포는 물론 수변 초본식물의 뿌리 발달에 중요한 영향요인이다.

지하수면 및 수위에 따른 버드나무류의 생존 | Kamada(2008)의 연구에서 왕버들 묘목의 침수와 토양의 실험실 건조실험에서 지하수면이 지표에서 20㎝ 이내에 있으면 거의 모든 묘목이 생존하였지만 30㎝ 이상이면 모든 묘목이 7일 이내에 고사하였다. 지하수면은 침수기간과도 연관이 있는데 왕버들은 사주(모래톱)공간에서 수위가 높아지더라도 생존기간에 0~30㎝ 사이의 침수 수준이면 묘목이 정착하여 우점할 수 있다. 선버들도 지하수면이 하강하면 유묘의 정착이 현저히 감소한다(Lee 2002). 이는 왕버들, 선버들이 토양 건조에 내성이 약하다는 것으로 버드나무, 갯버들, 키버들 등도 유사할 것으로 추정된다. 이와 같이 식물은 미소서식지의 환경조건(발아조건)에 따라 유묘의 정착 여부가 결정된다.

■ **습지식물별 생존기간은 다르지만 침수기간이 길어지면 결국 고사한다.**

습지성 초본식물의 유지 | 미국 플로리다주 에버글레이즈(Everglades)의 초본습지에서 침수기간(수분포화기간 hydroperiod)과 불(fire)의 발생 빈도가 우점 식물의 생장과 종조성에 영향을 미친다(Kushlan 1990). 이들 초본습지가 유지되는 환경은 침수기간이 9개월 이하여야 한다. 침수기간은 식생 유형에 따라 수생식물인 수련(water lily)과 침수식물(submerged)은 9개월 이하로 가장 길고, 부들류(cattail), 창포류(flag), 억새류(sawgrass)는 6~9개월 사이, 습생대초원(wet prairie)은 6개월 이하이다(표 6-5). 식물종에 따라 산소결핍상태(anoxia)에서 생존하는 기간은 다르다. 침수에 내성이 없는 식물은 대부분 3일 이내이고 침수에 내성이 있는 초본 식물종도 흔히 4일에서 90일 기간이다. 영국갯끈풀, 갈대, 큰잎부들, 애기부들 등은 28일 이하, 큰매자기, 큰고랭이, 고랭이속 일종(Scirpus lacustris)은 90일 이하로 대부분 뿌리줄기에 싹을 신장시키는 전략을 가진다(Braendle and Crawford 1987, Cronk and Fennessy 2001).

표 6-5. 미국 플로리다주의 에버글레이즈(Everglades)에 있는 초본습지의 환경 특성(자료: Kushlan 1990)

식생 유형	수분포화기간(침수기간)	불 발생 빈도	유기물 축적율
수련(water lily)	9개월 이하	1회 이하/10년	높음
침수식물(submerged)	9개월 이하	1회 이하/10년	높음
부들류(cattail)	6~9개월	1회/10년	높음
창포류(flag)	6~9개월	1회/10년	보통~높음
억새류(sawgrass)	6~9개월	1회/10년	보통~높음
습생대초원(wet prairie)	6개월 이하	1회 이상/10년	낮음

침수되는 수심과 기간 | Colmer and Voesenek(2009)에 의하면 침수에 대한 식물의 스트레스는 수심과 침수기간에 따라 구분할 수 있다. 얕은 침수는 수심 0.5~1m 미만으로 물에 잠긴 식물의 싹이 길어

지면 수위를 넘어설 가능성이 있다(Setter and Laureles 1996, Striker 2012). 깊은 침수는 수심 1m 이상으로 식물이 수면에 도달하기 전에 죽기 때문에 싹의 신장 반응으로 식물이 추구하는 이익은 중요하지 않다(Striker 2012). 그에 반해, 정지(quiescent) 상태로 남아 있는 식물은 토양이 배수될 때까지 기초대사를 유지하기 위해 저장된 탄수화물을 사용함으로써 깊은 침수에도 생존할 수 있다(Striker et al. 2012). 침수기간은 일반적으로 일시범람(flash-flood)으로 2주를 넘지 않으면 짧은 기간으로 간주될 수 있고 2주(종종 한 달 이상)보다 길면 장기간으로 간주될 수 있다(Colmer and Voesenek 2009). 이러한 구분은 식물의 전략을 이해하는데 도움이 되지만 학자들간에 이견이 있을 수 있다. 최근에는 육상 습지식물이 침수되는 수심과 기간에 따라 침수 내성에 대해 '저산소 정지 증후군'(low oxygen quiescence syndrome, LOQS) 또는 '저산소 탈출 증후군'(low oxygen escape syndrome, LOES)으로 구분하기도 하였다(Colmer and Voesenek 2009). LOQS 종의 주요 특징은 침수 시 싹이 늘어나지 않는 반면, LOES 종은 싹을 빠르게 확장한다. LOQS는 일시범람(단기 침수)이 발생하기 쉬운 환경에서 생존을 향상시키는 반면, LOES는 장기간의 얕은 침수 환경에서 생존을 향상시킨다(Bailey-Serres and Voesenek 2008). 장기간의 깊은 침수 발생지역에 서식하는 많은 식물들은 LOQS의 주요 구성요소인 싹(shoot) 확장 반응이 부족하지만(Voesenek et al. 2004) 이들 중 많은 종이 수중 환경에 적합한 새 잎을 생산한다(LOES 표현과 유사). 이러한 혼합된 반응은 탄수화물을 보존하고 저산소 스트레스에서 탈출하기 보다는 회피를 촉진한다(Colmer and Voesenek 2009).

습지성 목본식물의 생존 침수기간 | 우리나라 하천과 호소의 목본식물이 생육하는 입지는 홍수에 일시적으로 침수되지만 수일 이내에 배수되는 공간들이다. 육상에 생육하는 많은 목본식물들은 침수에 내성이 없거나 유목들은 몇 시간의 침수에도 고사하는 특성이 있다(Kozolowski 1984a, 1984b). 습지에 서식하는 식물종 역시 침수기간이 지속되면 일정기간은 생존하지만 뿌리호흡이 제한되어 결국 고사하게 된다. 국내 저수지 상부의 하천유입부 등지에서 줄기 하부가 침수된 버드나무류 우점림이 종종 관찰되는데, 이들은 침수내성기간 내에서 침수와 배수의 수위변동이 이루어지기 때문에 생존을 지속할 수 있다. 북미의 주요 습지성 목본식물 18종은 서식공간에 침수기간이 3개월에서 3년 동안 지속되면 식물체가 고사하는 것으로 조사되었다(Crawfold 1982, Keddy 2000). 18종 가운데 우리나라 하천의 주요 종인 버드나무속(*Salix interior*)과 물푸레나무속(*Fraxinus pennsylvanica*) 일종의 식물 생존기간은 2년 이내이다. 습지복원을 위한 수목의 침수내성 연구에서 3종의 버드나무류(갯버들, 버드나무, 왕버들) 가운데 버드나무가 침수내성이 가장 높고 탁도가 증가하면 고사 가능성은 증가하는 것으로 나타났다. 그러나 오히려 20일 이하의 침수기간은 시문이 생장에 도움을 주는 것으로 연구되었다(Kim et al. 2014b).

4대강사업과 침수된 버드나무류의 고사 | 우리나라 4대강사업의 결과로 다기능보가 설치된 상부는 수위가 상승하였다. 이로 인해 기존의 많은 버드나무류 우점림이 생존 침수내성기간을 초과하여

그림 6-53. 장기간 침수(1년 이상)된 토양에서 버드나무류림의 고사(성주군, 낙동강, 강정고령보 상부). 습지에 우점하는 버드나무류들도 흔히 1년 이상 장기간 침수가 지속되면 결국 고사한다(촬영: 2013.7.4, 강정고령보 담수: 2012.3.16).

그림 6-54. 침수된 왕버들 고목들(청송군, 주산지). 왕버들 고목은 오랜기간 생존하였지만(모내기 4~5월 제외, 약 10개월 토양 침수) 주산지의 수위 및 침수기간 증가 등으로 많은 개체가 고사하였다. 이를 해결하기 위해 2009년부터 후계목을 식재하고 식물의 뿌리호흡을 위해 침수기간을 조절하고 있다.

고사하였다(그림 6-53). 낙동강의 강정고령보는 2012년 3월 16일 가동되어 상부가 담수되었으며(GBIB 2012) 이듬해 2013년 5~6월경에 버드나무류 우점림의 집단고사가 관찰되었다. 이를 통해 우리나라 하천 습지의 버드나무류(대부분 선버들, 왕버들, 버드나무)는 생존 침수기간이 1년 내외(1~1.5년, 흔히 1년 이내)로 판단될 수 있다. 침수되는 시점에 따라 기간적 차이가 있을 수 있는데 휴면기에 침수되는 경우에는 생존기간이 보다 증가할 것으로 추정된다. 실험실의 왕버들 묘목의 침수실험에서는 수위가 높아지더라도 생존이 가능하지만 물속에서는 생존할 수 없다(Kamada 2008). 갯버들도 같은 특성을 나타내는 것으로 보아(Choi and Kim 2015) 버드나무속 식물의 일반적 특성으로 이해할 수 있다. 또한, 수고(tree height)와 동일한 수위로 갯버들 유묘가 침수되는 경우에서는 70% 정도의 생존율을 나타내었다(Choi and Kim 2015). 우리나라에서 침수된 왕버들 고목경관으로 유명한 주산지(청송군)(그림 6-54)는 과거 10개월의 만수위와 봄철 2개월 정도 저수위의 수위관리가 이루어졌다. 1987년 주산지의 둑높이공사로 수위가 2m 정도 높아지면서 왕버들 고목의 수세가 약화되었다. 이후 왕버들 고목의 고사를 제어하고 관리하기 위해 보전계획이 수립되었고 수세 약화를 저수지 수위하강 시에 노출되는 왕버들 뿌리(부정근 포함)의 건조를 주원인으로 판단하였다(Kang et al. 2015). 이러한 호소에서 침수에 따른 수목의 생존과 고사는 우리나라 내에서 빈번하게 관찰된다. 달뿌리풀, 갈풀, 물억새 등과 같이 영양번식하는 습지성 초본식물의 경우에도 평수위보다 높게 침수되는 기간이 연장되면 죽을 수 있다(van der Valk 2006).

4.3 생활형 적응

■ 환경에 적응한 습지식물들은 생존기간 또는 기능적으로 유형화할 수 있다.

생존기간에 따른 분류 | 식물은 종자발아-생장-개화-결실의 생존기간(생활사)에 따라 일년생, 이년생, 다년생으로 구분된다. 일년생(annual)식물은 12개월 이내에 종자에서 다음 종자를 생산하고 죽는다. 고마리, 흰여뀌, 환삼덩굴, 강아지풀 등이다. 이년생(biannual)식물은 첫해에 성장하고 둘째 해에 종자를 생산하고 죽는다. 자연상태에서 절대적인 이년생식물은 거의 없다(Harper 1977). 이년생식물로 분류되는 많은 식물들은 크기나 탄수화물 저장이 일정 수준이면 개화하는 수명이 짧은 1회 생식성 다년생식물이다(Werner 1975). 이년생식물은 흔히 개화에 2년이 필요하지만 조건에 따라 첫해 또는 3년 이상이 소요될 수 있다. 이년생식물은 흔히 개화를 유도하는 춘화처리(春化處理, vernalization) 기간이 필요하기 때문이다(Barbour et al. 1998). 우리나라에서는 단양쑥부쟁이가 가장 대표적인 이년생식물로 첫해에 발아하여 근생엽의 형태로 겨울을 보내고 이듬해에 신장하여 늦여름에 개화, 결실하고 고사한다. 간혹 3년생의 형태를 가지기도 한다(그림 7-117 참조). 다년생(perennial)식물은 여러 해를 사는데 많은 초본식물을 포함한 목본식물이 이에 해당된다. 다년생식물도 일회생식(monocarphic plant, 단개화)식물과 다회생식(polycarphic plant, 다개화)식물로 구분된다(Cronk and Fennessy 2001). 달뿌리풀, 갈대, 갈풀, 물억새 등과 같은 다년생 초본식물은 다회생식하는 식물종이다. 대나무류(왕대, 분죽, 조릿대 등)는 평생 1회 개화하는 대표적인 일회생식하는 식물이다.

습지식물의 기능적 구분 | 하천 습지식물들은 높은 소류에너지와 습한 환경에 적응하기 위한 다양한 형태적, 생리적, 재생적인 적응을 한다(Naiman and Décamps 1997, Mitsch and Gosselnk 2007). 역동적인 하도와 범람원은 식물의 정착과 안정화에 혹독한 환경이지만 상대적 안정 입지에서 식물들은 성공적으로 정착한다. 안정된 입지는 발아에 적합한 조건(물과 산소)과 생활사 요건에 부합하는 환경조건이다(Haper 1977). 식물들을 비슷한 생활사 전략을 갖는 공동체(guild)로 분류하는 것은 식생 천이와 종분포를 이해하는데 도움이 된다. 습지식물들은 기능적으로 다양하게 적응하였고 4가지로 구분할 수 있다(Grime 1979, Naiman et al. 1998). (1) 침입자(invader)는 충적토양에 쉽게 정착하도록 물이나 바람으로 많은 번식체(繁殖體, propagule)를 퍼트리는 전략을 가진다. (2) 인내자(endurer)는 부분적으로 식물이 초식되거나 범람으로 줄기나 뿌리가 묻히거나 파손된 후 다시 재발아하는 전략을 가진다. (3) 저항자(resister)는 성장계절 동안 불, 전염병, 홍수 등과 같은 다양한 환경재앙에 적극적으로 대응하여 살아남는 전략을 가진다. (4) 회피자(avoider)는 특정 교란에 적응하지 못하는 식물들로 불리한 환경에서 발아하더라도 개체들은 생존하지 못한다.

그림 6-55. 버드나무류(선버들, 버드나무)의 선구적 정착(단양군, 남한강). 물가에서 수리체계에 대응하여 발아조건이 형성되면 버드나무류는 빠르게 종자발아하여 정착하는 특성이 있다. 그 결과로 수위변동선에 맞춰 발아한 치수들이 관찰된다.

기능적 구분 사례 │ 많은 버드나무류는 선구식물(pioneer plant)로 하천변에 흔하게 관찰된다(Niiyama 1990, van Splunder et al. 1995, Lee 2002, 2005d). 우리나라에서 버드나무류의 선구적 특성으로 물가에서 수리체계에 대응하여 봄철 적합한 환경이 형성되면 매우 빠르게 종자발아하여 정착한다(그림 6-55). 북미 버드나무류 종자들은 하천변에서 발아하고 화재 이후 안정화된다. 이는 발아한 개체들의 뿌리시스템(근권)이 파괴되지 않았기 때문으로 낮은 강도의 화재에는 개체들이 다시 싹트기 때문이다. 목재잔재물 흐름 또는 초식에 의해 줄기가 피해를 입었을 경우에도 버드나무류는 맹아 또는 부정근을 형성한다(Stott 1992, Moerman 1998, Lee 2005d). 이러한 특성들은 기능적으로 침입자, 인내자, 저항자로서 적합하다. 우리나라의 대표적 버드나무류인 선버들, 버드나무, 왕버들, 갯버들 등이 이에 해당된다. 일부 식물종(*Picea sichensis*)은 범람이나 퇴적물에 묻히는 것에 대해 저항성은 가지지만(Harmon and Franklin 1989) 불에 민감해 회피자로 분류된다. 수변림에서 미류나무류(cottonwood, *Poplus*속), 오리나무류(alder, *Alnuss*속) 등은 저항자 또는 인내자로 분류된다(Naiman et al. 1998). 이 구분에 의하면 하천 습지의 주요식물인 달뿌리풀, 갈대, 물억새, 갈풀 등은 인내자로, 제방부 산화지에 있는 띠, 억새, 쇠뜨기 등은 저항자로 분류할 수 있다. 산림식물종인 참나무류는 회피자로 분류할 수 있다.

■ 하천 습지에는 생활사가 짧은 식물종이 높은 구성비를 나타낸다.

습지식물의 생활형적 특성 │ 식물들의 생활사는 서식환경에 적응하도록 진화한 결과이고 하천 습지에서 식물의 생활형 특성은 뚜렷하다. 생활형에 대한 세부적인 내용은 라운키에르 생활형 분류(Raunkiaers life-form spectrum)를 참조한다. 하천 습지에서는 생활환(life cycle)이 짧거나 일년생식물(therophyte)과 겨울눈을 지하에 두고 있는 반지중식물(hemicryptophyte), 지중식물(geophyte)의 구성비가 높다(Lee 2005d)(표 6-6, 그림 6-56). 많은 다년생 습생식물(갈대, 애기부들, 갈풀, 물억새, 달뿌리풀)은 지표 아래의 땅속에 생장점(겨울눈)을 두어 월동한다. 겨울철에는 지상부의 잎과 줄기가 말라 쓰러지며 분해생물에 의해 재이용 가능한 물질로 환원된다. 하천의 목본식물은 흔히 환경변화가 작은 안정된 서식공간(예: 산림)에 사는 목본식물보다 상대적으로 수명이 짧은 것이 특징이다. 또한, 목본식물에 비해 초본식물의 구성비가 높게 관찰된

표 6-6. 하천식생 유형별 생활형에 따른 식물종 구성(Lee 2005d, 식생 유형 범례는 그림 6-49 참조)

| 식생 및 식물 생활형 유형 | | 목본식생 | | | 초본식생 | | | | | 기타 식생 | 전체 |
		T1	T2	T3	H1	H2	H3	H4	H5		
초본 식물	육상 일년생식물	51	133	9	111	50	1	88	2	23	168
	수생 일년생식물	4	22	0	13	16	0	23	17	1	34
	수생 다년생식물	12	28	0	16	29	1	26	23	2	50
	지중식물	9	22	2	10	5	1	7	0	1	29
	반지중식물	75	114	10	49	17	10	28	0	4	163
	지표식물	64	64	6	13	5	3	7	0	2	102
	착생식물	2	1	1	0	0	2	0	0	0	4
목본 식물	대형지상식물	48	38	10	3	2	1	3	0	0	65
	소형지상식물	30	31	9	2	1	1	1	0	0	45
	미소지상식물	47	35	11	5	3	12	1	0	0	61
합 계		342	488	58	222	128	32	184	42	33	721

그림 6-56. 하천식생 유형별 생활형 구성비(Lee 2005d). 식생유형별(T1: 계곡·계반림, T2: 하변연목림, T3: 하식애림, H1: 유수역다년생초본식생, H2: 정수역다년생초본식생, H3: 암극초본식생, H4: 일년생초본식생, H5: 수중식생(부엽·침수·부유식물), I: 기타식생) 100%기준 누적그래프이며 그래프의 가장 아래 일년생식물의 구성비에 주목하자.

그림 6-57. 물가를 서식처로 하는 일년생식물인 고마리(원주시). 수위변동역을 서식처로 하는 식물들(고마리, 미꾸리낚시, 흰여뀌 등)은 대부분 생활사가 짧은 것이 특징이다.

다. 이는 잦은 교란에 의한 식물 진행천이의 저해, 퇴행 또는 맥박식으로 순환되기 때문이며 후술의 하천식생 천이 부분에서 보다 구체적으로 이해 가능하다.

일년생식물종의 높은 구성비 ┃ 흔히 교란이 심한 곳에는 일년생식물의 구성비가 높게 나타나는데 하천공간에서 약 28% 이상을 차지한다(Lee 2005d, Cho et al. 2021). 특히, 수위변동이 잦은 물가에서는 일년생식물의 면적 및 구성비가 증가한다 (그림 6-57). 일년생식물의 구성비가 논에서 48%(Nam 1998), 밭에서 70%(Lee 1999a)인 점을 감안한다면 하천환경 역시 경작지처럼 교란이 강한 공간으로 이해할 수 있다. 산림식생에서는 반지중식물의 구성비가 높고 일년생식물의 구성비가 낮게 나타난다(Kim et al. 2018c). 일년생식물은 봄에 발아하여 가을에 결실하는 하계 일년생(강아지풀, 명아주 등)과 가을에 발아하여 이듬해 봄에 결실하는 동계 일년생(망초, 달맞이꽃 등)으로 구분된다. 하계 일년생식물종은 홍수가 빈번한 시기에 생육이 왕성하여 교란받기 쉽다. 청미천(남한강 지류) 주요 식생지역의 토양 종자은행에는 21종의 식물종이 있으며 대부분 빠르게 발아하는 일년생이거나 터주성(ruderal) 다년생식물이다. 이는 하천의 주요 다년생식물종(달뿌리풀, 갈풀, 물억새 등)은 종자은행을 만들지 않고 대부분 당해 발아 또는 영양생장으로 확장하는 것으로 이해할 수 있다(Cho et al. 2018).

습생과 건생 일년생식물의 공간 분포 ┃ 하도와 평행한 사주(모래톱) 상단부(유수에 부딪히는 수충부인 물머리)는 범람으로 쉽게 파괴되기 때문에 중앙 또는 하단부(물꼬리)에 물가에 사는 식물들이 많이 분포한다. 모래톱의 상단부는 상대적으로 굵은 입자의 퇴적물이, 하단부로 갈수록 가는 입자의 퇴적물이 쌓여 매토종자 및 영양분 차이에 의한 결과이기도 하다(奧田과 佐々木 1996). 이러한 장소에는 여뀌, 고마리, 흰여뀌, 물피, 돌피 등과 같은 습생형의 일년생식물종이, 둔치의 고지로 갈수록 매듭풀류, 달맞이꽃, 벼룩이자리, 망초류 등 육상형(건생)의 일년생식물종이 주로 관찰된다. 매토종자는 입지의 교란 후 식생재생에 중요한 역할을 한다. 우리나라와 같은 몬순기후 지역에서 매토종자와 현존식생 사이의 식물종 구성의 유사성은 수변의 일년생식물군집에서 더 크며 특히, 하천보다 호소에서 보다 뚜렷하게 나타난다(Cho et al. 2019).

4.4 식물 기관의 형태적 적응

■ 습지식물은 침수를 견디기 위해 형태적인 적응을 하였다.

수위변동에 반응한 식물의 형태적 적응과 공간 분리 | 식물의 많은 형태학적 적응(부정근의 형성, 줄기 지지, 뿌리 및 줄기 유연성, 종자 특성 등)은 토양의 무산소 상태, 불안정한 기질 조건 또는 생식 요구 사항에 대한 반응들이다(Naiman et al. 2005). Blom et al.(1990)은 네덜란드 라인(Rhine)강에서 소리쟁이속(*Rumex*) 7종이 수위변동에 반응하여 뚜렷한 공간 분포에 차이가 있음을 알아냈다. 이들 종들은 하천의 특정 공간에 번성할 수 있도록 혐기생활(anaerobiosis)에 적어도 3가지의 형태학적 뿌리 변화에 적응을 했다. (1) 뿌리 가지의 증가, (2) 새로운 부정근의 발달, (3) 측근의 수직 분포 변경(산소가 더 많은 상부토양에 집중)이다. 다른 명백한 해부학적 변화는 세포 사이에 공극이 확장되어 산소 이동이 원활해진다. 또한, 수위변동과 관련되어 에틸렌 호르몬에 의한 잎자루와 줄기의 확장 능력이다.

부유식물과 부엽식물의 공기층 형성 | 부유식물 또는 부엽식물은 공기 이동이 용이하고 식물체 내부에 공기량이 많아 잎이 물에 잘 뜨는 구조인 스펀지 형태가 많다. 우리나라의 마름(그림 6-58)(그림 7-102 참조)과 자라풀(그림 7-105 참조) 등은 별도의 공기주머니가 있는 형태를 가진다. 부유식물 가운데 통발류 등은 공기주머니가 없고 수면 아래에 식물체가 있어 침수식물과 유사한 특성도 있어(奧田과 佐々木 1996) 일부 학자들은 이를 침수식물로 분류하기도 한다(van der Valk 2006)(그림 6-7 참조).

그림 6-58. 마름의 공기주머니. 마름의 잎자루의 공기주머니는 부엽의 주요인이다.

그림 6-59. 갈대 뿌리의 내강구조(삼척시, 오십천). 갈대는 습지환경에 적응하기 위해 줄기와 뿌리가 마디 형태와 내강구조를 하고 있다.

침수토양에서 식물의 형태적 적응 | 침수되어 있어 토양은 산소가 거의 없는 혐기적 환경이다. 이를 극복하기 위해 습지식물은 공기의 효과적 이동과 식물체의 구조적 유연성을 위해 줄기와 뿌리의 속이 비어 있는 내강구조 및 마디(절간, internode)를 형성하는 경우가 많다(그림 6-59). 식물뿌리가 물에 잠겨도

식물은 공기순환이 가능하다. 주로 갈대, 갈풀, 달뿌리풀, 나도겨풀 등과 같은 벼과(Gramineae) 식물이 여기에 해당된다. 식물의 줄기나 뿌리의 통기조직은 식물뿌리의 토양에 산소를 확산시킨다(그림 6-43 참조). 이런 경우 포화된 혐기영역 위로 부정근이나 호흡근이 자라나 산소를 흡수할 수 있도록 하기도 한다(NRBMI 2004)(그림 6-47 참조).

■ 습지식물의 기관은 수리환경에 적응한 형태를 갖는다.

그림 6-60. 물흐름에 적응한 가는가래(용인시, 한천). 수생식물은 유연한 줄기 형태를 가진다.

유선형의 식물잎 │ 하천 습지식물의 잎은 물흐름에 저항을 작게 받기 위해 타원형 또는 선형의 형태가 많다. 우점하는 주요식물인 달뿌리풀, 갈풀, 물억새, 갈대, 고마리, 여뀌 등의 잎도 선형이거나 타원형이다. 버드나무속에 속한 식물들의 잎 역시 대부분 타원형이다(그림 7-23 참조).

침수, 부엽식물의 적응 │ 말즘, 가래, 가는가래, 실말, 나사말, 대가래 등과 같은 침수성 식물들은 일정 수심이 유지되는 물속에 생육하며 물흐름에 잘 적응한다. 줄기는 매우 유연한 구조이고 뿌리는 수분과 양분 흡수의 기능보다 스스로를 고정하는 역할이 크다(예: 나사말, 실말, 연꽃류 등)(그림 6-60). 특히, 침수식물들의 잎은 긴 유선형의 형태를 띠는 경우가 많다. 부엽식물은 수중엽과 부엽이 수환경에 잘 적응한 다른 형태인 이형엽을 가지는 경우가 많다.

■ 이형엽의 형성은 수생식물에 있어 기체 저장과 교환의 효과적 방법이다.

이형엽의 형성 │ 수생식물들은 수환경에 적응한 전략으로 형태적으로 2개 이상의 여러 잎 모양을 가진다. 이를 이형엽(異形葉, heterophyll)이라 하며 성장 시기, 잎의 위치, 생육환경 등에 따라 형태가 달라진다(그림 6-61). 보풀, 가시연 등은 어린 잎과 성장한 잎의 모양이 다르다. 성장한 마름의 경우 부엽(물에 뜬 잎)과 침수엽(물속 잎)이 전혀 다른 형태를 가진다. 마름, 노랑어리연, 어리연 등의 경우 부엽이 과도하게 밀생하는 경우 기중엽(공기 중의 잎)을 형성하기도 한다(그림 7-102 참조). 부엽식물은 순채, 가시연과 같이 부엽으로만 이루어지기도 하지만 침수엽과 수중엽을 동시에 가지거나 침수엽만을 가지기도 한다(奧田과 佐々木 1996).

이형엽의 기능과 특성 ┃ 수위변동에 대한 식물의 적응인 이형엽은 건조와 침수의 동시 조건에 생존하는 식물의 경쟁력 있는 전략이다(Cronk and Fennessy 2001). 이형엽의 형태학적 반응은 주로 잎에 의한 산소 흡수, 저장량 및 확산에 의한 내부 기체 재분배의 효율성을 개선하는 방법으로 사용된다(van der Valk 2006). 이형엽은 수생식물에서 흔한 표현형적 가소성(phenotypic plasticity)의 일종이다(Wells and Pigliucci 2000). 이형엽은 초본성 습지식물에서 침수엽(물속잎, submersed leaf)과 육상엽(물밖잎, aerial leaf)에서 주로 발생한다. 수중의 침수엽은 얇고 큐티클이 작고 기능적인 기공이 부족하다. 공기 중의 육상엽은 두껍고 큐티클이 많고 기능적인 기공을 가지는 특성이 있다(van der Valk 2006). 이형엽은 수생식물은 물론 육상식물에서도 나타나는 현상이다. 육상식물에서 양지잎(sun leaf)과 음지잎(shade

그림 6-61. 수생식물의 이형엽. 매화마름과 물옥잠 등 여러 수생식물이 이형엽을 갖는다.

leaf)의 경우이며 음지잎은 침수엽과 여러 공통된 특성이 있다(van der Valk 2006)(표 6-7). 이형엽은 모든 수생식물들에게 기능적으로 이질적이지 않다. 추수식물 중 범람내성종(flood-tolerator)은 수위 상승에 해부학적 구조나 형태를 변경할 수 없다(Leck and Brock 2000). 이들은 침수기간이 오래되면 휴면(休眠, dormant) 상태가 될 수 있다(van der Valk 1994). 반면, 기능적으로 이질적인 이형엽을 갖는 침수내성종은 수심의 변화에 따라 그들의 해부학적 구조나 형태를 변경할 수 있다(van der Valk 2006).

표 6-7. 육상식물의 음지잎과 침수식물의 침수엽 특성(Wells and Pigliucci 2000, van der Valk 2006)

특질(trait)	육상식물 음지잎	수생식물 침수엽
엽면적(leaf area)	커짐	커짐
두께(thickness)	얇아짐	얇아짐
가장자리(margin)	갈라짐(lobed)과 톱니(toothed) 감소	다양함
기공밀도(stomate desity)	낮아짐	낮아짐
엽육(mesophyll)	책상층(柵床層, palisade layer) 감소	감소 또는 책상층 부재
엽맥계(葉脈系, venation)	밀도 감소	밀도 감소
큐티클(cuticle)	두께 감소	두께 감소 또는 부재
상피세포(epidermal cell)	커짐	커짐
엽록체(chloroplast)	상피세포 증가	상피세포에서 발견

5. 식물의 번식과 산포 전략

5.1 식물의 번식 방법

■ 습지식물은 다양한 형태의 수분 기작을 가진 유성생식을 한다.

습지식물의 생식 특성과 유성생식 │ 유성생식(有性生殖, sexual reproduction)은 수컷과 암컷의 성이 분화하여 양성 개체의 수정으로 자손을 만드는 것으로 유전적 변화인 다양성을 창출한다. 그에 반해 무성생식(無性生殖, asexual reproduction)은 암수 어느 개체 단독으로 복제한 새로운 개체를 형성하는 방법으로 유전적 변화를 동반하지 않는다. 특히, 유성생식은 지구환경 변화에 적응한 생물 진화의 중요한 원동력이다. 유성생식은 이질적인 환경변화에 유리한 것으로 인식되는 반면, 무성생식은 안정적이거나 균일한 서식지에서 선호하는 전략이다. 많은 습지의 환경은 일반적으로 물의 완충능력과 예측가능한 수문 변화로 상대적으로 안정적인 것으로 고려되기 때문에 거의 모든 습지식물들은 무성생식을 하며 유성생식을 하는 경우는 드물다(Cronk and Fennessy 2001). 하지만, 습지는 예측 불가능한 재난적 홍수, 가뭄, 지형 변동 등으로 불안정할 수 있으며 습지식물의 생장조건에 급격한 변화를 줄 수 있다. 관속식물들은 지구적 진화 과정 속에서 대륙이동, 빙하기와 같은 서식조건 변화에 대응한 유성생식의 유전적 선택을 통해 여러 자연적 재앙에 적응해야 한다. 유성생식은 식물에 예측 불가능하고 부정적인 영향을 극복하기 위한 유전적 반응을 허용한다(Philbrick and Les 1996).

습지식물의 수분 기작들 │ 많은 습지식물들은 유성생식을 위한 여러 수분(受粉, 꽃가루받이, pollination) 기작을 가지며 이들은 육상식물이 가지는 전략들을 포함한다. 습지의 관속식물들은 수분 방법에 따라 크게 충매화(蟲媒花, entomophilous flower), 풍매화(風媒花, anemophilous flower), 수매화(水媒花, hydrophilous flower) 등으로 구분한다. 이 외에도 여러 형태의 자가수분(自家受粉, self-pollination)을 하는 경우도 존재한다(Cronk and Fennessy 2001)(표 6-8). 흔히 공중에 개화하는 식물은 곤충과 바람을 수분 매개로 하며 일부 자가수분도 한다. 대부분의 침수식물들은 지상(물밖)에서 꽃을 피우기 때문에 바람 또는 곤충을 수분 매개로 하는 경우가 많다. 일부 수생식물의 경우 물속과 수표면에서 물 매개 또는 자가수정을 통한 유성생식을 하지만 수매화가 아닌 경우도 많다. 식물종에 따라서는 복수의 수분전략을 가지기도 한다.

수분 기작별 주요 특성 │ 곤충(다른 동물류 포함)을 매개로 하는 충매화의 경우 화려한 꽃을 가지고 있거나 휘발성 화합물을 생산하는 경우가 많다. 이러한 특성들은 수분 매개체인 곤충을 유인하기 위한 식물의 전략이다. 대부분의 속씨식물들은 곤충에 의해 수분되며 습지식물도 마찬가지이다(약 60~66%: Cook 1996). 이와 같이 습지식물의 ⅔ 정도는 생물적 수분이 일어나고 ⅓ 정도는 비생물적 수분(특히, 풍산포가 약 98%)이 일어난다(Cronk and Fennessy 2001). 비생물적 수분은 주로 바람과 물에 의해 일어나며 갈대와 사초(sedge)가 우점하는 특정 습지에서는 바람에 의한 수분이 지배적이다(Cook 1988). 꽃가루는 꽃에서 분리되면 중력에 의해 아래로 떨어지기 때문에 풍매화의 수꽃은 암꽃보다 높은 위치에 있는 것이 유리하다(Whitehead 1983). 사초과와 오리나무류 식물들이 이러한 특성을 가진다. 물을 매개로 하는 수매화 식물종은 1개의 쌍자엽과 7개의 단자엽 과(family)에서만 발생하는 속씨식물의 작은 부분을 차지한다(속씨식물 250,000종 중 125~150종: Philbrick 1991). 자가수분은 타가수분(他家受粉, cross-pollination)이 어려운 조건에서 유용한 방법이다. 자가수분은 꽃을 찾는 곤충이 드물고 매우 추운 기후지역과 같은 곳에서 종종 존재한다(Raven et al. 1999). 자가수분은 식물종에 따라 그 정도가 다르며 다른 수분 전략을 갖는 식물종에서도 일어난다. 일반적으로 자가수분을 하는 경우는 식물체의 유전적 변이가 낮고 유성생식과 무성생식의 경계가 모호하다(Philbrick and Les 1996).

표 6-8. 습지식물의 다양한 수분 기작(자료: Cronk and Fennessy 2001)

수분 기작(pollination mechanisms)	꽃의 위치(flower position)
1. 곤충 매개수분(충매화, insect, entomophily)	공기 또는 수표면(aerial and water's surface)
2. 바람 매개수분(풍매화, wind, anemophily)	공기 또는 수표면
3. 물 매개수분(수매화, water, hydrophily)	
a. 수표면수분(surface pollination, epihydrophily)	수표면
1) 건성 수표면수분(dry epihydrophily)	
2) 습성 수표면수분(wet epihydrophily)	
b. 침수수분(submerged pollination, hypohydrophily)	침수(submerged)
4. 자가수분(self-pollination)	
a. 공기 자가수분(aerial self-pollination)	공기 또는 수표면
1) 공기 자가수분(within the same flower, autogamy)	
2) 공기 인화수분(different flowers on the same plant, geitonogamy)	
3) 공기 폐화수분(within closed flowers, cleistogamy)	
b. 침수 자가수분(submerged self-pollination, hydroautogamy)	침수
1) 거품 자가수분(pollen on the surface of a bubble, bubble autogamy)	
2) 침수 인화수분(different flowers on the same plant, geitonogamy)	
3) 침수 폐화수분(within closed flowers, cleistogamy)	

표 6-9. 습지식물의 다양한 열매 유형(Cronk and Fennessy(2001) 일부 수정)

열매의 유형	주요 특성	과(family)
건폐과(乾閉果, 불열개, dry indehiscent)		
수과 (여윈/얇은열매) (瘦果, achene)	- 단일 자방(ovary)에서 나온 1개의 종자 열매로 과피(pericarp)는 쉽게 분리 가능, 익어도 껍질이 갈라지지 않는 형태 - 잎줄기(잎줄기, stalk, 葉莖)에 의해 태좌(placenta)에 붙어 있는 종자(견과(nut)는 종종 동의어로 사용됨)	사초과(Cyperaceae) 붕어마름과(Ceratophyllaceae) 키모도케아과(Cymodoceaceae) 마디풀과(Polygonaceae)
영과 (穎果, caryopsis)	- 화본과 식물의 열매로 내영과 외영이 열매를 둘러싸고 있음 - 과피와 단단하게 결합된 종피(seed coat)가 있는 1개의 종자 열매(곡물과 동의어)	벼과(Poaceae)
국과 (菊果, cypsela, 하위수과下位瘦果)	- 국화과처럼 아래쪽에 이심피가 있는 수과 - 수정된 꽃받침 그룹에서 형성된 원형 털(관모 冠毛, pappus)이 있는 하위자방(inferior ovary)에서 나오는 수과형 과일	국화과(Asteraceae)
분열과 (分裂果, mericarp)	- 한 자방에서 만들어지나 분리된 2개 이상의 열매로 발달 - 호두 모양, 합생심피(合生心皮, syncarpous) 자방에서 분리된 분리과(分離果, schizocarp)의 한 종자 부분, 심피(carpels, 종자 생성 부분) 융합	산형과(Apiaceae) 쥐손이풀과(Geraniaceae) 별이끼과(Callitrichaceae)
소견과 (작은굳은열매) (小堅果, nutlet)	- 작은 열매로 두꺼운 껍질에 싸여 있음 - 이생심피(離生心皮, apocarpous) 자방의 여러 심피 중 하나에서 파생된 1개의 종자 열매, 심피 비융합(딸기, 느티나무, 꿀풀 등)	택사과(Alismataceae) 꿀풀과(Lamiaceae) 가래과(Potamogetonaceae)
시과 (날개열매) (翅果, samara)	- 열매껍질이 자라서 날개처럼 되어 흩어지기에 편리(便利)하게 된 열매 - 날개를 형성하는 자방 벽에서 자란 파생물이 있는 하나 또는 두 개의 종자(느릅나무, 물푸레나무, 단풍나무 등)	하나 종자: 느릅나무과(Ulmaceae) 두 종자: 단풍나무과(Aceraceae)
건개과(乾開果 열개과, dry dehiscent)		
삭과 (튀는열매) (蒴果, capsule)	- 열매 속이 여러 칸으로 나뉘고 칸 속에 종자가 든 구조 - 두 개 이상의 심피로 구성된 합생자방(合生子房, compound ovary)에서 많은 종자가 있는 열매 - 백합, 붓꽃, 양귀비, 도라지, 더덕, 나팔꽃, 독말풀 등	자라풀과(Hydrocharitaceae), 붓꽃과(Iridaceae), 골풀과(Juncaceae), 통발과(Lentibulariaceae), 부처꽃과(Lythraceae), 조름나물과(Menyanthaceae), 앵초과(Primulaceae)
골돌과 (쪽꼬투리열매) (骨突果, follicle)	- 일반적으로 하나의 봉합선(suture)을 따라 갈라지는 단일 심피에서 열개하는 단단한 열매(목단, 작약, 투구꽃, 붓순나무, 박주가리 등)	아포노게톤과(Aponogetonaceae), 부토무스과(Butomaceae), 어항마름과(Cabombaceae), 미나리아재비과(Ranunculaceae)
협과 (꼬투리열매) (莢果, pod legunie)	- 꼬투리(莢)가 맺히는 열매로 두 개의 봉합선을 따라 또는 하나의 종자 부분으로 마르면 갈라지는 단일 심피 열매	콩과(Leguminosae)
육질과(다육과, fleshy, 과육이 많은 과일)		
장과 (물열매) (漿果, berry)	- 과육에 수분이 많고 연한 조직으로 되어 있는 열매 - 복합 자방에서 추출하고 일반적으로 종자 많음 - 포도, 인삼, 오미자, 자리공, 오갈피, 딸기, 포도 등	천남성과(Araceae) 수련과(Nymphaeaceae)
핵과 (核果, drupe, 석과 石果)	- 일반적으로 하나의 종자를 포함하는 단단히 경화된 내과피(內果皮, endocarp)가 가운데 핵을 형성하는 열매(과일) - 열매껍질은 얇으며 보통 1방에 1개의 씨가 들어 있음(벚나무류, 매화나무, 복사나무, 감탕나무, 호두나무 등)	니사나무과(Nyssaceae)

습지식물의 열매 유형들 | 많은 습지식물은 다양한 형태의 열매를 생산한다. 열매들은 건조하면 열개되는(열리는, 찢겨서 벌어지는) 형태(개과 開果, 열개과 裂開果, dehiscent), 열개되지 않는 형태(폐과 閉果, indehiscent), 과육이 풍부한 형태(fleshy) 등이다(Cronk and Fennessy 2001)(표 6-9). 열개되지 않는 건폐과(乾燥 閉果)에는 수과(瘦果, 여원열매, achene), 영과(穎果, caryopsis), 국과(菊果, cypsela, 하위수과下位瘦果), 분열과(分裂果, 분과, mericarp), 소견과(小堅果, 작은 굳은열매, nutlet), 시과(翅果, 날개열매, samara) 등이 있다. 건개과(乾燥 開果)에는 삭과(蒴果, 뛰는열매, capsule), 골돌과(骨突果, follicle), 협과(莢果, 꼬투리열매, pod legunie) 등이 있다. 과육이 많은 육질과(다육과)에는 장과(漿果, berry), 핵과(核果, drupe, 석과 石果) 등이 있다. 분열과를 다른 분류에서는 건개과로 분류하기도 하고 건폐과에 낭과(囊果. 포과 胞果, utricle, 주머니 모양의 열매, 명아주과), 육질과에 감과(柑果, hesperidium, 액과(液果)의 하나로 속에 액즙이 있는 과일), 석류과(石榴果, balausta, 상하로 여러 개의 씨방실이 구분된 형태) 등의 유형도 존재한다. 이러한 열매에 대한 용어 또는 정의 등에 대한 구체적인 정보는 식물분류학적 자료를 참조하도록 한다.

■ 대부분의 습지식물들은 다양한 형태의 무성생식 전략을 가진다.

무성생식 | 속씨식물에서 무성생식을 "복제 수단에 의한 생리학적으로 독립적인 식물 단위의 수치적 증가"로 정의하며(Grace 1993) 이 과정을 영양생식(營養生殖, 영양번식, vegetative regeneration) 또는 복제(複製, cloning)라고도 한다. 무성생식은 습지식물의 지배적인 번식 형태이다(Sculthorpe 1967). 무성생식의 새로운 독립적인 식물체 생성은 기는 싹이나 뿌리의 측면 확장, 식물 조각, 변형된 잎눈(leaf bud)의 분리 및 분산을 통해 발생한다(Cronk and Fennessy 2001). 복제체는 일반적으로 부모 개체와 유전적으로 동일하지만 체세포 돌연변이로 변경될 수 있다(Sculthorpe 1967, Philbrick and Les 1996). 거의 모든 습지식물은 영양생식을 통해 번식할 수 있는 능력을 가지고 있으며(Cronk and Fennessy 2001) 번식체 생산 시기와 번식체 수와 크기는 환경조건, 모식물(parent plant)의 크기, 분열조직(meristem)에 대한 식물과 유성생식 간의 경쟁 중 하나 이상에 의해 조절된다(Titus and Hoover 1991).

복제의 여러 가지 유형 | 식물의 다양한 구조들이 무성생식에 관여하며(표 6-10) 생산되는 복제된 자손의 수는 매우 많다. 새싹의 파편화(fragmentation)나 겨울눈을 통해 무성생식을 하는 침수식물은 단일 모식물에서 수천 개의 복제 자손식물이 생산되는 매우 높은 수준의 재생능력을 갖는 경향이 있다. 수평 줄기의 마디에서 뿌리(관근 冠根, crown root)를 내리는 식물은 모식물 주위에 높은 밀도로 많은 수의 복제 자손식물을 생성할 수 있다(Cronk and Fennessy 2001). 복제를 통한 자손의 생산과 분산성은 식물이 발달하는 구조에 달려 있다. 덩이줄기(tuber), 알뿌리(bulb), 알줄기(corm) 등의 전략을 갖는 식물종은 복제 개체의 생산력이 낮다. 뿌리줄기(rhizome), 기는줄기(stolon) 또는 덩이줄기의 복제 번식체(clonal propagule)는 모

식물 가까이에서 발생하지만 부력이 있는 번식체는 물, 동물 등에 의해 멀리 이동할 수 있다. 수생식물의 복제 번식체는 식물의 양적 증가(numerical increase), 분산(dispersal), 자원 획득(resource acquisition), 탄수화물 저장(storage), 보호(protection), 고정(anchorage) 등의 범주에 의해 선택되는 것으로 해석한다(Grace 1993). 복제의 영양번식체는 새싹조각(shoot fragmentaton), 변형아(modified bud: 번식아 turion, 위태생아 pseudoviviparous bud, 발아성배아 gemmiparous bud), 변형줄기(modified stem: layer 휘묻이줄기, 포복지 runner, 기는줄기 stolon, 뿌리줄기 rhizome, 덩이줄기 stem tuber), 변형뿌리(modified root: 포복뿌리 creeping root, 원뿌리 tap root, 덩이뿌리 root tuber) 등이다(Cronk and Fennessy 2001). 버드나무류의 삽목(揷木, cutting)을 통한 번식(그림 6-70 참조)과 여러 영양번식체의 형성 등이 무성생식의 대표적 사례이다. 식물에게 복수의 번식전략은 하천 습지에서 우점을 가능하게 한다. 우리나라의 하천 습지에서 변형아의 일종인 번식아와 변형뿌리의 일종인 뿌리줄기에 대한 영양번식 전략 형태는 쉽게 볼 수 있다.

표 6-10. 다양한 영양번식의 구조와 형태(Cronk and Fennessy(2001) 일부 수정)

복제 구조	분산성	생식도	적응 기능	사례
새싹 조각(shoot fragments)	높음	높음	광합성(photosynthesis)	*Elodea*속, 물수세미속
변형아(modified buds)				
번식아(turions)	높음	높음	다년생(perennation), 광합성, 저장(storage)	물수세미속, 가래속, 통발속
휴면정단(dormant apices)	높음	높음	광합성	붕어마름, *Elodea*속
위태생아(pseudoviviparous buds)	높음	높음	다년생, 광합성	물수세미
발아성아(gemmiparous buds)	높음	높음	광합성	겨자무속, 물고사리속
변형줄기(modified buds)				
휘묻이줄기(layers)	낮음	꽤 높음	광합성	여뀌바늘속, 기장속
포복지(runners)	낮음	꽤 높음	광합성	바늘골속, 달뿌리풀
기는줄기(stolons)	낮음	높음	정착(anchorage), 광합성	미나리아재비속, 바늘골속, 잔디
뿌리줄기(rhizomes)	낮음	높음	정착, 보호(protection), 저장, 다년생, 자원획득(resource acquisition)	붓꽃속, 미국수련, 갈대, 부들속
덩이줄기(stem tubers)	낮음	낮음	다년생, 보호, 자원획득, 저장	방동사니속, 바늘골속, 보풀속, 고랭이속
변형새싹 기저(modified shoot bases)				
알뿌리(구근 球根, bulbs)	낮음	낮음	다년생, 보호, 저장	양파, 고구마
알줄기(구경 球莖, corms)	낮음	낮음	다년생, 보호, 저장	감자, 토란
변형뿌리(modified roots)				
포복성뿌리(匍匐性, creeping roots)	낮음	낮음	정착, 자원획득	가새잎개갓냉이
곧은뿌리(직근 直根, 원뿌리, tap roots)	낮음	낮음	다년생, 보호, 저장	독미나리속
덩이뿌리(root tubers)	낮음	낮음	다년생, 보호, 저장	바늘골속, 어리연속

습지식물은 무성생식을 통해 우점과 개체군 유지의 효율성을 확보했다.

유전개체와 분지개체 | 대부분의 관속식물은 모듈체생물 (modular organism)이다(Watkinson and White 1986). 모듈체생물에서 식물의 번식은 크게 유전개체와 분지개체 두가지 유형으로 구분한다(Kays and Harper 1974). 종자발아로 생산된 자손 개체인 유성생식한 유전개체(genet)는 부모와 유전자가 다르다. 반면, 무성생식(영양생식)으로 생성된 개체는 모체(어미)와 동일한 유전자로 초기에는 분얼지(分蘖枝, tiller)로 모체와 연결되어 있으나 성장하면서 분리되어 완전한 독립개체를 형성한다. 이와 같이 모체와 유전적으로 동일한 자손을 분지개체(ramet, 가지라는 뜻의 라틴어), 이들 집단을 복제체(클론, clone)라 한다(그림 6-62). Harper(1977) 이후 많은 식물학자들은 복제생장(clonal growth)이

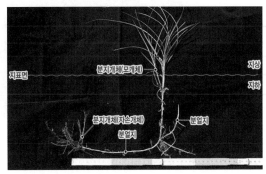

그림 6-62. 유전개체와 분지개체(좀보리사초, 합천군, 황강). 전체를 유전개체, 영양생식으로 독립된 개체가 되는 개체를 분지개체라 한다.

라는 용어를 선호하고 '영양성 또는 복제성 번식'(vegetative or clonal reproduction)이라는 용어를 의도적으로 사용하지 않았으나 현재는 번식을 의미하기 때문에 널리 사용된다(Barrett 2015). 식물의 영양성 번식은 생태학적으로 매우 중요하다. 자원부족 및 환경스트레스와 교란 등의 완화, 경쟁능력의 영향, 침입성의 증가, 군락 수준에서 침투능력과 종조성을 변화시켜 환경적 이질성(environmental heterogeneity)에 효율적으로 대처할 수 있다(Liu et al. 2016). 이러한 특성은 식물계에 널리 퍼져 있으며 다양한 서식처에서 우점하는 원동력이다.

복제번식의 2가지 형태 | 복제식물(clonal plant)은 생활에서 영양번식, 절간(마디, spacer, internode)번식, 물리생태학적으로 부모와 연결된 상태로 남아 있는 특성들이 있다(Fischer and van Kleunen 2001). 습지에서 절간을 이용한 식물의 복제번식 생장은 분열신장(splitter-spreader)과 다발연결(packed-connected)의 2가지 형태를 가진다(van der Valk 2006)(그림 6-63). 분열신장하는 종은 어미개체에서 길이생장한 뿌리줄기(rhizome) 또는 기는줄기(포복경 匍匐莖, stolon)의 끝에서 분지개체를 형성한다. 습지의 주요종인 달뿌리풀, 갈대, 물억새, 갈풀, 애기부들(그림 6-64) 등이 대부분 여기에 속한다. 다발연결은 어미개체와 매우 가까이 분지개체가 형성되기 때문에 다발 형태로 모둠화되는데 이삭사초, 산뚝사초, 억새 등이 여기에 속한다. 생태학자들은 식물뿌리 형태로 분열신장은 장절간형(long internode type), 다발연결은 단절간형(short internode type)으로 구분하기도 한다(그림 6-66 참조). 고층습원(울산시 무제치늪, 양구군 용늪)에서의 사초기둥(tussuck, 다발식물체)(그림 6-96 참조)이 다발연결의 일종이다. 다발연결의 형태는 침수가 거의 없고 양분이 부족한 습성초지 또는 이탄습지를 서식공간으로 하는 식물종으로 이해하나(van der Valk 2006) 우리나라의 습지에서 다발연결하는

그림 6-63. 분열신장(좌: 달뿌리풀, 안성시, 한천)과 다발연결(우: 산뚝사초, 영주시, 남원천). 분열신장은 긴 절간으로(마디)로 분지개체를 형성하고 다발연결은 짧은 절간으로 분지개체를 형성하여 토양(또는 돌틈)에 수염뿌리 형태로 강하게 식물체를 고정하는 특성이 있다.

그림 6-64. 절간의 분열신장으로 영양생장하는 식물들. 많은 습지식물들은 줄기 또는 뿌리에서 절간(마디)을 빠르게 신장시켜 왕성한 영양번식으로 공간을 우점한다.

이삭사초는 큰 홍수시 침수되고 과거 농경활동 등에 의해 영양분이 많은 입지를 선호하기도 한다(Ahn et al. 2016a)(그림 6-4 사초초지 참조).

무성생식 전략의 효율성 | 온대지방의 식물 번식은 복제 전략을 갖는 경우가 많다(van der Maarel 2005). 계통학적으로 복제성(클론성, clonality)은 저온 또는 빈영양 상태와 낮은 광조건에 서식하는 식물종에서 자주 발생한다(van Groenendal et al. 1996). 습지의 침수와 혐기적 토양환경에 적응한 습지식물의 생활사 전

략은 종자 생산시간 조절, 주요 번식기간에 유성생식의 회피가 가장 일반적인 적응 사례이다. 습지식물의 생식적 진화를 종합해 보면 높은 표현형적(phenotypic) 유연성, 복제의 무성생식 비율, 유성생식의 낮은 발생, 빠른 생식력, 수분매개로 물의 이용, 물로 분산되는 번식체 전략들이다(Barret et al. 1993, Cronk and Fennessy 2001). 영양번식체(vegetative propagation)는 식물이 꽃, 씨앗, 과일과 같이 유성적 생식기관을 생산하는데 필요한 많은 비용과 복잡한 과정을 피할 수 있도록 한다(Snow and Whigham 1989). 이와 같이 복제식물은 환경적 위험에 견디고 자원을 저장하여 생존력을 높인다(Eriksson 1988, Yu et al. 2019). 복제식물은 스트레스가 많은 환경조건(유식물의 낮은 생존율)에서는 새로운 분지개체 생산을 위해 식물뿌리에 자원을 많이 배분시킬 수 있는 저항성이 있다(Barbour et al. 1998, Yu et al. 2020).

복제번식 전략을 갖는 습지식물 │ 하천과 호소에 서식하는 다년생 습지식물들은 토양 매몰 및 지형 변화에 대응하기 위해 절간을 이용한 복제생장 전략을 발달시켰다(그림 6-64, 6-65). 환경에 대한 유연한 적응과 개체군 손상 회복이 가능한 복제생장 번식종은 습지에서 더 자주 발생하고 단자엽식물의 싹(shoot)이나 뿌리 부분에서 잘 발생한다(van Groenendal et al. 1996, Cronk and Fennessy 2001). 습지에서는 이러한 분지의 복제식물 형태가 많고 습지생태계의 구조와 기능 유지에 중요한 역할을 한다(Schmid 1990, Oborny and Bartha 1995). 복제생장은 생식(reproduction), 확장(exploitation), 지속(persistence)과 같은 식물의 생태학적 기능을 가지고 복제번식 부분(주로 마디)의 길이와 수명에 기초한다. 복제생장은 빠르게 변하는 수위변동에도 불구하고 매년 하천, 호소와 같은 습지에서 생존가능성을 높인다(van der Valk 2006). 특히, 종자를 생산하지 못한 시기에 습지에서 복제번식하는 식물종의 확산이 촉진된다. 생명력 있는 식물의 영양번식체가 매몰되거나 파편화되면 줄기의 마디에서 싹이 나와 새로운 개체로 성장한다(그림 6-65)(그림 7-78, 7-79, 7-82, 7-83, 7-84, 7-86 참조). 달뿌리풀, 갈풀, 갈대, 물억새, 줄 등의 주요 벼과 식물종에서 이러한 특성이 뚜렷하다. 복제번식하는 식물이라도 침수기간이 평상시보다 길어지면 죽을 수 있다(van der Valk 2006). 중국의

그림 6-65 영양번식체를 통한 복제번식 많은 하천 습지식물들은 홍수로 상부에서 떠 내려온 식물파편인 생명력이 있는 영양번식체(식물체 파편)로 새로운 장소에 정착할 수 있는 높은 재생력을 가지고 있다. 특히, 달뿌리풀은 하천식물임에도 불구하고 홍수로 식물파편이 해안가(연안사주섬) 사구지역으로 이동하여 싹을 내어 번식하기도 한다(좌).

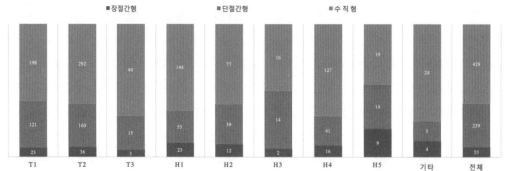

그림 6-66. 하천식생 유형별 식물뿌리의 형태적 구성비(Lee 2005d). 식생유형별(T1: 계곡·계반림, T2: 하변연목림, T3: 하식애림, H1: 유수역다년생초본식생, H2: 정수역다년생초본식생, H3: 암극초본식생, H4: 일년생초본식생, H5: 수중식생(부엽·침수·부유식생), I: 기타식생) 100% 기준 누적그래프이며 그래프의 아래 장절간형(파란색, 흔히 분열신장 형태)과 단절간형(주황색, 흔히 다발연결 형태)의 구성비에 주목하자.

습지에 분포하는 식물종의 66.69%가 복제식물로 분류된다(Song and Dong 2002). 우리나라의 하천 초본식물에서도 복제번식을 하는 절간으로 번식하는 식물의 비율이 30~55%로 높다(Lee 2005d)(그림 6-66). 흔히 하천식생의 형성 과정에서 종자보다는 매몰된 식물체에서 싹을 틔우는 것이 더 중요할 수 있는데(van der Valk et al. 2011) 영양번식체를 갖는 초본식물이 여기에 해당된다. 무성생식이 왕성한 호주 남동부지역의 습지에서 유성생식에 필요한 생식구조, 꽃자루, 종자를 생산하는데 불과 연간 2% 미만의 자원만을 사용하는 것으로 분석되었다(Roberts 1987).

목본식물의 무성생식인 영양번식 | 많은 생태학적 이론에서 목본식물은 영양번식이 불가능한 비복제성(non-clonal)으로 인식하였으나(KlimeĐ et al. 1997) 영양번식이 목본식물의 개체군 유지에 중요한 역할을 하는 것으로 밝혀졌다(Price and Marshall 1999, Douhovnikoff and Dodd 2003). KlimeĐ et al.(1997)은 목본식물을 포함한 유럽식물 65.5%가 영양번식 식물로 기술될 수 있는 것으로 분석하였다. 영양번식하는 대표적 습지성 수목은 버드나무속(Salix)과 사시나무속(Poplus) 식물들로 유성생식도 한다(Naiman et al. 2005). 우리나라 하천 상류역에 서식하는 산철쭉도 이러한 특성을 가진다. Douhovnikoff et al.(2005)은 미국의 코수미즈(Cosumnes)강과 마켈럼(Makelumne)강에서 *Salix exigua*는 식생면적의 75%가 평균 6개의 복제체(clone)로 구성되고 특히, 교란의 감소는 이러한 복제생장을 증가시키고 유전적 변이를 감소시키는 것으로 분석하였다. 이를 토대로 복제의 영양번식이 홍수터에서 장기적인 우점화를 가능하게 하고 복제번식과 종자발아의 균형이 교란체계에 따라 달라지는 모델을 제안하기도 하였다. 이러한 식물들은 매몰 또는 홍수기간 발생한 상처들로 인해 줄기의 측면맹아(側面萌芽, stump sprout)와 같은 새싹의 발생을 촉진할 수 있다(Bégin and Payette 1991). 번식체인 낙지(落枝, cladoptosis)는 일반적인 복제체 형성 현상이지만 가지 끝에

서의 성공률은 낮다(Naiman et al. 2005). 식물의 복제번식은 수평 확산이 선호되는 경우 유리하고 수목(*Salix*, *Poplus*)의 종자 및 묘목의 사망율이 높거나 스트레스가 많은 환경에서 선호하는 전략이다(Bazzaz 1996).

■ 우리나라 하천 습지의 주요종인 버드나무류는 유성생식과 무성생식을 동시에 한다.

유성생식인 버드나무류의 종자 생산 │ 버드나무류의 식물들은 유성생식과 무성생식을 동시에 하고(그림 6-70 참조) 가벼운 종자를 대량 생산한다(그림 6-67, 6-68). 선버들의 과수(암꽃 1개)당 종자수는 평균 1,599개(질량 0.04㎎/개, 수정율 66.1%)이다(Lee 2002). 산포된 종자들은 주로 물길(일부 바람)을 따라 이동하여 물가에 발아 정착하는 경우가 많다. 버드나무류는 매토종자를 생산하지 않으며(Roberts 1973, Sacchi and Price 1992) 당해에 생산된 종자(20일 이내)는 발아 환경여건(수분, 온도 등)이 맞으면 일제히 발아하여 빠르게 생장하는 특성이 있다. 특히, 우리나라에서 수위가 상승 또는 하강하는 습지의 가장자리에 물길과 나란한 방향으로 봄철 종자발아하여 정착한 버드나무류 유

그림 6-67. 키버들의 열매와 종자(여주시, 남한강). 버드나무류는 열매에서 많은 종자를 만들고 익으면 바람을 이용해서 멀리 산포한다.

목들을 빈번히 관찰할 수 있나(그림 6-55 참조). 이는 버드나무류가 물길을 이용한 산포진략을 잘 보여주는 사례이다(그림 6-68). 버드나무과의 식물들은 수위와 종자산포 기간 사이에 강한 연관성이 있어 하천변에서 안정화와 우점의 성공을 결정하는데 중요하다(Blom 1999).

그림 6-68. 왕버들 종자군(좌)과 물길을 이용한 종자산포 전략(우)(창녕군, 대봉습지). 버드나무류는 종자를 대량 생산하기 때문에 늦은 봄 지표에 눈처럼 쌓인 종자들을 종종 관찰할 수 있고 솜털 형태를 갖기 때문에 바람, 물길을 따라 멀리 이동할 수 있다.

그림 6-69. 선버들의 암나무와 수나무(담양군, 영산강). 버드나무류는 봄철 꽃가루 등에 의해 수나무는 노란색, 암나무는 녹색을 띤다.

그림 6-70. 삽목을 통한 영양생식(키버들, 문경시). 버드나무류는 이른 봄 가지 삽목(새싹조각 형태)하면 새로운 개체를 쉽게 형성할 수 있다.

버드나무류의 암수 비율 │ 버드나무과의 식물들은 암수가 구별되는 암수딴그루(자웅이주, 雌雄異株, dioecism) 식물들로 암나무(암꽃)와 수나무(수꽃)가 구별된다(그림 6-69)(그림 7-21 참조). 하지만, 개화기 이후에는 암수의 구별이 어렵다. 버드나무과 식물들은 암수 성비에 대한 불균형이 분명히 존재한다. 암나무에 대한 편향된 성비가 종종 보고되기도 한다(Faliński 1980, Crawford and Balfour 1983, Alliende and Harper 1989, Dawson and Bliss 1989, Takehara 1989). 이러한 특성은 우리나라에서도 보고되고 있다(Lee 2009).

삽목에 의한 버드나무류의 영양번식 │ 버드나무과의 식물들은 줄기(가지) 일부를 잘라 땅에 꽂아 번식하는 삽목에 의해 잘 번식하는 능력이 있으며(그림 6-70) 이러한 재생능력을 분화전능성(分化全能性, totipotency)이라 한다. 우리나라 버드나무류는 24종을 삽목하여 98%의 발근(Kim and Lee 1998)을 보이는 등 분화전능성이 높은 식물분류군이다. 버드나무류를 일본에서는 산지 사방용으로 사용하지만 버드나무류의 모든 종들이 높은 발근 능력을 가지고 있지는 않다(Sakio and Yamamoto 2002). 계류변에 관찰되는 포플러류와 충적지에서 관찰되는 버드나무류 간에는 발근 차이가 있다. 강변과 계류에서 수종 간의 발근 능력의 차이는 북미에서도 보고된 바 있다(Densmore and Zasaka 1978, Krasny et al. 1988).

■ **변형아의 일종인 번식아는 수생식물들의 독특한 복제 번식체이다.**

수생식물의 복제번식 │ 대부분의 습지식물들은 다년생이며 뿌리줄기(rootstock, rhizome), 괴경(tuber), 번식아(turion), 구근(bulb) 또는 기타 영구적 구조로 월동한다. 특히, 많은 수생식물은 성장에 불리한 조건에서 생존하고 영양번식을 보장하기 위해 번식아라는 변형아(modified bud)의 일종인 특수 번식체를 생산한다(Sculthorpe 1967). 번식체의 형성은 식물의 번식 보장과 생물적, 비생물적, 인위적 스트레스에서 생존할 수 있도록 한다(Netherland 1997). 부엽식물의 복제번식은 주로 지하줄기와 번식아로 이루어진다. 노랑어리연, 수련은 지하줄기를 통해서 번식하고 순채, 어리연은 지하줄기 및 번식아로 번식한다(그림 6-73)

(그림 7-103 참조). 마름, 가래, 애기가래, 말즘, 이삭물수세미, 개구리밥 등은 번식아로 번식 가능하다(Kwak and Kim 2008, Lim et al. 2016). 번식아의 다른 형태는 부엽식물인 개구리밥(*Spirodela polyrhiza*)과 좀개구리밥(*Lemna perpusilla*)의 잎에서 번식아와 영양생장 형태로 엽상체(葉狀體, frond, 소엽 leaflet)를 형성하는 것이다(Cronk and Fennessy 2001)(그림 6-71).

번식아를 통한 영양번식 | 겨울눈(동아, winter bud)의 형태인 번식아(잠아, 繁殖芽, turion, dormant apex, winter bud, hibernacula)는 겨울을 나는 온대의 수생식물에서 주로 발견된다(Wetzel 2001)(그림 6-72, 6-73)(그림 6-42 참조). 가을에 여러 수생식물(예: *Utricularia*속, *Myriophyllum*속, *Potamogeton*속)의 아래잎 겨드랑이에는 매우 짧은 마디의 잎이 없는 휴면하는 영양아(營養芽, vegetative bud)를 형성한다(Weber and Noodén 1976, Aiken and Walz 1979, Sastroutomo 1981). 일부 번식아는 휴면하지 않고 당해에 번식하는데(Cronk and Fennessy 2001) 말즘이 이러한 특성을 가진다(Sastroutomo 1981). 번식아는 어미 식물체에서 분리되어 가라 앉거나 약간 떨어진 곳으로 떠다니며 이동하는 번식 수단이다(Weber 1972). 번식아는 부유하여 먼 거리로 분산하거나 바닥으로 가라앉음으로써 불리한 조건으로부터 보호될 수 있다(Chambert and James 2009). 번식아는 물결, 강풍, 동물, 사람 등에 의해 넓게 이동하는 산포 기작을 갖는다. 많은 침수식물들은 유성생식이 아닌 이 방법으로 수년간 생존을 지속한다. 마름은 무성생식(번식아 등)과 유성생식(열매)을 동시에 하기 때문에 우리나라 부영양 호소에서 하절기 우점종이 된다. 종자를 형성하지 않는 수생식물들은 번식아를 형성하여 번식아 조직 내에 양분을 저장하고 번식아 발아 개시 전후에 녹말이 분해된 양분으로 싹을 틔워 생장한다(Kwak and Kim 2008). 일본의 얕은 부영양화 Sagata 호수(37°49'N, 138°53'E)에서 붕어마름은 조각화와 더불어 봄철 어린 싹의 90% 정도가 번식아에서 유래할 정도로 영양번식이 개체 유지에 중요한 전략이다(Fukuhara et al. 1997). 이들의 번

그림 6-71. 개구리밥의 복제번식(안성시, 한천). 개구리밥류는 영양생식으로 어미 개체에서 딸개체의 엽상체(frond)를 만들어 연결되어 있지만 이후 독립 개체로 분리된다.

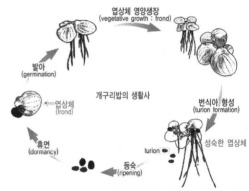

그림 6-72. 개구리밥의 생활사. 개구리밥은 엽상체와 번식아를 통한 복제번식이 이루어진다.

그림 6-73. 어리연의 번식아(인천시). 어리연은 잎 아래에서 번식아를 형성한다.

식아는 6~7월 사이 성장이 활발하고 8월 하순에 자동조각화(auto-fragmentation, 가지가 조각으로 자동 분리) 현상이 일어난다. 일본 치바현의 치바시(Chiba, 千葉市) 호소에서 말즘은 평균 5.5개(1~10개)의 번식아(그림 6-42 참조)를 형성한다(Kunii 1982). Netherland(1997)의 연구에서 검정말은 계절별, 광주기별, 지리적 위치 등에 따라 번식아의 뚜렷한 차이는 있지만 많은 양을 생산한다. 번식아는 온도에 반응하여 발아하지만 빛, 이산화탄소, 산소, 다양한 식물 호르몬 및 제초제 등과 같은 요인들이 발아를 촉진하거나 억제시킨다. 흔히 번식아는 생물적, 비생물적, 인위적 교란환경들에서 대응하여 생존할 수 있도록 한다.

번식아 형성 환경 | 번식아는 광합성 또는 스트레스 요인(저온 또는 영양소 부족) 등에 의해 형성되는 것으로 알려져 있다(Xie et al. 2014). 번식아는 성숙기 시기의 식물이 낮은 수온(<10~15℃)과 짧은 일광주기(Netherland 1997, Thakore et al. 1997)(검정말류) 또는 긴 일광주기와 높은 수온(>20℃)(Chambers et al. 1985b, Kunii 1989)(말즘)에 노출되었을 때 유발될 수 있다. 개구리밥은 기온이 7℃ 이하의 가을철에, 말즘속(Potamogeton)의 식물들은 여름에 번식아를 형성하기도 한다(Kwak and Kim 2008). 말즘의 번식아는 25℃ 이상의 온도에서 억제되는데 이하(8.7~24.77℃ 선호: Kunii 1989)로 떨어진 가을에만 발아한다(Rogers and Breen 1980). 우리나라 미호천(청주시) 중류구간에서 말즘은 수온 20~23℃(2022.5.17)에서 번식아가 관찰되었다. 형성된 번식아는 대부분 물에 의해 하류로 이동한다. 수환경의 영양염류와 관련하여 가용성 인의 농도가 말즘과 같은 식물의 밀도와 상호작용하여 번식아의 생산과 특성에 영향을 미친다(Qian et al. 2014). 이러한 수환경과 관련하여 말즘은 부유하는 번식아가 가라앉는 번식아에 비해 높은 발아율을 보이기도 한다(Xie et al. 2014). 개구리밥은 높은 온도와 염분에 영향을 받는데 32℃에서는 번식아를 생성하지 않는다(Kühdorf and Appenroth 2012). 개구리밥은 실험실 조건에서 증가된 인산염 농도, 더 높은 온도 및 포도당의 첨가로 잎과 번식아가 증가되는 특성이 있다(Appenroth 2002). 순채는 가을에 수중줄기에서, 어리연은 여름~가을철 잎뒤에서 번식아를 형성하는데(그림 6-73)(그림 7-103 참조) 수생식물들의 번식아의 형태나 생성위치 및 시기는 다양하다(奧田과 佐々木 1996).

침수식물의 형태와 번식 | 침수식물은 생육 형태에 따라 크게 줄기형, 로제트형, 엽상형으로 구분된다. 번식하는 방식은 여러 가지가 있다. 줄기형인 검정말은 수중 또는 지중에서 번식아를 형성하거나 지중에서 괴경을 만들어 월동하며 번식한다. 괴경은 습지 바닥이 노출되더라도 생존을 지속하기 위한 전략이다(奧田과 佐々木 1996). 로제트형인 나사말은 수중 줄기가 없고 종자 및 가지 마디가 자라 번식한다. 대가래 등은 수중줄기 및 지하줄기를 이용하여 번식한다.

5.2 산포와 개체군 유지

■ 종자산포에는 5가지가 있고 습지식물은 종자 생산과 산포에 환경 특성을 반영한다.

산포체와 종자산포의 유형 | 종자는 개체군 유지를 위한 유성생식으로 자손개체의 생성과 산포와 관련되어 있다. 종자(과일)의 분산(산포, dispersal)은 속씨식물의 생활사에서 중요한 단계이다(Cronk and Fennessy 2001). 식물의 복제체 구조뿐만 아니라 종자를 포함한 모든 형태를 산포체(diaspore, 전파체)라 한다. 종자는 일반적으로 인접한 퇴적물에 떨어져 발아조건이 맞으면 발아한다(산소, 빛, 공간 등; Sculthorpe 1967). 종자는 모식물에서 멀리 떨어지는 다섯 가지 방법(중력, 바람, 물, 동물, 식물 스스로의 힘)으로 산포될 수 있는데 중력산포(重力散布, autochory), 풍산포(風散布, anemochore), 수산포(水散布, hydrochory), 동물산포(動物散布, zoochore), 탄성산포(彈性散布, 열개압출산포 裂開壓出散布, ballochore)이다. 학자에 따라 산포 매개체와 매개수단으로 세구분하기도 하는데 풍산포, 수산포, 동물산포는 매개체로, 스스로 과피를 터뜨리는 사출형(射出形, ballochore)과 중력형의 기계적 산포(機械的散布, autochory)는 매개수단으로 구별된다. 탄성산포는 사출형으로, 중력산포는 기계적 산포로 이해할 수 있다. 중력산포는 참나무류, 풍산포는 민들레류, 버드나무류, 수산포는 버드나무류, 동물산포는 도깨비바늘, 탄성산포는 콩과식물과 물봉선, 괭이밥 등이다. 식물에 따라 복수의 산포 전략을 가지는데 버드나무류가 풍산포와 수산포를 동시에 하는 경우이다.

수생식물의 종자산포 | 부엽식물은 물로 종자를 산포하지만 물새, 포유류 등의 날개, 다리, 몸체를 이용하여 산포하기도 한다. 동물에 섭식된 종자는 배설을 통해 산포하기도 한다. 노랑어리연, 마름, 애기마름, 수염마름 등의 열매에는 돌기 및 갈고리가 있어 동물 이동을 통한 산포가 용이하다(奧田 과 佐々木 1996)(그림 6-74). 이 외에도 수생식물들은 물흐름을 이용하여 부유 이동 또는 주변의 바닥으로 가라앉는 형태의 산포 전략을 갖는다. 특히, 부유하는 종자의 경우 부력을 가지는 경우가 많은데 맹그로브림 식물종에서 흔한 특성이다. 종자의 부력 기간은 이론적으로 시간이 길수록 모식물로부터 더 멀리 이동하며 결국에는 물에 잠겨 기질에 가라앉아 조건이 맞으면 발아한다.

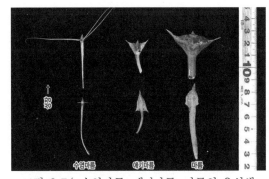

그림 6-74. 수염마름, 애기마름, 마름의 유성생식기관(창녕군, 우포늪). 아래에서 위로 종자가 성장하면서 변하는 과정으로 종자에 갈고리가 있어 동물들을 이용한 산포에 유리하다.

종자산포의 일반적 전략 | 습지식물들은 종자를 많이 생산하거나 바람과 물로 산포하는 전략이 많다. 식물종은 불안정한 환경에서 적은 종자를 생산하고 특별한 수분 및 산포특성(특이종, specialist)을 갖기보다 쉬운 수분과 산포를 갖는 보편적 특성(일반종, generalist)을 갖는 것이 생존의 성공 확률을 높인다. 하천 식물종들은 대부분 일반종에 해당되며 특이종은 최상류역(속새) 또는 하천절벽(측백나무, 동강할미꽃 등)과 같은 특이 서식처에 국한되어 생육한다. 산지의 이탄습지에서 관찰되는 끈끈이주걱, 기생꽃 등과 같은 식물종은 특이종에 해당된다. 반면, 산림식생은 중력산포 전략을 가지는 식물종의 구성비가 높다. 수산포를 통한 식물의 분산은 분산 시기와 안정화 기작이 중요하다. 이 전략은 종공급이 제한된 하변과 습지의 식물군락에 중요한 종공급원이며 종풍부도를 유지하는데 기여한다(Nilsson et al. 2010).

종자의 휴면과 발아 | 종자는 모식물에서 떨어져 산포되면 종종 휴면기(休眠期, dormancy)에 들어간다. 휴면은 종자가 기후 및 자원 가용성의 변화에 대처하는 방법으로 불리한 긴 시간 동안 생존할 수 있는 수단을 제공한다(Bliss and Zedler 1998). 온대지역 식물종의 많은 종자는 발아 전에 춥거나 습한 기간이 필요하며 열대 및 다른 지역의 일부 식물들은 성숙 이후 바로 발아하거나 동물 섭식이 필요한 경우도 있다(Cronk and Fennessy 2001). 범람 및 혐기적 토양환경에서 대부분의 종자들은 발아 초기와 같이 물을 흡수하고 종피가 파열되지만 산소가 없는 상태가 지속되면 종자는 생명력을 잃는다. 하지만, 일부 식물종은 산소가 없는 혐기적 상태에서 종자발아가 가능한데 벼와 돌피가 이러한 경우이다(Rumpho and Kennedy 1981). 혐기적 토양조건에서 발아하는 능력은 다른 식물종에 비해 선택적인 장점이 있다. 이와 같이 습지식물종들은 고유의 종자 생산, 종자의 휴면과 타파 기작, 종자발아, 생존력 등에 대한 개별적 특성들이 있으며 식물종별로 광범위한 자료의 분석이 필요할 것이다.

습지식물의 종자발아와 묘목의 생장 | 일반적으로 많은 습지식물의 종자는 수위가 낮고 기질인 토양이 공기 중에 노출되었을 때만 발아한다. 배수된 건조한 장소에서만 종자발아하여 어린 식물(묘목, seedling stage)은 무산소 스트레스를 피할 수 있는 것이다. 이후 성장기가 시작되면 묘목은 저장된 탄소와 영양분을 에너지로 사용하여 빠르게 자란다(Ernst 1990). 이러한 묘목의 정착기간은 속씨식물의 생명주기에서 매우 중요하다. 습지식물에게 취약성으로 Titus and Hoover(1991)는 다음과 같은 이유들을 제시했다. 대부분의 식물종 묘목은 혐기성 조건에서 자랄 수 없고 토양의 저산소 상태는 어린 묘목에 스트레스로 작용할 수 있다. 습지 중에서 조석(tide)의 영향을 받는 토양은 불안정한데 특히, 어류에 의한 침식 및 침전물 교란은 묘목 손실을 초래할 수 있다. 성숙한 식물의 그늘이나 빛이 제한된 수심에서 자랄 때 낮은 광량으로 묘목에 문제가 될 수 있다. 묘목은 기존 개체군들과 영양분 및 환경조건들과 경쟁해야 한다. 또한, 묘목은 병원체나 초식동물에 취약할 수 있다.

종자 생산의 자원 배분 전략 | 하천에서 구성비가 높은 일년생식물들의 자원 배분은 초기에는 생장에, 후기에는 생식에 집중한다. 하천 습지와 같이 스트레스가 많은 곳에 서식하는 수목들은 자원을 개체 유지에 주로 분배한다(Wilson 1983). 습지식물들은 수환경, 특히 식물의 생식과 종자 생산은 범람과 관련되어 영향을 받는데 일시적으로 형성되는 간헐습지에서 침수식물의 경우 생식기관이 형성되고 수정, 종자 성숙이 일어날 정도로 홍수기간이 충분히 길어야 한다(Wardwick and Brock 2003). 이 때문에 습지에서 범람 시기와 기간은 중요하고 그에 따라 식물은 생육에 맞는 자원 배분을 한다.

■ **게릴라 번식전략과 메타개체군으로 습지식물의 침투와 식생분포를 이해할 수 있다.**

게릴라형과 인해전술형 분산 전략 | 식물의 영양번식을 통한 분산(확장)은 게릴라형(guerrilla type)과 인해전술형(phalanx type), 침투형(infiltration type)으로 나눌 수 있고(Clegg 1978)(그림 6-75) 생태학에서 습지식물의 분산 전략을 이해하는 기초이다. 이들의 중간형도 존재하고(KlimeĐ et al. 1997, Song and Dong 2002) 중간형은 시간이 경과함에 따라 가장 가변적 변이(plastic variation) 전략을 가진다(Saiz et al. 2016). 인해전술형은 복제식물 개체군이 자원이 풍부한 장소를 보다 잘 이용하도록 하고 게릴라형은 자원이 부족한 장소를 탈출할 수 있는 기회를 제공한다(Ye et al. 2006). 인해전술형은 공간을 통합적으로 강화하여 경쟁자에 저항하고 게릴라형은 자유로운 모양으로 공간을 탐색하고 식민지화하는 특성이 있다(Saiz et al. 2016).

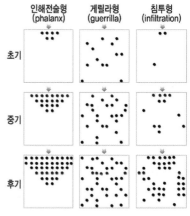

그림 6-75. 분산의 3가지 전략 (Wilson and Lee 1989). 인해전술형과 게릴라형 전략이 하천 습지식물의 확산에 중요하다.

식물종별 분산 전략과 다양성 | 영양번식체는 하천 습지의 물리환경에 서식하는데 유리하다. 우리나라의 많은 다년생 습생식물은 종자번식이 가능하지만 대부분 지하 또는 지상의 마디줄기를 통한 영양생식을 한다. 갈대, 부들, 흑삼릉, 큰매자기는 게릴라형으로 분류되고 창포, 큰고랭이, 구주꽃골은 인해전술형으로 구분된다(奧田과 佐々木 1996). 갈풀, 물억새, 달뿌리풀 등도 게릴라형 식물로 이해할 수 있다(Lee and Kim 2005). 이러한 번식전략의 차이는 환경적인 이질성에 대한 식물의 이득과 깊은 관련이 있다(Yu et al. 2020). 이 식물들은 초기에는 게릴라형으로 새로운 공간을 탐색하여 침투한 후 영양생장(뻗는 줄기아 뿌리)을 통한 인해전술로 세력을 확장해서 결국에는 새로운 공간에서 우점종이 된다(그림 6-76). 게릴라형 식물들은 습지의 식물종다양성과 역의 관계에 있고 인해전술형 식물과는 양의 관계가 있다(Song and Dong 2002). 이러한 특성으로 게릴라형 식물군락이 우점하는 하천과 호소에서는 생물다양성이 낮은 것이 특성이다.

그림 6-76. 달뿌리풀의 게릴라 번식. 달뿌리풀은 초기 게릴라 형태로 정착 후(A) 주변으로 영양생장을 통해 개체군의 세력을 빨리 확장시켜 우점종(B)이 된다.

메타개체군으로서의 식물 분포 │ 하천에서는 범람으로 식물 개체군이 쉽게 파괴되지만 새로운 입지에 빠르게 정착하여 개체군을 지속시키기 때문에 하천식생을 메타개체군(metapopulation)으로 인식하기도 한다(Primack 1992). 하천식생은 변화율(회전율, turnover rate)이 높기 때문에(그림 6-20 참조) 입지의 환경조건(토양이나 수문적 조건 등)을 알려주는 좋은 지표가 된다(NRBMI 2004). 적응이 우선되는 하천환경에서 식물들의 분포는 완전한 성체로 성장한 식물이 갖는 온전한 서식처보다는 종자 산포(dispersal)와 발아(seedling), 번식 단계에서의 재생(regeneration) 능력과 기회가 중요하다는 것을 의미한다(Grubb 1977). 이러한 기회적 특성으로 하천식생은 진단종(diagnostic species)과 출현종이 뚜렷이 구분되고 단순한 것이 특징이다(Lee 2005d). 또한, 상급단위 식생의 진단종 기여도는 낮고 식생 경관은 복잡한 모자이크 또는 분반 형태의 분포가 형성될 수 있다.

간극에 의한 생물다양성 유지 │ 하천에서 발생되는 자연적인 교란체계는 다양한 식생을 재생시키는데 중요하다. 홍수와 같은 교란은 개체군의 물리적 파괴를 촉발할 수 있지만 새로운 간극(틈, gap)을 만들어 파괴된 개체군과는 다른 새로운 식물종이 정착 가능하도록 한다(그림 6-77). 특히, 하천에서 다양한 교란체계로 형성된 지형의 이질적 환경들은 틈새 전략을 가지는 종들의 정착에 중요하다. 이러한 드물고 대규모 교란을 동반한 지형과정(geomorphic processes)은 시계열(천이)의 연속 단계에서 식생의 모자이크 또는 분반 형태가 형성되는 증거들인데 수변림에서 비평형종(非平衡種, non-equilibrium species)들이 공존함을 시사한다(Brokaw and Busing 2000, Suzuki et al. 2002). 즉, 하천 습지에서 홍수파(flood-pluse)와 같은 큰 교란체계들이 식물 및 식생의 다양성을 증가, 유지시키는 것이다.

그림 6-77. 홍수로 인해 형성된 간극들(이천시, 복하천). 하천에는 홍수 이후 간극들(나지, gap)이 빈번하게 발생되고 간극은 생물다양성을 지속시키는 원동력이다.

■ 하천 습지에서 무성생식이 우세한 식물종은 토양에 종자은행을 잘 만들지 않는다.

영양번식 전략과 매토종자 형성 | 습지에서 애기부들과 같은 식물이 정착하여 우점하는 것은 초기에는 주변에서 유입된 종자의 발아로부터 시작한다. 애기부들 수 개체가 정착하면 지하뿌리에서 자란 마디(internode)를 통한 무성번식(영양번식, unsexual propagation)으로 주변으로 왕성하게 세력을 확장시킨다(그림 7-84 참조). 이와 같이 많은 추수식물들은 종자의 유성생식과 영양기관의 무성생식을 모두 활용하여 개체군을 확장시킨다. 이는 개체군을 유지, 확장시키는 습지식물이 갖는 고도의 전략으로 우리나라 하천 습지를 대표하는 대부분의 다년생식물종들이 이러한 특성을 가진다. 식물들은 주로 토양 내에 종자은행(seedbank)을 생성하지 않는 특성이 있다. 남한강의 지류인 청미천 주요 식생지역의 우점종인 물쑥, 물억새, 달뿌리풀, 갈풀은 매토된 종자은행이 없는 것으로 조사되었다(Cho et al. 2018). 갈대도 매토종자를 형성하지 않는다. 이러한 식물들은 흔히 휴면하지 않고 종자발아가 가능하다. 흔히 수명이 짧은 종자를 저장이 어려운 난저장성종자(難貯藏性種子, recalcitrant seed)로 분류하는데(Roberts 1973) 짧은 기간에 발아환경이 형성되지 않으면 죽는다(Kozlowski and Pallardy 1997, Choi and Kim 2015). 흔히, 버드나무류 종자의 생존기간은 1개월 이내이다(奧田과 佐々木 1996).

버드나무류의 매토종자 미생성과 선구적 특성 | 하천 습지를 대표하는 버드나무류는 매토종자를 생성하지 않는 특성이 있다(Roberts 1973, Sacchi and Price 1992). 습지를 대표하는 선버들은 종자산포 이후 당해년도에 일제히 발아함으로써 개체군을 확장시킨다(그림 6-55 참조). 이러한 특성으로 선버들을 하천식생의 선구식물종으로 판단할 수 있다(Niiyama 1990, van Splunder et al. 1995, Lee 2002, 2005d, Kim et al. 2009). 우리나라에서 봄철 버드나무류의 종자 산포 이후 종자의 발아조건(나지, 수분, 온도 등)은 이들의 정착과 확장에 매우 중요한 요인이 된다. 수변 적지(適地)에 물길과 평행한 버드나무류 유목림(그림 6-55 참조) 또는 동령림(그림 6-85 참조)의 발달은 이러한 특성을 잘 보여주는 결과이다.

비하천식물종의 고빈도 출현 | 하천에는 자연적, 인위적 교란체계들로 인해 이질적 환경조건이 만들어져 다른 생태적 지위를 갖는 비하천성 식물종들이 공존할 수 있다(Brokaw and Busing 2000, Suzuki et al. 2002). 하천에는 유역 내의 다양한 생태계 유형으로부터 많은 종자(또는 영양번식체)들이 유입된다. 유입된 종자는 유수에 의해 하류방향으로 이동되어 토양 내에 퇴적된다. 단면적으로 수력이 약하고 분산류 또는 와류가 발생하는 활주사면의 듄치에 퇴적묵과 함께 많은 종자가 매토되어 종자은행이 형성된다. 매토종자는 발아조건이 맞으면 싹을 틔우기 때문에 하천 내에는 산림 또는 숲가장자리에 관찰되는 비하천식물들(참나무류, 찔레꽃, 사위질빵, 인동 등)이 빈번히 관찰된다(Lee 2005d).

6. 천이적 변화

■ 습지에서의 습생천이 모형은 여러 단계로 구분할 수 있다.

천이의 개념 │ 생물군집이 일정한 방향으로 발달하는 불가역적 변화를 천이(遷移, succession)라 한다. Kerner(1863)의 식물군락 발달(천이) 연구에서 이 개념을 처음 소개하였고 Clements(1874~1945)가 더욱 체계화하였다(Kim and Lee 2002). 천이는 시간의 흐름에 따라 생물종이 질적, 양적으로 변하는 것을 의미한다. 천이를 계절적 천이(seasonal succession)와 단순천이(succession)로 구분하고 단순천이는 지형적 천이(geological succession)와 생태적 천이(단순천이 ecological succession)로 나눈다. 천이는 자연적이냐, 인위적이냐에 따라 일차천이(primary succession)와 이차천이(secondary succession)로 나누기도 한다. 또한, 출발점이 되는 나지의 수분조건에 따라 육상의 건생천이계열(xerosere)과 습지의 습생천이계열(hydrosere)로 구분할 수 있다. Clements(1916, 1928)는 북미 호소의 식생관점에서 습생천이계열을 나지화(nudation), 침투(invasion), 경쟁(competition), 반응(reaction), 안정화 또는 극상(stabilization or climax)의 5단계로 구분하기도 하였다.

습지의 일반적 습생천이 │ 생태적 천이에 대한 연구는 대부분 육상생태계에 집중되었고 모든 이론들이 습지에 적용될 수 없다. 흔히 많은 습지에서 비생물적 요인이 생물적 요인보다 더 크게 작용한다(Mitsch and Gosselink 2007). 습지의 천이에 대해 가장 잘 알려진 모델은 습생천이(hydrach succession)로 개방수역에서 고지의 육상식생으로 발달하는 자생과정(autogenic process)이다(Lindeman 1941). 습지가 육상화되는 습생천이는 흔히 7단계로 이해할 수 있으며 습지 유형 중 호소와 같은 형태로 이해할 수 있다. 이러한 습생천이는 교란이 지속적이고 맥박식으로 발생하는 하천에서도 간접적으로 적용될 수 있다. 습지는 개방수역인 상태부터 식물플랑크톤단계(phytoplankton stage)를 거쳐 침수식물단계(submerged plant stage), 부엽식물단계(floating leaved plant stage), 갈대(추수식물)습지단계(reed swamp stage, emergent stage), 사초초원단계(sedge-meadow stage), 수목지대단계(woodland stage), 극상림단계(climax forest stage)로 구분된다(그림 6-78, 6-79). Forel(1901)은 식물군락이 아닌 호소 전체에서 진행되는 생태계의 천이를 5단계로 구분하여 이해하기도 하였다. 습생천이의 마지막에 형성되는 극상림은 호소의 크기에 따라 다르며 그 과정은 수만~수백만년 이상 매우 더디게 진행된다. 이는 유기물과 토양의 축적으로 인한 습지 건조화(육화)의 결과로 극상림이 발달하기 때문이다. 일본의 많은 빈영양호 또는 중영양호에서 추정하는 천이속도는 연간 퇴적량이 1mm 정도가 일반적이며 빈영양 상태보다 부영양 상태 호소의 퇴적속도가 빠르다(Kim and Lee 2002). 이러한 퇴적에 따른 습지의 건조화는 퇴적물의 퇴적속도를 측정, 분석하여 유추 가능하다. 호소는 거시적으로 빈영양 상태에서 부영양 상태로 천이가 진행되고 최종적으로는 건조화의 방향으로 진행된다.

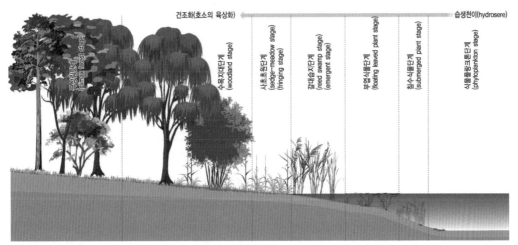

그림 6-78. 습지의 습생천이 단계. 호소와 같은 습지는 식물플랑크톤단계에서 시간이 경과함에 따라 유기물과 토양의 축적으로 건조화(육화)되어 최종적으로 산림의 극상림단계로 발달한다.

그림 6-79. 호소성 습지의 천이과정별 주요 경관. 우에서 좌로 식물플랑크톤단계(춘천시, 의암호), 부엽-침수식물단계(창녕군, 장척지), 갈대-사초초원단계(함안군, 질날늪), 수목지대단계(군산시, 백석제)이다.

습생천이의 단계별 이해 | 습생천이 초기는 호수 형태로 침전물과 이탄(peat)이 바닥에 축적되는데 조류(algae)에 의해 천천히 일어난다. 이후 수심이 얕아지면 수중식물의 성장으로 더욱 빠른 유기물 축적이 일어나고 이후 추수식물의 정착과 발달로 이탄이 추가되는 초본습지가 된다. 초본습지 이후 물이끼류와 목본식물이 발달하는 습윤림으로 확장이 진행된다. 이들 식물들에 의해 증발산율이 증가하여 습지의 지하수면이 하강하게 되어 습윤림은 고지의 육상림으로 발달하는 과정이다. 이러한 자생적 과정에서 습지 가장자리 식생은 내부의 개방수역 방향으로 진행한다. 천이 과정에서 산사태, 화산, 지진 등에 의해 지하수면에 변화가 생기면 습생천이의 흐름이 변경될 수 있다(Larsen 1982). 자생적 과정에서 습지토양인 이탄은 흔히 무산소 상태에서만 발생된다. 산소가 있는 조건에서는 빠른 축적이 일어나지 않으며 유기 이탄은 배수되면 산화된다. 이탄 축적이 포화토양의 상한선에 도달하면 이탄층은 포화토양 밖으로 계속 성장하지 않는다. 습지에서 수위를 낮추는 외력(outside force)이 없으면 이탄은 포화상태로 지속되어 육상식물로 발달할 수 없다(Mitsch and Gosselink 2007). 육상식물의 침투로 인한

천이가 일어나지 않는 이러한 현상은 빙하호수 형태에서의 이탄습지(미국 미네소타 북부의 에거시(Agassiz)호수 지역) 발달에서 두드러진다고 연구된 바 있다(Heinselman 1963).

습생천이 단계별 식물종 변화 │ 식물플랑크톤단계는 단세포 조류들이 우점하고 수생식물이 거의 없다. 침수식물단계는 말즘, 검정말, 붕어마름, 이삭물수세미 등과 같은 침수식물이 물속에서 상대조도 1~2%로 투명도 약 2~3배의 수심에서 우점한다. 부엽식물단계는 마름, 노랑어리연, 자라풀, 순채 등이 발달하는 시기로 수심 1~3m 깊이에서 주로 서식한다. 갈대습지단계는 갈대, 줄, 큰고랭이, 부들류와 같은 추수식물이 번성하는 시기로 갈대는 수심 1m, 줄은 1.5m 내외에 분포한다. 사초초원단계는 물가의 지하수면이 낮은 촉촉한 토양에 방동사니류, 삿갓사초, 이삭사초, 물억새, 고마리, 미나리, 진퍼리새 등과 같은 식물이 번성한다. 수목지대단계는 목본의 호광성 식물(heliophyte)이 출현하는 시기로 버드나무류, 오리나무류, 포플러류, 물푸레나무류, 느릅나무류 등이 주요종이다. 우리나라에서는 갈대습지단계와 사초초원단계보다 다른 용어의 사용이 적합할 수 있다.

습생천이의 기타 특성들 │ 습지의 천이에는 여러 현상들과 연관이 있다. 대표적으로 기후변화(climatic change), 불(burning), 지질적 요인(geologic factor), 범람(flooding), 빙하기 이후의 식물 이동(plant migration), 인간 영향(human influence), 동물 영향(animal influence), 매토 종자은행(seedbank), 경쟁(competition), 식물체 번식 특성 등이다. 이러한 영향 요인에 의해 한 군집 유형에서 다음 군집 유형으로 천이되는 진행율은 가변적이다. 주기적 홍수로 진행천이가 저해되거나 침수에 견디는 식물종의 내성범위가 다르기 때문에 천이 진행율이 다르게 나타난다. 습지에서 매토종자에 의한 종자발아로 식생천이가 진행되는 식물종이 있는가 하면 번식체(propagule) 및 번식아(turion) 등이 외부 유입 또는 기질 내에 존재하여 영양번식으로 식생천이가 진행되는 식물종이 있다. 매토된 종자은행은 습지에서 식생 유형 및 다양성, 종조성 등과 관련이 있다(Cronk and Fennessy 2001). 하지만, 종자은행은 피복한 현존식생과 온전하게 일치하지 않는다(Leck and Simpson 1987). 이는 영양생식이 우세한 습지식물의 번식과 우점 전략의 결과를 반영한 것이다. 특히, 자원에 대해 두 유기체가 상호 부정적인 상호작용을 하는 동적경쟁(dynamics competition, Connell 1990)은 천이에서 생물군집을 구조를 이해하는데 중요하고 습지의 식물군집에서의 매우 보편적인 과정으로 이해한다(Keddy 2000). 경쟁에는 주로 자원 가용성과 개체군 밀도에 의해 발생하는 종내경쟁(intraspecific competition)과 동일한 제한 자원(영양소, 무기 탄소, 공간 또는 빛)에 대한 종간경쟁(interspecific competition)으로 구분 이해해야 한다(Gaudet and Keddy 1988, Cronk and Fennessy 2001). Gaudet and Keddy(1988)는 식물 특성과 경쟁능력 사이에 강한 연관성이 있는데 특히, 식물의 생체량과 강한 관계(63%)가 있고 기타 수고, 숲지붕 직경과 면적, 잎 모양 등과도 연관이 있는 것으로 분석하였다. Grime(1979)은 교란(disturbance), 스트레스(stress) 및 경쟁(competition)을 기반으로 식물의 종생태적 특성 범위를 설명하는 C-S-R이론을 제안하기도 했다.

삼림식생의 건생천이 | 삼림(수변림 포함)의 천이는 식물 우점과정의 생육영역(生育領域, growing space) 관점에서 경쟁배제와 숲틈(crown gap) 형성을 고려하여 4단계로 구분한다(Oliver 1981, Oliver and Larson 1996). 1단계인 식생도입단계(stand initiation 또는 open shrub stage)는 교목식물이 없는 개방상태로 다양한 식물종이 정착하고 기존의 식물종이 재생될 수도 있다. 이 단계에 시작되는 모든 식물들을 동령림(同齡林, cohort)이라 하고 식생의 안정화 단계이다. 2단계인 울폐단계(鬱閉段階, stem exclusion stage)는 초본을 이긴 나무들이 상층을 차지하고 생육공간이 모두 채워지는 단계로 식생의 층화(stratification)가 형성된다. 빽빽한단계(brushy stage)라고도 한다(Gingrich 1971). 빛과 공간, 토양의 수분과 양분에 대한 강한 경쟁이 일어난다. 3단계인 하층재도입단계(understory reinitition stage)는 초기 동령림의 활력도가 떨어져 하층에 새로운 종이 정착하거나 내음성이 있는 묘목들이 숲틈에서 성장하는 단계이다. 울폐단계보다 종다양성이 증가한다. 4단계인 노령단계(old growth stage)는 큰 나무의 고사 등으로 숲틈이 생겨 하층의 나무들이 상층의 나무들을 대체한다. 이 단계에서는 다층의 식생구조가 형성되는 성숙단계이다.

■ **충적 범람원에서의 수변림 천이에 버드나무류, 포플러류, 오리나무류가 주요종이다.**

북미와 유럽 충적하천에서의 식생천이 | 충적하천에서 수변림은 침식이나 퇴적과정 이후에 발달한다. 북미 알래스카의 콜빌(Colville)강에서 입지의 물리, 생물적 변화에 따라 식생천이를 4단계로 구분한다(Bliss and Cantlon 1957). (1) 다년생초본으로 구성되는 신구자단계(pioneer stage), (2) 활발한 펠트잎버드나무(feltleaf willow, *Salix alaxensis*)단계, (3) 펠트잎버드나무 쇠퇴와 녹색잎버드나무(greenleaf willow)증가단계, (4) 오리나무류-버드나무류-히스(alder-willow-heath)단계로 구분한다. 알래스카 타나나(Tanana)강의 범람원에서도 대홍수 이후 125년 동안 진행된 식생천이를 설명하였다. 초기 5년이 경과할 때까지는 실트(세사,

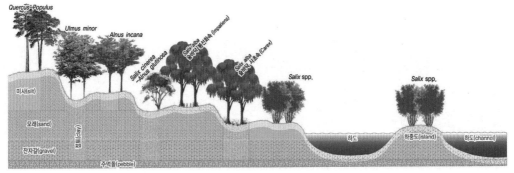

그림 6-80. 프랑스 론(Rhone)강 상류의 충적 범람원 식생(Pautou(1984)로부터 재작성). 수변림의 주요종은 우리나라와 같이 버드나무류와 오리나무류이고 고지에는 느릅나무류와 포플러류가 우점 분포한다.

silt)단계, 7년이 경과할 무렵에는 식생-실트단계, 10년이 경과할 무렵에는 버드나무류(*Salix* spp.)숲단계, 15년이 경과할 무렵에는 오리나무류(*Alnus tenuifolia* 등)숲단계, 50년이 경과할 무렵에는 포플러류(*Populus balsamifera*)숲단계, 이후 125년이 경과할 때에 가문비나무류(*Picea glauca* 등)숲단계가 되었다(Walker et al., 1986). 자연조건에서 중부 유럽의 수변식생은 오리나무류(*Alnus* spp.)와 버드나무류(*Salix* spp.)가 우점하는 형태가 전형적이다(Pinay et al. 1990, Statzner and Kohmann 1995, Schnitzler 1997, Ward et al. 2002). 이에 의하면 수변에서 작은 둔덕의 범람원에서는 버드나무류가 증가하고 오리나무류가 상대적으로 풍부해지기 시작하고 포플러류(*Populus* spp.)가 나타난다. 이와 같이 범람지역인 저지대에서는 버드나무류와 오리나무류가 우세하고 후방의 충적 산지(고지)에는 참나무류(*Quercus* spp.)와 느릅나무류(*Ulmus* spp.)가 우세한 충적 활엽수림이 발달한다. Pautou(1984)는 프랑스 론(Rhone)강 상류 충적지의 수변림이 입지의 상대고도, 토양환경(퇴적물 크기 조성, 유기물 농도), 강수 패턴의 3차원적 계절적 특성으로 이러한 분포가 결정되는 것으로 제시했다(그림 6-80).

북미 충적하천에 대응한 국내 하천식물 분포 | 북미 충적하천에서의 천이는 물리적 환경에 대응한 식생의 변화를 잘 보여주는 결과이다. 이에 대응되는 우리나라의 식물종은 버드나무류(버드나무, 선버들, 왕버들, 개수양버들, 키버들 등), 오리나무류(오리나무), 포플러류(황철나무, 물황철), 느릅나무류(느릅나무, 비술나무) 등이다. 우리나라는 알래스카 하천들과는 지리, 기후, 하천작용, 식물종 등이 다르기 때문에 식생천이에 대해서는 별도의 연구가 필요하다. 우리나라 낙동강의 범람원에는 타나나강의 실트단계, 식생(다년생 초본)-실트단계, 버드나무류숲단계가 혼재하고 있고 다른 단계는 관찰되지 않는다(Kim et al. 2009)(그림 6-81). 콜빌강의 단계에서는 선구자단계, 버드나무류단계가 관찰된다. 우리나라 하천과 호소의 충적지형에서 식생천이 후기에는 주로 버드나무류 수변림(왕버들, 버드나무, 개수양버들, 쪽버들 등)이 발달한다. 신나무, 물푸레나무, 들메나무, 오리나무, 느릅나무 등이 혼생하고 이후에는 산지성 식물(참나무류, 층층나무, 고로쇠나무, 굴피나무 등)들이 침투하는 경우가 많다. 이는 천이 후기에 해당하는 유존하는 자연 노거수림(천연기념물,

그림 6-81. 낙동강에 발달한 버드나무류숲단계 경관(구미시, 해평습지, 낙동강, 2009). 낙동강의 안정된 충적지형에는 버드나무류의 수변림이 넓게 발달하고 있고 다른 단계의 경관도 일부 관찰된다.

그림 6-82. 우리나라 수변의 대표적 자연림인 성밖숲(좌: 성주군, 이천 좌안 제방)과 인공림인 관방제림(우: 담양군, 영산강 우안 제방). 성밖숲은 주요 습지식물인 왕버들로만 이루어져 있으며 관방제림은 인공림으로 푸조나무(일부 팽나무, 개서어나무 등) 등으로 이루어져 있다.

보호림 등)을 통해서 알 수 있다. 우리나라의 천연기념물 중에는 자연림인 성밖숲(성주군, 이천, 제403호)(그림 6-82)(그림 2-54 참조)이 가장 대표적이고 반자연림인 오리장림(영천시, 고현천, 제404호) 등에서 유추할 수 있다. 오래전에 조성된 인공림인 관방제림(담양군, 영산강, 제366호)(그림 6-82)과 상림(함양군, 위천, 제154호)(그림 2-54 참조)에서는 이러한 식생천이의 발달 특성을 명확히 알기는 어렵지만 서식 식물종을 통해 간접적으로 유추할 수 있다. 우리나라 하천에 자생하는 주요 포플러류는 황철나무로 설악산(중부 지방) 일대에서만 관찰된다(Yim and Baek 1985, Lee 2005d). 유사종인 물황철은 강원도 계곡지역 등지에서 개체수준으로 관찰된다. 19세기 후반에 국내 유입된 포플러류(Populus spp., 예:

그림 6-83. 버드나무류와 포플러류(담양군, 영산강). 우리나라 하천 둔치에서 두 식물들이 동시에 서식하는 것을 드물게 관찰할 수 있다.

양버들, 미류나무, 이태리포플러)는 국내 하천 범람원에서 수변림을 잘 형성하지 못하고 개체수준으로만 관찰되는 경우가 대부분이다(그림 6-83).

우리나라에서 오리나무림의 발달 | 대륙성 기후인 우리나라에서의 오리나무림은 해양성 기후인 일본에 비해 지리적 분포가 제한적이다(Kim et al. 2011b). 일본에서의 오리나무는 호소(소택지)와 하천에서 주요종으로 역할을 한다(Miyawaki and Okuda 1990). 한반도에서 오리나무림은 온난건조한 기후보다는 한랭다습한 기후에서 보다 분포가 확장되기 때문에 남부지방보다는 중부 이북지방에서 그 분포가 증가한다. 우리나라 남부지방에서 오리나무림은 주로 해발고도가 높은 고지대인 산지습지(무제치늪, 화엄늪 등) 또는 일부 냉습한 계류변에서 흔히 관찰된다. 중부지방에서는 계곡 일대에서 빈번히 관찰된다. 이러

그림 6-84. 오리나무 노거수(양평군, 복포천 지류). 하천에서 오리나무는 우리나라 중부지방 또는 냉습한 계곡부에 흔히 자생한다.

한 특성으로 오리나무 노거수 또는 대경목은 중부지방으로 갈수록 증가한다(그림 6-84). 산간지역의 하천변에 서식하는 최남단의 오리나무 보호수는 상주시 화북면(북위 36°33')에 위치하고 있다(2019년 기준, KFS 2021)(그림 7-64 참조).

천이에서 식생발달 기작 │ 다층 구조를 갖는 삼림식생에서 식물종다양성, 수목의 공존 기작은 각종 자원에 대한 경쟁의 결과 또는 예측 불가능한 교란으로 경쟁식물이 제거(감소)되는 결과로 해석하는 등 여러 학설이 있다. 하천에서는 둔치에 넓은 새로운 공간이 생기면 일반적으로 기회주의종(opportunist)이 먼저 빈공간을 점유하지만 다른 식물종이 먼저 점유하는 경우에는 경쟁에 밀려 생육할 수 없다. 초기 기회주의종을 대체하는 기작에는 촉진(facilitation)모델, 내성(tolerance)모델, 억제(inhibition)모델 등이 있다(Connell and Slatyer 1977). 촉진모델은 초기 정착종에 의해 천이가 결정되고 내성모델은 종의 자원에 대한 내성 등의 서열에 의해 결정된다. 억제모델은 경쟁식물의 침입에 저항하여 초기종은 정착지를 배제하거나 억제함으로 다양한 식물종의 혼합 과정으로 천이가 일어나는 개념이다.

■ 하천에서 수변림의 발달과 안정화는 수분포화주기가 반영된 맥박식 형태이다.

하천과 호소에서 극상림의 발달 │ 산지에서 오래된 원시림과 같은 숲은 수백 년 이상에 걸쳐 형성된다. 화분(꽃가루, pollen)을 통한 식생사(vegetation history) 분석에서 이런 원시림은 적어도 수천 년간 개체들의 성장과 쇠퇴를 반복하면서 지속되어 왔다(奧田과 佐々木 1996). 원시림과 같은 극상림(極相林, climax forest)은 현재의 기후와 입지환경이 유지되면 안정적으로 발달하는 잠재자연식생(潛在自然植生, potential natural vegetation)과 같은 생태학적 개념이다. 한반도 산림의 잠재자연식생은 난온대지역의 상록활엽수림(후박나무, 구실잣밤나무, 동백나무, 자금우 등)과 냉온대지역의 낙엽활엽수림(졸참나무, 신갈나무, 철쭉꽃, 작살나무, 생강나무 등)이다. 호소에서 습지가 육지화되면 종극적으로 산림의 잠재자연식생의 구성종이 발달한다. 산림의 극상림에 대한 정보는 우리나라 기후대와 식생 발달에 관한 연구(Kim 1993)를 참조한다. 환경변화가 미미한 산림과 달리 하천 습지는 반복적으로 범람이 발생하는 수분포화주기(수문주기, hydroperiod)에 맞추어
식생이 발달, 유지되는 지속식물군락(perpetual plant community)적 개념이 강하다.

우리나라의 오래된 수변림 | 우리나라에서 오래된 숲으로 평가되는 하천식생자원 또는 제방림(둑방
림)은 하천변 단애지(斷崖地, cliff scarp)의 측백나무림(대구시 동구 도동 제1호, 단양군 매포읍 영천리 제62호, 영양군 영양읍 감천
리 제114호, 안동시 남후면 구리 제252호)(그림 7-73 참조), 충적지(沖積地, alluvial plain)의 왕버들림(성주군 성주읍 경산리, 제403호)
(그림 2-54, 6-82 참조), 관방제림(담양군 담양읍 객사리 등, 제366호)(그림 6-82 참조), 상림(함양군 함양읍 운림리, 제154호)(그림 2-54 참
조), 오리장림(영천시 화북면 자천리, 제404호), 가로숲(의성군 점곡면 사촌리, 제405호), 시무나무-비술나무림(영양군 석보면
주남리, 제476호) 등이다. 전술했듯이 관방제림과 상림은 인공림에 해당되고 오리장림은 반자연림에 해당
된다. 이 외에도 다양한 식물종(느티나무, 팽나무, 푸조나무, 서어나무, 말채나무, 비술나무, 상수리나무, 회화나무, 음나무 등)으로
이루어진 수변의 마을숲이 유존하는 경우가 많다.

그림 6-85. 동령의 버드나무류 유목림(좌: 곡성군, 침실습지 하단)과 자기솎음이 발생한 성목림(우: 창녕군, 우
포늪). 습성지에 환경조건이 형성되면 버드나무류는 일제히 발아하기 때문에 어린 동령림이 형성되
고 이후 성장하면 자기솎음 현상으로 적정 개체만 일정 영역권을 갖는 성목림으로 유지된다.

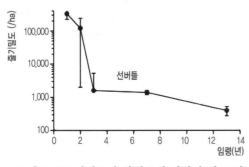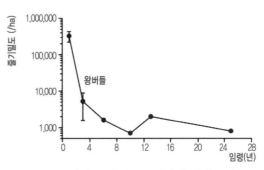

그림 6-86. 선버들과 왕버들의 임령별 밀도 변화(Cho et al. 2017). 생장 초기에는 동령림의 형태로 임분
의 밀도가 높지만 시간이 경과함에 따라 종내경쟁(자기솎음)에 의해 밀도는 감소한다.

식생천이에 동령림과 자기솎음 | 버드나무류는 종자 결실기 이후 산포된 종자가 환경조건이 형성되면 일제히 발아 번식하기 때문에 수령이 비슷한 고밀도의 동령림(cohort, even-aged stands)이 형성되는 경우가 많다. 이 숲에는 제한된 자원에 대한 종내경쟁이 일어나기 때문에 밀도는 점차 감소하고 생존한 개체들의 생체량은 증가한다. 이러한 현상을 자기솎음(self-thinning)이라 한다(그림 6-85, 6-86). 낙동강에서 생장 초기 3년 이후 선버들과 왕버들 유목림의 줄기 밀도는 급격히 줄어든다(Cho et al. 2017)(그림 6-86). 흔히 수변 나지 또는 묵논(묵정논) 등의 적지에 종자발아한 선버들, 왕버들, 버드나무의 고밀도 유목림(어린숲, 대게 5~7년 정도)은 이후 3~5년이 경과하면 경쟁에 의한 자기솎음 현상이 일어나고 이후에는 생존한 개체들로 이루어진 숲으로 발달한다.

맥박식 식생천이와 지속식물군락 | 하천에서 주기적인 수문 교란이 없으면 물속에서 생육하는 수중식생에서 초본식생, 버드나무류 관목식생과 아교목식생을 거쳐 교목성 버드나무류 또는 오리나무류의 습생림으로, 이후에는 비하천성 산림식생이 종극적으로 발달한다(그림 6-87). 하지만, 하천식생은 거시적으로 수분포화주기라는 수문환경에 대응하여 공간 분포하고 발달한다. 하천에서 극상에 이르는 식생천이는 거의 드물고 맥박식 안정준극상(pulse-stablized subclimax)을 이루게 된다(Odum 1971). 하천에는 극상림의 발달이 거의 없고 현재과 같은 조건이 지속된다면 식물군락의 안정적인 순환천이(循環遷移, cyclic succession)가 나타난다. 따라서, 하천의 식물사회를 지속식물군락 또는 준극상(subclimax, simi-climax, para-climax)림으로 이해해야 한다. 천이 후기의 교목성 버드나무류 또는 오리나무류 습생림은 수문적으로 안정된 상태이다. 우리나라의 버드나무류 습생림은 버드나무, 신나무 등이, 오리나무류 습생림은 오리나무, 버드나무가 주요종인데 주로 계곡 또는 제방 공간에 국한하여 발달한다. 한국전쟁(1950~1953년) 이후 우리나라 민간인

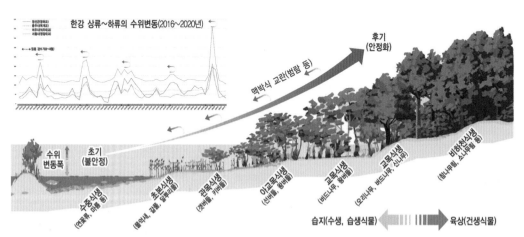

그림 6-87. 하천식생의 맥박식 천이모형. 하천은 식생천이가 진행되는 과정에서 주기적인 범람(교란)이 맥박식으로 발생하기 때문에 식생천이가 되먹임(feedback)되는 특성이 있다.

그림 6-88. 승리전망대에서 남쪽으로 본 민간인통제선 내부 계획지뢰지대(좌)의 묵논천이(우)(철원군 김화읍). 우리나라 중부지방 묵논에서의 식생천이는 버드나무, 오리나무, 아까시나무, 신나무가 혼생하는 것이 주요 특징이다.

통제구역의 방기된 묵논천이(철원군 등)에서는 버드나무, 오리나무, 신나무, 아까시나무가 혼생하는 식분(stand)들을 쉽게 관찰할 수 있어 지역 하천과 습지의 잠재자연식생을 유추할 수 있다(그림 6-88)(그림 7-61 참조).

계류 수변림의 발달 기작 | 계류구간의 교란은 단순히 하상의 자갈과 모래의 이동으로 보이지만 나지의 생성과 식물체의 종자공급, 실생과 치수의 유실, 매몰들이 발생된다. 교란은 매년 수문체계에 따라 반복되는 사건들이며 유입된 다양한 수종간의 경쟁이 발생된다. 유로변동을 포함한 경향성을 가진 생육환경의 파괴와 재생이 역동적으로 발생하기 때문에 형성 연대가 다른 식물 개체군의 분포가 관찰되기도 한다. 간헐적인 대규모의 산복 붕괴는 계류 주변의 지형 및 토양환경을 크게 변화시킴과 동시에 서식하기 어려운 수종들의 침입을 가능하게 할 수 있다(Sakio and Yamamoto 2002). 계류의 수변림에는 이러한 다양한 교란에 의해 여러 입지환경을 가진 미지형적 모자이크 형태가 나타나고 공간의 자원적 차이(환경적 이질성)로 인한 종간의 경쟁과 공존이 발생한다. 즉, 계류변에 경향성을 가진 맥박식의 교란들은 다양한 서식공간과 종의 서식을 가능하게 하는 원동력이다. 계류구간은 하폭이 좁고 하천 내에 유입되는 광량이 적어 선구종(버드나무류 등)의 출현은 낮지만 보다 하류의 하폭이 넓어지는 구간에서는 선구종의 출현은 물론 입지에 대응하여 천이 후기종으로의 단계적 식생천이가 나타난다.

■ 최근에는 생물지형학적 관점에서 식생천이를 인식하기도 한다.

생물지형학의 관점에서의 천이와 단계 | 생물지형학(biogeomorphology)은 지형계와 생태계 사이의 상호작용을 연구하는 학문이다(Kim et al. 2020). Balke et al.(2014)은 식물과 지형의 강한 되먹임(feedback)을 바탕으로 하천과 해안생태계를 생물지형생태계(biogeomorphic ecosystems, BE)라 명했다. 식물에 내재된 유전형,

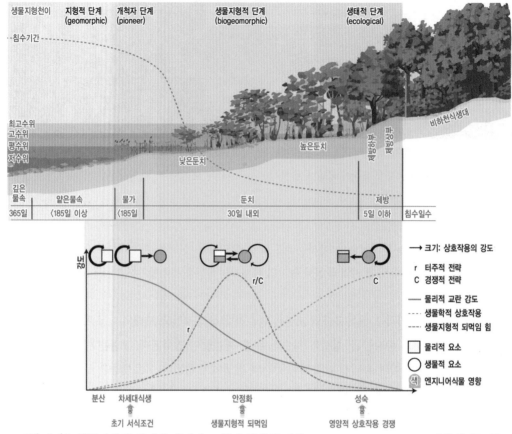

그림 6-89. 생물지형적 천이의 개념적 모형과 하천의 적용(Corenblit et al.(2007, 2009) 수정). 하천에서는 천이 단계에서 지형과 생물 간의 상호작용 특성은 다르며 침수기간과 같은 수문환경에 대응하여 생물지형적 천이가 일어난다.

표현형에 의한 저항력(resistance)과 회복력(resilience)의 능력 때문에 식물과 지형 간의 강한 되먹임의 결과로 고유의 생태계 구조와 기능이 형성된다는 것이다. BE개념은 불안정하고 빈번하고 규칙적인 물리적 교란을 겪는 '지형학적으로 역동적인 생태계'와 깊은 연관이 있다. 하천생물지형천이(Corenblit et al. 2007, 2009)와 직접적인 관련이 있고 공간과 시간에서 물질과 에너지 조직의 4단계(지형, 개척자, 생물지형, 생태)를 포함한다(Corenblit et al. 2015)(그림 6-89). 지형적 단계(geomorphic phase)는 홍수, 폭풍 또는 쓰나미 이후의 회복 단계(rejuvenation phase)이다. 지형 특성과 안정성은 주로 유체역학과 공기역학적(hydrodynamic and aerodynamic) 힘과 퇴적물의 고유 응집력에 의해 결정되며 식물의 분산을 제어한다. 개척자 단계(pioneer phase)는 새롭게 형성된 나지의 퇴적물 표면에 차세대 식생이 정착하고 지형환경은 종자발아 및 묘목의 생존 및 성장을 제어한다. 생물지형적 단계(biogeomorphic phase)는 식물의 형태 및 생체역학적 특성이 여러 지형학적

흐름과 상호작용하는데 본격적으로 식물(생물)과 지형 사이에 상호작용의 되먹임 현상이 발생한다. 주요 물리적 교란이 없는 상태에서 식물이 통제하는 지형적 환경 변화와 식물에 대한 되먹임은 생물적 상호작용이 지배적인 생태적 단계(ecological phase)에서 생태계의 안정화를 촉진한다.

생물지형학적 천이의 특성 | 생물지형천이에서 공간 위치에 따라 식물상이 다르고 교란의 시·공간적 범위와 특성, 식물종별 특성 등이 다르기 때문에(Corenblit et al. 2015) 천이의 형태는 다르게 발생할 수 있다. BE개념은 범지구적 수준에서 지역마다 식물상이 다르지만 식물은 교란과 스트레스에 의해 적응 수렴된 C-S-R개념(Grime 1979)(그림 6-27 참조)과 같이 범용적으로 사용 가능하다. 하천의 생물지형적 천이 동안 생물지형생태계의 발달에 관련된 식물 기능적 특성들은 다르게 나타난다(표 6-11). 천이 단계에서 개척자 단계는 수일에서 수개월 소요되는데 초기 식생이 정착하는 단계로 차세대 식생을 형성하는 식물의 종자가 발아하거나 영양번식체로부터 싹이 발아한다. 생물지형적 단계는 식생이 안정화되는 단계로 버드나무류(Salix), 포플러류(Populus)와 같은 엔지니어식물(engineer plant)들이 우점하는 단계이다(Corenblit et al. 2014). 이 식물들은 높은 생장율과 강한 내성(연성, 맹아지, 부정근 등), 환경에 적응한 유연한 생리적 변화 등을 하는 식물들이다. 생태적 단계에서는 수십년에서 수세기가 소요되며 성숙한 하중도와 범람원은 식생이 피복된 상태로 발달하고 토양생성과 더불어 자원 이용의 효율성을 높이기 위한 방향으로 식물 기능적 특성들이 변한다.

표 6-11. 하천의 생물지형적 천이 단계와 이와 관련된 식물 기능적 특성(Corenblit et al. (2015) 요약)

단계	기간	천이의 주요 특성	지형 과정과 형성	주요 생태 과정	식물 기능적 특성들
지형적 단계	연속, 반복	생물지형적 회귀, 나지 형성	지형 침식과 충적사주 형성	식물 종자 및 번식체 분산	짧은 수명, 많은 종자와 번식체 생성, 수산포 등
개척자 단계	수일~수개월	나지 안정화, 식물군집의 결정	충적사주 형성	차세대 식생의 종자발아, 싹 발생	빠른 뿌리 고정, 영양생장, 침수와 매몰 내성 등
생물지형적 단계	수년~수십년	개체군 안정화, 식물-물리환경의 강한 되먹임	퇴적물 식생 부착, 개척식물의 확장	엔지니어식물 우점 (종별 촉진, 제외, 안정화)	높은 생장율, 영양생장, 장기 침수와 매몰 내성(연성, 맹아지, 부정근 등), 생산성 분배 등의 생리적 변화 등
생태적 단계	수십년~수세기	긴 생태적 천이, 생물 상호작용 지배	식피된 범람원과 성숙된 하중도	천이, 생물 상호작용 증가, 토양생성	자원에 대한 경쟁적 특성 (예: 크기 증대) 개발

7. 식물학적 관점에서의 습지 유형화

7.1 식물상을 고려한 습지분류

■ 습지의 분류는 국가분류체계 및 식물상 고려 등 목적에 따라 다양할 수 있다.

습지유형 분류와 식물 | 습지의 유형 분류는 상위단계에서 수리 및 지형 조건에 따른다(표1-2참조). 이후 식물을 고려한 하위단위로 나누기도 한다. 습지유형 분류에 대한 시도들은 1979년대 이후부터 본격화되었다(Cowardin et al. 1979). 분류에서 람사르(ramsar)의 습지유형 분류에서 내륙의 호수(lacustrine)는 수역이 넓고 깊은 저수지나 댐과 같은 지역이고 소택(palustrine)은 둠벙, 늪, 포(浦)와 같이 얕은 수심지역을 의미한다. 우리나라는 호수(湖水)와 소택(沼澤)을 통합하여 호소(湖沼)라는 단어로 사용한다. 국내를 포함한 국외 여러 호소 간에는 서식하는 식물상적 차이가 있다(Angiolini et al. 2019).

고층, 중간, 저층습원의 분류 | 일본에서는 식물학적 관점에서 펜(fen)과 보그(bog)를 지표면 지형에 기초한 독일 습원의 분류를 원용하여 고층습원(高層濕原, high moor, raised bog), 중간습원(中間濕原, intermediate moor), 저층습원(低層濕原, low moor)으로 구분하였다(矢野 등 1983, Miyawaki 1984, Kang et al. 2010). 습지의 분류는 여러 국가의 습지 특성 및 습지 인식에 따라 분류상 약간의 차이가 있다. 이 구분에서 펜은 저층습원, 보그

그림 6-90. 대표적 산지습지인 대암산 용늪(인제군, 큰용늪). 용늪에는 다양한 고층습원(식충식물), 중간습원(진퍼리새)의 주요 식물들이 서식한다.

를 고층습원으로 이해할 수 있다. 특히, 일본에서는 습지식생을 유지시키는 수분의 유입 형태, 지하수와 지표수위와의 관계, 습지 내부의 이탄(泥炭, 토탄 土炭, peat, 유기물 변질 탄소화합물)층을 구성하고 있는 식물종 및 식물군락의 종류 등에 따라 식물사회학적으로 저층습원, 중간습원 및 고층습원으로 구분한다(Miyawaki 1984, Ryu and Kim 2006). 이는 식물의 종류와 지하수면에 대한 이탄 표면의 상대적 위치에 따라 구분되는 것으로 요약된다(矢野 등 1983, Kang et al. 2010). 고층습원은 이탄층의 표면이 지하수면 위에, 저층습원은 지하수면 아래에 있는 것이다. 저층습원은 주변에서 흔히 보는 습지성 목본식생 또는 초본식생이 우점하는 호소습지를 의미한다. 우리나라의 산지습지는 고층습원과 중간습원의 중간 형태를 띠는 경우가 많다(그림 6-90). 고층습원에서는 끈끈이주걱, 이삭귀개, 땅귀개 등과 같은 식충식물(carnivorous plant)(그림 6-95, 6-97, 6-99 참조)과 물이끼류가 주요 진단종이며(그림 6-95 참조) 중간습원에서는 진퍼리새가 주요 진단종이다(Kim and Kim 2003)(그림 6-91). 우리 주변의 하천 습지는 대부분 저층습원으로 이해할 수 있다.

그림 6-91. 진퍼리새 우점 경관(양산시, 화엄늪). 진퍼리새는 식생학적으로 중간습원을 대표하는 식물종으로 평가된다.

표 6-12. 북미의 식물학적 관점에서 습지 분류

습지분류 체계	국내의 주요 대응 식물	국내 주요 장소
1. 초본습지(marsh)		
A. 해안초본습지(coastal marsh)		
a. 염수초본습지(salt marsh)	갈대, 염생식물	을숙도, 인천강하구
b. 조석담수초본습지(tidal freshwater marsh)	국내 미분포	국내 미분포
B. 내륙초본습지(inland marsh)		
a. 호소초본습지(lacustrine marsh)	갈대, 줄, 애기부들	정수습지
b. 하천초본습지(riverine marsh)	달뿌리풀, 물억새, 갈풀	하천습지
c. 함몰초본습지(depressional marsh)	물억새, 사초류, 부들류	돌리네습지, 오름습지
2. 목본습지(forested wetland)		
A. 해안목본습지(coastal forested wetland)	맹그로브림	국내 미분포
B. 내륙목본습지(inland forested wetland)		
a. 남부저지대경목림습지(southern bottomland hardwood)	물푸레나무림	계반, 선상지
b. 북동범람원목본습지(notrheastern floodplain)	버드나무류림, 오리나무림	계류 선상지
c. 서부하변목본습지(western riparian zone)	버드나무류림	침실습지
3. 이탄습지(peatland)	식충식물, 진퍼리새	용늪, 무제치늪

식물학적 관점의 습지유형 분류 | Cronk and Fennessy(2001)는 습지를 식물군락에 기초하여 식물학적 관점에서 크게 초본습지(marsh), 목본습지(forested wetland), 이탄습지(peatland) 3가지 유형으로 대분류하였다(표 6-12). 초본습지는 초본성 식물들이, 목본습지는 교목 또는 관목식물들이 우점하는 곳이다. 이탄습지는 식물유기물의 느린 분해로 이탄이 축적되는 곳이다. 3가지 유형의 대분류 내에는 중분류-세분류한 단위습지들이 존재한다. 이 분류는 북미지역의 습지를 대상으로 적용했기 때문에 국내 실정에 맞지 않는 유형들이 존재한다.

7.2 습지유형별 특성

■ 초본습지는 담수형과 해수형으로 대구분되고 국내에 넓게 분포하는 유형이다.

염수초본습지 | 초본습지는 해안초본습지(coastal marsh)와 내륙초본습지(inland marsh)로 구분된다. 해안초본습지는 파랑 등으로부터 해안가를 보호하는 역할을 하고 염수초본습지(salt marsh)와 조석담수초본습지(tidal freshwater marsh)로 다시 나눈다. 염수초본습지는 일중 또는 계절적 조석의 영향으로 수위변동 및 담수의 유입에 따른 염분 농도의 변화 등이 발생한다. 습지에 서식하는 식물들은 특히 염분에 대한 내성을 갖는 생리적 특성을 가진다. 우리나라에는 조석담수초본습지는 분포하지 않고 염수초본습지

그림 6-92. 해안초본습지의 주요종인 갈대군락(좌: 강진군, 탐진강)과 대표적 염생식물인 칠면초군락(우: 인천시, 장수천). 우리나라 하구의 기수역에는 갈대가 주로 우점하고 보다 외곽의 갯벌지역에는 염생식물인 칠면초, 퉁퉁마디, 해홍나물 등이 우점하는 형태가 발달한다.

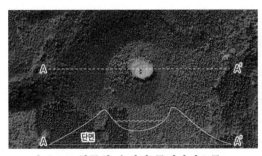

그림 6-93. 함몰형 습지인 물영아리오름(좌: 제주시)과 돌리네습지(우: 문경시). 물영아리는 화산분출로 형성된 기생화산인 화구호(caldera)이고 돌리네(doline)습지는 석회암 지대의 용식작용에 위해 지반이 침하되어 형성된 함몰 지형으로 성인이 서로 다르다. 집수역의 물은 함몰된 내부로 모여 지하수로 침투 또는 위치가 가장 낮은 배수구(sinkhole)를 통해 유출된다.

만이 존재하며 해안가의 염습지가 여기에 해당된다. 갈대, 모새달, 갯잔디, 칠면초, 퉁퉁마디 등의 염생식물(halophyte)이 주로 생육하고 주로 서해안과 남해안의 갯벌지역이다(그림 6-92)(그림 2-46, 2-47 참조). 염분 외의 다른 제한요인은 질소 제한(Gallagher 1975), 토양의 낮은 산소(Howes et al. 1981) 등이다. 이 지역에서는 여러 제한적 환경요인들에 의해 식물들의 공간 분포는 뚜렷하게 구분된다(Partridge and Wilson 1988).

내륙초본습지 | 내륙초본습지는 크기에 따라 매우 다양하며 호소초본습지(lacustrine marsh), 하천초본습지(riverine marsh), 함몰초본습지(depressional marsh)로 재분류된다. 호소초본습시에서 lacustrine의 사전적 의미는 우리말로 호수로 표현해야 하지만 Cronk and Fennessy(2001)의 분류는 호수와 소택의 특성을 모두 포함하고 있어 호소(湖沼)로 표현하였다. 국내에 넓게 분포하는 유형은 호소초본습지와 하천초본습지로 우리나라의 여러 하천습지 또는 배후습지이다. 함몰초본습지는 제주도의 오름습지, 문경의 돌리네습지 등이 대표적이다(그림 6-93). 함몰형 습지는 화산이나 지진활동이 빈번한 일본 등지(예: 쿠시로 습원 Kushiro, 오제가하라습원 Ozegahara)에 잘 발달한다(菊地과 須藤 1996, Kang et al. 2010). 한반도는 지체구조가 안정되어 있기 때문에 지표침하(地表沈下, surface subsidence)에 의한 함몰형 습지는 발달하고 있지 않고 차별침식(差別侵蝕, differential erosion)에 의한 분지의 발달이 가능한 지역이다(Won 1988).

내륙초본습지의 식물들 | 식물들은 담수의 내륙초본습지에 진화적으로 적응하였고(Cook 1996, Reed 1997) 이 공간에는 비교적 다양한 식물종이 분포한다. 단자엽식물(monocotyledon)이 많으며 벼과, 사초과, 골풀과, 부들과, 수련과, 마름과의 식물들이 우세하게 관찰된다. 호소성 습지는 수심에 따라 추수식물, 부엽식물, 침수식물 등이 공간적으로 분리된다. 호소의 지형 경사가 완만한 수변에는 습성(we meadow)-얕은(marsh)-깊은(aquatic)습지의 연속적 경관이 만들어지고 사초과와 벼과, 벼과와 부들과, 부엽식물과 침

수식물이 각각의 공간을 대표한다(Glooschenko et al. 1993, Lee 2005d). 하천작용에 의해 많은 퇴적물의 이동 및 수리적 변동이 존재하는 하천성 습지에는 달뿌리풀, 물억새, 갈풀이 대표적 식물이다. 함몰형 습지는 우리나라의 돌리네습지(선버들, 물억새, 이삭사초, 팽이사초, 줄, 애기부들 등)와 오름습지(마름, 송이고랭이, 보풀, 고마리, 바늘골 등)들이 있고 이러한 공간에만 분포가 제한되는 식물종은 밝혀진 바가 없다.

■ 목본습지는 내륙형과 해안형으로 구분되고 해안형은 맹그로브림으로 대표된다.

목본습지 │ 목본습지(forested wetland)는 해안목본습지(coastal forested wetland)와 내륙목본습지(inland forested wetland)로 나눈다. 목본습지는 영어의 'swamp'(수목과 초지의 혼생)와 유사한 개념으로 이해할 수 있다. 해안목본습지는 맹그로브림(mangrove forest)이 여기에 해당된다. 북미의 내륙목본습지는 남부저지대경목림습지(southern bottomland hardwood), 북동범람원목본습지(notrheastern floodplain), 서부하변목본습지(western riparian zone), 사이프러스목본습지(cyprcss swamp)로 재분류된다. 내륙목본습지에 대한 국내 비교는 식물구계학적 차이에 의해 어렵고 식물상적으로 일부 비교만 가능하다.

그림 6-94. 맹그로브림(태국 푸켓). 우리나라에는 관찰되지 않는 형태의 습지이다.

맹그로브림 │ 맹그로브림은 조석의 영향에 적응한 매우 독특한 특성들을 가지는 숲이다(그림 6-94). 지구적 수준에서 동쪽지역의 맹그로브림이 식물종다양성이 보다 높다(Tomlinson 2016). 동북아시아에서 맹그로브림의 북한계는 일본 큐슈(Kyushu)의 타네가시마섬(Tanegashima island, 북위 30°20'~50')이다(Somiya 2015). 우리나라에는 분포하지 않는 식생유형이다.

내륙몬본습지의 지형과 식물들 │ 내륙목본습지는 오목형의 유역형(basin)과 선형의 하천형(riverine)으로 구분된다. 흔히 유역형보다 하천형이 종다양성과 생산성이 높다(Cronk and Fennessy 2001). 하천형에는 범람원, 수변 등의 용어로 여러 퇴적지형을 구분한다. 영어 표현에서 하변은 riparian(하천제방(river bank)을 의미하는 라틴어의 ripa에서 유래)으로 사용되고 riverine은 Cowardin et al.(1979)의 습지분류법에서 처음 제안되었다. 우리나라에서의 내륙목본습지는 하천 습지에서 버드나무류림(곡성군 침실습지 등), 산지습지에서 오리나무림(울산시 무제치늪 등)과 들메나무림(봉화군 면산습지 등), 계류변 또는 충적선상지에 물푸레나무림 등이 발달한다. 식물사회학적으로 버드나무류림은 서부하변목본습지에, 오리나무림과 들메나무림은 각각 북동범람원목본습지와 남부저지대경목림습지에 대응된다. 물푸레나무림은 남부저지대경목림습지에 대응되는데 들메나무, 느릅나무, 굴피나무, 오리나무, 고로쇠나무 등이 혼생하는 경우가 많다.

■ 이탄습지는 주로 추운지역에서 발달하고 국내에서는 흔히 고층습원이라 한다.

이탄습지의 유형과 특성 | 많은 학자들은 pH, 수문, 영양염류 이용도, 식물군락 구조 등과 같은 환경인자들에서 1개 또는 2개를 이용하여 이탄습지(泥炭濕地, peatland)를 규정 또는 세분화하였다(Bridgham et al. 1996). 이탄습지는 공급되는 물의 근원(수원, 水源)에 따라 펜(fen, 알칼리습원)과 보그(bog, 습원-물이끼 많음) 2가지로 구분되는데 수리화학적 속성들이 구별된다(Ellenberg 1988). 펜은 주로 주변 토양의 무기염류(mineral)를 포함한 지하수(일부 강수와 지표수가 유입)로 습지가 유지되기 때문에 무기영양형(minerotrophic)이라고도 한다. 펜에서는 칼슘과 같은 양이온 농도와 pH가 상대적으로 높고 질소와 인이 적으며 물이끼류가 우점한다. 보그는 대부분 강수에 의해 습지수가 공급되기 때문에 강수영양형(ombrotrophic)이라고도 한다. 보그는 강수 의존으로 산성도가 강해 빈영양상태이기 때문에 물이끼류가 우점하는 경우가 많고(Cronk and Fennessy 2001) 끈끈이주걱(그림 6-95)(그림 6-97 참조), 이삭귀개(그림 6-99 참조) 등과 같은 식충식물이 서식한다. 보그와 같은 이탄습지는 영양염류와 무기염류가 빈약하고 pH 5 이하의 낮은 특성이 있다(Moore and Bellamy 1974). 우리나라의 이탄습지(용늪, 무제치늪, 화엄늪, 심적습지 등)에서도 물이끼류의 생육이 뚜렷하며(그림 6-95) 펜과 보그의 중간 형태를 나타내기도 한다.

이탄습지의 발달 특성 | 이탄습지는 매우 느린 분해로 식물사체인 이탄이 축적되는 특성이 있다. 느

그림 6-95. 산지 이탄습지의 대표적 식물인 끈끈이주걱(좌: 울산시, 무제치늪)과 물이끼류(인제군: 심적습지). 식충식물인 끈끈이주걱은 고층습원을 대표하고 진퍼리새군락의 기저부에 서식하는 물이끼류는 많은 수분을 머금을 수 있다.

린 분해는 낮은 기온과 높은 산성도, 포화 또는 과습하여 무산소이거나 저산소 상태 조건 때문이다 (Glasser 1987, 1994, Crum 1992). 이탄습지는 퇴적된 이탄층이 주로 30㎝ 이상이고(Glaser 1987) 식물의 생육기간 이 짧은 것이 다른 습지유형들과 구별된다(Cronk and Fennessy 2001). 북반구의 이탄습지들은 대부분 추운 기후와 높은 습도를 갖는 입지에 주로 분포한다(Misch and Gosselink 2007). 우리나라의 이탄습지(고층습원)도 주로 추운 기후지역인 냉습한 고해발 산지에 분포하는데 이탄습지의 특성을 가질 수 있는 기상조건 이다. 영양염류가 부족한 이탄습지에서 pH는 유기산의 축적과 생산, 물이끼류에 의한 양이온치환, 이온의 대기 축적, 영양염류의 생물학적 흡수, 황화합물의 산화와 환원, 수리적 구조 등에 중요한 영 향을 미친다(Clymo and Hayward 1982, Kiham 1982, Gorham et al. 1985, Cronk and Fennessy 2001).

고층습원의 특성 | 식물에 필요한 3대 기본 영양분은 질소, 인, 칼륨으로 주로 생태계 내에서 이들의 물질순환이 이루어진다(Kang et al. 2010). 고층습원에서는 식물의 생육기간이 짧고 낮은 기온의 기후적 환 경 등으로 이들 영양염류의 용출이 서서히 일어난다. 고층습원은 고사 식물체의 분해속도가 느리고 영양염류의 환원이 느리기 때문에 이탄에는 영양염류가 저고 식물체가 분해될 때 부식산(humic acid), 풀빅산(fulvic acid)과 같은 유기산(有機酸, organic acid)이 만들어져 산성이 되는 것이다(鈴木 1994, Kang et al. 2010). 고 층습원에는 이탄이 분해되면서 나오는 여러 물질 중 탄닌(tannin) 때문에 물은 갈색을 띠고 pH를 더욱 낮춘다(Davis 1946). Bae et al.(2003)에 의하면 국내 고층습원인 무제치늪의 식물종들은 생육초기에 무기 양이온 및 질소를 축적하고 생육과정에 이를 재이용하고 중금속은 배제하는 기작으로 빈영양의 산 성환경를 극복하는 것으로 추정하였다. 식물체는 사초기둥(tussock, 다발식물체)을 형성하는 경향이 있다 (삿갓사초 등)(Kang et al. 2010)(그림 6-96). 사초기둥은 식물의 생육기간이 짧아 다발식물들의 분해속도보다 생성 속도가 빠르기 때문에 형성되는 것이며 진퍼리새와 같은 벼 과식물(Kim and Kim 2003)에서도 나타나는 현상이다. 고층습원 에서 수목은 뿌리호흡을 위해 이탄표면으로만 뿌리를 뻗게 된다. 이와 같이 높은 지하수면은 수목의 뿌리호흡을 방해 하여 목본식물의 침투와 고사를 유발시킬 수 있다(Black 1957, Salonen 1990, Fay and Lavoie 2009). 이 때문에 침투하여 성장한 수목은 쉽게 쓰러지기 때문에 도목(倒木, uprooting)의 관찰이 빈번하다 (Kang et al. 2010).

그림 6-96. 사초기둥(양구군, 대암산 용늪). 삿갓사초 다발개체의 사체가 분해속도보다 생성속도가 빨라 축적되어 사초기둥을 형성한다 .

이탄습지와 물이끼, 주요 식물들 | 이탄습지에는 이끼 (moss)가 우점하는 경우가 많고 물이끼류(*Sphagnum*)가 대표적 이다(Crum 1992)(그림 6-95 참조). 국내의 용늪(양구군), 무제치늪(울

산시), 화엄늪(양산시)과 같은 대표적 이탄습지들에서도 물이
끼류가 관찰된다(Kim and Kim 2003, Kang et al. 2010). 용늪에 서식하
는 물이끼류는 물이끼(*Sphagnum palustre*), 대암물이끼(*S. fuscum*),
자주물이끼(*S. magellanicum*) 등이다(Kang et al. 2010). 북반구의 이
탄습지에는 사초속(*Carex*) 식물들이 우점하는 경우가 많다
(Nakamura 2003). 우리나라의 일부 이탄습지(용늪, 소황병산늪 등)에
사초과 식물(삿갓사초, 산사초 등)이 우점 생육하지만 그렇지 않고
벼과 식물(진퍼리새, 억새 등)이 우점하는 곳(무제치늪, 화엄늪 등)도 있
다.

이탄습지와 식충식물 | 이탄습지를 특징짓는 식물종들은
식물구계의 차이로 지리공간적으로 다를 수 있다. 이탄습지
에는 주로 통발속(*Utricularia*), 끈끈이주걱속(*Drosera*), 국내 미분
포속(*Sarracenia, Pinguicula*)의 식충식물이 낮은 pH 환경에 서식
한다(Cronk and Fennessy 2001). 우리나라의 이탄습지에서는 끈끈
이주걱(*D. rotundifolia*)(그림 6-97), 자주땅귀개(*U. yakusimensis*), 이삭귀
개(*U. racemosa*)(그림 6-99) 등이 대표적 식충식물이다. 통발속 식
물들은 이탄습지에서 관찰되지만 배후습지와 같은 저층습
원에서도 관찰된다(그림 6-98). 통발속 식물들은 물벼룩과 같은
작은 벌레들이 포충낭(부분 진공)의 털을 건드리면 문이 열려
진공이 해제되고 먹이가 물과 같이 포충낭으로 빨려 들어가
는 형태이다(Cronk and Fennessy 2001). 끈끈이주걱은 끈끈한 액체
를 분비하는 잎이 방사형의 접시안테나 형태로 벌레를 포획
한다. Choung et al.(2020, 2021)에 의하면 국내 총 4,145종의 관
속식물 가운데 18%인 729종이 습지성 식물(절대습지식물 401종,
임의습지식물 328종)로 분류되며 습지성 식물 내에서도 식충식물
은 16종으로 구분한다(부록 참조).

그림 6-97. 끈끈이주걱(울산시, 무제치늪). 식물체는
접시안테나 형태의 끈끈한 액체를 분비하는 잎
으로 벌레를 포획하여 영양분을 보충한다.

그림 6-98. 통발의 포충낭(당진시, 당산저수지). 통발류
는 포충낭(잎의 둥근 물방울 모양)으로 물벼룩과 같은 작
은 벌레를 잡아 먹는다.

그림 6-99. 이삭귀개(상주시). 식충식물의 일종으
로 개화하지 않으면 개체 식별이 어렵다.

하천식생 발달이 양호한 구담습지(안동시, 광덕교 하류, 낙동강, 2012.4.12). 구담습지는 낙동강의 중류구간에 해당되지만 퇴
적작용이 우세한 지형 및 상류댐(안동댐, 임하댐)의 영향으로 충적지형이 넓게 형성되어 하천식생의 발달이 우수하다.

제7장

식물종 | 식물사회

Chapter | SEVEN

1. 하천, 호소의 식물과 수변림

1.1 하천과 호소의 식물

■ 하천 습지에는 초본식물의 구성비가 높고 비하천식물들을 포함하고 있다.

하천 습지의 식물종다양성 │ 하천 습지에서 관찰되는 식물들은 비하천식물을 포함하여 다양하다. 국내 하천식생 구성 식물종(비하천식물 포함)은 109과(科, family) 380속(屬, genera) 756종(자생종 718종, 식재종 3종, 재배종 11종, 미동정종 24종, 미기록종 1종 포함)이 조사된 바 있다(Lee 2005d). 환경부에서 관리하는 습지 중 국내 1,059개 습지에서 조사된 관속식물은 2,368종(멸종위기야생식물 24종, 생태계교란식물 13종)이다(NIE 2022). Choung et al.(2020, 2021)에 의하면 국내 관속식물(4,145종)의 18%(729종)가 습지성 식물(절대습지식물 401종, 임의습지식물 328종)로 분류된다(부록 참조). 습지성 식물은 73%가 습생식물(hygrophyte), 27%가 수중식물(aquatic macrophyte)로 재분류된다. 이들 대부분은 초본성 식물이지만 4.7%는 버드나무류와 같은 목본성 식물이다. 일본에서는 하천수변국세조사에서 221~606종(1991년, 8개 수역), 105~835종(1992년, 35개 수역)(奧田과 佐々木 1996), 프랑스의 아도르(Adour)강은 1,396종, 미국의 매켄지(McKenzie)강은 851종이 분포하는 것으로 조사되었다(Planty-Tabacchi et al. 1996). 이러한 결과들에는 습지식물을 포함한 많은 육상식물들을 포함하고 있다. 습지를 서식 기반으로 하는 이러한 식물종들은 야외에서 습지경계를 이해하는데 중요한 정보를 제공한다.

과별 구성비 │ Lee(2005d)의 연구에서 하천식물의 과별 구성비는 국화과(Compositae)와 벼과(Gramineae)가 많으며 사초과(Cyperaceae), 여뀌과(Polygonaceae), 장미과(Rosaceae), 콩과(Leguminosae), 백합과(Liliaceae), 십자화과(Cruciferae), 꿀풀과(Labiatae), 버드나무과(Salicaceae) 등이 순차적으로 높다. 목본식물은 버드나무과의 식물종이 많은데 이는 버드나무류가 하천 수변림을 대표하는 식물임을 잘 보여준다. Choung et al.(2020, 2021)은 우리나라에 서식하는 관속식물 전체 중 습생식물(절대습지식물, 임의습지식물, 729종)은 사초과 199종으로 27.3%, 벼과 65종으로 9.0%, 국화과 27종으로 3.7%, 현삼과(Scrophulariaceae)와 버드나무과가 25종으로 3.4%를 구성하는 것으로 분석하였다(표 7-1)(부록 참조).

표 7-1. 우리나라 관속식물 중 습생식물의 주요 과별 구성비(자료: Choung et al. 2020, 2021)

과명(family name)	절대습지식물		임의습지식물		습생식물(전체)	
	종수	구성비(%)	종수	구성비(%)	종수	구성비(%)
사초과(Cyperaceae)	110	27.4	89	27.1	199	27.3
벼과(Gramineae)	27	6.7	38	11.6	65	8.9
국화과(Compositae)	6	1.5	21	6.4	27	3.7
현삼과(Scrophulariaceae)	21	5.2	4	1.2	25	3.4
버드나무과(Salicaceae)	0	-	25	7.6	25	3.4
마디풀과(Polygonaceae)	3	0.7	18	5.5	21	2.9
골풀과(Juncaceae)	19	4.7	0	-	19	2.6
가래과(Potamogetonaceae)	16	4.0	0	-	16	2.2
미나리과(Apiaceae)	9	2.2	7	2.1	16	2.2
꿀풀과(Lamiaceae)	8	2.0	7	2.1	15	2.1

속별 구성비 │ Lee(2005d)의 연구에서 하천식물의 속별 구성비를 보면 사초속(Carex)이 25종으로 가장 많으며 여뀌속(Persicaria) 23종, 버드나무속(Salix) 16종, 제비꽃속(Viola) 12종, 쑥속(Artemisia) 10종, 갈퀴속(Vicia) 9종, 벚나무속(Prunus) 8종, 소리쟁이속(Rumex) 8종, 방동사니속(Cyperus) 7종, 포아풀속(Poa) 7종 등의 구성비가 높다. 과별 구성비와 달리 목본식물은 버드나무속 식물종의 구성비가 높다.

형태 및 생장형 구성비 │ 하천과 호소에 생육하는 식물들은 초본성 식물들이 많은 것이 특징이다(Lee 2005d). 버드나무류와 오리나무류, 물푸레나무류 등을 제외하면 목본식물의 수는 빈약하다. 특히, 하천은 물리적으로 빈번한 수분포화기간과 범람 등으로 하천구역 내에서 적응 기작이 없는 목본식물의 서식이 제한된다. 이 때문에 생활사(life history)가 짧은 일이년생식물 또는 다년생으로 영양번식체(vegetative propagule)

로 무성생식하는 초본식물이 많은 것이 특징이다. Choung et al.(2020, 2021)의 분류 중 습생식물은 다년생 초본식물이 68.2%로 가장 많고, 그 다음으로 하계 일년생식물이 23.0%이고, 교목(소교목 포함)식물은 2.1%에 불과하고 관목식물은 2.3%, 반목본식물은 0.1%이다(표 7-2)(부록 참조).

표 7-2. 우리나라 관속식물 중 습생식물의 생장형 분류(자료: Choung et al. 2020, 2021)

식물 생장형 구분	절대습지식물		임의습지식물		습생식물(전체)	
	종수	구성비(%)	종수	구성비(%)	종수	구성비(%)
교목식물	-	-	12	3.7	12	1.67
소교목식물	-	-	4	1.2	4	0.6
관목식물	4	1.0	13	4.0	17	2.3
반목본식물	-	-	1	0.3	1	0.1
덩굴성 초본식물	1	0.3	3	0.9	4	0.6
다년생식물	305	76.1	192	58.5	497	68.2
이년생식물	9	2.2	8	2.5	17	2.3
일년생식물(하계)	79	19.7	89	27.1	168	23.0
일년생식물(동계)	3	0.7	6	1.8	9	1.2
전체	401	100.0	328	100.0	729	100.0

계류변식물 | 하천 상류는 강폭이 좁아 유속이 빠르고 적은 강우에도 단시간에 수위가 상승하기 때문에 식물들은 물리적 교란을 쉽게 받는다. 이런 환경에 적응한 계류변식물(溪流邊植物, rheophyte; Jang et al. 2012)은 열대아시아에 많다. 계류변식물은 좁고 유연한 잎과 강력한 뿌리시스템을 가지고 있다. 물이끼과(약 250종)를 제외하면 전세계에 약 400종 정도로 알려져 있으며 일본에 많이 존재한다(Kang 2014). 고위도 지방으로 갈수록 적어지고 일본의 서남부를 계류변식물의 북한계로 보기도 한다(奧田과 佐々木 1996). 형태적 특성 등을 고려하면 우리나라에 분포하는 일부 종들을 계류변식물로 구분하는 것이 합당하다. 일본에서는 우리나라의 산철쭉(*Rhododendron yedoense* f. *poukhanense*)과 유사한 일본산철쭉(*R. kaempferi*)을 계류변식물로 분류한다(Yoichi et al. 2018).

■ 하천에서의 식물종다양성은 수문체계와 강하게 연결되어 있다.

종다양성 관점의 하천식물 구분 | 하천변은 수리 범람체계, 지형학적 과정, 주변 고지의 영향 등으로 비정상적인 식물종다양성을 내포하고 있다(Naiman and Décamps 1997). 하천의 수문적 역동성은 생지화학적

순환과 속도, 광범위한 시·공간적 교란체계에 적응한 다양한 생활사적 전략을 갖는 식물종의 서식을 가능하게 한다. 생태계 속성과 관련된 식물의 다양성 관점에서 우점종(dominant sp.), 부수종(subordinate sp.), 일시종(transient sp.) 3가지로 구분할 수 있다(Grime 1998). 우점종은 그들의 풍부도, 생체량 또는 피도에 의해 생태계 구조와 기능에 큰 영향을 주는 종이다. 부수종은 우점종에 비해 제한된 규모로 미소서식처를 형성하는 부차적인 종이다. 일시종은 지속성이 낮은 이질적인 종이다(Grime 2001).

하천에서의 종다양성 유지 │ 하천 수변지역은 유럽 대륙의 2% 정도만 차지하고 있지만(Clerici et al. 2011) 수변림은 지방 및 지역 등 다양한 공간 수준에서 높은 종다양성을 유지하고 있다(Gregory et al. 1991, Naiman and Décamps 1997). 이 때문에 하천을 생물다양성(biodiversity)의 핫스팟(hotspot)으로 인식하기도 한다(Capon et al. 2013, Kuglerová et al. 2014). 하변서식처는 인접한 산지의 고지(upland)서식처보다 많은 생물종을 포함하고 있다(Sabo et al. 2005). 특히, 하천에서 종다양성 유지는 하천과 주변 전이지대 간의 영양분과 생물종 측면교환에 대한 홍수파 개념(flood-pluse concept)(그림 3-24 참조)을 이해하는 것이 중요하다.

하천 종적 기울기에 따른 종다양성 │ 하천에서 종적 기울기(최상류~하구)는 빛 가용성, 영양염류, 수환경, 토양환경, 하천작용 등이 다르기 때문에 생물다양성이 다르게 나타난다. 하천연속성 개념(river continuum concept, Vannote et al. 1980)에서는 중류구간에서 물속생물의 종다양성이 가장 높은 것으로 예측했다. 식물의 종다양성 기울기는 여러 연구들에서 식생의 종류와 기후대에 따라 다르게 나타난다(Pielech 2021). Tabacchi et al.(1996)은 온대지역의 하천은 종적 기울기에 따라 종다양성이 단봉(unimodal) 형태를 보이고 특히, 반건조지역의 하천은 지역 패턴에 영향을 많이 받는 것으로 분석하였다. Pielech(2021)는 폴란드 수변림의 연구에서 희귀종 분포는 하천의 복잡성과 역동성에 관계가 깊고 국지적 서식처 규모의 평균 종다양성인 알파다양성(alpha diversity, Whittaker 1972)은 3차수 하천에서 가장 높지만 전반적으로 종적 기울기에 따라 감소하는 경향으로 분석하였다. Mligo(2017)는 탄자니아의 와미(Wami)강에서는 하류로 갈수록 식물의 종풍부도(richness)는 감소하는 것으로 분석하였다. 우리나라의 자연하천에서는 중류구간이 상대적으로 종다양성이 높게 나타나는 것으로 예측된다.

일시적 간헐습지에서의 종다양성 유지 │ 항상 물이 고인 호소는 식물의 종자 또는 번식아, 겨울눈 등의 형태로 습지식물의 종다양성이 유지된다. 평상시에는 배수되어 건조하지만 홍수기에만 일시적으로 형성되는 간헐습지는 어떤 형태로 종다양성이 유지될까? 호주의 간헐습지에서는 가을보다 여름에 범람이 발생할 때 종풍부도가 더 높다(Warwick and Brock 2003). 가을의 범람은 생육, 개화, 종자가 생성되는 기간이 충분히 확보되기 어렵기 때문이다. 지중해의 간헐습지에서 심각한 긴 여름 가뭄(건조기간)과 고온은 영양번식하는 식물들에게 종종 재생에 치명적이다(Fernández-Zamudio et al. 2018). 수생식물들은 습지 바닥 토양의 종자은행(매토종자 埋土種子, soil seed bank)에 의존해 재생되는데(Grillas et al. 1993, Brock and Rogers 1998, Aponte et al. 2010) 휴면 상태의 매토종자들은 특정 조건에 노출되어야 한다(Carta 2016). 간헐습지에서 건조는 가장 중요한 휴면 타파 요인 중 하나이다(Bonis et al. 1995, Cronk and Fenessy 2001). 즉, 건조한 여름 동안 휴면상태가 중단되면 매토종자는 다음 습윤단계가 시작되면 발아할 준비를 한다(Baskin and Baskin 1998, Carta 2016). 우리나라와는 수문주기가 다르기 때문에 일부 다른 특성의 생활사가 이루어질 수 있다. 이러한 홍수-범람의 수문체계는 일시적 간헐습지에서의 식물종다양성 유지 기작이다.

■ 하천 습지식물의 분포는 지리적으로 또는 공간적으로 구분해서 이해해야 한다.

식물의 지리 분포 │ 식물들은 일차적으로 식물구계적으로 지리적 분포가 제한된다. 습지식물 역시 분포가 제한되지만 광역적으로 분포하기도 한다. 추수식물 가운데 갈대, 애기부들, 부들 등은 대표적인 범지구적 분포 식물종(광역분포종 廣域分布種, cosmopolitan)이며 갈풀은 북반구 온대에 널리 분포하는 식물종이다. 하천에서 상류구간에 치우쳐 분포하는 식물종은 제한적으로 분포하는 특성이 있지만 하류구간에 치우쳐 분포하는 식물종은 상대적으로 광역분포하는 특성이 있다. 중류 또는 상류구간이 분포중심인 달뿌리풀은 주로 하천에만, 갈대, 줄, 애기부들, 큰고랭이, 매자기 등과 같이 하류구간이 분포중심인 식물종은 하천 또는 호소에 넓게 공간 분포하는 특성이 있다.

하천식생의 공간 분포 요인 │ 하천식생의 공간 분포는 종단, 횡단, 하상구배, 시간 등을 고려한 다차원적인 접근과 이해가 필요하다(Lee and Kim 2005). 종단은 최상류, 상류, 중류, 하류, 하구로, 횡단은 제방에서 물속으로 경목림대(hardwood zone)-연목림대(softwood zone)-초본식물대(herbaceous zone)-침수식물대(aquatic plant zone)-무식물대(water zone)로 구분된다. 지형적으로 하천 하류구간은 흔히 퇴적이 강한 낮은 하상구배를 형성하지만 산간지역을 통과하는 경우에는 하상구배가 높아 중류~중상류구간의 특성을 나타낼 수 있다. 우리나라 섬진강 하류의 구계~하동구간이 대표적이다(그림 2-7 참조).

종단 식물 분포 │ 하천에서 최상류~상류구간에는 경목림대가 분포하고 상류~하류구간에는 연목림대가 발달한다. 연목림은 상류에는 버드나무, 쪽버들, 갯버들이, 중류에서부터는 버드나무, 선버들, 왕버들, 개수양버들, 키버들 등이 주로 분포한다. 초본식물은 상류는 달뿌리풀이, 하류로 갈수록 갈풀과 물억새의 출현빈도가 증가한다. 최하류에서는 갈대의 분포가 증가한다. 물속의 수생식물은 상류구간에는 거의 없으며 중류구간부터 부분적으로 출현한다. 하류구간에서는 보다 부영양화되어 침수, 부엽, 부유식물의 식생공간이 증가한다.

횡단 식물 분포 | 경목림대는 상류 상부구간에서 물푸레나무속(*Fraxinus*), 느릅나무속(*Ulmus*), 느티나무, 황철나무가 대표적 식물종이다. 연목림대는 상류에서 하류구간에 이르기까지 넓게 발달하며 버드나무속(*Salix*), 오리나무속(*Alnus*), 비술나무 등의 식물종이 특징적이다. 초본식물대는 억새속(*Miscanthus*), 갈풀속(*Phalaris*), 갈대속(*Phragmites*), 여뀌속(*Persicaria*), 가래속(*Potamogeton*), 어리연속(*Nymphoides*), 좀개구리밥속(*Lemna*) 식물종이 대표적이다(Lee 2005d)(표 7-6, 7-7, 그림 7-17 참조).

1.2 수변림의 정의와 분류

■ 물가에 발달한 숲을 수변림으로 정의하고 공간적으로 여러 형태로 구분한다.

[도움글 7-1]
협곡과 계곡, ravine, gorge, canyon, valley

ravine과 gorge는 유럽과 오세아니아에서 주로 사용된 용어이다. canyon은 북미에서 주로 사용하지만 일부 ravine과 gorge를 사용하기도 한다. 스페인어에서 유래된 canyon(cañón)은 미국 남서부 지방의 협곡에(스페인 영향이 강했던 멕시코와 근접), gorge는 미국 북동쪽의 협곡(프랑스 영향이 강했던 캐나다와 근접)에서 주로 사용되었다. 캐나다에서 gorge는 좁은 협곡, ravine은 더 개방적이고 삼림이 우거져 있는 것이 차이점이다(Wikipedia 2021b). ravine은 흔히 cayon, valley보다 작고 우곡(gully)보다는 큰 수준을 의미한다. ravine은 하천제방의 침식이 일어나고 수변의 횡단면이 20~70%인 경사를 갖는 특성이 있다(Merriam-Webster 2021). 즉, gorge나 cayon은 큰 강에 형성된 절벽 또는 절벽 사이에 깊은 급경사 틈의 지역으로 식생의 발달이 낮은 것으로 이해된다. 우리나라의 하천지형을 고려할 때, 계곡을 ravine 또는 valley로 표현하는 것이 합당하다. 국내에서 과거 열하분출로 수변이 급경사를 이루는 한탄강 일부 구간에서 gorge, cayon 형태가 관찰된다.

하천, 호소에 발달한 숲의 정의 | 하천 또는 배후의 습성 공간에 형성된 숲(림 林, forest)을 학계 또는 행정에서 여러 용어로 지칭한다. 수변림, 하천림, 하변림, 하반림, 강변림, 계곡림, 계반림, 습지림, 소택림, 습생림, 습성림, 강가숲, 물가숲, 홍수림 등 용어는 매우 다양하지만 그 구분은 명확하지 않다. 이 용어들은 일본의 생태학에서 유래된 경우가 많다. '수변림'(水邊林, riparian forest 또는 wetland forest), 우리말로 '물가숲'에 대한 명확한 구분은 어렵다. 崎尾 등(1995)은 수변림을 (1) 하천활동이 있는 지형에 발달하여 끊임없는 물리적, 생리적 영향을 받는 숲, (2) 하천계류 환경에 영향을 미칠 수 있는 범위에 있는 숲, (3) 식물사회학적으로 식생단위가 물과 연관이 있는 숲들로 정의하였다. 수변림은 하천폭, 물길폭, 하상구배 등에 의해 공간 분포가 결정되며(Lee 2005d, Cho et al. 2015) 본서에서는 '물가에 발달하는 수문에 영향을 받는 모든 형태의 숲'을 의미한다.

공간 위치에 따른 일본 수변림의 구분 |

일본에서는 수변림을 공간적 위치에 따라 계반림(溪畔林), 산지하반림(山地河畔林), 하반림(河畔林), 습지림(濕地林), 기타림의 5개로 구분하기도 한다(宮脇과 奧田 1990)(표 7-3, 그림 7-1). 여름철 집중호우가 발생하는 한반도와 일본을 포함한 동북아시아 지역은 산지에 수변림 구성종들이 분포하는 경우가 있다(Sakio and Yamamoto 2002). 국내에서도 산지의 함몰된 지형 등에 수변림 또는 소규모 개체군 형태가 종종 관찰된다(그림 3-18 참조). 우리나라에서도 이 분류의 적용이 가능하며 존재하지 않는 식생유형들도 있다.

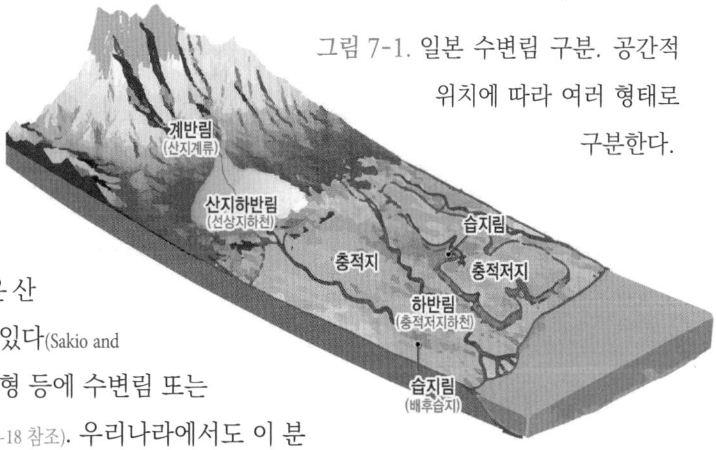

그림 7-1. 일본 수변림 구분. 공간적 위치에 따라 여러 형태로 구분한다.

(1) 계반림(gorge forest로 표현지만 valley or ravine forest가 적합)(도움글 7-1)은 하폭이 좁고 물살이 강한 V자 형태의 산지계곡의 물가나 곡벽(谷壁, 골짜기 양쪽에 늘어선 벼랑)의 비탈에 주로 발달한다. 개굴피나무, 느릅나무류(Ulmus), 물푸레나무류(Fraxinus), 팽나무류(Celtis), 느티나무, 서어나무류(Carpinus) 등 줄기가 단단한 경목이 주요종이다. 식물사회학적으로 냉온대습성림으로 중분류하고 다시 산지계반림, 산지계곡림, 계반저목림으로 소분류한다. 각 유형들에는 여러 식물군집(association, plant community)을 포함한다.

(2) 산지하반림(forest in alluvial fan)은 넓은 선상지와 같은 충적지형에 발달하는 식생이다. 주로 느릅나무류와 버드나무류(Salix), 오리나무류(Alnus), 물푸레나무류가 우점하는 숲이 형성되고 다양한 식물종이 혼생한다. 식물사회학적으로는 냉온대습성림과 하변림으로 중분류한다. 냉온대습성림은 산지습성림으로 소분류되고 각 유형들에는 여러 식물군집을 포함한다.

(3) 하반림(riparian forest)은 하천을 대표하는 유형이다. 선상지~하류구간의 충적 범람원에 발달하는 숲이다. 하반림은 종적으로 계반림 및 산지하반림과 연속적으로 분포하고 습지림과 구별된다. 하반림에서 가장 두드러진 식물종은 버드나무속으로 분류되는 종들로 우리나라와 특성이 유사하다(Lee 2005d). 식물사회학적으로 수변림으로 분류하고 각 유형들에는 여러 식물군집을 포함한다.

(4) 습지림(swamp forest)은 지하수면이 높고 연중 또는 일시적으로 토양이 포화되는 지역에 발달하는 숲이다(沼田 1983). 습지림은 전술의 계반림, 하반림 등과 종조성 및 구조, 공간적 위치가 다르다. 식물사회학적으로 냉온대습성림, 난온대습성림, 소택(沼澤)림으로 중분류한다. 냉온대습성림은 산지습성림

으로 소분류한다. 각 유형들에는 여러 식물군집을 포함한다. 일본의 이러한 지역은 지하수면이 높아 갈대습지(reed swamp, *Phragmites austrailis* community) 또는 오리나무(*Alnus japonica*)림 또는 들메나무 일종(*Fraxinus mandshurica* var. *japonica*)림이 발달하나(Sakio and Yamamoto 2002), 우리나라와는 차이가 있다.

(5) 기타림은 아열대습성림 또는 홍수림(紅樹林, 해표림 海漂林, 맹그로브림 mangrove)으로 중분류하고 여러 식물군집을 포함한다. 이 분류에 해당되는 식물군집은 국내에는 분포하지 않는다.

표 7-3. 일본 수변림의 식물사회학적 분류(자료: 宮脇과 奧田 1990)

식생분류 구분			일본명	한글명 및 학술명
계반림	냉온대 습성림	산지 계반림	ジュウモンジシダーサワグルミ群集	십자고사리(*Polystichum tripteron*)-개굴피나무(*Pterocarya rhoifolia*)군집
			ヤハズアジサイーサワグルミ群集	*Hydrangea sikokiana*-개굴피나무군집
			ヤマタイミンガサーサワグルミ群集	*Parasenecio yatabei*-개굴피나무군집
			ジュウモンジシダートチノキ群集	십자고사리-칠엽수(*Aesculus turbinata*)군집
			ミヤマクマワラビーシオジ群集	산비늘고사리(*Dryopteris polylepis*)-*Fraxinus platypoda*군집
			ミズタビラコーシオジ群集	*Trigonotis brevipes-Fraxinus spaethiana*군집
			アサガラーシオジ群集	*Pterostyrax corymbosa-Fraxinus spaethiana*군집
			イワボタン-シオジ群集	바위괭이눈(*Chrysosplenium macrostemon*)-*Fraxinus spaethiana*군집
			オヒョウーカツラ群集	*Hippoglossus stenolepis*-계수나무(*Cercidiphyllum japonicum*)군집
		산지 계곡림	ヒメウワバミソウーケヤキ群集	*Elatostema japonicum*-느티나무(*Zelkova serrata*)군집
			ヤマタイミンガサーオヒョウ群集	*Parasenecio yatabei*-난티나무(*Ulmus laciniata*)군집
			オニヒョウタンボクーケヤキ群集	왕괴불나무(*Lonicera vidalii*)-느티나무군집
			コクサギーヨコグラノキ群集	상산(*Orixa japonica*)-*Berchemiella berchemiaefolia*군집
			オオマルバテンニンソウーケヤキ群集	*Leucosceptrum stellipilum*-느티나무군집
			オオモミジーケヤキ群集	일본단풍나무(*Acer amoenum*)-느티나무군집
			チャボガヤーケヤキ群集	*Torreya nucifera* var. *radicans*-느티나무군집
			ミヤマクマワラビーケヤキ群集	산비늘고사리-느티나무군집
			タマブキーケヤキ群集	*Parasenecio farfarifolius* var. *bulbifer*-느티나무군집
			コクサギーケヤキ群集	상산-느티나무군집
		계반 저목림	ガクウツギーフサザクラ群落	*Hydrangea scandens-Euptelea polyandra*군락
			バイカウツギーフサザクラ群落	*Philadelphus coronarius-Euptelea polyandra*군락
			タマアジサイーフサザクラ群落	*Hydrangea involucrata-Euptelea polyandra*군집
산지 계반림	냉온대 습성림 (하변림)	산지 습성림	オニヒョウタンボクーハルニレ群集	왕괴불나무-느릅나무(*Ulmus davidiana* var. *japonica*)군집
			エゾノキヌヤナギーオノエヤナギ群集	*Salix schwerinii-Salix udensis*군집
			ケショウヤナギ群落	채양버들(*Salix arbutifolia, Chosenia arbutifolia*)군집
			エゾエノキーケヤキ群集	풍게나무(*Celtis jessoensis*)-느티나무군집
			オオバヤナギードロノキ群集	*Toisusu urbaniana*-황철나무(*Populus maximowiczii*)군집
			カワラハンノキ群集	*Alnus serrulatoides*군집

식생분류 구분			일본명	한글명 및 학술명
하반림	하변림	하변림	ジャヤナギ―アカメヤナギ群集	*Salix eriocarpa*-왕버들(*Salix chaenomeloides*)군집
			イスコリヤナギ群集	키버들(*Salix koriyanagi*)군집
			ドクウッギ―アキグミ群集	*Coriaria japonica*-보리수나무(*Elaeagnus umbellata*)군집
			タチヤナギ群集	선버들(*Salix subfragilis*)군집
			ネコヤナギ群集	갯버들(*Salix gracilistyla*)군집
			コゴメヤナギ群集	*Salix serissaefolia*군집
			シロヤナギ群集	*Salix jessoensis*군집
			キシツツジ群集	*Rhododendron ripense*군집
			ホソバハグマ―サツキ群集	*Ainsliaea faurieana*-영산홍(*Rhododendron indicum*)군집
			サツキ群集	영산홍군집
습지림	냉온대 습성림 (소택림)	산지 습성림	ハシドイ―ヤチダモ群集	*Syringa reticulata*-들메나무(*Fraxinus mandshurica*)군집
			オニスゲ―ハンノキ群集	도깨비사초(*Carex dickinsii*)-오리나무(*Alnus japonica*)군집
			イヌツゲ―ハンノキ群集	꽝꽝나무(*Ilex crenata*)-오리나무군집
			クサヨシ―ハンノキ群落	갈풀(*Phalaris arundinacea*)-오리나무군락
			マアザミ―ハンノキ群集	*Cirsium sieboldii*-오리나무군집
			ミヤマベニシダ―ヤチダモ群集	왕지네고사리(*Dryopteris monticola*)-들메나무군집
			クロッバラ―ハンノキ群集	참갈매나무(*Rhamnus davurica var.nipponica*)-오리나무군집
			ナガバッメクサ―ハンノキ群集	긴잎별꽃(*Stellaria longifolia*)-오리나무군집
			ハンノキ―ヤチダモ群集	오리나무-들메나무군집
	난온대 습성림	난온대 습성림	ムクノキ―エノキ群集	푸조나무(*Aphananthe aspera*)-팽나무(*Celtis sinensis*)군집
			ツリフネソウ―ハンノキ群集	물봉선(*Impatiens textorii*)-오리나무군집
			ゴマギ―ハンノキ群集	*Viburnum sieboldii*-오리나무군집
기타림	아열대 습성림	아열대 습성림	サガリバナ群集	*Barringtonia racemosa*군집
			サキシマスオウノキ群集	*Heritiera littoralis*군집
			ヤエヤマヒルギ群落	*Rhizophora mucronata*군락
			シマシラキ群落	*Excoecaria agallocha*군락
			ヒルギモドキ群落	*Lumnitzera racemosa*군락
			ヒルギダマシ群落	*Avicennia marina*군락
	홍수림 (맹그로브)	홍수림 (맹그로브)	オヒルギ群落	*Bruguiera gymnorrhiza*군락
			メヒルギ群落	*Kandelia obovata*군락
			マヤプシキ群落	*Sonneratia alba*군락

■ 우리나라에서 수변림을 서식처 관점에서 횡적으로 구분할 수 있다.

국내의 하천림(수변림) **횡단 구분** | 하천에 발달한 우리나라에서의 강변숲은 주로 일본의 수변림 내의 하반림에 대응된다. Kim et al.(2009)은 하천림(河川林, river forest)을 서식처 관점에서 횡단적으로 하반림(河畔林, riverine forest)과 하변림(河邊林, riverain forest)으로 구분하였다(그림 7-2). 하천림은 보다 넓은 의미인 수변

그림 7-2. 하천에서 하반림과 하변림의 구분(합천군, 황강). 하천에서 홍수기의 수위변동을 고려하여 심하고 빈번한 범람을 겪는 하반과 간헐적인 범람을 겪는 하변으로 구분할 수 있다.

림으로 이해하면 된다. 하반림은 수리적 교란이 강한 입지에 발달하는 숲이다. 횡단 입지는 주로 물가에 가까운 둔치 전면부의 턱진 공간(물가턱)이다. 조절되지 않는 자연하천에서는 대부분 관목림이 형성되는 것이 일반적이다. 수위가 안정된 곳에서는 아교목의 선버들림이 형성되기도 한다. 하변림은 둔치와 제방의 하변대에 발달하는 숲이다. 하변림은 하반림에 비해 수리적 교란빈도와 강도가 낮아 상대적으로 안정되어 있다. 자연하천에서는 관목림 또는 아교목림, 교목림이 발달한다. 하반과 하변의 한자 반(畔)은 하도의 물가를 의미하고 변(邊)은 중심지인 하도에서 멀리 떨어진 가장자리 지역을 의미한다. 영어의 riverine은 하천작용에 의해 유지되는 지역이고 rivcrain은 하천과 주변 환경지역을 의미한다. 우리나라의 하천림은 인위적인 교란 등으로 넓고 잘 발달된 형태는 많지 않다. 최근에는 경제발전과 더불어 생태계의 보전에 대한 시민의식과 필요성이 높아져 하천림(수변림)은 양적 증가와 더불어 건강한 형태로 발달하고 있다.

표 7-4. 하천 습지에서 수변림(wetland forest)의 구성과 식물사회 사례(Kim et al.(2009) 수정)

수변림 대구분	상관식생형	하위 구분	식생사회 사례
계곡·계반림 (ravine and gorge forest)	냉온대 습성림	산지 계곡림	들메나무-고광나무군락, 물푸레나무군집
		산지 계반림	느티나무-박쥐나무군락, 층층나무-고로쇠나무군락
		계반 저목림	산철쭉군집
하천림 (river forest)	하반림 (riverine forest) 냉온대 습성림	산지 하반림	황철나무-소나무군집, 갯버들-달뿌리풀군집
	난온대 습성림	평지 하반림	선버들-갈풀군집, 참오글잎버들-달뿌리풀군집
	하변림 (riverain forest) 냉온대 습성림	산지 하변림	오리나무-찔레나무군집, 쪽버들군락, 선버들-갯버들군집
	난온대 습성림	평지 하변림	버드나무-갈풀군집, 왕버들-갈풀군집, 비술나무군집
호소림 (palustrine and lacustrine forest)	냉온대 습성림	산지 습성림	오리나무-진퍼리새군집, 들메나무군락
		소택림	왕버들-선버들군집

국내의 수변림 구분 | Kim et al.(2009)은 하천림에 대응되는 삼림 형태의 식생을 계곡·계반림(溪谷·溪畔林, ravine and gorge forest)(도움글 7-1 참조)과 호소림(湖沼林, palustrine and lacustrine forest)으로 구분하였다(표 7-4). 이에 의

하면 계곡·계반림은 주변 경사가 급한 암석(rocky)으로 된 깊고 좁은 수로 또는 가파른 계곡부(valley)의 깊고 좁은 곳(gorge), 곡벽(谷壁), 비교적 넓은 곡저(谷底) 평탄지(ravine)에 주로 발달한다. 호소림은 정수습지(소택지, 늪, 보그 등)의 수역(水域) 가장자리에서 육역(陸域)과 접하는 공간에 발달한다. 수변림은 물길, 호수, 소택지, 용출지 주변에서 중수위 이상의 물에 직접 영향을 받는 입지에 발달하는 숲으로 하천림, 계곡·계반림, 호소림 등을 모두 포함하는 포괄적 의미로 규정하고 있다. 수변림은 영어로 하천변에 제한된 'riparian forest'보다 광의적 수변으로 'wetland forest'가 적합하다.

1.3 수변림의 기능과 특성

■ 수변림은 다양한 기능을 하는 완충적 공간으로 하천건강성 유지에 매우 중요하다.

수변림의 기능 | 하천에서 발달한 수변림은 유수와 침전물의 흐름 조절, 생물서식처 제공, 하상지형의 발달과 형성 등에 기여한다. 수변림은 하도에 그늘을 제공하여 수온 조절 등의 물속 환경에 영향을 준다. 수변림이 잘 발달한 공간에서는 생물다양성이 높다. 충적지형에 발달한 수변림은 유수의 흐름을 조절해 하류 방향에 수위곡선을 낮추고 첨두홍수량을 감소시킨다(그림 3-21, 3-23 참조). 버드나무류로 이루어진 수변림은 다른 어떤 식물군락보다 생산성이 높다(You 2013). 높은 생산성은 습지의 생물화학적 과정의 역동성을 의미하는 등 수변림은 질소, 인 등의 영양염류(오염물질)는 물론 산소와 이산화탄소의 물질순환에도 중요한 역할을 한다(Lowrance et al. 1984, Ryu 1996, Kim et al. 2009, You 2013). USDA(1998)에서는 건강한 하천생태계에서 잘 발달한 수변림의 기능을 크게 서식처(habitat, 야생생물의 생활공간 제공), 장벽(barrier, 여러 생물, 물질 등의 차단), 이동(conduit, 여러 생물, 물질 등의 이송), 여과(filter, 여러 생물, 물질 등의 통과), 공급(source, 외부로 여러 생물, 물질 등의 공급), 저장(sink, 내부로 여러 생물, 물질 등의 공급)으로 6가지로 규정하고 있다(그림 7-3).

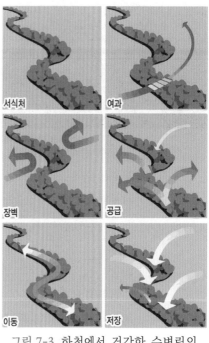

서식처 / 여과 / 장벽 / 공급 / 이동 / 저장

그림 7-3. 하천에서 건강한 수변림의 생태적 기능(USDA 1998). 수변림의 다양한 기능을 6가지로 요약할 수 있다.

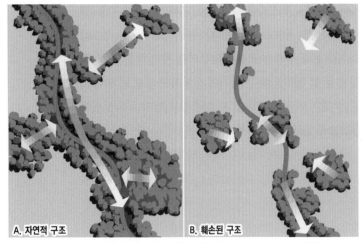

A. 자연적 구조   B. 훼손된 구조

그림 7-4. 하천식생(수변림)의 원형(A)과 훼손(B)(USDA 1998). 하천변의 수변림은 하천생태계의 건강성을 유지시키는데 중요하지만 산업화, 근대화를 거치면서 많이 소실 또는 교란되었다.

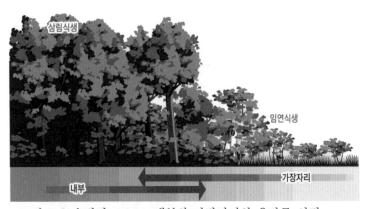

삼림식생

임연식생

내부   가장자리

그림 7-5. 수변림(삼림식생) 내부와 가장자리의 올바른 연결(USDA 1998). 수변림 내부와 가장자리의 연결은 다층(삼림식생)-이층(임연식생)-단층(초본식생)의 구조로 점진적으로 변하는 것이 가장 이상적이다.

수변림의 구조와 형태 | 상대적으로 국토 개발압력이 높은 우리나라에서 건강한 수변림은 잔존림의 형태로 부분적으로만 관찰된다(그림 7-4)(그림 2-54, 6-82 참조). 최근에는 국가 및 시민인식 수준이 높아져 수변림을 보전, 복원하는 노력들이 지속되고 있다. 수변림은 종적으로 잘 연결되어 하나의 거대한 유기체로 역할을 하는 것이 좋다. 작은 파편화된 수변림은 온전한 기능을 하기 어렵기 때문에 이를 연결하도록 개선해야 한다. 수변림의 구조는 식물군락의 유형에 따라 상이할 수 있지만 대부분 교목층, 아교목층, 관목층, 초본층 등의 다층을 형성할 수 있다. 다층의 수변림은 가장자리 외부 식생과 연결될 때 식생구조가 완만하게 변하도록 해야 한다. 이는 산지에서 삼림식생(다층)-임연(숲가장자리)식생(이층: 관목, 덩굴)-초지식생(단층)으로 연결된 구조와 같은 개념이다(그림 7-5). 수변림의 가장자리인 임연식생은 급진적 변화를 하는 비자연적 형태 보다는 완만하게 변화하는 자연적인 형태가 좋다(그림 7-6). 양호한 구조의 수변림은 이를 이용하는 다양한 야생생물들의 종적, 횡적 이동과 상호작용을 온전하고 건강하게 유지시킨다.

수변림의 크기와 폭 | 수변림의 구체적이고 세부적인 내용에 대해서는 별도의 자료를 참조하고 여기에는 개괄적인 내용만을 제시한다. 수변림의 크기와 폭은 목적으로 하는 완충 기능에 따라 상이하며 식생 및 토양환경 등에 따라 다르게 제안될 수 있다. 여러 과학적 연구들에서 제방의 안정화 및 하도에 그늘 제공을 위한 10피트(3.0m)의 작은 폭과 육상 야생생물 보호를 위한 300피트(91.4m) 이상

의 큰 폭이 필요하는 등 다양하다. 일반
적으로 침식 방지를 위해서는 30~98피
트(9.14~29.9m)의 폭이 효과적이다(Hawes and
Smith 2005). 흔히 질소와 인의 제거에는 폭
이 16~164피트(4.9~50.0m)가 효과적이며 인
보다는 질소의 제거에 보다 효과적이다.
수계생물(어류, 대형무척추동물 등)을 위해서는
33~164피트(10.1~50.0m)의 폭이 요구된다.
완충녹지의 역할을 하는 수변림은 폭이
넓을수록 수계로 유입되는 부영양화 유
발물질(질소, 인)의 저감 기능과 생물다양
성이 증가하여 하천생태계의 구조와 기
능적 건강성이 개선된다(Mander et al. 1999)(그
림 7-7). 우리나라는 주요 하천의 제내지에
수변생태벨트를 조성하여 수변림의 기
능을 강화하고자 한다. 환경부는 수변구
역을 하천경계로부터 50m를 핵심구역,
50~250m를 완충구역, 250m 이상을 배
후구역으로 구분하여 계획한다. 특히, 핵
심구역의 토지를 적극 매수하여 수변생
태벨트를 조성하는데 토지 관리유형에
따라 보전, 복원, 향상(이용)지역으로 구분
한다. 보전지역은 핵심보전지역과 보전
관리지역으로, 복원지역은 숲형, 초지형,
습지형으로 구분된다.

그림 7-6. 수변림 가장자리의 구조 유형(USDA 1998). 수변림과 가장자
리의 연결구조는 급진적인 변화(A)가 아닌 완만하게 변화(B)되도록
하는 것이 좋다.

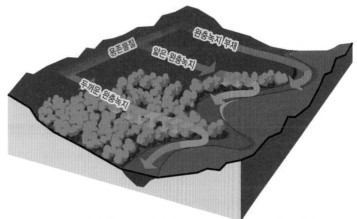

그림 7-7. 하천식생(수변림)의 원형과 훼손(USDA 1998). 하천변의 완충
녹지인 수변림은 영양염류의 저감 및 생물다양성 증진 등 하천생태
계의 구조와 기능적 건강성을 유지시키는데 매우 중요하다. 규모가
큰 수변림의 기능이 보다 우수하다(그림 4-20 참조).

■ 수변림의 발달과 높은 종다양성 특선은 간극동태에 의한 자용이 크다.

수변림의 발달 특성 | 많은 생태학자들은 온대지역 수변림의 연구에서 간극동태(間隙動態, 틈동태, gap
dynamics)(그림 6-77 참조)를 통한 수목식물종의 다양성은 생태지위 분할(niche partitioning)의 역할보다 기회적

사건(chance event)에 의한 것으로 인식했다(Brokaw anbd Busing 2000). 이는 간극에 적응된 최적종보다는 우연한 점령종으로 채워진다는 의미로 생태학의 경쟁배제(competitive exclusion)원리를 늦추고 수목의 다양성을 유지할 수 있다. 하지만, 최근에는 두 가지를 동시에 고려해야 하는 것으로 제안되기도 한다(Sakio 2008). 또한, 교란의 규모, 빈도와 강도가 중간 수준인 서식처에서 수변림의 종다양성이 높아지는데 이는 천이과정의 초기종과 후기종이 공존하는 중간교란가설(intermediate disturbance hypothesis)에 따르기 때문이다(Connell 1978, Dial and Roughgarden 1988).

수변림에서의 종다양성 | 많은 생태학자들은 수변림에서 관속식물의 종다양성이 매우 높게 나타난다고 보고하고 있다(Suzuki et al. 2002). 이는 간극동태에 의한 것으로 다양한 비하천성식물종(비평형종, non-equilibrium species)을 포함하기 때문으로 설명한다. Gregory et al.(1991)은 수변림이 주변 고지대 식생보다 다양성이 더 높고, Nilsson et al.(1991)은 스웨덴 식물 전체의 13%(>260종)가 단일하천을 따라 발생하고, Tabacchi et al.(1990)은 프랑스의 아도르(Adour)강의 수변림을 따라 900종이 넘는 관속식물이 분포하는 것으로 분석하였다. 수변림은 지역 식물다양성 유지에 중요하다. 이를 위해서는 자연적인 교란체계 및 연결성이 유지되어야 하고(Suzuki et al. 2002) 생태학에서의 '시간과 공간의 이질성'(heterogeneity)이 적용된 결과로 나타나야 한다(Naiman et al. 2005). 이질성은 무작위적 현상으로 보이나, 여러 환경변수들(수문, 지형, 기후 등)에 예측 가능한 일정한 규칙이 있는 현상이다.

2. 유역 경관별 식물 및 식물사회

2.1 유역별 분포 특성

■ **상류구간은 유속이 빠르고 침식작용이 강한 공간이다.**

상류의 식물사회 특성 | 하천 상류구간에서 퇴적물의 크기는 대부분 바윗돌(거석, 전석, boulder)과 호박돌로 이루어진다. 하폭은 상대적으로 좁고 수위변동이 크고 유속이 빨라 집중강우에 지형변화가 심하다(그림 7-8). 상류 유역에서 식물군락의 점령은 흔히 교란과 강한 연관성을 가지고 있다(Sakio and Yamamoto 2002, Geertsema and Pojar 2007). 식생은 주변에서 발생되는 크고 작은 산사태(山沙汰, landslide)에도 강한 영향을 받는다(Tamura 2008). 하천 상류구간은 물길의 상부가 숲지붕(樹冠, canopy)으로 닫힌구간(closed segment)과 보다 하류의 개방된 열린구간(open segment)으로 구분되며 식물군락은 다르게 발달한다(그림 7-9). 최상류의 계곡림(계곡·계반림)은 주로 나무의 줄기가 단단한 경목성 식물로 구성되고 흔히 닫힌구간에서 잘 발달한다. 버드나무류의 연목림이 발달하는 하천공간은 주로 열린구간에 해당된다. 경목은 느티나무, 물푸레나무, 들메나무, 팽나무가, 연목은 버드나무류(willow, *Salix* spp.)와 오리나무류(alder, *Alnus* spp.)가 대표적이다. 경목림과 연목림은 강한 소류력과 침수되는 수리환경에 견디기 위한 형태적 적응진화의 결과이다. 우리나라 설악산국립공원 내 최상류구간의 바윗돌로 된 건천의 간헐하천구간(쌍천)에

그림 7-8. 상류구간의 식생 전경(좌: 인제군, 인북천-내심적계곡, 우: 인제군, 한계천). 상류는 침식력이 강하며 하상퇴적물은 주로 큰 규모의 퇴적물로 이루어져 있으며 집중강우에는 지형변화가 심하다.

그림 7-9. 숲지붕이 닫힌 하천구간(인제군, 진동계곡)과 열린 하천구간(평창군, 오대천). 닫힌 하천구간은 하폭이 좁고 수변식생이 잘 발달하고 열린 하천구간은 하폭이 넓어 수변식생이 발달해도 하천 물길의 상부는 열려 있다.

는 황철나무림이 발달하고 있다. 계곡림보다 상류구간이나 연목림으로 분류된다. 산철쭉과 같은 관목식물과 돌단풍과 같은 초본식물은 주로 바위지역에 생육한다. 이곳의 식물들은 뿌리 부분에 생체량이 많고 주로 상류구간의 고수위 돌틈(岩隙)공간에 뿌리를 고정하여 생존한다. 특히, 돌단풍군락은 중류 이하에서 공격사면의 절벽에서도 관찰되는 서식환경조건의 특이성에 의한 지속식물군락(perpetual plant community)으로 이해할 수 있다.

계곡림 │ 일본의 계곡림(계곡·계반림)은 개굴피나무(*Pterocarya rhoifolia*, 개굴피나무군단 Pterocaryion rhoifoliae)가 우점하는 식생이 대표적으로 발달한다(Sakio and Yamamoto 2002). 개굴피나무는 국내에는 분포하지 않고 일본과 중국(산동)에 분포한다(NIBR 2021a). 개굴피나무는 우리나라 계류에서 굴피나무(*P. strobilacea*)에 대응되는 것으로 이해된다. 그 외에 미세지형적으로 서식지가 다른 느티나무림(*Zelkova serrata* forest)과 느릅나무림(*Ulmus davidiana* var. *japonica* forest), 오리나무림(*Alnus japonica* forest)도 분포한다. 일본의 냉온대 산지 계곡림을 개굴피나무군단과 느릅나무군단(Ulmion davidianae)으로 구분하며 Fraxino-Ulmetalia(*Fraxinus platypoda*-느릅나무군목), Fageteae crenatae(너도밤나무군강)에 귀속된다(Miyawaki and Okuda 1990, Suzuki et al. 2017). 일본의 계곡림 식물사회의 종조성은 한국과 구별된다. 우리나라의 계곡에는 물푸레나무림(물푸레나무군집)이 대표적이고 굴피나무군락, 느티나무-박쥐나무군락, 들메나무-고광나무군락, 느릅나무군락, 오리나무-찔레꽃군집, 층층나무-고로쇠나무군락, 황철나무-소나무군락, 쪽버들군락 등도 분포한다(Lee 2005d).

우리나라 상류의 식물사회 │ 우리나라의 계곡림 식물사회는 미결정군단을 포함한 2개의 군단과 4개의 군집으로 분류된다(Lee 2005d). 물길 상부가 주로 숲지붕으로 덮여있고 하상구배가 높아 계단-소(step-pool)의 연속체가 형성되는 하천구간이다. 바윗돌이 집적된 수변에는 물푸레나무군단이 발달하고 활주사면 또는 토양에 모래와 유기물이 많은 공간에는 오리나무 연목림이 발달하기도 한다. 오리나무의 서식처는 주로 산지습지 및 계곡, 하천변 범람원, 배후습지, 충적저지이다(Sakio and Yamamoto 2002, Kim et al. 2017b). 오리나무림은 국내 하천의 상류구간과 중부 또는 남부지방의 고해발 산지에 치우쳐 분포한다. 선상지가 형성된 상류 충적지에는 물푸레나무, 느릅나무, 굴피나무, 소나무 등이 우점하는 식생이 발달하기도 한다. 제방 공간에는 버드나무군단(Salicion koreensis)이 주로 발달하며 중부 이북에서는 쪽버들군락이 발달하기도 한다. 수변에서 목본은 갯버들-달뿌리풀군단(Phragmito-Salicion gracilistylae)이, 초본은 달뿌리풀-고마리군집(Persicario-Phragmitetum japonicae) 등이 주로 발달한다.

■ 중류구간은 침식작용과 퇴적작용이 동시에 일어나는 다양한 환경이 형성되는 공간이다.

중류의 식물사회 특성 │ 중류구간은 하천폭이 넓어지면서 유량 변동이 심하고 퇴적과 운반작용이 유사한 규모로 일어난다(그림 7-10). 홍수기 이외에는 수변에 자갈 또는 모래로 이루어진 건조한 공간들이 많이 드러난다. 물가의 자갈 입지에는 여뀌, 흰여뀌(큰개여뀌), 고마리, 미국가막사리 등이 주로 서식하지만 하상 변동에 따라 소멸과 생성을 반복한다. 퇴적물이 충적되는 활주사면의 둔치에는 자갈 또는 모래로 이루어진 공간이 형성되는데 목본식물은 버드나무류가, 초본식물은 달뿌리풀, 물억새 등이 주로 우점한다. 특히, 수변(물가, 둔치, 제방)의 모래와 점토, 자갈 등으로 이루어진 비옥한 충적지에는 버드나무류로 이루어진 수변림이 잘 발달한다. 버드나무류는 버드나무, 왕버들, 선버들, 갯버들, 키버들이 주요종으로 기여한다. 일본의 중류구간 충적 망류하천에서는 버드나무류와 느릅나무 등이 우점한다(Ishiokawa 2008). 우리나라 동강유역(정선군, 영월군 일대)에는 자갈이 충적된 망류하천 구간이 관찰되기도 하는데 일본과 유사하게 버드나무류와 비술나무가 우점 분포한다.

우리나라 중류의 식물사회 │ 식생이 피복한 하천의 자갈 또는 모래 땅에는 달뿌리풀군단(Phragmition

그림 7-10. 중류구간의 식생 전경(좌: 순창군, 섬진강. 우: 산청군, 경호강). 침식력과 퇴적력이 유사하며 퇴적물은 주로 자갈과 모래가 혼재되고 선버들, 갯버들, 물억새, 갈풀, 달뿌리풀 등이 주요종이다.

japonicae)이 넓게 발달한다. 둔치의 모래 우점 공간에는 달뿌리풀과 물억새가 혼생하는 달뿌리풀-물억새군락 또는 물억새-갈풀군집(Phalarido-Miscanthetum sacchariflori)이 발달한다. 모래와 점토가 혼재된 곳에는 갈풀이 우세하게 혼생한다. 버드나무류 우점 식생은 입지 특성에 따라 제방부에 버드나무군단(Salicion koreensis)과 둔치부에 선버들-갈풀군단(Phalarido-Salicion subfragilis)이 발달한다. 하상 변동이 심한 모래로 이루어진 일부 지역에는 참오글잎버들-달뿌리풀군집(Phragmito-Salicetum siuzevii)이 분포하기도 한다. 고수위권의 단애지에는 모감주나무-묏대추나무군집(Zizypho-Koelreuterietum paniculatae) 및 돌단풍군집(Mukdenietum rossii)이 관찰되기도 한다. 비술나무군집(Ulmetum pumilae)은 동강유역에서 관찰된다(그림 7-11). 다른 유역의 하천구간에 비해 일년생초본식생인 고마리-흰여뀌(큰개여뀌)군단(Persicarion nodoso-thunbergii)이 보다 흔하게 관찰된다. 물가의 자갈밭에는 여뀌군집(Persicarietum hydropiperis)이 서식하며 이는 일본과 유사하다.

건조한 자갈밭의 식물사회 │ 건조한 자갈밭에는 식물사회학적으로 식피율이 높은 달뿌리풀군락이 분반으로 분포하거나 식피율이 낮은 쑥군락이 발달한다(그림 7-11). 일본의 유사입지에는 쑥, 술패랭이꽃, 딱지꽃, 원산딱지꽃, 차풀, 둥근매듭풀, 청비수리, 황기류(Astragalus schelichovii), 사철쑥, 쑥부쟁이류(Aster kantoensis), 냇씀바귀 등이 주로 서식하기도 한다(奧田과 佐々木 1996). 이에 대응한 우리나라의 서식처(남한강 일대)에는 쑥, 비수리, 사철쑥, 쑥부쟁이, 단양쑥부쟁이, 제비쑥, 달맞이꽃, 매듭풀 등이 주로 서식한다. 자갈 토양에서의 이러한 식물사회는 달뿌리풀, 물억새가 우점하는 식물사회와 달리 서식처 파괴에 대한 적응력이 낮다. 상류구간에 횡구조물에 의해 입지가 안정되면 달뿌리풀 또는 물억새 등이 침투하여 식물사회는 안정화 단계로 변한다. 자갈밭과 같이 건조하고 여름철 고온의 나지 공간에는 C_4식물이 증가한다. C_4식물은 주로 아열대성 기원의 식물로 더위에 내성이 강하다. C_4식물은 벼과, 방동사니과, 명아주과, 대극과, 국화과, 비름과의 순으로 많으며 열대 원산의 벼과는 대부분 여기에 해당된다(Lee 2005b).

그림 7-11. 비술나무군락(좌: 영월군, 평창강)과 쑥군락(영천시, 금호강). 비술나무군락은 특정 지역(동강 유역)에, 쑥군락은 전국적으로 분포한다. 주로 중류역의 자갈이 많은 하천구간의 둔치 일대에 분포한다.

■ 하류구간은 점토 성분이 늘어나고 영양염류의 증가로 부영화되는 경우가 빈번하다.

하류의 식물사회 특성 | 하류구간은 하천폭이 더욱 넓어지고 퇴적작용이 왕성하여 토양 퇴적물에는 점토 함량이 증가한다. 토양 내에 영양염류가 증가한다. 수온이 상승하는 하절기에는 부영양화가 빈번하게 발생한다. 수리적으로 안정된 공간에는 식피율이 높고 몇 개의 특정종에 의해 단순특이적으로 분포하는 식물사회가 많다. 지형적으로 범람원인 둔치가 발달하기 때문에 수변식생이 발달할 수 있는 공간이 매우 넓다. 하지만, 이 공간을 농경지, 수변공원, 주차장 등의 형태로 이용하고자 하는 개발압이 높아 인위적인 교란이 많이 일어난다(표 5-1, 그림 5-11, 5-12 참조). 자연적, 인위적인 교란을 지속적으로 받는 공간에는 여러 식물종이 모자이크 또는 분반 형태로 분포하는 특성을 갖는 비하천성 식물사회가 관찰되기도 한다. 열린하구의 하천 말단에는 기수역이 형성되어 염습지 식물사회가 잘 발달한다.

우리나라 하류의 식물사회 | 식물사회는 갈풀-물억새군단(Miscantho-Phalaridion arundinaceae), 갈대군단(Phragmition), 이삭물수세미군단(Myriophyllion spicati), 좀개구밥군단(Lemnion paucicostatae), 일부 고마리-흰여뀌군단 등이 발달한다. 제방 및 둔치에는 버드나무군단, 선버들-갈풀군단의 수변림이 매우 왕성하게 발달한다(그림 7-12). 특히, 우리나라의 남부지방에서는 왕버들을 진단종으로 하는 수변림의 발달이 증가한다. 하천 말단 기수역의 점토 성분이 많은 물가턱 공간에는 선버들-갈풀군집(Phalarido-Salicetum subfragilis)이 잘 발달한다. 일본의 하류지역에서는 버드나무류 또는 오리나무가 우점하는 수변림이 형성되지만(奧田과 佐々木 1996) 우리나라에서는 오리나무림의 발달은 없다. 하류구간의 둔치에는 물억새, 갈풀, 갈대 등의 출현빈도가 확연히 증가한다. 물가에는 정체수역이 형성되어 추수식물, 침수식물, 부엽식물, 부유식물로 이루어지는 식물사회가 잘 발달한다. 갈대, 줄, 애기부들, 도루박이, 큰매자기, 매자기, 새섬

그림 7-12. 하류구간의 식생 전경(좌: 경산시, 금호강, 우: 양산시, 낙동강). 하류구간은 퇴적력이 강하며 버드나무류림(버드나무, 선버들, 왕버들) 또는 갈대, 물억새, 갈풀 등의 추수식물을 포함한 습생식물이 우점하는 식물군락이 넓게 발달한다. 또한, 둔치공간이 넓게 발달한다.

매자기, 큰고랭이, 천일사초, 노랑어리연, 가시연, 마름, 자라풀, 개구리밥, 좀개구리밥, 생이가래, 이삭물수세미, 말즘, 검정말 등이 대표적 식물종들이다. 이 식물들은 늪(소, 沼)이라 불리는 정수습지(호소)에서도 주요종에 해당된다. 특히, 갈대, 천일사초, 새섬매자기는 하천 내보다는 하구역(기수역, estuary or brackish water zone)에서 보다 넓게 우점한다.

정수역의 형성과 부영양화 | 하류구간은 온도가 상승하는 하절기 부영양화되는 경우가 많고 부엽식물과 부유식물, 침수식물의 확연히 증가한다. 중부지방에서는 어리연과 마름, 개구리밥류가, 남부지방에서는 노랑어리연, 자라풀, 마름, 생이가래, 개구리밥류 등이 우점하는 경우가 많다. 부엽식물 가운데 국내에서 잎이 가장 큰 멸종위기야생식물(II급)인 가시연이 관찰되기도 한다(그림 7-114 참조). 하천 중류에서 하류구간의 수변에 생육하는 소리쟁이속(Rumex), 쥐보리속(Lolium)은 호질소성식물(好窒素性植物, nitrophilous plants)로 부영양화된 점토가 많은 습생지역에서 출현빈도가 증가한다. 소리쟁이속 식물은 주로 묵밭소리쟁이, 돌소리쟁이, 소리쟁이 등이다(奧田과 佐々木 1996). 우리나라에서는 상대적으로 소리쟁이의 출현이 빈번하다.

외래식물의 증가 | 우리나라 남부지방 하천(특히, 영산강, 낙동강)의 하류 정체수역 또는 호소 일대의 부영양 입지에는 환경부에서 생태계교란식물로 지정된 털물참새피(물참새피)군락이 고유식물군락인 나도겨풀군집(Leersicetum japonicae)을 대신해 매우 넓게 퍼져있다(그림 7-90, 7-121 참조). 관상용, 수질정화용 등의 목적으로 유입되었다가 야생화된 부레옥잠, 물상추, 앵무새깃(물채송화) 등도 영산강 등지에서 부분적으로 관찰된다(그림 7-126 참조). 최근에는 둔치 및 제방 일대에는 상류 또는 주변에서 유입된 종자로부터 발아한 가시박, 벳지 등의 생육도 왕성하다. 목본식물은 아까시나무가 가장 왕성하게 관찰되고 가중나

그림 7-13. 수심이 깊은 대형호인 의암호 가장자리(좌: 춘천시)와 하천 횡구조물에 의해 형성된 수심이 얕은 공간에서의 정수성 식물사회(우: 군위군, 위천). 정체수역에는 갈대, 줄, 애기부들을 포함한 다양한 수생식물(마름, 노랑어리연, 어리연 등)이 왕성하게 생육한다.

무, 족제비싸리 등도 흔하다. 이 외에도 사면녹화 및 경관용으로 식재한 큰금계국, 큰김의털, 자주개자리, 큰낭아초, 수레국화, 끈끈이대나물, 붉은토끼풀, 벌노랑이 등도 빈번하게 관찰된다.

■ 호소는 수심이 깊고 얕은 지역으로 구분되고 하천 하류구간의 식생과 유사하다.

호소의 식물사회 특성 │ 호소는 깊은 수심을 형성하는 호(湖, 큰 못) 지역(댐저수지, 호수 등)과 얕은 수심을 형성하는 소(沼, 작은 못, 늪) 지역(우포늪 등)으로 구분된다(그림 7-13). 깊은 수심지역은 수변 또는 유입하천의 퇴적공간(호수 상부지역)에 수변림 또는 추수식물군락, 수생식물군락들이 넓게 발달하는 경우가 많다. 왕버들, 버드나무, 선버들 등으로 이루어지는 수변림은 매년 일정기간 물속에 잠겨도 생육 가능하지만 침수기간이 길어지면 고사한다. 얕은 수심지역은 대부분 부영양화되어 있으며 수온이 상승하는 하절기에는 수생식물의 생육이 더욱 왕성하다. 호소의 경우에는 수환경에 대한 이해가 식생연구에 매우 중요하다. 특히, 하천에서 종적 연결성을 저해하는 횡구조물의 존재는 호소성 식물사회의 발달을 확대시킨다는 것을 인식해야 한다(그림 7-13의 우측 그림). 최근 이러한 수생태계 종적 연결성 평가와 개선을 위한 국내 연구들이 진행되고 있다(Kim et al. 2020b).

우리나라 호소의 식물사회 │ 호소의 식물사회는 주로 하천에서 하류구간의 식물사회가 형성되는 것으로 이해할 수 있다. 관찰되는 추수식물은 갈대, 애기부들, 줄, 큰고랭이, 큰매자기, 매자기, 도루박이, 부들 등이다. 키작은 추수식물은 고마리, 흰여뀌, 여뀌 등이다. 수변에는 나도겨풀, 물잔디와 같이 줄기는 직립하지 않고 수면 위에 붙어서 퍼져나가는 반추수식물(奧田과 佐々木 1996)이 빈번히 관찰된다. 반추수식물들은 수중식물과 추수식물의 특성을 동시에 갖는다. 특히, 부영양화된 호소(우포늪 등)에는 멸종위기야생식물인 가시연이 관찰되기도 한다. 부영양화된 호소에서는 전술과 같이 외래식물의 증가가 관찰된다. 최근에는 우포늪, 주남저수지, 팔당호 등에 경관용으로 도입된 연꽃의 과도한 성장으로 습지식생 및 생물종의 다양성을 저해하기도 한다(그림 7-14).

그림 7-14. 연꽃의 과도한 확장. 팔당호(양평군) 내 정수역에 연꽃의 과도한 성장으로 다른 식물의 생장이 저해된다.

2.2. 하천 습지의 식물사회 체계

■ 하천 습지의 식물사회는 크게 4가지 유형으로 대분류되고 식물종은 구별된다.

하천 습지 식물사회 대구분 │ 우리나라의 하천 습지에 발달하는 식물사회는 (1) 수변림(하천림) 식물사회(계곡·계반림, 하변 연목림, 하식애림), (2) 범람원(관수지) 초본 식물사회(유수역 다년생식생, 정수역 다년생식생, 암극식생, 수변 일이년생식생), (3) 수중 식물사회(부엽·침수식생, 부유식생), (4) 기타 식물사회로 구분된다(Lee 2005d)(그림 7-15).

하천 습지 식물사회 구성 │ 하천의 목본식생은 수리환경에 일시적으로 적응하거나 다양한 초본식물들이 혼재하기 때문에 초본식물종으로 특정하여 식물사회를 구분하기 어렵다. 물리적으로 안정된 산지의 식물사회와 달리 최상층(수목 또는 관목)의 식물종으로 식생단위(syntaxon)를 명명하는 것이 효과적이다. Lee(2005d)는 하천식물사회의 분류체계를 4개의 군목(群目, order), 10개의 군단(群團, alliance), 52개의 군집(群集, association), 8개의 군락(群落, community)으로 구분하였다(표 7-5)(표 7-6 참조). 수변림 식물사회는 물푸레나무군단과 선버들군목으로, 범람원 초본 식물사회는 갈풀군목, 갈대군목, 고마리군목으로, 수중 식물사회는 이삭물수세미군단과 좀개구리밥군단으로 대표되며 명백히 다른 진단종군을 갖는다. 확장된 연구가 수행되면 군집과 군락 수준에서 보다 세부적이고 추가적인 분류가 가능하다.

식물사회의 종적, 횡적 공간 분포 모형 │ 하천에 발달하는 식물사회들은 종적, 횡적으로 공간 분포를 달리한다(표 7-5, 7-6, 그림 7-15, 7-16). 수변림 중 물푸레나무군단은 최상류~상류구간의 제방에, 선버들-

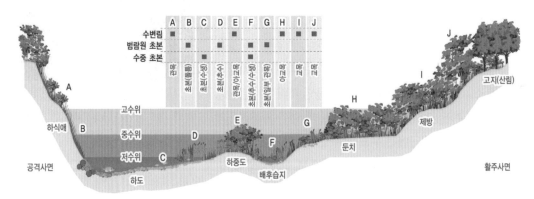

그림 7-15. 서식처 유형별 하천 습지의 식물사회 분포. 하천 습지에는 횡단적으로 수문에 적응한 식물사회가 발달한다.

갈풀군단은 중류~하류구간의 둔치에, 버드나무군단은 상류~하류구간의 제방과 둔치에, 갯버들-달
뿌리풀군단은 상류~중류구간의 물가와 둔치에 주로 분포한다. 오리나무-찔레꽃군집은 최상류~상
류구간에 주로 분포한다. 초본식생 중 갈풀-물억새군단은 중류~하루구간의 둔치에, 달뿌리풀군단은
상류~중류구간의 물가 또는 둔치에, 갈대군단은 중류~하류구간의 물가 또는 얕은물속에 주로 서식
한다. 수중식생은 주로 하류구간의 깊은물속 또는 얕은물속에서 주로 서식한다.

표 7-5. 우리나라 하천 습지 식물사회의 군단 수준 이상 분류체계(Lee(2005d) 수정)

식물사회	식생단위	주요 특성
수변림 식물사회	상급단위(군목) 미결정	경목림, 습지교목식물
	물푸레나무군단	최상류~상류구간, 아교목~교목림, 고수위구간
	선버들군목	연목림, 습지아교목(교목)식물
	선버들-갈풀군단	중류~하류구간(호소), 관목~아교목림, 중저수위~중고수위구간
	버드나무군단	상류~하류구간, 아교목~교목림, 중고수위~고수위구간
	상급단위(군목) 미결정	연목림, 습지관목식물
	갯버들-달뿌리풀군단	상류~중류구간, 관목림, 저수위~중저수위구간
범람원 초본 식물사회	갈풀군목	유수역 다년생식생, 습초지식물
	갈풀-물억새군단	중류~하류구간, 키큰초지, 중저수위~고수위구간
	달뿌리풀군단	상류~중류구간, 키큰초지, 저수위~중수위구간
	갈대군목	정수역 다년생식생, 추수식생
	갈대군단	하류구간(호소), 키큰초지, 정체수역, 저수위 이하 구간
	고마리군목	일이년생식생, 습윤지식물
	고마리-흰여뀌(큰개여뀌)군단	상류~하류구간, 키작은초지, 저수위 구간
수중 식물사회	상급단위(군목) 미결정	부엽·침수식생
	이삭물수세미군단	중류~하류구간(호소), 호소지역, 물흐름이 느린 구간
	상급단위(군목) 미결정	부유식생
	좀개구리밥군단	중류~하류구간(호소), 호소지역, 정체수역

주요 식물종별 공간 분포 모형 | 하천에 우점하는 주요 식물종은 하도의 수생식물대(또는 무식물대)로
부터 제방의 경목림대에 이르기까지 횡적으로 구별된다(표 7-7, 그림 7-17). 최상류구간은 교목성의 연목
림대와 경목림대의 식물종이, 상류구간에는 관목과 교목성의 연목림, 일부 경목림 식물종이 주로 나
타난다. 중류구간의 주요종은 물속의 말즘과 나사말 등과 물억새, 갈풀 등의 다년생초본식물, 연목
림, 제방의 비술나무, 참느릅나무, 모감주나무 등이다. 하류구간으로 가면 중류구간의 주요 식물종도
관찰되지만 부엽, 부유, 침수식물이 증가하고 갈대, 개수양버들 같은 식물종의 빈도가 늘어난다.

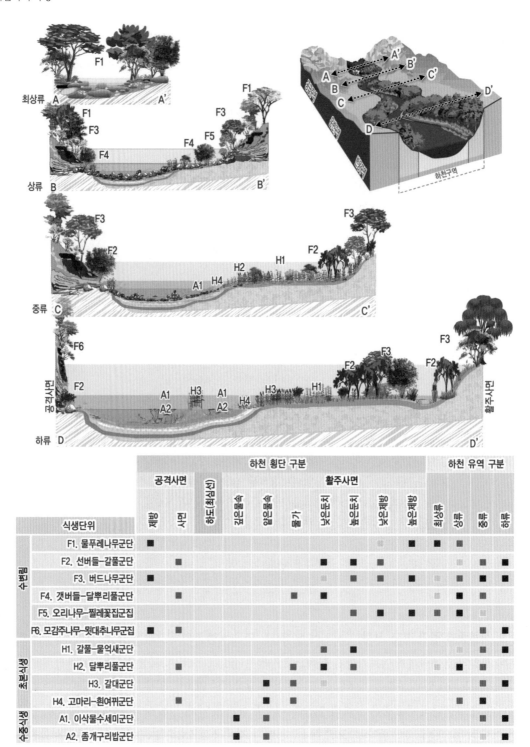

그림 7-16. 하천 습지 식물사회의 종적, 횡적 공간 분포 모형. 표에 제시된 식생단위별 사각형의 색상은 진할수록 출현빈도가 높다는 것을 의미한다.

표 7-6. 우리나라 하천 습지 식생의 분류체계(Lee(2005d) 수정)

하천 습지 식물사회 분류체계	비고
Riparian forests 수변림(하천림)	
Ravine and gorge forests 계곡림(계곡·계반림)	최상류~상류, 경목림
Fraxinion rhynchophyllae 물푸레나무군단	최상류, 경목림
Fraxinetum rhynchophyllae 물푸레나무군집	대표 유형, 전국
Pino-Populetum maximowiczii 황철나무-소나무군집	설악산 일대에 국한
Deutzio-Zelkovetum serratae 느티나무-매화말발도리군집	계반
Undetermined 상급단위(군단) 미결정	상류, 연목림
Roso-Alnetum japonicae 오리나무-찔레꽃군집	제방 일대
Riverine softwood forests 하변 연목림	상류~하류
Salicetalia subfragilis 선버들군목	하천연목림 대표 유형
Salicion koreensis 버드나무군단	제방 일대, 전국
Phragmito-Salicetum koreensis 버드나무-갈대군집	대표 유형
Aceri-Salicetum koreensis 버드나무-신나무군집	제방, 천이 후기
Phalarido-Salicetum koreensis 버드나무-갈풀군집	대표 유형
Phalarido-Salicetum chaenomeloidetis 왕버들-갈풀군집	남부지방
Ulmetum pumilae 비술나무군집	석회암 지대
Phalarido-Salicion subfragilis 선버들-갈풀군단	둔치 일대
Phalarido-Salicetum subfragilis 선버들-갈풀군집	대표 유형
Salicetum chaenomeloido-subfragilis 선버들-왕버들군집	남부지방
Salix koriyanagi-subfragilis community 선버들-키버들군락	일부지역
Salicetum gracilistylo-subfragilis 선버들-갯버들군집	상류~중상류 둔치
Phragmito-Salicetum siuzevii 참오글잎버들-달뿌리풀군집	일부 지역, 모래하천
Undetermined 상급단위(군목) 미결정	
Phragmito-Salicion gracilistylae 갯버들-달뿌리풀군단	상류 수변 연목림 대표
Phragmito-Salicetum gracilistylae 갯버들-달뿌리풀군집	대표 유형
Salicetum chaenomeloido-gracilistylae 왕버들-갯버들군집	상류 하부, 남부지방
Salicetum integro-gracilistylae 갯버들-개키버들군집	상류, 일부 지역
Carici-Salicetum gracilistylae 갯버들-산뚝사초군집	상류
Rhododendretum poukhanense 산철쭉군집	상류 제방
Riverine cliff forests 하식애(하천절벽)림	공격사면
Zizypho-Koelreuterietum paniculatae 모감주나무-묏대추나무군집	중류~하류, 유존식생

하천 습지 식물사회 분류체계	비고
Herb vegetations on inundated zone 관수원(관수지) 초본식생	
Perennial herb vegetations on lotic water zone 유수역 다년생초본식생	하천 유수형
Phalaridetalia arundinaceae 갈풀군목	범람원 대표 유형
Miscantho-Phalaridion arundinaceae 갈풀-물억새군단	둔치 우점식생(점토 성분)
Phalaridetum arundinaceae 갈풀군집	대표 유형, 점토 포함
Phalarido-Miscanthetum sacchariflori 물억새-갈풀군집	대표 유형, 둔치 우점
Phalarido-Artemisietum selengensis 물쑥-갈풀군집	함몰된 저지, 적습
Lepidio-Caricetum pumilae 좀보리사초-다닥냉이군집	건조한 둔치, 모래(사구)
Equisetetum japonici 개속새군집	건조한 제방
Phragmition japonicae 달뿌리풀군단	상류~중류, 모래~자갈
Persicario-Phragmitetum japonicae 달뿌리풀-고마리군집	대표유형, 수변~둔치
Carex forficula community 산뚝사초군락	수변, 상류
Perennial herb vegetations on lentic water zone 정수역 다년생초본식생	호소 정수형
Phragmitetalia eurosibirica 갈대군목	범지구적 유형
Phragmition 갈대군단	정수역 대표 식생
Phramitetum australis 갈대군집	대표 유형, 전국
Caricetum scabrifoliae 천일사초군집	기수역
Typhetum angustatae 애기부들군집	정수역, 얕은물속, 부영양
Zizanietum latifoliae 줄군집	정수역, 얕은물속
Scirpetum fluviatilis 매자기군집	정수역, 얕은물속~물가
Scirpetum tabernaemontani 큰고랭이군집	정수역, 얕은물속
Scirpetum radicantis 도루박이군집	정수역, 얕은물속~물가
Scirpetum triqueter 세모고랭이군집	정수역, 얕은물속~물가
Carex dispalata community 삿갓사초군락	정수역, 얕은물속~물가
Pseudoraphietum ukishibae 물잔디군집	정수역, 얕은물속
Undetermined 상급단위(군단) 미결정	
Leersicetum japonicae 나도겨풀군집	정수역, 얕은물속
Herb vegetations on crevice 암극초본식생	돌틈, 공격사면
Undetermined 상급단위(군단) 미결정	
Mukdenietum rossii 돌단풍군집	돌틈, 상류~중류

하천 습지 식물사회 분류체계	비고
Annual or biennial vegetations on waterside 수변 일이년생초본식생	수위변동역, 교란 직후
Persicarietalia thunbergii 고마리군목	수위변동역, 습윤지, 교란
Persicarion nodoso-thunbergii 고마리-흰여뀌(큰개여뀌)군단	중류~하류
Oenantho-Polygonetum thunbergii 고마리-미나리군집	대표 유형, 전국
Persicarietum nodosae 흰여뀌군집	대표 유형, 전국
Persicarietum hydropiperis 여뀌군집	중류, 자갈
Ranunculo-Veronicetum anagallisaquaticae 큰물칭개나물-개구리자리군집	농촌 소하천, 이른 생장
Rorippo-Rumicetum crispodis 소리쟁이-속속이풀군집	부영양입지
Echinochloetum echinato-crusgalli 돌피-물피군집	하상 교란 직후
Monochoria korsakowii community 물옥잠군락	정수역, 얕은물속
Undetermined 상급단위(군단) 미결정	
Aster altaicus var. uchiyamae community 단양쑥부쟁이군락	중류, 자갈, 빈영양
Aquatic vegetations 수중식생	주로 얕은물속 식생
Rooted floating and submerged-leaved vegetations 부유·침수식생	주로 부영양 입지
Myriophyllion spicati 이삭물수세미군단	중류~하류, 하천, 호소
Hydrillo-Myriophylletum spicati 이삭물수세미-검정말군집	대표 유형, 전국
Trapetum inumai 마름군집	부영양, 고빈도 관찰
Trapetum incisae 애기마름군집	마름보다 빠른 생장
Nymphoidetum peltatae 노랑어리연군집	남부지방
Trapo-Euryaletum ferocis 가시연-마름군집	부영양, 호소
Potametum crispodis 말즘군집	하천, 호소
Marsilea quadrifolia community 네가래군락	호소, 정수역
Potametum malaianui 대가래군집	하천, 호소
Hydrocharitetum dubiae 자라풀군집	부영양, 호소
Potamogeton distinctus community 가래군락	하천, 호소
Callitriche palustris community 물별이끼군락	하천, 호소
Undetermined 상급단위(군단) 미결정	
Potametum berchtoldii 실말군집	하천
Free-floating leaf vegetations 부유식생	주로 얕은~깊은물속 식생
Lemnion paucicostatae 좀개구리밥군단	대표 유형, 전국 분포
Lemneto paucicostatae-Salvinietum natastis 생이가래-좀개구리밥군집	남부지방

표 7-7. 우리나라 하천 유역의 공간 분포별 대표 식물종(Lee and Kim(2005) 수정)

유역	수생식물대(무식물대)	초본식물대	관목림대	연목림대	경목림대
최상류	-	-	-	오리나무 쪽버들 황철나무	물푸레나무 느티나무 팽나무
상류	-	달뿌리풀 고마리	갯버들 키버들 개키버들	버드나무 오리나무	물푸레나무 느티나무 팽나무
중류	말즘 나사말	고마리 흰여뀌(큰개여뀌) 물억새 갈풀	키버들 갯버들 참오글잎버들	선버들 왕버들 버드나무 비술나무	비술나무 참느릅나무 모감주나무
하류	노랑어리연 말즘 이삭물수세미 좀개구리밥	흰여뀌 물억새 갈풀 갈대	키버들	선버들 왕버들 버드나무 개수양버들	참느릅나무 모감주나무
하구	거머리말류	새섬매자기 천일사초 갈대 새섬매자기 모새달	(선버들)	선버들 개수양버들 버드나무	-

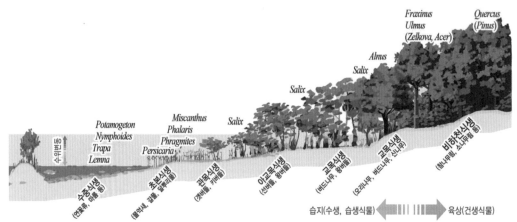

그림 7-17. 하천에서 주요 식물종의 속별(屬, genera) 횡단 분포 모형(Lee and Kim 2005). 횡단 위치별로 우점 분포하는 식물종군(속)들이 다르다.

3. 목본 식물사회

3.1 버드나무류림

■ 버드나무류는 생활, 문화, 의학 등 인류생활과 밀접한 연관성이 있는 식물이다.

어원의 유래 | 버드나무류(willow, *Salix* sp.)는 sallow(넓은잎) 및 osier(좁은잎)라고도 한다. 속명인 살릭스(*Salix*)는 라틴어에서 유래되었다. 켈트어(Celtic language)에서 파생된 'sal'(가깝다)과 'lis'(물)의 합성어로 물에 가깝게 자라는 나무라는 의미이다(Nazarov 1970). 우리말로 흔히 '버들'(柳)이라 하는데 약한 바람에도 흔들리는 가는 가지는 버들의 전형적인 모양이다. 부드럽고 연약한 것을 대표하고 가느다란 것을 세류(細柳), 날씬한 여인의 허리를 유요(柳腰)라고도 하였다(Park 2001). 버들은 '부들부들하다'는 나뭇가지의 특성에서 '부들'이 '버들'이 된 것으로 추정하기도 하고(Park 2001) '죽음=뻗음'의 柳(버들 류)에서 죽어서 축 늘어진 모양의 나무라는 뜻으로 '뻗은→뻗(=번)→버들→버드 나무로 변한 것으로 설명하기도 한다(Park 2012). 그는 柳(버들 류)는 木과 卯(넷째 지지 묘)의 합성으로 卯는 劉(죽일 류)자의 생략형에서 추정했다. 비드나무류를 나타내는 한자에는 楊(버들 양)과 柳(버들 류)가 있다. 중국의 설문통훈정성(說文通訓定聲)(주준성, 朱駿聲)에 楊과 柳의 구별이 있다. 楊은 가지와 줄기가 무르고 짧으며 잎은 둥글넓적하고 뾰족하다. 柳는 잎이 길고 좁으며 가지는 부드러우면서 질기다고 한다(Park 2012). 모양을 보면 楊(버들 양)은 포플러류(*Poplus* spp.)를 일컫는 말이고 柳(버들 류)는 버드나무류(*Salix* spp.)를 일컫는 말이다(그림 6-83 참조).

버드나무류와 문화 | 버드나무류는 주위에서 흔히 볼 수 있는 나무로, 옛 사람들은 사랑하는 사람과 헤어질 때 버드나무류의 가지를 꺾어서 주는 풍습이 있었다. 산들바람에도 쉽게 흔들리는 버드나무류의 가지처럼 빨리 돌아오지 않으면 '내 마음 나도 모른다'라는 투정의 의미로 해석된다(Park 2001). 시와 예술에서 평화와 인내, 끈기 등을 상징하는 식물로 등장한다. 가지를 꺾어 땅에 꽂아 놓으면 빠른 시간 안에 뿌리가 나오기 때문에 정화와 재탄생, 그리고 풍요로운 출산을 상징하기도 하였다. 부모님이 사망했을 때 부친상은 대나무, 모친상은 버드나무류로 상주의 지팡이(짝지)를 만드는데 어머님의 부드러움을 의미한다. 물가라는 생육지 특성상 식물체는 수분을 많이 머금고 있어 줄기 속과 껍질이 잘 분리되어 버들피리를 만들 수 있고 잘 휘는 성질이 있다(그림 7-18). 특히, 키버들, 개키버들, 고리버들

[도움글 7-2] **버드나무류와 아스피린**

　야외에서 버드나무류 가지를 꺾어 나무젓가락을 만들었다가 쓴맛에 놀라 집어던지기 일쑤다. 그러나 바로 이 쓴맛에 인류 최대의 의약품인 '아스피린'이 들어 있다. 기원전 5세기경 서양의학의 아버지인 히포크라테스는 임산부가 통증을 느끼거나 두통이 있을 경우 버드나무류의 잎을 씹으라는 처방을 내렸다. 2,300여년 동안 민간요법으로만 알려져 오던 버드나무류 잎의 신비는 아스피린으로 불리는 주성분을 1853년 합성에 성공함으로써 알려지기 시작했다. 일반화에는 상당한 시간이 걸려 1897년 독일 바이엘사의 젊은 연구원인 펠릭스 호프만이 처음으로 상용화(1899년 시판)하였다. 그는 류머티즘을 심하게 앓고 있는 아버지의 고통을 덜어주기 위해 진통제 개발에 나섰다고 한다. 바이엘사는 진통해열제인 아스피린 하나로 백년 이상 세계적인 제약회사의 자리를 지키고 있다(Park 2001). 아스피린은 아세틸살리실산의 상품명으로 물에 의해 분해되면 살리실산과 아세트산이 된다. 효능이 가장 좋은 시기는 2월과 3월 사이에 수확한 버드나무류의 껍질이다. '아스피린(aspirin)'이라는 이름은 조팝나무속 '스피라에(*Spiraea*)'와 아세틸의 머리글자인 '아(a)'를 붙여서 만든 것이다. 1820년대 초에 야생 조팝나무에서 살리실 알데히드를 추출하는데 성공했고 이것을 산화시키면 살리실산이 된다.

그림 7-18. 버들피리. 버드나무류의 가지에는 물기(수분)가 많아 가지의 속과 껍질이 잘 분리되기 때문에 피리(속이 빈 대롱에 구멍을 뚫어 입으로 불어 소리내는 악기)를 만들 수 있다. 여기에는 아스피린의 재료가 되는 원료를 함유하고 있어 씹으면 약간의 쓴맛이 난다.

은 잘 휘고 강해서 키(곡식 따위를 까불러서 불순물을 제거하는 기구)나 고리(키버들 가지 따위로 엮어서 만든 상자같은 물건)를 만드는데 사용된다. 이 외에도 버드나무류와 관련된 많은 문화들이 존재하는데 시, 풍습, 노래 등에 많이 등장한다. 대표적인 예가 고려 태조 왕건이 목이 말라 나주(금성, 완사천 浣紗泉)의 우물가에서 빨래하는 여인(훗날 장화왕후)에게 물 한 바가지를 얻어 먹었는데, 체하지 않도록 천천히 마시라는 의미에서 물가에 사는 버들잎이 띄워져 있었다는 설화가 있다.

의약품인 아스피린의 원료식물 ｜ 버드나무류는 오랫동안 민간요법에서 두통, 소염진통을 해결해주는 민간 의약식물(약초)로 사랑을 받았다(도움들 7-2). 버드나무류는 아스피린(aspirin, 아세틸살리실산, acetylsalicylic acid)의 재료가 되는 약용식물로 수피에 해열제나 진통제로 이용되는 살리신(salicin)과 탄닌산(tannic acid)을 많이 함유하고 있다. 독일의 화학자인 호프만(Hoffmann)이 순수 살리신산보다 소화장애가 덜한 형태로 1987년 처음 화학적으로 합성(조팝나무속(Spiraea) 식물에서 합성)했다. 1899년 '아스피린'이라는 이름으로 바이엘사(Bayer AG)에서 상표를 등록하여 이후 생산, 시판하였고 지금까지 인류가 사용하고 있다. 최근에는 협심증이나 심근경색 예방, 치매와 암 예방에 도움이 되는 것으로 알려졌다(Kim et al. 2012c, Kim et al. 2015c).

■ 버드나무류는 종류가 다양하고 구별이 어려운 분류학적 특성이 있다.

버드나무류의 분류 | 버드나무류는 북반구 한대와 온대지방에 약 300~500여종이 분포하고 일부 종은 남반구에 생육한다(Lee 1980). 북반구에는 400여종의 낙엽성 교목과 관목이 분포한다(Mabberley 1997). 일부는 상록성이다(Cho 1996). 북반구에서 중국에 270종, 러시아에 120종, 북미에 103종, 유럽에 65종이 분포한다(Argus 1997). 일본에서는 39종을 보고하고 있고(木村 1989) 28종을 고유종으로 구분하고 있다(Ohashi 2000). 버드나무류는 유럽학자에 의해 많이 연구되었고 한국산 버드나무류에 대한 최초 발표는 Andersson이 동해안에서 Schlippenbach가 채집(1868년)한 버드나무(*Salix koreensis*)가 최초이다(Cho 1996). 버드나무과(Salicaeae)에는 사시나무속(*Populus*), 버드나무속(*Salix*), 채양버들속(*Chosenia*)의 3개 속(genera)이 있다(Lee 1997). 학자의 견해에 따라 2~4개의 아속으로 재분류하기도 한다. Lee(1980)는 한반도 내의 버드나무속을 46분류군, Lee(1996b)는 44분류군으로 기재하였다. 울릉도와 제주도에는 하천지형의 발달이 미약하여 버드나무류의 발달이 상대적으로 불량하다.

버드나무류의 형태 및 생태 분류 | 버드나무류의 성상에 따른 분류를 보면 관목의 구성비(28종)가 가장 높고 교목, 아교목 순이다. 특히, 관목성 식물에서 특산식물이 많다(Lee 2005d)(표 7-8). 버드나무류는 하천성(범람원, riparian)과 비하천성(non-riparian)으로 구분되고(Argus 1986) 하천성은 교란지역에서 개척자식물(colonizer)이지만 비하천성은 천이적 변화가 느리거나 없는 상대적으로 안정된 입지(수분 내성)에 주로 관찰된다(Kovalchik and Clausnitzer 2004). 우리나라 대부분의 버드나무류들은 하천, 호소와 같은 습지에서 주로 서식하며 분버들, 호랑버들 등은 일부 산지에서 분포하기도 한다.

표 7-8. 식물 성상에 따른 버드나무류의 분류(Lee(1980) 목록; Lee and Kim 2005, NIBR 2021a)

성상	종수	식물종명(*: 특산식물, ^: 비교적 흔하게 관찰되는 수종)
교목	10	왕버들^, 털왕버들*, 쪽버들, 분버들, 버드나무^, 능수버들^, 개수양버들*^, 수양버들^, 호랑버들^, 좀호랑버들
아교목	6	좀분버들, 용버들^, 선버들^, 강계버들, 내버들, 꽃버들
관목	28	반짝버들, 여우버들, 긴잎여우버들, 유가래나무, 큰산버들, 털큰산버들*, 떡버들^*, 긴잎떡버들*, 섬버들*, 눈갯버들, 참오글잎버들^, 제주산버들*, 개키버들^, 당키버들, 키버들*^, 붉은키버들(키버들 통합), 육지꽃버들, 갯버들^, 매자잎버들, 긴잎매자버들, 콩버들, 난장이버들, 뉴사버들, 쌍실버들*, 진퍼리버들, 닥장버들, 들버들, 백산버들

우리 주변에 흔한 버드나무류 | 한반도 내에 서식하는 약 40~50여종의 버드나무류는 살아가는 고유의 습성과 서식공간이 조금씩 다르다. 우리나라에서 흔히 관찰되는 버드나무류는 20종 내외로 동

그림 7-19. 특산식물인 털왕버들(청도군, 천연기념물 제298호). 청도천의 지류인 오산천의 제방 상부에 자생하고 있다.

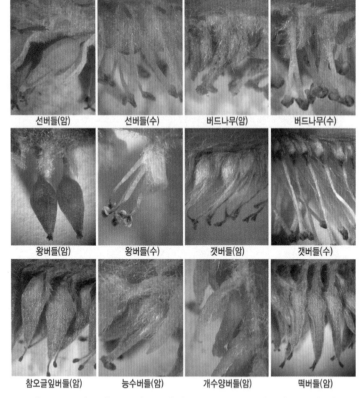

선버들(암)	선버들(수)	버드나무(암)	버드나무(수)
왕버들(암)	왕버들(수)	갯버들(암)	갯버들(수)
참오글잎버들(암)	능수버들(암)	개수양버들(암)	떡버들(암)

그림 7-20. 버드나무류의 꽃 형태(해부현미경 촬영). 버드나무류의 식물들은 암꽃과 수꽃 모두 해부학적으로 형태가 구별되기 때문에 분류를 위한 중요한 특성이다.

일 장소에서 많게는 5~6종이 동시에 관찰되기도 한다. 이 가운데 털왕버들(그림 7-19), 떡버들, 긴잎떡버들, 개수양버들, 섬버들, 쌍실버들, 제주산버들, 백산버들, 큰산버들은 한반도 특산식물(endemic plant)이다(Lee 1996a). 주변에 흔히 관찰되는 종은 버드나무, 왕버들, 개수양버들, 수양버들, 능수버들, 용버들(운용버들), 선버들, 갯버들, 눈갯버들, 키버들, 떡버들, 호랑버들, 참오글잎버들, 쪽버들, 분버들 등이다.

버드나무속 식물들의 어려운 분류 | 버드나무속의 식물은 자웅이주(雌雄異株, dioecious, 암수딴그루), 단순한 꽃 구조, 개체별 발달 가변성(developmental variability), 환경조건에 따른 다양한 표현형(phenotype), 잡종형성(hybridization)으로 분류(동정, identification)가 어렵다(Argus 1974, 2004). 대부분의 버드나무류는 자웅이주이나(그림 6-69 참조), 종간잡종을 쉽게 만들어(Ohwi and Kitagawa 1992) 분류가 어려운 식물군이다. 많은 버드나무속 식물들이 꽃과 잎이 동시에 나오지 않고 암그루와 수그루의 형질이 다를 수 있으며 잡종 생성으로 분류가 어렵다(Sakio and Yamamoto 2002). 까다로운 형태의 변이성 때문에 한 종에 여러 이름이 붙여진 경우가 많다. 버드나무류의 외형적 분류는 수고, 수피, 잎의 모양, 잎의 털 유무, 잎의 앞뒤 특성과 가장자리 형태 등으로 구분 가능하다. 개화기에는 암꽃과 수꽃의 형태적 특성으로 분류가 용이할 수 있지만(그림 7-20, 7-21) 이후에는 분류가 어려워진다. Cho(1996)는 버드나무류에 대한 화분학적 분류를 시도하기도 하였다. 국내에서도 일부 개체에서 자웅동주(雌雄同株, monoecism), 암꽃과

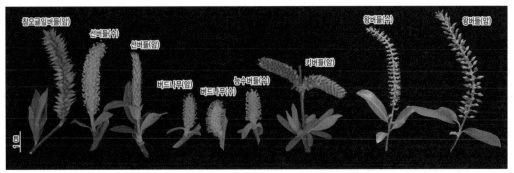

그림 7-21. 버드나무류 꽃의 다양성. 육안으로도 꽃은 암꽃과 수꽃이 확연히 구별된다.

수꽃을 동시에 갖는 자성자웅공동성(雌性雌雄共同性, gynomonoecy)(그림 7-22) 등 여러 예외적 경우가 관찰되기도 한다.

■ 버드나무류는 종별 개화시기 등이 다르고 이른 봄철 곤충의 중요 밀원식물이다.

버드나무류의 일반적 특성 │ 버드나무류는 연목(softwood)성 식물로 잘 휘는 성질과 타원 모양의 잎을 가진다(그림 7-23). 이는 빈번한 홍수와 같은 수위변동을 극복하기 위한 진화의 결과이다. 줄기는 연하여 잘 부러지지 않지만 가지는 잘 부러져 하류로 이동하여 영양번식체로 역할을 하기도 한다. 뿌리는 천근성(淺根性)으로 대부분 깊이 1.5m, 폭 3m 이내의 토심에 분포한다(Cho 1996). 버드나무류는 흔히 지하수면 하강에 대해 육상식물에 비해 잠재적으로 생존에 더 취약하다(Splunder et al. 2011). 즉, 주변의 버드나무류의 공간 분포는 토성과 지하수면에 큰 영향을 받는다(Lee 2002). 버드나무속 식물

그림 7-22. 갯버들의 자성자웅공동성 형태(담양군, 영산강). 버드나무류는 한 개의 화서에 암꽃과 수꽃이 같이 형성되는 경우가 드물게 관찰된다.

그림 7-23. 주요 버드나무류의 타원형 형태의 잎. 우리나라 습지에서 흔히 관찰되는 주요 버드나무류 6종의 잎은 물흐름에 적응한 타원형의 형태를 가진다.

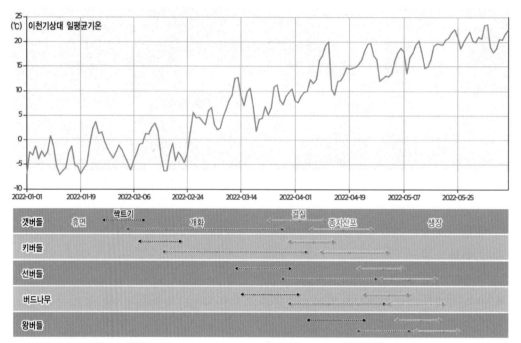

그림 7-24. 우리나라 중부지역(여주시, 37°13'~37°20'N)에서 주요 버드나무류의 계절학(2022년 관찰). 싹트기, 개화, 결실, 종자산포 시기는 기상환경(자료: 이천기상대, 37°15'50"N, 127°29'03"E)에 따라 매년 수일간 차이가 있을 수 있다.

들은 꽃이 먼저 피는 경우가 많고 꽃과 잎이 동시에 나기도 한다. 우리나라에서 버드나무속 식물들의 개화와 결실은 대부분 봄철에 종료된다.

버드나무류의 계절학 | 버드나무류는 종에 따라 개화, 열매 결실, 종자의 산포 시기가 다르다. 자연 상태에서 갯버들, 키버들, 호랑버들은 비교적 꽃이 일찍 피는 종류이며 왕버들은 상대적으로 늦게 개화한다. 우리나라에서 버드나무류 중에서 갯버들이 가장 빠른 2월 상순부터 개화한다(여주시, 남한강, 2022년 2월 확인). 이는 일본에서도 유사하다(奧田과 佐々木 1996). 흔히 왕버들은 우리나라에서 상대적으로 늦은 4월 중순~5월 상순에 개화한다. 우리나라 남부지역인 대구 일대에서 2007년 왕버들은 4월 초에 싹트기 시작하여 5월 중순 경에 종자를 산포하고 선버들은 시기가 상대적으로 1달 이상, 능수버들은 보름 가량 빨랐다(Kim et al. 2009). 우리나라 중부지방인 여주시 일대(37°13'~37°20'N, 2022년 관측)에서 주요 버드나무류 5종(갯버들, 키버들, 선버들, 버드나무, 왕버들)의 싹트기(budding), 개화(flowering), 결실(fruiting), 종자산포(dispersal)는 장마 이전인 2월 상순부터 5월 하순까지 이어진다(그림 7-24). 갯버들과 키버들이 일평균기온이 0℃ 내외에서 싹트기가 이루어져 가장 빠르고 왕버들이 12℃ 내외로 가장 늦다. 가장 많은 개체군을 갖

는 선버들과 버드나무의 싹트기는 일평균기온이 7℃ 내외이고 개화와 결실은 4월부터 5월 상순에 걸쳐 일어난다. 이러한 버드나무류의 계절학은 온도와 강수량과 같은 기상환경에 따라 매년 수일 정도의 차이가 발생할 수 있다. 일본 센다이 일대(38°N)에서는 갯버들이 4월 상순~중순, 선버들이 4월 하순~5월 중순에 주로 개화한다(奧田과 佐々木 1996). 우리나라에서 버드나무, 떡버들, 호랑버들, 갯버들, 참오글잎버들 등은 잎보다 꽃이 먼저 피며 왕버들, 개수양버들, 용버들, 선버들 등은 꽃과 잎이 동시에 난다. 이러한 개화의 차이는 종자산포의 시간적 분리를 의미한다.

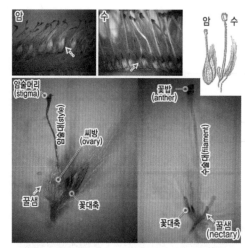

그림 7-25. 갯버들의 암꽃과 수꽃의 구조와 꿀샘. 버드나무류의 꿀은 이른 봄철 곤충들의 중요한 밀원자원이다.

계절학적 영향 요인 | 개화시기는 기상환경과 지리적 위치에 따라 다르다. 흔히 고위도 및 고해발 지역으로 갈수록 기온이 낮아지기 때문에 개화시기는 늦다. 이러한 버드나무류의 계절학적 변화는 기후와 연관되어 있다. 식물은 흔히 개화하기 1~2달 전의 기온(특히, 개화 전월의 평균기온)에 영향을 많이 받는데(Fitter et al. 1995) 봄철의 식물 계절학적 시작은 전월의 기온과 상관성이 높다(Menzel 2002). 우리나라 우포늪에서 선버들과 왕버들은 온도와 강수 요소가 개화일과 높은 상관성을 가지는 것으로 나타났다(Kim et al. 2013).

밀원식물 | 버드나무류는 화밀(花蜜, 꽃의 꿀, nectar)이 잘 발달되어 있어 곤충의 밀원(蜜源, 꿀샘)식물로 이용된다(그림 7-25). 다른 식물들이 개화하기 이전인 이른 봄철에 꿀벌과 같은 곤충들에게 꿀을 제공한다. 갯버들과 키버들은 2월 하순(흔히 2월 중순 이후)부터 선버들과 왕버들은 4월 중에, 왕버들은 5월 상순까지 밀원을 제공한다(2022년 여주시 일대 관찰)(그림 7-26). 북미 캐나다 페레더릭턴(Fredericton)에서 초파리들의 82%가 7종류의 버드나무류 수꽃에서 꽃가루

그림 7-26. 갯버들의 수꽃에서 꿀을 채취하는 꿀벌(여주시, 남한강, 2022.3.10). 빨리 개화하는 갯버들은 곤충의 밀원식물로 이른 봄에 많은 꿀벌이 흡밀을 위해 날아든다.

또는 꿀을 수집하여 단백질을 공급받는 등 지역 곤충들에게 매우 중요한 먹이자원으로 역할을 한다(Ostaff et al. 2015). 버드나무류는 암수 모두 꿀이 있지만(Argus 2006) 곤충들은 버드나무류의 암나무보다 수나무에서 꿀을 채집하는 특성이 높다(Ostaff et al. 2015, Mosseler et al. 2020). 우리나라에서도 수나무에서 보다 많은 곤충이 흡밀하는 것을 관찰할 수 있다.

■ 버드나무류는 분포 특성이 종에 따라 다르고 여러 유형으로 구별된다.

지리적 분포 | 버드나무류 중에는 기후적으로 분포범위가 넓은 종이 있는가 하면 그렇지 않은 종도 있다. 국내의 추운 중부지방에서 쪽버들(그림 7-27)은 계곡지역, 분버들은 습한 산지에 주로 분포한다. 왕버들은 북위 38° 이남에(Lee 2005d), 채양버들(새양버들, *Chosenia arbutifolia*)은 중부 이북(주로 북한지역)에 주로 분포한다(NIBR 2021a). 황철나무는 국내에서 설악산 일대에 분포가 제한된다(Lee 2005d). 황철나무는 일본에서도 북쪽의 북해도에 위치한 도카치천(十勝川, Tokachi stream) 일대에 주로 분포한다(奧田과 佐々木 1996). 북한에만 분포하는 것으로 알려진 채양버들은 일본에서는 고위도 지방인 북해도 나가노현(長野県)의 아즈사천(梓川, Azusa stream) 일대에만 분포한다(奧田과 佐々木 1996). 수양버들과 용버들은 원산지가 중국으로 식재로부터 유래되었다. 버드나무류 가운데 갯버들이 비교적 지리적 분포범위가 넓다. 선버들은 추운 지방일수록 세력이 약해진다(奧田과 佐々木 1996).

그림 7-27. 쪽버들 보호수(인제군, 방태천 지류 계곡). 쪽버들은 우리나라 중부지방 이북의 계곡(상류지역)에 주로 분포한다.

버드나무류의 생태적 유형 구분 | Lee(2002)는 우리나라 버드나무류의 군집 분포를 크게 4개 유형으로 구분하였다. 집단-1은 해발고도가 높고 기온이 낮은 곳에 분포하는 호랑버들, 쪽버들 집단, 집단-2는 미사 및 점토의 함량과 유효인량이 높고 pH가 낮은 곳에 분포하는 선버들, 버드나무, 왕버들, 능수버들 집단, 집단-3은 모래 함량이 높고 함수량, 유기물량, 총질소량이 낮은 곳에 분포하는 갯버들, 키버들, 눈갯버들 집단, 집단-4는 분포 경향이 모호한 당키버들, 분버들, 개키버들 집단이다. 이를 토대로 보면 집단-1은 우리나라 중부의 최상류 계류구간, 집단-2는 중류~하류구간, 집단-3은 상류구간이 분포지인 것으로 이해될 수 있다. 특히, 버드나무는 생태적 지위가 버드나무속의 다른 식물에 비해 넓은 것으로 분석되며(Lee 2002) 이는 우리나라 하천식생분류체계의 주요종(Lee 2005d)으로 인식되는 것과 일맥 상통한다.

■ 버드나무류는 생산성이 높고 빠른 자유생장을 하며 어린가지는 냉해를 입는다.

버드나무류의 빠른 생장과 생산성 | 버드나무류는 초기에 빠르게 생장하는 속성수이다. 선버들은 발

아 후 2~3년에 생장이 가장 왕성하고 수령이 11년 이상이면 길이생장은 멈추고 부피생장을 하는데(Lee 2002) 이는 개체군의 안정화 과정이다. 낙동강에서 발아한 후 선버들은 3년, 왕버들은 6년까지 줄기 밀도가 급격하게 감소하여 자기솎음이 강하게 일어나는데(Cho et al. 2017) 이는 배후습지에서도 유사한 특성이다(Kim et al. 1999a)(그림 7-28)(그림 6-85, 6-86 참조). 버드나무류의 숲은 일제히 발아하는 동령림의 형태가 많다(Lee 2005d)(그림 6-55, 6-85 참조). 버드나무류는 2년생인 개체부터 개화하기도 한다. Cho et al.(2017)의 연구에 의하면 우리나라 낙동강의 대표적 버드나무류인 선버들은 수령 15년에 7.5m까지, 왕버들은 수령 13년에 14m까지 수고가 증가하였다. 지상부 생체

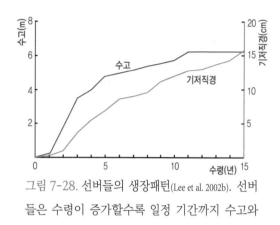

그림 7-28. 선버들의 생장패턴(Lee et al. 2002b). 선버들은 수령이 증가할수록 일정 기간까지 수고와 기저직경이 늘어나는데 자기솎음의 결과이다.

량(단위면적당)은 생장초기에 급속히 증가하며 선버들은 수령 13년에 최대로 증가하고 15년에 19,300kg DM/ha까지, 왕버들은 수령 13년에 1,108,900kg DM/ha까지 증가하였다(그림 7-29). Kim et al.(1999a)에 의하면 선버들(합천군, 박실늪)의 현존량을 109.7ton/ha으로 추정하기도 하였다. Kim et al.(2007)은 우포늪에서 선버들의 평균생체량을 11,100kg DM/ha로 추정하였다. 낙동강에서 선버들의 생체량은 줄기>가지>잎의 순이고 왕버들은 가지>줄기>잎의 순이다(Cho et al. 2017). 선버들의 경우 암·수그루 간의 성장 차이는 없다(Lee et al. 2002b).

버드나무류의 생장 패턴 | 버드나무류는 당해년도에 개화하여 종자 산포하여 발아하여 개체군을 유지시킨다. 주요종인 선버들은 아주 작은 종자가 4~5월에 발아하여 45일 정도가 지나면 온전한 유목의 형태를 가진다. 식물이 생육 가능한 6개월 전후 동안 생육을 지속하여 개체를 생장시킨다. 새롭

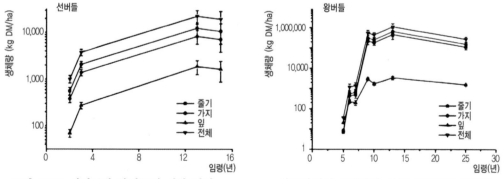

그림 7-29. 선버들과 왕버들의 생장 패턴(Cho et al. 2017). 낙동강에서 종자발아 이후 선버들과 왕버들의 지상부 생체량은 급격히 증가하며 13년에 지상부가 최대의 생체량을 갖는다.

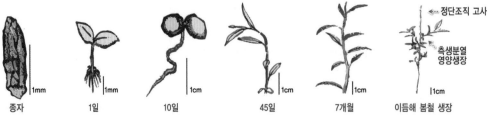

종자	1일	10일	45일	7개월	이듬해 봄철 생장

그림 7-30. 선버들의 종자발아 이후 생장 패턴(Lee et al.(2002b) 수정). 종자발아 이후 빨리 성장하며 2~년에 생장이 가장 왕성하다. 선버들을 포함한 버드나무류는 자유생장하기 때문에 어린 나뭇가지는 냉해를 입어 정단조직이 고사하는 특성이 있다.

그림 7-31. 선버들 어린 나뭇가지의 고사(여주시, 남한강). 이른 봄 선버들의 어린 나뭇가지들은 냉해를 입어 정단조직이 고사하는 경우가 흔하다.

게 생장한 개체의 줄기 정단조직은 추운 겨울 동안 냉해를 입는다(그림 7-30, 7-31). 이듬해 봄철에는 냉해를 입은 정단조직 옆에 측생분열로 측면 가지가 자라는 생장 패턴을 가진다.

버드나무류의 자유생장과 냉해 | 봄부터 늦가을까지 성장하는 버드나무속, 사시나무속 등의 속성수는 주로 자유생장(自由生長, free growth)한다. 그에 반해 일정기간 생장하고 여름에 성장을 멈추는 식물들(소나무, 잣나무, 참나무류 등)은 고정생장(固定生長, fixed growth)한다. 자유생장하는 버드나무류에게 늦은 가을에서 이른 봄까지의 서리(frost)는 식물에 냉해 피해를 줄 수 있다. 개방수역(open water, 식생이 없는 수역)이 넓은 하천 또는 호소에서는 기온이 급격히 하강하는 늦은 가을철에 대기와 물의 온도(비열) 차이로 물안개(wet fog)와 서리가 많이 발생한다(그림 3-7, 3-8 참조). 이로 인해 당해 또는 전년에 자란 어린 나뭇가지들의 정단조직이 냉해를 입기 때문에 말라죽은 가지인 삭정이가 빈번히 관찰되고 측생분열이 활발하다.

■ **버드나무류는 충매화 또는 풍매화이고 왕성한 번식 능력을 가진다.**

버드나무류의 수분과 번식 | 버드나무류는 수분(受粉, pollination) 방식에 의하면 충매화(蟲媒花, entomophilous flower) 또는 풍매화(風媒花, anemophilous flower)에 해당되지만ㄴ 온대지역의 버드나무류는 대부분 충매화에 해당된다(Argus 1974, Mosseler et al. 2020). 버드나무류는 밀선(꿀샘)을 갖고 있기 때문에 충매화로 간주되어 왔지만(그림 7-26 참조) 최근 바람에 의한 풍매화와 곤충에 의한 충매화가 혼재하는 것으로 연구된 바 있다(Tamura and Kudo

2000). 곤충들의 활동이 상대적으로 낮은 북극 또는 고산지대에서는 풍매의 의존성이 높아진다(Totland and Sottocornola 2001, Shaw et al. 2010). 버드나무류는 습한 토양에서 열매를 통한 유성번식(실생법)과 소류의 물리력에 의해 파괴된 식물체 일부(번식체, propagule)가 땅에 묻혀 새로운 개체가 형성되는 영양번식(삽목법)이 활발하고(그림 6-70 참조) 정착 후 초기의 생장은 매우 왕성하다.

버드나무류의 번식 특성 | 버드나무류는 서식환경의 특성상 맹아력(萌芽力, 움력)이 뛰어나며 우리나라에서는 봄철에 많은 종자를 생산한다(그림 6-68 참조). 교란이나 스트레스를 받는 지역에서는 버드나무류의 영양번식 빈도가 증가한다. 식물체는 땅에 묻힌 줄기 또는 공중줄기에서 부정근을 쉽게 형성하여 교란환경에 적응한다. 식물체가 훼손되었을 때의 재발아(resprout) 능력은 높은 교란환경에 반응하는 식물의 높은 적응력이다. 버드나무류는 맹아지(움가지, coppicing) 생성과 같은 재발아 능력이 매우 높다(Hubbard 1904, Stott 1992, Moerman 1998, Keoleian and Volk 2005, Lee 2005d). 실험실에서 버드나무류 24종을 삽목하여 98%를 발근(Kim and Lee 1998)시키는 등 높은 분화전능성(totipotency)에서 이러한 특성을 잘 보여준다. 배후습지(합천군, 박실지)의 주요종인 선버들의 개체 밀도는 6,140본/ha이고 분지된 줄기는 14,950개를 고려하면 개체당 분지된 줄기(맹아지)는 평균 2.43개로 분석되기도 하였다(Kim et al. 1999a).

종자의 확산과 발아 | 버드나무류는 암그루에 달린 종자의 솜털이 바람에 의해 광범위하게 산포되기 때문에(그림 7-32) 광역 확산하는 특성이 있다. 종자발아 가능기간은 대부분 1개월 이내로 짧지만 종자가 정착한 장소의 환경 조건이 적합하지 않으면 발아하지 않는다. 종간 차이는 있지만 버드나무류는 산포 2주 동안 발아율이 약 90% 이상이고 그 이후는 급격히 떨어져 40일 넘으면 0%에 가깝다(奧田과 佐々木 1996). 국내 주요종(선버들, 버드나무, 왕버들, 키버들, 갯버들) 간에도 차이는 있지만 종자 산포 후 15~20일이 경과하면 발아율이 0%를 나타내었다(Lee 2002). 버드나무류와 유사한 특성을 갖는 북미의 미류나무류(*Poplus angustifolia*, *P. deltoides* 등)도 야생에서 종자 생존력이 1~2주이고 입지가 맞지 않으면 2~3일 내에 생존력을 상실한다(Braatne et al. 1996). 이 미류나무류는 수문적 계절성을 고려하여 종자를 산포하는 전략을 가진다(그림 6-28 참조). 우리나라 버드나무류의 종자산포는 시기적으로 우기(장마, 흔히 6월 하순 이후) 이전(대부분 장마 이전, 3~5월)에 모두 완성한다(그림 7-24 참조). 종에 따라 산포시기가 다르고 선호하는 입지 및 정착시 환경조건들이 달라 종별, 개체군별 공간 분리가 일어난다. 그

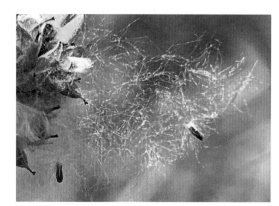

그림 7-32. 키버들의 종자(여주시, 남한강). 버드나무류는 종자에 솜털이 달려있기 때문에 바람에 멀리까지 날아갈 수 있다.

결과 하천변의 토양 및 수분조건, 미세지형 등의 입지환경에 맞추어 여러 버드나무류들이 섞여 모자이크 경관을 만든다. 흔히 식물의 종자발아를 지상발아(地上發芽, epigeal germination)와 지하발아(地下發芽, hypogeal germination)로 구분하는데 버드나무류는 지상발아의 형태로 구분된다(Lee 2002).

개체군 유지 ｜ 버드나무류들의 종자발아체(실생, seedling)나 어린나무(sapling)들은 내음성(shade tolerance)이 낮아 세대교체가 불가능하고 수명도 비교적 짧아 서식처의 교란이 지속되어야 개체군이 유지된다(奧田과 佐々木 1996). 버드나무류는 비교적 다양한 분류군이며 선구식물적 특성을 많이 갖는다(Niiyama 1990, van Splunder et al. 1995, Lee 2002, 2005d). 새로운 나지 또는 적합한 입지의 형성은 이들 개체군 유지에 중요하며 일제히 종자발아하여 성장하는 특성으로 동령림이 많다(Lee 2005d). 버드나무류의 이러한 선구적 특성은 수 많은 종자 생산, 바람 또는 물을 이용한 광범위한 산포, 빠르고 긴 생장(자유생장), 높은 맹아력, 부정근 형성, 높은 분화전능성, 침수에 대한 내성 등이다.

■ **버드나무류는 종별 서식환경에 대한 선호하는 생태적 특성들이 다르다.**

토양 특성 ｜ 버드나무류는 토양조건에 따른 발아실험에서 종별 차이점이 있고 생육입지의 특성에 대응한 반응을 보인다(奧田과 佐々木 1996). 이에 의하면 선버들은 가는모래에서 원뿌리(주근, tap root)의 선단은 썩었지만 부정근이 왕성하게 자라 토양층의 뿌리 밀도가 높아지고 지상부의 성장도 양호하였다. 굵은모래에서는 반대의 경향을 보였다. 이는 가는모래가 많은 하류지역에서 선버들이 우점하는 생태적 특성을 잘 보여준다. 채양버들(새양버들)은 굵은모래에서 생장이 빨랐는데 이는 계곡 일대에 서식하는 특성(NIBR 2021a)을 잘 보여준다. Lee(2005d)의 연구에서도 선버들은 홍수에 하상이 침수되고 토양 상부에 유기물을 다량 포함하는 가는모래와 점토가 많이 퇴적되는 곳이다. 선버들림이 발달한 입지의 토양이 마르면 점토 성분에 의해 표토는 거북등처럼 논바닥 갈라지듯 한다(그림 3-43, 7-45 참조). 키버들은 자갈과 굵은모래로, 갯버들은 자갈이 많은 토양 입지에 주로 생육한다. 갯버들은 선버들보다 강한 유속에 영향을 받는다. 이러한 특성은 일본에서와 유사하다(奧田과 佐々木 1996).

기공의 특성 ｜ 우리나라에서 흔한 버드나무류의 기공은 버드나무, 선버들, 왕버들에 비해 모래 함량이 높은 곳에 분포하는 키버들과 갯버들에서 기공의 크기가 작다(Lee 2002). 이는 건생형 식물은 기공 밀도는 증가하지만 크기는 감소하는 특성으로 이해할 수 있다(Stafelt 1972, Lee 2002). 기공의 밀도는 토양환경과는 무관하다(Lee 2002). 기공 복합체의 모양, 크기 및 밀도와 같은 특성은 버드나무속의 식물종을 구별하는데 매우 유용하고 변이는 비교적 넓다(Ghahremaninejad et al. 2012). 채양버들속(*Chosenia*)을 버드나무과

(Salicaceae)의 독립된 속(屬, genera)으로 구분하는 것에 대한 많은 논쟁이 있는데(Chen et al. 2008) 기공의 특성들을 근거로 채양버들속을 버드나무속(*Salix*)에 포함시키는 것을 제안하기도 하였다(Ghahremaninejad et al. 2012). 잎당 기공의 수는 강우량과는 무관하게 입지환경에 따라 달라지는데 잎이 발달하는 동안 수분 손실을 제한하면서 최대한 탄소를 흡수하도록 잎의 형태를 성숙시킨다(Fontana et al. 2017).

침수내성 특성 | 많은 버드나무류는 침수 실험에서 강한 내성을 나타낸다(奧田과 佐々木 1996). 하지만 지속적인 장기간의 침수에는 고사하나(그림 6-53 참조), 오히려 짧은 침수(약 20일 이하)는 이들의 생육을 촉진시킨다(Kim et al. 2014b). 북미에서 버드나무속(*Salix interior*)의 생존침수기간은 2년이다(Crawfold 1982, Keddy 2000). 우리나라 4대강사업에 따른 보 상부의 수위상승으로 버드나무류림(주로 버드나무, 왕버들, 선버들)은 생존가능 침수기간이 약 1년으로 나타났고 국내의 다른 호소에서도 비슷하다. 국내 버드나무류림의 생존 지속을 위해서는 최대 1년 이하(흔히, 8~10개월 이하) 기간으로 침수되어야 하며 생육기에 식물의 뿌리호흡을 위해 일정기간 배수가 이루어져야 한다. 버드나무류(*S. viminalis*)는 범람 이후 토양이 배수되면 뿌리의 신장을 촉진시키는데 흔히 배수가 잘 되는 토양에서 확장속도가 빠르다(Jackson and Attwood 1996).

■ 하천 습지에서 버드나무류를 선호하는 곤충들이 있다.

거품벌레와 혹파리 | 거품벌레류는 노린재목에 속하는 비교적 작은 곤충으로 우리나라에는 약 30여종이 서식한다. 거품벌레류는 다양한 식물의 육즙을 빨아 먹는다. 거품벌레(*Aphrophora pectiralis*)는 주로 버드나무과의 식물을 기주로 서식하는데(NIBR 2021a) 거품벌레 애벌레는 버드나무류의 잎에 비누거

그림 7-33. 거품벌레(갯버들, 문경시, 조령천). 식물 생육기 잎에서 곤충의 거품을 종종 볼 수 있다.

그림 7-34. 버드나무 가지의 충영(이천시, 복하천). 버드나무류의 가지에는 혹이 자주 관찰된다.

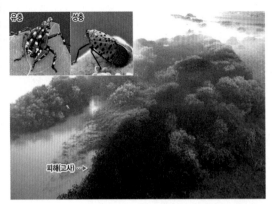

그림 7-35. 버드나무류 수변림의 꽃매미 피해 (부여군, 금강). 꽃매미 기주식물로 버드나무류가 이용되면서 일부 개체군이 고사(갈색)하였다.

품 같은 형태의 액체를 몸 주위로 분비하여 그 안에서 생활한다(그림 7-33). 또한, 버드나무류의 가지와 줄기에는 충영(벌레혹)이 잘 관찰된다. 잎에는 잎벌레가, 줄기에는 혹파리에 의한 원인이 많다. 수양버들혹파리(버들가지혹파리, *Dasineura rigidae*)의 성충은 버드나무류에 3월 하순~4월 하순에 우화하고 어린 가지에 산란하여 10~11월에 버드나무류 가지에 혹이 생성된다(Mun and Lee 2014)(그림 7-34).

꽃매미의 기주식물 │ 꽃매미(*Lycorma delicatual*)는 중국이 자생지로 2000년대 중반 이후 우리나라에 유입되어 중부지방을 중심으로 집단발생하여 농가 및 생태계 등에 많은 피해를 주고 있다(Kim 2013b). 이 때문에 환경부에서는 2012년 꽃매미를 생태계교란생물로 지정 관리하고 있다. 특히, 2010년 초반에 꽃매미가 전국으로 확산되면서 연기군 금강 일대 버드나무류 식물군락(약 4ha)에 잎마름이 발생되었고(그림 7-35), 산지와 하천변의 버드나무와 때죽나무에도 확산되기도 하였다(ME 2013). 자연서식지인 중국에서 기주식물인 사시나무속(*Populus*), 버드나무속(*Salix*), 참죽나무 등이 꽃매미 난괴에 대한 기생율에는 유의한 차이는 없지만 참죽나무에서 가장 높고 가중나무에서 가장 낮다(Choi et al. 2014a).

■ **버드나무류 수변림의 식물사회는 버드나무, 선버들, 갯버들로 특징된다.**

버드나무류 수변림의 특성과 주요종 │ 수변 연목림을 대표하는 버드나무류 숲은 우리나라 하천 습지 유역에서 매우 넓게 발달하고 계곡의 경목림과 달리 주기적인 홍수에 의해 유지되는 준극상림 또는 지속식물군락에 해당된다(그림 6-87 참조). 우리나라 습지에는 12종(호랑버들 *Salix caprea*, 왕버들 *S. chaenomeloides*, 개수양버들 *S. dependens*, 갯버들 *S. gracilistyla*, 버드나무 *S. koreensis*, 키버들 *S. koriyanagi*, 용버들 *S. matsudana for. tortuosa*, 능수버들 *S. pseudolasiogyne*, 참오글잎버들 *S. siuzevii*, 선버들 *S. subfragilis*, 쪽버들 *S. maximowiczii*, 분버들 *S. rorida*)의 버드나무속 식물종이 주로 관찰된다(Lee 2005d)(표 7-8 참조). 버드나무속의 식물종은 비교적 넓은 생태적 범위를 가지고 있다(Kim and Lee 1998). 영양번식이 가능하며 척박한 토양에서도 가지와 뿌리의 생장이 빠른 선구식물적 특성은 강한 교란이 있는 습지환경에서 우점할 수 있는 원동력이다.

식생분류체계 │ 수변의 버드나무류 연목림의 식생분류체계는 1개의 미결정 군목과 선버들군목으로 구성된 2개의 군목(order), 3개의 군단(alliance), 14개의 군집(association), 1개의 군락(community)으로 구성된다(Lee 2005d)(표 7-9)(표 7-6 참조). 군단은 버드나무군단과 선버들-갈풀군단, 갯버들-달뿌리풀군단으로 이들의 공간 분포는 다르다(그림 7-36, 7-37). 일본 수변림(하변림)도 버드나무속 식물종이 주요종이며 *S. sachalinensis*와 내버들(*S. gilgiana*)을 표징종으로 Salicetea sachalinensis(군강)로 구분한다(奧田과 佐々木 1996). 하위단위는 선버들과 말똥비름이 표징종인 선버들-말똥비름군목(Sedo-Salicetalia subfragilis, cf. 2개 군단과 4개 군집)과 *S. serissaefolia*와 사방오리가 표징종인 Alno-Salicetalia serissaefoliae(cf. 5개 군단과 9개 군집) 등을 포함한다(宮脇 등 1978). 한반도에는 *S. sachalinensis*, *S. serissaefolia*가 분포하지 않고 내버들은 황해, 평남북, 함남북에 제한적으로 분포한다(Lee 1996a). 이는 일본과 한반도의 수변림은 버드나무속으로 대표되며 명백한 종조성적 차이가 있음을 보여주는 것이다. 우리나라는 일본에 비해 식생단위간 종조성 구별이 불명확하고 진단종이 단순한데 보다 편중된 강수패턴과 강한 교란이 원인으로 판단된다.

표 7-9. 버드나무류 연목림의 식생단위별 특성(색이 진하면 빈도가 높음)

식생단위	진단종(*:구분종)	유역 최상	상류	중류	하류	호소	수위 고	고중	중	중저	저	토성 자갈	혼재	모래	혼재	점토	수분 과건	약건	보통	약습	과습
선버들군목	선버들																				
버드나무군단	버드나무, 선버들*																				
버드나무-갈대군집	버드나무, 갈대, 선버들*																				
버드나무-신나무군집	버드나무, 신나무, 찔레꽃*, 달뿌리풀*																				
버드나무-갈풀군집	버드나무, 갈풀, 미나리*																				
왕버들-갈풀군집	버드나무, 왕버들, 갈풀, 선버들*																				
비술나무군집	비술나무, 버드나무*																				
선버들-갈풀군단	선버들, 갈풀																				
선버들-갈풀군집	선버들, 갈풀																				
선버들-왕버들군집	선버들, 왕버들, 갈풀*																				
선버들-키버들군락	선버들*, 키버들*																				
선버들-갯버들군집	선버들, 갯버들, 달뿌리풀*, 갈풀*																				
참오글잎버들-달뿌리풀군집	참오글잎버들, 키버들, 달뿌리풀, 선버들*, 갯버들*																				
상급단위 미결정																					
갯버들-달뿌리풀군단	갯버들, 달뿌리풀																				
갯버들-달뿌리풀군집	갯버들, 달뿌리풀																				
왕버들-갯버들군집	갯버들, 왕버들, 달뿌리풀*																				
갯버들-개키버들군집	갯버들, 개키버들, 달뿌리풀																				
갯버들-산뚝사초군집	갯버들, 달뿌리풀, 산뚝사초																				
산철쭉군집	산철쭉, 갯버들*, 달뿌리풀*																				

■ 우리나라에서 가장 흔하게 분포하는 버드나무와 선버들의 생태적 특성은 다르다.

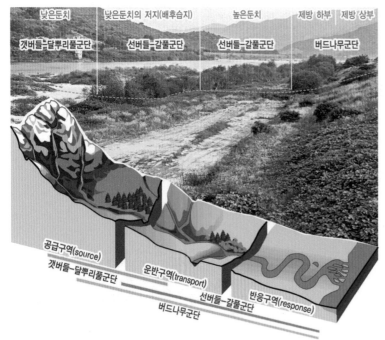

그림 7-36. 버드나무류 수변림의 유역 및 횡단분포 모형(광양시, 섬진강). 버드나무군단은 하천 전체 구간의 제방에, 선버들-갈풀군단은 중류~하류 구간의 둔치에, 갯버들-달뿌리풀군단은 상류구간의 물가~낮은둔치 일대에 우세하게 공간 분포한다.

그림 7-37. 선버들-갈풀군단과 버드나무군단의 공간 분리(나주시, 영산강). 선버들림은 둔치에서, 버드나무림은 제방에서 주로 우점한다.

선버들과 버드나무의 형태적 특성 | 버드나무류는 교잡 형태가 많고 물리, 화학적 교란된 환경에서는 표현형의 가소성과 다양성으로 구분이 모호할 때가 많다. 특히, 버드나무(*S. koreensis*)와 선버들(*S. subfragilis*)은 한반도의 하천 습지식생을 대표하는 핵심 진단종으로 명확한 구별이 필요하다(Lee 2005d)(표 7-10). 특히, 4월의 개화기에는 꽃으로 이들의 구분이 보다 명확하지만(그림 7-20, 7-21 참조) 그 이후에는 형태적으로 구분하기 어렵다. 수형은 선버들이 부채꼴형(맹아지형) 아교목 또는 관목식물이고 버드나무는 단목(單木), 단주(單株)형으로 성장하는 교목식물이다(그림 7-38). 이는 선버들의 입지가 수리적으로 교란 빈도와 강도가 강하기 때문이다. 흔히 잎은 버드나무가 보다 소형이고 잎끝이 길게 뾰족해지는 특징이 있다. 꽃의 크기는 선버들이 대형이고 수꽃의 수도 많다. 선버들 줄기의 껍질(수피)은 거북등처럼 조각으로 갈라져 벗겨지는 것이 주요 특징이다. 버드나무 줄기는 상대적으로 굵으며 껍질은 수직방향으로 길게 갈라지는 형태이다(그림 7-39). 버드나무의 가지는 상대적으로 잘 부러지는 특성이 있다. 줄기에서 나온 가지들은 성장 방향(각도)에도 차이가 있다(그림 7-40). 수평을 기준으로 선버들은 0 ~ 90°, 버드나무는 -45 ~ 45°, 가지가 아래로 길게 처지는 능수버들, 수양버들, 개수양버들은 -45 ~ -90° 사이의 각도로 가지가 자라는 경향이 있다.

그림 7-38. 선버들과 버드나무의 수형(좌)과 잎(우)(합천군, 정양지). 두 식물의 자연적인 수형은 줄기가 부채꼴형(맹아지형)과 단주형으로 크게 구분된다. 버드나무 잎이 선버들의 잎에 비해 흔히 소형이나, 잎끝이 길게 뾰족해지는 특성이 있다.

그림 7-39. 선버들(좌)과 버드나무(우)의 수피(낙동강). 선버들의 수피는 거북등처럼 조각으로 벗겨지고 버드나무는 세로로 길게 갈라지는 형태이지만 이들 유목에서는 이러한 특성이 불분명하다.

그림 7-40. 선버들, 버드나무, 능수버들 가지의 일반적 성장 형태. 3종류의 버드나무류는 새로 성장하는 가지가 바깥쪽으로 뻗는 각도에 차이가 있다.

표 7-10. 선버들과 버드나무의 상대적 특성 비교

특성 구분	선버들(*Salix subfragilis*)	버드나무(*Salix koreensis*)	비고
성상	아교목~관목, 맹아지형(부채꼴형)	교목~아교목, 단주형(외줄기형)	그림 7-38
잎모양	폭이 넓은 타원형(길이 14cm, 폭 5cm 이하)	끝이 뾰족한 긴 타원형(길이 13cm, 폭 3cm 이하)	그림 7-38
잎 앞/뒤 색	진녹색/녹백색	연녹색~진녹색/분백색	그림 7-38
주맥 구분	분명함	불분명함	그림 7-38
동아 크기	큼	작음	
꽃의 크기	8cm 이하	2cm 이하	그림 7-21
가지 성장 방향	위로 향함(우상향)	위 또는 옆으로 향함	그림 7-40
수피(성목)	거북등처럼 조각 벗겨짐(흑회색 계열)	세로로 길게 갈라짐(흑색 계열)	그림 7-39
생육 입지	수변~둔치, 유기물 많은 점토 우세	둔치~제방, 모래+자갈 또는 모래+점토	그림 7-37
기타 특성	잎의 변이가 큼	가지가 잘 부러짐	

그림 7-41. 버드나무-갈풀군집(좌: 구례군, 섬진강, 우: 인제군, 소양강). 버드나무-갈풀군집은 우리나라 하천 제방 하부 공간에 주로 발달한다.

그림 7-42. 버드나무-신나무군집(좌: 홍천군, 내린천, 우: 무주군, 원당천). 버드나무-신나무군집은 우리나라 하천 제방 상부 공간에 주로 발달한다.

■ 주요 버드나무류가 우점하는 수변림이 갖는 생태적 특성들은 다르다.

버드나무림 | 버드나무림(*Salix koreensis* forest)은 식물사회학적으로 버드나무군단(Salicion koreensis)으로 대표되고 버드나무, 선버들을 표징종으로 한다. 하천에서 수위변동에 영향이 작은 제방 또는 높은둔치에 주로 서식한다. 낙동강 지류인 남강 유역에서도 이러한 분포 특성이 밝혀진 바 있다(Lee et al. 2001a). 버드나무는 일본에 자생하지 않아(北村과 村田 1981) 한반도를 포함한 대륙성 식생단위이다. 버드나무-갈대군집(Phragmito-Salicetum koreensis), 버드나무-신나무군집(Aceri-Salicetum koreensis), 버드나무-갈풀군집(Phalarido-Salicetum koreensis) 등 다양한 하위 식생단위로 구분된다. 버드나무-갈대군집은 하천과 호소에 널리 분포한다. 수분조건에 대해 넓은 생태적 분포범위를 갖는 갈대의 특성(Lee and Yang 1993, Hawke and José 1996)으로 지하수면이 지표 가까운 부영양 충적입지에 주로 발달한다. 하천에서 횡구조물이 만들어지면 상부의 정체수역 가장자리에 불연속적으로 분포한다. 버드나무-갈풀군집은 버드나무군단의 범형으로 버드나무와 갈풀을 표징종으로 미나리를 구분종으로 한다. 주로 하천 중류 이하 구간의 높은둔치~제방으로 입지는 영양분이 많은 미사질 토양을 포함하고 있다(그림 7-41). 버드나무-신나무군집은 버드나무와 신나무를 표징종으로 찔레꽃과 달뿌리풀을 구분종으로 한다(그림 7-42). 우리나라의 상류구간에 보다 편중되는 경향성이 있으며 제방 또는 둔치에 주로 분포하고 묵논의 식생천이 후기에서도 흔히 관찰된다. 전국에서 보호수로 지정된 버드나무는 164개소이다(2019년 기준, KFS 2021).

선버들림 | 우리나라 하천 수변림을 선버들군목(Salicetalia subfragilis)으로 구분할 정도로 선버들은 하천

그림 7-43. 선버들-갈풀군집 구조(함천군, 낙동강). 선버들-갈풀군집은 잦은 범람으로 식물체가 상처를 입어 맹아를 많이 형성하기 때문에 맹아지가 발달하는 형태가 일반적이다.

그림 7-44. 선버들-갈풀군집의 토양 퇴적구조(구미시, 낙동강 해평습지). 본 군집은 퇴적지형에 발달하기 때문에 흔히 점토 성분이 많은 퇴적물이 켜켜이 쌓인 구조를 가진다.

그림 7-45. 선버들-갈풀군집의 토양환경(고령군, 낙동강). 상부에는 점토 성분이 많아 가뭄으로 마르면 표토는 거북등처럼 갈라진다.

그림 7-46. 배후습지의 선버들-갈풀군집(창녕군, 우포늪). 배후습지 내에서 평상 시에 배수되는 낮은 저지에서도 발달한다.

그림 7-47. 하천에서의 선버들-갈풀군집. 본 군집은 낮은둔치에 선형으로 발달하기도 하며 담수역(좌: 합천군, 황강) 및 기수역(우: 파주시, 임진강)에 이르끼가지 광범위하게 분포한다.

그림 7-48. 선버들-갯버들군집(좌: 홍천군, 도촌천, 우: 산청군, 경호강). 본 군집은 상류 또는 중류구간의 둔치에서 홍수시 유수의 영향을 강하게 받고 홍수에 식생이 상처를 받기도 한다.

습지의 주요 식물종이다. 일본의 선버들-말똥비름군목에 대응되지만 우리나라에는 말똥비름의 기여도는 상대적으로 낮다. 하위 범형의 선버들-갈풀군단(Phalarido-Salicion subfragilis)에는 선버들-갈풀군집(Phalarido-Salicetum subfragilis), 선버들-왕버들군집(Salicetum chaenomeloido-subfragilis), 선버들-갯버들군집(Salicetum gracilistylo-subfragilis) 등 여러 하위 식생단위를 포함한다. 일본에서 선버들은 삼각주지대 또는 하변의 유기질이 많은 점토 성분에 왕성하게 생육하고(Niiyama 1987, 1990) 우리나라에서도 유사하다. 선버들은 홍수시 유수에 의해 식물체의 물리적 파괴가 빈번히 발생한다. 선버들은 다른 버드나무속의 (아)교목성 식물종에 비해 유수에 강한 저항력이 있다(Miyawaki and Okuda 1990). 생존전략으로 맹아지를 많이 형성하며(그림 7-43) 수형은 부채꼴 형태가 된다(그림 7-38 참조). 입지는 매년 지속되는 퇴적물 충적으로 켜켜이 구분되는 퇴적체가 형성된다(그림 7-44). 토양환경은 점토(특히, 상부)가 많이 포함된 사질토이기 때문에 가뭄이 발생하면 토양 표면은 거북등처럼 갈라진다(그림 7-45). 선버들-갈풀군집은 범형으로 한반도 전역의 하천 중류~하류구간의 충적지인 둔치 또는 배후습지 일대에 매우 넓게 분포한다(그림 7-46, 7-47). 선버들-왕버들군집은 우리나라 중부 이남의 낮은둔치 일대에 주로 분포하며 하천작용에 의해 하도와 평행한 둔덕(mound)을 형성하는 경우가 많다. 선버들-갯버들군집은 선버들과 갯버들을 표징종으로 달뿌리풀과 갈풀을 구분종으로 한다. 하천 상류구간의 둔치에 주로 분포하며 전방(하도측)에는 갯버들이, 후방(제방측)에는 선버들의 피도가 증가하는 식생단면을 갖는다(그림 7-48). 횡단적으로는 활주사면으로 모래와 자갈(gravel 또는 cobble) 성분을 포함하며 선버들림 가운데 물흐름이 가장 빠른 하천구간에 발달한다.

그림 7-49. 습지 가장자리의 왕버들군락(함안군, 질날늪). 남부지방의 습지 가장자리에는 왕버들이 우점하는 식생이 빈번히 관찰된다.

왕버들림 | 왕버들림(Salix chaenomeloides, forest)은 주로 버드나무군단에 귀속되는 식물사회이다(그림 7-49). 왕버들-갈풀군집은 버드나무, 왕버들, 갈풀을 표징종으로 하며 영양분이 풍부한 입지에 주로 발달한다. 식생지리적으로 북위 38°이남에 분포하며 왕버들을 표징종으로 하는 일본의 Salicetum erocarpo-chaemomeloidetis는 해양성 기후로 38~39°이남에 분포한다(宮脇 1987). 오랜기간 잘 보전된 경우 대경목의 마을숲으로 발달하는 경우가 종종 관찰된다(그림 7-50). 특히, 왕버들은 버드나무속 식물 가운데 가장 크게 성장하기 때문에

그림 7-50. 왕버들-갈풀군집(좌: 성주군, 이천 지류). 제방의 본 군집은 대경목의 마을숲으로 자란다.

그림 7-51. 국내 최북단 왕버들 보호수(용인시). 개체 수준은 보다 북쪽에도 자생하지만 최북단 보호수는 청미천 중류의 제방에 위치한다.

경상북도에는 왕버들 노거수가 많다(Jang 2005). 왕버들 천연기념물은 김제시 봉남면의 '김제종덕리 왕버들'(제296호), 청송군 파천면의 '청송 관리 왕버들'(제193호), 광주시 북구의 '광주 충효동 왕버들군'(제539호), 59그루의 왕버들 대경목으로 이루어진 성주군 성주읍의 '성주 경산리 성밖숲'(제403호)(그림 2-54, 6-82 참조)이 존재한다(NHC 2021). 전국에서 보호수로 지정된 왕버들은 전국적으로 341개소이다(2019년 기준, KFS 2021). 대부분 남부 지방에 위치하며 최북단에 위치한 보호수는 용인시 백암면(북위 37°09'48")에 있다(그림 7-51). 왕버들림은 하천 중류~하류구간에 주로 발달하며 버드나무-갈풀군집과 입지가 유사하다. 입지의 토양환경은 모래, 모래와 자갈, 모래와 점토 등 다양하다. 남강에 생육하는 버드나무속 식물종 가운데 왕버들이 토성에 가장 넓은 생태적 분포범위를 갖는다는 연구가 있다(Lee et al. 2000a).

갯버들림 | 갯버들림(Salix gracilistyla forest)은 식물사회학적으로 갯버들-달뿌리풀군단(Phragmito-Salicion gracilistylae)으로 구분된다(그림 7-52). 본 군단에는 갯버들-달뿌리풀군집(Phragmito-Salicetum gracilistylae), 왕버들-갯버들군집(Salicetum chaenomeloido-gracilistylae), 갯버들-개키버들군집(Salicetum integro-gracilistylae), 참오글잎버들-달뿌리풀군집(Phragmito-Salicetum siuzevii), 산철쭉군집(Rhododendretum poukhanense) 등이 포함된다. 갯버들림은 상류구간에서 물리적으로 매우 불안정한 서식처에 발달하는 목본식물이다. 높은 번식력(繁殖力, fecundity), 높은 발아능력, 침수 내성이 이러한 특성의 원동력이다(White 1979, Ishikawa 1994). 이 특성으로 갯버들이 생육하는 식분의 지형은 둔덕(mound) 또는 사면(slope)을 형성하는 경우가 많다. 일본에서 갯버

그림 7-52. 갯버들-달뿌리풀군단의 전경(좌:인제군, 방태천, 우:문경시, 조령천). 본 군단은 침식이 강한 상류의 바윗돌 또는 호박돌 등으로 이루어진 퇴적지형에 우세하게 발달한다.

들은 9월에 최대성장기이며(Sasaki and Nakatsubo 2008) 우리나라는 8~9월이다. 갯버들은 범람으로 교란받으면 새로운 싹을 내고 묻힌 줄기로부터 부정근을 형성하는 등의 높은 맹아력으로 빠르게 식생이 복원된다(Sasaki and Nakatsubo 2003). 갯버들은 잎의 재흡수 효율(resorption efficiency)이 높지 않아(질소 44%, 인 46%) 토양과 물길아래층(hyporheic zone)으로부터 충분한 질소와 인을 흡수한다(Sasaki and Nakatsubo 2008). Song and Song(1996)은 눈갯버들군집(Salicetum graciliglandis)을 보고한 바 있지만 눈갯버들은 갯버들군집 내에 저빈도로 관찰되는 분포 특성이 있다. 일본의 갯버들군단(Salicion gracilistylae)에 대응되며 한반도 전역에 걸쳐 분포한다. 일본의 갯버들군단은 Alno-Salicetalia serissaefoliae(진단종: 사방오리)에 포함되지만 한반도에는 Salix serissaefolia가 분포하지 않는다. 사방조림(砂防造林)용으로 일본에서 도입된 사방오리(Alnus firma)는 우리나라 하천변에서

그림 7-53. 섬진강 하류구간의 모래토양에 발달한 갯버들-달뿌리풀군집(하동군). 섬진강 하류구간(구례군-하동군 구간)은 지형적으로 하상구배가 높아 구간적으로 하류이지만 중류의 특성을 가지기 때문에 본 군집이 발달한다.

분포가 드물다. 갯버들은 모래를 많이 포함하는 입지에 생육하며(Lee 1998) 버드나무류 가운데 토성에 비교적 좁은 분포범위를 갖는다(Niiyama 1987, Lee et al. 2001a). 갯버들-달뿌리풀군집은 범형으로(그림 7-52의 우측 그림) 주로 상류구간에서 분포하지만 섬진강 하류(구례~하동구간)(그림 2-7 참조)의 하상구배가 높은 굵은모래 토양에서도 관찰된다(그림 7-53). 하도측에는 달뿌리풀이, 제방측에는 갯비들의 생육이 보다 왕성하다. 물흐름에 영향을 많이 받는 공격사면에 생육하는 식분은 갯버들 순군락을 형성하기도 한다(그림 7-54). 토양환경과 식생과의 관계를 분석한 Ahn(2000)과 Chun et al.(1999)의 연구와 유사하다. 자갈(gravel 또는 cobble)성분이 많은 입지에서 생육이 왕성하며 굵은모래(coarse sand)로 이루어진 토양에서도 잘 생육한

그림 7-54. 공격사면의 갯버들순군락(좌: 청송군, 용전천)과 활주사면의 갯버들-달뿌리풀군집(우: 산청군, 경호강). 하천작용에 따른 횡단 위치에 따라 생육하는 식생의 구조 및 식물상에 차이가 있다.

그림 7-55. 참오글잎버들-달뿌리풀군집 전경(좌)과 서식 위치(우)(합천군, 황강). 본 군집은 주로 물가에서 둔치 사이에 발달하며 황강(합천군) 등 분포범위가 비교적 제한적이다.

다. 왕버들-갯버들군집은 금강과 낙동강 유역에서 횡구조물 등에 의해 하천 지형이 인위적으로 변형된 중류구간에서 국지적으로 관찰된다. 갯버들-개키버들군집은 우리나라 전역에서 부분적으로 관찰되며 토양은 굵은모래 또는 자갈과 모래가 혼합되어 있다. 갯버들-산뚝사초군집은 갯버들, 달뿌리풀, 산뚝사초를 표징종으로 하며 산뚝사초가 다발뿌리를 형성하여 토양을 고정시키는 역할을 한다.

참오글잎버들림 | 선버들-갈풀군단에 포함되는 참오글잎버들-달뿌리풀군집(그림 7-55)은 참오글잎버들(그림 7-56), 키버들, 달뿌리풀을 표징종으로 하며 선버들과 갯버들을 구분종으로 한다. 갯버들이 고빈

그림 7-56. 참오글잎버들의 잎(합천군, 황강). 가지 끝의 잎 가장자리가 뒤로 말리는 것이 주요 특징이다.

도로 출현하지만 종조성 또는 입지는 갯버들-달뿌리풀군단보다 선버들-갈풀군단에 더욱 가깝다. 이는 하천 유역적으로 갯버들림에서 선버들림으로 전이되는 구간에 발달하는 것임을 의미한다. 즉, 침식과 퇴적작용이 유사한 하천구간에 발달한다는 것을 알 수 있다. 참오글잎버들은 강원(주을), 함남북, 평남북에 분포하는 것으로 알려져 있으나(Lee 1996a) 낙동강 유역인 황강과 한강 유역인 오대천에서 자생 식분이 확인되었다. 특히, 황강(합천군 합천읍과 율곡면) 일대에 집중 분포하는 식생이다. Lee et al.(2001)에 의해 남강 유역에서도 분포하는 것으로 밝혀진 바 있다. 중류 이하 구간으로 모래로 이루어진 수변 또는 낮은둔치에 주로 발달하기 때문에 잦은 범람을 경험하여 식생고는 3m 이하이다.

3.2 경목림 또는 기타 연목림

■ 우리나라의 경목림은 흔히 하천 최상류구간의 계곡 주변에 분포한다.

경목림을 포함한 계곡림의 특성 | 경목림은 흔히 최상류구간의 계곡림(계곡·계반림)을 대표하며(그림 7-57) 하폭이 증가하는 상류구간에서는 연목림으로 바뀐다. 경목수종(*Quercus, Fraxinus, Ulmus, Acer*속 식물)은 범람에 적응력이 낮아 더 높은 상류지역에 서식하고 무거운 씨앗과 그늘진 조건에서 잘 발아한다(Blom 1999). 우리나라 하천에서 경목은 물푸레나무, 고로쇠나무, 서어나무, 느티나무, 느릅나무, 굴피나무 등이다. 버드나무류(willow, *Salix* sp.)와 오리나무류(alder, *Alnus* sp.)가 대표적 연목이다. 상류구간의 충적선상지 또는 활주사면 사력지(砂礫地) 등에는 소나무의 생육이 왕성하다. 설악산국립공원 내의 최상류구간에는 연목인 황철나무 우점림이 발달하기도 한다. 계곡림은 숲지붕(樹冠, canopy)으로 닫힌구간과 개방된 열린구간에서의 발달 형태로 구분할 수 있고 주로 하폭과 관련이 있다(그림 7-9 참조).

계곡림의 식생분류체계 | 계곡림의 식물사회 분류체계는 미결정군단을 포함한 2개의 군단과 4개의 군집으로 분류된다(Lee 2005d)(표 7-11). 하상구배가 높아 계단형의 계단-소(step-pool) 하천구간으로 암반 및 바윗돌이 충적된 공간에 물푸레나무군단이 발달한다. 하천 상류구간의 활주사면 또는 분산류가 작용하는 공간에는 오리나무가 우점하는 식분이 관찰된다. 일본에서는 냉온대 계곡·계반림을 개굴피나무군단(Pterocaryion rhoifoliae)으로 구분하며 **Fraxino-Ulmetalia**(진단종: 촛대승마, 도깨비부채, *Telypteris bukoensis*, 흑쐐기풀, 칠엽수, 관중, *Panax japonicus*, 홍노도라지, 민둥갈퀴, 큰석류풀, 개선갈퀴, 내장고사리, 덩굴별꽃, 벌개덩굴), **Fageteae crenatae**(너도밤나무군강, 진단종: 너도밤나무, *Quercus mongolica* var. *glosseserrata*, *Acanthopanax sciadophylloides*, 고로쇠나무, *Fraxinus lanuginosa*, 분

그림 7-57. 계곡림(울산시 홍류폭포 계곡, 신불산도립공원). 계곡림은 최상류 하천의 수변에 주로 발달한다.

표 7-11. 경목림 또는 기타 연목림의 식생단위별 특성(색이 진하면 빈도가 높음)

식생단위	진단종(*: 구분종)	유역					수위					토성						수분				
		최상류	상류	중류	하류	호소	고	고중	중	중저	저	자갈	혼재	모래	혼재	점토	조	건조	약건	보통	습성	과습
물푸레나무군단	물푸레나무, 고로쇠나무*, 고추나무*																					
물푸레나무군집	물푸레나무,고로쇠나무*,고추나무*,실새풀*	■	■				■	■				■	■	■				■	■	■		
황철나무-소나무군집	물푸레나무, 황철나무, 소나무, 고로쇠나무*, 고추나무*, 등칙*, 사람주나무*, 붉나무*, 조희풀*	■	■				■					■	■					■	■	■		
느티나무-매화말발도리군집	물푸레나무,느티나무,매화말발도리,고로쇠나무*,고추나무*,박쥐나무*,팽나무*												■						■			
군단 미결정																						
오리나무-찔레꽃군집	오리나무, 찔레꽃*, 물봉선*	■	■					■	■			■	■	■				■	■	■	■	

그림 7-58. 물푸레나무군집(좌: 강릉시, 연곡천)과 열매(우). 본 군집은 하천 최상류~상류구간의 고수위 권에 주로 발달한다.

단나무, 바위수국, *Paris tetraphylla*)에 귀속된다(Miyawaki and Okuda 1990). 우리나라의 개굴피나무는 일본, 중국 산둥 원산으로 우리나라 중부 이남에서 주로 식재하여(NIBR 2021a) 일본의 계곡·계반림 식물사회의 종조성과 는 명백히 구별된다.

■ 계곡의 경목림은 주로 물푸레나무, 느릅나무, 느티나무 등으로 이루어진 숲이다.

물푸레나무림 │ 물푸레나무림은 물푸레나무군단(Fraxinion rhynchophyllae)으로 대표된다. 물푸레나무를 표징종으로, 고로쇠나무, 고추나무를 구분종으로 하며 당단풍나무, 생강나무, 담쟁이덩굴, 주름조개 풀이 고빈도로 관찰한다(그림 7-58). 중부지방 또는 고해발지역에서는 들메나무림으로 변한다. 물푸레나무는 일본에 분포하지 않고 한반도 및 만주와 연해주가 분포 중심이기 때문에 물푸레나무림은 대륙성 식생단위로 구별된다. 물푸레나무군단의 범형인 물푸레나무군집(Fraxinetum rhynchophyllae)은 여름철 휴양객이 집중되는 장소로 암석(화강암류)이 50% 이상 노출되어 있어 매화말발도리, 산수국, 산철쭉, 돌단풍, 기린초, 돌양지꽃과 같은 돌이 많은 지역에 생육하는 식물종이 많이 혼생하고 있다. 파주시 적성면의 '파주 무건리 물푸레나무'(제286호)와 화성시 서식면의 '화성 전곡리 물푸레나무'(제470호)는 천연기념물로 지정되어 있다(NHC 2021). 전국에서 보호수로 지정된 물푸레나무는 27개소(서울시 1개, 인천시 1개, 경기도 4개, 강원도 14개, 충북 2개, 경북 5개)이다(2019년 기준, KFS 2021).

느릅나무림 │ 우리나라의 느릅나무림은 물푸레나무군단에 귀속되거나 수반종인 경우가 많다. 우리나라에는 계곡 선상지의 물푸레나무군단에서 느릅나무의 출현빈도가 높아진다. 하천에 관련해서는 주로 계곡 사면 또는 선상지 일대에 분포한다. 일본의 느릅나무림은 하안단구(河岸段丘, fluvial terrace)나 토석류단구(debris-flow terrace)와 같은 충적지(alluvial land)에서 나타난다(Ohno 2008). 우리나라 산지의 암설 붕적 사면 등지에도 빈번히 관찰된다. 생물권보호지역인 광릉숲(포천시, 남양주시)에서의 느릅나무군락도 산지 사면에 국소적으로 분포하고 있다(Cho et al. 2020). 백두대간 한의령~덧재구간의 산지에도 분포하고 있다(Cho and Lee 2013). 일본 중류구간의 충척 망류하천에서는 버드나무류와 느릅나무 등이 우점하는 형태가 관찰된다(Ishiokawa 2008). 우리나라의 유사한 형태는 동강(정선군, 영월군) 일대의 자갈충적 하천구간(일부 망류구간)에 생육하는 비술나무림이 여기에 해당된다(Lee 2005d). 우리나라 내에서는 느릅나무 단독으로 우점하는 경우는 드물고 진단종으로 기여할 것이다. 우리나라에서 상류지역에서 느릅나무기 우점하는 군락(군집)에 대해서는 추가적인 식생학적 연구가 필요하다.

느티나무림 │ 물푸레나무군단에 포함되는 느티나무-매화말발도리군집(Deutzio-Zelkovetum serratae)은 물푸레나무, 느티나무, 매화말발도리를 표징종으로 고로쇠나무, 고추나무, 박쥐나무와 팽나무를 구분종으로 한다. 대부분 보전 상태가 양호한 계곡에서 관찰된다. 숲지붕에 의해 하천 상부가 닫힌구간에 위치하기 때문에 음지성식물종(개별꽃, 둥근잎천남성, 미나리냉이, 십자고사리 등)을 포함하는 등 출현종수는 비교적 다양하다. 하상구배가 높은 구간이기 때문에 하천작용에 의한 식물종의 물리적 훼손 잠재성(강도 및 빈도)이 높다. 계곡의 느티나무는 훼손 역사를 잘 보여주는 예로 줄기가 충적대지에서 생육하는 개체와 달리 기형인 형태가 많다(그림 7-59). 이러

그림 7-59. 느티나무-매화말발도리군집(문경시, 조령천 지류). 하천 최상류 구간에 발달하며 닫힌숲지붕을 갖는 하천구간을 형성한다.

한 기형의 느티나무 개체를 옛부터 괴목(槐木)이라 불렀다. 일본의 Pellionio-Zelkovetum serratae에 대응되며 느티나무림은 토지적 극상림(edaphic climax forest)에 해당된다. 일본의 느티나무림은 그늘진 급경사 사면 또는 계곡, 계곡의 테일러스(talus, 애추 崖錐)에서 주로 발달하고(Ohno 1983) 한반도와 유사하다. 우리나라의 느티나무는 민속식물(ethnobotanic plant)로 자생 또는 인위적으로 식재한 개체들이 많아 천연기념물 또는 보호수가 많다. 전국에서 보호수로 지정된 13,900개소 가운데 느티나무가 7,295개소(약 52.5%)로 가장 많은 비율을 차지하고 있다(2019년 기준, KFS 2021). 천연기념물 가운데 느티나무와 관련된 개체 또는 개체군은 19개소가 있으며 일부 개체는 고사하였다(2018년 기준)(NHC 2021).

■ 계곡의 연목림은 흔히 오리나무림이지만 일부 지역에서는 황철나무림이 분포한다.

그림 7-60. 오리나무-찔레꽃군집의 가래나무아군집(강원 고성군, 산북천). 본 아군집은 중부지방 이북에서만 주로 관찰된다.

그림 7-61. 민간인출입통제지역 내 오리나무림이 발달한 묵논천이(철원군). 중부지방의 묵논 천이에는 버드나무, 오리나무, 아까시나무, 신나무 등이 혼생하는 것이 특징이다.

오리나무림 │ 우리나라의 오리나무림은 식물사회학적으로 오리나무-찔레꽃군집(Roso-Alnetum japonicae)으로 대표되며 물푸레나무군단과 구별된다. 오리나무를 표징종으로 하고 찔레꽃, 물봉선을 구분종으로 한다. 출현종수는 비교적 많다. 전국적으로 관찰되지만 중부 이북의 하천변에 보다 빈번히 관찰된다. 하천에서 오리나무림은 제방 충적지에서 주로 발달하고 토양은 모래가 우점하고 자갈 또는 점토 성분을 포함한다. 오리나무는 뿌리에 질소고정박테리아(방선균의 일종, Frankia속)와 상리공생(mutualism)하여 다른 식물에 비해 유리한 생존전략을 가진다(그림 4-3 참조). 전형아군집과 가래나무아군집(Juglandetosum mandshuricae)을 포함한다(그림 7-60). 가래나무아군집은 전형아군집에 비해 선구적 특성을 가지며 한반도의 중부 이북에 분포하는 대륙형 식생단위이다. 일본에서의 오리나무는 소택림(沼沢林)을 대표하는 오리나무군강(Alnetea japonicae)의 진단종으로 난온대습생림의 주요종이다(新庄 등 1995). 일본에는 하반림으로 오리나무림이 관찰되지만(奧田과 佐々木 1996) 우리나라에서는 거의 관찰되지 않는다. 일본에서 오리나무림은 주로 산지습지 및 계곡, 하천변 범람원, 배후습지, 충적저지에서 관찰된다(Sakio and Yamamoto 2002, Kim et al. 2017b). 일본에서 낮은 구릉지의 용출습지(spring-fed swamp)나

충적선상지 등에서도 관찰되고 오리나무림의 종조성은 느
릅나무림과 비슷하다(Ohno 2008). 대륙성 기후 지역인 우리나
라는 해양성 기후 지역인 일본에 비해 오리나무림의 분포가
제한적이다(Kim et al. 2011b). 한반도에서 오리나무림은 온난건
조한 기후보다는 한랭다습한 기후에서 보다 분포가 확장되
기 때문에 남부지방보다는 중부 이북지방에서 그 분포가 증
가한다. 남부지방에서도 계류변 또는 고해발 지대에 오리나
무림이 드물게 관찰된다. 남부지방에서는 무제치늪(울산시)
과 같은 산지습지, 중부지방에서는 계곡변의 천수답과 철원
군 등의 민간인출입통제지역에서의 묵논 진행천이에서 오
리나무림이 발달한다(Lee et al. 2010b, 2013)(그림 7-61). 이를 근거로
Kim et al.(2017b)은 울릉도와 제주도 이외 한반도에서 오리나
무림은 충적저지 묵정논 식생형(그림 7-62)과 산간 계류 선상지
범람원(그림 7-63) 식생형의 두 가지로 구분하였다. 보호수로
지정된 오리나무는 전국적으로 4개소(여주시 1개, 포천시 1개, 상주시
2개)이다(2019년 기준, KFS 2021). 최남단에 위치한 보호수는 상주시
화북면(북위 36°34'16")에 있으며 자생지는 산간지역의 하천변이
다(그림 7-64).

황철나무림 | 물푸레나무군단에 포함되는 황철나무-소나
무군집(Pino-Populetum maximowiczii)은 물푸레나무, 황철나무, 소
나무를 표징종으로 하고 고로쇠나무, 고추나무, 등칡, 사람
주나무, 붉나무, 병조희풀을 구분종으로 하는 계곡의 선구
식생(pioneer vegetation)이다(그림 7-65). 한반도에서 황철나무는 강
원, 평남북, 함남북에 분포하며(Lee 1996a) 우리나라에서는 설
악산과 계방산, 치악산 향로봉 일대에 국지 분포하는 것으
로 알려져 있다. 황철나무림은 우리나라 내에서 설악산국립
공원지역의 저정령과 쌍계계곡 해발고도 170~550m 사이의
사암지역에 주로 생육하며(Yim and Baek 1985) 문바위골(쌍계계곡)
해발고도 240~260m 사이의 계곡에 집중 분포한다. 설악산
내에서 하상구배가 매우 높은 최상류 하천구간으로 건천이

그림 7-62. 최남단 충적저지(묵정논)의 오리나무
보호수(여주시 능서면). 유존하는 오리나무 보호수
로 충적저지의 잠재자연식생을 유추할 수 있다.

그림 7-63. 산간 계류 선상지의 오리나무림(강릉
시, 군선천 단경골계곡). 우리나라의 냉습한 계곡의 퇴
적지형에 주로 발달한다.

그림 7-64. 오리나무숲(상주시 화북면, 용유천). 하천
제방에 발달한 최남단의 오래된 자연림이다.

그림 7-65. 황철나무-소나무군집과 황철나무 개체(속초시 설악산국립공원, 쌍계계곡). 하천 최상류구간에서 바윗돌 충적지의 선구식물종인 황철나무는 매몰된 개체에서 왕성한 맹아력으로 영양생장을 한다.

고 큰 홍수에만 유수의 영향을 받는다. 입지는 계곡변 또는 선상지이며 큰 바윗돌(화강암)들이 집적된 장소이다. 출현종수는 비교적 다양하다. 다층의 식생구조를 가지며 식생고는 12m 이내이다. 일본의 Salicetea sachalinensis, Toisuso-Populetalia maximowiczii, Populion maximowiczii에 귀속되는 Toisuso-Populetum maximowiczii에 대응된다. 일본 산지하반림은 채양버들, 북해도버드나무, 물오리, 황철나무 등으로 이루어진 숲이고 선구식생이다. 채양버들은 통기성이 좋은 입지에서, 황철나무는 유기질이 풍부한 장소에서 주로 발달한다(Sakio and Yamamoto 2002).

■ 중류 이하 구간에서 비술나무림 또는 모감주나무림이 국지적으로 분포한다.

비술나무림 | 버드나무군단 아래의 비술나무군집(Ulmetum pumilae)으로 분류되며 버드나무가 고빈도로 출현한다. 우리나라에는 강원도 정선군과 영월군의 동강 중류구간과 석항천의 해발고도 234~265m 구간(중류의 물리적 특성) 등지에서 주로 분포한다. 비술나무군집은 동강 일대의 석회암 지대(방해석 calcite, 백운석 dolomite; Kang 2004)에 극히 제한적으로 분포하는 대륙형 식생단위로 판단된다. 우리나라의 다른 유사한 하천구간에서는 갯버들, 선버들, 버드나무로 구성되는 식물사회가 발달한다. 비술나무는 대부분의 느릅나무류와 달리 자가수분(self-pollination)이 가능하다(Townsend 1975). **Choung et al**(2003)은 동강 일대의 자갈톱(gravel point bar)의 배후사면, 하중도, 공격사면의 하안에 비술나무림이 분포하는 것으로 제시했으나, 하천 단면적으로 활주사면의 자갈이 충적된 하천구간의 제방이 보다 전형입지(typical habitat)이다(그림 7-66). 비술나무는 홍수에 떠내려 온 도목(倒木, large wood debris)으로부터 왕성한 맹아력으로 새로운 개체를 형성한다. 동강 내에서도 범람에 영향을 받는 둔치의 식생과 영향이 거의 없는 제방의 식생으로 구분된다(Choung et al. 2003). 전국에서 보호수로 지정된 비술나무는 17개소(서울시 8개, 영월군 2개, 괴산군 1개, 문

그림 7-66. 비술나무군집(좌: 영월군, 평창강)과 매몰 개체에서의 왕성한 맹아력(우: 정선군, 동강). 본 군집은 우리나라 영월군, 정선군 일대의 수변에 주로 분포하며 제방의 식분은 대경목의 마을숲으로 자라기도 한다. 둔치에서 매몰된 개체에서 왕성한 맹아력(영양생장)으로 개체군을 유지하는 특성이 있다.

경시 1개, 포항시 1개, 청송군 4개)이다(2019년 기준, KFS 2021). 특히, 영월군과 정선군 일대에는 보호수는 물론 노거수가 비교적 흔하게 관찰된다(그림 7-67). 영양군 석보면의 '영양 주사골 시무나무와 비술나무숲'은 천연기념물(제476호)로 지정되어 있다(NHC 2021). 유존하는 비술나무를 근거로 국내 분포 특성에 대한 보다 확장된 연구가 필요하다. 비술나무는 내몽골지역의 사막화 방지를 위한 시험수종으로 선정되기도 하였다. 비술나무는 몽골의 동부와 북부 전역, 고비사막에 자생하며 내건성과 내한성이 강하고 지엽밀도가 높아 방풍조림 및 조경용으로 흔히 이용된다(Tungalag et al. 2012, Jo et al. 2014).

모감주나무림 ┃ 모감주나무림은 하식애(河蝕崖, 하안절벽)림으로 모감주나무-묏대추나무군집(Zizypho-Koelreuterietum paniculatae)으로 구분된다(Lee 2005d)(그림 7-68). 하식애는 사람들의 접근이 어려워 보존상태가 양호하며 서식처가 특이한 중요 식생자원이다. 모감주나무, 묏대추나무 등을 표징종으로 한다. 입지는 수위변동에 영향이 거의 없고 낙동강 지류인 금호강과 위천변, 금호강과 낙동강 합류부(화원동산) 등에 분포한다. 모감주나무는 흔히

그림 7-67. 비술나무 노거수(영월군, 동강변). 영월군과 정선군 일대에는 비술나무 노거수가 많이 관찰된다.

해식애와 하식애로 규암 또는 셰일(shale) 지역에 주로 발달하지만(Lee 1996a) 하천에서의 자생지는 주로 셰일 지역이다(Lee 2005d). 셰일 압석은 파편상으로 잘게 부서지고 토양의 발달이 빈약하다. '충남 태안군의 안면도'(제138호), '경북 포항시 동해면 발산리'(제371호), '전남 완도군 군외면 대문리'(제428호)의 모감주나무군락지를 천연기념물로 지정, 보호하고 있다(NHC 2021). 전국에서 보호수로 지정된 모감주나무는 전국적으로 7개소(서울시 1개, 대구시 1개, 울산시 1개, 충남 1개, 경북 3개)이다(2019년 기준, KFS 2021). 모감주나무는 중

국으로부터 해류에 의해 전파되어 자생하는 것으로 인식하기도 한다(Lee et al. 1993, 1997). 월악산 송계계곡에서는 사구(砂丘; 높이 약 2m)에서도 생육한다(Lee et al. 1993). 모감주나무의 지리 분포를 고려한다면 한반도의 황해 이남과 만주, 중국의 냉온대 남부지역에 분포하는 대륙형 식생단위로 고려된다. 금호강의 유사입지에 쉬나무-좀목형군락이 분포하기도 한다(Lee 1999b).

■ 충적선상지의 소나무림 또는 돌틈의 산철쭉 관목림이 상류구간에 분포한다.

소나무림 │ 우리나라에서 상류구간의 충적선상지 또는 하천의 활주사면 사력지(砂礫地) 또는 모래땅에는 소나무림(*Pinus desiflora* forest)이 생육하는 경우가 종종 있다(그림 7-69). 이러한 곳은 통기성이 양호한

그림 7-68. 하천 공격사면 하식애의 모감주나무림(좌: 영천시, 자호천, 우: 대구시, 낙동강-금호강 합류부). 모감주나무림은 하천 중류구간의 퇴적암의 하식애(하천절벽)에 주로 발달하고 우리나라 내에서 금호강 일대에 비교적 집중되어 분포하는 보전가치가 높은 식생자원이다.

그림 7-69. 하천 상류구간 하중도의 소나무 성림(좌: 남원시, 만수천)과 초기의 유목림(우: 강릉시, 군선천 단경골계곡). 소나무림은 하천 상류구간의 충적 퇴적지형에 우세하게 발달하는 선구식생이다.

곳이며 해안가의 오래된 후사구(後砂丘)에서 곰솔(해송)림이 발달하는 것과 같은 맥락이다. 수변에서 소나무림의 생육지는 범람 빈도가 낮아 휴양객에 의한 교란 잠재성이 높다. 소나무는 참나무속(*Quercus*) 식물에 비해 건조에 강한 특성이 있으며 산지 능선부, 암상, 선상지, 절개지 등에서 선구종으로 역할을 한다. 국내 계곡구간의 자갈 또는 호박돌로 이루어진 충적지(둔치 및 하중도)에는 소나무 치수들을 쉽게 관찰할 수 있는데, 선구적 특성을 잘 보여주는 사례이다(그림 7-70). 특히, 천연기념물로 지정된 '안동 하회마을 만송정 숲'(제473호, 2006.11.27)(그림 7-71)은 조선 선조 때에 만 그루의 소나무를 심어서 조성한 만송정(萬松亭)이라는 인공숲으로(현재 숲은 100년 전에 다시 조성) 모래땅에 잘 사는 소나무의 생태적 특성을 잘 활용한 사례이다.

산철쭉 관목림 | 갯버들-달뿌리풀군단에 포함되는 산철쭉군집은 산철쭉(*Rhododendron yedoense* var. *poukhanense*)을 표징종, 갯버들과 달뿌리풀을 구분종으로 한다(그림 7-72). 상류구간의 제방 큰돌 또는 암석 틈에 주로 분포하는데 암석은 흔히 화강암 또는 화강편마암이 75% 이상 노출되어 있으며 이들의 절리(돌틈, joint)에 주로 생육한다. 산철쭉의 지리적 분포범위를 감안한다면 평북(묘향산) 이남과 일본(대마도)에 한정되는 특산 식생단위(endemic syntaxon)이다. 본 군집에는 3개의 아군집을 포함하며 전형아군집이 가장 흔하게 관찰된다. 애기감둥사초아군집(Caricetosum koreanae; 구분종: 산철쭉, 애기감둥사초)은 한국특산의 국지아군집(local subassociation)이며 청사초아군집(Caricetosum breviculmis; 구분종: 산철쭉, 청사초)은 다른 아군집과 지리적 분포와 암석 차이로 구별된다. 산철쭉은 지하수면이 높고 공중습도가 높은 산지습지(화엄늪 등) 및 주변 산지에서도 흔히 분포한다(Ahn et al. 2016b). 산철쭉은 꽃이 아름답고 관리하기 쉬워 조경용으로 널리 이용된다. 산철쭉은 영양생장이 가능한 식물이다.

그림 7-70. 상류구간 자갈밭의 소나무 치수(강릉시, 군선천 단경골계곡). 계곡의 둔치 자갈 충적지에 소나무(2×2m 내에 4개체)가 선구식물로 정착한다.

그림 7-71. 하천 제방하부 배수가 양호한 모래 토양의 소나무림(안동시, 낙동강). 본 소나무림은 만송정이라 불리며 천연기념물로 지정되어 있다.

그림 7-72. 산철쭉군집(문경시, 영강). 상류구간의 큰돌 또는 돌틈 사이에 주로 발달한다.

■ 측백나무림은 하천변 단애지에 주로 분포하고 대부분 천연기념물로 지정되어 있다.

천연기념물 측백나무림 | 우리나라에서 자생하는 여러 측백나무림은 대부분 천연기념물로 지정되어 있다. 측백나무림(*Thuja orientalis* forest)은 중국에만 자생하는 것으로 알려져 있었으나 우리나라에도 자생이 확인되어 식물분포학적, 집단유전적 가치가 높다는 이유로 천연기념물로 지정되었다(Kim et al. 2015a). 천연기념물은 대부분 하천변 단애지(斷崖地, cliff scarp, 절벽)의 측백나무림으로 '대구시 동구 도동'(제1호)(그림 7-73), '단양군 매포읍 영천리'(제62호), '영양군 영양읍 감천리'(제114호), '안동시 남후면 구리'(제252호) 총 4개소이다. 단양군의 석문 일대의 산지에도 측백나무림이 자생하는데 Choi(2014)는 측백나무-회양목군락으로 구분하였고 보전의 필요성을 강조하였다. 기타 개체로 보호하고 있는 곳도 있다.

그림 7-73. 하천변의 측백나무림(대구시, 불로천, 천연기념물 제1호). 측백나무림은 주로 하천절벽에 자생하고 있으며 대부분 천연기념물로 지정 보호받고 있다.

측백나무림의 서식지 및 주요 특성 | 하천변의 측백나무 자생지는 공격사면의 단애지에 주로 위치하며 90°에 가까운 급경사지가 많다. 자생지는 지형적으로 대부분 측방침식의 영향이 작용하였을 것으로 간주한다(Kim et al. 2015a). 급경사 환경은 얕은 토양층과 낙엽이 빠르게 건조하는 특성으로 측백나무의 낙엽분해율이 낮다(Park 1993). 단양군 매포읍 영천리는 경사도가 비교적 완만한 편이다(35°)(Kim et al. 2015a). 단양군과 같이 석회암 지대에 자생하는 측백나무는 낙엽의 질소와 인 함량에 대한 계절적 변화가 미미하고 연평균 낙엽생산량은 5,010kg DW/ha이다(Mun and Kim 1992). 영양군 영양읍 감천리의 자생지 이외 지역에서는 치수가 관찰되지 않는다. 단양군 매포읍 영천리의 자생지가 경사도가 상대적으로 낮아 개체수가 많고 활력도가 높다(Kim et al. 2015a). 측백나무림은 천연기념물 지정으로 인한 다양한 조사 연구의 제한, 접근성이 어려운 급경사의 입지환경 등으로 관련 연구는 미흡한 실정이다.

4. 초본 식물사회

4.1 다년생 초본식물

▌다년생 초본식물사회는 물흐름에 대응한 유수형과 정수형으로 구분된다.

식생분류체계 | 다년생의 초본식물사회는 유수형과 정수형으로 구분된다. 유수형은 달뿌리풀, 정수형은 갈대가 대표식물이다(그림 7-74). 일본은 모두 저층습원 내에 포함시켜 갈대군강(Phragmitetea)으로 분류한다(奧田과 佐々木 1996). 일본의 갈대군강은 갈대, 참부들, 독미나리, 큰고랭이, 큰좁쌀풀, 숫잔대, 처녀고사리를 구분종으로 하지만 우리나라와는 종조성이 다르다. Lee(2005d)는 유수역을 갈풀군목(Phalaridetalia arundinaceae)의 갈풀-물억새군단(Miscantho-Phalaridion arundinaceae)과 달뿌리풀군단(Phragmition japonicae)으로, 정수역을 갈대군목(Phragmitetalia eurosibirica)-갈대군단(Phragmition)으로 구분하였고 여러 군집들을 포함한다.

갈풀군목과 갈대군목의 식물사회 | 갈풀군목은 갈풀과 달뿌리풀을 표징종으로 하며 중류~하류구간의 갈풀-물억새군단과 상류구간의 달뿌리풀군단으로 구분된다(Lee 2005d)(표 7-12). 일본 갈대군목의 갈풀-미나리군단(Oenantho javanicae-Phalaridion arundinaceae)과 물억새-갈대군단(Miscantho sacchariflori-Phragmition)에 대응되나, 진단종이 다르다. 본 군목은 우리나라 대하천의 둔치에 매우 넓게 발달한다. 일본에서는 갈

그림 7-74. 배후습지의 갈대군락(좌: 창녕군, 목단습지)과 하천의 달뿌리풀군락(우: 문경시, 신북천). 갈대는 호소 또는 기수역, 달뿌리풀은 유수역의 하천 상류구간이 전형적인 서식공간이다.

표 7-12. 수변 다년생 초본식물사회 식생단위별 특성(색이 진하면 빈도가 높음)

식생단위	진단종(*:구분종)	유역 최상류 상류 중류 하류 호소	수위 고 고중 중 중저 저	토성 자갈 혼재 모래 혼재 점토	수분 과건 약건 보통 약습 과습
갈대군목	갈대, 갈풀, 달뿌리풀				
갈풀-물억새군단(유수역)	갈풀, 물억새				
갈풀군집	갈풀				
물억새-갈풀군집	물억새, 갈풀*				
물쑥-갈풀군집	물쑥, 갈풀*				
좀보리사초·다닥냉이군집	좀보리사초, 다닥냉이*				
개속새군집	개속새, 좀보리사초*				
달뿌리풀군단(유수역)	달뿌리풀				
달뿌리풀-고마리군집	달뿌리풀, 고마리*				
이삭사초군락	이삭사초*				
갈대군단(정수역)	갈대				
갈대군집	갈대				
천일사초군집(기수역)	갈대, 천일사초				
애기부들군집	애기부들				
줄군집	줄				
매자기군집	매자기				
큰고랭이군집	큰고랭이				
도루박이군집	도루박이				
세모고랭이군집	세모고랭이				
삿갓사초군락	삿갓사초*				
물잔디군집	물잔디				
군단 미결정					
나도겨풀군집	나도겨풀				
상급단위 미결정(암극, 바위틈)					
돌단풍군집	돌단풍				

대군강은 갈대군목과 대형사초군목(Magnocaricetalia)으로 구분한다. 물속새, 독미나리, 버들까치수염을 표징종으로 하는 대형사초군목은 일본 중부 이북에 분포한다. 그에 반해 갈대군목은 갈대만을 표징종으로 공유한다.

■ 달뿌리풀과 갈대는 형태적 구분이 모호하고 서식처 및 생태적 특성들이 다르다.

서식처 차이 | 갈대와 달뿌리풀은 동일한 갈대속(Phragmites)의 식물이지만 생육입지는 매우 다르다. 갈

그림 7-75. 갈대의 지하 뿌리줄기(좌: 문경시, 영강)와 달뿌리풀의 지상줄기(우: 청주시, 미호천). 갈대와 달뿌리풀의 영양번식 기관은 서식환경에 대응하여 각각 지하와 지상으로 번식하도록 적응진화하였다.

대는 정수습지를, 달뿌리풀은 유수습지를 대표한다(그림 7-74). 하천 내에서 달뿌리풀은 하천 상류~중류구간에, 갈대는 하류구간에 치우쳐 분포한다. 모래와 자갈을 선호하는 달뿌리풀과 달리 갈대는 점토가 많은 토양환경이다. 달뿌리풀은 토양 이동이 많은 불안정한 입지이기 때문에 갈대와 달리 지상줄기(포복지, runner)를 통해 개체군을 확장하도록 적응진화하였다. 갈대는 토양 이동이 적고 침수되어 있어 땅속의 뿌리줄기(지하경, rhizome)를 통해 번식하는 것이 보다 유리하다(그림 7-75). 하천의 활주사면에서 갈대와 달뿌리풀이 횡적 또는 서식환경 특성을 달리하여 종종 동일 하천구간 내에 공존하기도 한다(그림 7-76). 이 경우 미소공간적 차이가 있는데 갈대는 점토 성분이 보다 많은 하도 배후의 함몰된 저지에

그림 7-76. 하천에서 달뿌리풀과 갈대의 공존 (영천시, 청룡천). 달뿌리풀이 우점하는 하천구간에서 종종 갈대는 활주사면의 제방 가까운 함몰된 저지에 서식하는 등 미소공간적 차이가 있다.

서식한다. 외형적으로 갈대가 보다 크며 잎의 색깔 등에서 구분이 가능하다.

형태적 차이와 특성 | 달뿌리풀은 갈대에 비해 소형이며 잎의 색깔이 진하고 지상줄기를 통해 번식하고 엽초가 붉은색을 띤다. 두 종은 서식처, 화서, 줄기, 잎 등의 특성으로 구분되지만 입지환경에 따라 갈대와 달뿌리풀을 형태적으로 구분하기 어려울 때가 많다(표 7-13). 두 종을 같은 장소에 심으면 고유 특성으로 달뿌리풀은 총생형(다발형), 갈대는 단생형(지하절간형)으로 세력을 확장한다(그림 7-77). 이는 자연상태에서 달뿌리풀이 한곳에 정착하면 뿌리를 내려 사방팔방으로 뻗어 세력을 확장하는 특성 때문이다. 일부 두 종의 중간형태가 알려져 있지만 두 종의 교잡은 시기적으로 생식적 격리 때문에 불가능한 것으로 보고하고 있다(Ishii and Kadono 2000). 우리나라에서 달뿌리풀은 7~8월에, 갈대는 8~9월

에 주로 개화한다. Kim(2017)은 엽설과 엽초의 털 유무, 화서에서 제1포영과 호영의 길이 차이 3가지를 종간 구분의 표현형적인 특성으로 설명하였다. 달뿌리풀의 유전적 관계는 한반도 주변부에 퍼져 있는 형태와 중앙부와 전라도의 형태로 크게 구분되는 것으로 기술하고 있다. 흔히 갈대와 달뿌리풀이 제1포영이 호영의 길이 차이를 각각 2배 이상과 이하 정도이지만(Osada 1993, KNA 2004, Kitamura et al. 2008, Cho et al, 2016) 일부는 다르게 설명하기도 한다(Kim 2017).

그림 7-77. 달뿌리풀과 갈대의 형태적 비교. 두 종은 화서, 엽설과 엽초에 털의 유무, 꽃의 기관 등으로 구분 가능하며 같은 장소에 심으면 달뿌리풀은 총생형, 갈대는 단생형으로 확장한다.

표 7-13. 갈대와 달뿌리풀의 상대적 특성 비교

구분	갈대(*Phragmites communis*)	달뿌리풀(*Phragmites japonica*)	비고
발생인자	인위적(부영양 대상식생)	자연적(자연식생)	
주요 서식처	정수습지(저습지, 염습지)	유수습지(하변 유수역)	그림 7-74 참조
식물체 확장	단생형(지하절간형)	총생형(다발형)	그림 7-77의 A
잎(식물) 크기	대형(최대 2.5~3m)	소형(2m)	그림 7-77의 B 참조
엽초(葉鞘, 잎집)	털 없음	털 있음(붉은 빛) 엽초 상부 적자색	그림 7-77의 C
엽설(葉舌, 잎혀)	구부(口部)에 긴털	짧은 털이 줄지어 남	그림 7-77의 B
화서의 초기 색깔	연녹색빛 많음	붉은빛 많음	그림 7-77의 D
제1포영(glume)과 호영(lemna) 길이	제1포형=제1호영의 2배 이상 (제1호영 짧음)	제1포형=제1호영의 2배 이하 (제1호영이 제1포영의 중간 정도)	그림 7-77의 E
잎색깔	연녹색	녹색	그림 7-77의 B 참조
우점 토양	점토 우점 입지	모래와 자갈 우점 입지	그림 7-75 참조
토양 이동성(입지안정성)	적음(안정된 입지)	많음(불안정 입지)	
통기, 통수성	불량	양호	
영양생식 기관	뿌리줄기(지하뿌리, 지하경, rhizome)	지상줄기(포복지, runner)	그림 7-75 참조

그림 7-78. 달뿌리풀의 세력 확장과 형태. 달뿌리풀은 육상의 다양한 입지와 물속환경에서도 세력을 확장하며 상류로부터 파괴되어 이동한 번식체(propagule, 줄기 등)는 영양생장이 가능하다.

달뿌리풀의 빠른 회복력과 우점의 적응력 | 우리나라 하천 상류구간의 초본식생을 달뿌리풀군단으로 구분할 정도로 달뿌리풀은 하천에서 주요 식물종이다. 달뿌리풀은 잦은 서식처 교란 및 소실, 이동하기 쉬운 거친 입자의 토양 조건 등에서 빠르게 생장 또는 회복하는 적응력이 높은 식물이다. 달뿌리풀은 범람으로 식생이 파괴되더라도 매몰된 줄기(영양번식체) 및 잔존 개체 마디에서 싹을 내어 빠르게 식생을 회복한다(그림 7-78). 달뿌리풀의 지상줄기는 1년에 평균 4m, 길게는 15m 이상 성장하여 (奧田과 佐々木 1996) 마디에서 뿌리를 내려 세력을 확장시키나 공간의 환경(토양 및 수분환경)에 따라 정착 또는 소멸한다. 토양의 생육 실험에서 달뿌리풀은 가는 입자의 퇴적물이 많은 하류환경에서 성장이 억제되고 굵은모래 토양에서는 생육이 왕성하다(奧田과 佐々木 1996). 모래하천인 원두천(이천시) 둔치의 달뿌리풀 뿌리는 지표에서 0.4m 깊이에 주로 분포하는데 범람에 의해 식물체가 매몰 퇴적되어 뿌리층이 켜켜이 존재하는 특성으로 이는 홍수의 결과이다(KICT 2004).

내성범위가 넓은 갈대 | 우리나라에서 갈대는 흔히 4월에 발아하여 10~11월까지 생장하며 꽃을 피우고 종자를 형성한다 (Park and Park 2009). 갈대는 범지구적 광역분포종이고 지리적으로 북위 70°까지 넓게 분포한다(그림 7-79). 적응력이 매우 높은 담수, 기수의 추수식물종이다. 용존염(dissolved salts) 농도가 10,000ppm 까지 생육 가능하며(Sainty and Jacobs 1988) 염분에 대한 넓은 내성범위를 가진다. Lee and Yang(1993)은 한반도에 분포하는 갈대 개체군들을 생육지의 토양염분 농도에 따라 염습지형, 기수형 및 육수형의 생태형적 변이로 인식하였다. 염분의 농도는 갈대의 생육을 촉진 또는 저해하는 인자이다. 주기적으로 수위가 변하는

그림 7-79. 갈대군락의 확장과 밀도 특성. 갈대는 뿌리줄기를 통해 개체군을 확장하고 개체군의 밀도가 높다.

염습지의 갈대는 5‰ 정도의 낮은 염도 조건에서 갈대의 이차 줄기 생성을 촉진(약 3.2 ramets/pot)하고 높은 엽록소 함량을 보이지만 25‰의 조건에서는 이차 줄기가 거의 생성되지 않고(약 0.3 ramets/pot) 생육 전반이 저해된다(Hong 2014). 갈대는 자연습지에서 인공수로에 이르기까지, 빈영양(oligotrophic)에서 부영양(eutrophic)에 이르기까지 내성범위가 넓다(Hocking et al. 1983). 하지만, 영양분이 부족한 상태에서는 드물게 분포한다(Nijburg and Laanbroek 1997). 갈대는 물에서 수심 1m 깊이까지 자랄 수 있다(Rodwell 1995). 번식은 보험적 수준의 종자번식와 뿌리줄기를 이용한 왕성한 영양번식으로 이루어진다(Lee 2005d). 갈대가 우점하는 식분은 키가 큰 갈대의 높은 피도가 다른 식물의 생육을 저해하기 때문에 생물다양성은 낮다. 갈대군락은 특히 여름철새이자 나그네새인 개개비(Acrocephalus orientalis)들의 주요 서식공간이다. 발아는 10~30℃(최적 20℃)이나, 온도가 10℃ 이상 변동이 있는 경우를 선호한다(Ekstam and Forseby 1999). 밀도가 높은 갈대군락의 식분은 지하부(뿌리줄기, 뿌리, 기저줄기)가 전체생체량(total biomass)의 80%까지 차지할 수 있다(Mal and Narine 2004). 갈대는 지하수면의 위치에 따라 1~1.7m 깊이까지 뿌리줄기를 뻗고 흔히 지하부의 생체량이 높다(奧田과 佐々木 1996, Lee and Ahn 2012)(그림 3-27, 6-52 참조). 갈대의 건초는 고래로부터 전통 공예품 또는 초가집의 지붕 재료로 널리 이용되었다. 갈대는 질소(N)와 생물화학적산소요구량(BOD), 총부유물질(TSS) 등을 줄이기 위한 수질정화습지에 많이 이용된다. 갈대는 습지를 대표하기 때문에 정수역의 초본식생을 갈대군목(Phragmitetalia eurosibirica)으로 구분한다.

■ 물억새와 억새, 습성지는 물억새, 건조지는 억새가 주인으로 외형이 다르다.

서식처 차이 | 하천에서 상류~중류구간의 둔치에는 달뿌리풀군락이 우점하지만 중류~하류구간의 둔치에는 물억새군락, 갈풀군락 등이 넓게 발달한다. 물억새와 억새는 동일한 억새속(eulalia, Miscanthus)

그림 7-80. 물억새와 억새의 구별. 물억새와 억새는 외형적으로 구별 가능하고 주요 자생지역도 다르다. 대나무와 같이 장절간의 분열신장(물억새)과 단절간의 다발연결(억새), 겨울철 마른잎의 색깔 등에서 차이가 난다. 최근 두 식물종을 관광 또는 경관자원으로 적극 활용한다.

의 식물이나, 형태 및 생태적 특성이 다르다(그림 7-80). 학자에 따라 억새와 참억새를 달리 구별하기도 하지만 현재는 억새로 통합하는 추세이다(NIBR 2021a). 하천에서 억새는 제방 일대에, 물억새는 모래가 퇴적된 둔치 또는 제방, 기타 습성지 공간에 주로 번성한다. 하천에서 억새는 퇴적물의 입경과는 무관하고 수위변동에 영향이 적은 제방 공간을 선호한다(奧田과 佐々木 1996, Lee 2005d). 우리나라 하천 제방 사면부에서 물억새와 억새가 공존하는 경우를 종종 볼 수 있다(그림 7-81). 하천에서 토양과 수위에 따른 물억새의 성장 차이는 달뿌리풀에 비해 뚜렷하지 않다. 지하수면이 높은 습한 공간에는 물억새의 생육이 억제되는데(奧田과 佐々木 1996) 이는 하천의 물가에는 서식이 어렵다는 것을 의미한다. 일본에서는 중류구간의 둔치에서 억새군락이 관찰되기도 한다. 우리나라의 억새는 하천을 주요 서식공간으로 하지 않고 도로 절개지와 같은 비탈진 사면, 산림 벌채지, 산불발생지, 화전지역 등에서 흔히 볼 수 있다. 최근에는 두 식물을 경관자원으로 적극 활용한다.

그림 7-81. 제방의 물억새와 억새(부안군, 백천). 하천 제방의 사면에서 두 식물이 공존하는 경우가 종종 있다.

표 7-14. 억새와 물억새의 상대적 특성 비교

구분	억새(*Miscanthus sinensis*)	물억새(*Miscanthus sacchariflorus*)
발생인자	인위적(대상식생)	자연적(자연식생)
주요 서식처	화입(火入)지, 절개지	하천변 둔치, 습성지
토양의 수분조건	건조	약건~약습
뿌리 형태	총생-단절간형, 다발연결	단생-장절간형, 분열신장
잎(식물) 크기	비교적 억세고 대형	비교적 부드럽고 소형
마른줄기 색깔(겨울철)	살색 계열(연한살색)	황색 계열(진황색)
토양 환경	양토(점토 성분 포함)	사토~사양토(모래성분 포함)
토양 경도(단단한 정도)	상대적 높음	상대적 낮음
통기, 통수성	비교적 불량	양호
유지 기작	간섭(화입, 벌채), 식물체 고정과 안정화	하천작용(퇴적), 식물체 번식과 유지
자연성	상대적 낮음	상대적 높음

형태적 차이와 특성 | 물억새(*M. sacchariflorus*)와 억새(*M. sinensis*)는 형태적 특성 등이 다르다(표 7-14). 물억새는 대나무와 같이 뿌리줄기가 길게 자라는 분열신장 형태이고 억새는 짧은 다발연결의 뿌리 형태이다. 즉, 억새는 강한 근권이 발달한 수염뿌리와 유사한 형태이다. 겨울철에 줄기가 마르면 물억새는 황색 계열을, 억새는 연한 살색을 띤다. 물억새는 자갈이 많은 입지에서는 생장 및 군락의 발달이

불량하고(奧田과 佐々木 1996) 식물체가 매몰되어도 줄기 또는 뿌리줄기의 마디에서 새로운 싹이 생성되어 달뿌리풀과 같은 빠른 회복력을 가진다. 하지만, 억새는 매몰되면 마디에서 새로운 싹을 형성하는 능력이 없고 지하수면 변화에 대응하는 능력이 물억새, 달뿌리풀에 비해 낮다. 일본에서는 물억새와 유사한 입지에 띠가 높은 빈도로 혼생하기도 한다. 띠는 퇴적물이 두꺼우면 지하의 뿌리줄기가 깊어진다(奧田과 佐々木 1996). 우리나라에서 띠는 수변의 고지 및 연안사주섬 등지의 모래땅에 인위적인 교란이 진행되었던 곳에 주로 발달하는데 물억새의 서식처와 일부 유사하다.

물가 모래땅의 물억새 ㅣ 우리나라 하천초본식생을 갈풀-물억새군단(Miscantho-Phalaridion arundinaceae)으로 구분할 정도로 하천에서 물억새는 주요 식물이다. 물억새는 우리나라 전역의 하천 모래땅에서 잘 자라며 러시아 극동, 일본, 중국 등에 분포한다(NIBR 2021a). 물억새는 억새에 비해 더 공격적인 영양생식을 한다(그림 7-82). 이로 인해 종다양성이 낮은 것이 특징이다. 물억새는 항상 녹색 잎을 가지고 있는 반면, 억새의 잎은 다양한 색과 패턴을 가질 수 있다(Meyer 2003). 이러한 특성으로 조경용으로 잎에 무늬가 있는 억새(무늬억새)를 식재한 경우를 종종 관찰할 수 있다. 물억새는 초기 생장기에 태워주기보다 잘라 주었을 때 식물체의 발아와 초고, 지상부의 현존량이 증가한다(Kim et al. 2004). 물억새는 과축적식물(hyper-accumulator, 독성흡수식물)은 아니나, 카드뮴(Cd)을 견디고 안정화하는 능력이 있어 카드뮴 오염토양을 정화시키는 잠재력이 있다(Zhang et al. 2015).

그림 7-82. 물억새군락의 확장 특성. 물억새는 뿌리줄기를 통해 왕성하게 개체군을 확장하고 개체의 밀도가 높다.

억새, 화전지와 건조지에서 형태적 적응 전략 ㅣ 억새는 한반도를 포함한 중국, 일본, 러시아 연해주 일대에 자생하는 식물이다. 일본에서는 주기적인 불에 의해 잘 유지되며(奧田과 佐々木 1996) 우리나라에서도 유사하다. 창녕군 화왕산, 정선군 민둥산, 영남알프스의 고위평탄면(高位平坦面) 등지에는 옛부터 화전(火田)이 성행했다. 식생은 제거되었고 흔히 '억새밭'이라는 식생경관이 형성되었다(그림 7-80 신불산 참조). 이곳에는 일부 습한 장소에 물억새가 생육하지만 대부분 억새가 강한 근권을 형성하며 우점하고 있다. 억새는 건조한 장소에, 물억새는 습한 장소를 선호하는 특성은 각각의 입지환경에 독자적으로 적응한 진화의 결과이다. 하천에서 물억새는 모래 토양에서 주기적인 범람을 겪기 때문에 뿌리줄기를 이용한 생존전략이 유리하다. 그에 반해 억새는 비주기적인 물리적 교란(화전, 절개지 또는 건조한 입지 등)이 진행되기 때문에 토양 및 영양분 유실에 대응하여 다발의 수염뿌리 형태의 근계 발달이 보다 유리하다. 억새는 조경용으로 많이 이용되지만 미국의 일부 지역에서는 잡초로 분류되기도 한다. 억새는 영양분이 낮은 수준의 교란된 서식처(주거지, 길가, 저수지 주변, 산화지 등)에서 자주 관찰된다. 억새는 다양한 지역에서 자라지만 최대성장 잠재력에 도달하기 위해서는 습윤하고 배수가 양호한 토양을 선호한다(Morisawa 1999, Meyer 2003). 임상(林床, forest floor)과 같은 그늘진 곳에서는 생존이 어렵고 천이되는 숲의 틈(gap)에서 일부 관찰되나 결국 도태된다. 마른 줄기는 가연성이 높아 화재가 발생하면 통제가 어렵다. 추운 겨울을 견딜 수 있으며 겨울 -26℃ 정도까지 생육가능하다(Meyer 2003). 미국의 남쪽 플로리다까지 생존하지만 습한기후에서는 잘 자라지 않는다(Morisawa 1999). 뿌리줄기와 종자를 통해 번식 가능하며 매토종자가 많이 축적되면 더 우세하게 세력을 확장할 수 있다(Meyer 2003). 억새는 수년에 걸친 종자군에서 다양한 변이가 관찰된다(Matumura and Yukimura 1975). 특히, 잎에서의 변이가 많다. 염분 함량이 높으면 생존하지 못하지만(Gilman 1999) 중금속(Hsu and Chou 1992)과 알루미늄(Ezaki et al. 2008)에는 내성이 있다. 태우기는 억새초원을 유지하는 전통적인 방법으로 특히 늦가을 또는 겨울에 태우면 식물의 활력, 성장 및 종자군이 증가할 수 있다(Meyer 2003).

■ 갈풀은 가는입자로 구성된 습성토양을 선호하는 하천의 대표적인 식물종이다.

식물종 분포 특성 | 갈풀(*Phalaris arundinacea*)은 우리나라를 포함한 유라시아와 북미가 자생지로(Merigliano and Lesica 1998) 범지구적으로 확장되어 일부 지역(남반구 온대국가, 열대지방)에서는 잡초로 취급한다(Häfliger and Scholz 1981, Maurer and Zedler 2002). 갈풀은 대하천의 모래와 가는모래 또는 점토가 많은 둔치에 넓게 발달한다. 갈풀의 잎은 부드럽고 엽설(잎혀)이 길며(2~3㎜) 식물체의 크기는 갈대, 달뿌리풀, 물억새보다 소형인 1.8m 이내이다. 하천 또는 호소 일대에 넓게 분포하지만 하천변에 보다 우세하게 생육한다(그림 7-83). 습지식물인 갈풀은 거의 포화된 토양에서도 생육 가능하지만 포화가 지속되지 않는 환경을 선호한다(Stace 1997). 안정된 식분에서는 확장된 침수에도 견디기도 한다(Ivanov et al. 1981). 갈풀은 쓰레기터, 작물지역에서도 나타난다 영국 점토습지(mire)의 지표생물로 사용되기도 하고(Daniels 1978) 습한 토양을 선호하기 때문에 토양 수분의 지표로 사용될 수 있다(van Strien and Melman 1987). 특히, 잎에 흰줄이 있는 흰갈풀(*P. arundinacea* var. *picta*)은 관상용으로 이용하기 좋다.

그림 7-83. 갈풀의 우점과 생장 특성. 갈풀은 하천의 둔치와 물가에 흔히 생육하지만 가는입자 토양을 선호하고 영양생장이 우세하다. 흰갈풀은 조경용으로 이용하기 좋다.

우점 전략과 발아 | 갈풀은 종자번식과 뿌리줄기를 이용한 왕성한 영양번식을 하고(Gifford et al. 2002, Lee 2005d) 줄기 절단을 통한 번식도 가능하다(Dethioux 1986, Lee 2005d). 즉, 지상줄기 또는 뿌리줄기가 범람에 매몰되면 마디에서 부정근이 형성되어 새로운 개체를 형성하는 것이다. 갈풀은 우리나라 강수패턴에 잘 적응한 식물로 홍수 이후 영양번식으로 빠르게 식생을 회복한다. 이와 같이 갈풀은 홍수와 같은 수문주기에 잘 적응한 대표적 습지식물이다. 미국의 농경지에서는 질산성질소(nitrate-nitrogen) 유출에 의한 습지의 영양염 농축이 갈풀의 점유와 우점을 증가시킨다(Green and Galatowitsch 2002). 발아는 빛의 습한냉각(moist chilling)에 의한 24~27℃의 온도에서 현저히 자극된다(Landgraff and Junttila 1979). 갈풀의 개화에는 1차 유도인 짧은 단일(短日, short day)조건과 2차 유도인 장일(長日, long-day)조건(13~15hr)에 노출되어야 한다(Heide 1994). 우리나라에서 갈풀은 주로 5~8월에 개화하는데 다른 식물들에 비해 빠르게 개화한다. 우리나라 중부지방(용인시, 한천)의 특정 하천구간에서 갈풀 전체개체군의 약 30~40%가 5월16일(2022년)에 개화하였는데 달뿌리풀과 물억새는 이 시기에 잎을 생장(높이 약 50~70㎝)시키는 시기이다.

■ **애기부들, 줄, 매자기류, 도루박이, 나도겨풀과 같은 추수식물도 빈번히 관찰된다.**

부영양화 지표생물, 깊은 수심에 사는 애기부들 | 애기부들(*Typha angustifolia*, lesser bulrush)은 북반구 전역에 분포하는데 우점하는 식물사회를 애기부들군집(Typhetum angustatae)으로 규정한다(Lee 2005d). 미국 남서부 전역에서는 잡초식물로 보고하였다(Anderson 1990). 애기부들은 저수지, 둠벙, 하천, 자연습지 등 다양한 습지에서 높은 경쟁력을 가지며 염분조건에 내성이 있다(Miklovic 2000). 애기부들은 많은 종자생산과 분산으로 새로운 교란된 장소에 쉽게 정착, 우점하여 애기부들 단일종에 의한 높은 밀도의 개체군을 형성한다(Stevens and Hoag 2006). 이는 뿌리줄기를 통한 강한 영양번식과 높은 경쟁력이 근원이다(그림 7-84).

그림 7-84. 애기부들 개체군의 영양생장(군위군, 위천). 애기부들은 정수공간에서 뿌리줄기와 많은 종자로 왕성한 생장과 빠른 확장을 한다.

실험실에서 애기부들은 종자발아율이 높고 개체당 평균 새싹 수(줄기발달 싹)가 4.8개이다. 지상부의 분얼 수는 적지만 지하 뿌리줄기의 생장 지속으로 분지 말단에 새로운 지상줄기를 잘 형성하기 때문에 단기간에 공간을 우점할 수 있다(Kim 2000a). 애기부들의 조밀한 뿌리와 뿌리줄기는 다른 식물종의 정착과 성장을 방해하는 두꺼운 낙엽층(litter layer)을 형성한다(Forest Health Staff 2006). 애기부들은 다양한 물속생물에 번식지 및 서식지를 제공하는 등의 긍정적인 기능을 제공하지만, 안정적인 수위와 두꺼운 낙엽층은 저서생물 군집과 종다양성에 부정적인 영향을 준다. 애기부들의 가장 큰 복제성장(clonal growth)은 가을에 발생하고(Grace and Harrison 1986) 양호한 조건에서 종자는 5월에서 9월까지 발아한다(Beule 1979). 북미의 큰잎부들(T. latifolia)과는 서식지가 유사하지만 수심이 15㎝ 이상이면 애기부들로 대체되는 공간 분리 경향이 있다(Grace and Wetzel 1982). 부영양 조건에서는 장기적으로 애기부들이 큰잎부들을 대체하는데(Weisner 1993) 이는 태양복사와 영양염 가용성의 균형에 의해 결정된다(Tanaka et al. 2004). 애기부들은 통기조직이 발달된 적응을 가진다(Tornbjerg et al. 1994). 애기부들은 C-S-R분류에 의하면 경쟁식물(competitive species)로 분류된다(Grime et al. 1988). 애기부들은 뿌리줄기 생산에 많은 자원을 할당하는데 매년 최대 4m의 영양번식체 생산 기작을 가진다(Fiala 1971). 애기부들의 제어는 절단 및 준설 등의 방법이 있다. 수면 아래에서 새싹을 1년에 2~3회 자르면 뿌리줄기의 탄수화물 저장량이 고갈되고 성장을 90% 이상 줄일 수 있다(Sale and Wetzel 1983, Husák et al. 1986). 수면 위에서 줄기를 절단하는 것은 비효율적이다. 국내에서 애기부들 생육기의 최대 분포 수심은 95~100㎝의 완경사지(10° 이하)로 보고하였다(Lee et al. 2002a, Kwon et al. 2006). 일본에서는 1.5m 수심공간까지 생육 가능한 것으로 알려져 있다(Miyawaki and Okuda 1990). 애기부들은 정수역이 형성된 한강 팔당호 연안대의 우점식생이며(Cho and Kim 1994) 유사종인 부들(Typha orientalis)은 하천 내에서는 상대적으로 드물게 관찰된다(Lee and Kim 2005)(그림 7-85). 부들은 애기부들에 비해 지리적 분포범위가 좁고 수심이 얕은 입지로 보다 중영양의 저습지 또는 묵정논에서 분포가 증가한다.

그림 7-85. 애기부들과 부들(담양군, 영산강). 부영양 하천 습지에서는 부들보다는 애기부들의 출현빈도 및 서식밀도가 높다.

부영양화된 느린 유속지역에 사는 줄 | 줄은 하천, 둠벙, 자연습지, 농수로, 해안가 등 유속이 매우 느린 정수습지의 얕은물속에 배수가 불량한 토양에서 잘 자란다(그림 7-86). 줄은 야생벼로서 중국에서는 2,000년 이상 재배하였다(Guo et al. 2007). 우리나라에서 줄군집(Zizanietum latifoliae)으로 규정하고(Lee 2005d) 줄과 큰고랭이를 표징종, 매자기를 구분종으로 하는 일본의 줄-매자기군집(Scirpo fluviarilis-Zizanietum latifoliae)에 대응된다. 우리나라에서 줄과 매자기가 혼생하는 경우는 드물다. 줄은 담수는 물론 염수에서도 생육 가능하다(Environment Waikato 2002). 줄은 뿌리줄기를 통한 영양생식으로 새로운 개체를 형성하기 때문에 단일특이적으로 우점하기 쉽다. 줄은

그림 7-86. 줄 개체군과 영양생장(울산시, 태화강 유입지류). 줄은 정수공간에서 뿌리줄기로 왕성한 생장과 빠른 확장으로 공간을 우점한다.

수심이 깊어지면 경엽부(莖葉, 줄기와 잎)의 밀도는 낮아지고 높이와 현존량이 증가하여 수면 위로 경엽부를 돌출시키는 생장전략을 가진다(Cho and Kim 1994). 생육기 줄의 최대 분포 수심은 95~100cm인 것으로 보고하였다(Lee et al. 2002a, Kwon et al. 2006). 팔당호에서는 수심이 얕은 경사 10° 이하의 완경사지에 주로 분포한다(Lee et al. 2002a). 수분조건은 물에 잠겨 항상 과습한 상태를 유지하고 있다. 느린 유속으로 유기물의 퇴적이 촉진되어 영양분이 풍부한 점토 우점 입지를 선호한다. 줄은 전술의 애기부들보다 양어장 등의 수질정화에 보다 높은 능력이 있는 식물로 알려져 있다(Choung and Rho 2002). 일부 지역(뉴질랜드 오클랜드 등)에서는 침입 외래식물로 규정하여 생태계에 영향을 주는 식물로 분류하기도 한다.

유기물이 많은 물가에 사는 매자기류 | 우리나라에서 주로 관찰되는 매자기류는 매자기, 큰매자기, 새섬매자기이다(그림 7-87). 담수습지에서는 매자기와 큰매자기가, 염분이 있는 기수습지에서는 새섬매자기가 주로 서식한다. 매자기(*Bolboschoenus maritimus*, 이명 *Scirpus maritimus*)는 하천, 자연습지 등 유속이 매우 느린 정수습지 가장자리에 흔히 관찰된다. 우리나라에서 이러한 식물사회를 매자기군집(Scirpetum fluviatilis, 학명은 Lee 1980 참조)으로 규정한다(Lee 2005d). 학자에 따라 다르지만 최근 매자기와 큰매자기(*Bolboschoenus fluviatilis*)를 구분하며(NIBR 2021a) 특성은 매우 유사하다. 우포늪에서 큰매자기의 분포 수심은 5월 후반 9~49cm 범위이며 종자번식보다는 영양생장으로 번식하는 특성이 강하다(Seo et al. 2009). 국내에서는 기수역에 서식하고 야생조류의 먹이원이거나, 농업에서 잡초로 취급되는 새섬매자기(*Bolboschoenus planiculmis*)에 대한 연구가 많다. 매자기의 식물지리적 분포를 고려하면 동북아시아에 널리 분포하는 식물이다. 토양의 수분조건은 침수되어 포화되었거나 포화상태에 가깝다. 토양은 점토 또는 가는모래 성분을 포함하는 부영양화된 환경이다. 일본 비와(琵琶)호에서 매자기는 약건조하고 점토 토양환경으로 이루어진 입지에서 생육한다(奧田과 佐々木 1996). 매자기는 내염성식물로 서해안의 해안변 습지 또는 간척답 등지에도 자생한다(Yang and Kim 1992). 매자기류의 둥근 괴경은 식물성 먹이를 취하는 겨울철새(큰기러기 등)들의 좋은 먹이원이다. 일본의 줄-매자기군집에 대응된다.

그림 7-87. 습지의 주요 매자기류. 담수습지에서는 매자기(이천시, 원두천)와 큰매자기(태안군, 두웅습지), 기수습지에서는 새섬매자기(부안군, 석포천 말단)가 주로 서식한다. 매자기와 큰매자기는 육안으로 구별이 어렵다.

물가의 습윤지에 사는 도루박이 │ 도루박이(*Scirpus radicans*)는 국내의 다양한 하천 습지의 습윤지 또는 물가, 얕은물속에서 관찰된다(Lee et al. 2005a, 2005b, Kim 2007). 이러한 식물사회를 도루박이군집(Scirpetum radicantis)으로 규정한다(Lee 2005d). 도루박이는 종자번식이 가능하고 물가에서 땅속 뿌리줄기는 사방으로 뻗고 지상에 자란 줄기가 땅에 박혀 새로운 뿌리를 발달시킨다. 즉, 종자번식, 지상과 뿌리줄기를 통한 영양생장이 가능하기 때문에 높은 경쟁력을 가진다(그림 7-88). 도루박이는 유라시아의 온대지역이 분포 중심이나, 많은 유럽 국가에서는 멸종위기종으로 인식(제안)하고 있다(Gudžinskas and Taura 2021). 이 종은 수위가 하강하여 습지 바닥이 노출되었을 때, 매토된 종자가 발아하지만 생식 가능한 종자는 제한적이다(Dítě and Eliáš 2013).

얕은물속의 반추수식물인 나도겨풀 │ 정수역의 얕은물속에 반추수식물인 나도겨풀(*Leersia japonica*)이

그림 7-88. 도루박이 번식전략(좌: 곡성군, 섬진강, 우: 용인시, 한천). 물가의 습성지를 선호하는 도루박이는 지상줄기 및 뿌리줄기를 통한 영양생장은 물론 종자를 통한 번식도 가능하다.

그림 7-89. 호소(좌: 문경시, 유곡지)와 하천변(우: 이천시, 죽당천)의 나도겨풀군집. 본 군집은 정수역 가장자리에서 보다 우세하게 자란다.

그림 7-90. 나도겨풀 서식지에 귀화식물의 침투(담양군, 영산강 담양하천습지보호지역). 남부지방에서는 물참새피 등과 같은 번식력이 강한 귀화식물들이 나도겨풀의 서식지를 점령하고 있다.

우점하는 식물사회를 나도겨풀군집(Leersicetum japonicae)으로 구분한다(Lee 2005d). 우리나라의 많은 습지에서 관찰된다. 나도겨풀은 뿌리를 토양에 고정시키고 줄기는 직립하지 않고 수면에 붙거나 수면 가까이에서 주변으로 확장하기 때문에 반추수식물이라 한다(그림 7-89). 나도겨풀은 마디에서 뿌리를 내리기 때문에 왕성한 확장력을 가진다. 흔히 1.2m 이내의 수심지역에 서식하며 평균수심은 0.6m이다. 입지 특성상 침수식물(붕어마름 등), 부엽식물(마름류 등), 또는 부유식물(개구리밥류 등)과 같은 수중식물을 수반종으로 한다. 최근 남부지방의 전형입지에는 생태계교란식물인 (털)물참새피로 심각하게 대체되고 있다(그림 7-90). 입지는 항상 침수되어 있으나 일부 확장된 개체는 육상에 위치한다. 유속은 느리거나 매우 느리다. 물흐름이 있는 하천변에서도 종종 관찰되기도 한다. 나도겨풀은 농수로에 잘 번성하기 때문에 농업에서 나도겨풀 방제에 대한 연구가 많다. 중국의 상하이 자딩구(Jiading Dist., 북위 31°21')에서 나도겨풀은 제초제에 높은 내성을 보이며 연중 생장이 가능하여(Baoli et al. 2009) 환경에 대한 가변성 및 적응력이 매우 높다. 우리나라에서도 제초제에 내성이 있는 것으로 알려져 있다(Yang 1993).

■ 돌단풍은 하천절벽 돌틈에 자생하는 대표적인 암벽식물이다.

그림 7-91. 돌단풍군집의 전형아군집(강원 고성군, 산북천). 본 아군집은 공격사면의 하식애 돌틈에 주로 서식한다.

식생분류체계 | 우리나라 암극(岩隙, 돌틈)식생(예: 하식애)에 대한 식생분류는 Lee(2005d)에 의해 일부 이루어져 있고 북한에도 일부 있다(Kolbek et al. 1997, 1998). 하천구간에서 공격사면의 하식애에 발달하는 식생형으로 군집 수준에서의 분류만 이루어졌다. 일본의 암극식생을 봉작고사리군강(Adiantetea)으로 기개하고 있으나, 봉작고사리(Adiantum capillus-veneris)는 상록다년초로 우리나라 내에서는 온실에서만 생육한다(Lee 1980). 하천에서 돌단풍군집 외에 바위떡풀군락도 드물게 관찰된다(Lee 1999b, 2005d).

하천절벽의 돌틈에 사는 돌단풍 | 하천에서 돌단풍군집

(Mukdenietum rossii, Lee 2005d)은 하천 상류~중류구간의 공격사면인 하식애의 반음지 또는 음지에 발달하며 공중습도는 비교적 높다(그림 7-91). 돌단풍(*Mukdenia rossii*)은 북방기원의 식물로 우리나라 중부지역에 집중 분포하며 현재까지 분포 확인된 최남단 자생지는 경남 합천군 합천읍 문림1리(35°33'36"N, 128°12'19"E, 서북방향의 화강암지역)이다(Lee 2005d). 북한에서 그늘사초, 용수염풀, 돌단풍, 금마타리, 돌양지꽃, 진달래, 산오이풀을 진단종으로 하는 돌단풍-금마타리군집(Patrinio saniculaefoliae-Mukedenietum rossii)과 유사하며 바위떡풀군단(Saxifragion fortunaei)으로 구분한다(Kolbek et al. 1998). 진단종 중 돌단풍만을 공유하고 있어 일부 차이가 나는 대륙형 식생단위이다. 토성은 풍

그림 7-92. 돌단풍군집의 동강고랭이아군집(정선군, 동강). 본 군집은 동강생태경관보호지역 구간 일대의 석회암 돌틈에 주로 관찰된다.

화작용에 의한 굵은모래와 고사한 식물체 분해물인 이탄이 혼재되어 있다. 돌단풍은 식물뿌리부의 발달이 두드러진다. 전형아군집과 동강고랭이아군집(Trichophoruetum dioicum)으로 구분된다(그림 7-92). Lee(2005d)의 솔잎사초아군집(Caricetosum biwensis)이 2010년 솔입사초가 동강고랭이로 신칭되면서 변경되었고(Jung and Choi 2010) 영월군의 동강 일대의 석회암을 기반암으로 하는 하식애에 분포하는 특산식생자원이다.

4.2 일이년생 초본식물

■ **고마리와 여뀌, 흰여뀌, 돌피가 주요종이고 습윤지식물로 구분할 수 있다.**

수위변동이 잦은 습윤지의 식물사회 | 우리나라 수변에서 수위변동이 잦은 습윤지(moist soil)에는 일이년생 식물사회가 발달한다(표 7-15, 그림 7-93). 물가는 불안정한 환경이기 때문에 식물종의 생활사가 짧다. 후방의 보다 안정된 공간에는 생활사가 긴 다년생 초본식물사회가 발달한다. 일본에서는 가막사리군강(Bidentetea tripartae; 표징종: 가막사리, 속속이풀, 여뀌, 흰여뀌), 가막사리군목(Bidentetalia tripartae)으로 구분한다. 일본의 표징종인 가막사리, 속속이풀, 여뀌는 우리나라에서 기여도가 낮아 고마리군목(Persicarietalia thunbergii)으로 표현된다. 본 식생은 고마리를 표징종으로 하며 고마리-흰여뀌(명아자여뀌)군단(Persicarion

그림 7-93. 수위변동이 잦은 공간인 습윤지의 식생(예천군, 석관천)(큰물칭개나물, 고마리 우점). 습윤지는 약한 강우에도 영향을 받는 공간으로 식물사회는 생활사가 짧은 것이 특징이다.

nodoso-thunbergii) 하나로 구분하지만 일본의 가막사리군목은 뚝새풀군단(Alopecurion amirensis)과 미국가막사리-미국개기장군단(Panico-Bidention frondosae)으로 구분한다. 뚝새풀군단은 우리나라 춘계형 논식생의 상급단위이며 가막사리의 출현빈도는 낮다(Nam 1998). 가막사리의 저빈도 출현은 일본과 달리 우리나라 동절기의 토지조건이 한랭건조하기 때문으로 판단한다(Kim and Nam 1998). 고마리 우점 식생은 물가의 대표적 터주식생(ruderal vegetation)이며(Kim et al. 1990) 수변에서 흔하게 관찰된다(Yoon et al. 1994, Cho 1995).

물가에서 가장 흔한 고마리 | 고마리가 우점하는 식물사회를 고마리-미나리군집(Oenantho-Polygonetum thunbergii)으로 구분하고(Lee 2005d) 하천, 호소에서 흔히 관찰된다. 일본에서는 고마리를 표징종, 돌피를 구분종으로 하는 고마리군집을 기재하지만 우리나라 하천에서 돌피의 기여도는 낮다. 돌피는 흔히 논경작지에서 관찰되며 여름에 잘 발아하지 않는 봄발아형 잡초이다(Lee et al. 1994). 하천에서 돌피는 큰 교란(하상정비 등)이 발생한 직후에 잘 발달한다(그림 7-97 참조). 고마리 우점 식생은 우리나라의 농촌하천에서 흔하게 관찰되는 유형이다(그림 7-94). 일본의 본 군집은 배수로 또는 부영

표 7-15. 물가 일이년생 초본식물사회의 식생단위별 특성(색이 진하면 빈도가 높음)

식생단위	진단종(*:구분종)	최상류	상류	중류	하류	호소	고	고중	중	중저	저	자갈	혼재	모래	혼재	점토	과건	약건	보통	약습	과습
		유역					**수위**					**토성**					**수분**				
고마리군목	고마리																				
고마리-흰여뀌군단	고마리, 흰여뀌(큰개여뀌)																				
고마리-미나리군집	고마리, 큰개여뀌*, 미나리*			■	■			■	■				■			■				■	■
흰여뀌군집	흰여뀌, 고마리*, 미국가막사리*, 돌피*	■	■	■				■	■			■	■					■	■		
여뀌군집	여뀌, 흰여뀌*, 고마리*	■	■						■				■	■					■	■	
큰물칭개나물-개구리자리군집	큰물칭개나물, 개구리자리, 뚝새풀, 물칭개나물*, 개피*	■	■					■	■				■					■	■		
소리쟁이-속속이풀군집	소리쟁이, 속속이풀*, 갈풀*, 흰여뀌*	■	■	■				■				■	■					■	■		
돌피-물피군집	돌피, 물피, 흰여뀌*, 고마리*	■	■					■	■			■	■					■	■		
물옥잠군락	물옥잠*			■	■				■						■				■	■	
군단 미결정																					
단양쑥부쟁이군락	단양쑥부쟁이*, 비수리, 달맞이꽃, 새, 비수리, 쑥	■			■	■		■	■			■	■				■	■			

그림 7-94. 고마리 개체군 확장과 꽃(용인시, 경안천). 물가에 서식하는 고마리는 분지개체를 통한 영양생장은 물론 꽃(개화, 폐쇄화 동시에 가짐)을 통한 종자번식도 가능하다.

그림 7-95. 흰여뀌(큰개여뀌) 개체군과 서식지(좌: 정선군, 동강, 우: 용인시, 한천). 자갈하천 또는 모래하천의 물가 또는 수변에 서식하는 흰여뀌는 영양생장을 통한 번식이 가능하다.

양화가 진행된 하천에 점토 성분이 퇴적되고 유수의 영향이 큰 입지에 흔히 생육하며 부영양화의 지표로 이용된다(Miyawaki and Okuda 1990). 우리나라에서 부영양화의 지표로 고마리군락을 이용하는데 고마리의 생육 분포범위가 넓어 적용에 한계가 있다. 북한에서도 물가 주변의 일년생 초본식물군락을 고마리군집으로 구분한다(Kim and Kim 1998). 고마리는 자신의 꽃가루로 가루받이를 하는 폐쇄화(닫힌꽃, 閉鎖花, cleistogamous flower)를 땅속에 피우는데 열악한 환경에 대한 적응전략의 하나이다. Choo(2014)의 연구에서 수변에서 이종과(amphicarpic reed, 모양과 결실기가 다른 2종류 열매)를 형성하는 고마리는 다소한 수위변동에는 생장과 종자에 영향이 없지만 식물체 훼손을 동반한 범람에는 종자 생산과 생체량을 감소시킨다. 특히, 지하부의 종자는 지상부의 종자에 비해 늦게 형성되고 튼실하며 불안정한 입지에서 개체군을 지속시킬 수 있는 근원으로 설명한다.

그림 7-96. 물가의 여뀌군락 서식환경(좌: 순창군, 섬진강, 우: 고양시, 한강하구 장항습지). 하천에서 여뀌군락은 물가의 자갈밭을 보다 선호한다.

서식범위가 넓은 흰여뀌 | 흰여뀌군집(명아자여뀌군집, 큰개여뀌군집, Persicarietum nodosae)은 흰여뀌(큰개여뀌)를 표징종으로 고마리, 미국가막사리, 돌피를 구분종으로 한다(Lee 2005d). 흰여뀌는 둔치~물가에서 흔히 관찰되며 유역과 유속, 토성, 해발고도에는 크게 영향이 없다. 우리나라에서는 오염물이 유입된 모래 하천 또는 자갈하천의 물가에 주로 서식한다(그림 7-95). 하천에서 고마리-미나리군집에 비해 수질은 오염되었고 보다 많은 오염물질이 유입된 하류구간에 분포하기도 한다.

물가의 자갈밭을 선호하는 여뀌 | 하천의 중류구간에서 관찰되는 여뀌군집(Persicarietum hydropiper)은 여뀌를 표징종으로, 흰여뀌와 고마리를 구분종으로 한다(Lee 2005d). 이 구간의 특성인 자갈이 많은 물가에 주로 서식하기 때문에 달뿌리풀과 황새냉이의 출현빈도가 높다(그림 7-96). 이외에도 호소, 하구언 등의 물가에 분포하는데 한강하구 장항습지 내부에도 여뀌군락이 분포한다. 여뀌가 표징종인 일본의 식생단위는 미국가막사리-미국개기장군단 내의 여뀌-미국개기장군집(Panico-Polygonetum hydropiperis)과 여뀌-미꾸리낚시군집(Polygonetum sieboldii-hydropiperis)이 있으며 종조성 및 입지는 여뀌-미꾸리낚시군집에 보다 가깝다. 일본에서는 여뀌-미꾸리낚시군집의 하위단위로 달뿌리풀아군집을 구분한다.

교란 발생 직후에 많이 관찰되는 돌피와 물피 | 우리나라 하천에서 돌피-물피군집(Echinochloetum echinato-crusgalli)은 교란으로 하천지형이 변화된 초기 또는 하상구배가 낮아 오염원이 지속적으로 집적되는 장소에 잘 발달한다(Lee 2005d). 돌피(Echinochloa crus-galli)와 물피(E. crus-galli var. echinata, 긴까락)는 까락의 길이로 구분 가능하지만 연속적인 변이가 관찰되기도 한다(Choi et al. 2013). 아한대 습한지역에서부터 열대의 건조한 지역에 이르기까지 광역적으로 분포하며 연평균기온이 14~16℃ 지역에서 보다 잘 자란다(Heuzé et al. 2017). 하천에서는 하상정비와 같은 큰 교란이 발생된 직후에 흔하게 관찰되는 식물들로 토양이 침수된 상태보다는 젖은 습한 토양에서 우세하게 발생한다(그림 7-97). 돌피와 물피는 하천보다 논경작지의

그림 7-97. 하상 교란 3개월 이후 발달한 돌피-물피군집(이천시, 원두천). 본 군집은 하상정비와 같은 대규모 교란 이후 식생이 안정화되는 초기단계에 발달한다.

주요식물종이다. 돌피는 전세계 벼경작지에 공통적으로 관찰되는 하계형 논경작지식생의 주요 진단종이다(Bingham et al. 1995). 우리나라 논경작에서 하계형의 호질소성 일년생 초본식생을 돌피-벼군단 (Oryzo-Echinochloion oryzoides)으로 구분한다(Kim and Nam 1998). 돌피는 세계 최악의 잡초로 여겨지며 토양 질소의 최대 80%를 제거하여 작물의 수확량을 줄인다(Heuzé et al. 2017). 경작이 방기된 이후 초기 묵논에서도 돌피군락이 관찰된다(Kim and Nam 1998, Shin and Park 2016). 입지가 안정화되면 달뿌리풀-고마리군집 또는 갈대군단의 식물사회로 발달한다. 돌피는 종자 산포 직후에는 상온에서 휴면상태로 발아가 억제되나, 저장기간이 지나면서 7~17개월 후에는 넓은 발아가능 온도범위로 16~40℃의 온도에서 85~95%의 최대발아율을 나타내는 봄발아형 종자의 형태이다(Lee et al. 1994).

■ 물가에서 외래식물인 큰물칭개나물과 소리쟁이가 주인이 되기도 한다.

이른 봄부터 생육을 시작하는 큰물칭개나물 │ 큰물칭개나물(*Veronica anagallis-aquatica*)은 유럽 원산의 귀화식물로 소하천이나 물가의 습한 곳에서 잘 자라는 두해살이풀이다. 큰물칭개나물이 우점하는 식물사회를 큰물칭개나물-개구리자리군집(Ranunculo-Veronicetum anagallisaquaticae)으로 구분하는데 큰물칭개나물, 개구리자리, 뚝새풀을 표징종으로, 물칭개나물, 개피를 구분종으로 한다(Lee 2005d). 우리나라 전역에서 관찰되며 얕은물속 또는 물가에 분포한다. 큰물칭개나물의 두꺼운 줄기는 위쪽 또는 옆으로 자라며 잎이 나는 마디에서 뿌리를 내며 단일 또는 분지하여 성장한다. 큰물칭개나물은 영양생식과 유성생식이 가능하다. 큰물칭개나물은 다른 식물들보다 빨리 생육을 시작하는데 늦겨울인 2월부터 잎을 내어 단기간에 성장하여 4월 중순~5월 중하순에 개체군의 세력이 최대절정기를 이룬다(그림 7-98). 토양은

그림 7-98. 큰물칭개나물의 생육초기(좌)와 개화시기(우). 큰물칭개나물은 하천에서 다른 식물에 비해 시기적으로 매우 빠르게 생육을 시작하고 주로 5월에 개화한다.

그림 7-99. 물이 부딪이는 충수역(좌: 합천군, 낙동강)과 유기물과 점토 성분이 많은 공간(우: 양주시, 청담천)의 소리쟁이-속속이풀군집. 유기물과 점토의 함량이 비교적 높은 공간을 부영양 입지를 선호한다.

모래와 자갈의 혼합이나 모래와 점토가 혼재되기도 한다. 일본의 뚝새풀군단 내 개피-물칭개나물군집(Beckmannio-Veronicetum undulatae)에 대응된다.

유기물이 많은 점토를 좋아하는 소리쟁이 ｜ 소리쟁이(*Rumex crispus*)는 유럽 원산의 귀화식물이며 온대지역에 널리 귀화했다. 영국과 미국 일부 지역에서는 유해잡초로 분류한다. 우리나라에서 내륙은 물론 전남 도서지역에도 널리 생육하고 있다(Kim et al. 2017c). 하천에서 소리쟁이-속속이풀군집(Rorippo-Rumicetum crispodis)을 소리쟁이를 표징종으로 속속이풀, 갈풀을 구분종으로 한다(Lee 2005d는 소리쟁이-개갓냉이군집으로 표현). 참소리쟁이, 소리쟁이, 묵밭소리쟁이, 돌소리쟁이를 진단종으로 하는 일본의 소리쟁이-참소리쟁이군집(Rumicetum crispo-japonici)에 대응된다. 소리쟁이는 다년생이나 일년생 식물종의 구성비가 높아 고마리-큰개여뀌군단에 포함된다. 소리쟁이속(*Rumex*) 식물(소리쟁이, 돌소리쟁이, 참소리쟁이, 좀소리쟁이)은 모두 15℃에서 가장 높은 발아율을 보이며 돌소리쟁이가 온도에 있어 가장 넓은 발아스펙트럼을 가

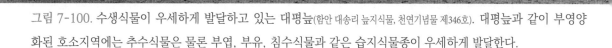

그림 7-100. 수생식물이 우세하게 발달하고 있는 대평늪(함안 대송리 늪지식물, 천연기념물 제346호). 대평늪과 같이 부영양화된 호소지역에는 추수식물은 물론 부엽, 부유, 침수식물과 같은 습지식물종이 우세하게 발달한다.

진다(Park et al. 2010). 소리쟁이의 열매를 싸고 있는 꽃받침의 껍질은 씨앗을 물에 뜨게하거나 동물을 이용한 이동을 가능하게 하여 새로운 서식처에 개체를 확장시킨다(Uva et al. 1997). 전형입지는 유기물과 점토 성분이 많은 물가이다. 활주사면의 물이 부딪히는 장소(衝水域)에도 서식한다(그림 7-99). 흔히 소리쟁이속의 식물종은 도심 또는 농촌 주변의 질소 성분이 유입되는 수로변에 흔히 생육하는 호질소성 식물이다(Cha 1992). 소리쟁이가 지리적, 생태적 분포범위가 가장 넓은 유럽 원산의 고귀화식물(archeophyten)이며(Park 1999) 하천변의 대표적 터주식물이다. 유럽에서 동일 공간에 사는 7종의 소리쟁이속 식물들은 수리체계에 대응하여 시간의 가변적 적응과 공간 분리 적응이 일어나기도 한다(Blom et al. 1990).

4.3 수중식물

■ 수중식물은 부엽, 부유, 침수 형태의 3가지 유형으로 나눌 수 있다.

수중식물의 일반적 특성 | 수중식물(수생식물)은 생활형적으로 크게 부유식물, 부엽식물, 침수식물로 구분된다(Sculthorpe 1967)(그림 6-2 참조). 수생식물은 부영양화된 습지에 왕성하게 생육하며 수서곤충, 어류를 포함한 다양한 물속동물의 중요한 서식공간이다(그림 7-100). 식물종에 따라 지리적, 공간적 분포가 제한된다. 부엽·침수식물에서 투명도, 저질, 파랑(波浪), 영양상태가 분포 제한요인이다(奧田과 佐々木 1996). 부유식물인 개구리밥류는 온도에 대한 내성범위가 넓어 광역분포종에 해당된다. 개구리밥류는 생육 가능한 온도 폭이 넓고 식물체의 크기가 작아서 광역적 산포에 유리하다(奧田과 佐々木 1996). 북반구에 넓게 분포하는 종은 노랑어리연, 수련, 왜개연 등이다. 수생식물들은 고인 물에 우세하게 생육하지만 흐르는 물에서도 잘 사는 식물(나사말 등)이 있다. 부유식물 가운데 부레옥잠과 물배추는 국내에 수질정화 및 관상용으로 도입되어 야생화된 대표적 수생 외래식물이다. 부레옥잠은 수면 위의 기중엽(氣中葉)과 잘 발달된 뿌리가 있어 습생식물과 수중식물의 특성을 동시에 가진다.

우리나라의 대표 식물종들 | 부엽식물 이름에 '~연, ~연꽃'으로 끝나는 식물들이 많은데 노랑어리연, 어리연, 가시연, 자라풀, 연꽃(연), 각시수련 등이다. 마름, 애기마름 등도 여기에 해당된다. 부영양화된 습지에는 특히 마름과 애기마름의 분포가 증가하며 가래, 네가래 등과 같은 식물도 비교적 고빈도로 관찰된다. 부유식물은 개구리밥, 좀개구리밥, 생이가래가 대표적이다. 침수식물은 붕어마름, 말즘, 이삭물수세미, 검정말, 나사말, 대가래, 나자스말 등이 대표적이고 대부분 광역 분포한다.

수중식생의 식물사회 | 수중의 식물사회를 부유·침수식생과 부유식생으로 대구분하여 이해한다(표 7-16). 부유·침수식생의 식생분류체계는 이삭물수세미군단(Hydrillo-Myriophylletum spicati)으로, 부유식생은 좀개구리밥군단(Lemnion paucicostatae)으로 구분한다(Lee 2005d). 일본의 부유·침수식생을 새우가래, 말즘, 검정말, 가래를 표징종으로 가래군강(Potamogetonetea), 가래군목(Potamogetonetalia)으로 구분하며 가래군단(Potamogetonion eurosibirici)과 수련군단(Nymphaeion)을 하위단위로 한다. 우리나라에서 가래는 자연하천 내에

표 7-16. 수중식생의 식생단위별 특성(색이 진하면 빈도가 높음)

식생단위	진단종(*: 구분종)	유속 급류	유속 빠름	유속 보통	유속 지체	수심 정체	수심 >0.2	수심 >0.4	수심 >0.7	수심 >1.0	수심 <1.0	토성 자갈	토성 혼재	토성 모래	토성 혼재	토성 점토	수질 맑음	수질 양호	수질 보통	수질 나쁨	수질 심각
부엽·침수식생																					
이삭물수세미군단	이삭물수세미, 검정말																				
이삭물수세미-검정말군집	이삭물수세미, 검정말				■	■	■	■	■					■	■				■	■	
마름군집	마름, 이삭물수세미*, 검정말*			■	■	■	■	■						■	■				■	■	■
애기마름군집	애기마름, 이삭물수세미*, 검정말*			■	■	□	■	■					■	■				■	■	■	■
노랑어리연군집	노랑어리연, 이삭물수세미, 검정말*			■	■	■	■							■	■				■	■	■
가시연-마름군집	가시연, 마름*, 이삭물수세미*			■	■	■	■							■	■				■	■	
말즘군집	말즘, 검정말*	▌	■	■		■	■	■						■	■				■	■	■
네가래군락	네가래*				■	■	■							■	■				■	■	■
대가래군집	대가래, 이삭물수세미*, 검정말*			■	■	■	■	■						■	■				■	■	
자라풀군집	자라풀, 이삭물수세미*, 좀개구리밥*, 개구리밥*			■	■	■	■							■	■				■	■	■
가래군락	가래*			■	■	■								■	■				■	■	
물별이끼군락	물별이끼*			■	■	■	■							■	■				■	■	■
군단 미결정																					
실말군집	실말	■	■	□		■	■					■	■	■				■	■	■	
부유식생																					
좀개구리밥군단	좀개구리밥																					
좀개구리밥군집	좀개구리밥			■	■	■	■							■	■				■	■	■
생이가래-좀개구리밥군집	생이가래, 좀개구리밥*		■	■	■	■	■							■	■				■	■	■

서는 비교적 드물고 주로 호소에서 관찰된다. 일본은 부유식생을 좀개구리밥군단으로 구분한다.

■ 노랑어리연, 어리연, 마름, 애기마름, 자라풀, 가시연이 대표적 부엽식물이다.

부영양습지의 우점종인 마름과 애기마름 | 부영양화된 호소에서 가장 흔한 부엽식물은 마름(*Trapa japonica*)과 애기마름(*T. incisa*)으로 전국 분포한다(그림 7-101). 국내에서 이들이 우점하는 식물사회를 마름군집(Trapetum inumai)과 애기마름군집(Trapetum incisae)으로 구분한다(Lee 2005d). 일본의 마름-어리연군집 (*Nymphoides indica-Trapa japonica*-Ass.)과 마름-가시연군락(*Euryale ferox-Trapa japonica* community)에 대응된다. 남부지방의 늦은 봄철에는 애기마름의 출현빈도가 증가한다. 부영양화된 습지에서 흔히 5월~7월 상순까지 애기마름이 우점하고 그 이후에는 마름군집이 발달하는 동태적 특성이 있다. 이는 장마철 이후 수온 상승에 따른 바닥의 유기물 분해가 더욱 활발하게 진행되어 부영양화가 촉진되기 때문이다. 생육지의 수심은 0.5~1m 내외이다. 마름은 총질소와 총인, pH에 대한 생육범위가 매우 넓다(奧田과 佐々木 1996). 특히, 마름은 마른장마가 발생하는 해(예: 2021년)의 수온이 상승하는 7~8월에 물흐름이 느린 하천 정수구간에서 대번성하며 강수량이 많은 긴 장마가

그림 7-101. 마름과 애기마름(대구시, 안심습지). 두 식물은 생육 시기적으로 구별되고 애기마름의 잎 크기(지름 1~2㎝)가 보다 작다.

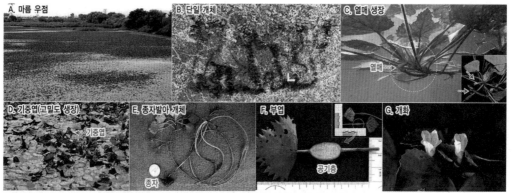

그림 7-102. 호소에서의 마름군락(A. 대구시, 안심습지)과 특성들. 유기물이 풍부한 습지에서 고밀도로 자라면 기중엽이 생길 수 있고 종자발아 이후 영양생장과 공기층이 있는 부엽으로 넓은 수면을 우점하여 차지하고 물속에서 많은 열매를 생성한다.

발생하는 해(예: 2020년)에는 발생량이 현저히 줄어든다. 마름의 열매는 저온 저장조건에서 휴면이 쉽게 타파되고 실온 및 고온 저장조건에서는 발아하지 않으며 광조건 및 매몰깊이는 발아에 큰 영향이 없다(Choi et al. 1997). 잎에는 공기주머니가 있어 물에 잘 뜬다. 마름은 종자발아하여 원줄기를 생장한 이후 왕성하게 줄기 싹을 내어 많은 줄기와 잎을 형성한다(그림 7-102). 마름은 부엽의 아래에서 많은 열매를 만든다. 부영양화가 심한 습지에서 마름은 왕성하게 자라 기중엽을 형성하기도 한다. 마름군집이 서식하는 일부 지역에서는 수염마름이 혼생하기도 한다. 마름은 생장기간 동안 담수녹조(남조류)를 억제하는 것으로 알려져 있다(Kwon et al. 2012).

지리적 분포가 구별되는 노랑어리연과 어리연 │ 우리나라 하천의 정수역에 노랑어리연군집 (Nymphoidetum peltatae)이 보고되나(Lee 2005d) 어리연(Nymphoides indica)군락은 보고되지 않았다. 어리연은 주로 호소에 서식하는데 팔당호와 의암호 등지에서 관찰되며 하천습지 내에서는 서식이 드물다. 우리나라에서 노랑어리연(N. peltata)은 주로 남부지방에, 어리연은 중부지방에 치우쳐 분포하여 지리적 분포가 구별된다(그림 7-103). 노랑어리연군집은 일본의 마름-어리연군집에 대응된다. 흰꽃으로 개화하는 어리연은 우리나라 내에서 비교적 지방적으로 관찰되지만 일본 내에서는 북해도를 제외한 전역에 관찰된다. 두 식물 모두 조경, 관상용으로 널리 활용한다. 노랑어리연의 최북단 한계는 7월 약 16℃의 등온선으로 (van der Voo and Westhoff 1961) 우리나라는 최북단 한계보다 고온을 형성하는 지역이다. 노랑어리연은 낙동강 유역에 많이 분포하며 6월 하순~7월 상순이 생장의 최절정기이나 생육환경이 유지되면 9월 하순에도 개화한다. 수온에 따라 노랑어리연은 북반구에서는 5~10월 사이, 남반구에서는 10~4월 사이에 꽃이 핀다(Nault and Mikulyuk 2018). 두 식물 모두 생물학적 오염물이 유입된 장소에 주로 발달하지만 빈영양 또는 산성 호소에서도 관찰된다(Darbyshire and Francis 2008). 노랑어리연은 염소량(鹽素量, chlorinity)이 약 300 mg/L을

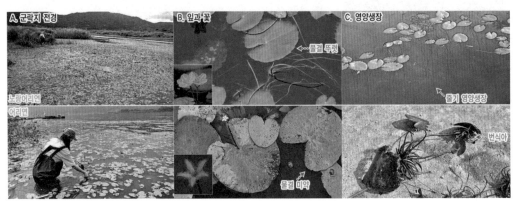

그림 7-103. 노랑어리연(상: 군위시, 위천)과 어리연(하: 춘천시, 의암호)의 특성들. 두 식물은 얕은물속에서 주로 기는줄기를 이용하여 번식하고 꽃이 없으면 형태적으로 구별하기 어렵다.

초과하면 서식하기 어렵다(van der Velder et al. 1979). 어리연은 일본에서 마름과 같이 pH 5.5~10, 영양염류가 저농도에서 고농도에 이르기까지 생육범위가 넓다(奧田과 佐々木 1996). 노랑어리연과 어리연은 기는줄기를 이용한 왕성한 번식력으로 개체군을 유지하는 영양생식 또는 종자를 이용한 유성생식을 한다. 어리연은 잎 바로 밑의 마디에서 번식아와 꽃대가 나오는데 지면에 닿으면 줄기를 내어 새로운 개체로 성장한다. 남부지방의 일부 노랑어리연 우점 식분에서는 수염마름이 혼생한다.

부영양 호소의 대형부엽식물인 가시연 | 가시연(*Euryale ferox*)이 서식하는 식물사회를 가시연-마름군집(Trapo-Euryaletum ferocis)으로 분류한다(Lee 2005d). 마름과 이삭물수세미를 구분종으로 하는 일년생 부엽식생이다(그림 7-104). 가시연은 우리나라 부엽식물 중 가장 큰 잎을 갖는데 영양염류가 풍부한 곳에서 수온이 높은 7~8월에 급속히 성장하여 수면을 우점한다. 가시연은 부영양화된 호소에 주로 관찰되지만 우리나라에서 공간 분포가 제한적이기 때문에 환경부에서 멸종위기야생식물 II급종으로 지정하여 보호하고 있다. 가시연은 함안, 창녕, 경산, 함평, 화성, 강릉, 합천, 부산 등지에 분포하는 것으로 알려져 있다(Kim et al. 2000b, Kim 2001). 일본의 대응식생은 마름-가시연군락이며 북해도를 제외한 전지역에 분포한다(Miyawaki and Okuda 1990). 일본은 가래군강, 수련군목, 수련군단이 상급단위이기 때문에 우리나라와 분류체계가 다르다. 세부적인 내용은 후술을 참조한다.

그림 7-104. 가시연-마름군집(부산시, 맥도생태공원). 가시연은 유기물이 풍부한 부영양 호소성 습지에 주로 서식한다.

남부지방의 부영양 호소에 흔한 자라풀 | 정수습지에서 자라풀(*Hydrocharis dubia*)이 우점하는 식물사회를 자라풀군집(Hydrocharitetum dubiae)으로 구분하는데(Lee 2005d)(그림 7-105) 이삭물수세미, 좀개구리밥, 개구리밥이 혼생하는 경우가 많다. 자라풀의 줄기는 옆으로 뻗고 마디에서 잎과 뿌리가 난다. 남부지방의 호소 및 일부 하천 정수역에서 많이 자생하지만 최근에는 중부지방의 하천(남한강 지류 등)에서도 관찰된다. 자라풀은 잎 뒷면의 중앙에 해면질의 공기주머니가 있어 쉽게 물에 뜨는 구조를 가진다. 남부지방에서 꽃이 없는 개체를 간혹 노랑어리연과 혼동하는 경우가 있다. 흔히 부영양화된 습지에서 자라풀이 자라면 밀도가 매우 높은 집단의 형태를 갖는다. 일본에서의 자라풀은 북해두를 제외한 전역에 분포한다(宮脇 1985). 자라풀은 물속의 부유물질 제거에 효과가 높다(Han et al. 2004).

정수역에 흔한 가래 | 가래는 물흐름이 거의 없거나 느린 논이나 정수역에 사는 여러해살이풀이다. 생육기가 끝날 때의 휴면기관은 줄기 끝 또는 월동하는 번식아이다(WSSA 2021). 우리나라 호소의 가장

그림 7-105. 자라풀 우점과 형태적 특성. 자라풀은 특히 호소에서 잘 자란다. 자라풀과 노랑어리
연은 잎의 뒷면에 해면질 공기주머니의 유무로 구별이 가능하다.

그림 7-106. 가래군락(문경시, 돌리네습지). 가래군락
은 정수역의 개방수면 가장자리에 주로 서식한다.

자리에는 흔히 소규모로 가래군락(*Potamogeton distinctus* community)
이 관찰된다(그림 7-106). 부엽식물인 가래는 토양에서 번식아
를 형성하고 빠른 전분 분해(starch degradation)는 번식아의 무산
소 성장을 동반하며(Harada and Ishizawa 2003) 자당(sucrose)의 대사와
관련이 깊다(Harada et al. 2005). 일본에서 가래는 8월에 최대로 성
장하는데 수직과 수평으로 발생하는 싹의 규칙적 성장주기
를 나타내며 수평싹으로부터 1.8m까지 확장 가능하다(Wiegleb
and Kadono 1989). 가래의 종자발아는 침수토양인 혐기성 조건
을 선호한다(Ishizawa et al. 1999). 높은 수준의 종자발아는 10℃의
낮은 온도에서 발생할 수 있다(Lee and Pyon 2001). 가래는 전국의
0.5~1.5m 수심지역에 흔히 서식하는데 문경 돌리네습지보호지역 등지에도 분포한다(Lee and Kim 2020).

■ 이삭물수세미, 말즘, 검정말, 나사말, 대가래 등이 대표적 침수식물이다.

남부지방의 하천 습지에 흔한 이삭물수세미 | 하천에서 침수식물사회를 이삭물수세미군단
(Myriophyllion spicati)으로 하고 하위의 범형은 이삭물수세미-검정말군집(Hydrillo-Myriophylletum spicati)으로 구분
한다(Lee 2005d). 식생단위로 일본의 가래군단과 일부 유사하다. 이삭물수세미(*Myriophyllum spicatum*)는 주로
중부 이남에 보다 많이 분포한다. 서식지는 오염물이 유입된 수역으로 유속은 느리다. 일본의 스와(諏
訪)호에서 부영양화 시기에 이삭물수세미(그림 7-107), 검정말(그림 7-108)이 우점종이며 카스미가우라(霞ヶ

그림 7-107. 이삭물수세미의 꽃(좌)과 수중엽(우)(대구시, 금호강). 이삭물수세미는 우리나라 중부 이남의 하천 또는 호소에서 잘 산다.

浦)호, 비와(琵琶)호에서도 고빈도 출현하는 왕성한 번식능력을 가지고 있다(Hamabata 1991, 奧田과 佐々木 1996)(그림 6-38 참조). 하천에서 수심은 0.8m 이하에 주로 분포하며 토양은 자갈과 모래가 혼생하는 경우가 많다. 이삭물수세미는 물속에서 영양생식을 통해 개체군을 확장하여 쉽게 우점한다. 실험실에서 이삭물수세미의 종자발아는 15℃ 이상의 온도가 필요하고 빛은 제한요소가 아니다(Hartleb et al. 1993). 퇴적물에 유기물이 많이 축적되면 이삭물수세미가 억제될 수 있다(Barko 1983). 낮은 질소 환경에서 자란 개체는 자동단편화(autofragment) 및 줄기 생산에 많은 에너지를 투입하여 새로

그림 7-108. 검정말(대구시, 금호강). 검정말은 우리나라 하천과 호소에서 쉽게 관찰 가능하다.

운 서식지를 개척하고 높은 질소에서는 줄기와 관근(冠根, crown root, 줄기마디에 형성된 뿌리)(그림 6-64 참조)을 더욱 발달시켜 인접지역에서 재성장과 우점을 촉진한다(Smith et al. 2002). 이삭물수세미와 유사종인 물수세미(M. verticillatum)는 우리나라 중부 이북에서 드물게 관찰된다(Lee 1996a). Choi(1985)의 식물표본 정보를 볼 때 이삭물세수미가 지리, 생태적으로 보다 광역적이다. 이삭물수세미의 페놀 계통의 화합물은 담수 녹조(남조류)를 억제하는 타감물질(他感物質, allelochemicals)로 작용하는 것으로 알려져 있다(Nakai et al. 2000, Kwon et al. 2012). 이삭물수세미는 물속 중금속(납, 아연, 구리) 흡착 제거를 위한 수질정화식물로도 사용될 수 있다(Keskinkan et al. 2003).

하천 습지에서 번식이 왕성한 말즘 | 하천과 호소에 흔하게 관찰되는 말즘의 식물사회를 말즘군집(Potametum crispodis)으로 분류한다(Lee 2005d). 말즘(Potamogeton crispus)은 남미를 제외한 전세계에 분포하는 범지구적 식물종이다(Lee 1996a). 고이거나 느린 물흐름에서도 자라는 등 유속에 대한 넓은 내성범위를 가

진다(그림 7-109). 생물학적 오염물이 유입된 부영양 입지로 하천에서 0.3~0.8m 수심지역에 잘 생육한다. 말즘은 일본의 스와호, 카스미가우라호, 비와호 등 일본 전역에 걸쳐 넓게 분포하는 식물종이며(宮脇 등 1987, 奧田과 佐々木 1996) 상급 식생단위의 진단종으로 기재하고 있다. 말즘은 종자와 번식아를 모두 생산하는데 번식아는 잎겨드랑이와 줄기 끝에서 발생한다(그림 6-42 참조). Kunii(1982)에 의하면 일본(Chiba현, Ojaga-ike, 35°33'N)에서 말즘의 생활사는 수온에 따라 발아(germination), 비활성 성장(inactive growth), 활성 성장(active growth), 생식(reproduction), 휴면(dormant)의 5단계 과정으로 이루어진다. 번식아는 온도가 흔히 20~25℃ 이하로 내려가는 가을철에 습지바닥에서 휴면이 파괴되고 번식아가 발아한다(Rogers and Breen 1980, Kunii 1982). 겨울철 두꺼운 얼음의 환경에서도 말즘은 잎이 무성한 상태로 겨울을 보낼 수 있다(Stuckey et al. 1978). 기온이 10℃ 이하인 겨울철에는 생육이 거의 없는 비활성 성장 단계이다. 바닥 수온이 10℃ 이상으로 상승하는 봄철(3월 중순) 재성장을 시작하며 4월말 수면까지 빠르게 활성 성장을 한다. 생식단계로 번식아의 형성(2주 소요)과 개화는 표층수온이 19~22℃인 기간(4~6월) 동안 발생하고(Sastroutomo 1981, Kunii 1982) 이후 7월 중순까지 쇠퇴한다(Tobissen and Snow 1984). 형성된 번식아는 습지바닥 등에서 휴면단계에 들어간다. 번식아는 온도와 광주기(photoperiod)에 중요한 영향을 받으며(Sastroutomo 1980) 갈색의 형태와 휴면상태가 아닌 녹색의 형태로 구분할 수 있다(Sastroutomo 1981). 형성된 번식아는 대부분 하류로 물에 의해 이동하고 어미개체의 군체에 남아 발아하는 것은 2.7% 정도이다(Kunii 1989). 이 때문에 여러해살이풀인 말즘의 개체군 유지를 위해서는 묻힌 줄기와 뿌리줄기에서 우발적으로 싹을 띄워 개체군을 유지시키는 전략을 갖는데 연중 지속적으로 발생한다. 말즘의 종자발아율과 수심 사이에는 상당한 음의 선형 관계가 있으며 발아된 새싹이 제거되면(어류 섭식 등) 다른 휴면 새싹의 발아가 촉진되어 개체군 우점을 지속시킨다(Jian et al. 2003). 말즘은 낮은 온도와 매우 낮은 광도(표면복사량의 1% 미만)에서도 자라는데 이는 수심이 깊거나 탁도가 높은 물에서 생육 가능하다는 것을 의미한다(Tobiessen and Snow 1984)(그림 6-38 참조). 중국 난징에 있는 현무호(玄武湖, Xuanwu Lake)의 조류번성 제어를 위해 황토를 사용하였다. 이후 현무호의 광도 개선과 더불어 말즘에 유리한 양분 수준이 형성되어 말즘 개체군이 급속히 증가하기도 하였다(Wang et al. 2017).

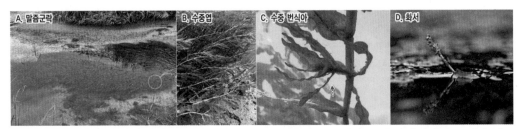

그림 7-109. 말즘군락과 특성들(이천시, 죽당천). 말즘은 하천과 호소에서 흔히 관찰되며 수중에서 번식아를 생산하며 물밖에서 개화한다.

흐르는 물에서 잘 사는 대가래와 나사말 | 하천에서 유기물이 유입된 물흐름이 있는 곳에 서식하는 식물사회를 대가래군집(Potametum malaianui)(그림 7-110)과 별도의 나사말(Vallisneria natans)군락(그림 7-111)으로 구분하며(Lee 2005d) 우리나라 전역에서 관찰된다. 대가래군집에는 나사말이 고빈도로 출현한다. 본 군집은 0.7~1.2m 수심지역에 많이 발달한다. 물흐름이 약한 입지에 흔히 생육하지만 유속이 느리거나 빠른 장소에서도 생육 가능하다. 대가래는 일본에서 구주(九州)를 제외한 전역에 분포하지만 군집으로 미기재되어 있다(Miyawaki and Okuda 1990). 대가래는 높은 수준의 영양 조건에서는 낮은 수준에 비해 짧은 싹과 좁은 잎, 적은 수의 잎, 작은 잎자루를 생성한다. 이는 엽면흡수를 줄여 영양 독성을 낮추는 적응으로 형태학적 가소성(plasticity)을 가지며(Sultana et al. 2010a) 광합성적 가소성도 가진다(Sultana et al. 2010b). 나사말은 줄기가 옆으로 뻗으면서 뿌리를 내리는데 유속이 있는 물속에서 단일특이적 우점하기도 한다. 나사말은 고착된 뿌리가 있는 퇴적물의 영양분 가용성에 대한 기능적 반응으로 영양분 흡수의 효율성을 높이는 형태로 뿌리 형태의 가소성을 가진다(Xie et al. 2005, 2006). 수심은 나사말의 복제생장과 같은 번식에 큰 영향을 미치는데(Xiao et al. 2007, Li et al. 2017) 분지개체(ramet)의 수치적 증가와 관련이 있다. 나사말 생육의 최적수심을 Xiao et al.(2007)은 1.1-1.6m, Li et al.(2020)은 0.9~1.2m, Zhang et al.(2020)은 0.35~0.5m로 상이한 범위를 제시했다. 나사말은 종자발아에서 생성된 개체에서 훨씬 많은 종자를 생산하고 복제생장에서 발달한 개체는 더 많은 기는줄기(stolon)와 동아(winter bud)를 생산하는 특성이 있다(Zhang et al. 2020). 생체량도 종자발아인 유성번식체가 무성번식체에 비해 높지만 많은 개체들은 무성생식에 의해 유지된다(Kaining et al. 2006). 퇴적물 유형은 나사말의 생체량 축적과 배분에 차등적인 영향을 미친다.

그림 7-110. 대가래군집(여주시, 남한강). 물흐름이 있는 곳에 자라고 나사말이 혼생하고 있다.

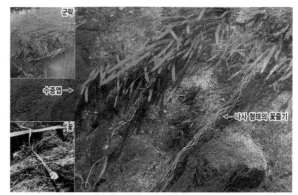

그림 7-111. 나사말(대전시, 갑천). 물흐름이 있는 곳에 자라며 나사 형태의 꽃줄기를 낸다.

■ 좀개구리밥, 개구리밥, 생이가래 등이 대표적 부유식물이다.

대표적 부유식물인 좀개구리밥과 개구리밥 │ 우리나라 부유식물의 식물사회는 좀개구리밥군단(Lemnion paucicostatae)으로 구분된다(Lee 2005d). 논경작지의 호질소성 부유식생을 좀개구리밥군집(Lemnetum paucicostata)으로 구분하는데 유기질비료보다 화학비료를 많이 사용하는 경작지에서 양적으로 급격히 증가한다(Nam 1998). 일본에서는 본 군단을 좀개구리밥군목(Lemnetalia, 진단종: 좀개구리밥, 개구리밥)과 좀개구리밥군강(Lemnetea)에 귀속시킨다. 부영양화된 하천과 호소에서 흔하게 관찰되는 것은 좀개구리밥(*Lemna paucicostata*)이며 일부 개구리밥(*Spirodela polyrhiza*)이 혼재되어 있기도 하며 여러해살이풀이다(그림 7-112). 개구리밥은 다른 유사종에 비해 수명이 짧고 영양번식체(vegetative propagule)를 작게 생성한다(Lemon et al. 2001). 두 종은 번식아

그림 7-112. 좀개구리밥 우점군락(대구시, 안심습지). 하천 습지에서는 좀개구리밥이 우점하는 경우가 많다.

(turion)와 엽상체(frond)의 복제체 형태로 소엽을 형성하여 분리함으로 개체를 복제생장한다. 개구리밥은 주로 번식아로 월동(휴면)하는데 수온이 15℃ 이상이 되면 발아하여 새로운 생활주기를 시작한다(Cao et al. 2018)(그림 6-72 참조). 번식아는 아브시스산(abscisic acid)에 의해 생성된다(Wang and Messing 2012). Park and Oh(1986)에 의하면 두 종의 분포를 제한하는 요인은 수온이며 개구리밥은 22~29℃, 좀개구리밥은 20~29℃의 온도범위에서 분포하는 것으로(모두 26℃ 최적온도) 좀개구리밥이 온도에 대한 적응범위가 보다 넓다. 또한, 이 식물들은 광산지역에서 무기광물이 분포를 제한하기도 한다.

남부지방의 부영양습지에 많은 생이가래 │ 생이가래가 우점하는 식물사회를 생이가래-좀개구리밥군집(Lemneto paucicostatae-Salvinietum natastis)으로 구분하며(Lee 2005d) 일년생 부유식생이다. 생이가래는 양치식물로 생육지에 영양염류가 다량 유입되면 급속하게 개체군의 세력을 확장시킨다. 생이가래의 빠른 영양번식과 결합된 포자의 높은 생존력이 이를 가능하게 한다. 서식처는 유속이 거의 없는 정체수역이며 부영양화된 습지이다(그림 7-113). 최성육기에는 무성생식을 하는 생이가래가 피도 90% 이상의 두꺼운 매트를 형성하기 때문에 수중으로 유입되는 광량과 산소를 제한하여 수중생태계에 악영향을 준다(Zutshi and Vass 1971). 생이가래는 표층수의 질소와 인을 효과적으로 제거하는 등의 수질정화 효과가 있다(Cho 2012). 한반도 내에서는 난온대 식생지역 내에 주로 분포하지만(Kim and Nam 1998) 냉온대 남부 식생지역에서도 흔히 생육한다. 일본에서는 북해도를 제외한 전역에 걸쳐 분포한다(宮脇 등 1987). 제초제의 사용이 많은 곳에서는 생이가래의 빈도가 감소하는 경향이 있다(Miyawaki and Okuda 1990, Kim and Nam 1998).

생이가래는 습지 가장자리의 숲지붕 등에 의해 부분적으로 그늘진 조건이 형성되면 성장에 유익하다(Zutshi and Vass 1971). 생이가래는 잎 내부의 공기주머니에 의해 부유가 가능하고 잎 표면의 돌기는 물로부터 잎의 기능 보호 및 부패방지 역할을 한다(McCauley 2001). 폴란드 북부의 발틱해(Baltic sea)에 있는 비스튤라삼각주(Vistula delta)의 생이가래는 수온이 약 12.4±0.2℃에서 거대 및 미세포자가 발아하였고 배우체(配偶體, gametophyte)를 형성하는데는 약 35일이 소요되었다. 이후 포자체(胞子體, sporophyte)의 발달은 170일 소요되는 계절학을 가지고(Galka and Szmeja 2013) 번식 강도는 월평균수온과 양의 상관성이 있다(Szmeja and Galka 2013). 최근 생이가래가 유해화학물질로서 니켈에 민감하게 반응하는 것으로 밝혀졌다(NIBR 2019a).

그림 7-113. 생이가래-좀개구리밥군집(상)과 부유하는 생이가래(하)(창녕군, 우포늪). 본 식생은 우리나라 남부지방에 보다 우세하게 관찰된다.

5. 보호식물과 귀화식물

5.1 멸종위기야생생물과 중요 식물

■ 멸종위기야생생물은 국가에서 법으로 보호하고 있다.

멸종위기야생생물의 정의와 개념 | 국제기구인 세계자연보전연맹(IUCN)은 세계적색목록(global red list) 범주(9개)와 기준(5가지, A~E)을 설정하여 1994년에 처음으로 보전강도 개념을 제시하였다(NIBR 2021b). 보전의 강도에 따라 절멸(extinct, EX), 야생절멸(extinct in the wild, EW), 위급(critically endangered, CR), 위기(endangered, EN), 취약(vulnerable, VU), 준위협(near threatened, NT), 관심대상(least concern, LC), 정보부족(data deficient, DD), 미평가(not evaluated, NE)로 구분한다. 환경부에서 지정한 멸종위기야생생물은 세계자연보전연맹 범주의 위기 이상의 보전생태학적 가치를 가진다. 우리나라 멸종위기야생생물은 국가에서 법(야생생물 보호 및 관리에 관한 법률, 야생생물법)으로 보호하고 있는 생물종으로 주기적인 개정을 통해 종목록이 변경된다. 멸종위기의 범주에는 크게 2가지(I급, II급)가 있다(표 7-17).

표 7-17. 우리나라 법에서의 멸종위기야생생물 지정 개요

구분	정의적 내용	대상식물
멸종위기 I급	자연적 또는 인위적 위협요인으로 개체수가 크게 줄어들어 멸종위기에 처한 야생생물로서 대통령령으로 정하는 기준에 해당하는 종	광릉요강꽃, 털복주머니란 등
멸종위기 II급	자연적 또는 인위적 위협요인으로 개체수가 크게 줄어들고 있어 현재의 위협요인이 제거되거나 완화되지 아니할 경우 가까운 장래에 멸종위기에 처할 우려가 있는 야생생물로서 대통령령으로 정하는 기준에 해당하는 종	단양쑥부쟁이, 매화마름, 가시연, 돌미나리, 각시수련 등

기관별 국가보호종 관리 | 환경부 이외 다른 기관에서도 생물종을 법으로 보호하기도 한다. 해양수산부의 '보호대상 해양생물'(해양생태계의 보전 및 관리에 관한 법률, 77종), 문화재청의 '천연기념물'(문화재보호법, 70종), 산림청의 '희귀식물과 특산식물'(수목원·정원의 조성 및 진흥에 관한 법률, 571종) 등이 여기에 해당된다(2021년 9월

기준). 천연기념물 중에는 대부분 동물종이 해당된다. 식물종은 '제주의 한란'(제191호: 1967.7.11)을 제외하고는 특정식물의 자생지(특이식생, 북한계 등) 및 개체(노거수 등)를 보호하는 경우이다. 천연기념물 중 습지와 관련해서는 다양한 습지식물의 자생지인 함안군의 '함안대송리 늪지식물'(제346호: 1984.11.19)과 '제주 물장오리 오름'(제517호: 2010.10.28), '낙동강 하류 철새 도래지'(1966.7.23) 등이고 특정식물종 자생지 및 개체의 경우는 측백나무 자생지, 유존림(제방림 등), 왕버들과 털왕버들 개체, 왕버들군 등이다. 현재 환경부에서 지정한 멸종위기야생생물로 지정된 동·식물은 총 282종이며 식물은 Ⅰ급 13종, Ⅱ급 77종이다(2023.2.28 기준). 습지를 자생지로 하는 식물종 중 Ⅰ급종은 없고 대부분 Ⅱ급종에 해당된다. 가시연, 각시수련, 갯봄맞이꽃, 기생꽃, 끈끈이귀개, 단양쑥부쟁이, 독미나리, 매화마름, 물고사리, 서울개발나물, 선제비꽃, 순채, 자주땅귀개, 전주물꼬리풀, 참물부추 등이다. 환경부에서 관리하는 2,323개 습지 중 23개 습지에서 멸종위기야생식물의 서식처 면적은 163,744㎡(지역: 경남, 경기도, 식물: 가시연군락 많음)이다(NIE 2022). 주변에서 상대적으로 관찰이 쉬운 식물인 가시연, 단양쑥부쟁이, 매화마름, 독미나리 등을 소개한다.

■ 가시연은 부영양화된 습지에서 잘 사는 우리나라에서 잎이 가장 큰 부엽식물이다.

가시연의 식물사회와 지리 분포 | Lee(2005d)는 가시연(가시연꽃, *Euryale ferox*)이 서식하는 식물사회를 가시연-마름군집(Trapo-Euryaletum ferocis)으로 분류하였고 한해살이 부엽식생이다(그림 7-114). 일본의 대응식생은 마름-가시연꽃군락으로 북해도를 제외한 전 지역에 분포한다(Miyawaki and Okuda 1990). 가래군강, 수련군목, 수련군단을 상급단위로 하고 우리나라와 분류체계가 다르다. 가시연은 우리나라에서 멸종위기야생식물 Ⅱ급으로 일본에서는 멸종위기수생식물로 지정하고 있다(Imanishi and Imanishi 2014). 국내에서는 함안, 창녕, 경산, 함평, 화성, 강릉, 합천, 부산 등지에 분포한다(Kim et al. 2000a, Kim and Lee 2001).

가시연의 발아, 생육 및 서식지 특성 | 가시연은 4~5월에 발아하기 시작하여 빠르게 성장하며 성숙한 부엽은 직경이 1.5m에 달한다(Choi 1985). 자생지는 부영양화가 심한 정수성 담수습지이며 토양은 유기물이 집적된 점토 성분을 포함하고 있다. 물흐름은 거의 없고 바람에 의한 물결만이 발생된다. 흔히 1.5m 이하의 수심지역에 주로 서식하는데 최대 3.5m 수심에 이르기도 한다(Goren-Inbar et al., 2014). 목포늪(창녕군)에서는 평균 47cm(최대 58cm) 수심지역에 관찰된다(Lim et al. 2016). 수심이 1m 이상이면 어린 가시연이 전차이 어렵기 때문에 발아기(봄철)에 낮은 수심(0.5m) 유지가 필요하다(You and Kim 2010). 빛은 종자발아 조절에 관여하지 않으며 가장 적합한 온도는 25℃이다(Imanishi and Imanishi 2014). 우리나라에서는 24℃로 제시한다. 온도는 가시연 종자발아에 가장 중요한 인자이며(Bouwmeester and Karssen 1992, 1993) 1개월의 예냉(豫冷, prechilling)과 같은 저온처리(cold stratification) 효과는 종자의 휴면타파에 직접적 영향을 준다(Kumaki and

그림 7-114. 가시연 생활사의 여러 형태(부산시 낙동강 말단, 합천군 정양지 등). 가시연은 종자를 통해 발아하며 어린 부엽에서 성숙한 부엽으로 성장, 세력을 확장한다. 개화 이후에 많은 종자를 생산하여 이듬해에 다시 종자발아한다.

Minami 1973). 이를 근거로 Lim et al.(2016)은 동절기 예냉효과를 쉽게 경험할 수 있는 목포늪의 낮은 수심 지역에서 가시연의 높은 출현 가능성을 예측했다. 종자발아에 조건이 적합하지 않으면 매토종자에서 휴면상태를 수십년 지속하기 때문에(Wakita 1959, Kadono 1983, Otaki 1987) 자연개체군의 개체수는 연도별로 차이가 있다(Miyashita 1983, Kume 1987). 우리나라의 목포늪에서 가시연 개체군의 이러한 경년 변화들이 관찰되었다(Lim et al. 2016). 발아 이후 빛과 온도는 가시연의 성장에 큰 영향이 없지만(Okada 1935, Wakita 1959) 생체량 증가에 큰 영향을 미친다(Jha et al. 1991). 용존산소량은 1.8~8.8mg/L, 총인은 0.003~0.126mg/L, 총질소는 0.422~10.723mg/L, 염도는 0.1~0.65%, 토양은 점토성으로 유기물이 많은 곳을 선호한다는 연구들이 있다(표 7-18). 최근에는 가시연과 자생지에 대한 보전과 복원의 여러 활동들이 국가 및 지방 수준에서 이루어지고 있다.

표 7-18. 가시연의 서식환경 특성

환경 구분	세부 내용
수온	- 발아시 15~25℃(4~6월)(발아적정온도 24℃)
pH / 염도	- 6.0~7.9 / 0.1~0.65%
용존산소량/화학적산소요구량	- 1.8~8.8mg/L / 6.8~7.4mg/L
총인 / 총질소	- 0.003~0.126mg/L / 0.422~10.723mg/L
토양환경	- 점토형, 토양수분 함량 및 유기물 함량 높음
기타 환경 특성	- 깊은 수심(2m 이상)은 가시연 서식과 생육에 영향을 미칠 수 있음 - 봄철 발아기에 수심 50㎝(30~60㎝) 유지, 겨울철 1m 수심 유지 - 클로로필-a(Chl-a) 농도 및 탁도가 높음 - 개방수면의 확보가 필요

자료: MED 2015, Lee 2015, CETED 2010, Jang et al. 2006, NEEC 2015

■ 단양쑥부쟁이는 하천 중류구간의 자갈밭에서 적응력이 매우 강한 식물종이다.

단양쑥부쟁이의 식물사회와 지리 분포 | 단양쑥부쟁이(*Aster altaicus* var. *uchiyamae*)(멸종 II급)는 국화과의 이년생식물로 과거에는 단양군, 충주시 일대에 서식하였다. 이후 근대화 과정에서 하천정비사업을 포함하여 최근의 4대강사업 과정에서 서식지 일부의 변화(이식 등)가 있었으며 현재는 충주시(비내섬), 여주시(도리섬, 강천섬, 강천보, 여주보 일대), 원주시(섬강 하류 일대) 등에 자생한다(그림 7-115, 7-116, 7-117). 단양쑥부쟁이는 빈영양의 척박한 토양환경에 서식하기 때문에(Hyun 2001) 식물사회는 생활사가 짧은 일이년생식물 또는 터주식물로 구성되고 식피율이 낮은 것이 특징이다. 여주시 도리섬 일대의 자생지에서 출현빈도가 높은 식물종은 비수리, 큰금계국, 새, 패랭이꽃, 돼지풀, 쑥, 달맞이꽃, 벼룩이자리, 망초, 매듭풀, 개똥쑥 등이다(Lee 2020). 강천섬 일대에서는 제비쑥, 달맞이꽃, 비수리, 다닥냉이, 벼룩이자리, 패랭이꽃, 솔새, 돼지풀 등이다. 일본에서는 단양쑥부쟁이와 거의 유사한 식물사회를 둥근매듭풀-*Aster kantoensis*군집으로 구분하고(奧田과 佐々木 1996) 쑥군강의 산떡쑥-쑥군단에 포함시킨다.

단양쑥부쟁이 자생지 특성 | 단양쑥부쟁이 자생지는 모래와 자갈(강돌)이 혼재한다. 자갈의 장경, 중경, 단경은 각각 6.96±0.97~13.60±1.37㎝, 5.27±1.08~10.05±1.74㎝, 2.77±1.14~4.83±1.57㎝이고 형태는 원반형(oblate, disk)이 가장 많고, 그 다음으로 잎사귀형(bladed), 등형(equant)의 순이다(형태는 별도 서적 참조). 이러한 자갈입자는 크기로 보면 왕자갈(cobble, 6.4~25.6㎝)에 속하는 것이다. Lee(2020)는 단양쑥부쟁이 자생지(여주시 일대) 35개 지점에 대한 자갈과 모래 구성비를 분석하였는데 대부분 왕자갈과 자갈과 굵은모래가 혼재된 형태이다(그림 7-115). 단양쑥부쟁이는 하천 횡단적으로 식피율이 낮은 제방사면 또는 둔치의 빈영양 자갈입지에 분포가 제한되는 특성을 잘 보여준다. 자생지(여주시, 강천섬)의 연평균 기온은 13.74℃이다(그림 3-35 참조).

단양쑥부쟁이 생육 및 개체군 특성 | 단양쑥부쟁이는 이년생식물이지만 환경조건이 맞지 않으면 3년생의 생활사를 갖기도 한다. 생활사는 종자를 생산한 당해 11월과 이듬해 2월 사이에 바람 등에 의해 종자를 새로운 입지(자갈과 모래 혼합 입지 선호)에 산포한다. 산포된 종자는 3·5월에 발아하여 흔히 9월까지 일년생 줄기를 생장시킨다. 온도가 하강하는 10월부터 그 이듬해 3월까지 일년생 줄기는 근생엽(根生葉, basal leaf, radical leaf)의 형태로 월동을 한다. 이후 기온이 상승하는 4월부터 8월까지 이년생 줄기를 생장시켜 9월 경에 개화한다.

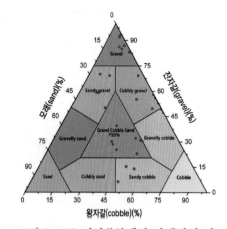

그림 7-115. 단양쑥부쟁이 자생지의 자갈, 모래 구성(Lee 2020). 단양쑥부쟁이 자생지는 자갈이 혼재된 입지를 선호한다.

개화 이후 9~10월 사이에 열매를 성숙시켜 11월부터 다시 종자를 산포한다. 이와 같이 단양쑥부쟁이는 전형적인 이년생식물의 생활사를 갖는다(그림 7-116, 7-117). 이 과정에서 어린 식물체는 고사하는 경우가 종종 관찰되는데 월동 이후에 보다 많다. 이년생 식물체는 흔히 1m 이하의 크기로 성장한다. 생육 초기에는 개체간 변이가 작지만 생육기간이 길어지면 변이가 증가하여 시간에 따른 생장 패턴이 통계적 유의수준을 벗어난다. 이는 생육 이후 다양한 외부 환경에 대한 단양쑥부쟁이의 형태 및 개화시기의 가소성으로 이해할 수 있다. 이러한 가소성은 불안정한 환경에 적응하는 경쟁력 있는 터주성(ruderal) 식물의 높은 진화적 능력이다. 단양쑥부쟁이는 개체군 내에서 유전자 다양성은 높지만 개체군 간 유전적 분화도는 낮다. 이러한 유전적 특성은 개체군 간의 빈번한 유전자 이동에 기인한 것으로 자생지(여주시 강천면 일대) 개체군 내 최소개체수는 도리개체군(도리섬)에서는 17개체, 삼합개체군(현재 소실)에서는 16개체, 굴암개체군

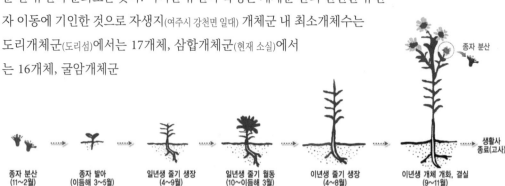

그림 7-116. 단양쑥부쟁이 생활사. 단양쑥부쟁이는 전형적인 이년생식물이며 간혹 3년생으로 생활사를 마감하기도 한다.

그림 7-117. 단양쑥부쟁이 생활사의 여러 형태(여주시, 남한강). 단양쑥부쟁이는 자갈밭의 빈영양입지를 자생지로 선호하며 생육단계적으로 다양한 형태를 가진다.

(강천섬)에서는 11개체이다(Kim et al. 2011a). 단양쑥부쟁이는 낮은 경쟁력으로 높은 빛이용이 가능한 식피율이 낮은 빈영양입지로 이동하면서 개체군을 유지하는 메타개체군적 특성을 갖는다(Lee 2020).

단양쑥부쟁이와 매우 유사한 일본의 쑥부쟁이류(Aster kantoensis) │ 일본에는 단양쑥부쟁이와 입지 및 생태적 특성이 매우 유사한 쑥부쟁이류(Aster)가 있는데 국내에는 분포하지 않는 A. kantoensis이다. 이 식물에 대한 정보들은 단양쑥부쟁이 특성을 이해하는데 중요하다. 일본에서도 A. kantoensis를 멸종위기식물로 분류하고 있다(Washitani et al. 1997). 일본의 A. kantoensis는 중부지방의 동쪽 하천(Yamanashi현과 Kanagawa현)의 자갈 충적지에 국한하여 지소적으로 자생한다(Maki et al. 1996, Washitani et al. 1997). A. kantoensis 는 개화 이전에 2~4년간 생장하는 단개화식물(單開花植物, monocarphic plant)이다(Takenaka et al. 1996). 개화한 개체에서 생존가능한 종자생산량은 76㎡에서 450~780개이며 분산된 종자의 0.027% 미만이 개화단계까지 생장한다. A. kantoensis에서 발아시기의 변이는 연속적인 수화(水和, hydration)에 노출된 종자보다 수화-탈수(脫水, dehydration) 주기에 노출된 종자에서 훨씬 더 크며 변이 정도는 수화 및 탈수 기간에 따라 다르다(Kagaya et al. 2005). 종자의 산발적인 발아는 자갈 범람원에서 몇달 동안 분산된 종자가 강우의 시간적 패턴과 자갈의 음영으로 자갈 표면에서 증발속도의 공간적 이질성에 의해 수화와 탈수의 여러 주기에 노출되었기 때문이다(Kagaya et al. 2005). 종자는 낮은 수준의 상대적 휴면으로 자생지의 일반적인 조건 하에서 한 달 내에 사라진다. 몇 달간 건조한 냉장 보관 후 종자는 넓은 온도범위(예: 6~36℃)에서 발아 가능하다. Kagaya et al.(2009)의 연구에서 영양분 가용성에 따른 이 식물의 표현형적 가소성이 관찰되는데, 영양분 수준이 감소하면 개체 간의 편차는 증가한다. 이러한 변이는 공간적으로 영양분의 이질적인 가용성을 갖는 범람원(자갈밭)에서 개화한 개체의 크기, 시기 등의 계절학적 변이를 유발하는 원인이다. A. kantoensis는 식생이 없거나, 미약한 공간이 지속되어야 한다. 맑은 여름 조건에서도 이 식물의 잎 온도(35~39℃)는 토양표면 온도(최대 60℃)보다 훨씬 낮다. A. kantoensis는 자갈범람원에서 자생지 고유의 여러 스트레스를 피하는 효과적인 기작을 가지고 있기 때문에 더운 여름에도 높은 광합성 비율을 유지할 수 있다(Matsumoto et al. 2000). 단양쑥부쟁이와 유사하게 A. kantoensis(h = 0.142)의 경우에도 높은 유전자 다양성을 보인다(Maki et al. 1996). 교란의 시·공간적 패턴은 범람으로 형성된 새로운 곳(나지)을 안전한 장소로 채택하며 토양 종자은행 유지와 영양번식이 없는 이 종의 메타개체군 유지에 매우 중요하다(Takenaka et al. 1996, Washitani et al. 1997).

■ **매화마름은 호소에서도 일부 서식하지만 주로 벼경작 주기와 생활사를 같이한다.**

매화마름의 지리 분포와 서식환경 │ 매화마름(Ranunculus kazusensis)(멸종 II급)은 반침수하여 생육하는 식물로 한해 또는 두해살이풀로 분류하지만 한해살이풀로 판단된다(그림 7-118). 우리나라에서의 지리적 분포는 주로 서해안 및 동해안 일부(경주시 등)의 저해발 지역에 한정되고 일본, 중국, 러시아 등지에도 분포한다. 매화마름은 일부 물흐름이 약한 지역에도 서식하나 대부분 정수환경이며 자연습지 내에는 소수 개체군만 서식한다. 대부분 벼경작 주기에 적응하여 개체군을 유지하고 있으며 최근 논경작이 기계화 및 농약 등의 과다 사용으로 개체수 감소가 진행되는 식물로 분류된다. 식물사회는 논경작지에서 관찰되는 식물종(뚝새풀, 곡정초류 등)이 많이 혼생하는 것이 특징이다. 강화도(인천시)의 매화마름에서 영양 염류의 함량이 높은 등(Jo 2009) 양분이 풍부한 입지를 선호한다. 매화마름이 서식하는 공간은 주로 수심이 60㎝ 이하, 토양의 pH가 5~8 범위이다(Shu et al. 2002). 염분도 1.5% 이상의 환경에서는 종자발아가 제한된다(Jo 2009)(표 7-19). 벼를 재배한 후 가을갈이(fall plowing)를 하고 물을 채워 둔 무논에서 매화마름의 피도와 생육이 증대되나, 볏짚이 피복되는 경우 발생은 억제된다(Jo 2009).

표 7-19. 매화마름의 적정 생육환경(Shu et al. 2002, Jo 2009에서 요약)

| 구분 | 수심 (cm) | 토양수분량 (%) | pH | | 토양산화환원 전위(mV) | 전기전도도 (mS/㎝) | 발아 적정온도 | 염분도 (%) |
			토양	물				
범위	< 60	20~50	5~8	6.8~10.0	-320 ~ 305	0.2~3.0	4℃ 내외	1.5 이하

매화마름의 생육 및 개체군 특성 │ 매화마름은 이른 봄에 성장하기 시작하여 4~5월 백색의 꽃(지름 약 1㎝)을 피우고 이후 결실한다. 논경작지에 주로 서식하는 매화마름은 4~6월 경운하기 이전에 생활사를 완성하며 경운과 함께 경작지의 상부 표토층(주로 20㎝ 이내)에 종자가 매토된다. 이와 같이 매화마름은 벼경작 주기에 맞추어 개체군을 존속시킨다. 경작이 중지되면 식생천이에 의해 매화마름 개체

그림 7-118. 매화마름 생활사의 여러 형태(예산군 예당지, 강화도, 서천군 등). 매화마름은 종자를 통한 육상 및 수중 발아가 가능하다. 생육환경에 따라 잎의 모양이 다르고 개화 후 많은 종자를 생산한다.

군은 급격히 쇠퇴하여 국지적으로 소멸한다. 줄기는 최대 50㎝ 정도 자라며 줄기 마디에서 뿌리가 나와 영양번식이 가능한 식물이다. 수중엽과 기중엽이 다른 이형엽의 형태를 갖는다(그림 6-61 참조). Shu et al.(2002)에 의하면, 매화마름은 물속에서 약 10~20개체/㎡가 생육하지만 물밖에서는 10~100개체/㎡가 생육하여 같은 면적에 개체수가 보다 많다. 식물체의 크기는 물속에서 12.3㎝로 물밖 7.7㎝의 개체보다 크고, 식물체의 최대 크기 또한 물속 26㎝로 물밖 19㎝보다 크다. Jo(2009)에 의하면 물밖 개체의 잎이 물속 개체의 잎보다 짧고 두껍다. 발아 적정온도는 수온이 4℃이고 온도가 높아지면 생존율이 떨어진다. 종자는 가을갈이 논에서 양이 증가하지만 매토층이 깊어지면 그 양은 감소한다. 매화마름은 비교적 높은 종자발아율을 보이고 높은 온도와 차광(그늘) 등에 의해서는 종자발아가 제한된다. 이는 벼 재배 이전인 봄철의 낮은 기온과 그늘이 없는 논에서만 생육 가능한 서식처 특성을 잘 보여준다(Jo et al. 2010). 매화마름은 sulfonylurea계 제초제에 의한 발아 억제가 두드러진다. 수심이 깊어지면 길이생장이 증가한다. 육상개체가 침수되어 수중형으로 변하는 경우 육상엽은 소멸된다(Jo 2009).

■ 독미나리는 수심이 얕은 소택지의 식물사체가 많은 기질환경에서 잘 자란다.

독미나리의 지리 분포와 서식환경 | 산형과의 여러해살이풀인 독미나리(*Cicuta virosa*)(멸종 II급)는 6~8월에 개화한다(그림 7-119). 한국, 일본, 중국, 시베리아, 유럽, 북미에 분포하고 우리나라 내에서는 전북(군산시, 김제시, 부안군 등), 충남(논산시 등), 강원도 철원군 및 횡성군, 평창군 등의 이북지역에 주로 분포한다. 광역적으로 볼 때, 독미나리는 비교적 추운 지역에서 자생한다(Lee 1996a). 일본 동부에서는 중금속이 유입되는 연못에서도 서식하는데 식물뿌리에 고농도의 아연(Zn)을 축척하기도 한다(Nagata et al. 2015). 식물체의 크기는 흔히 1m 이하로 식물체에 유독 성분이 있다. 식물체는 유성번식과 무성번식으로 재생이 가

그림 7-119. 독미나리 자생지와 생활사의 여러 형태(군산시, 백석제 등). 독미나리는 얕은물속에 주로 서식하며 국내에서 비교적 국지적으로 관찰된다.

능하다(Lee et al. 2020a). 오대산 질뫼늪에서는 골풀, 도루박이 등의 이탄 매트에, 횡성군 안흥면과 둔내면 등지에서는 고마리, 물잔디, 갈대, 버드나무 등과, 군산시 백석제 등에는 줄, 갈대 등과 혼생하거나 단일 우점하는 등 식물사회의 형태는 다양하다. 국내 독미나리 자생지(13개 지역)에서 동반하여 출현하는 식물들은 동계형일년생식물(Th(w)), 반지중식물(H), 수생식물(HH)의 비율이 높게 나타난다(You et al. 2017).

독미나리의 생육 및 개체군 특성 | 독미나리의 분포는 지리적 위치와 자생지별 식물체 사체의 퇴적, 수심 등이 중요한 요인으로 작용한다(You et al. 2017). 특히, 수위와 관련된 변동체계는 중요 영향 요소이다. 자생환경의 최적 수위범위는 7±3.5㎝이고 수위는 식물사체에 의한 부유매트(floating mat)의 기질에 의해 유지된다(Shin et al. 2013). 부유매트는 자생지에서의 잦은 수위변동에 따른 적정수위 유지는 물론 다른 대형수생식물(줄, 갈대, 애기부들 등)과의 경쟁에서 개체군을 존속시키는 수단이다. 군산시 백석제 말단 공간에도 식물사체로 이루어진 부유매트가 존재하고 독미나리 개체들의 빈도는 증가한다. 독미나리의 종자는 당해 발아하지 않고 휴면에 들어가며 습예냉(moist-chilling) 및 온도 변동 등에서 종자가 잘 발아한다(Ajima et al. 1999). 즉, 당해 생산된 종자는 휴면하여 추운 겨울철 습예냉을 경험하기 때문에 이듬해 봄에 대부분 종자발아가 가능하다. Shin and Kim(2013)은 서로 다른 3장소(평창군, 횡성군, 군산시)의 독미나리 자생 개체군은 자생환경에 적응한 생태형(ecotype)으로 인식하였으며 종자 무게, 발아 반응, 개화시기, 형태 및 생리학적으로 구별되는 특성을 제시하였다.

■ **층층둥굴레는 숲지붕에 의해 그늘이 많은 하천 제방의 모래토양에서 잘 자란다.**

층층둥굴레의 지리 분포와 서식환경 | 층층둥굴레(*Polygonatum stenophyllum*)는 백합과의 여러해살이풀로 이전에는 멸종위기야생식물 Ⅱ급이었으나, 멸종의 위험성이 낮아 현재는 해제(2017.12.29 개정)되었다(그림 7-120). 그 이유로 층층둥굴레는 주로 뿌리줄기의 무성번식으로만 개체군이 국지적으로 유지되는 것으로 인식하였지만 타가수정으로 종자를 만들어 개체 증식이 활발한 것으로 밝혀져 서식환경 변동이 없으면 멸종 위험이 적기 때문이다(NIBR 2019b). 주로 하천에서 자생하며(Kim et al. 2019) 범람에 영향이 낮은 제방 등이 주요 서식공간이다. 그늘 또는 반그늘을 좋아하는 특성으로 남한강 일대에서는 대부분 아까시나무림이나 일부 버드나무, 시무나무 등이 혼생하는 숲의 바닥이다. 층층둥굴레는 아까시나무 잎이 완전하게 형성되기 이전인 5월 상순~하순에 잎겨드랑이에서 층층이 개화하고 이후 결실한다. 이 시기에는 숲바닥에 완전한 그늘이 형성되지 않는다. 자생지의 토양은 주로 모래가 우점하기 때문에 층층둥굴레(길이 약 30-40cm: Chung et al. 2014)와 더불어 긴 뿌리줄기로 성장(분열신장)하는 사초류(산비늘사초, 융단사초 등)가 혼생하는 경우가 많다. 우리나라에서는 남한계가 존재하는 북방계 식물이다. 주로 강

그림 7-120. 층층둥굴레 자생지와 군락(여주시, 남한강). 범람이 거의 없는 하천 모래땅을 선호한다.

원도 중부 이북에 자라는 것으로 알려져 있었으나 최근에 전남 구례군의 섬진강에서 소규모 개체군이 발견되기도 하였다(NIE 2014).

층층둥굴레의 생육 및 개체군 특성 | 층층둥굴레 자생지 토양의 pH는 약산성 또는 약알칼리성이고, 일반 산림토양에 비해 유기물 함량과 총질소의 함량은 낮고 유효인산(P_2O_5)의 함량이 높다(Song et al. 2009). 뿌리줄기의 깊이에 따라 줄기 싹의 출현 정도가 다르다(Kim et al. 2019). 갈곡천(파주시) 제방에 자생하는 층층둥굴레는 단풍잎돼지풀이 상관을 덮고 있다. 이 곳에서 층층둥굴레는 4월 상순에 지상부 출현과 개엽이 동시에 발생, 5월 상순에 꽃봉오리 생성, 5월 하순에 개화, 6월 중순부터 열매 형성과 아래부분의 잎 갈변 시작, 7월 하순부터 열매 성숙, 9월 하순에 낙엽과 동시에 생활사가 완료된다(Kim et al. 2018a). 층층둥굴레는 4대강사업을 하는 과정에서 남한강 일대에 많은 자생지가 확인되었다. 이 지역에서는 4월 하순에서 7월 사이에 대부분의 생활사를 완성한다. 층층둥굴레는 집단간 유전적 변이가 비교적 낮은데 이는 주로 단일 종자나 뿌리줄기(강물을 통해) 또는 몇 개의 종자에 의해 개체군이 유지되었을 것으로 추정하였다(Chung et al. 2014).

5.2 귀화식물

■ 귀화식물은 정의와 목적에 따른 여러 유형으로 구분될 수 있다.

귀화식물 정의와 유형 구분 | 귀화식물(歸化植物, naturalized plant)은 인간의 활동에 의해 의식적, 무의식적으로 이입된 외래식물(外來植物, exotic plant)로 현재 야생화된 것으로 정의할 수 있지만(Osada 1976, Kang and Shim 2002)

귀화식물에 대한 범주에 대한 기준설정이 미비하다(Lee et al. 2011c). 귀화식물의 정의는 인위적인 국가 경계의 공간 구분이지만 식물의 자연적인 분포 개념인 식물구계를 고려해야 한다. 이에 Takhtajan(1986)의 식물지리학적 구계(floristic region)을 채택하여 귀화식물을 정의하기도 하였다(Kim 2004b). 영어로는 naturalized sp., introduced sp., alien sp., exotic sp., non-indigenous sp., non-native sp., invasive sp. adventive sp., anthrophochore, hemerochore, anthropophyten 등으로 사용된다(Kim 2013d, Ryu et al. 2017). 완전하게 정착하지 않은 국내에서 침입귀화식물 관련한 용어를 침입외래식물(invasive alien plant), 귀화식물(naturalized plant), 임시정착식물(casual alien plant), 잠재침입식물(potentially invasive plant), 관심외래식물(concerned alien plant), 불확실종(uncertain plant), 사전귀화식물(archaeophyte)로 표준화하고자 하였다(Chung et al. 2016). Kim(2013d)은 귀화식물과 관련하여 다양한 유형으로 용어를 구분하고 있다. 그에 의하면 도입시기와 관련하여 고귀화식물(archeophyte)과 신귀화식물(neophyte)로 구분하며 도입방법에 따라 기회외래식물(akolutophyten), 수반외래식물(kenophyten), 탈출외래식물(ergasiophygophyten)로 구분한다. 정착양식에 따라 영구정착과 일시정착한 형태로 구분한다. 영구정착귀화식물은 다시 생태계 내에서 각각 일차식생과 이차식생에서 구체적인 서식지위가 있는 일차식생외래종(agriophyten)과 이차식생외래식물(epokophyten)로 구분된다. 일시정착귀화식물은 일시정착외래식물(ephemerophyten)과 경작외래식물(ergasiophyten)로 구분된다. 한편, 귀화식물을 이입시기별, 목적별, 생활형별, 원산지별, 확장강도별 등 다양한 유형으로 구분 가능하다. 특히, 본서에서는 온전한 생활사를 완성하여 개체군을 유지시키는 야생화된 식물을 귀화식물로, 외래식물은 모호하거나 불완전한 것으로 판단되는 식물을 의미한다.

잡초와 귀화식물 | 일반적으로 잡초(weed)란 다분히 사람들의 필요성 기준에서 원하지 않는 식물종들을 의미한다(Coordinatieecommissie Onkruidonderzoek 1984). 식물학적 관점에서 잡초라는 용어의 사전적 의미는 없는데, 다양한 환경에서 생존하고 빠르게 번식할 수 있는 터주식물(ruderal plant)들이 많다. 잡초는 특히 작물 생산을 목적으로 하는 농업분야에서 많이 사용되는 용어이다. 하천에 분포하는 많은 식물종과 개체들은 이러한 잡초의 기능과 구조적 측면과 유사한 특성이 있는데 귀화식물들도 여기에 해당된다. 야생에 정착한 귀화식물은 현재 생태계에 큰 영향이 없거나 위협을 가하거나 긍정적인 역할을 하거나 자생식물과 경쟁하는 등의 다양한 영향을 준다. 귀화식물에 대한 보다 세부적인 내용은 별도의 자료를 참조한다.

■ 하천 습지에는 많은 귀화식물이 유입되고 스스로 자생하는 경우가 빈번하다.

우리나라 귀화식물의 종다양성 | 우리나라에 2010년까지 정리된 귀화식물은 40과 175속 302종 15변종 4품종 총 321분류군으로 국화과가 68분류군(21.2%)으로 가장 많고, 벼과가 62분류군, 십자화과가

30분류군, 콩과가 24분류군의 순이다(Lee et al. 2011c). 문헌을 분석한 Ryu et al.(2017)은 신귀화식물(neophyte)을 39과 184속 326분류군으로 기재하고 있으며 고귀화식물(archeophyten)을 포함하면 종수는 증가할 것이다. Kang et al.(2020)은 확장된 개념을 적용하여 국내에 분포하는 귀화식물을 포함한 외래식물(alien plant)을 96과 353속, 595종, 6아종, 11변종, 1품종, 6잡종의 총 619분류군으로 제시하였다. 이 중에 사전귀화식물은 30분류군, 잠재침입식물은 214분류군, 침입외래식물은 총 375분류군이며 분포 정도에 따라 5등급(widespread, WS) 19분류군, 4등급(serious spread, SS) 16분류군, 3등급(concerned spread, CS) 19분류군, 2등급(minor spread, MS) 37분류군, 1등급(potential spread, PS) 284분류군이다. 국내 도입된 326종의 신귀화식물 가운데 유럽 원산이 가장 많고 다음으로 북아메리카 원산이 많다(Ryu et al. 2017). 특히, 하천에서는 신귀화식물과 국화과의 구성비가 높다(Lee 2005d).

우리나라 하천에서 귀화식물의 종다양성 │ 우리나라의 하천식생(식물군락)에서 생활사를 완성하는 귀화식물은 13과 65종이다(Lee 2005d). 일시정착외래식물종인 양버들, 양버즘나무, 이태리포푸라 등과 식물군락 속에 포함되지 않은 식물분류학적 수준을 고려하면 보다 많은 귀화식물종이 존재할 것이다. 공업화가 진행된 울산시에 생육하는 귀화식물(158종) 중 수계식생의 귀화식물(하천식생 86종, 습지식생 19종)은 총 89종으로 노방식생(路傍植生, road side vegetation)(113종) 다음으로 구성비가 높다(Mun 2005). 국내 다른 지역의 하천들에서도 귀화식물의 구성비가 높게 나타난다(Oh and Beon 2006, Shin and Cho 2001). 우리나라 하천에서는 일년생 귀화식물의 구성비가 높다(Lee 2005d, Han et al. 2007). 이러한 연구들은 하천에는 많은 귀화식물이 서식하고 있고 높은 서식 잠재성을 갖는다는 것을 보여주는 것이다.

국외 하천에서 귀화식물의 종다양성 │ 귀화식물은 프랑스 아도르(Adour)강의 경우 1,396종의 24%, 미국의 매켄지(McKenzie)강의 경우 851종의 30%, 호(Hoh)와 던지니스(Dungeness) 집수역의 일부 지역에서는 각각 148종 중 24%, 200종 중 28%를 차지한다(Planty-Tabacchi et al. 1996). 귀화식물은 기후와 풍토가 다르지만 남아프리카공화국에서도 유사한 높은 구성비를 나타낸다(Hood and Naiman 2000). 이와 같이 우리나라는 물론(Lee 2005d) 국외의 많은 하천에서도 귀화식물의 구성비가 높은 경향이 있다.

하천에서 귀화식물 분포 특성 │ Planty-Tabacchi et al.(1996)의 연구에서 하천에서 종풍부도와 귀화식물 종수 간에는 양의 상관성을 보이는데 하천의 종적 변화에 따른 중간교란체계, 하천의 자연, 인문적 물리적 구조, 기후적 요소 등이 원인이다. 성숙한 식물군락보다 어린 식물군락에서 보다 많은 귀화식물들이 관찰된다. Fridley et al.(2007)은 지역의 풍부한 생태계가 귀화생물의 핫스팟이 될 수 있고 지역 고유종의 감소는 귀화생물의 침입과 서식처의 취약성을 가속화시킬 수 있다고 하였다. 하지만, Hood and Naiman(2000)은 남아프리카공화국 4개 하천의 연구에서 귀화식물은 범람원(둔치)(전체의 20~30%)에서 제방(전체의 5~11%)보다 3.1배 많이 분포하고 종풍부도와 귀화식물 종수 간에는 공간에 따라 음의 상관성 또는 상관없음으로 분석되기도 하였다. Herben et al.(2004)은 많은 문헌분석과 중립모델(neutral model)에서 귀화식물 풍부도의 관계를 이들의 개체수와 조사면적 등과 같은 규모 의존성(scale-dependence)으로 설명하였다. 미국 중부 초원에서 식물종이 풍부하고 생산성이 높은 하천지역은 특히 귀화식물이 침입할 수 있고 토양 비옥도가 높은 하천지역이 토양 비옥도가 낮은 고지대보다 귀화식물을 더 많이 포함한다(Stohlgren et al. 1998).

■ 양면적 영향이 상존하는 귀화식물은 생활형적으로 형태가 다양하다.

귀화식물이 서식하기 좋은 하천 습지 | 하천의 넓은 둔치는 한반도의 강우 특성상 연중 300일 이상 육상으로 노출되어 있어 합법적, 불법적 토지이용압(주차장, 수변생태공원, 여가시설 등)이 높은 공간이다(그림 2-23, 5-12 참조). 특히, 도심지 하천 습지의 둔치에는 외래식물인 갓, 유채, 코스모스, 큰금계국 등을 경관적으로 식재하는 경우가 많다. 이로 인해 이들 종자들이 하천 습지를 따라 광역적으로 매우 빠르게 확산되기도 한다. 농촌지역의 하천과 습지에는 경작 및 조경공간 조성으로 비료, 퇴비 등과 같은 영양염류의 과다한 사용으로 수질악화 및 부영양화를 초래하기도 한다. 하천 습지에는 집중강우시 범람으로 집수역에서 다양한 귀화식물의 종자 및 영양번식체가 유입되어 정착과 확산이 용이하다. 또한, 국내 많은 하천들은 하천개수(직강화, 횡구조물설치, 인공제방화 등)로 건강한 생물서식공간이 변형되어 터주식물 및 귀화식물의 정착과 확산이 가속화되었다. 따라서, 하천 습지에는 자연적, 인위적 여러 복합 요인으로 생태적 수용능력이 초과된 생태계의 국지적 질적 저하가 발생된다. 단풍잎돼지풀, 가시박 등과 같은 귀화식물들은 고유식물들에 비해 식생구조가 단순하며 단순우점하는 특성이 있다. 귀화식물은 빠른 성장, 무성생식을 통한 재생산 능력, 부영양화를 통한 확산, 인간활동에 의한 확산, 자연적인 서식공간을 초월한 확산 등 다양하고 독특한 특성으로 야생에 정착해 나간다(Pieterse 1993).

귀화식물의 양면적 영향과 유지 | 귀화식물의 영향은 긍정적인 측면과 부정적인 측면으로 구분할 수 있다. 특정 목적(사면녹화 등)으로 도입된 귀화식물은 사람들에게 유용하기 때문에 긍정적인 영향을 주지만, 양미역취, 돼지풀, 단풍잎돼지풀과 같이 알레르기 반응을 일으키거나 다른 식물의 생육을 제한하는 가시박의 경우는 부정적인 영향을 준다. 일부 귀화식물들은 지형공간이 교란된 이후 생물서식처로 기능하도록 개척하는 역할을 한다. 갓은 식용의 긍정적인 영향에서 경작지에서 탈출하여 현재 하천 습지에 과도하게 번성하여 부정적인 영향을 준다. 하천 습지에는 공식 기록되지 않은 귀화식물종들이 서식할 수 있고 다양한 귀화식물 종자가 매토되어 있어 이들이 소규모 분반(patch) 또는 대규

모 기질(matrix) 형태로 공간 분포할 가능성이 있다. 하천에서 귀화식물은 교란이 상대적으로 적은 산지하천을 제외하고 농촌하천과 도시하천 모두에서 흔하게 관찰된다. 우리나라에서 하천유역적으로 상류에서 하류로 갈수록 귀화식물은 증가하는 경향이 있다(Han et al. 2007). 하천 습지에서 귀화식물 개체군이 증가 또는 유지되는 이유는 고유식물들과 자원경쟁이란 생태적 지위의 경쟁보다는 귀화식물이 서식하기 좋은 적응적 교란환경이 지속되기 때문이다.

하천에서 흔히 보는 귀화식물들 │ 하천에서 관찰되는 귀화식물을 생활형적 특성에 따라 (1) 목본식물, (2) 육생초본식물, (3) 습생초본식물, (4) 부엽식물, (5) 침수식물, (6) 부유식물로 6가지로 구분 가능하다. 목본식물은 포플러류, 아까시나무, 족제비싸리 등이, 육생초본식물은 돼지풀류, 달맞이꽃류, 망초류, 가시박, 벳지 등이, 습생초본식물은 큰물칭개나물, 소리쟁이류, 물냉이, 물참새피(털물참새피, 반추수식물) 등이, 부유식물은 부레옥잠, 물배추 등이 대표적이다. 침수식물은 거의 없지만 침수 또는 추수성 특성을 보이는 앵무새깃(물채송화)이 여기에 해당될 수 있다.

■ **하천 습지에서 물참새피, 가시박, 단풍잎돼지풀은 대표적 생태계교란식물이다.**

생태계교란생물의 개념 │ 환경부에서는 귀화식물을 외래식물로 정의하고 특히 관리가 필요한 생물을 '생태계교란생물'로 지정 관리하고 있다(생물다양성 보전 및 이용에 관한 법률, 약칭 생물다양성법). 법에서 외래생물은 "외국으로부터 인위적 또는 자연적으로 유입되어 그 본래의 원산지 또는 서식지를 벗어나 존재하게 된 생물"로 정의한다. 생태계교란생물의 지정 기준은 "위해성평가 결과 생태계 등에 미치는 위해가 큰 생물로 (1) 유입주의 생물 및 외래생물 중 생태계의 균형을 교란하거나 교란할 우려가 있는 생물 또는 (2) 유입주의 생물이나 외래생물에 해당하지 아니하는 생물 중 특정 지역에서 생태계의 균형을 교란하거나 교란할 우려가 있는 생물"로 한다. 돼지풀, 단풍잎돼지풀, 서양등골나물, 털물참새피, 물참새피, 도깨비가지, 애기수영, 가시박, 서양금혼초, 미국쑥부쟁이, 양미역취, 가시상추, 갯줄풀, 영국갯끈풀, 환삼덩굴, 마늘냉이, 돼지풀아재비 17종(2022년 10월18일 기준)이 생태계교란식물로 지정되어 있다. 특히, 단풍잎돼지풀, 털물참새피, 물참새피, 가시박은 주로 하천을 주요 서식처로 하는 식물이다. 이러한 식물들을 제거하기 위한 관리가 매년 지속되기도 한다(그림 7-121, 7-122, 7-123 참조).

물참새피(털물참새피), 국내 남부지방 정체수역으로 세력 확장 │ 북미 원산인 물참새피(*Paspalum distichum*, knotgrass)와 털물참새피(*P. distichum* var. *indutum*)는 습한지역에서 매우 빠르게 자라는 뿌리줄기로 왕성하게 세력을 확장하는 식물이다. 우리나라에는 털물참새피 분포가 우세하여 관련 연구가 많고(Kil et al. 2004,

그림 7-121. 물참새피군락(좌: 해남군 비금도 농수로, 우: 부산시, 농수로). 본 군락은 남부지방의 낮은 수심지역에서 나도겨풀군집을 대체하여 대규모로 번성하고 있다.

Cho and Lee 2015, Lee et al. 2015b) 다른 국가들에서는 물참새피에 대한 연구가 많다. 식물체 전체에 털의 유무 외에는 두 종간에 뚜렷한 차이가 없기 때문에(Allred 1982) 최근 분류적으로 동일종으로 취급하기도 한다 (Allred 1982, Jung 2014, Lee et al. 2015c, Lim et al. 2017). 본서에서는 두 종을 물참새피로 통일하여 설명한다. 신귀화 식물인 물참새피는 여러해살이풀이면서 게릴라 번식전략의 생태 특성이 있다(Kim 2013d)(그림 7-121). 두 식물을 환경부에서는 생태계교란생물(2002.3.7)로 지정 관리하고 있다. 젖은 토양에서 번성하지만 일반적으로 혐기성이보다 호기성이다(Green and Brock 1994). 이 식물은 2000년 이후 대량 발생하고 있으며 열대와 아열대의 하천과 충적지에서 관찰된다. 침수하지 않는 반추수성 수생식물로 물가의 습성의 반수생 환경에도 적응하였다(De Datta et al. 1979). 수심 1m 이상의 지역까지 수면을 피복할 수 있다. 물참새피는 C_4식물로(Mesléard et al. 1993) 추위에 내성이 낮다(Campbell et al. 1999). 추위에 저항성이 낮기 때문에 우리나라에서도 남부지역(경상도 및 전라도)에 집중 분포한다. 열대에서는 물가의 사면침식을 방지할 수 있으며 목초재료로도 이용된다(Bor 1960). 식물은 유성생식은 물론 영양생식 능력이 매우 높다. 적절한 환경이 되면 기는줄기(stolon)인 공중싹(aerial shoot)과 뿌리줄기를 통해 마디에서 새로운 분지개체를 쉽게 생성할 수 있다. 최적의 조건에서는 1주에 15~20cm까지 확장할 수 있다(Noda and Obayashi 1971). 하천에 물참새피는 월동줄기(overwintering stem)를 심은 후 2~3년 이내에 하천표면이 부유매트(floating mat)로 덮일 정도로(Lee et al. 2015c) 생육이 매우 왕성하다. 이로 인해 다른 식물의 침투를 매우 어렵게 하고 물속생물에 광합성을 차단하여 수생태계를 교란 또는 변형시킨다. 하나의 꽃차례(panicle)당 100개의 종자, 100,000개/㎡의 매우 많은 종자를 생산한다(Okuma and Chikura 1984). 물참새피는 월동하기 위해 온도 요인이 중요한데 생산된 종자의 5~10%가 생존가능하다(Huang et al. 1987). 종자발아의 최적온도는 20~40℃(Okuma and Chikura 1984) 또는 28~35℃(최적 30℃, 최대 40℃, 최소 20℃)이다(Huang and Hsiao 1987). 최소 20℃를 우리나라 월평균 기온에 대입하면 5월 초에 해당한다(그림 3-2, 3-35 참조). 물참새피의 영양번식체인 조각에서 싹의 발아 및

그림 7-122. 가시박 생활사의 여러 형태(낙동강 중류~하류구간). 가시박은 하천의 둔치~수변에서 비교적 넓게 분포한다.

발근은 30~35℃(최대 40℃, 최소 10℃)이다(Huang et al. 1987). 뿌리줄기보다 줄기에서 싹이 더 빨리 나고 토양과 접촉하는 새싹뿌리는 새로운 새싹 생산을 자극한다(Manuel and Mercado 1977). 물참새피는 계절에 따라 싹의 발아 및 발근 능력이 다르게 나타나는데 이는 환경에 대한 생존 기작을 나타내는 것이다(Huang et al. 1987). 이 식물은 그늘에 매우 민감하다(Huang et al. 1987, Liu et al. 1991). 염분에 대한 내성은 불분명하지만 주로 담수습지에서 서식하며 일부 기수습지에서도 관찰된다(Leithead et al. 1971).

가시박, 기주식물(버드나무, 아까시나무 등)을 **쇠퇴시키는 덩굴식물** | 북미 원산인 가시박(*Sicyos angulatus*, burcucumber)은 5~8m까지 빠르게 자라는 한해살이 덩굴식물이다. 1970년에 경북 안동의 논둑과 경기 포천의 군부대 주변에서 증식되고 있는 개체가 처음 발견되었고(Kim et al., 2017a) 현재는 제주도를 제외한 전국에서 쉽게 관찰된다(Chung et al. 2018)(그림 7-122). 가시박은 과거 우리나라에서 박과의 특화작물(수박, 오이 등)의 접목으로 사용했기 때문에 전국적으로 확산이 촉진되었다(Kil et al. 2005). 우리나라(2009.6.1 지정)는 물론 일본에서도 생태계교란생물로 지정 관리하고 있다. 가시박은 높은 모래 함량, 적정한 실트질과 적은 점토 함량 지역을 선호하며(Lee et al. 2020b) 하천에서 주로 영양분이 양호한 지역이다. 가시박은 하천 또는 호소의 제방이나 숲가장자리에서 잘 자라며 물흐름은 가시박의 급속한 국지적 확산을 초래할 수 있다(Kil et al. 2006, Moon et al. 2008). 국내(경상북도)에서도 하천과 지류를 따라 확산되는 등(Chung et al. 2018) 생산된 종자는 전파방법이 다양(물, 동물, 사람, 바람 등)하여 빠르게 확산되는 특성이 있다. 가시박이 서식하는 공간의 생물다양성은 낮고 식물사회는 일년생식물의 구성비가 높다(Na et al. 2012). 하루에 30cm 이상 생육 가능하며 길이 20m 이상, 한 개체당 생체중량 80kg 이상, 높은 종자생산력을 가진 식물계의 공룡으로 평가된다(Me and KEITI 2014). 가시박은 경쟁이 없는 조건에서 개체당 4,500~78,000개의 종자를 생산할 수 있다(Smeda and Weller 2001). 가시박은 4월 하순 이후 지속적으로 발생하다가 9월 이후에는 완만히 발생하며 당해년도에 형성된 종자의 휴면성은 매우 높다(Moon et al. 2007). 가시박의 출현은 강우량과 연관

있는 것으로 추정되는데 미국의 인디애나에서는 4월부터 10월까지 발아하는데 주기적인 강우에 자극을 받는다(Smeda and Weller 2001). 종자는 발아조건이 적합할 때까지 토양에 종자은행으로 매토될 수 있다(Ozaslan et al. 2016). 가시박 종자는 온도 20~30℃에서 잘 발아하고 10℃(cf. 중부지방 4월 초, 우리나라 평균 3월 중순)(그림 3-2, 3-35 참조) 이하와 35℃ 이상에서는 제한된다(Mann et al. 1981, Curran et al. 2000). 가시박은 특정 시기에만 발아하지 않고 성장기 내내 발아하는 능력이 있기 때문에(Messersmith et al. 1999) 인위적 제거 관리에 어려움이 있다. 가시박은 토심 1~5㎝에서 가장 잘 발아한다(Messersmith et al. 2000). 식물은 발아 이후 10주까지 성장율이 높고 개화 시작 이후에는 생장이 감소한다(Smeda and Weller 2001). 가시박은 강한 타감작용 활성(allelopathic activity)을 갖기도 한다(Uraguchi et al. 2003).

단풍잎돼지풀, 중부지방의 하천변에서 세력 확장 │ 북미 원산인 단풍잎돼지풀(*Ambrosia trifida*)은 돼지풀(*A. artemisiifolia*)과 함께 환경부에서 빨리 생태계교란생물로 지정(1999.1.7 지정)하여 관리하고 있는 한해살이풀이다(그림 7-123). 이 식물은 바람에 의해 수분하고 공기 중의 꽃가루는 사람들에게 심한 알르레기 반응을 유발시킨다(Bassett and Crompton 1982). 특히, 단풍잎돼지풀은 우리나라 중부지방의 교란된 공간에 집중적으로 서식하는데 하천을 따라 잘 확산한다(Kim and Choi 2008). 이 식물은 일년생식물이나 하천에서 뿌리줄기와 많은 가지를 형성하여 다른 식물의 정착을 억제한다(Lee et al. 2010a). 이러한 특성으로 이 종을 교란된 공간에서 식물군집의 특성을 제어하는 조직자(organizer) 또는 핵심종(keystone)으로 인식하기도 한다(Abul-Fatih and Bazzaz 1979b). 흔히 크기는 2m 내외까지 자라지만, 생육이 양호한 입지에서는 6m까지 성장하기도 한다(Wikipedia 2021g). 이 식물은 빛에 높은 경쟁력을 가지고 있기 때문에 주변 식물의 생육에 영향을 준다. 이 때문에 단풍잎돼지풀의 생물학적 제어에 그늘을 제공하는 교목식물의 식재가 제안되기도 하였다(Lee et al. 2010a). 이 식물의 종자발아는 온도와 토양 수분조건에 넓은 범위를 갖는데 각각 8~41℃(최적 10~24℃)(그림 3-35 참조)와 17~55% 건조 중량(최적 토심 2㎝에서 20~33% 토양 수분)이며 먼저

그림 7-123. 둔치의 단풍잎돼지풀(연천군, 한탄강). 단풍잎돼지풀은 우리나라 하천의 둔치 및 제방 일대에서 세력을 왕성하게 확장하고 있으며 전국적으로 관찰된다.

발아한 개체군의 생존율이 높다(Abul-Fatih and Bazzaz 1979b). 단풍잎돼지풀의 생체량은 다른 연관종(수반종)을 억제하여 종다양성과 음의 관계를 나타내는데(Abul-Fatih and Bazzaz 1979a) 이는 큰 종자와 유묘(seedling), 빠른 발아, 높은 광합성율에 기인한다(Abul-Fatih and Bazzaz 1979b). 또한, 종자 크기의 다형성(polymorphism)은 넓은 서식공간에 점령하도록 적응력을 촉진시킨다(Harrison et al. 2007).

■ 벳지, 갓 등의 귀화(외래)식물도 하천 습지의 제방, 둔치, 물속에서 흔히 볼 수 있다.

벳지, 하천 제방과 둔치에서 대군락 형성 | 벳지(헤어리벳지, *Vicia villosa*, hairy vetch)는 현재 모든 대륙에 존재하는 것으로 알려져 있다. 일반적으로 비료식물(또는 사료작물)로 잘 알려져 있다. 국내에서는 벳지가 농작물 생산 이후 토양에 질소를 공급하기 위한 동계형 녹비로 근래에 적극 이용되고 있다(Seo et al. 1998, Lim et al. 2014). 재배할 때는 가을에 씨를 뿌리고 이듬해 7월에 성숙한다(Undersander et al. 2015). 북반구에서 개화와 결실은 4~10월(남반구 11~3월)에 이루어진다. 벳지는 경작지(밭) 등으로부터 탈출 또는 종자가 이탈하여 야생화된 것으로 추정된다. 전국의 하천을 따라 매우 넓게 퍼져있고 제방, 둔치 등에서 흔하다(그림 7-124). 벳지는 서리, 가뭄, 범람에 잘 견디는 식물이고(Lapina and Carlson 2013) 충매화로 교차수분(cross-pollination)으로 많은 종자를 생산하지만 자가수분(self-pollination)이 일어날 수 있다(Gunn 1979). 타감작용을 가지고 있어 다른 식물의 생장을 제한하기도 한다(Heuzé et al. 2014). 콩과식물로 근류균(根瘤菌, Rhizobium)과 공생관계를 맺을 수 있다(Undersander et al. 2015)(그림 4-5 참조). 토양 산도에는 다소 민감한 편이다(Owsley 2011). 다양한 토양에서 생육할 수 있지만 양토 및 모래 토양을 선호한다(Undersander et al. 2015).

갓, 이른 봄의 노란 경관 | 갓(*Brassica juncea*, mustard)은 전세계 농작물로 퍼졌지만 경작지에서 야생으로 탈출하여 우리나라 하천에 광범위하게 야생화되었다(그림 7-125). 갓은 월년생식물로 중국 원산이며 오래전부터 우리나라에 식용 목적으로 도입되었다(Park 1999). 일본에서도 하천을 따라 빈번히 관찰된다

그림 7-124. 벳지군락(김해시, 낙동강)과 특성들. 하천에서 벳지는 교란된 하천 제방과 둔치 등에서 대규모 군락으로 넓게 분포하고 있다.

그림 7-125. 갓군락(좌: 창녕군, 토평천, 우: 해남군, 고현천). 본 군락은 봄철 전국의 하천변에서 매우 흔하게 관찰되며 여름철에도 종종 개화한다.

(Yoshimura et al. 2016). 갓은 주로 4~5월 개화하며 일부 개체는 7~8월에도 개화한다. 갓은 주로 교란된 하천공간에서 생육하는데 흔히 선구적 특성을 갖는 터주식물 또는 다른 귀화식물과 혼생한다. 갓은 열대습생림에서 아한대까지 자라며 호주, 뉴질랜드, 일본 등에서는 침입성 잡초로 규정한다. 갓은 연강수량 500~4,200㎜, 연평균기온 6~27℃, pH 4.3~8.3에 견딜 수 있다(CABI 2021). 갓은 여러 곤충에 의해 20~30% 교차수분되지만 자가수분하는 경우가 많다(Canadian Food Inspection Agency 2008). 종자 생산은 서식지 전반에 걸쳐 개체간 다양하며 평균적으로 개체당 3,800개의 종자를 생산한다(Yoshimura et al. 2016).

물상추와 부레옥잠, 남부지방의 부유 외래식물 | 물상추(물배추, *Pistia stratiotes*, water lettuce, 열대 아메리카 원산)와 부레옥잠(*Eichhornia crassipes*, water hyacinth, 열대·아열대 아메리카 원산)은 지구온난화에 따라 우리나라 남부지방에서 그 분포가 확장될 것으로 예상되는 수생식물이다. 2014년에 영산강의 정체수역에 물상추와 부레옥잠이 여러 습지에서 자생하는 것을 관찰하였다(그림 7-126). 2021년에는 우리나라 중남부지방인 한천(안성시, 안성천 지류)에서 물상추의 서식을 확인하였다. 물상추는 열대 및 아열대 담수로에 자연적 또는 인위적으로 도입된 수생식물이다. 물흐름이 없는 정체수역에 주로 생육한다. 이 식물들은 수면을 떠다니는 잎의 아래에 뿌리가 있는 부유식물이며 촉촉한 토양에서도 장기간 생육 가능하다. 미국의 일부 주에서는 유해잡초로 분류한다(USDA-NRCS 2012). 물상추의 과도한 성장으로 식물체가 수면을 빠르게 피복하게 되면 다른 식물의 생육을 제한할 수 있다. 이 식물은 서리에 민감하고 최적온도는 22~30℃(최대 35℃, 최소 15℃)이다(Rivers 2002)(그림 3-34 참조). 염도에 대한 내성이 약하고 1.66% 소금 농도에 식물은 피해를 받는다(Haller et al. 1974). 물상추는 종자생산 외에도 길이 60㎝인 기는줄기에 의해 모식물에서 분주(offshoot)되는 여러해살이풀로 아프리카를 제외한 다른 지역에서 분주를 통한 영양번식이 서식을 지속시키는 중요한 전략으로 추정한다(Holm et al. 1979). 반면, 미국에서는 종자번식이 개체군 유지의 중요한 전략으로 인식한다(Dray and Center 1989). 종자발아는 물속의 낮은 산소 또는 높은 이산화탄소 농도 등

그림 7-126. 물상추와 부레옥잠의 우점(나주시, 영산강, 지석천과 문평천 합류부 일대). 시기적으로 생육기가 지났으나(2014.11.6 촬영), 남부지방의 부영양화된 정체수역에서 왕성하게 생육하고 있으며 기후온난화와 더불어 잠재적인 확산이 우려되는 식물들이다.

(Datta and Biswas 1970)과 침수 상황(Harley 1990)에 기인한다고 보고되어 있다. 종자는 -5℃에서 몇 주 정도 생존하지만 20℃ 이하에서는 발아하지 않는다. 한편, 부레옥잠은 매우 광역적으로 분포하는 식물로 전 세계적으로 많은 국가에 귀화되었다. 최소 성장 온도는 12℃, 최적은 25~30℃, 최대는 33~35℃이다. 수온이 34℃ 이상에서는 생존하기 어렵다. 평균 염분이 바닷물의 15%(kg당 약 5g 소금) 이하에서 서식한다(Duke 1983). 부레옥잠은 탁도 개선, 용존산소 증가, 영양염류 제거 등의 수질정화에 널리 사용된다(Villamagna and Murphy 2010). 미국의 북부 캘리포니아에서 부레옥잠은 여름의 빠르고 왕성한 번식과 높은 생산성으로 겨울에 높은 사망율임에 불구하고 개체군을 지속시킬 수 있다(Bock 1969).

다른 여러 습생 외래식물 | 여러 요인에 의해 우리나라에는 추수식물 가운데 외래성 추수식물의 분포가 증가하고 있다. 조경용으로 도입된 노랑꽃창포와 앵무새깃(*Myriophyllum aquaticum*, 물채송화)은 물론 물냉이, 큰물칭개나물 등이 있으며 그 분포가 점차 확대되고 있다. 제외지의 육상공간에는 제방 사면 및 경관녹화 등을 위해 도입된 족제비싸리, 큰김의털, 능수참새그령, 자주개자리, 노랑개자리, 붉은토끼풀, 큰금계국, 수레국화, 끈끈이대나물 등도 잠재적인 확산이 예상되는 식물종이다(그림 7-127). 또한, 하천 습지에서 빈번히 관찰되는 외래 귀화식물은 아까시나무, 소리쟁이류(*Rumex* spp.), 망초류(*Erigeron* spp.), 달맞이꽃류(*Oenothera* spp.), 나팔꽃류(*Pharbitis* spp.), 도꼬마리류(*Xanthium* spp.), 미국쑥부쟁이, 미국가막사리, 미국실새삼, 큰비짜루국화 등이다.

그림 7-127. 둔치의 큰금계국군락(여주시, 남한강). 큰금계국은 둔치 및 사면녹화는 물론 경관녹화를 위해 수레국화, 끈끈이대나물 등과 같이 종자뿌리기(seeding)하는 식물종이다.

장항습지(고양시, 장항습지). 장항습지에는 버드나무류, 물억새, 갈대, 모새달 등 다양한 습지식물들이 서식한다.

참고문헌

References

Abul-Fatih, H.A. and F.A. Bazzaz (1979a) The biology of *Ambrosia trifida* L. : Ⅰ. Influence of species removal on the organization of the plant community. New Phytologist, 83(3), pp.813-816.

Abul-Fatih, H.A. and F.A. Bazzaz (1979b) The biology of *Ambrosia trifida* L. : Ⅱ. Germination, emergence, growth and survival. New Phytologist, 83(3), pp.817-827.

Ahmad, W., A. Niaz, S. Kanwal, and M. Khalid (2009) Role of boron in plant growth : A review. Journal of Agricultural Research, 47(3), pp.329-338.

Ahn, H.K. (2000) An analysis of riparian vegetation distribution based on physical soil characteristics and soil moisture content : Focused on the relationship between soil characteristics and vegetation. Journal of the Korean Institute of Landscape Architecture, 28(5), pp.39-47. (in Korean)

Ahn, H.K., S.N. Kim, S.J. Chung, D.J. Lee, and S.H. Lee (2012) Topographical change of sandbar and vegetation settlement in Jang-Hang wetlands for Han River estuary wetlands restoration. Journal of wetlands research, 14(2), pp.277–288. (in Korean)

Ahn, J.G. and J.S. Yoon (2014) 두웅습지 : Ⅱ. 수리·수문. In: 환경부·국립습지센터(편). 2014 습지보호습지 정밀조사 : 한반도습지·담양습지·두웅습지, pp.313-338.

Ahn, J.G. and T.H. Kim (2015) A hydrogeomorphological approach to irrigation facilities in the transition zone to mountain area of Jeju Island. Journal of the Geomorphological Association of Korea, 22(1), pp.17-27. (in Korean)

Ahn, J.H. and K.H. Lee (2013) Correlation and hysteresis analysis of air-water temperature in four rivers : Preliminary study for water temperature prediction. Journal of environmental policy, 12(2), pp.17-32. (in Korean)

Ahn, J.M., H.J. Lee, I.S. Park, K.H. Kim, and S.I. Choi (2010) A study of Fe removal efficiency of acid mine drainage by physico-chemical treatment. Journal of the Korean Society of Mineral and Energy Resources Engineers, 47(4), pp.530-538. (in Korean)

Ahn, K.H., J.C. Lim, Y.K. Lee, T.B. Choi, K.S. Lee, M.S. Im, Y.H. Go, J.H. Suh, Y.K. Shin, and M.J. Kim (2016a) Vegetation classification and distributional pattern in Damyang Riverine Wetland. J. Environ. Impact Assess., 25(2), pp.89-102. (in Korean)

Ahn, K.H., Y.K. Lee, J.C. Lim, T.B. Choi, H.S. Cho, J.H. Suh, Y.K. Shin, and M.J. Kim (2016b) Wetland management plan on distributional characteristics of vegetation in Hwaeom Wetland. Journal of Environmental Impact Assessment, 25(3), pp.190-208. (in Korea)

Ahn, S.H. (1995) 한국의 하천(The river in Korea). 민음사, 서울.

Ahn, S.H., B.J. Kim, S.L. Lee, and H.K. Kim (2008) The characteristics of disaster by track of typhoon affecting the Korean Peninsula. Journal of the Korean Society of Hazard Mitigation, 8(3), pp.29-36. (in Korean)

Ahn, Y.S. (2009) Changes in water quality and sediment yield in the forest catchment : A study of the lake Shirarutoro Area in Northern Japan. Korean Journal of Environment and Ecology, 23(6), pp.569-576. (in Korean)

Aiken, S.G. and K.F. Walz (1979) Turions of *Myriophyllum exalbescens*. Aquatic Botany, 6(4), pp.357–363.

Ajima, M., S. Tsuda, and H. Tsuda (1999) A Preliminaly study of seed germination characteristic of *Cicuta virosa* L. Actinia, vol.12, pp.159-166. (in Japanese)

Akeel, A. and A. Jahan (2020) Role of cobalt in plants : Its stress and alleviation. In: M. Naeem, A. Ansari, and S. Gill (eds.). Contaminants in Agriculture, Springer, Cham.

AKPG(The Associationof Korean Photo-Geographers)(한국지리정보연구회) (2006) 자연지리학사전(The physical geography dictionary). 한울아카데미, 856p.

AKS(한국학중앙연구원) (2021) 한국민족문화대백과 : 4대강 유역종합개발계획. 홈페이지(http://encykorea.aks.ac.kr/), Retrieved 2021-1-20.

Alexander, T.J., P. Vonlanthen, and O. Seehausen (2017) Does eutrophication-driven evolution change aquatic ecosystems? Philosophical transactions of the Royal Society of London. Series B, Biological sciences, 372(1712).

Ali, H. and E. Khan (2018) Trophic transfer, bioaccumulation, and biomagnification of non-essential hazardous heavy metals and metalloids in food chains/webs : Concepts and implications for wildlife and human health. Human and Ecological Risk Assessment, 25(6), pp.1353-1376.

Allan, J.D. (1995) Stream Ecology : Structure and function of running waters. Chapman & Hall, London.

Alliende, M.C. and J.L. Harper (1989) Demographic studies of a dioecious tree. I. Colonization, sex and age structure of a population of *Salix cinerea*. Journal of Ecology, 77(4), pp.1029-1047.

Allison, F.E. (1973) Chapter 29. Formation and characteristics of peats and mucks. In: F.E. Allison (eds.). Soil organic matter and its role in crop production, developments in soil science (Volume 3). Elsevier, pp.585-602.

Allred, K.W. (1982) *Paspalum distichum* L. var. *indutum* Shinners(Poaceae). Great Basin Naturalist, 42(1), pp.101-104.

Amtmann, A., S. Troufflard, and P. Armengaud (2008) The effect of potassium nutrition on pest and disease resistance in plants. Physiol. Plantarum, 133(4), pp.682–691.

Andersen, F.Ø. (1978) Effects of nutrient level on the decomposition of *Phragmites australis* Trin. Arch. Hydrobio., vol.84, pp.42-54.

Anderson, L. (1990) Aquatic weed problems and management in North America. (a) Aquatic weed problems and management in the western United States and Canada. In: A.H. Pieterse and K.J. Murphy (eds.). Aquatic weeds, Oxford, UK: Oxford University Press, pp.371-391.

Angiolini, C., D. Viciani, G. Bonari, A. Zoccola, A. Bottacci, P. Ciampelli, V. Gonnelli, and L. Lastrucci (2019) Environmental drivers of plant assemblages : Are there differences between palustrine and lacustrine wetlands? A case study from the northern Apennines (Italy). Knowl. Manag. Aquat. Ecosyst., 420(34), 11pages.

Aponte, C., G. Kazakis, D. Ghosn, and V. Papanastasis (2010) Characteristics of the soil seed bank in Mediterranean temporary ponds and its role in ecosystem dynamics. Wetlands Ecology Management, vol.18, pp.243–253.

Appenroth, K.J. and R. Bergfeld (1993) Photophysiology of turion germination in *Spirodela polyrhiza* (L.) Schieiden. XI. structural changes during red light induced responses. J. Plant Physiol., vol.141, pp.583-588.

Appenroth, K.J. (2002) Co-action of temperature and phosphate in inducing turion formation in *Spirodela polyrhiza* (Great duckweed). Plant, Cell & Environment, 25(9), 1079-1085.

Arens, K. (1933) Physiologisch polarisierter massenaustausch und photosynthese bei submersen Wasserpflanzen. I. Planta, 20(4), pp.621–658.

Argus, G.W. (1974) An experimental study of hybridization and pollination in *Salix* (willow). Canadian Journal of Botany, 52(7), pp.1613–1619.

Argus, G.W. (1986) The genus *Salix* (Salicaceae) in the Southeastern United States. Syst. Bot. Monog. 9, American Society of Plant Taxonomists, USA, 170p.

Argus, G.W. (1997) Infrageneric classification of New World *Salix* L. (Salicaceae). Systematic Botany Monographs, vol.52, pp.1–121.

Argus, G.W. (2004) A Guide to the identification of *Salix* (willows) in Alaska, the Yukon Territory and adjacent regions. Workshop on willow identification.

Argus, G.W. (2006) Guide to the identification of the genus *Salix* (willow) in New England and New York. Bowdoin, ME: Delta Institute of Natural History.

Armstrong, J., W. Armstrong, and P.M. Beckett (1992) *Phragmites australis*: Venturi- and humidity-induced pressure flows enhance rhizome aeration and rhizosphere oxidation. New Phytologist, 120(2), pp.197-207.

Armstrong, W. (1978) Root aeration in the wetland condition. In: D.D. Hook and R.M.M. Crawford (eds.) Plant life in anaerobic environments. Ann Arbor Science Publishers Inc., pp.269-297.

Arnon, D.I. and P.P. Stout (1939) The essentiality of certain elements in minute quantity for plants with special reference to copper. Plant Physiol., 14(2), pp.1460–1470.

Asaeda, T. and L. Rajapakse (2008) Effects of spates of different magnitudes on a *Phragmites japonica* population on a sandbar of a frequently disturbed river. River Research and Applications, 24(9), pp.1310–1324.

Bae, J.J., Y.S. Chu, and S.D. Song (2003) The patterns of inorganic cations, nitrogen and phosphorus of plants in Moojechi Moor on Mt. Jeongjok. The Korean Journal of Ecology, 26(3), pp.109-114. (in Korean)

Bailey-Serres, J. and L.A.C.J. Voesenek (2008) Flooding stress: acclimations and genetic diversity. Annual Review of Plant Biology, vol.59, pp.313–339.

Balke, T., P.M.J. Herman, and T.J. Bouma (2014) Critical transitions in disturbance-driven ecosystems : Identifying windows of opportunity for recovery. Journal of Ecology, 102(3), pp.700-708.

Bames, R.S.K. and K.H. Mann (1991) Fundamentals of aquatic ecology. Blackwall Scientific Pullications, Oxford.

Ban, Y.B. (1986) An analysis of the landforms and surface sediments in the Nakdong delta. Ph.D. Dissertation, Kyunghee University, Seoul. (in Korean)

Bang, T.Y. and H.J. Hong (2006) 팔공산 단산지에 피어오르는 물안개의 비밀에 관한 연구. 제52회 전국과학전람회 작품(학생부 지구과학분야 최우수상).

Baniya, M.B., T. Asaeda, T. Fujino, S.M.D.H. Jayasanka, G. Muhetaer, and J. Li (2020) Mechanism of riparian vegetation growth and sediment transport interaction in floodplain : A Dynamic Riparian Vegetation Model (DRIPVEM) Approach. Water, 12(1), 77.

Baoli, L., S. Guohui, W. Yuxiang, Z. Jianxin, Q. Zhen-guan, L. Tao, C. Qiuhua, and G. YueLan (2009) Biological characters of *Leersia japonica* and its sensitivities to herbicides. Acta Agriculturae Shanghai, 25(1), pp.109-113.

Barbier, E.B., M. Acreman, and D. Knowler (1997) Economic valuation of wetlands, A guide for policy makers and planners. IUCN Publication Unit, Ramsar Convention Bureau Gland, Switzerland, pp.1- 46, 81- 97, 110- 127.

Barbour, M.G., J.H. Burk, and W.D. Pitts (1998) Terrestrial plant ecology (3rd edn.). Benjamin Cummings, Menlo Park, California, 688p.

Barko, J.W. (1983) The growth of *Myriophyllum spicatum* L. in relation to selected characteristics of sediment and solution. Aquatic Botany, 15(1), pp.91-103.

Barko, J.W. and R.M. Smart (1981) Sediment-based nutrition of submersed macrophytes. Aquatic Botany, vol.10, pp.339-352.

Barrat-Segretain, M.H. (1996) Strategies of reproduction, dispersion, and competition in river plants: A review. Vegetatio, 123(1), pp.13–37.

Barrett, S.C.H. (2015) Influences of clonality on plant sexual reproduction. Proceedings of the National Academy of Sciences of the United States of America, 112(29), pp.8859–8866.

Barrett, S.C.H., D.G. Eckert, and B.C. Husband (1993) Evolutionary processes in aquatic plant populations. Aquatic Botany, 44(2-3), pp.105-145.

Baskin, C.C. and J.M. Baskin (1998) Seeds : Ecology, biogeography and evolution of dormancy and germination. San Diego: Academic Press.

Bassett, I.J. and C.W. Crompton (1982) The biology of Canadian weeds : 55. *Ambrosia trifida* L. Canadian Journal of Plant Science, 62(4), pp.1003-1010.

Batzer, D.P. and R.R. Sharitz (eds.) (2006) Ecology of freshwater and estuarine wetlands. Univ. of California Press, Berkley and Los Angeles, CA, 568p.

Bayley, P.B. (1995) Understanding large river : Floodplain ecosystems. BioScience, 45(3), pp.153-158.

Bazzaz, F.A. (1996) Plants in changing environments : Linking physiological, population, and community ecology. Cambridge University Press, 332p.

BDI(부산발전연구원) (2003) 낙동강 백서(Nakdong River white paper). 부산. 468p.

Beaumont, P. (1975) Hydrology. In: B. Whitton (eds.). River Ecology. University of California Press, Berkley and Los Angeles, California, pp.1–38.

Beaumont, P. (1978) Man's impact on river systems; a world wide view. Area, 10(1), pp.38-41.

Becking, R.W. (1957) The Zürich-Montpellier school of phytosociology. Botanical Review, 23(7), pp.411-488.

Beckinsale, R.P. (1972) The effect upon river channels of sudden changes in sediment load. Acta Geographica Debrecina, vol.10, pp.181-86.

Bedford, M.R. and A.J. Morgan (1996) The use of enzymes in poultry diets. World's Poultry Science Journal, 52(1), pp.61-68.

Begon, M., C.R. Townsend, and J.L. Harper (2006) Ecology : From individuals to ecosystems. (4th edn.). Blackwell Publishing, United Kingdom, 759p.

Benke, A.C., I. Chaubey, G.M. Ward, and E.L. Dunn (2000) Flood pulse dynamics of an unregulated river floodplain in the Southeastern U.S. coastal plain. Ecology, 81(10), pp.2730-2741.

Berg, B. and C. McClaugherty (2008) Plant litter : Decomposition, humus formation, carbon sequestration. Springer, Berlin, Germany.

Berg, K. (1948) Biological studies on the River Susaa. Fol. Lomnol. Scandinav. vol.4, pp.1-318.

Beule, J.D. (1979) Control and management of cattails in southeastern Wisconsin wetlands. Tech. Bull., No.112., Madison, WI: Department of Natural Resources, 40p.

Beyers, J.L., J.K. Brown, M.D. Busse, L.F. DeBano, W.J. Elliot, P.F. Folliott, G.R. Jacoby, J.D. Knoepp, J.D. Landsberg, D.G. Neary, J.R. Reardon, J.N. Rime, P.R. Roichaud, K.C. Ryan, A.R. Tiedemann, and M.J. Zwolinski (2005) Wildland fire in ecosystems effects of fire on soil and water. JFSP Synthesis Reports, 18.

Bhattacharya, J.P. and R.G. Walker (1992) Deltas. In: R.G. Walker and N.P. James (eds.). Facies models: Response to sea-level change. Geological Association of Canada, pp.157-177.

Biddle, P.G. (1998) Tree root damage to buildings : Causes, diagnosis and remedy. Willowmead Publishing, Wantage.

Bingham, S.W., W.J. Chism, and P.C. Bhowmik (1995) Weed management systems for turfgrass. In: A.E. Smith (eds.). Handbook of weed management in systems. New York, Basel, Hongkong: Marcel Dokker, Inc., pp.603-665.

Bini, C., L. Maleci, and M. Wahsha (2017) Potentially toxic elements in serpentine soils and plants from Tuscany (Central Italy). A proxy for soil remediation. CATENA, 148(1), pp.60-66.

Bisson, P.A., J.L. Nielsen, R.A. Palmason, and L.E. Grove

(1982) A system of naming habitat types in small streams, with examples of habitat utilization by salmonids during low streamflow. In: N.B. Armantrout (eds.). Acquisition and utilization of aquatic habitat inventory information. Symposium proceedings, Portland, Oregon. The Hague Publishing, Billings, MT, pp.62–73.

Bittmann, E. (1965) Grundlagen und Methoden des biologischen Wasserbaus. In: Brundesanstalt f. Gewaesserkunde(Hrsg.)(eds.). Der biologische Wasserbau an den Bundesstrassen. Stuttgart, pp.17–78.

Black, C.A. (1957) Soil-Plant relationships. John Wiley & Sons, New York, 332p.

Bliss, L.C. and J.E. Cantlon (1957) Succession on river alluvium in Northern Alaska. The American Midland Naturalist, 58(2), pp.452–469.

Bliss, S.A. and P.H. Zedler (1998) The germination process in vernal pools: Sensitivity to environmental conditions and effects on community structure. Oecologia, 113(1), pp.67–73.

Blom, C.W.P.M. (1999) Adaptations to flooding stress : From plant community to molecule. Plant biology, 1(3), pp.261-273.

Blom, C.W.P.M., G.M. Bogemann, P. Laan, A.V. Sman, H.V. Steeg, and L. Voesenek (1990) Adaptations to flooding in plants from river areas. Aquatic Botany, 38(1), pp.29-47.

Blom, C.W.P.M. and L.A.C.J. Voesenek (1996) Flooding : The survival strategies of plants. Trends in Ecology & Evolution, 11(7), pp.290-295.

Boano, F., J.W. Harvey, A. Marion, A.I. Packman, R. Revelli, L. Ridolfi, and A. Wörman (2014) Hyporheic flow and transport processes : Mechanisms, models, and biogeochemical implications. Reviews of Geophysics, 52(4), pp.603–679.

Bock, J.H. (1969) Productivity of the water hyacinth Eichhornia crassipes (Mart.) Solms. Ecology, 50(3), pp.460-464.

Bolduan, B.R., G.C. van Eeckhout, H.W. Wade, and J.E. Gannon (1994) Potamogeton crispus-The other invader. Lake and Reservoir Management, 10(2), pp.113-125.

Bonis, A., J. Lepart, and P. Grillas (1995) Seed bank dynamics and coexistence of annual macrophytes in a temporary and variable habitat. Oikos, 74(1), pp.81–92.

Bor, N.L. (1960) The grasses of Burma, Ceylon, India and Pakistan (excluding Bambusae). Oxford, UK: Pergamon Press.

Boulton, A.J., T. Datry, T. Kasahara, M. Mutz, and J.A. Stanford (2010) Ecology and management of the hyporheic zone : Stream-groundwater interactions of running waters and their floodplains. Journal of the North American Benthological Society, 29(1), pp.26–40.

Bouwmeester, H.J. and C.M. Karssen (1992) The dual role of temperature in the regulation of the seasonal changes in dormancy and germination of seeds of Polygonum persicaria L. Oecologia, 90(1), pp.88-94.

Bouwmeester, H.J and C.M. Karssen (1993) Annual changes in dormancy and germination in seeds of Sisymbrium officinale (L.) Scop. New Phytologist, 124(1), pp.179-191.

Boysen-Jensen, P. (1932) Die Stoffproduktion der Pflanzen. Springer Verlag, Jena.

Braatne, J.H., S.B. Rood, and P.E. Heilman (1996) Life history, ecology and conservation of riparian cottonwoods in North America. In: R.F. Stettler, J.H.D. Bradshaw, P.F. Heilman, and T.M. Hinckley (eds.). Biology of Populus and its implications for management and conservation. NRC Research Press, Ottawa, ON, Canada, pp.57–85.

Bradford, K.J. and S.F. Yang (1980) Xylem transport of 1-aminocyclopropane-1-carboxylic acid, an ethylene precursor, in waterlogged tomato plants. Plant Physiol., 65(2), pp.322-326.

Brady, K.U., A.R. Kruckeberg, and H.D.Jr. Bradshaw (2005) Evolutionary ecology of plant adaptation to serpentine soils. Annual Review of Ecology, Evolution, and Systematics, 36(1), pp.243–266.

Brady, N.C. and R.R. Weil (2017) 6. Soil and the hydrologic cycle. In: R.R. Weil and N.C. Brady. The Nature and Properties of Soils (15th edn.). Pearson, NY, pp.243-249.

Brady, N.C. and R.R. Weil (2019) Elements of the nature and properties of soils, (4th edn.). Pearson Education, 768p.

Braendla, R. and R.M.M. Crawford (1987) Rhizome anoxia tolerance and habitat specialization in wetland plants. In: R.M.M. Crawfford (eds.). Plant life in aquatic and amphibious habitats. Oxford, Blackwell Scientific, pp.397-410.

Braun-Blanquet, J. (1932) Plant sociology: The study of plant communities. McGraw-Hill, New York.

Bridgham, S.D., J. Pastor, J. Janssens, C. Chapin, and T. Malterer (1996) Multiple limiting gradients inpeatlands : A call for a new paradigm. Wetlands, 16(1), pp.45-65.

Brinson, M.M. (1993) A hydrogeomorphic classification for wetlands. Wetlands research programtechnical report WRP-DE-4, U.S. Army Corps of Engineers, Washington, DC.

Brinson, M.M., A.E. Lugo, and S. Brown (1981) Primary productivity, decomposition and consumer activity in freshwater wetlands. Annual Review of Ecology and Systematics, 12(1), pp.123–161.

Brinson, M.M., R.D. Rheinhardt, F.R. Hauer, L.C Lee, W.L. Nutter, D. Smith, and D. Whigham (1995) A guidebook for application of hydrogeomorphic assessments to riverine wetlands.Wetlands research program technical report WRP-

DE-11, U.S. Army Corps of Engineers, Washington, DC.

Brinson, M.M. and A.I. Malvárez (2002) Temperate freshwater wetlands : Types, status and threats. Environmental Conservation, 29(2), pp.115–133.

Britanica (2021) Distribution of rivers in nature : World's largest rivers. Retrieved from hompage on 2021-2-3.

Brix, H. (1993) Macrophyte-mediated oxygen transfer in wetlands : Transport mechanisms and rates. In: G.A. Moshiri (eds.). Constructed wetlands for water quality improvement. Lewis Publishers, pp.393-398.

Brix, H., B.K. Sorrell, and P.T. Orr (1992) Internal pressurization and convective gas flow in some emergent freshwater macrophytes. Limnology and Oceanography, 37(7), pp.1420-1433.

Broadley, M.R., P.J. White, J.P. Hammond, I. Zelko, and A. Lux (2007) Zinc in plants. New Phytologist, 173(4), pp.677–702.

Brock, M.A. and K.H. Rogers (1998) The regeneration potential of the seed bank of an ephemeral floodplain in South Africa. Aquat Botany, 61(2), pp.123–135.

Brokaw, N. and R.T. Busing (2000) Niche versus chance and tree diversity in forest gaps. Trends in Ecology & Evolution, 15(5), pp.183-188.

Brown, G.W., A.R. Gahler, and R.B. Marston (1973) Nutrient losses after clear-cut logging and slash burning in the Oregon coast range. Water Resources Research, 9(5), pp.1450-1453.

Brown, P.H., I. Cakmak, and Q. Zhang (1993) Chapter 7. Form and function of zinc in plants. In: A.D. Robson (eds.). Zinc in soils and plants, Kluwer Academic Publishers, Dordrecht, pp.90-106.

Brown, S. (1981) A Comparison of the structure, primary productivity, and transpiration of cypress ecosystems in Florida. Ecological Monographs, 51(4), pp.403-427.

Buffington, J.M. and D.R. Montgomery (2013) Geomorphic classification of rivers. In: J. Shroder and E. Wohl (eds.). Treatise on geomorphology. Academic Press, San Diego, CA, Fluvial Geomorphology, vol.9, pp.730–767.

Burt, T.P., G. Pinay, F.E. Matheson, N.E. Haycock, A. Butturini, J.C. Clement, S. Danielescu, D.J. Dowrick, M.M. Hefting, A. Hillbricht-Ilkowska, and V. Maitre (2002) Water table fluctuations in the riparian zone : Comparative results from a pan-European experiment. Journal of Hydrology, 265(1-4), pp.129–148.

BWSR(Minnesota Board of Water and Soil Resources) (2008) Wetland Conservation Act(WCA) manual and guidance. (http://www.bwsr.state.mn.us/wetlands/index.html), Retrieved 2009-2-1.

Byeon, C.W. (2010) 생태하천(Ecological stream) : 치수안정성, 생태복원, 친수경관을 고려한 생태하천 복원을 위하여. 나무도시, 파주, 247p.

Byeon, M.S. (2007) Study on the improvement of aquatic environment by Macrophyte-vegetated Floating Island (MFI) in lake Paldang. Ph.D. Dissertation, Kangwon University, Chuncheon.

Byeon, M.S. (2008) 수생식물을 이용한 수질정화(Water purification using aquatic plants). Korean Journal of Nature Conservation, vol.142, pp.33-39.

Bärlocher, F. (1985) The role of fungi in the nutrition of stream invertebrates. Botanical Journal of the Linnean Society, 91(1-2), pp.83-94.

Bégin, Y. and S. Payette (1991) Population structure of lakeshore willows and ice–push events in subarctic Québec, Canada. Ecography, 14(1), pp.9-17.

CABI (2021) Invasive species compendium. Homepage(ttps://www.cabi.org), Retrieved 2021-2-21.

Callaway, R.M. and L. King (1996) Temperature-driven variation in substrate oxygenation and the balance of competition and facilitation. Ecology, 77(4), pp.1189–1195.

Campbell, B.D. and J.P. Grime (1992) An experimental test of plant strategy theory. Ecology, 73(1), pp.15-29.

Campbell, B.D., N.D. Mitchell, and T.R.O. Field (1999) Climate profiles of temperate C_3 and subtropical C_4 species in New Zealand pastures. New Zealand Journal of Agricultural Research, 42(3), pp.223-233.

Canadell, J., R.B. Jackson, J.R. Ehleringer, H.A. Mooney, O.E. Sala, and E.D. Schulze (1996) Maximum rooting depth of vegetation types at the global scale. Oecologia, 108(4), pp.583-595.

Canadian Food Inspection Agency (2008) The biology of Brassica juncea (Canola/Mustard). Ottawa, Canada: Government of Canada.

Cao, H.X., P. Fourounjian, and W. Wang (2018) The importance and potential of duckweeds as a model and crop plant for biomass-based applications and beyond. In: C.M. Hussain (eds.). Handbook of Environmental Materials Management. Cham: Springer International Publishing, pp.1–16.

Capon, S.J., L.E. Chambers, R. Mac Nally, R.J. Naiman, P. Davies, N. Marshall, J. Pittock, M. Reid, T. Capon, M. Douglas, J. Catford, D.S. Baldwin, M. Stewardson, J. Roberts, M. Parsons, and S.E. Williams (2013) Riparian ecosystems in the 21st century : Hotspots for climate change adaptation? Ecosystems, 16(3), pp.359-381.

Carpenter, K.E. (1928) Life in Inland Waters. Sidgwick & Jackson, London, pp.135-177.

Carpenter, S.R., J.J. Elser, and K.M.Olson (1983) Effects of roots of Myriophyllum verticillatum L. on sediment redox conditions. Aquatic Botany, 17(3-4), pp.243-249.

Carta, A. (2016) Seed regeneration in Mediterranean temporary ponds : Germination ecophysiology and vegetation processes. Hydrobiologia, 782(1), pp.23–35.

Casanova, M.T. and M.A. Brock (2000) How do depth, duration and frequency of flooding influence the establishment of wetland plant communities? Plant Ecology, 147(2), pp.237–250.

CETDC(Chungbuk Regional Environmental Technology Development Center)(충북지역환경기술개발센터) (2010) 보은군 가시연꽃 군락지 생태조사와 효율적 관리 방안. 보은.

Cha, S.S. and J.K. Shim (2015) Effects of forest fire on soil nutrients dynamics. Korean Journal of Nature Conservation, 13(3-4), pp.97-11. (in Korean)

Cha, Y.I. (1992) Studies on the removal of Cd^{+2} ion in wastewater by plants 1. Absorption of Cd^{+2} by dock (Rumex crispus L.) Plants. Journal of Ecology and Environment, 15(2), pp.137-145. (in Korean)

Chahine, M.T. (1992) The hydrological cycle and its influence on climate. Nature, vol.359, pp.373-380.

Chambers, J.L., T.M. Hinckley, G.S. Cox, C.L. Metcalf, and R.G. Aslin (1985a) Boundary-line analysis and models of leaf conductance for four oak hickory forest species. Forest Science, 31(2), pp.437-450.

Chambers, P.A., D.H.N. Spence, and D.C. Eeeks (1985b) Photocontrol of turion formation by Potamogeton crispus L. in the laboratory and natural water. New Phytologist, 99(2), pp.183-194.

Chambers, P.A. and E.E. Prepas (1988) Underwater spectral attenuation and its effect on the maximum depth of angiosperm colonization. Canadian Journal of Fisheries and Aquatic Sciences, 45(6), pp.1010-1017.

Chambers, P.A., E.E. Prepas, H.R. Hamilton, and M.L. Bothwell (1991) Current velocity and its effect on aquatic macrophytes in flowing waters. Ecological Applications, 1(3), pp.249-257.

Chambert, S. and C. S. James (2009) Sorting of seeds by hydrochory. River Research and Applications, 25(1), pp.48–61.

Chandler, C.P., P. Cheney, L. Thomas, and W.D. Trabaud (1983) Fire in forestry. vol. Ⅰ. Forest fire behavior and effects. John Wiley & Sons, New York, 450p.

Chase, J.M. and M.A. Leibold (2003) Ecological niches : Linking classical and contemporary approaches. University of Chicago Press.

Chen, J.H., H. Sun, and Y.P. Yang (2008) Comparative morphology of leaf epidermis of Salix (Salicaceae) with special emphasis on sections Lindleyanae and and Retusae. Botanical Journal of the Linnean Society, 157(2), pp.311–322.

Chen, W., Z.L. He, X.E. Yang, S. Mishra, and P. J. Stoffella (2010) Chlorine nutrition of higher plants : Progress and perspectives. Journal of Plant Nutrition, 33(7), pp.943-952.

Cherry, J.A. (2011) Ecology of wetland ecosystems : Water, substrate, and life. Nature Education Knowledge, 3(10), 16p.

Chin, A. (1989) Step-pools in stream channels. Progress in Physical Geography, 13(3), pp.391–407.

Cho, D.K. (2013) 습지보전 계획 및 설계 : 생물종 서식처의 복원 및 창출을 중심으로. In: 국립습지센터. 습지 이해. 세종, pp.165–219.

Cho, D.S. (1995) A study on the distribution of streamside vegetation in Kyonganchon. Journal of Ecology and Environment, 18(1), pp.55-62. (in Korean)

Cho, H.J., S.N. Jin, H. Lee, R.H. Marrs, and K.H. Cho (2018) The relationship between the soil seed bank and above-ground vegetation in a sandy floodplain, South Korea. Ecology and Resilient Infrastructure, 5(3), pp.145–155.

Cho, H.J., S.N. Jin, H.S. Cho, and K.H. Cho (2017) Changes in biomass of Salix subfragilis and S. chaenomeloides with stand ages in a riparian zone of a sand-bed stream. Ecology and Resilient Infrastructure, 4(3), pp.149-155. (in Korean)

Cho, H.S., R.H. Marrs, J.G. Alday, and K.H. Cho (2019) Vertical and longitudinal variations in plant communities of drawdown zone of a monsoonal riverine reservoir in South Korea. Journal of Ecology and Environment, 43(27).

Cho, H.S. and S.D. Lee (2013) Plant community structure of Haneoryoung~Daetjae ridge, the Baekdudaegan Mountains. Korean J. of Environment and Ecology, 27(6), pp.733-744. (in Korean)

Cho, H.Y. (2012) A study on the removal of pollutants from wastewater by aquatic macrophytes. Journal of the Korea Academia-Industrial Cooperation Society, 13(2), pp.941–946. (in Korean)

Cho, K.H. (1992) Matter production and cycles of nitrogen and phosphorus by aquatic macrophytes in Lake Paltangho. Ph.D. Dissertation, Seoul University, Seoul, 233p. (In Korean)

Cho, K.H. and S.H. Lee (2015) Prediction of changes in the potential distribution of a waterfront alien plant, Paspalum distichum var. indutum, under climate change in the Korean Peninsula. Ecology and Resilient Infrastructure, 2(3), pp.206–215. (in Korean)

Cho, K.H and J.H. Kim (1994) Comparison of shoot growth in the populations of Zizania latifolia along water depth. The Korean journal of ecology, 17(1), pp.59-67. (in Korean)

Cho, K.J., J.C. Lim, C.S. Lee, and Y.S. Chu (2021) Characteristics of plant community of willow forest in the wetland protection areas of inland wetlands. Journal of Wetlands Research, 23(3), pp.201-212. (in Korean)

Cho, K.T., R.H. Jang, and Y.H. You (2015) Analysis for the relationship of environmental factors and vegetation structure at natural streamside valley and riparian forest in South Korea. Journal of Ecology and Environment, 38(4), pp.405-413.

Cho, S.J (1996) A study on the pollen morphological relationships of the Korean genus Salix L.. MA Dissertation, Jeonbuk University, Cheonju. (in Korean)

Cho, S.K., C.W. Lee, Y.G. Son, and I.G. Whang (1995) 퇴적학 (Sedimentology). 우성.

Cho, S.R., T.S. Park, D.H. Kang, S. Lee, E.J. Tak, C.W. Lee, M.C. Kim, B.M. Seo, and J.M. Yoon (2014) 지하수·지표수 혼합대 무척추 동물상 조사연구(A survey on the invertebrate fauna of hyporheic zone). 국립생물자원관, 인천, 37p.

Cho, Y.C., H.J. Cho, J.S. Kim, J.H. Cho, S.H. Jung, H.G. Kim, H.S. Sim, D.H. Lee, and H.C. Kim (2020) Forest of Korea (V) Gwangreung Forest Biosphere Reserve. Korea National Arboretum, Pocheon. (in Korean)

Cho, Y.H., J.W. Kim, and S.H. Park (2016) Grasses and sedges in South Korea: 한국에 분포하는 벼과 274분류군, 사초과 232분류군. Geobook, Seoul, 527p. (in Korean)

Choi, B.K. (2014) Actual vegetation of Dodamsambong (Scenic Site no. 44) and Danyangseokmoon (Scenic Site no. 45) in Danyang-gun. Journal of Korean Institute of Traditional Landscape Architecture, 32(2), pp.116-123. (in Korean)

Choi, D.H., H. Kang, and K.S. Choi (2010) Case study on the improvement of pollutant removal efficiency in Sihwa constructed wetland. Journal of Wetlands Research, 12(2), pp.25-33. (in Korean)

Choi, H. and J.G. Kim (2015) Study on characteristics of seed germination and seedling growth in Salix gracilistyla for invasive species management. Journal of the Korea Society of Environmental Restoration Technology, 18(3), pp.79-95. (in Korean)

Choi, H.G. (1985) 한국산 수생관속식물지. Ph.D. Dissertation, Seoul University, Seoul.

Choi, J.S., J.S. Kim, H.K. Lim, H.H. Kwak, and K.Y. Cho (1997) Study on the seed germination characteristics of Trapa japonica FEROV. Korean J. of Weed Science, 17(4), pp.413-420. (in Korean)

Choi, J.Y., M.S. Kang, S.Y. Bae, and S.W. Jung (2009) 갑천 유역의 불투수면 변화 분석. 2019 한국농공학회 학술대회초록집, pp.37-37.

Choi, K.H. (2004) 하천의 수리기하학. In: 이찬주(편). 하천지형학 연구. pp23-41.

Choi, K.S., O.G. Son, S.W. Son, S.J. Kim, K.P. Yoo, and S.J. Park (2013) Taxonomic identity of Echinochloa crus-galli (L.) Beauv. var. crus-galli in Dokdo. Korean J. Plant Res., 26(4), pp.457-462. (in Korean)

Choi, M.Y., Z.Q. Yang, X.Y. Wang, Y.L. Tang, Z.R. Hou, J.H. Kim, and Y.W. Byeon (2014a) Parasitism rate of egg parasitoid Anastatus orientalis (Hymenoptera : Eupelmidae) on Lycorma delicatula (Hemiptera : Fulgoridae) in China. Korean J. Appl. Entomol., 53(2), pp.135-139.

Choi, S.H., H.K. Nam, and J.C. Yoo (2014b) Characteristics of population dynamics and habitat use of shorebirds in rice fields during spring migration. Korean journal of environmental agriculture, 33(4), pp.334-343. (in Korean)

Choi, S.U., B.M Yoon, H.S. Woo, and K.H. Cho (2004c) Effect of flow-regime change due to damming on the river morphology and vegetation cover in the downstream river reach : A case of Hapchon Dam on the Hwang River. Journal of Korea Water Resources Association, 37(1), pp.55-66. (in Korean)

Choo, C.O., J.K. Lee, and H.G. Cho (2004) Formation of alunite and schwertmannite under oxidized condition and its implication for environmental geochemistry at Dalseong mine. Journal of the Mineralogical Society of Korea, 17(1), pp.37-47. (in Korean)

Choo, C.O. and J.K. Lee (2002) Mineralogical and geochemical controls on the formation of schwertmannite and goethite in the wetland at Dalseong tungsten mine, Korea. Geosciences Journal, 6(4), pp.281-287. (in Korean)

Choo, C.O. and J.K. Lee. (2019) Characteristics of water contamination and precipitates of acid mine drainage, Bongyang abandoned coal mine, Danyang, Chungbuk Province with emphasis on Fe and Al behaviors. The Journal of Engineering Geology, 29(2), pp.163-183. (in Korean)

Choo, Y.H. (2014) Flooding effects on the amphicarpic seed production of Persicaria thunbergii and differences of two seed types in early life stage. MA Dissertation, The Graduate School Seoul National University, Seoul, p52.

Chorley, R.J., S.A. Schumm, and D.E. Sugden (1984) Geomorphology. London, New York: Methuen, 607p.

Choung, C.H. (1991) 지질. In: 한국정신문화연구원. 한국민족문화대백과사전. 서울, pp.332-336.

Choung, H.L., C.H. Kim, K.C. Yang, J.I. Chun, and H.C. Roh (2003) Structural characteristics and maintenance mechanism of Ulmus pumila community at the Dong River, Gangwon-do, South Korea. Journal of Ecology and

Environment, 26(5), pp.255-261. (in Korean)

Choung, Y.S., B.C. Lee, J.H Cho, K.S. Lee, I.S. Jang, S.H. Kim, S.K. Hong, H.C. Jung, and H.L. Choung (2004) Forest responses to the large-scale east cost fires in Korea. Ecological Research, 19(1), pp.43-54.

Choung, Y.S., B.M. Min, K.S. Lee, K.H. Cho, K.Y. Joo, J.O. Hyun, H.R. Na, H.K. Oh, G.H. Nam, J.S. Kim, S.Y. Cho, J.S. Lee, S.Y. Jung, and J.Y. Lee (2021) Categorized wetland preference and life forms of the vascular plants in the Korean Peninsula. Journal of Ecology and Environment, 45(8), pp.72-77. (in Korean)

Choung, Y.S., B.M. Min, K.S. Lee, K.H. Cho, K.Y. Joo, J.O. Hyun, H.R. Na, H.K. Oh, G.H. Nam, J.S. Kim, S.Y. Cho, J.S. Lee, S.Y. Jung, and J.Y. Lee (2020) Wetland preference and life form of the vascular plants in the Korean Peninsula. NIBR(National Institute of Biological Resources), Incheon, pp.235. (in Korean)

Choung, Y.S., W.T. Lee, K.H. Cho, K.Y. Joo, B.M. Min, J.O. Hyun, and K.S. Lee (2012) Categorizing vascular plant species occurring in wetland ecosystems of the Korean peninsula. Center for Aquatic Ecosystem Restoration, 243p. (in Korean)

Choung, Y.S. and C.H. Rho (2002) Application of macrophytes for the treatment of drained water from a freshwater fish-farm : II. Growth and nutrient uptake on floating beds of two emergent plants, *Zizania latifolia* and *Typha angustata*. Korean J. Environ. Ecol., 25(1), pp.45-49. (in Korea)

Chun, S.H. (2019) 하천환경 평가체계 가이드라인. 자연과 인간이 공존하는 생태하천 조성기술 개발 연구단 기술보고서 No.8, 가천대학교, 물관리연구 개발사업 12기술혁신 C02, 국토교통부·국토교통과학기술 진흥원, 172p.

Chun, S.H., J.Y. Hyun, J.K. Choi (1999) A study on the distribution patterns of *Salix gracilistyla* and *Phragmites japonica* communities according to micro-landforms and substrates of the stream corridor. Journal of the Korean Institute of Landscape Architecture, 27(2), pp.58-68. (in Korean)

Chung, J.M., S.H. Cho, and C.H. Lee (2018) The distribution and dispersal patterns of invasive alien plants, *Sicyos angulata* L. in Gyeongsangbuk-do. Proceedings of the Korean Society of Environment and Ecology Conference, 2018(2), pp.65-65. (in Korean)

Chung, M.Y., J. López-Pujol, J.M. Chung, K.J. Kim, and M.G. Chung (2014) Contrasting levels of clonal and within-population genetic diversity between the 2 ecologically different herbs *Polygonatum stenophyllum* and *Polygonatum inflatum* (Liliaceae). Journal of Heredity, 105(5), pp.690–701.

Chung, S.Y., J.W. Lee, Y.H. Kwon, H.T. Shin, S.J. Kim, J.B. Ahn, and T.I. Heo (2016) Invasive alien plants in South Korea. The Korea National Arboretum(KNA), Korea Forest Service, Pocheon, 267p. (in Korean)

ChunJae Education(천재교육) (2021) 지형의 변천(Change of geomorphology). 홈페이지(https://koc.chunjae.co.kr/Dic/dicDetail.do?idx=8751), Retrieved 2021-9-24.

Church, M. (2002) Geomorphic thresholds in riverine landscapes. Freshwater Biol., 47(4), pp.541–557.

Church, M. and A. Zimmermann (2007) Form and stability of step–pool channels : Research progress. Water Resources Research, 43(3), W03415.

Church, M. and D. Jones (1982) Channel bars in gravel-bed rivers. In: R.D. Hey, J.C. Bathurst, and C.R. Thorne (eds.). Gravel-bed Rivers. Wiley, Chichester, pp.291-324.

Clegg, L.M. (1978) The Morphology of clonal growth and its relevance to the population dynamics of perennial plants. Ph.D. Thesis, School of Plant Biology, University of Wales.

Clements, F.E. (1916) Plant succession and the analysis of the development of vegetation. Carnegie Institution of Washington Publication 242, Washington, DC.

Clements, F.E. (1928) Plant succession and indicators. New York.

Clerici, N., C.J. Weissteiner, M.L. Paracchini, and P. Strobl (2011) Riparian zones : Where green and blue networks meet. Pan-European zonation modelling based on remote sensing and GIS. EUR - Scientific and Technical Research series, Publications Office of the European Union, Luxembourg, 60p.

Cleveland, C.C. and D. Liptzin (2007) C:N:P stoichiometry in soil : Is there a "Redfield ratio" for the microbial biomass? Biogeochemistry, vol.85, pp.235–252.

Clymo, R.S. and P.M. Hayward (1982) The ecology of *Sphagnum*. In: A.J.E. Smith (eds.). Bryophyte ecology. Chapman & Hall, New York, pp.229-289.

Cockburn, W. (1985) Variation in photosynthetic acid metabolism in vascular plants : CAM and related phenomena. New Phytologist, 101(1), pp.3–24.

Colinvaux, P.A. and B.D. Barnett (1979) Lindeman and the ecological efficiency of wolves. The American Naturalist, 114(5), pp.707-718.

Colmenero-Flores, J.M., J.D. Franco-Navarro, P. Cubero-Font, P. Peinado-Torrubia, and M.A. Rosales (2019) Chloride as a beneficial macronutrient in higher plants : New roles and regulation. Int. J. Mol. Sci., 20(19), 4686.

Colmer, T.D. (2003) Long-distance transport of gases in plants : A perspective on internal aeration and radial oxygen loss from roots. Plant, Cell & Environment, 26(1), pp.17-36.

Colmer, T.D. and L.A.C.J. Voesenek (2009) Flooding tolerance: suites of plant traits in variable environments. Funct. Functional Plant Biology, 36(8), pp.665–681.

Connell, J.H. (1990) Apparent versus "real" competition in plants. In: J.B. Grace and D. Tilman (eds.). Perspectives on plant competition. Academic Press, Inc., San Diego, California, pp.9-26.

Connell, J.H. (1978) Diversity in tropical rain forests and coral reefs : High diversity of trees and corals is maintained only in a nonequilibrium state. Science, 199(4335), pp.1302–1310.

Connell, J.H. and R.O. Slatyer (1977) Mechanisms of succession in natural communities and their role in community stability and organization. The American Naturalist, 111(982), pp.1119-1144.

Conner, W.H. and J.W. Day (1982) The ecology of forested wetlands in the Southeastern United States. In: B. Gopal, R.E. Turner, R.G. Wetzel, and D.F. Whigham (eds.). Wetlands ecology and management. Jaipur, India: National Institute of Ecology and International Scientific Publications, pp.69–87.

Connorton, J.M., J. Balk, and J. Rodríguez-Celma (2017) Iron homeostasis in plants : A brief overview. Metallomics : integrated biometal science, 9(7), pp.813–823.

Cook, C.D.K. (1988) Wind pollination in aquatic angiosperms. Annals of the Missouri Botanical Garden, 75(3), pp.768–77.

Cook, C.D.K. (1996) Aquatic plant book (2nd revised edn.). 228p.

Cooke, J,E.K., M.E. Eriksson, and O. Junttila (2012) The dynamic nature of bud dormancy in trees: environmental control and molecular mechanisms. Plant, Cell & Environment 35(10), pp.1707-1728.

Coordinatieecommissie Onkruidonderzoek (1984) Report on terminology in weed science in the Dutch language area. (2nd eds.). Report: Coordinatieecommissie Onkruidonderzoek, NRLO, Netherlands.

Corenblit, D., A. Baas, T. Balke, T. Bouma, F. Fromard, V. Garófano-Gómez, E. González, A.M. Gurnell, B. Hortobágyi, F. Julien, D. Kim, L. Lambs, J.A. Stallins, J. Steiger, E. Tabacchi, and R. Walcker (2015) Engineer pioneer plants respond to and affect geomorphic constraints similarly along water–terrestrial interfaces world-wide. Global Ecology and Biogeography, 24(12), pp.1363-1376.

Corenblit, D., E. Tabacchi, J. Steiger, and A.M. Gurnell (2007) Reciprocal interactions and adjustments between fluvial land-forms and vegetation dynamics in river corridors : A reviewof complementary approaches. Earth Science Reviews, 84(1-2), pp.56–86.

Corenblit, D., J. Steiger, A.M. Gurnell, and R.J. Naiman (2009) Plants intertwine fluvial landform dynamics with ecological succession and natural selection : A niche construction perspective for riparian systems. Global Ecology and Biogeography, 18(4), pp.507–520.

Corenblit, D., J. Steiger, E. González, A. Gurnell, G. Charrier, J. Darrozes, J. Dousseau, F. Julien, L. Lambs, S. Larrue, E. Roussel, F. Vautier, and O. Voldoire (2014) The biogeomorphological life cycle of poplars during the fluvial biogeomorphological succession : A special focus on *Populus nigra* L. Earth Surface Processes and Landforms, 39(4), pp.546-563.

Correll, D.L. (1999) Phosphorus : A rate limiting nutrient in surface waters. Poultry Science, 78(5), pp.674-82.

Costanza, R., R. d'Arge, R. de Groot, S. Farber, M. Grasso, B. Hannon, K. Limburg, S. Naeem, R.V. O'Neill, J. Paruelo, R.G. Raskin, P. Sutton, and M. van den Belt (1997) The value of the world's ecosystem services and natural capital. Nature, vol.387, pp.253–260.

Cowardin, L.M., V. Carter, F.C. Golet, and E.T. LaRoe (1979) Classification of wetland and deepwater habitats of the United States. Publ. No. FWS/OBS-79/31, U.S. Fish and Wildlife Service, Washington, D.C.

Crawford, R.M.M. (1982) Physiological responses to flooding. In: O.L. Lange, P.S. Nobel, C.B. Osmond, and H. Ziegler (eds.). Physiological plant ecology II. Springer-Verlag, Berlin, pp.453-477.

Crawford, R.M.M. and J. Balfour (1983) Female predominant sex ratios and physiological differentiation in arctic willows. Journal of Ecology, 71(1), pp.149-160.

Crawford, R.M.M. and P.D. Tyler (1969) Organic acid metabolism in relation to flooding tolerance in roots. Journal of Ecology, 57(1), pp.235–244.

Cronk, J.K. and M.S. Fennessy (2009) Wetland plants. In: G.E. Likens (eds.). Encyclopedia of Inland waters. Academic Press, pp.590-598.

Cronk, J.K. and M.S. Fennessy (2001) Wetland plants : Biology and ecology. CRC Press, New York, 482p.

Crum, H. (1992) A focus on peatlands and peat mosses. The University of Michigan Press.

Cummins, K.W. (1973) Trophic relations of aquatic insects. Annual Review of Entomology, 18(1), pp.183-206.

Cummins, K.W. (1974) Structure and function of stream ecosystem. Bioscience, 24(11), pp.631-641.

Curran, W.S. W.E. Dyer, and B.D. Maxwell (2000) Examination of burcucumber (*Sicyos angulatus*) seed germination and dormancy. Weed Science Society of America, vol.40, pp.26-27.

Dacey, J.W.H. (1980) Internal winds in water lilies : An

adaptation for life in anaerobic sediments. Science, 210(4473), pp.1017–1019.

Dacey, J.W.H. (1981) Pressurized ventilation in the yellow waterlily. Ecology, 62(5), pp.1137–1147.

Daly-Hassen, H. (2017) Valeur économique des services écosystémiques du Parc National de l' Ichkeul, Tunisie. Gland, Switzerland & Malaga, Spain: IUCN, (Retrieved from http://www.ramsar.org/sites/default/files/documents/library/valeur_economique_ichkeul_f.pdf).

Daniels, R.E. (1978) Floristic analyses of British mires and mire communities. Journal of Ecology, 66(3), pp.733-802.

Darbyshire, S.J. and A. Francis (2008) The biology of invasive alien plants in Canada. 10. *Nymphoides peltata* (S. G. Gmel.) Kuntze. Canadian Journal of Plant Science, 88(4), pp.811–829.

Datta, S.C. and K.K. Biswas (1970) Germination pattern and seedling morphology of *Pistia stratiotes* L. Phyton, vol.27, pp.157-161.

Daubenmire, R.F. (1968) Plant communities: A textbook of plant synecology. Harper and Row, New York.

Davidson, N.C. (2014) How much wetland has the world lost? Long-term and recent trends in global wetland area. Marine and Freshwater Research, 65(10), pp.936-941.

Davidson, N.C., E. Fluet-Chouinard, and C.M. Finlayson (2018) Global extent and distribution of wetlands : Trends and issues. Marine and Freshwater Research, 69(4), pp.620-627.

Davidson, N.C. and C.M. Finlayson (2018) Extent, regional distribution and changes in area of different classes of wetland. Marine & Freshwater Research, 69(10), pp.1525-1533.

Davis, W.M. (1899) The geographical cycle. The Geographical Journal, 14(5), pp.481–504.

Davis J.H.Jr. (1946) The peat deposits of Florida, their occurrence, development, and uses. Geological Bulletin (Tallahassee), Publisher: Florida Geological Survey, Tallahassee, FL, United States, 247p.

Dawson T.E. and L.C. Bliss (1989) Intraspecific variation in the water relations of *Salix arctica*, an arctic-alpine dwarf willow. Oecologia, 79(3), pp.322-331.

Day, R.T., P.A. Keddy, J. McNeill, and T. Carleton (1988) Fertility and disturbance gradients: A summary model for riverine marsh vegetation. Ecology, 69(4), pp.1044–1054.

Decker, K. (2006) *Salix serissima* (Bailey) Fern. (autumn willow) : A technical conservation assessment. Prepared for the USDA Forest Service, Rocky Mountain Region, Species Conservation Project.

De Datta, S.K., F.R. Bolton, and W.L. Lin (1979) Prospects for using minimum and zero tillage in tropical lowland rice. Weed Research, 19(1), pp.9-15.

Densmore, R. and J.C. Zasaka (1978) Rooting potential of Alaskan willow cuttings. Canadian Journal of Forest Research, 8(4), pp.477-479.

Dethioux, M. (1986) Trials on the rooting of grass cuttings on the banks of two Belgian watercourses. Revue de l'Agriculture, 39(6), pp.1361-1366.

Dial, R. and J. Roughgarden (1988) Theory of marine communities : The intermediate disturbance hypothesis. Ecology, 79(4), pp.1412–1424.

Dibble, E.D., S.M. Thomaz, and A.A. Padial (2006) Spatial complexity measured at a multi-scale in three aquatic plant species. J. Freshw. Ecol., 21(2), pp.239–247.

Dixon, M.J.R., J. Loh, N.C. Davidson, and M.J. Walpole (2016) Tracking global change in ecosystem area : The wetland extent trends index. Biological Conservation, vol.193, pp.27-35.

DKDHI(단국대학교 동양학연구원) (2021) 한국한자어사전 : 하천(河川). 네이버 한자사전, Retrieved 2021-10-3.

Do, H.K. (2009) 시멘트산업에 대한 오해와 진실. 한국시멘트협회, 시멘트 182호, pp.10-17.

Dobson, M. (1995) Tree root systems. Arboriculture Research and Information Note 130, Arboricultural Advisory and Information Service, Farnham.

Doren, R.F. , T.V. Armentano, L.D. Whiteaker, and R.D. Jones (1997) Marsh vegetation patterns and soil phosphorus gradients in the Everglades ecosystem. Aquatic Botany, 56(2), pp.145-163.

Douhovnikoff, V., J.R. Mcbride, AND R.S. Dodd (2005) *Salix exigua* clonal growth and population dynamics in relation to disturbance regime variation. Ecology, 86(2), pp.446–452.

Douhovnikoff, V. and R.S. Dodd (2003) Intra-clonal variation and a similarity threshold for identification of clones : Application to *Salix exigua* using AFLP molecular markers. Theor Appl Genet., 106(2), pp.1307–1315.

Downing, J.A., J.J. Cole, C.M. Duarte, J.J. Middelburg, J.M. Melack, Y.T. Prairie, P. Kortelainen, R.G. Striegl, W.H. McDowell, and L.J. Tranvik (2012) Global abundance and size distribution of streams and rivers. Inland Waters, 2(4), pp.229-236.

Dray, F.A.Jr. and T.D. Center (1989) Seed production by *Pistia stratiotes* L. (water lettuce) in the United States. Aquatic Botany, 33(1-2), pp.155-160.

Duke, J.A. (1983) *Eichhornia crassipes* (Mart.) Solms. In: Handbook of energy crops. Purdue University.

Dunne, T. and L.B. Leopold (1978) Water in environmental planning. Freeman, New York, 818p.

Dwire, K.A., J.B. Kauffman, and J.E. Baham (2006) Plant species distribution in relation to water-table depth and soil redox potential in montane riparian meadows. Wetlands, 26(1), pp.131-146.

Dítě, D. and P. Eliáš (2013) New locality of *Scirpus radicans* in the Borská nížina Lowland (Western Slovakia) in the context of the species occurrence in Slovakia. Thaiszia. Journal of Botany, 23(2), pp.131–136.

Dörffling, K., D. Tietz, J. Streich, and M. Ludewig (1980) Studies on the role of abscisic acid in stomatal movements. In: F. Skoog (eds.). Plant Growth Substances 1979, Proceeedings of the 10th International Conference on Plant Growth Substances, Madison, WI, USA, July 22–26, 1979. Berlin, Germany: Springer-Verlag, pp.274-285.

Edwards, R.T. (1998) The hyporheic zone. In: R.J. Naiman and R.E. Bilby (eds.). River ecology and management. Springer, New York, pp.399-429.

Eggers, S.D. and D.M. Reed (2014) Wetland plants and plant communities of Minnesota and Wisconsin. Version 3.1. U.S. Army Corps of Engineers, St. Paul District, 478p.

EKC(Encyclopedia of Korea Culture)(한국민족문화대백과사전) (2021) 하천(河川). 홈페이지: 한국학중앙연구원, Retrieved 2021-9-24.

Ekman, S. (1915) Die Bodenfauna des Vättern, qualitativ und quantitativ untersucht. Internationale Revue der gesamten Hydrobiologie und Hydrographie, 7(2-3), pp.146-204.

Ekstam, B. and A. Forseby (1999) Germination response of *Phragmites australis* and *Typha latifolia* to diurnal fluctuations in temperature. Seed Science Research, 9(2), pp.157-163.

Ellenberg, H. (1988) Vegetation ecology of Central Europe, (4th edn.). Cambridge University Press, New York.

Elliott, P., S. Ragusa, and D. Catcheside (1998) Growth of sulfate-reducing bacteria under acidic conditions in an upflow anaerobic bioreactor as atreatment system for acid mine drainage. Water Research, 32(12), pp.3724-3730.

Elton, C.S. (1927) Animal ecology. Sidgwick and Jackson, London, UK, 207p.

Environment Waikato (2002) Manchurian Wild Rice (*Zizania latifolia*).

Eom, J.H. (2004) 퇴적물의 운반과 퇴적. In: 이찬주(편). 하천 지형학 연구. pp3-21.

Eriksson, O. (1988) Patterns of ramet survivorship in clonal fragments of the stoloniferous plant *Potentilla anserina*. Ecology, 69(3), pp.736–40.

Ernst, W.H.O. (1990) Ecophysiology of plants in waterlogged and flooded environments. Aquatic Botany, 38(1), pp.73-90.

Erwin, K.L. (2009) Wetlands and global climate change : The role of wetland restoration in a changing world. Wetlands Ecology and Management, vol.17, pp.71–84.

Eswaren, H., P. Reich, P. Zdruli, and T. Levermann (1996) Global distribution of wetlands. American Society of Agronomy Abstract 328.

Evangelou, V.P. (1995) Pyrite oxidation and its control. New York, CRC Press, 293p.

Evans, D.E. (2003) Aerenchyma formation. New Phytologist, 161(1), pp.35-49.

Ewel, K. (1990) Swamps. In: R.L. Myers and J.J. Ewel (eds.). Ecosystems of Florida. Orlando, University of Central Florida Press, pp.281–323.

Ezaki, B., E. Nagao, Y. Yamamoto, S. Nakashima, and T. Enomoto (2008) Wild plants, *Andropogon virginicus* L. and *Miscanthus sinensis* Anders, are tolerant to multiple stresses including aluminum, heavy metals and oxidative stresses. Plant Cell Reports, 27(5), pp.951-961.

Faliński, J.B. (1980) Vegetation dynamics and sex structure of the populations dioecious woody plants. Vegetatio, 43(1/2), pp.23-38.

Fan, Y., G. Miguez-Macho, E.G. Jobbágyc, R.B. Jacksond, and C. Otero-Casal (2017) Hydrologic regulation of plant rooting depth. PNAS, 114(40), pp.10572–10577.

FAO (2017) Fertilizers. Published online at OurWorldInData. org. UN Food and Agricultural Organization (FAO), Retrieved 2021-10-3 from https://ourworldindata.org/fertilizers.

Faulwetter, J.L., V. Gagnon, C. Sundberg, F. Chazarenc, M.D. Burr, J. Brisson, A.K. Camper, and O.R. Steina (2009) Microbial processes influencing performance of treatment wetlands : A review. Ecological Engineering, 35(6), pp.987-1004.

Fay, E. and C. Lavoie (2009) The impact of birch seedlings on evapotranspiration from a mined peatland : An experimental study in southern Quebec, Canada. Mires and Peat, 5(3), pp.1–7.

Fenchel, T, G.M. King, and H. Blackburn (2012) Bacterial biogeochemistry : The ecophysiology of mineral cycling, (3rd edn.). Academic Press: San Diego, 318p.

Fernández-Zamudio, R., P. García-Murillo, and C. Díaz-Paniagua, (2018) Effect of the filling season on aquatic plants in Mediterranean temporary ponds. Journal of Plant Ecology, 11(3), pp.502–510.

Fiala, K. (1971) Seasonal changes in the growth of clones of *Typha latifolia*. Folia Geobotanica et Phytotaxonomica, 6(3), pp.255-270.

FICWD(Federal Interagency Committee for Wetland Delineation) (1989) Federal Manual for Identifying and Delineating Jurisdictional Wetlands. Fish and Wildlife Service, Washington, DC.

Finlayson, C.M. (2018) Ramsar convention typology of wetlands. In: N.C. Davidson, B.A. Middleton, R.J. McInnes, M. Everard, K. Irvine, A.A. van Dam, and C.M. Finlayson (eds.). The Wetland Book. Springer.

Finley, S. (2015) Species diversity in lentic and lotic systems of lake Tamblyn and the McIntyre River on the Thunder Bay Lakehead University Campus. 21p.

Fischer, M. and M. van Kleunen (2001) On the evolution of clonal plant life histories. Evolutionary Ecology, 15(4-6), pp.565-582.

Fitter, A.H., R.S.R. Fitter, I.T.B. Harris, and M.H. Willianmson (1995) Relationships between first flowering date and temperature in the flora of a locality in central England. Funct. Ecol., 9(1), pp.55-60.

FitzPatrick, E.A. (1986) An introduction to soil science, (2nd edn.). Harlow: Longman, John Wiley, USA, 255p.

Fogel, R. and K. Cromack (1977) Effect of habitat and substrate quality on Douglass fir litter decomposition in Western Oregon. Canadian Journal of Botany, 55(12), pp.1632–1640.

Fontana, M., M. Labrecque, A. Collin, and N. Bélanger (2017) Stomatal distribution patterns change according to leaf development and leaf water status in Salix miyabeana. Plant Growth Regulation, 81(1), pp.63–70.

Forel, F.A. (1901) Handbuch der Seenkunde. Allgemeine Limnologie. Stuttgart.

Forest Health Staff (2006) Narrow-leaved cattail, Typha angustifolia L. weed of the week. USDA Forest Service, Newtown Square, PA, 1p.

French, T.D. and P.A. Chambers (1996) Habitat partitioning in riverine macrophyte communities. Freshw. Biol., vol.36, pp.509–520.

Fridley, J., J. Stachowicz, S. Naeem, D. Sax, E. Seabloom, M. Smith, T. Stohlgren, D. Tilman, and B. Von Holle (2007) The invasion paradox : Reconciling pattern and process in species invasions. Ecology, 88(1), pp.3-17.

Frissell, C.A., W.J. Liss, C.E. Warren, and M.D. Hurley (1986) A hierarchical framework for stream habitat classification : Viewing streams in a watershed context. Environmental Management, 10(2), pp.199–214.

Fukuhara, H., T. Tanaka, and M. Izumi (1997) Growth and turion formation of Ceratophyllum demersum in a shallow lake in Japan. Jpn. J. Limnol., vol.58, pp.335-347.

Galka, A. and J. Szmeja (2013) Phenology of the aquatic fern Salvinia natans (L.) All. in the Vistula Delta in the context of climate warming. Limnologica, 43(2), pp.100-105.

Gallagher, J.L. (1975) Effect of an ammonium nitrate pulse on the growth and elemental composition of natural stands of Spartina alterniflora and Juncus roemerianus. American Journal of Botany, 62(6), pp.644-648.

Galloway, W.E. and D.K. Hobday (1996) Terrigenous clastic depositional systems. Heidelberg, Springer-Verlag, 489p.

Gaudet, C.L. and P.A. Keddy (1988) A comparative approach to predicting competitive ability from plant traits. Nature, vol.334, pp.242–243.

Gaudet, C.L. and P.A. Keddy (1995) Competitive performance and species distribution in shoreline plant communities: A comparative approach. Ecology, 76(1), pp.280-291.

GBIB(경북일보) (2012) 강정고령보,낙동강 수계 최초 담수 완료(2012년 03월 18일), Retrieved 2021-2-27.

Gburek, W.J., B.A. Needelman, and M.S. Srinivasan (2006) Fragipan controls on runoff generation : Hydropedological implications at landscape and watershed scales. Geoderma, 131(3-4), pp.330–344.

Geertsema, M. and J. Pojar (2007) Influence of landslides on biophysical diversity : A perspective from British Columbia. Geomorphology, vol.89, pp.55-69.

George, E., W.J. Horst, and E. Neumann (2012) 17. Adaptation of plants to adverse chemical soil conditions. In: P. Marschner (eds.). Marschner's mineral nutrition of higher plants (Third Edition). Academic Press, pp.409-472.

Gerendás, J., J.C. Polacco, S.K.A. Freyermuth, and B. Sattelmacher (1999) Significance of nickel for plant growth and metabolism. J. Plant. Nutr. Soil Sci., 162(3), pp.241–256.

Gessner, F. (1955) Hydrobotanik. Band 1. Energiehaushalt. Dt. Verlag Wissenschaft, Berlin, 517p.

GGILBO(금강일보) (2011) 강(江)과 하(河)·수(水)·천(川). 금강일보 연재(http://www.ggilbo.com/news/articleView.html?idxno=37178), (2011-6-17).

Ghahremaninejad, F., Z. Khalili, A.A. Maassoumi, H. Mirzaie-Nodoushan, and M. Riahi (2012) Leaf epidermal features of Salix species (Salicaceae) and their systematic significance. American Journal of Botany, 99(4), pp.769-777.

Gifford, A.L.S., J.B. Ferdy, and J. Molofsky (2002) Genetic composition and morphological variation among populations of the invasive grass, Phalaris arundinacea. Canadian Journal of Botany, 80(7), pp.779-785.

Gilman, E. (1999) Miscanthus sinensis. University of Florida Fact Sheet. Cooperative Extension Service, Institiute of Food and Agricultural Services, (http://hort.ufl.edu/shrubs/MISSINA.PDF), Retrieved 2021-10-3.

Gingrich, S.F. (1971) Management of upland hardwoods. USDA For. Servo Res. Pap. N.E.-195, 26p.

Glasser, P.H. (1994) Ecological development of patterned peatlands. In: H.E.Jr. Wright, B.A. Coffin, and N.E. Aaseng (eds.). The patterned peatlands of Minnesota. University of Minnesota Press, Minneapolis, London.

Glasser, P.H. (1987) The ecology of patterned boreal peatlands of northern minnesota : A community profile. U.S. Fish and Wildlife Service Biology Report, 85(7, 14).

Gleason, S.M., K.C. Ewel, and N. Hue (2003) Soil redox conditions and plant–soil relationships in a micronesian mangrove forest. Estuarine, Coastal and Shelf Science, 56(5), pp.1065–1074.

Glooschenko, W.A., C. Tarnocai, S. Zoltai, and V. Glooschenko (1993) Wetlands of Canada and Greenland. In: D.F. Whigham, D. Dykyjova, and S. Hejny (eds.). Wetlands of the World I. Kluwer Academic Publishers, Dordrecht, The Netherlands, pp.415-514.

Gomes, P.I.A. and T. Asaeda (2009) Spatial and temporal heterogeneity of *Eragrostis curvula* in the downstream flood meadow of a regulated river. Ann. Limnol. Int. J. Limnol. EDP Sci., 45(3), pp.181–193.

Good, R.D. (1931) A theory of plant geography. New Phytologist, 30(3), pp.149–171.

Good, R.D. (1953) The geography of the flowering plant (2nd edn.). New York: Longmans, Green, and Co.

Gopal, B. and U. Goel (1993) Competition and allelopathy in aquatic plant communities. The Botanical Review, 59(3), pp.155-210.

Gordon, D.N., T.A. McMahon, B.L. Finlayson, C.J. Gippel, and R.J. Nathan (2004) Stream hydrology : An Introduction for ecologiste. John Wiley & Sons, Chichester, W Suss.

Goren-Inbar, N., Y. Melamed, I. Zohar, K. Akhilesh, and S. Pappu (2014) Beneath still waters – Multistage aquatic exploitation of *Euryale ferox* (Salisb.) during the Acheulian. Internet Archaeology, vol.37.

Gorham, E., S.J. Eisenreich, J. Ford, and M.V. Santlemann (1985) Chapter 15. The chemistry of bog waters. In: W. Stumm (eds.). Chemical processes in Lakes. Wiley-Interscience, New York, pp.339-363.

Goudie, A.S. (2006) The human impact on the environment (6th edn.). Basil Blackwell, Oxford.

Grace, J.B. (1991) A clarification of the debate between Grime and Tilman. Functional Ecology, 5(5), pp.583–587.

Grace, J.B. (1993) The adaptive significance of clonal reproduction in angiosperms : An aquatic perspective. Aquatic Botany, 44(2–3), pp.159-180.

Grace, J.B. and J.S. Harrison (1986) The biology of Canadian weeds. 73. *Typha latifolia* L., *Typha angustifolia* L. and *Typha glauca* Godr. Canadian Journal of Plant Science, vol.66, pp.361-379.

Grace, J.B. and R.G. Wetzel (1981) Habitat partitioning and competitive displacement in cattails (*Typha*) : Experimental Field Studies. American Naturalist, 118(4), pp.463-474.

Grace, J.B. and R.G. Wetzel (1982) Niche differentiation between two rhizomatous plant species : *Typha latifolia* and *Typha angustifolia*. Canadian Journal of Botany, 60(1), pp.46-57.

Grace, J.B. and R.G. Wetzel (1998) Long-term dynamics of *Typha* populations. Aquatic Botany, vol.61, pp.137-146.

Graf, W.L. (1977) Network characteristics in suburbanizing streams. Water Resources Research, 13(2), pp.459-463.

Graf, W.L. (2006) Downstream hydrologic and geomorphic effects of large dams on American rivers. Geomorphology, 79(3-4), pp.336-360.

Grant, G.E., F.J. Swanson, and M.G. Wolman (1990) Pattern and origin of stepped–bed morphology in high gradient streams, Western Cascades, Oregon. Geol. Soc. Am. Bull., 102(3), pp.340–352.

Greb, S., W. Dimichele, and R. Gastaldo (2006) Evolution and importance of wetlands in earth history. Special Paper of the Geological Society of America, vol.399, pp.1-40.

Green, D.M. and J.H. Brock (1994) Chemical status of soils in four urban riparian plant communities. Landscape and Urban Planning, 28(2-3), pp.121-127.

Green, E.K. and S.M. Galatowitsch (2002) Effects of *Phalaris arundinacea* and nitrate-N addition on the establishment of wetland plant communities. Journal of Applied Ecology, 39(1), pp.134-144.

Greenwood, D.J. (1961) The effect of oxygen concentration on the decomposition of organic materials in soil. Plant Soil, 14(4), pp.360–376.

GREF(경상남도람사르재단) (2021) 습지의 중요. 홈페이지 (http://www.gref.or.kr/web/index.do?mnNo=301030000), Retrieved 2021-9-24.

Gregory, S.V., F.J. Swanson, and W.A. McKee (1991) An ecosystem perspective of riparian zones. BioScience, 41(8), pp.540–551.

Grillas, P., P. Garcia Murillo, O. Geertz-Hansen, N. Marba, C. Montes, C. Duarte, L. Ham, and A. Grossmann (1993) Submerged macrophyte seed bank in a Mediterranean temporary marsh : Abundance and relationship with established vegetation. Oecologia, 94(1), pp.1–6.

Grime, J.P. (1979) Plant strategies and vegetation processes. John Wiley & Sons, Chichester.

Grime, J.P. (1998) Benefits of plant diversity to ecosystems : Immediate, filter and founder effects. Journal of Ecology, 86(6), pp.902-910 .

Grime, J.P. (2001) Plant strategies, vegetation processes and ecosystem properties (2nd edn.). Wiley, Chichester, 417p.

Grime, J.P., J.G. Hodgson, and R. Hunt (1988) Comparative plant ecology. A functional approach to common British species. London, UK: Unwin Hyman Ltd., 679p.

Gross, E.M., R.L. Johnson, and N.G. Hairston (2001) Experimental evidence for changes in submersed macrophyte species composition caused by the herbivore *Acentria ephemerella* (Lepidoptera). Oecologia, vol.127, pp.105–114.

Grosse, W. and P. Schröder (1984) Oxygen supply of roots by gas transport in alder-trees. Zeitschrift fur Naturforschung. C, Journal of biosciences, 39(11-12), pp.1186-1188.

Grosse, W., H.B. Büchel, and S. Latermann (1998) Root aeration in wetland trees and its ecophysiological significance. In: A.D. Laderman (eds.). Coastally restricted forests. Oxford University Press, New York, pp.293-305.

Grosse, W., H.B. Büchel, and H. Tiebel (1991) Pressurized ventilation in wetland plants. Aquatic Botany, 39(1-2), pp.89-98.

Grubb, p.J. (1977) The maintenance of species richness in plant communities the importance of the regeneration niche. Biol. Rev., vol.52, pp.107-145.

GSK(The Geological Society of Korea)(대한지질학회) (1998). 한국(韓國)의 지질(地質). 시그마프레스, 서울, 802p.

GSK(The Geological Society of Korea)(대한지질학회) (2021) 인순환(phosphorus cycle). 네이버 지질학 백과, Retrieved 2021-2-10.

Gu, H.O. and Y.W. Choi (1992) 잡초생태학 : 식생관리론(2판). 대광문화사. 서울.

Gudžinskas, Z. and L. Taura (2021) *Scirpus radicans* (Cyperaceae), a newly-discovered native species in Lithuania : Population, habitats and threats. Biodiversity data journal, vol.9.

Gunn, C.R. (1979) Genus *Vicia* with notes about tribe *Vicieae* (Fabaceae) in Mexico and central America. Technical Bulletin, United States Department of Agriculture, no.1601, 41p.

Guntenspergen, G.R., F. Stearns, and J.A. Kadlec (1989) Wetland vegetation. In: D.A. Hammer (eds.). Constructed wetlands for wastewater treatment. Lewis Publishers, Chelsea, Michigan, pp.73-88.

Guo, H.B., S.M. Li, J. Peng, and W.D. Ke (2007) *Zizania latifolia* Turcz. cultivated in China. Genet Resour Crop Evol., 54(6), pp.1211–1217.

Gupta, M., and S. Gupta (2017) An overview of selenium uptake, metabolism, and toxicity in plants. Frontiers in Plant Science, 7(2074), pp.1–14.

Gurnell, A.M., G.E. Petts, D.M. Hannah, B.P.G. Smith, P.J. Edwards, J. Kollmann, J.V. Ward, and K. Tockner (2000)

Wood storage within the active zone of a large European gravel-bed river. Geomorphology, vol.34, pp.55–72.

Haller, W.T., D.L. Sutton, and W.C. Barlowe (1974) Effects of salinity on several aquatic macrophytes. Ecology, 55(4), pp.891-894.

Hamabata. E. (1991) Studies of submerged macrophyte communities in lake Biwa : (1) species composition and distribution-results of a diving survey. Jpn. J. Ecol., 41(2), pp.125-139.

Han, J.E., S.Y. Kim, W.H. Kim, J.Y. Lee, J.H. Kim, T.H. Ro, and B.H. Choi (2007) Distribution of naturalized plants at stream in middle part of Korea. Korean journal of environmental biology, 25(2), pp.115-123. (in Korean)

Han, J.H. and W.K. Paek (2012) Water chemistry characteristics and fish fauna of Sodo stream watershed in Taebaeksan Provincial Park. Korean Journal of Environment and Ecology, 30(1), pp.71-80. (in Korean)

Han, K.H. and G.C. Lee (1996) 도시화 유역에서의 홍수 유출 특성. 물과 미래 : 한국수자원학회지(Water for future), 29(3), pp.153-161.

Han, M.G., H.G. Nam, K.K. Kang, M.R. Kim, Y.E. Na, H.R. Kim, and M.H. Kim (2013) Characteristics of benthic invertebrates in organic and conventional paddy field. Korean J. Environ. Agric., 31(1), pp.17-23. (in Korean)

Han, S.W., K.J. Bang, and W.J. Lee (2004) The change of physiological characteristics as water purification capability by native aquatic plants. Journal of the Korean Institute of Landscape Architecture, 32(3), pp.43-50. (in Korean)

Hancock, C.N., P.G. Ladd, and R.H. Froend (1996) Biodiversity and management of riparian vegetation in Western Australia. Forest Ecology and Management, 85(1-3), pp.239-250.

Harada, A., S. Satoh, T. Yoshioka, and K. Ishizawa (2005) Expression of sucrose synthase genes involved in enhanced elongation of pondweed (*Potamogeton distinctus*) turions under anoxia. Annals of Botany, 96(4), pp.683–692.

Harada, T. and K. Ishizawa (2003) Starch degradation and sucrose metabolism during anaerobic growth of pondweed (*Potamogeton distinctus* A. Benn.) turions. Plant and Soil, 253(1), pp.125–135.

Hardin, H. (1960) The competitive exclusion principle. Science, 131(3409), pp.1292–1297.

Harley, K.L.S. (1990) Production of viable seeds by water lettuce, *Pistia stratiotes* L., in Australia. Aquatic Botany, 36(3), pp.277-279.

Harmon, M.E. and J.F. Franklin (1989) Tree seedlings on logs in *Picea-Tsuga* forests of Oregon and Washington. Ecology, 70(1), pp.48–59.

Harper, J.L. (1977) Population biology of plants. In: R.J.Naiman and H. Decamps(eds.). The ecology of interfaces: Riparian zones. Annual Review of Ecology and Systematics, vol.28, Academic Press, London.

Harris, R.R. (1988) Associations between stream valley geomorphology and riparian vegetation as a basis for landscape analysis in eastern Sierra Nevada, California, USA. Environmental Management, vol.12, pp.219-228.

Harrison, S., E. Regnier, J. Schmoll, and J. Harrison (2007) Seed size and burial effects on giant ragweed (*Ambrosia trifida*) emergence and seed demise. Weed Science, 55(1), pp.16-22.

Hartleb, C.F., J.D. Madsen, and C.W. Boylen (1993) Environmental factors affecting seed germination in *Myriophyllum spicatum* L. Aquatic Botany, 45(1), pp.15-25.

Hata, S., Y. Kobae, and M. Banba (2010) Interactions between plants and arbuscular mycorrhizal fungi. International Review of Cell and Molecular Biology, vol.281, pp.1-48.

Havens, K. J., & Virginia Institute of Marine Science (1996) Plant adaptations to saturated soils and the formation of hypertrophied lenticels and adventitious roots in woody species. Wetlands Program Technical Report no. 96-2. Virginia Institute of Marine Science, College of William and Mary.

Hawes, E. and M. Smith (2005) Riparian buffer zones : Functions and recommended widths. Prepared for the Eightmile River Wild and Scenic Study Committee.

Hawke, C.J., and P.V. José (1996) Reedbed management for commercial and wildlife interests. The Royal Society for the Protection of Birds. United Kingdom.

Hawkins, C.P., J.L. Kershner, P.A. Bisson, M.D. Bryant, L.M. Decker, S.V. Gregory, D.A. McCullough, C.K. Overton, G.H. Reeves, R.J. Steedman, and M.K. Young (1993) A hierarchical approach to classifying stream habitat features. Fisheries, 18(3), pp.3-12.

HBDS(Hangang Business Division in Seoul City)(한강사업본부) (2019) 제2차 람사르습지 한강밤섬관리 기본계획수립 연구. 서울특별시. 207p.

Hefting, M., J.C. Clément, D. Dowrick, A.C. Cosandey, S. Bernal, C. Cimpian, A. Tatur, T.P. Burt, and G. Pinay (2004) Water table elevation controls on soil nitrogen cycling in riparian wetlands along a European climatic gradient. Biogeochemistry, 67(1), pp.113-134.

Heide, O.M. (1994) Control of flowering in *Phalaris arundinacea*. Norwegian Journal of Agricultural Sciences, 8(3-4), pp.259-276.

Heinselman, M.L. (1963) Forest sites, bog processes, and peatland types in the glacial lake Agassiz Region, Minnesota. Ecological Monographs, 33(4), pp.327-74.

Held, I.M. and B.J. Soden (2006) Robust responses of the hydrological cycle to global warming. Journal of Climate, 19(21), pp.5686-5699.

Heo, C.H. (2003) Characteristics of runoff variation due to watershed urbanization. Journal of Korea Water Resources Association, 36(5), pp.725-740. (in Korean)

Heo, S.G., M.S. Jun, S.H. Park, K.S. Kim, S.K. Kang, Y.S. Ok, and K.J. Lim (2008) Analysis of soil erosion reduction ratio with changes in soil reconditioning amount for highland agricultural crops. Journal of Korean Society on Water Quality, 24(2), pp.185-194. (in Korean)

Herben, T., B. Mandák, K. Bímová, and Z. Münzbergová (2004) Invasibility and species richness of a community : A neutral model and a survey of published data. Ecology, 85(2), pp.3223-3233.

Herden, T. and N. Friesen (2019) Ecotypes or phenotypic plasticity: The aquatic and terrestrial forms of *Helosciadium repens* (Apiaceae). Ecology and Evolution, 9(24), pp.s13954-13965.

Heuzé, V., G. Tran, N. Edouard, F. Lebas, and M. Lessire (2014) Hairy vetch (*Vicia villosa*). Feedipedia, a programme by INRA, CIRAD, AFZ and FAO. INRA, CIRAD, AFZ, FAO. (http://www.feedipedia.org/node/238), Retrieved 2021-10-3.

Heuzé, V., H. Thiollet, G. Tran, and F. Lebas (2017) Cockspur grass (*Echinochloa crus-galli*) forage. Feedipedia, a programme by INRA, CIRAD, AFZ and FAO. https://www.feedipedia.org/node/451), Retrieved 2021-10-3.

Hilton, J., M. O'Hare, M.J. Bowes, J.I. and Jones (2006) How green is my river? A new paradigm of eutrophication in rivers. Sci. Total Environ., 365(1-3), pp.66-83.

Hocking, P.J., C.M. Finlayson, and A.J. Chick (1983) The biology of Australian weeds. 12. *Phragmites australis* (Cav.) Trin. ex Steud. Journal of the Australian Institute of Agricultural Science, 49(3), pp.123-132.

Holden, P.A. and N. Fierer (2005) Microbial processes in the vadose zone. Vadose Zone Journal, 4(1), pp.1-21.

Holford, I.C.R. (1997) Soil phosphorus : Its measurement, and its uptake by plants. Australian Journal of Soil Research, 35(2), pp.227-239.

Holm, L.R.G., J.V. Pancho, J.P. Herberger, and D.L. Plucknett (1979) A geographical atlas of world weeds. Toronto, Canada: John Wiley and Sons Inc.

Hong, I., J.G. Kang, and H.K. Yeo (2012) Study on the characteristics of riffle-pool sequence in the Namdae Stream. 한국수자원학회 2012년도 학술발표회, pp.972-972. (in Korean)

Hong, M.G. (2014) Effects of freshwater inflow, salinity, and water level on the growth of common reed in salt marsh.

Ph.D. Dissertation, The Education of Seoul Nation University, Seoul. (in Korean)

Hood, W.G. and R.J. Naiman (2000) Vulnerability of riparian zones to invasion by exotic vascular plants. Plant Ecology, 148(1), pp.105–114.

Hook, D.D. and C.L. Brown (1972) Permeability of the cambium to air in trees adapted to wet habitats. Botanical Gazette, 133(3), pp.304-310.

Hook, D.D., C.L. Brown, and P.P. Kormanik (1970) Lenticelsand waterrootdevelopmentof swamp tupelo under various flooding condi-tions. Botanical Gazette, 131(3), pp.217-224.

Hook, D.D., C.L. Brown, and R.H. Wetmore (1972) Aeration in trees. Botanical Gazette, 133(4), pp.443-454.

Hook, D.D. and J.R. Scholtens (1978) Adaptations and flood tolerance of tree species. In: D.D. Hook and R.M.M. Crawford (eds.). Plant life in anaerobic environments. Ann Arbor Science, pp.299-331.

Horne, A.J. and C.R. Goldman (eds.) (1994) Limnology (2nd edn.). McGraw-Hill Inc, New York.

Horton, R.E. (1933) The role of infiltration in the hydrologic cycle. Transactions, American Geophysical Union, vol.14, pp.446–460.

Horton, R.E. (1945) Erosional development of streams and their drainage basins : Hydrophysical approach to quantiative morphology. Geological Society of America Bulletin, 56(3), pp.275-370.

Howes, B.L., R.W. Howarth, J.M. Teal, and I. Valiela (1981) Oxidation-reduction potentials in a salt marsh : Spatial patterns and interactions with primary production. Limnology and Oceanography, 26(2), pp.350-360.

HRFCO(한강홍수통제소) (2021) 수자원용어사전. 한강홍수통제소 홈페이지(http://www.hrfco.go.kr/web/river/dictionaryList.do), Retrieved 2021-1-20.

Hsu, F.H. and C.H. Chou (1992) Inhibitory effects of heavy metals on seed germination and seedling growth of Miscanthus species. Botanical Bulletin of Academia Sinica, 33(4), pp.335-342.

Hu, S.J., Z.U. Niu, and Y.F. Chen (2017a) Global wetland datasets : A review. Wetlands, 37(5), pp.807–817.

Hu, S.J., Z.U. Niu, Y.F. Chen, L.F Li, and H.Y Zhang (2017b) Global wetlands : Potential distribution, wetland loss, and status. Science of The Total Environment, 586(15), pp.319-327.

Huang, H.G. and G.C. Nanson (1997) Vegetation and channel variation; a case study of four small streams in Southeastern Australia. Geomorpholog, 18(3-4), pp.237-249.

Huang, W.Z. A.I. Hsiao, and L. Jordan (1987) Effects of temperature, light and certain growth regulating substances on sprouting, rooting and growth of single-node rhizome and shoot segments of Paspalum distichum L. Weed Research, UK, 27(1), pp.57-67.

Huang, W.Z. and A.I. Hsiao (1987) Factors affecting seed dormancy and germination of Paspalum distichum. Weed Research, 27(6), pp.405-415.

Hubbard, W.F. (1904) The basket willow. USDA Bureau of Forestry, Bull., no.46.

Huet, M. (1954) Biologie, profils en long et en travers des eaux courantes. Bulletin Français de Pisciculture, vol.175, pp.41-53.

Huston, M.A. (1979) A general hypothesis of species diversity. The American Naturalist, 113(1), pp.81-101.

Huston, M.A. (1994) Biological diversity : The coexistence of species on changing landscapes. Cambridge University Press: Cambridge, 681p.

Huston, M.A. (2014) Disturbance, productivity, and species diversity : Empiricism vs. logic in ecological theory. Ecology, 95(9), pp.2382–2396.

Husák, S., J. Kvet, and J.M. Plasencia Fraga (1986) Experiments with mechanical control of Typha spp. stands. Proceedings, 7th international symposium on aquatic weeds., pp.175-181.

Hwang, S.H. (2018) Flood estimation and evaluation of efficiency of sewer networks using geomorphological analysis. J. Korean Soc. Hazard Mitig., 18(7), pp.569-579. (in Korean)

Hyun, J.O. (2001) Categorization of the threatened plant species in Korea. Ph.D. Dissertation, Univ. of Sooncheonhyang, Asan, Korea, 288p. (in Korean)

Häfliger, E. and H. Scholz (1981) Grass Weeds 2 : Weeds of the subfamilies Chloridoideae, Pooideae, Oryzoideae. Basle, Switzerland: Documenta CIBA GEIGY.

Ihm, B.S., J.S. Lee, K.H. Suh, and H.S. Kim (1996) Distribution and nutrient removal capacity of aquatic plants in relation to pollutant load from the watershed of Youngsan River. Journal of Ecology and Environment, 19(5), pp.487-496. (in Korean)

Imanishi, A. and J. Imanishi (2014) Seed dormancy and germination traits of an endangered aquatic plant species, Euryale ferox Salisb. (Nymphaeaceae). Aquatic Botany, vol.119, pp.80-83.

Ingle, J.D.J. and S.R. Crouch (1988) Spectrochemical analysis. New Jersey, Prentice Hall.

Ingrouille, M. (1992) Diversity and evolution of land plants. Chapman & Hall, 340p.

IPCC (2013) Summary for policymakers. In: T.F. Stocker, D. Qin, G.K. Plattner, M. Tignor, S.K. Allen, J. Boschung, A. Nauels, Y. Xia, V. Bex, and P.M. Midgley (eds.). Climate Change 2013: The physical science basis. Contribution of Working Group

I to the Fifth Assessment Report of the Intergovernmental Panel on Climate Change, Cambridge University Press, Cambridge, United Kingdom and New York, USA.

Ishii, J. and Y. Kadono (2000) Classification of two *Phragmites* species, *P. australis* and *P. japonica*, in the Lake Biwa-Yodo River system, Japan. Acta Phytotaxonomica et Geobotanica, 51(2), pp.187-201.

Ishikawa, S. (1994) Seedling growth traits of three salicaceous species under different conditions of soil and water level. Ecological Review, 23(1), pp.1-6.

Ishikawa, S. (2008) 10. Mosaic structure of riparian forests on the riverbed and floodplain of a braided river : A case study in the Kamikouchi Valley of the Azusa River. In: H. Sakio and T. Tamura (eds.). Ecology of riparian forests in japan: Disturbance, life history, and regeneration. Springer, pp.153-164.

Ishizawa K., S. Murakami, Y. Kawakami, and H. Kuramochi (1999) Growth and energy status of arrowhead tubers, pondweed turions and rice seedlings under anoxic conditions. Plant, Cell and Environment, vol.22, pp.505–514.

Ivanov, A.I., N.N. Lobovikov and V.F. Lobovikov (1981) Tall-growing grasses under prolonged flooding. Trudy po Prikladnoi Botanike, Genetike i Selektsii, 71(2), pp.11-23.

Jackson, M.B. and P.A. Attwood (1996) Roots of willow (*Salix viminalis* L.) show marked tolerance to oxygen shortage in flooded soils and in solution culture. Plant and Soil, 187(1), pp.37-45.

Jackson, M.B. and T.D. Colmer (2005) Response and adaptation by plants to flooding stress. Annals of botany, 96(4), pp.501–505.

Jacob, D.J. (1999) Introduction to atmospheric chemistry. Princeton University Press, 264p.

Jang, C.G., A.R. Moon, Y.K. Lee, and J.M. Park (2012) The analysis of the plant distributional pattern in Yugu stream(Gongju, Chungnam). Korean J. Environ. Biol., 30(2), pp.107-120. (in Korean)

Jang, C.L. and Y. Shimusu (2007) Vegetation effects on the morphological behavior of alluvial channels. Journal of Hydraulic Research, 45(6) pp.763-772.

Jang, E.J. (2005) Vegetation research of old-growth tree in Gyeongsangbuk-do. Ph.D. Dissertation, Keimyung University, Daegu. (in Korean)

Jang, H.D., J.H. Lee, and S.G. Mun (2006) 가시연꽃의 보존을 위한 생태학적 연구. 한국환경과학회 가을발표회지, 15(2), pp.446-447.

Jejudo(제주도) (2005) 제주도 수문지질 및 지하수자원 종합조사(III). 425p.

Jeong, Y.I., B.R. Hong, Y.C. Kim, and K.S. Lee (2016) Distribution, life history and growth characteristics of the *Utricularia japonica* Makino in the east coastal lagoon, Korea. Korean Journal of Ecology and Environment, 49(2), pp.110-123. (in Korean)

JERI(전라남도 교육과학연구원) (2005) 하상계수-홈페이지 (www.jeri.or.kr/jries/web/go/soc/geo/dictionary/html/14-001.htm), Retrieved 2005-2-11.

Jha, V., A.N. Kargupta, R.N. Dutta, U.N. Jha, R.K. Mishra, and K.C. Saraswati (1991) Utilization and conservation of *Euryale ferox* Salisbury in Mithila (North Bihar), India. Aquatic Botany, 39(3-4), pp.295–314.

Jian, Y., B. Li, J. Wang, and J. Chen (2003) Control of turion germination in *Potamogeton crispus*. Aquatic Botany, 75(1), pp.59-69.

Jin, S.N. and K.H. Cho (2016) Expansion of riparian vegetation due to change of flood regime in the Cheongmi-cheon Stream, Korea. Ecology and Resilient Infrastructure, 3(4), pp.322-326. (in Korean)

Jo, H.K., H.M. Park, and J.Y. Kim (2014) Agroforestry strategies reflecting residents' attitudes in a semi-arid region : Focusing on Elsentasarhai Region in Mongolia. Korean J. Environ. Ecol., 28(2), pp.263-269. (in Korean)

Jo, I.S. (2009) Ecological traits of endangered plant species, *Ranunculus kazusensis* : 강화도 매화마름을 대상으로. MA Dissertation, Seoul Nation University, Seoul. (in Korean)

Jo, I.S., D.U. Han, Y.J. Cho, and E.J. Lee (2010) Effects of light, temperature, and water depth on growth of a rare aquatic plant, *Ranunculus kadzusensis*. Journal of Plant Biology, 53(1), pp.88–93.

Joo, E.J. (2008) 수생식물의 영양염류 제거능. Korean Journal of Nature Conservation, vol.142, pp.40-45.

Joo, G.J., H.W. Kim, and K. Ha (1997) The development of stream ecology and current status in Korean. Korean J. Ecol., 20(1), pp.69-78. (in Korean)

Joo, G.J., S.B. Park, S.K. Lee, K.H. Jang, and G.S. Jung (2004) 장마기의 강우가 낙동강 하류(물금)에 미치는 영향. In: 부산광역시 부산발전연구원, 낙동강 연구센터. 낙동강 조사월보, 89호.

Jung, J.D., S.C. Lee, and H.K. Choi (2008) Anatomical patterns of aerenchyma in aquatic and wetland plants. Journal of Plant Biology, 51(6), pp.428-439.

Jung, J.D. and H.K. Choi (2010) A new endemic species in *Trichophorum* (Cyperaceae) from South Korea. Novon A Journal for Botanical Nomenclature, vol.20, pp.289-291.

Jung, S.Y. (2014) A study on the distribution characteristics of Invasive Alien Plant (IAP) in South Korea. Ph.D.

Dissertation, Andong University, Andong.

Junk, W.J., P.B. Bayley, and R.E. Sparks (1989) The flood pulse concept in river-floodplain systems. In: D.P. Dodge (eds.) Proceedings of the international large river symposium. Can. Spec. Publ. Fish. Aquat. Sci. vol.106, pp.110-127.

Junk, W.J. and K.M. Wantzen (2004) The flood pulse concept : New aspects, approaches and applications an update. In: R.L. Welcomme and T. Petr (eds.). Proceedings of the second international symposium on the management of large rivers for fisheries. Bangkok: Food and Agriculture Organization and Mekong River Commission, FAO Regional Office for Asia and the Pacific, pp.117-149.

Jørgensen, S.E. (eds.) (1979) Handbook of environmental data and ecological parameters. Pergamon Press, New York.

K-water (2017). 영산강·섬진강수계 상수원 망간발생 메카니즘 연구. 영산강·섬진강수계관리위원회, 영산강·섬진강수계 2016년도 환경기초조사사업, 142p.

K-water (2021) 다목적댐 및 용수댐 현황. 한국수자원공사 Homepage(https://www.water.or.kr), Retrieved 2021-2-11.

KACCC (2021) 기후변화란? KACCC(국가기후변화적응정보포털), Retrieved from hompage on 2021-2-3.

Kadlec, R.H. and R.L. Knight (1996) Treatment Wetlands. Lewis Publishers, Boca Raton, 893p.

Kadmon, R. and Y. Benjamini (2006) Effects of productivity and disturbance on species richness: A neutral model. The American naturalist, 167(6), p.939-946.

Kadono, Y. (1983) Natural history of Euryale ferox Salisb. Nat. Stud. vol.29, pp.63–66. (in Japanese)

Kagaya, M., T. Tani, and N. Kachi (2005) Effect of hydration and dehydration cycles on seed germination of Aster kantoensis (Compositae). Canadian Journal of Botany, 83(3), pp.329–334.

Kagaya, M., T. Tani, and N. Kachi (2009) Variation in flowering size and age of a facultative biennial, Aster kantoensis (Compositae), in response to nutrient availability. American Journal of Botany, 96(10), pp.1808-1813.

Kaining, C., L. Cejie, S. Longxin, C. Weimin, X. Hai, and B. Xian-ming (2006) Reproductive ecology of Vallisneria natans. Journal of Plant Ecology, 30(3), pp.487-495.

Kaiser, B.N., K.L. Gridley, J. Ngaire Brady, T. Phillips, and S.D. Tyerman (2005) The role of molybdenum in agricultural plant production. Ann. Bot., vol.96, pp.745–754.

Kalinina, N.O., S. Makarova, A. Makhotenko, A.J. Love, and M. Taliansky (2018) The multiple functions of the nucleolus in plant development, disease and stress responses. Frontiers in Plant Science, vol.9, 132.

Kamada, M. (2008) 12. Process of willow community estabilishment and topographic change of riverbed in a warm-temperate region of Japan. In: T. Sakio and T. Tamura (eds.). Ecology of riparian forests in Japan: Disturbance, life history, and regeneration. Springer, pp.178-190.

Kang, B.H. (2012) 약과 먹거리로 쓰이는 우리나라 자원식물. 한국학술정보(주), 754p.

Kang, B.H. and S.I. Shim (2002) Overall status of naturalized plants in Korea. Korean J. Weed Sci., vol.22, pp.207-226. (in Korean)

Kang, E.S., S.R. Lee, S.H. OH, D.K. Kim, S.Y. Junf, and D.C. Son (2020) Comprehensive review about alien plants in Korea. Korean J. Pl. Taxon., 50(2), pp.89-119. (in Korean)

Kang, H.S., W.S. Lee, I.H. Oh, and K. Jung (Transl.) (2016) 생태학, 9판. 라이프사이언스, 서울, 676p.

Kang, J.I. and S.D. Lee (2011) Ecological study of periphytons along the buk-han river due to the influence of land use patterns. Journal of Wetlands Research, 13(3), pp.643-655. (in Korean)

Kang, K.H., Y.Y. Kim, K.H. Oh, and H.J. Jang (2015) 주산지 왕버들 증식·관리 및 관리메뉴얼 개발. 국립공원관리공단 주왕산국립공원사무소. 청송. 70p.

Kang, S.J. (1988) 대암산 고층습원의 이탄구조와 화분 분석. In: 환경청. 대암산 자연생태계 조사보고서, 과천, pp.101-146.

Kang, S.J., K.R. Choi, and A.K. Kwak (1998) 대암산 용늪 훼손지의 식생 동태와 생리생태학적 특성. In: 환경부. 대암산 용늪 복원 타당성 조사연구(2차년도), 과천, pp28-66.

Kang, S.J., K.S. Jo, and K.R. Choi (2010) 살아있는 자연사 박물관 대암산 용늪. 울산대학교출판부, 울산, 290p.

Kang, W.K. and J.K. Kang (2002) Cultivation and utility of green manure crops. Chapter 3. Chinese milkvetch. R.D.A., 161p.

Kang, Y.H., S.H. Lee, M.W. Kim, S.S So, B. Whang, K.H. Kang, T.J. Han, C.D. Jung, W.S. Lee, S.E. Oh, W.T. Kim, I.C. Lee, H.S. Jung, E.S. Kim, K.Y. Park, S.K. Kim, S.Y. Kim, B.S. Pyo, and S.H. Kim (2009) New 식물생리학. 지구문화사, 파주, 528p.

Kang, Y.B. (2004) 석회암 지대 동강건설의 문제점. (http://kfem.or.kr/kfem/donggang/대토론/dongdis10.html), Retrieved 2005-2-20.

Kang, Y.H. (2005) 금호강 어류군집의 교란. 자연생태, 46호, pp.2-3. (in Korean)

Kang, Y.H. (2014) 생명과학대사전: 개정판. 아카데미서적, 서울.

Kaul, R.B. (1976) Anatomical observations on floating leaves. Aquatic Botany, vol.2, pp.215–234.

Kaushik, N.K. and H.B.N. Hynes (1971) The fate of the dead leaves that fall into streams. Arch Hydrobiol., vol.68, pp.465–515.

Kautsky, L. (1988) Life strategies of aquatic soft bottom macrophytes. Oikos, 53(1), pp.126–135.

Kays, S. and J.L. Harper (1974) The regulation of plant growth and tiller density in a grass sward. J. Ecol., 62(1), pp.97–105.

KEC(한국환경공단) (2011) 수변생태벨트 조성관리 지침서 요약본. 인천.

Keddy, P.A. (2000) Wetland ecology : Principles and conservation. In: H.J.B. Briks and J.A. Wiens (eds.). Cambridege studies in ecology. Cambridge University Press, 614p.

Keddy, P.A. and A. Reznicek (1986) Great lakes vegetation dynamics : The role of fluctuating water levels and buried seeds. Journal of Great Lakes Research, vol.12, pp.25-36.

Keller, E.A. (1972) Development of alluvial stream channels : A five stage model. Geol. Soc. Am. Bull., 83(5), pp.1531–1536.

Keoleian, G.A. and T.A. Volk (2005) Renewable energy from willow biomass crops : Life cycle energy, environmental and economic performance. Critical Reviews in Plant Sciences, 24(5-6), pp.385–406.

Kerner, A. (1863) Plant life of the Danube basin. (Transl. by H. S. Conard, 1951. The background of plant ecology. Iowa State Univ. Press, Ames, Iowa. 238p.

Keskinkan, O., M.Z.L. Goksu, A. Yuceer, M. Basibuyuk, and C.F. Forster (2003) Heavy metal adsorption characteristics of a submerged aquatic plant (*Myriophyllum spicatum*). Process Biochemistry, 39(2), pp.179-183.

KFS(산림청) (2018) 제6차 산림기본계획(2018년~2037년). 발간등록번호: 11-1400000-000755-14. 대전.

KFS(산림청) (2020) 보도자료 : 아낌없이 주는 숲, 우리 산림의 공익적 가치 221조원. (2020년4월1일).

KFS(산림청) (2021) 2019년 관리기관별 보호수자료. 홈페이지(www.forest.go.kr), Retrieved 2021-10-3.

KICT(한국건설기술연구원) (2004) 하도특성조사 자문보고서. 일산.

KICT(한국건설기술연구원) (2015) Development of floodplain management technologies for the increase of river-friendly value. Korea Institute of Civil Engineering and Building Technology, Goyang, Korea. p.188.

Kil, J.H., H.Y. Kong, K.S. Koh, and J.M. Kim (2006) Management of *Sicyos angulata* spread in Korea. In: Neobiota. From Ecology to Conservation. 4th European Conference on Biological Invasions. Vienna (Austria), 2006-09-27/29, BfN-Skripten 184, page 170.

Kil, J.H., K.C. Shim, S.H. Park, K.S. Koh, M.H. Suh, Y.B. Ku, S.U. Suh, H.K. Oh, and H.Y. Kong (2004) Distributions of naturalized alien plants in South Korea. Weed Technology, 18(sp.1), pp.1493-1495.

Kil, J.H., K.S. Koh, J.M. Kim, J.Y. Lee, H.Y. Kong, and M.H. Ycon (2005) The effects of ecosystem distribution wildplants on ecosystem and thier management (Ⅰ). National Institute of Environmental Research, Incheon. (in Korean)

Kilham, P. (1982) Acid precipitation : Its role in the alkalisation of a lake in Michigan. Limnology and Oceanography, 27(5), pp.856-867.

Kim, B.C. and D.S. Kong (2019) Examination of the applicability of TOC to Korean Trophic State Index(TSIKO). Journal of Korean Society on Water Environment, 35(3) pp.271-277. (in Korean)

Kim, C., S.M. Kim, S.W. Kim, S.A. Ha, H.J. Son, J.S. Park, J.I. Mun, and Y.I. Son (2000a) 수질오염의 생태학. 신광문화사, 서울.

Kim, C.H, D.H. Park, and S.H. Bae (2014a) Mid-channel island change analysis. Journal of the Geomorphological Association of Korea, 21(2), pp.1-10. (in Korean)

Kim, C.K., H.J. Kim, and H.K. Choi (2011a) Assessment of the minimum population size for ex situ conservation of genetic diversity in *Aster altaicus* var. *uchiyamae* populations inferred from AFLP markers. Kor. J. Env. Eco., 25(4), pp.470-478. (in Korean)

Kim, C.N., J.H. Whang, Y.K. Nam, and S.K. Hyun (2015a) 천연기념물 측백나무 숲 보존·관리방안 연구용역. 국립문화재연구소, p168.

Kim, C.S, P.H. Lee, and K.H. Oh (1999a) Productivity and production structure of *Salix nipponica*. Journal of Wetlands Research, 1(1), pp.61-69. (in Korean)

Kim, C.S. (2017) 서울 '불투수층' 면적 50년새 7배 증가. 서울로컬뉴스(2017-11-10).

Kim, C.S., J.Y. Ko, J.S. Lee, J.B. Hwang, S.T. Park, and H.W. Kang (2006) Screening of nutrient removal hydrophyte and distribution properties of vegetation in tributaries of the west Nakdong River. Korean Journal of Environmental Agriculture, 25(2), pp.147-156. (in Korean)

Kim, C.S., P.H. Lee, S.G. Son, and K.H. Oh (2000b) Vegetation structure and environmental factors in Paksil-nup Wetland, Hapcheon. Journal of Wetlands Research, 2(1), pp.31-40. (in Korean)

Kim, D.H., W. Kim, E.S. Kim, G.Y. Ock, C.L. Jang, M.K. Choi, and K.H. Cho (2020a) Applications and perspectives of fluvial biogeomorphology in the stream management of South Korea. Ecology and Resilient Infrastructure, 7(1), pp.1–14. (in Korean)

Kim, D.S. (2017) Phylogenetic relationship of Korean *Phragmites japonica* based on phenotypic and EST-SSR marker analyses. MA Dissertation, Graduate school of Seoul National University, Seoul. (in Korean)

Kim, E.J., J.G. Kang, H.K. Yeo, and J.T. Kim (2014b) Study on flooding tolerance of *Salix* species for ecological restoration of the river. Journal of Wetlands Research, 16(4), pp.327-333. (in Korean)

Kim, E.J., K.H. Cho, and J.G. Kang (2014c) The study of correlation between riparian environment and vegetation distribution in Nakdong River. Journal of Korea Water Resources Association, 47(4), pp.321–330. (in Korean)

Kim, E.J., S.I. Lee, E.P. Lee, Y.H. Jeong, and Y.H. Yoo (2018a) A Study on the habitat and population characteristics of *Polygonatum stenophllyum* (near threatened) and growth response of seedling according to light under condition of climate change. Department Life science, Kongju national university, Gongju, Korea. Proceedings of the Korean Society of Environment and Ecology Conference, 2018(2), pp.23-23. (in Korean)

Kim, E.S. (2000a) Germination and seedling growth of *Phragmites communis* and *Typha angustata*. MA Dissertation, Education of Kongju National University, Kongju. (in Korean)

Kim, E.S., K.B. Si, S.D. Kim, and H.I. Choi (2012a) Water quality assessment for reservoirs using the Korean Trophic State Index. Journal of Korean Society on Water Environment, 28(1), pp.78-83. (in Korean)

Kim, G.H. (2019) 하천공간 복원 기본계획 수립 기술보고서. 자연과 인간이 공존하는 생태하천 조성기술 개발 연구단 기술보고서 No.1, 한국건설기술연구원, 물관리연구 개발 사업 12기술혁신C02, 국토교통부·국토교통과학기술 진흥원, 390p.

Kim, G.Y. (2001) Study on the distribution and growth of vascular hydrophythes in the lower part of the Nakdong River. MA Dissertation, Donga University, Busan. (in Korean)

Kim, G.Y., C.W. Lee, and G.J. Joo. (2004) The evaluation of early growth pattern of *Miscanthus sacchariflorus* after Cutting and burning in the Woopo Wetland. Korean Journal of Limnology, 37(2), pp.255-262. (in Korea)

Kim, G.Y., G.J. Joo, H.W. Kim, G.S. Shin, and H.S. Yoon (2002a) Leaf litter breakdown of emergent macrophytes by aquatic invertebrates in the lower Nakdong River. Korean Journal of Limnology, 35(3), pp.172-180. (in Korea)

Kim, H.D. (2013a) 기후변화와 습지 : 우포늪을 중심으로. In: 국립습지센터. 습지 이해. 세종, pp.61–100.

Kim, H.H., D.B. Kim, C.H. Jeon, C.S. Kim, and W.S. Kong. (2017c) Island-Biogeographical characteristics of naturalized plant in Jeollanamdo Islands. Journal of Environmental Impact Assessment, 26(4), pp.273-290. (in Korean)

Kim, H.J. (2013b) Morphometric analysis of wing variation of lantern fly, *Lycorma delicatula* from northeast asia. Korean J. Appl. Entomol., vol.52, pp.265-271. (in Korean)

Kim, H.J., B.K. Shin, and W. Kim (2014d) A Study on hydromorphology and vegetation features depending on typology of natural streams in Korea. Korean Journal of Environment and Ecology, 28(2), pp.215-234. (in Korean)

Kim, H.J., S.K. Lee, and D.H. Kim (2012b) Characteristics of water quality improvement in constructed wetlands during rainfall. Proceedings of the Korean Society of Agricultural Engineers Conference, pp.181-181. (in Korean)

Kim, H.J. and J.H. Lee (1998) A Study on the *Salix*'s biotechnical application. Journal of the Korean Institute of Landscape Architecture, 26(3), pp.143-151. (in Korean)

Kim, H.W., K.S. Jung, G.I. Jo, J.G. Kim, M.H. Jang, and G.J. Joo (1999b) 하천생태계의 이해. 한국생태학연구회 여름학교 자료집, pp.27-32.

Kim, I.K. and M.S. Kim (1998) 동해안저지대 물가주변의 1년생 초본식물군락분류. 조선민주주의 인민공화국 생물학지, 2(145), pp.41-43.

Kim, J.B. (2004a) 충적선상지에 대한 소고. In: 이찬주(편). 하천지형학 연구. pp105-118.

Kim, J.G. (2007) 한국의 습지식생. Korean Journal of Nature Conservation, vol.138, pp.35-56.

Kim, J.G. (2013c) 습지조사 및 모니터링. In: 국립습지센터. 습지 이해. 세종, pp.101–131.

Kim, J.H., J.D. Yoon, H.B. Jo, and M.H. Jang (2015b) The study on daily movement patterns of *Brachymystax lenok tsinlingensis* inhabit in the upper part of the Nakdong River. River. Korean Journal of Limnology, 48(2), pp.139-145. (in Korean)

Kim, J.H. and D.J. Lee (Transl. from 宝月欣二) (2002) 호소 생물의 생태학. 북스힐.

Kim, J.J., S.J. Kim, and C.O. Choo (2003) Seasonal change of mineral precipitates from coal mine drainage in the Taebaek coal field, South Korea. Geochemical Journal, vol.37, pp.109-121. (in Korean)

Kim, J.W. (1993) 우리나라 자연환경 현황 분석. 한국환경정책·평가연구원, 서울.

Kim, J.W. (2004b) Vegetation ecology (1st edn.). World Science, Seoul, 308p. (in Korean)

Kim, J.W. (2008) 지각운동과 지형 발달. In: 김종욱, 이민부, 공우석, 김태호, 강철성, 박경, 박병익, 박희두, 성효현, 손명원, 양해근, 이승호, 최영은. 한국의 자연지리. 서울대학교출판문화원, 서울, pp.1-19.

Kim, J.W. (2013d) 한국 식물 생태 보감 1 : 주변에서 늘 만나는 식물. 자연과생태, 서울.

Kim, J.W., I.Y. Lee, and J. Lee (2017a) Distribution of invasive alien species in Korean croplands. Weed and Turfgrass Science, vol.6, pp.117-123. (in Korean)

Kim, J.W., K.H. Ahn, C.W. Lee, and B.K. Choi (2011b) 우포늪의 식물군락(한국 식물사회 생태도감 Ⅰ). 계명대학교출판부, 대구, 333p.

Kim, J.W., K.O. Bu, J.T. Chio, and Y.W. Byeon (2018b) 한반도 100년의 기후변화. 국립기상과학원, 제주, 31p.

Kim, J.W., S.E. Lee, and J.A. Lee (2017b) Hwasan wetland vegetation in Gunwi, South Korea : With a phytosociological focus on alder (*Alnus japonica* (Thunb.) Steud.) forests. Korean Journal of Environment and Ecology, 50(1), pp.70-78. (in Korea)

Kim, J.W. and H.K. Nam (1998) Syntaxonomical and synecological characteristics of rice field vegetation. Korean J. Ecol., 21(3), pp.203-215. (in Korean)

Kim, J.W. and J.C. Lim (2007) 전통 마을숲과 식물사회학 : 전통 숲 공원 재창조와 잠재자연식생. In: 김종원, 강판권(편). 마을숲과 참살이. 계명대학교출판부, 대구, pp.133-188.

Kim, J.W. and J.H. Kim (2003) Vegetation of Moojechi Moor in Ulsan : Syntaxonomy and syndynamics. Journal of Ecology and Environment, 26(5), pp.281-287. (in Korean)

Kim, J.W., S.W. Ryu, K.K. Lee, J.W. Park, Y.K. Lee, J.H. Shim, Y.H. Kang, S.K. Kim, G.J. Joo, G.Y. Kim, Y.H. Do, C.W. Lee, and J.D. Yoon (2009) 하천생태학 그리고 낙동강(Riparian ecology, and Nadong River). 계명대학교출판부, 대구, 545p.

Kim, J.Y., J.G. Kim, D.Y. Bae, H.J. Kim, J.E. Kim, H.S. Lee, J.Y. Lim, and K.G. An (2020b) International and domestic research trends in longitudinal connectivity evaluations of aquatic ecosystems, and the applicability analysis of fish-based models. Korean J. Environ. Biol., 38(4), pp.634-649. (in Korean)

Kim, K.H., H.R. Lee, and H.R. Jung (2016) An analysis on geomorphic and hydraulic characteristics of dominant discharge in Nam River. J. Korea Water Resour. Assoc., 49(2) pp.83-94. (in Korean)

Kim, K.H. and H.R. Jung (2018) Characteristics of step-pool structure in the mountain streams around Mt. Jiri. Journal of Korea Water Resources Association, 51(4), pp.313-322. (in Korean)

Kim, K.M. and T.S. Park (2002) 합리적 하천관리를 위한 하천 등급 조정방안 연구. 국토연구원 국토연 2002-61, 164p.

Kim, K.U., S.T. Kwon, K.W. Back, and H.Y. Kim (1990) Weed vegetation analysis by two dimensional ordination analysis along the waterway of Kyungnam and Kyungpook Provinces. Korean Journal of Weed Science, 10(2), pp.75-82. (in Korean)

Kim, M.H., I.S. Min, and S.K. Song (1997) Heavy metal contents of *Gypsophila oldhamiana* growing on soil derived from serpentine. Korean K. Ecol., 20(5), pp.385-391. (in Korean)

Kim, M.I., Y.G. Park, E.Y. Kim, Y.B. Kim, H.H. Yong, and W.H. Ji (2010) Hydrogeological characteristics of a seepage area of white leachate. The Journal of Engineering Geology, 20(4), pp.381-390. (in Korean)

Kim, M.R. (2013e) The analysis of draingae networks in Jeju Island. MA Dissertation, Jeju University, Jeju. (in Korean)

Kim, M.S., Y.J. Kim, N.K. Choi, J.G. Lee, and B.J. Park (2012c) Aspirin on the primary prevention of cardiovascular diseases in patients with diabetes mellitus. Journal of Pharmacoepidemiology and Risk Management, vol.5, pp.113-122. (in Korean)

Kim, M.S. H.J. Cho, J.S. Kim, K.H. Bae, and J.H. Chun (2018c) The classification of forest vegetation types and species composition in the sector between Danmoknyeong and Guryongnyeong of Baekdudaegan. Korean Journal of Environment and Ecology, 32(2), pp.176-184. (in Korean)

Kim, S.B., J.Y. Kim, R.Y. Im, Y.N. Do, H.S. Park, G.J. Joo, and G.Y. Kim (2013) Correlation analysis between phenology of *Salix* spp. and meteorological factors. Journal of Environmental Science International, 22(12), pp.1633-1641. (in Korean)

Kim, S.H. (2005) The morphological changes of Nakdong River deltaic barrier islands after the construction of river barrage. Ph.D. Dissertation, Seoul University, Seoul. (in Korean)

Kim, S.J., G.A. Park, and M.K. Chun (2005) Analysis of runoff impact by land use change : Using Grid Based Kinematic Wave Storm Runoff Model (KIMSTORM). Journal of Korea Water Resources Association, 38(4), pp.301–311. (in Korean)

Kim, S.M. and H.J. Choi (2008) Distribution of giant ragweed (*Ambrosia trifida* L.) at Yanggu, Gangwon-do, Korea. Weed & Turfgrass Science, 28(3), pp.242-247. (in Korean)

Kim, S.Y., S.H. Oh, W.H. Hwang, S.W. Kim, K.J. Choi, and B.G. Oh (2008) Optimum soil incorporation time of chinese milkvetch (*Astragalus sinicus* L.) for its natural re-seeding and green manuring of rice in Gyeongnam Province. Kor. J. Crop Sci. and Biotech., vol.11, pp.193-198. (in Korean)

Kim, T.G., P.H. Lee, and K.H. Oh (2007) The actual vegetation map, standing crop biomass and primary productivity of *Salix* spp. in the Upo Wetland. Journal of Wetlands Research, 9(2), pp.33-43. (in Korean)

Kim, W. and S. Kim (2019) Analysis of the riparian vegetation expansion in middle size rivers in Korea. Journal of Korea Water Resources Associations, 52(S-2), pp.875-885. (in Korean)

Kim, W. and S.N. Kim (2020) Riparian vegetation expansion due to the change of rainfall pattern and water level in the river. Ecology and Resilient Infrastructure, 7(4), pp.238-247. (in Korean)

Kim, W.K. (2000b) 지형학(증보판). 형설출판사, 서울.

Kim, W.T (1996) 다시 쓰는 땅이야기. 동화사, 서울.

Kim, Y.C., H.H. Chae, W.G. Ahn, K.S. Lee, G.H. Nam, and M.H. Kwak (2019) Distributional characteristics and evaluation of the population sustainability, factors related to vulnerability for a *Polygonatum stenophyllum* Maxim.

Korean Journal of Environment and Ecology, 33(3), pp.303-320. (in Korean)

Kim, Y.J., N.K. Choi, M.S. Kim, J. Lee, Y. Chang, J.M. Seong, S.Y. Jung, J.Y. Shin, J.E. Park, and B.J. Park (2015c) Evaluation of low-dose aspirin for primary prevention of ischemic stroke among patients with diabetes : A retrospective cohort study. Diabetol Metab Syndr., 15; 7:8.

Kim, Y.S., C.H. Kim, and K.B. Lee (2002b) Canonical correspondence analysis of riparian vegetation in Mankyeong River, Jeolabuk-do. J. of the Environmental Sciences, 11(10), pp.1031-1037. (in Korean)

Kira, T. (1945) A new classification of climate in Eastern Asia as the basis for agricultural geography. Horticultural Institute, Kyoto University, Kyoto.

Kitamura, S., G. Murata, and T. Koyama (2008) Colored illustrated of herbaceous plants of Japan Vol.III (monocotyledoneae) (55 edn.). Hoikusha Publishing Co. Ltd, Osaka. 465p.

Kjellstrom, T., M. Lodh, T. McMichael, G. Ranmuthugala, R. Shrestha, and S. Kingsland (2006) Air and water pollution : Burden and strategies for control. In: D.T. Jamison, J.G. Breman, A.R. Measham, G. Alleyne (eds.). Disease control priorities in developing countries, (2nd edn.). World Bank, ISBN 978-0-8213-6179-5, PMID 21250344.

KlimeĐ, L., J. Klimesová, R. Hendriks, and J. van Groenendael (1997) Clonal plant architecture : A comparative analysis of form and function. In: H. de Kroon and J. van Groenendael (eds.). The ecology and evolution of clonal plants. Backhuys Publishers, Leiden, pp.1-29.

KLRI(국가법령센터) (2021a) 습지보전법(환경부 자연생태정책과, 해양수산부 해양생태과). 국가법령정보센터 홈페이지(www.law.go.kr), Retrieved 2021-10-3.

KLRI(국가법령센터) (2021b) 소하천정비법(행정안전부 재난경감과). 국가법령정보센터 홈페이지(www.law.go.kr), Retrieved 2021-10-3.

KLRI(국가법령센터) (2021c) 수질오염공정시험기준(국립환경과학원고시 제2020-18호). 토양오염공정시험기준(국립환경과학원고시 제2017-22호), Retrieved 2021-10-3.

KLRI(국가법령센터) (2021d) 하천법(국토교통부 하천계획과, 환경부 수자원관리과). 국가법령정보센터 홈페이지(www.law.go.kr), Retrieved 2021-10-3.

KMA(기상청) (2005) 기상현상 : 물의 순환. 홈페이지(www.kma.go.kr), Retrieved 2021-5-7.

KMA(기상청) (2020) 보도자료 : 2020년 여름철 기상특성 : 월별 기온 들쑥날쑥, 가장 긴 장마철에 많은 비. (2020년9월8일).

KMA(기상청) (2021) 기상과학 이야기 : [알기쉬운 기상상식] 푄현상과 높새바람. 기상청 블로그(https://blog.naver.com/kma_131), Retrieved 2021-1-20.

KMA(기상청) (2022) 과거관측자료 : 강릉, 서울 연평균기온 1981-2020. 홈페이지(https://www.weather.go.kr/), Retrieved 2022-6-10.

KNA(국립수목원) (2004) Illustrated grasses of Korea(한국식물도해도감1, 벼과). 포천, 520p.

Knighton, D. (1984) Fluvial forms and processes. Edward Arnold Ltd., Suffolk, 218p.

Knighton, D. (1998) Fluvial forms and processes : A New Perspective. Arnold, New York, 383p.

Kolbek, J., I. Jarolímek, and M. Valachovič (1997) Plant communities of rock habitats in North Korea : 1. Communities of semi-dry rocks. Biologia, Bratislava, 52(4), pp.503-522.

Kolbek, J., M. Valachovič, and I. Jarolímek (1998) Plant communities of rock habitats in North Korea : 2. Communities of moist rocks. Biologia, Bratislava, 53(1), pp.37-51.

Koncalova, H. (1990) Anatomical adaptations to waterlogging in roots of wetland graminoids : limitations and drawbacks. Aquatic Botany, 38(1), pp.127–134.

Kong, D.S, S.H. Son, J.Y. Kim, D.H. Won, M.C. Kim, J.H. Park, T.S. Chon, J.E. Lee, J.H. Park, I.S. Kwak, J.S. Kim, and S.A. Ham (2012) Developement and application of Korean Benthic Macroinvertebrates Index for biological assessment on stream environment. Proceedings of the 2012 spring conference and water environmental forum of Yeongsan river, Korean Society of Limnology, pp.33-36. (in Korean)

Kong, D.S. and B.C. Kim (2019) Suggestion for trophic state classification of Korean lakes. Journal of Korean Society on Water Environment, 35(3), pp.248-256. (in Korean)

Konrad, K.P. (2003) Effects of urban development on floods. USGS(U.S. Geological Survey), USGS Fact Sheet FS-076-03(US Geological Survey Hydrology Report).

Kovalchik, B.L. and R.R. Clausnitzer (2004) Classification and management of aquatic, riparian, and wetland sites on the national forests of eastern Washington : Series description. Gen. Tech. Rep. PNW-GTR-593. Portland, OR: U.S. Department of Agriculture, Forest Service, Pacific Northwest Research Station. In cooperation with: Pacific Northwest Region, Colville, Okanogan, and Wenatchee National Forests, 354p.

Kozolowski, T.T. (1984a) Plant responses to flooding of soil. Bioscience, vol.34, pp.162-167.

Kozlowski, T.T. (1984b) Responses of woody plants to flooding. In: T.T. Kozlowski (eds.). Flooding and plant growth. Academic Press Inc., pp.129-163.

Kozlowski, T.T., P.J. Kramer, and S.J. Pallardy (1991) The physiological ecology of woody plants. Academic Press, New York.

Kozlowski, T.T. and S.G. Pallardy (1997) Growth control in woody plants. San Diego : Academic Press, Inc.

Kozolowski, T.T. (2001) Wetland plant responses to soil flooding. Environmental and Experimental Botany, 46(3), pp.299-312.

Krasny, M.E., J.C. Zasada and K.A. Vogt (1988) Adventitious rooting of four Salicaceae species in response to flooding event. Canadian Journal of Botany, 66(12), pp.2597-2598.

KSIS(흙토람) (2021) 토양과 농업환경 : 세계토양분류, 토양생성인인자. 홈페이지(soil.rda.go.kr), Retrieved 2021-1-21.

KSPB(Korean Society of Plant Biologists)(한국식물학회) (2021) 질소순환(nitrogen cycle). 네이버 식물학 백과 (Phosphorus cycle), Retrieved 2021-2-3.

KTO(한국관광공사) (2003) 북한 관광자원 : 인문지리, 사적, 명소.

Kuehni, R.G. (2002) The early development of the Munsell system. Color Research and Application, 27(1), pp.20-27.

Kuglerová, L., R. Jansson, A. Ågren, H. Laudon, and B. Malm-Renöfält (2014) Groundwater discharge creates hotspots of riparian plant species richness in a boreal forest stream network. Ecology, vol.95, pp.715-725.

Kumaki, Y. and Y. Minami (1973) Seed germination of 'Onibasu' Euryale ferox Salisb. (II). Bull. Fac. Educ., Kanazawa Univ., Nat. Sci.,vol.22, pp.71-78.

Kume, O. (1987) Growth situation of Euryale ferox Salisb. in Kagawa prefecture I. Bull.Water Plant Soc. Jpn., vol.27, pp.16-19. (in Japanese)

Kunii, H. (1982) Life cycle and growth of Potamogeton crispus L. in a shallow pond, ojaga-ike. Bot Mag Tokyo, vol.95, pp.109-124.

Kunii, H. (1989) Continuous growth and clump maintenance of Potamogeton crispus L. in Narutoh River, Japan. Aquatic Botany, 33(1-2), pp.13-26.

Kushlan, J.A. (1990) Freshwater marshes. In: R.L. Myers and J.J. Ewel (eds.). Ecosystems of Florida. Orlando, University of Central Florida Press, pp.324-363.

Kwak, M.Y. and I.S. Kim (2008) Turion as dormant structure in Spirodela polyrhiza. Korean J. Microscopy, 38(4), pp.307-314. (in Korean)

Kwon, G.J., B.A. Lee, C.H. Byun, J.M. Nam, and J.G. Kim (2006) The optimal environmental ranges for wetland plants : I. Zizania latifolia and Typha angustifolia. J. Korean Env. Res. & Reveg. Tech,. 9(1), pp.72-88. (in Korea)

Kwon, H.J. (1990) 시형학. 법문사, 서울.

Kwon, S.H., H.R. Na, J.D. Jung, N.I. Baek, S.K. Park, and H.K. Choi (2012) A comparison of radical scavenging activity and cyanobacteria growth inhibition of aquatic vascular plants. Korean J. Limnol., 45(1), pp.11-20. (in Korean)

Kwon, Y.A. (2006) The spatial distribution and recent trend of frost occurrence days in south korea. Journal of the Korean Geographical Society, 41(3), pp.361-372. (in Korean)

Kühdorf, K. and K.J. Appenroth (2012) Influence of salinity and high temperature on turion formation in the duckweed Spirodela polyrhiza. Aquatic Botany, 97(1), pp.69-72.

Laan, P., A. Smolders, and C. Blom (1991) The relative importance of anaerobiosis and high iron levels in the flood tolerance of Rumex species. Plant and Soil, vol.136, pp.153-161.

Laan, P., M.J. Berrevoets, S. Lythe, W. Armstrong, and C.W.P.M. Blom (1989) Root morphology and aerenchyma formation as indicators of the flood-tolerance of Rumex species. Journal of Ecology, 77(3), pp.693-703.

Lajczak, A. (1995) The impact of river regulation, 1850-1990, on the channel and floodplain of the upper Vistula River, southern Poland. In: E.J. Hickin (eds.). River geomorphology. Wiley, Chichester, UK, pp.209-233.

Lake, P.S. (2000) Disturbance, patchiness, and diversity in streams. Journal of the North American Benthological Society, 19(4), pp.573-592.

Lal, R. (2008) Carbon sequestration. Philos. Trans. R. Soc. Lond. Ser. B, vol.363, pp.815-830.

Lambers, H., E. Steingröver, and G. Smakman (1978) The significance of oxygen transport and of metabolic adaptation in flood-tolerance of Senecio species. Physiologia Plantarum, 43(3), pp.277-281.

Landgraff, A. and O. Junttila (1979) Germination and dormancy of reed canary-grass seeds (Phalaris arundinacea). Physiologia Plantarum, 45(1), pp.96-102.

Lane, E.W. (1955) The importance of fluvial morphology in hydraulic engineering. Proceedings of the American Society of Civil Engineering, 81, paper 745, pp.1-17.

Lapina, I. and M.L. Carlson (2013) Vicia villosa weed risk assessment form. Anchorage, Alaska : Alaska Natural Heritage Program, University of Alaska. (http://aknhp.uaa.alaska.edu/wp-content/uploads/2013/01/Vicia_villosa_RANK_VIVI.pdf).

Larsen, J.A. (1982) Ecology of the northern lowland bogs and conifer forests. Academic Press, New York, 307p.

Larsen, V.J. and H.H. Schierup (1981) Macrophyte cycling of zinc, copper, lead, and cadmium in the littoral zone of a polluted and a non-polluted lake. II. Seasonal changes in heavy metal content of above-ground biomass and decomposing leaves of Phragmites australis (Cav.) Trin. Aquatic Botany, vol.11, pp.211-230.

Leck, M.A. (2003) Seed-bank and vegetation development in

a created tidal freshwater wetland on the Delaware River, Trenton, New Jersey, USA. Wetlands, vol.23, pp.310-343.

Leck, M.A. and M. Brock (2000) Ecological and evolutionary trends in wetlands : Evidence from seeds and seed banks in New South Wales, Australia and New Jersey, USA. Plant Species Biology, vol.15, pp.97-112.

Leck, M.A. and R.L. Simpson (1987) Seed bank of a freshwater tidal wetland: Turnover and relationship to vegetation change. American Journal of Botany, 74(3), pp.360–70.

Lee, C.B. (1980) 대한식물도감. 향문사. 서울.

Lee, C.J. (2004) 하계망의 분석. In: 이찬주(편). 하천지형학 연구. pp.43-58.

Lee, C.J., H.S. Woo, W. Kim, J.W. Lee, S.Y. Whang, W. Ji, and D.G. Kim (2015a) 구조물로 인한 하천 지형 및 식생 변화 분석 : 4차년도 보고서. 한국건설기술연구원(KICT 2015-246), 70p.

Lee, C.S., H.E. Kim, H.S. Park, S.J. Kang, and H.J. Cho (1993) Structure and maintenance mechanism of *Koelreuteria paniculata* community. Journal of Ecology and Environment, 16(4), pp.377-395. (in Korean)

Lee, C.S., Y.C. Cho, H.C. Shin, G.S. Kim, and J.H. Pi (2010a) Control of an invasive alien species, *Ambrosia trifida* with restoration by introducing willows as a typical riparian vegetation. Journal of Ecology and Environment, 33(2), pp.157–164.

Lee, C.W. (2009) Spatial distribution patterns of major willow species (Salicaceae) in Upo wetland. MA Dissertation, Keimyung University, Daegu. (in Korean)

Lee, C.W., C.Y. Lee, J.H. Kim, H.J. Yoon, and K. Choi (2004a) Characteristics of soil erosion in forest fire area at Kosung, Kangwondo. Journal of Korean Forest Society, 93(3), pp.198-204. (in Korean)

Lee, C.W., D.K. Kim, H.S. Cho, and H.H.M. Lee (2015b). The riparian vegetation disturbed by two invasive alien plants, *Sicyos angulatus* and *Paspalum distichum* var. *indutum* in South Korea. Ecology and Resilient Infrastructure, 2(3), pp.255–263. (in Korean)

Lee, C.W., I.C. Hwang, H.H.M. Lee, H.R. Song, and J.M. Kim (2015c) Classification review and ecological character of *Paspalum distichum* L., invasive species, in Korea. Proceedings of the Korean Ecology and Environmental Science Conferences, February 17-19, Hanyang University, Seoul. (in Korean)

Lee, D.H. (2002) 지형학적 하천분류체계의 적용성 검토. 건설기술연구원 건설기술정보 2월호: pp.6-16.

Lee, D.H., Y.J. Kim, and S.H. Lee (2012) Numerical modeling of flow characteristics within the hyporheic zones in a pool-riffle sequences. Journal of Wetlands Research, 14(1), pp.75-

87. (in Korean)

Lee, G.R. and S.O. Yoon (2004) Distribution characteristics of the incised meander cutoff in Gyeonggi and Gangwon Provinces, Central Korea. Journal of the Korean Geographical Society, 39(6), pp.845-862. (in Korean)

Lee, E.J. (1999a) Phytosociological study of dry field vegetation in Kyongpook Province. MA Dissertation, Keimyung University, Daegu. (in Korean)

Lee, H.H., W. Han, D.I. Kim, S.J. Chung, Y.S. Kim (1996) 기상 환경시스템(I) : 지형·기상. 교학사, 서울.

Lee, H.H.M. (2000) Wetland Classification in Korea. MA Dissertation, Inha University, Incheon. (in Korean)

Lee, H.J., M.S. Seong, and B.H. Ryu (1994) Germination responses of *Echinochloa crus-galli* seeds to temperature. Journal of Ecology and Environment, 17(3), pp.367-378. (in Korean)

Lee, H.J. and H.S. Yang (1993) Adaptation of *Phragmites communis* Trin. population to soil salt contents of habitats. The Korean journal of ecology, 16(1), pp.63-74. (in Korean)

Lee, H.Y. (2000) 한국의 기후. 법문사. 서울.

Lee, H.Y. and S.H. Lee (1992) A study of the heavy rains over Central Korea(중부지방에 발생한 1990년 9월 9~11일 호우에 관한 연구). Journal of the Korean Geographical Society, 27(3), pp.193-207. (in Korean)

Lee, I.S., P.H. Lee, S.G. Son, C.S. Kim, and K.H. Oh (2001a) Distribution and community structure of *Salix* species along the environmental gradients in the Nam-River watershed. The Korean journal of ecology, 24(5), pp.289-296. (in Korean)

Lee, J.E., J.S. Kim, S.E. Kim, and J.H. Sim (2001b) 청량산 계류의 저서성 대형무척추동물 군집. 환경연구논문집, vol.1, pp.83-92.

Lee, J.B., S.C. Go, B.Y. Mun, I.H. Park, W.B. Park, and H.S. Chun (2016) 식물생리학 2판. 라이프사이언스.

Lee, J.H. (2005a) The comparative characteristics by the region and river with a view to ecological restoration of the river : Cases of the 16 rivers in Kangweon province. Ph.D. Dissertation, Dankook Univ., Cheonan, 210p. (in Korean)

Lee, J.H., H.Y. Lee, J.K. Lee, D.K. Lee, and H.H. Kim (1998) A study on the conservation, rehabilitation and creation of naturality of rivers (I) - The correlation of the degree of pollution on a river and the land use in rural area. Journal of the Korea Society of Environmental Restoration Technology, 1(1), pp.84-94. (in Korean)

Lee, J.H., W.H. Lee, and H.S. Choi (2018a) Morphometric characteristics and correlation analysis with rainfall-runoff in the Han River Basin. Journal of the Korean Society of Civil Engineers, 38(2), pp.237-247. (in Korean)

Lee, J.H. and J.Y. Kim (2015) Characteristics of sediment

particles in mid-Gilan River, Cheongsong, 22(1), pp.29-41. (in Korean)

Lee, J.S. (2005b) 기후변화와 잡초. Korean Journal of Nature Conservation, vol.131, pp.16-23.

Lee, J.S. (2018) 수문학, 2판. 구미서관.

Lee, J.Y. (2020) A study on the characteristics of habitat environment for conservation of endangered species *Aster altaicus* var. *uchiyamae* Kitam : Focusing in Dori island. MA Dissertation, Hanse University, Gunpo. (in Korean)

Lee, K.S., Y.S. Choung, S.C. Kim, S.S Shin, C.H. Ro, and S.D. Park (2004b) Development of vegetation structure after forest fire in the east coastal region, Korea. The Korean journal of ecology, 27(2), pp.99-106. (in Korean)

Lee, K.T. (1998) 월악산 용하계곡에 생육하는 버드나무속의 분포 및 토성에 관한 연구. MA Dissertation, Chungbook University, Cheongju. (in Korean)

Lee, K.W., M.K. Kim, C.Y. Ahn, and W.K. Sim (2002a) Characteristics of vegetation distribution with water depth and crossing slope at the shoreline of reservoir Paldang. J. Korean Env. Res. & Reveg. Tech., 5(2), pp.1-8. (in Korea)

Lee, P.E., H.C. Choi, and T.J. Lee (2018b) Recomposition of solidifying agents for the heavy metal contaminated soil using $Ca(OH)_2$ and $FeSO_4$. Journal of Korean Society of Environmental Engineers, 40(8), pp.326-333. (in Korean)

Lee, P.H. (2002) Growth characteristics and community dynamics of riparian *Salix* in South Korea. Ph.D. Dissertation, Kyongsang University, Jinju. (in Korean)

Lee, P.H., C.S. Kim, T.G. Kim, and K.H. Oh (2005a) Vegetation strucure of Haepyeong Wetland in Nakdong River. Journal of Korean Wetlands Society, 7(3), pp.87-95. (in Korea)

Lee, P.H., C.S. Kim, T.G. Kim, and K.H. Oh (2005b) Vegetation structure of Hwangjeong Wetland around Geumbh River. Journal of Korean Wetlands Society, 7(4), pp.67-80. (in Korea)

Lee, P.H., S.G. Son, C.S. Kim, and K.H. Oh (2002b) Growth characteristics of *Salix nipponica*. Journal of Wetlands Research, 4(2), pp.1-11. (in Korean)

Lee, S.G. and J.Y. Pyon (2001) Effect of temperatures on emergence and early growth of perennial paddy weeds. Korean Journal of Weed Science, 21(1), pp.42-48.

Lee, S.H. (2005c) [환경 칼럼]하천은 龍처럼 모셔야. 조선일보(https://www.chosun.com/site/data/html_dir/2005/11/11/2005111170366.html), (2005-11-11).

Lee, S.H. (2011) 하천개수의 어제와 오늘. 하천과 문화, 7(4), pp.12-16.

Lee, S.H. (2012a) 기후학(개정판). (주)푸른길, 서울.

Lee, S.I., E.P. Lee, Y.S. Hong, E.J. Kim, S.Y. Lee, J.H. Park, R.H. Jang, and Y.H. You (2020a) Study on ecological restoration of endangered species in abandoned paddy of Korea and management plan for its habitat. Journal of Wetlands Research, 22(2), pp.81-91. (in Korean)

Lee, S.T. (1997) 한국식물검색집. 아카데미서적. 서울.

Lee, S.W. (2015) Analysis on the growing environment of *Euryale ferox* Salisb. habitats : Focusing on Jeollabuk-do. Ph.D. Dissertation, Woosuk University, Wanju. (in Korean)

Lee, W.C. (1996a) 한국식물명고(Ⅰ). 아카데미서적. 서울.

Lee, W.C. (1996b) 대한식물명고집. 아카데미서적. 서울.

Lee, W.C. and Y.J. Yim (2002) 식물지리. 강원대학교출판부, 412p.

Lee, W.H., S.H. Hong, Y.G. Kim, and E.S. Chung (2011a) Temporal and spatial variability of precipitation and daily average temperature in the South Korea. Journal of Korean Society of Hazard Mitigation, 11(4), pp.73–86. (in Korean)

Lee, W.J. (2012b) 흙, 아는 만큼 베푼다 : 이완주 박사가 들려주는 '농부가 꼭 알아야 할 흙 이야기. 도서출판 들녘, 332p.

Lee, W.S., S.C. Kim, W.W. Kim, S.D. Han, and K.B. Yim (1997) Characteristics of leaf morphology, vegetation and genetic variation in the endemic populations of a rare tree species, *Koelreuteria paniculata* Laxm. Journal of Korean Forest Society, 86(2), pp.167-176. (in Korean)

Lee, W.S., T.H. Gu, and J.Y. Park (2000) 야외원색도감 한국의 새. LG상록재단.

Lee, Y.G., H.J. Kim, and L.H. Kim (2020b) Analysis of the influence of environmental factors on the density of ecosystem-disturbing plant *Sicyos angulatus* : Centering on Miho Stream. Journal of Wetlands Research, 22(4), pp.295-301. (in Korean)

Lee, Y.K. (1999b) A syntaxonomical scheme of riparian vegetation. MA Dissertation, Keymyung University, Daegu. (in Korean)

Lee, Y.K. (2005d) Syntaxonomy and synecology of the riparian vegetation South Korea. Ph.D. Dissertation, Keimyung University, Daegu, 168p. (in Korean)

Lee, Y.K., B.K. Choi, and S.Y. Kim (2010b) Ecological survey on the North part of DMZ. In: Technical Report on DMZ's Natural Environment. National Institute of Environmental Research, Inchon, pp.46-57. (in Korea)

Lee, Y.K., J.S. You, H.J. Kim, and S.Y. Kim (2013) Ecological Survey on the North part of DMZ. In: Technical Report on DMZ's Natural Environment. National Institute of Environmental Research, Inchon, pp.46-67. (in Korea)

Lee, Y.K. and J.W. Kim (2005) 한국의 하천식생(Ripatian vegetation in Korea). 계명대학교출판부, 대구.

Lee, Y.K. and K.H. Ahn (2012) Actual vegetation and vegetation structure at the coastal sand bars in the Nakdong Estuary, South Korea. Korean Journal of Environment and Ecology, 26(6), pp.911-922. (in Korean)

Lee, Y.K. and Y.J. Kim (2020) 문경돌리네습지의 식생. In: 국립 습지센터. 2020년 습지보호지역 정밀조사. 창녕.

Lee, Y.M., S.H. Park, S.Y. Jung, S.H. Oh, and J.C. Yang (2011c) Study on the current status of naturalized plants in South Korea. Korean J. Pl. Taxon., 41(1), pp.87-101. (in Korean)

Lee, Y.M., S.M. Lee, and K.J. Sung (2010c) Effects of submerged plants on water environment and nutrient reduction in a wetland. Journal of Korean Society on Water Quality, 26(1), pp.19-27. (in Korean)

Leghari, S.J., N. Wahocho, G. Laghari, A. Laghari, G. Bhabhan, K. HussainTalpur, T. Ahmed, S. Wahocho, and A. Lashari (2016) Role of nitrogen for plant growth and development : A review. Advances in Environmental Biology, 10(9), pp.209-218.

Leithead, H.L., L.L. Yarlett, and T.N. Shiflet (1971) 100 native forage grasses in 11 southern States. Agriculture Handbook, Soil Conservation Service, USDA, no.389, 216p.

Lemon, G.D., U. Posluszny, and B.C. Husband (2001) Potential and realized rates of vegetative reproduction in Spirodela polyrhiza, Lemna minor, and Wolffia borealis. Aquatic Botany, 70(1), pp.79-87.

Lemon, G.D. and U. Posluszny (1997) Shoot morphology and organogenesis of the aquatic floating fern Salvinia molesta D. S. Mitchell, examined with the aid of laser scanning confocal microscopy. International Journal of Plant Sciences, 158(6), pp.693-703.

Leopold, L.B. (1994) A view of River. Havard University Press.

Leopold, L.B., M.G. Wolman, and J.P. Miller (1964) Fluvial processes in geomorphology. W. H. Freeman & Company, San Francisco, USA, 544p.

Leopold, L.B. and T.J. Maddock (1953) The hydraulic geometry of streamchannels and some physiographic implications. U. S. Geological SurveyProfessional Paper, No.252.

Li, H., Q. Li, X. Luo, J. Fu, and J. Zhang (2020) Responses of the submerged macrophyte Vallisneria natans to a water depth gradient. Science of The Total Environment, vol.701, 134944.

Li, L., S. Bonser, L. Zhichun, L. Xu, J. Chen, and Z. Song (2017) Water depth affects reproductive allocation and reproductive allometry in the submerged macrophyte Vallisneria natans. Scientific Reports, 7(1), 16842.

Lichvar, R.W., N.C. Melvin, M.L. Butterwick, and W.N. Kirchner (2012) National wetland plant list indicator rating definitions. US Army Corps of Engineers, Engineer Research and Development Center, Wetland Regulatory Assistance Program, Washington, DC, 14p.

Lichvar, R.W., D.L. Banks, W.N. Kirchner, and N.C. Melvin (2016) The national wetland plant list: 2016 wetland ratings. Phytoneuron, 2016 (30): 1-17.

Liebig, J.Y. (1840) Organic chemistry in its applications to agriculture and physiology, First edition. Taylor and Walton, London, 387p.

Lim, J.C., H.G. Jeong, C. Lee, and B.K. Choi (2017) Distribution status of Paspalum distichum community at the Nakdong-River Estuary. Korean Journal of Ecology and Environment, 50(2), pp.195-206. (in Korean)

Lim, J.C., K.W. An, C.W. Lee, J.H. Lee, and B.K. Choi (2016) Distribution patterns of hydrophytes by water depth distribution in Mokpo of Upo Wetland. Korean Journal of Environment and Ecology, 30(3), pp.308-319. (in Koraen)

Lim, W.S., H.H. Lee, and C.O. Hong (2014) Nitrogen dynamics in the soils incorporated with single and mixture application of hairy vetch and barley. Korean Journal of Environmental Agriculture, 33(4), pp.298-305.

Lim, Y.S. (2009) Distribution characteristics of hydrophytes in Korea. Ph.D. Dissertation, Soon Chun Hyang University, Asan, 430p. (in Korean)

Lindeman, R.L. (1941) The developmental history of cedar creek bog, Minnesota. American Midland Naturalist, 25(1), pp.101-112.

Lindeman, R.L. (1942) The trophic-dynamic aspect of ecology. Ecology, 23(4), pp.399-417.

Liu, F., J. Liu, and M. Dong (2016) Ecological consequences of clonal integration in plants. Frontiers in plant science, vol.7, 770.

Liu, S.H., A.I. Hsiao, and W.A. Quick (1991) The influence of leaf blade, nutrients, water and light on the promotion of axillary bud growth of isolated single-node stem segments of Paspalum distichum L. Weed Research, vol.31, pp.385-394.

Liu, X., W.H. Conner, B. Son, and A.D. Jayakaran (2017a) Forest composition and growth in a freshwater forested wetland community across a salinity gradient in South Carolina, USA. Forest Ecology and Management, 389(3), pp.211-219.

Liu, Y., M. Jiang, X. Lu, Y. Lou, and B. Liu (2017b) Carbon, nitrogen and phosphorus contents of wetland soils in relation to environment factors in Northeast China. Wetlands, vol.37, pp.153-161.

Lowrance, R., R. Todd, J. Fail, O. Hendrickson, R. Leonard, and L. Asmussen (1984) Riparian forests as nutrient filters in agricultural watersheds. BioScience, 34(6), pp.374-377.

Lucas, W.J. (1983) Photosynthetic assimilation of exogenous HCO_3^- by aquatic plants. Annual Review of Plant Physiology, 34(1), pp.71-104.

Lytle, D.A. and N.L. Poff (2004) Adaptation to natural flow regimes. TRENDS in ecology and evolution. 19(2), pp.94-100.

Läuchli, A. (1993) Selenium in plants : Uptake, functions and environmental toxicity. Botanica Acta, 106(6), pp.455-468.

Mabberley, D.J. (1997) The plant book. Cambridge University

Press #2: Cambridge.

Maberly, S.C. and D.H.N. Spence (1989) Photosynthesis and photorespiration in freshwater organisms : 10 amphibious plants. Aquatic Botany, 34(1-3), pp.267-286.

MacArthur, R.H. and E.O. Wilson (1967) The theory of island biogeography. Princeton University Press, Princeton, NJ.

Madsen, J., P. Chambers, W. James, E. Koch, and D. Westlake (2001) The interaction between water movement, sediment dynamics and submersed macrophytes. Hydrobiologia, 444(1), pp.71-84.

Madsen, T.V., H.O. Enevoldsen, and T.B. Jørgensen (1993) Effects of water velocity on photosynthesis and dark respiration insubmerged stream macrophytes. Pl. Cell Environ., 16(3), pp.317–322.

Madsen, T.V. and K. Sand-Jensen (1991) Photosynthetic carbon assimilation in aquatic macrophytes. Aquatic Botany, 41(1-3), pp.5-40.

MAFRA and KRCC(농림부, 농업기반공사) (2004) 농업용수 수질개선을 위한 인공습지 설계·관리요령. 과천.

Maki, M., M. Masuda, and K. Inoue (1996) Genetic diversity and hierarchical population structure of a rare autotetraploid plant, *Aster kantoensis* (Asteraceae). Am. J. Bot., 83(3), pp.296-303.

Mal, T.K. and L. Narine (2004) The biology of Canadian weeds. 129. *Phragmites australis* (Cav.) Trin. ex Steud. Canadian Journal of Plant Science, 84(1), pp.365-396.

Malanson, G.P. (1993) Riparian landscapes. Cambridge : Cambridge University Press.

Malhotra, H., Vandana, S. Sharma, and R. Pandey (2018) Phosphorus nutrition : Plant growth in response to deficiency and excess. In: M. Hasanuzzaman, M. Fujita, H. Oku, K. Nahar, B. Hawrylak-Nowak (eds.). Plant nutrients and abiotic stress tolerance. Springer Singapore, pp.171-190.

Mander, Ü., T. Oja, and K. Lõhmus (1999) Nutrient transformation in riparian buffer zones : Modelling approach. In: J.L. Uso and C.A. Brebbia (eds.). Ecosystems and sustainable development II. Advances in Ecological Sciences (3-13), Southampton, Boston: WIT Press. (WIT Transaction on Ecology and the Environment, 34).

Mann, R.K., C.E. Rieck, and W.W. Witt (1981) Germination and emergence of burcucumber (*Sicyos angulatus*). Weed Science, 29(1), pp.83-86.

Manuel, J.S. and B.L. Mercado (1977) Biology of *Paspalum distichum*. 1. Pattern of growth and asexual reproduction. Philippine Agriculturalist, vol.61, pp.192-198.

Marlier, G. (1951) La viologie d'un ruisseau de plaine. Le Smohain. Mémoire de l'Institut royal des Sciences naturelles de Belgique, vol.114, pp.1-98.

Marschner, P. (2012) Marschner's mineral nutrition of higher plants, (3rd edn.). Academic Press: London, UK.

Martin, D.A. and J.A. Moody (2001) Comparison of soil infiltration rates in burned and unburned mountainous watersheds. Hydrological Processes, 15(15), pp.2893-2903.

Matsumoto, J. H. Muraoka, and I. Washitani (2000) Ecophysiological mechanisms used by *Aster kantoensis*, an endangered species, to withstand high light and heat stresses of its gravelly floodplain habitat. Annals of Botany, 86(4), pp.777–785.

Matumura, M. and T. Yukimura (1975) Fundamental studies on artificial propagation by seeding useful wild grasses in Japan. VI. Germination behaviors of three native species of genus *Miscanthus* : *M. sacchariflorus*, *M. sinensis*, and *M. tinctorius*. Res. Bull. Fac. Agric. Gifu Univ., vol.38, pp.339–349.

Maurer, D.A. and J.B. Zedler (2002) Differential invasion of a wetland grass explained by tests of nutrients and light availability on establishment and clonal growth. Oecologia, 131(2), pp.279-288.

Mbow, C., C. Rosenzweig, L.G. Barioni, T.G. Benton, M. Herrero, M. Krishnapillai, E. Liwenga, P. Pradhan, M.G. Rivera-Ferre, T. Sapkota, F.N. Tubiello, and Y. Xu (2019) Food security (Chapter 5). In: P.R. Shukla, J. Skea, E. Calvo Buendia, V. Masson-Delmotte, H.O. Pörtner, D.C. Roberts, P. Zhai, R. Slade, S. Connors, R. van Diemen, M. Ferrat, E. Haughey, S. Luz, S. Neogi, M. Pathak, J. Petzold, J. Portugal Pereira, P. Vyas, E. Huntley, K. Kissick, M. Belkacemi, and J. Malley (eds.). Climate Change and Land. Intergovernmental Panel on Climate Change, SRCCL, pp.439–442.

McCauley, J. (2001) *Salvinia natans*. Washington, Pennsylvanian: Washington and Jefferson College, Retrieved 2011-5-9.

McManmon, M. and R.M.M. Crawford (1971) A metabolic theory of flooding tolerance : The significance of enzyme distribution and behavior. New Phytologist, vol.70, pp.299–306.

ME(환경부) (1999) 국내 여건에 맞는 자연형 하천 공법의 개발(2권): 사람과 생물이 어우러지는 자연환경의 보전, 복원, 창조 기술의 개발. 환경부. 과천.

ME(환경부) (2000) 사람과 생물이 어우러지는 자연환경의 보전, 복원, 창조 기술의 개발 : 국내 여건에 맞는 자연형 하천 공법의 개발. 과천.

ME(환경부) (2002) 하천복원 가이드라인. 과천.

ME(환경부) (2011) 제3차 전국내륙습지 조사지침 작성 연구. 세종.

ME(환경부) (2013) 외래종 꽃매미의 습격, 경계 필요. 환경부 블로그(https://blog.naver.com).Retrieved 2021-9-20.

ME(환경부) (2014) 생태하천 복원사업 기술지침서. 세종.

ME(환경부) (2020) 한국 기후변화 평가보고서 2000 : 기후변화 영향과 적응. 세종, 362p.

ME and KEC(환경부, 한국환경공단) (2011) 천생인생 : 생태하천 복원 가이드북 : 생태계가 살아 숨쉬는 건강한 하천 만들기. 과천, 100p.

ME and KEITI(환경부, 한국환경산업기술원) (2014) 생태계 교란식물 가시박의 친환경 방제기술개발. 세종.

MED(Ministry of Environment: Daegue Division)(대구지방환경청) (2015) 공검지 습지보호지역 보전 및 복원·이용 계획 연구. 대구.

MEIS(해양환경정보포털) (2021) 세계 주요 갯벌. 홈페이지 (www.meis.go.kr), Retrieved 2021-2-11.

Menzel, A. (2002) Phenology : Its importance to the global change community. Climatic Change, 54(4), pp.379-385.

Merigliano, M.F. and P. Lesica (1998) The native status of reed canarygrass (Phalaris arundinacea L.) in the inland northwest, USA. Natural Areas Journal, 18(3), pp.223-230.

Mendelssohn, I.A. and D.M. Burdick (1988) The relationship of soil parameters and root metabolism to primary production in periodically inundated soils. In: D.D. Hook, W.H. McKee, Jr., H.K. Smith, J. Gregory, V.G. Burrell, M.R. DeVoe, R.E. Sojka, S. Gilbert, L.G. Stolzy, C. Brooks, T.D. Mathews, and T.H. Shear (eds.). The ecology and management of wetlands Volume 1 Ecology of wetlands. Timber Press, Portland, pp.398-428.

McNaughton, S.J. (1975) r- and K-Selection in Typha. The American Naturalist, 109(967), pp.251-261.

Merriam-Webster (2021) Definition of "ravine" at Merriam-Webster. Retrieved 2021-9-7.

Merritt, D.M. and D.J. Cooper (2000) Riparian vegetation and channel change in response to river regulation : A comparative study of regulated and unregulated streams in the Green River basin, USA. Regulated Rivers: Research and Management, vol.16, pp.543–564.

Mesléard, F., L.T. Ham, V. Boy, C. van Wijck, and P. Grillas (1993) Competition between an introduced and an indigenous species : The case of Paspalum paspalodes (Michx) Schribner and Aeluropus littoralis (Gouan) in the Camargue (southern France). Oecologia, 94(2), pp.204-209.

Messersmith, D.T., W.S. Curran, and G.W. Roth, N.L. Hartwig, and M.D. Orzolek (2000) Tillage and herbicides affect burcucumber management in corn. Agronomy Journal, 92(1), pp.181-185.

Messersmith, D.T., W.S. Curran, N.L. Hartwig, M.D. Orzolek, and G.W. Roth (1999) Evaluation of several herbicides for burcucumber (Sicyos angulatus) control in corn (Zea mays). Weed Technology, 13(3), pp.520-524.

Meybeck, M., G. Friedrich, R. Thomas, and D. Chapman (1992) Rivers. In: D. Chapman (eds.). Water quality assessments. Chapman and Hall, London, pp.238–316.

Meyer, M. (2003) Fact sheet and Management of Miscanthus sinensis. Fact sheet of the Department of Horticultural Science, University of Minnesota. (http://www.horticulture.umn.edu/miscanthus/identification.html).

Michaud, L.H. (1995) Recent technology related to the treatment of acid drainage. Earth and Mineral Science, vol.63, pp.53-55.

Miklovic, S. (2000) Typha angustifolia management : Implications for glacial marsh restoration. Restoration and reclamation review. Department of Horticultural Science, University of Minnesota St. Paul, MN. 11p.

Millennium Ecosystem Assessment (2005) Ecosystems and human wellbeing : Wetlands and water : Synthesis. Washington, DC: World Resources Institute.

Miller, K.A., J.A. Webb, S.C. Little, and M.J. Stewardson (2013) Environmental flows can reduce the encroachment of terrestrial vegetation into river channels : A systematic literature review. Environmental Management, 52(5), pp.1202-1212.

Minshall, G.W., C.T. Robinson, and D.E. Lawrence (1997) Postfire responses of lotic ecosystems in Yellowstone National Park, U.S.A. Canadian Journal of Fisheries and Aquatic Sciences, vol.54, pp.2590-2525.

Mitsch, W.J., B. Bernal, A. Nahlik, Ü. Mander, L. Zhang, C. Anderson, S.E. Jørgensen, and H. Brix (2012) Wetlands, carbon, and climate change. Landscape Ecology, 28(4), pp.583-597.

Mitsch, W.J. (1991) Estimating primary productivity of forested wetland communities in different hydrologic landscapes. Landscape Ecology, 5(2), pp.75-92.

Mitsch, W.J. and J.G. Gosselink (2007) Wetlands (4th edn.). Hoboken, NJ:John Wiley & Sons, Inc.

Miyashita, Y. (1983) Euryale ferox Salisb. of Sakata lagoon in Niigata prefecture. Bull.Water Plant Soc. Jpn., vol.11, pp.4-6. (in Japanese)

Miyawaki, A. (eds.) (1984) Vegetation of Japan(vol. 5). Jimundang, Tokyo. (in Japanese)

Miyawaki, A. and S. Okuda (1990) Vegetation of Japan illustrated. Shibundo Co. Tokyo. (in Japaneses)

Mligo, C. (2017) Diversity and distribution pattern of riparian plant species in the Wami River system, Tanzania. Journal of Plant Ecology, 10(2), pp.259–270.

Moen, R.A. and Y. Cohen (1989) Growth and competition between Potamogeton pectinatus L. and Myriophyllum exalbescens fern. in experimental ecosystems. Aquatic Botany, 33(3–4), pp.257-270.

Moerman, D.E. (1998) Native American ethnobotany. Timber Press, Portland OR.

MOF(해양수산부) (2018). 해수부, 5년만에 전국 갯벌면적 조사 실시(2018 전국갯벌면적조사). 해양수산부 누리집 (www.mof.go.kr). 세종시.

MOFA(외교부) (2021) 보도자료 : '한국의 갯벌' 유네스코 세계유산 등재. 보도자료. (2021년7월26일).

MOLIT(국토교통부) (2016) 수자원장기종합계획(2001-2020) : 제3차 수정계획. 세종.

MOLIT(국토교통부) (2018) 한국 하천 일람 2018(2018.12.31 기준)(요약본). 세종.

Molles., M.C.Jr. (2008) Ecology : Concepts and applications (4th edn.). McGraw-Hill Higher Education.

Mommer, L., M. Wolters-Arts, C. Andersen, E.J.W. Visser, and O. Pedersen (2007) Submergence-induced leaf acclimation in terrestrial species varying in flooding tolerance. New Phytologist, 176(2), pp.337–345.

Monk, L.S., R.M.M. Crawford, and R. Brändle (1984) Fermentation rates and ethanol accumulation in relation to flooding tolerance in rhizomes of monocotyledonous species. Journal of Experimental Botany, 35(5), pp.738–745.

Montgomery, D.R., and J.M. Buffington (1997) Channel-reach morphology in mountain drainage basins. Geological Society of America Bulletin, 109(5), pp.596–611.

Montgomery, J. and C. Hopkinson, B. Brisco, S. Patterson, and S. Rood (2018) Wetland hydroperiod classification in the Western Prairies using multi-temporal synthetic aperture radar. Hydrological Processes, 32(3), 10p.

Mook, J. H., and J. van der Toorn (1982) The influence of environmental factors and management on stands of Phragmites australis. II. Effects on yield and its relationships with shoot density. Journal of Applied Ecology, 19(2), pp.501–517.

Moon, B.C., S.M. Oh, I.Y. Lee, C.S. Kim, J.R. Cho, and S.C. Kim (2008) Change of weed species in burcucumber (Sicyos angulatus L.) community and domestic distribution aspect. Korean journal of weed science, 28(2), pp.117-125. (in Korean)

Moon, B.C., T.S. Park, J.R. Cho, S.M. Oh, I.Y. Lee, C.K. Kang, and Y.I. Kuk (2007) Characteristics on emergence and early growth of burcucumber (Sicyos angulatus). Korean Journal of Weed Science, 27(1), pp.36-40. (in Korean)

Moon, C.H. (2004) 범람원의 구조와 성인. In: 이찬주(편). 하천지형학 연구. pp119-134.

Moore, P.D. and D.J. Bellamy (1974) Peatlands. New York, Springer-Verlag, 221p.

Morisawa, M. (1985) Development of quantitative geomorphology. Geological Society of America, Centennial Special vol.1, pp.79-107.

Morisawa, T. (1999) Weed notes : Miscanthus sinensis. Fact sheet of The Nature Conservancy. Wildland Weeds Management and Reserch, University of California, Davis, (http://tncweeds.ucdavis.edu/moredocs/missin01.pdf).

Moss, B. (1988) Ecology of fresh waters, (2nd edn.). Man & Medium, Blackwell Scientific, Oxford, 417p.

Mosseler, A., J. Major, D. Ostaff, and J. Ascher (2020) Bee foraging preferences on three willow (Salix) species : Effects of species, plant sex, sampling day and time of day. Annals of Applied Biology, 177(3), pp.333-345.

Mossor-Pietraszewska, T. (2001) Effect of aluminum on plant growth and metabolism. Acta Biochimica Polonica, 48(3), pp.673–686.

Moyle, P.B. and J.J.Jr. Cech (1982) Fishes : An introduction to ichthylogy. Prentice-Hall, Englewood Cliffs, New Jersey, USA.

Mueller, J.E. (1968) An introduction to the hydraulic and topographic sinuosity indexes. Annals of the Association of American Geographers, 58(2), pp.371-385.

Mun, H.T., J. NamGung, and J.H. Kim (1999) Production, nitrogen and phosphorus absorption by macrohydrophytes. Korean journal of environmental biology, 17(1), pp.27-34. (in Korean)

Mun, H.T. and J.H. Kim (1992) Litterfall, decomposition, and nutrient dynamics of litter in Red Pine (Pinus densiflora) and Chinese Thuja (Thuja orientalis) stands in the limestone area. Journal of Ecology and Environment, 15(2), pp.147-155. (in Korean)

Mun, K.H. (2005) Sytaxonomy and synecology of the actual vegetation of Ulsan. Ph.D. Dissertation, Keimyung University, Daegu. (in Korean)

Mun, S.C. and S.K. Lee (2014) 나무병충해도감. 자연과생태. 879p.

Mun, T.Y., M.S. An, H.G. Kim, C.S. Yoon, and S.W. Cheong (2018) Distribution of functional feeding and habitat trait groups of benthic macroinvertebrates and biological evaluation of water quality in Gayasan National Park. Journal of Environmental Science International, 27(6), pp.383~399. (in Korean)

Munsell, A.H. (1905) A color notation. Boston.

Na, C.S., Y.H. Lee, B.W. Kang. T.W. Kim, and S.H. Hong (2012) The effect on plant diversity caused by the occurrence of burcucumber (Sicyos angulatus L.) and change of burcucumber seed number in soil by inflow prevention of seed. Proceedings of The Korean Society of Weed Science(Abstract book), 32(1), pp.69-69. (in Korean)

Nagata, S., K. Yamaji, N. Nomura, and H. Ishimoto (2015) Root endophytes enhance stress-tolerance of Cicuta virosa L. growing in a mining pond of Eastern Japan. Plant Species Biology, 30(2), pp.116-125.

Nahlik, A. and M. Fennessy (2016) Carbon storage in US wetlands. Nature Communications, vol.7, 13835.

Naiman, R.J., H. Decamps, and M. McClain (2005) Riparia : Ecology, conservation and management of streamside communities. Elsevier Academic Press, London, 448p.

Naiman, R.J. and H. Décamps (1997) The Ecology of interfaces : Riparian zones. Annual Review of Ecology and Systematics, 28(1), pp.621-658.

Naiman, R.J., K.L. Fetherston, S.J. McKay, and J. Chen (1998) Riparian forests. In: R.J. Naiman and R.E. Bilby(eds.). River ecology and management: lessons from the Pacific coastal ecoregion. Springer-Verlag, New York, USA, pp.289–323.

Najrana, T. and J. Sanchez-Esteban (2016) Mechanotransduction as an adaptation togravity. Frontiers in Pediatrics, 4(140), (total 14pages).

Nakai, S., Y. Inoue, M. Hosomi, and A. Murakami (2000) *Myriophyllum spicatum*-releaased allelopathic polyphenols inhibiting growth of blue-green algae *Microcystis aeruginosa*. Water Research, 34(11), pp.3026-3032.

Nakamura, T. (2003) Ecological gradients of North Japanese mires on the basis of hydrochemical features and nitrogen use traits of *Carex* Species. Eurasian J. For. Res., 6(2), pp.117-130 .

Nam, H.G., M.R. Kim, G.R. Choi, D.R. Jang, S.H. Choi, K.J. Jo, R.J. Choi, S.G. Choi, H.S. Bang, Y.E. Na, and M.H. Kim (2016) Status of birds using rice fields in mid-western part of Korean Peninsula. Korean J Environ Agric., 35(2), pp.143-147. (in Korean)

Nam, H.K. (1998) Syntaxonomical and synecological characteristics of rice field vegetation. MA Dissertation, Keimyung University, Daegu. (in Korean)

Nault, M.E., and A. Mikulyuk (2018) Yellow floating heart (*Nymphoides peltata*) : A Technical review of distribution, ecology, impacts, and management. Wisconsin DNR, Retrieved 2018-3-24.

Nazarov, M.I. (1970) [1936]. V.L. Komarov (eds.). Flora of the U.S.S.R. 5. Translated by N.J. Landau: Israel Program for Scientific Translations, pp.123–124.

NEEC(Nakdong Estuary Eco Center)(부산시 낙동강하구에코센터) (2015) 낙동강 하구 가시연꽃의 생태와 서식지 복원. 부산시.

Netherland, M.D. (1997) Turion ecology of *Hydrilla*. J. Aquat. Plant Manage, vol.35, pp.1-10.

NGII(국립지리원) (1987) 지명유래집. 건설부, 거성문화인쇄소, 과천.

NGII(국토지리정보원) (2019) 대한민국 국가지도집 Ⅰ, Ⅱ. 국토교통부 국토지리정보원, 수원.

NHC(National Heritage Center) 천연기념물센터 (2021) 천연기념물(식물) 지정현황(2018년 12월 기준). 홈페이지(www.nhc.go.kr), Retrieved 2021-10-3.

NIBR(국립생물자원관) (2014) 보도자료 : 강원도 석회암 지대, 한반도 자생식물 30% 살고 있다. (2014년7월1일).

NIBR(국립생물자원관) (2019a) 보도자료 : 자생식물, 생이가래, 생태독성평가 시험종으로 가능성 확인. (2019년3월20일).

NIBR(국립생물자원관) (2019b) 보도자료 : 층층둥굴레, 멸종위기 위험 높지 않다. (2019년8월5일).

NIBR(국립생물자원관) (2021a) 한반도의 생물다양성 검색 : 거품벌레, 개굴피나무, 채양버들 등. 국립생물다양성 홈페이지(species.nibr.go.kr), Retrieved 2021-11-30.

NIBR(국립생물자원관) (2021b) 국가가 지정·관리하는 생물. 국립생물다양성 홈페이지(species.nibr.go.kr), Retrieved 2021-11-30.

NIE(국립생태원) (2014) 층층둥굴레 중부이남지역에서 생육지 최초 확인. 보도자료(2014.9.25).

NIE(국립생태원) (2019) 제5차 전국자연환경조사 지침. 서천.

NIE(국립생태원) (2022) 내륙습지 현황 자료집(2000~2020). 서천.

Nieber, J., C. Arika, C. Lenhart, M, Titov, and K. Brooks (2011) Evaluation of buffer width on hydrologic function, water quality, and ecological integrity of wetlands. Minnesota Department of Transportation Research Services Section, Research Project Final Report 2011-06(MN/RC 2011-06), Minnesota.

NIER(국립환경과학원) (2006) 폐광지역 토양 및 수질 중 중금속 실태조사(연구보고서). 식품의약안정청, 191p.

NIER(국립환경과학원) (2019) 하천 수생태계 건강성 조사 및 평가지침(Survey and Evaluation Method for River and Stream Ecosystem Health Assessment). 국립환경과학원 공고 제2019-52호.

NIER(국립환경과학원) (2016) 보도자료 : 우포늪 등 습지보호지역 17곳, 야생생물핵심서식지. 환경부(2016년12월14일).

NIER(국립환경과학원)(2023) 수질오염공정시험기준. 공공데이터포털(https://www.data.go.kr/)(2023년1월29일).

NIFS(국립수산과학원) (2021) 국립수산과학원 해양 수산 LMO 안전성센터(https://www.nifs.go.kr/lmo/board/boardView.lmo?BOARD_IDX=517&BOARD_ID=qna), Retrieved 2021-6-29.

Niiyama, K. (1987) Distribution of Salicaceous species and soil texture of habitats along the Ishikari river. Jpn. j. Ecol., 37(3), pp.163-174.

Niiyama, K. (1990) The role of seed dispersal and seedling traits in colonization and coexistence of *Salix* species in a seasonally flooded habitat. Ecological Research, 5(3), pp.317-331.

Nijburg, J.W. and H.J. Laanbroek (1997) The fate of 15N-nitrate in healthy and declining *Phragmites australis* stands. Microbial Ecology, 34(3), pp.254-262.

Nilsson, C. (1987) Distribution of stream-edge vegetation along agradient of current velocity. Journal of Ecology, 75(2), pp.513–522.

Nilsson, C., A. Ekbald, M. Gardfjell, and B, Carberg (1991) Long-term effects of river regulation on river margin vegetation. Journal of Applied Ecology, 28(3), pp.963–987.

Nilsson, C., A. Ekblad, M. Dynesius, S. Backe, M. Gardfjell, B. Carlberg, S. Hellqvist, and R. Jansson (1994) A comparison of species richness and traits of riparian plants between a main river channel and its tributaries. Journal of Ecology, 82(2), pp.281–295.

Nilsson, C., R.L. Brown, R. Jansson, and D.M. Merritt (2010) The role of hydrochory in structuring riparian and wetland vegetation. Biol. Rev. Camb. Philos. Soc., 85(4), pp.837-858.

NNIBR(낙동강생물자원관) (2016) 보도자료 : 국립낙동강생물자원관, 하천 유기물 분해 수생균류 3종 발견. (2016년 6월 10일).

Noda, K. and H. Obayashi (1971) Ecology and control of knotgrass (*Paspalum distichum*). Weed Research, Japan, no.11, pp.35-39. (in Japanese)

Novitzki, R.P. (1979) The hydrologic characteristics of Wisconsin's wetlands and their influence on floods, streamflow, and sediment. In: P.E. Greeson, J.R. Clark, and J.E. Clark (eds.). Wetland functions and values: the state of our understanding. American Water Resources Association, Minneapolis, Minnesota, pp.377–388.

NRBMI(Nakdong River Basin Management Institte) 낙동강수계관리위원회 (2004) 낙동강수계 환경기초조사사업 : 임하호 탁수가 수서생태계에 미치는 영향. pp.27-70.

NRC(National Research Council) (1995) Wetlands: Characteristics and boundaries. National Academy Press, Washington, D.C.

NWC(National Wetland Center)국립습지센터 (2017) 습지의 기능과 현명한 이용 사례. 창녕, p114.

NWC(National Wetland Center) 국립습지센터 (2021) 전국내륙습지조사 지침. 국립생태원, 창녕.

O'Hare, M.T., A. Baattrup-Pedersen, I. Baumgarte, A. Freeman, I. Gunn, A.N. Lázár, R. Sinclair, A.J. Wade, and M.J. Bowes (2018) Responses of aquatic plants to eutrophication in rivers : A revised conceptual model. Frontiers in plant science, vol.9, 451.

Oborny, B. and S. Bartha (1995) Clonality in plant communities-an overview. Abstracta Botanica, vol.19, pp.115-127.

Odum, E.P. (1971) Fundamentals of Ecology, Third Edition. W.B. Saunders Co., Philadelphia, 574p.

Oh, B.H. (2012) 경제발전경험모듈화사업 : 하천정비 및 관리정책. 국토교통부, KDI국제정책대학원, 기획재정부.

Oh, C.H., D.H. Nam, and B.S. Kim (2019) Assessment of the effects of forest fires on flood and debris flow in Gangwon-province. J. Korean Soc. Hazard Mitig., 19(6), pp.75-86. (in Korean)

Oh, H.J. (2014) 남원천 비점오염원 저감을 위한 효과적인 인공습지 조성방안 수립. 당진시(환경정책과).

Oh, H.K. and M.S. Beon (2006) Analysis of the environmental index and situation naturalized plants in the stream of downtown Jeonju. Korean journal of environmental biology, 24(3), pp.248-257. (in Korean)

Ohashi, H. (2000) A systematic enumeration of Japanese *Salix* (Salicaceae). J. Jpn. Bot., 75(1), pp.1-41.

Ohk, G.Y. and S.H. Lee (2012) Effects of reduced sediment dynamics on fluvial channel geomorphology in the Jiseok River. Journal of Korea Water Resources Association, 45(5), pp.445-454. (in Korean)

Ohno, K. (1983) Pflanzensoziologische untersuchungen über Japanische flußufer-und schluchtwälder der montanen stufe. J Sci Hiroshima Univ Ser B, Div. 2(Bot), vol.18, pp.235-286.

Ohno, K. (2008) 4. Vegetation-geographic evaluation of the syntaxonomic system of valley-bottom forests occuring in the cool-temperate zone of the Japanese Archipelago. In: T. Sakio and T. Tamura (eds.). Ecology of riparian forests in Japan: Disturbance, life history, and regeneration. Springer, pp.13-30.

Ohwi, J. and M. Kitagawa (1992) Salicaceae. In: New flora of Japan, revised ed. Shibundo, Tokyo, pp.527-542. (in Japanese)

Ojo, O. (1990) Recent trends in precipitation and the water balance of tropical cities : The Example of Lagos, Nigeria in hydrological process and water management in urban areas. IAHS, pp.33-41.

Okada, Y. (1935) Long-term dormancy of *Euryale ferox* Salisb. seeds. Seitaigakuteki kenkyu, vol.1, pp.14-22. (in Japanese).

Okuda, K. (2002) Structure and phylogeny of cell coverings. J. of Plant Research, 115(4), pp.283–288.

Okuma, M. and S. Chikura (1984) Ecology and control of subspecies of *Paspalum distichum* L., Chikugosuzumenohie, growing in creeks in the paddy area on the lower reaches of the Chikugo River in Kyushu. 4. Possibility of reproduction by seeds. Weed Research, Japan, 29(1), pp.45-50 (in Japanese).

Olang, L.O. and J. Fürst (2011) Effects of land cover change on flood peak discharges and runoff volumes : model estimates for the Nyando River Basin, Kenya. Hydrological Processes, 25(1), pp.80-89.

Oliver, C.D. (1981) Forest development in North America following major disturbances. Journal of Forest Ecology and Management, vol.3, pp.153-168.

Oliver, C.D. and B.C. Larson (1996) Forest stand dynamics. Update Edition. John Wiley and Sons, New York. 521p.

Orghidan, T. (1959) Ein neuer Lebensraum des unterirdischen Wassers : Der hyporheische Biotop. Archiv für Hydrobilogie, vol.55, pp.392–414.

Osada, T. (1976) Colored illustrations of naturalized plants of Japan. Hoikusha, Osaka. (in Japanese).

Osada, T. (1993) Illustrated grasses of Japan (Enlarged edition). Heibonsha Ltd. Publishers, Tokyo, 777p. (in Japanese).

Ostaff, D., A. Mosseler, R. Johns, S. Javorek, J. Klymko, and J. Ascher (2015) Willows (Salix spp.) as pollen and nectar sources for sustaining fruit and berry pollinating insects. Canadian Journal of Plant Science, vol.95, pp.505-516.

Otaki, S. (1987) Euryale ferox Salisb. in Japan. Nihon no seibutsu, 1(4), pp.48–55. (in Japanese)

Owsley, M. (2011) Plant fact sheet for hairy vetch (Vicia villosa). Baton Rouge, USA: USDA-Natural Resources Conservation Service, (http://plants.usda.gov/factsheet/pdf/fs_vivi.pdf).

Ozaslan, C., S. Tad, H. Onen, and S. Farooq (2016) Do bur cucumber populations exhibit differences in seed dormancy? VII International Scientific Agriculture Symposium, Agrosym 2016, 6-9 October 2016, Jahorina, Bosnia and Herzegovina, Proceedings, pp.1682-1687.

Palit, S., A. Sharma, and G. Talukder (1994) Effects of cobalt on plants. The Botanical Review, vol.60, pp.149–181.

Paller, V.G.V., M.N.C. Corpuz, and P.P. Ocampo (2013) Diversity and distribution of freshwater fish assemblages in Tayabas River, Quezon (Philippines). Philippine Journal of Science, 142(1), pp.55-67.

Palmer, C.G., A.R. Maart, A.R. Palmer, and J.H. O'Keeffe (1996) An assessment of macroinvertebrate functional feeding group as water quality indicators in the Buffalo River, Eastern Cape Province, South Africa. Hydrobiologia, vol.318, pp.153-164.

Pan, Y., E. Cieraad, B.R. Clarkson, T.D. Colmer, O. Pedersen, E.J.W. Visser, LA.C.J. Voesenek, and P.M. van Bodegom (2020) Drivers of plant traits that allow survival in wetlands. Functional Ecology, 34(5), pp.956-967.

Panda, S.K., F. Baluska, and H. Matsumoto (2009) Aluminum stress signaling in plants. Plant Signal Beh, vol.4, pp.592–597.

Park, B.I. (2008a) 기후 요소. In: 김종욱, 이민부, 공우석, 김태호, 강철성, 박경, 박병익, 박희두, 성효현, 손명원, 양해근, 이승호, 최영은, 한국의 자연지리. 서울대학교출판문화원. 서울, pp.125-152.

Park, B.K. and I.H. Oh (1986) A Study of distribution of giant duckweed (Spirodela polyrrhiza) and small duckweed (Lemna aeguinoctialis) in Korea. Journal of Ecology and Environment, 9(3), pp.103-110. (in Korean)

Park, C.C. (1987) Acid rain : Rhetroric and reality. Londo, Metheun.

Park, C.Y., J.Y. Moon, E.J. Cha, W.T. Yun, and Y.E. Choi (2008a) Recent changes in summer precipitation characteristics over South Korea. Journal of the Geomorphological Association of Korea, 43(3), pp.324-336. (in Korean)

Park, D.W. and P.J. Kang (1977) 하계망과 지질구조선의 관계에 관한 연구 : 낙동강 유역을 예로 하여. 낙산지리, vol.4, pp.7-16.

Park, H.D. (2008b) 토양. In: 김종욱, 이민부, 공우석, 김태호, 강철성, 박경, 박병익, 박희두, 성효현, 손명원, 양해근, 이승호, 최영은, 한국의 자연지리. 서울대학교출판문화원. 서울, pp.207-226.

Park, H.S. and D.H. Jang (2020) Analysis of changes in urbanized areas in daejeon metropolitan city by detection of changes in time series landcover : Using multi-temporal satellite images. Journal of the association of Korean geographers, 9(1), pp.177-190. (in Korean)

Park, H.Y. (1998) 한반도 중부지방 고위평탄면의 분포특색에 관한 지형학적 연구. MA Dissertation, Kyunghee University, Seoul.

Park, J.K. (1994) The estimation of suspended sediment yield by the SRC Method in a small mountainous catchment. Journal of the Geomorphological Association of Korea, 1(1), pp.17-32. (in Korean)

Park, J.K., B.S. Kim, W.S. Jung, E.B. Kim, and D.G. Lee (2006) Change in statistical characteristics of typhoon affecting the Korean Peninsula. Atmosphere, 16(1), pp.1-17. (in Korean)

Park, J.O. (1993) Community structure, litterfall, decomposition, and N and P dynamics of the decomposing Thuja litter in the Thuja stand in the Limestone area. MA Dissertation, Gongju University, Gongju. (in Korean)

Park, J.Y. and J.S. Choi (2010) 우포늪의 조류. 국립환경과학원, 인천.

Park, N.I., I.Y. Lee, and J.E. Park (2010) The germination characteristics of Rumex spp. Seeds. Kor. Turfgrass Sci., 24(1), pp.31-35. (in Korean)

Park, S.H. (1999) 한국귀화식물원색도감(증판). 일조각, 서울.

Park, S.J. (2001) 버드나무. 매일신문 홈페이지(2001.3.5일자), Retrieved 2005-2-20.

Park, T.J. (2012) [박대종의 어원 이야기] 버드나무(楊柳) : 죽어 뻗은 듯 축 늘어진 모양의 나무. 주간한국(http://weekly.hankooki.com/)(2012-7-26).

Park, W.H. and H.J. Park (2009) 인공습지 갈대관리. Water for future, 42(3), pp.29-32.

Park, Y.K., S.J. Cho, M.J. Park, and S.D. Kim (2014) Development and application of annual evapotranspiration estimation model considering vegetation effect. Journal of the Korean Society of Hazard Mitigation, 14(2), pp.363-372. (in Korean)

Park. B.J., C.L. Jang, S.H. Lee, and K.S. Jung (2008b) A study on the sandbar and vegetation area alteration at the downstream of dam. Journal of Korea Water Resources Association, 41(12), pp.1163-1172. (in Korean)

Parolin, P. (2001) Morphological and physiological adjustments to waterlogging and drought in seedlings of Amazonian floodplain trees. Oecologia, vol.128, pp.326-335.

Partridge, T.R. and J.B. Wilson (1988) The use of field transplants in determining environmental tolerance in salt marshes of Otago, New Zealand. New Zealand Journal of Botany, 26(2), pp.183–192.

Pautou, G. (1984) L' organisation des forêts alluviales dans l' axe rhodanien entre Genève et Lyon ; comparaison avec d' autres systèmes fluviaux. Documents de cartographie écologique, vol. 27, pp.43–64.

Paustian, S.J., K. Anderson, D. Blanchet, S. Brady, M. Cropley, J. Edgington, J. Fryxell, G. Johnejack, D. Kelliher, M. Kuehn, S. Maki, R. Olson, J. Seesz, and M. Wolaneck (1992) A channel type users guide for the Tongass National Forest, Southeast Alaska. USDA Forest Service, Alaska Region, R10, Technical Paper 26, 180p.

Pearsall, W.H. (1921) The aquatic vegetation of the English lakes. Journal of Ecology, 8(3), pp.163-201.

Pedersen, O., T.D. Colmer, and K. Sand-Jensen (2013) Underwater photosynthesis of submerged plants : Recent advances and methods. Frontiers in Plant Science, vol.4, 140.

Penfound, W.T. (1952) Southern swamps and marshes. Botanical Review, 18(6), pp.413-436.

Persson, G. (1995) Willow stand evapotranspiration simulated for Swedish soils. Agricultural water management, 28(4), pp.271-293.

Pettit, N.E., R.H. Froend, and P.M. Davies (2001) Identifying the natural flow regime and the relationship with riparian vegetation for two contrasting western Australian rivers. Regulated Rivers: Research & Management, 17(3), pp.201-215.

Petts, G.E. (1979) Complex response of river channel morphology subsequent to reservoir construction. Progress in Physical Geography, 3(3), pp.329-362.

Pezeshki, S.R. (1994) Plant response to flooding. In: R.E. Wilkinson (eds.). Plant-environment interactions. Marcel Dekker, New York, pp.280–321.

Pezeshki, S.R., and R.D. DeLaune (2012) Soil oxidation-reduction in wetlands and its impact on plant functioning. Biology, 1(2), pp.196-221.

Philbrick, C.T. (1991) Hydrophily: Phylogenetic and evolutionary considerations. Rhodora, 93(873), pp.36–50.

Philbrick, C.T. and D.H. Les (1996) Evolution of aquatic angiosperm reproductive systems : What is the balance between sexual and asexual reproduction in aquatic angiosperms? BioScience, 46(11), pp.813–826.

Pielech, R. (2021) Plant species richness in riparian forests : Comparison to other forest ecosystems, longitudinal patterns, role of rare species and topographic factors. Forest Ecology and Management, vol.496.

Pieterse, A.H. (1993) Concepts, ecology, and characteristics of aquatic weeds : Introduction. In: Pieterse et Murphy (eds.). Aquatic weeds: The ecology and management of nuisance aquatic vegetation. Oxford university press. New York, pp.3-16.

Pilbeam, D. J. and E. A. Kirkby (1983) The physiological role of boron in plants. Journal of Plant Nutrition, 6(7), pp.563-582.

Pinay, G., H. Décamps, E. Chauvet, and E. Fustec (1990) Functions of ecotones in fluvial systems. In: R.J. Naiman and H. Décamps (eds.). The ecology and management of aquatic-terrestrial ecotones. Parthenon Publishers, Casterton Hall, Carnforth, pp.141–169.

Pinckney, J.L., H.W. Paerl, P. Tester, and T.L. Richardson (2001) The role of nutrient loading and eutrophication in estuarine ecology. Environmental health perspectives, 109(5), pp.699–706.

Planty-Tabacchi, A., E. Tabacchi, R.J. Naiman, C. Deferrari, and H. Decamps (1996) Invasibility of species-rich communities in riparian zones. Conservation Biology, 10(2), pp.598-607.

Poff, N.L., J.D. Allan, M.B. Bain, J.R. Karr, K.L. Prestegaard, B.D. Richter, R.E. Sparks, and J.C. Stromberg (1997) The natural flow regime : A paradigm for river conservationand restoration. BioScience, vol.47, pp.769–784.

Polisini, J.M. and C.E. Boyd (1972) Relationships between cell-wall fractions, nitrogen, and standing crop in aquatic macrophytes. Ecology, vol.53, pp.484-488.

Pollock, M.M., R.J. Naiman, and T.A. Hanley (1998) Plant species richness in riparian wetlands : A test of biodiversity theory. Ecology, 79(1), pp.94-105.

Ponnamperuma, F.N. (1984) Effects of flooding on soils. In: T.T. Kozlowski (eds.). Flooding and plant growth. Academic Press, Orlando, Florida, pp.9–45.

Price, E.A.C. and C. Marshall (1999) Clonal plants and environmental heterogeneity : An introduction to the proceedings. Plant Ecology, 141(1/2), pp.3–7.

Primack, R.B. (1992) A primer of conservation biology. Sunderland, Massachusetts.

Prins, H.B.A., J.F.H. Snel, and P.E. Zanstra (1982) The mechanism of photosynthetic bicarbonate utilization. In: J.J. Symoens, S.S. Hooper, and P. Compère (eds.). Studies on aquatic vascular plants. Royal Bot. Soc., Belgium, Brussels, pp.120–126.

Prosser, J.I., B.J.M. Bohannan, T.P. Curtis, R.J. Ellis, M.K. Firestone, R.P. Freckleton, J.L. Green, L.E. Green, K. Killham, J.J. Lennon, A,M. Osborn, M. Solan, C.J. van der Gast, and P.W. Young (2007) The role of ecological theory in microbial ecology. Nat. Rev. Microbiol., vol.5, pp.384–392.

Protecting and Managing Wetlands (2005) Wetlands in Washington State Volume 2 : Protecting and managing wetlands(Appendix 8-C : Guidance on buffers and ratios-Western Washington).

Qian, C., W. You, D. Xie, and D. Yu (2014) Turion morphological responses to water nutrient concentrations and plant density in the submerged macrophyte *Potamogeton crispus*. Sci. Rep. 4, 7079.

Raven, P.H., R.F., Evert and S.E. Eichhorn (1999) Biology of plants. New York, W.H. Freeman and Company, 944p.

Raison, R.J. (1979) Modification of the soil environment by vegetation fires, with particular reference to nitrogen transformations : A review. Plant and Soil, vol.51, pp.73-108.

Ramachandra, T.V. and R. Rajinikanth (2005) Economic valuation of wetlands. Journal of Environmental Biology, 26(3), pp.439-447.

Ramsar (1990) Directory of wetland international importance. Switzerland.

Ramsar (2004) Ramsar handbook for the wise use of wetlands (2nd edn.) Handbook 10. In: Wetland inventory: a Ramsar framework for wetland inventory. RamsarSecretariat, Gland.

Ramsar (2010) Wise use of wetlands : Concepts and approaches for the wise use of wetlands, Ramsar handbooks for the wise use of wetlands (4th edn vol.1). Ramsar Convention Secretariat, Gland, Switerland.

Ramsar (2013) The Ramsar Convention Manual : A guide to the Convention on Wetlands (Ramsar, Iran, 1971)(6th edn.). Ramsar Convention Secretariat, Gland, Switzerland.

Ramsar (2018) Global wetland outlook : State of the world's wetlands and their services to people. Gland, Switzerland: Ramsar Convention Secretariat.

Ramsar (2021) 습지면적 소실. Homepage(www.ramsar.org), Retrieved 2021-7-26.

Reddy, K.R., R. DeLaune, and C.B. Craft (2010) Nutrients in wetlands : Implications to water quality under changing climatic conditions. Final Report submitted to U. S. Environmental Protection Agency, EPA Contract No. EP-C-09-001.

Reddy, K.R. and E.M. D'Angelo (1994) Soil processes regulating water quality in wetlands. In: W.J. Mitsch (eds.). Global wetlands: Old world and new. Elsevier, Amsterdam, pp.309-324.

Reddy, K.R., E.M. D'Angelo, and T.A. Debusk (1990) Oxygen transport through aquatic macrophytes: The role in wastewater treatment. Journal of Environment Quality, 19(2), pp.261-267.

Reddy, K.R. and R.D. DeLaune (2008) Biochemistry of wetlands. Boca Raton: CRC Press.

Reddy, K.R. and W.F. DeBusk (1987) Plant nutrient storage capabilities. In: K.R. Reddy and W.H. Smith (eds.). Aquatic plants for water treatment and resource recovery. Magnolia publishing Inc., Orlando, Florida.

Reed, P.B. (1997) Revision of the national list of plant species that occur in wetlands. Washington, D.C. U.S. department of the Inerior, U.S. Fish and Wildlife Service. 209p.

Reed, P.B. (1988) National list of plant species that occur in wetlands : National summary. U.S. Fish & Wildlife Service. Biol. Rep., 88(24), 244p.

Reed, S.C., R.W. Crites, and E.J. Middlebrooks (1995) Natural systems for waste management and treatment. McGraw-Hill, New York.

Reice, S.R. (1985) Experimental disturbance and the maintenance of species diversity in a stream community. Oecologia, 67(1), pp.90–97.

Rennie, M.D. and L.J. Jackson (2005) The influence of habitat complexity on littoral invertebrate distributions: patterns differ in shallow prairie lakes with and without fish. Can. J. Fish. Aquat. Sci., 62(9), pp.2088–2099.

Resh, V.H. and R.T. Cardé (2009) Encyclopedia of insects (2nd edn.). New York, USA: Academic Press, 1169p.

Reyes, M.J. (2012) Use of adventitious roots for the determination of hydroperiod in isolated wetlands. University of South Florida, Graduate Theses and Dissertations(MA Dissertation), 53p.

Rho, B.H. (2007) Spatio-temporal dynamics of estuarine wetlands related to watershed characteristics in the Han River estuary. Journal of the Korean Geographical Society, 42(3), pp.344-354. (in Korean)

Richards, L.T. (2001) A guide to wetland identification, delineation and wetland functions. Rand Africanans Univ. Mini-Dissertation.

Riis, T. and B. Biggs (2003) Stream vegetation and flow regimes. Water & Atmosphere, 11(1), pp.18-20.

RIMGIS (2021) 한국 하천 일람. RIMGIS(하천관리지리정보시스템), Retrieved 2021-2-3.

Rivers, L. (2002) Water Lettuce (*Pistia stratiotes*). Gainsville, USA: University of Florida and Sea Grant.

RMC(Relation Ministry Consolidation)관계부처 합동 (2020) 제1차 국가물관리 기본계획(2021-2030). 세종.

Ro, H.M., W.J. Choi, E.J. Lee, S.I. Yun, and Y.D. Choi (2002) Uptake patterns of n and p by reeds (Phragmites australis) of newly constructed Shihwa tidal freshwater marshes. Journal of Ecology and Environment, 25(5), pp.359-364. (in Korean)

Robert, R.Z. and E.L. Thomas (1998) Chapter 3. Hydrology. In: R.J. Naiman and R.E. Bilby(eds.). River ecology and management. Springer, New York, pp.43-68.

Roberts, E.H. (1973) Predicting the storage life of seeds. Seed Science and Technology, vol.1, pp.499-514.

Roberts, J. (1987) The autecology of Typha spp. in south-eastern australia. Ph.D. Dissertation, University of Adelaide, Australia.

Rodwell, J.S. (1995) British plant communities. Vol. 4. Aquatic communities, swamps and tall-herb fens. Cambridge, UK: Cambridge University Press, pp.140-151.

Rogers, K.H. and C.M. Breen (1980) Growth and reproduction of Potamogeton crispus in a South African Lake. Journal of Ecology, 68(2), pp.561–571.

Rosenfeld, J.S., K. Campbell, E.S. Leung, J. Bernhardt, and J. Post (2011) Habitat effects on depth and velocity frequency distributions : Implications for modeling hydraulic variation and fish habitat suitability in streams. Geomorphology, 130(3–4), pp.127-135.

Rosenzweig, M.L. (1995) Species diversity in spaceand time. Cambridge University Press, Cam-bridge, UK.

Rosgen, D.L. (1994) A classification of natural rivers. Catena, vol.22, pp.169-199.

Rosgen, D.L. (1996) Applied fluvial morphology. Wildland Hydrology Books, Pagosa Springs, Co.

Rothacher, J. (1971) Regimes of streamflow and their modification by logging. In: Proceedings of the symposium on forest land use and stream environment. Oregon State University, Corvallis, Oregon, USA, pp.55-63.

Rout, G.R. and S. Sahoo (2015) Role of iron in plant growth and metabolism. Reviews in Agricultural Science, vol.3, pp.1-24.

Rumpho, M.E. and R.A. Kennedy (1981) Anaerobic metabolism in germinating seeds of Echinochloa crus-galli (Barnyard Grass) : Metabolite and enzyme studies. Plant Physiology, 68(1), pp.165–168.

Ruttenberg, K.C. (2003) The global phosphorus cycle. Treatise on Geochemistry, vol.8, pp.585-643.

Ryu, S.H. (eds.) (2000) 토양 사전. 서울대학교출판부, 서울, 730p.

Ryu, S.H. and S.D. Kim (2006) The flora of yong-neup and vegetation distribution of high moor in Mt. Daeamsan. Proceedings of the Korean Society of Environment and Ecology Conference, pp.133-135. (in Korean)

Ryu, S.W. (1996) 낙동강생태계의 물, N, P 수지 및 1차 생산성. In: 영남자연생태보존회. 낙동강 생태보고서. 대구.

Ryu, T.B., J.W. Kim, and S.E. Lee (2017) The exotic flora of Korea : Actual list of neophytes and their ecological characteristics. Korean J. Environ. Ecol., 31(4), pp.365-380. (in Korean)

Sabo, J., R. Sponseller, M. Dixon, K. Gade, T. Harms, J. Heffernan, A. Jani, G. Katz, C. Soykan, J. Watts, and J. Welter (2005) Riparian zones increase regional species richness by harboring different, not more, species. Ecology, 86(1), pp.56-62.

Sacchi, C.F. and P.W. Price (1992) The relative roles of abiotic and biotic factors in seedling demography of arroyo willow (Salix lasiolepis : Salicaceae). American Journal of Botany, 79(4), pp.395-405.

Sainty, G.R. and S.W.L. Jacobs (1988) Water plants in Australia. Sydney, Australia: Australian Water Resources Council.

Saiz, H., A.K. Bittebiere, M.L. Benot, V. Jung, and C. Mony (2016) Understanding clonal plant competition for space over time : A fine-scale spatial approach based on experimental communities. Journal of Vegetation Science, 27(4), pp.1-12.

Sakai, A. (1970) Freezing resistance in willows from different climates. Ecology, 51(3), pp.485–91.

Sakai, A., and P. Wardle (1978) Freezing resistance of New Zealand trees and shrubs. New Zealand Journal of Ecology, vol.1, pp.51-61.

Sakio, H. (2008) 1. Feature of riparian forests in Japan. In: T. Sakio. and T. Tamura (eds.). Ecology of riparian forests in Japan: Disturbance, life history, and regeneration. Springer, pp.1-12.

Sakio, H. and F. Yamamoto (2002) Ecology of Riparian Forests. University of Tokyo Press. 209p. (in Japanese)

Sale, P.J.M. and R.G. Wetzel (1983) Growth and metabolism of Typha in relation to cutting treatments. Aquatic Botany, 15(3), pp.321-334.

Salonen, V. (1990) Early plant succession in two abandoned cut-over peatland areas. Holarctic Ecology, 13(3), pp.217–223.

Sand-Jensen, K. and J. R. Mebus (1996) Fine-scale patterns of water velocity within macrophyte patches in streams. Oikos, 76(1), pp.169–180.

Sasaki, A. and T. Nakatsubo (2003) Biomass and production of the riparian shrub Salix gracilistyla. Ecol Civil Eng., vol.6, pp.35-44.

Sasaki, A. and T. Nakatsubo (2008) 13. Growth and nutrient economy of riparian Salix gracilistyla. In: T. Sakio and T. Tamura (eds.). Ecology of riparian forests in Japan: Disturbance, life history, and regeneration. Springer, pp.191-204.

Sasidharan, E. and L.A.C.J. Voesenek (2015) Ethylene-Mediated acclimations to flooding stress. Plant Physiology, 169(1) pp.3-12.

Sastroutomo, S.S. (1980) Environmental control of turion

formation in curly pondweed (*Potamogeton crispus*). Physiologia Plantarum, 49(3), pp.261-264.

Sastroutomo, S.S. (1981) Turion formation, dormancy and germination of curly pondweed, *Potamogeton crispus* L. Aquatic Botany, vol.10, pp.161-173.

Schachtman, D.P., R.J. Reid, and S.M. Ayling (1998) Phosphorus uptake by plants : From soil to cell. Plant physiology, 116(2), pp.447-453.

Schenk, H.J. and R.B. Jackson (2002) The global biogeography of roots. Ecological Monographs, 72(3), pp.311-328.

Schenk, H.J. and R.B. Jackson (2005) Mapping the global distribution of deep roots in relation to climate and soil characteristics. Geoderma,126(1-2), pp.129–140.

Scherer, H.W., K. Mengel, G. Kluge and K. Severin (2009) Fertilizers, 1. General. Ullmann's Encyclopedia of Industrial Chemistry. Weinheim: Wiley-VCH.

Schindler, D.W., R.E. Hecky, D.L. Findlay, M.P. Stainton, B.R. Parker, M.J. Paterson, K.G. Beaty, M. Lyng, and S.E.M. Kasian (2008) Eutrophication of lakes cannot be controlled by reducing nitrogen input : Results of a 37-year whole-ecosystem experiment. Environmental Sciences, 105(32), pp.11254–11258.

Schindler, D.W., S.R. Carpenter, S.C. Chapra, R.E. Hecky, and D.M. Orihel (2016) Reducing phosphorus to Curb lake eutrophication is a success. Environ. Sci. Technol., 50(17), pp.8923–8929.

Schmid, B. (1990) Some ecological and evolutionary consequences of modular organization and clonal growth in plants. Evolutionary Trends Plants, vol.4, pp.25–34.

Schnitzler, A. (1997) River dynamics as a forest process: interactions between fluvial systems and alluvial forests in large European river plains. Botanical Review, 63(1), pp.40–64.

Schueler, T. (1995) The importance of imperviousness. Watershed Protection Techniques, 1(3), pp.100-111.

Schumm, S.A. (1956) Evolution of drainage systems and slopes in badlands at Perth Amboy. New Jersey, Bulletin of the Geological Society of America, vol.67, pp.597-646.

Schumm, S.A. (1960) The shape of alluvial channels in relation to sediment type. U.S. Geol. Survey Prof. Paper, 352-B, pp.17-30.

Schumm, S.A. (1963) A tentative classification of alluvial river channels. U.S. Geological Survey Circular 477, Washington, DC, 10p.

Schumm, S.A., M.D. Harvey, and C.C. Watson (1984) Incised channels : Morphology, dynamics, and control. Water Resources Publications, Littleton, Colorado, 200p.

Schummer, M.L., H.M. Hagy, K.S. Fleming, J.C. Cheshier, and J.T. Callicutt (2012) A guide to moist-soil wetland plants of the mississippi alluvial valley. University Press of Mississippi.

Scott, D.A. and T.A. Jones (1995) Classification and inventory of wetlands : A global overview. Plant Ecology, 118(1-2), pp.3-16.

Scott, M.L., G.T. Auble, and J.M. Friedman (1997) Flood dependency of cottonwood establishment along the Missouri River, Montana, USA. Ecological Applications, 7(2), pp.677-690.

Sculthorpe, C.D. (1967) The biology of aquatic vascular plants. Edward Arnold Publishers Ltd., London, 610p.

Seo, H.R., S.Y. Park, and K.H. Oh. (2009). Phenology and population dynamics of *Scirpus fluviatilis* (Torr.) A. Gray in the littoral zone of the Upo Wetland. Journal of Wetlands Research, 11(3), pp.49-59. (in Korea)

Seo, J.H., H.J. Lee, I.B. Huh, and S.J. Kim (1998) Effect of hairy vetch (*Vicia villosa* Roth) green manure on maize growth and nitrogen uptake. RDA. J. Agro-Environ. Sci., 40(1), pp.62-68.

Seo, J.I., K.W. Chun, S.W. Kim, and M.S. Kim (2010) Rainfall pattern regulating surface erosion and its effect on variation in sediment yield in post-wildfire area. Jour. Korean For. Soc., 99(4), pp.534-545. (in Korean)

Setter, T.L. and E.V. Laureles (1996) The beneficial effect of reduced elongation growth on submergence tolerance of rice. Journal of Experimental Botany, 47(10), pp.1551–1559.

Shafroth P.B., J.C. Stromberg, and D.T. Patten (2002) Riparian vegetation response to altered disturbance and stress regimes. Ecological Applications, 12(1), pp.107-123.

Shaw, R.F., D.A. Elston, R.J. Pakeman, M.R. Young, and G.R. Iason (2010) The impacts of pollination mode, plant characteristics and local density on the reproductive success of a scarce plant species, *Salix arbuscula*. Plant Ecology, 211(2), pp.367– 377.

Shay, J.M., P.M.J. de Geus, and M.R.M. Kapinga (1999) Changes in shoreline vegetation over a 50-year period in the delta marsh, manitoba in response to water levels. Wetlands, 19(2), pp.413-425.

Shiga, T., K. Khaliunaa, S. Baasanmunkh, B. Oyuntsetseg, S. Midorikawa, and H.J. Choi (2020) New Mongolian records of two genera, seven species, and two hybrid nothospecies from Khar-Us Lake and its associated wetlands. Journal of Asia-Pacific Biodiversity, 13(3), pp.443-453.

Shimamura, S., R. Yamamoto, T. Nakamura, S. Shimada, and S. Komatsu (2010) Stem hypertrophic lenticels and secondary aerenchyma enable oxygen transport to roots of soybean in flooded soil. Ann. Bot., 106(2), pp.277–284.

Shin, C.J., J.M. Nam, and J.G. Kim (2013) Comparison of environmental characteristics at *Cicuta virosa* habitats, an endangered species in South Korea. Journal of Ecology and Environment, 36(1), pp.19–29.

Shin, C.J. and J.G. Kim (2013) Ecotypic differentiation in seed and seedling morphology and physiology among *Cicuta virosa* populations. Aquatic Botany, vol.111, pp.74-80.

Shin, D.H. and K.H. Cho (2001) Vegetation structure and distribution of exotic plants with geomorphology and disturbance in the riparian zone of Seunggi Stream, Incheon. Journal of Ecology and Environment, 24(5), pp.273-280. (in Korean)

Shin, H.C., Y.S. Kim, K.H. Cho, and H.K. Choi (1997) Relationship between the distribution of hydrophytes and water quality in Asan city, Korea with special reference to submerged hydrophytes. Korean journal of limnology, 30(4), pp.423-429. (in Korean)

Shin, J.H., S.K. Choi, M.H. Yeon, J.M. Kim, and J.K. Shim (2006) Early stage decomposition of emergent macrophytes. J. Ecol. Field Biol., 29(6), pp.565-572. (in Korean)

Shin, J.K. and K.J. Cho (2000) Periphyton survey for the evaluation of water quality in a small stream before the construction of an artificial lake. Journal of Environmental Impact Assessment, 9(2), pp.109-117. (in Korean)

Shin, J.S. and J.W. Park (2016) 식생. In: 국립습지센터. 2016년 습지보호지역 정밀조사: 한강하구. pp.53-95.

Shin, J.Y., Y.I. Cha, and S.S. Park (2001) A Study on the nutrient removal efficiency of riparian vegetation for ecological remediation of natural streams. Journal of Korean Society of Environmental Engineers, 23(7), pp.1231-1240. (in Korean)

Shin, M.S., B.C. Kim, J.K. Kim, M.S. Park, S.M. Jung, C.W. Jang, Y.K. Shin, and Y.J. Bae (2008) Seasonal variations of water quality and periphyton in the Cheonggyecheon. Korean journal of limnology, 41(1), pp.1-10. (in Korean)

Shin, Y.K. (2004a) Comparison of the characteristics of water quality and runoff pollutant loads due to diverse land uses in Daegwallyeong area. Ph.D. Dissertation, Seoul University, Seoul. (in Korean)

Shin, Y.K. (2004b) 하상지형. In: 이찬주(편). 하천지형학 연구. pp59-82.

Shtein, I., Z.A. Popper, and S. Harpaz-Saad (2017) Permanently open stomata of aquatic angiosperms display modified cellulose crystallinity patterns. Plant Signaling & Behavior, 12 (7), e1339858.

Shu, M.H., K.S. Kho, Y.B. Ku, J.H. Kil, H.K. Oh, S.U. Suh, M.H. Lee, J.O. Hyun, and H.C. Shin (2002) Research on the conservation strategy for the endangered and reserved plants based on the ecological and genetic characteristics(III). National Institute of Environmental Research, Incheon. (in Korean)

Shubert, L.E. (1984) Algae as ecological indicators. Academic Publishers, New York.

Sisterson, D.L. and Y.P. Liaw (1990) An evaluation of lightning and corona discharge on thunderstorm air and precipitation chemistry. Journal of Atmospheric Chemistry, 10 (1), pp.83–96.

Slatyer, R.O. (1967). Plant water relationships. Academic Press, New York. 366p.

Smeda, R.J. and S.C. Weller (2001) Biology and control of burcucumber. Weed Science, 49(1), pp.99-105.

Smirnoff, N. and R.M.M. Crawford (1983) Variation in the structure and response to flooding of root aerenchyma in some wetland plants. Annals of Botany, 51(2), pp.237–249.

Smith, D.G. (1976) Effect of vegetation on lateral migration of anastomosed channels of a glacier Meltwater river. Geological Society of America Bulletin, 87(6), pp.857-860.

Smith, D.H., J.D. Madsen, K.L. Dickson, and T.L. Beitinger (2002) Nutrient effects on autofragmentation of *Myriophyllum spicatum*. Aquatic Botany, 74(1), pp.1-17.

Smith, V.H. (2003) Eutrophication of freshwater and coastal marine ecosystems: A global problem. Environ. Sci. Pollut. Res., 10(2), pp.126–139.

Smits, A.J.M., P. Laan, R.H. Thier, and G. van der Velde (1990) Root aerenchyma, oxygen leakage patterns and alcoholic fermentation ability of the roots of some nymphaeid and isoetid macrophytes in relation to the sediment type of their habitat. Aquatic Botany, vol.38, pp.3–17.

Snow, A.A. and D.F. Whigham (1989) Costs of flower and fruit production in *Tipularia discolor* (Orchidaceae). Ecology, 70(5), pp.1286–1293.

Soil Survey Division Staff (1993) Soil survey manual. Agriculture Handbook No.18. U.S. Department of Agriculture, Washdington, D.C.

Somiya, K. (2015) Conservation of landscape and culture in southwestern islands of Japan. Journal of Ecology Environment, 38(2), pp.229-239.

Son, H.J., Y.S. Kim, W.G. Park, and K.C. Lee (2015) Comparison of photosynthesis characteristics and chlorophyll a fluorescence of woody plants that grow in wetlands and mountains. Journal of Agriculture & Life Science, 49(3), pp.51-62. (in Korean)

Son, I. (2014) A study on the stream piracy at Subunchi in Jangsu-Gun, Jeonlabuk-Do, Korea. Journal of the Korean Geographical Society, 49(6), pp.795-811. (in Korean)

Son, M.W. (1986) Morphological changes of river channel due to dam construction - 대청댐 하류 구간을 사례로. Journal of the Korean Geographical Society, 21(1), pp.37-44. (in Korean)

Son, M.W. (2008) 하천 지형. In: 김종욱, 이민부, 공우석, 김태호, 강철성, 박경, 박병익, 박희두, 성효현, 손명원, 양해근, 이승호, 최영은. 한국의 자연지리. 서울대학교출판문화원, 서울, pp.41-57.

Son, M.W. and Y.G. Jeon (2003) Physical geographical characteristics of natural wetlands on the downstream reach of Nakdong River. Journal of The Korean Association of Regional Geographers, 9(1), pp.66-76. (in Korean)

Song, E.G. and W.R. Jo (1989) The distribution characteristics of incised meander river in the Korean Peninsula. The Korean Journal of Quaternary Research, 3(1), pp.17-34. (in Korean)

Song, J.M., G.Y. Lee, and J.S. Yi (2009) Growth environment and vegetation structure of natural habitat of *Polygonatum stenophyllum* Maxim. Journal of Forest Science, 25(3), pp.187-194. (in Korean)

Song, J.S. and S.D. Song (1996) A phytosociological study on the riverside vegetation around Hanchon, an upper stream of Naktong River. The Korean journal of ecology, 19(5), pp.431-451. (in Korean)

Song, K.Y. and H.J. Kang (2005) Nutrient removal efficiencies in marsh- and pond- type wetland microcosms. Journal of Korean Wetlands Society, 7(4), pp.43-50.

Song, M. and M. Dong (2002) Clonal plants and plant species diversity in wetland ecosystems in China. J Veg Sci., vol.13, pp.237–244.

Song, M.K. (2014) 세계 도시화의 핵심 이슈와 신흥도시들의 성장 전망(기획). World & Cities, vol.7, pp.46-55.

Soo, C.L., L. Nyanti, N.E. Idris, T.Y. Ling, S.F. Sim, J. Grinang, T. Ganyai, K.S. Lee (2021) Fish biodiversity and assemblages along the altitudinal gradients of tropical mountainous forest streams. Sci Rep., 11(1), 16922.

Splunder, I., L. Voesenek, X. Vries, C. Blom, and H. Coops (2011) Morphological responses of seedlings of four species of Salicaceae to drought. Canadian Journal of Botany, 74(12), pp.1988-1995.

Stace, C.A. (1997) New flora of the British Isles. Cambridge, UK: Cambridge University Press.

Stamp, P. and G. Geisler (1980) Effect of potassium deficiency on C_3 and C_4 cereals. Journal of Experimental Botany, 31(2), pp.371–377.

Stanford, J.A., and J.V. Ward. (1993) An ecosystem perspective of alluvial rivers : Connectivity and the hyporheic corridor. Journal of the North American Benthological Society, 12(1), pp.48-60.

Stafelt, M.G. (1932) Der Einfluss des Windes auf die kutikulare und stoma tare Transpiration. Svensk. Bot. Tidsk., vol.26, pp.45-69.

Statzner, B. and F. Kohmann (1995) River and stream ecosystems in Austria, Germany and Switzerland. In: C.E. Cushing, K.W. Cummins, and G.W. Minshall (eds.). River and stream ecosystems. Elsevier, Amsterdam, pp.439–478.

Steemann Nielsen, E. (1946) Carbon sources in the photosynthesis of aquatic plants. Nature, vol.158, pp.594–596.

Steiger, J., A.M. Gurnell, G.E. Petts (2001) Sediment deposition along the channel margins of a reach of the middle River Severn, UK. Regul. Rivers Res. Manag. Int. J. Devoted River Res. Manag., 17(4-5), pp.443–460.

Stevens, M., and C. Hoag (2006) Narrowleaf cattail, *Typha angustifolia* L. plant guide. United States Department of Agriculture (USDA), Natural Resources Conservation Service (NRCS), 4p.

Stewart, R.E. and H.A. Kantrud (1971) Classification of natural ponds and lakes in the glaciated prairie region. Bureau of Sport Fisheries and Wildlife, U.S. Fishand Wildlife Service, Resource Publication 92, Washington, DC, 57p.

Strahler, A.N. (1957) Quantitative analysis of watershed geomorphology. EOS, Transactions American Geophysical Union, 38(6), pp.913-920.

Strahler A.N. (1963) The earth sciences. Harper & Row, New York.

Striker, G.G. (2012) Flooding stress on plants: Anatomical, morphological and physiological responses. In: J.K. Mworia (eds.). Botany. InTech; Rijeka, Croatia.

Striker, G.G., R.F. Izaguirre, M.E. Manzur, and A.A. Grimoldi (2012) Different strategies of *Lotus japonicus, L. corniculatus* and *L. tenuis* to deal with complete submergence at seedling stage. Plant Biology, 14(1), pp.50-55.

Stohlgren, T.J., K.A. Bull, Y. Otsuki, C.A. Villa, and M. Lee (1998) Riparian zones as havens for exotic plant species in the central grasslands. Plant Ecology, vol.138, pp.113–125.

Stoker, Y.E. (1992) Salinity distribution and variation with freshwater inflow and tide, and potential changes in salinity due to altered freshwater inflow in the Charlotte Harbor estuarine system, Florida. U.S. Geological Survey WaterResources Investigations Report 92–4062, Tallahassee, FL.

Stott, K.G. (1992) Willows in the service of man. Proceedings of the Royal Society of Edinburgh., 98B, pp.169–182.

Strzalek, M. and L. Kufel (2021) Light intensity drives different growth strategies in two duckweed species: *Lemna minor* L. and *Spirodela polyrhiza* (L.) Schleiden. PeerJ 9:e12698.

Stuckey, R.L., J.R. Wehrmeister, and R.J. Bartolotta (1978) Submersed aquatic vascular plants in ice-covered ponds of central Ohio. Rhodora, 80(824), pp.575–580.

Studer C, and R. Braendle (1987) Ethanol, acetaldehyde, ethylenerelease and ACC concentration of rhizomes from marshplants under normoxia, hypoxia and anoxia. In: R.M.M. Crawford (eds.). Plant life in aquatic and amphibious habitats. Special publication 5, British Ecological Society, Oxford:Blackwell Scientific Publications, pp.293-301.

Stumm, W. and J.J. Morgan (1973) Aquatic chemistry. Wiley-Interscience. New York, USA.

Subbarao, G.V., O. Ito, W.L. Berry, and R.M. Wheeler (2003) Sodium-A functional plant nutrient. Critical Reviews in Plant Sciences, 22(5), pp.391-416.

Suberkropp, K.F. (2001) Microorganisms and organic matter decomposition. In: R.J. Naiman and R.E. Bilby(eds.). River ecology and management. Springer, New York, pp.120-127.

Sultana, M., T. Asaeda, M.E. Azim, and T. Fujino (2010a) Morphological plasticity of submerged macrophyte *Potamogeton wrightii* Morong under different photoperiods and nutrient conditions. Chemistry and Ecology, 26(3), pp.223-232.

Sultana, M., T. Asaeda, M.E. Azim, and T. Fujino (2010b) Photosynthetic and growth responses of Japanese sasabamo (*Potamogeton wrightii* Morong) under different photoperiods and nutrient conditions. Chemistry and Ecology, 26(6), pp.467-477.

Sun, Y.J., C. Cho, B.C. Kim, I.A. Huh, J.H. Yoon, N.I. CJang, S.S. Cha, and Y.K.Cho (2003) Seasonal variability of thermal structure and heat flux in the Juam Reservoir. Korean journal of limnology, 36 (3), pp.277-285. (in Korean)

Sung, C.J. (2010) A study of the time-series analysis on change of land use in Cheonan-si. Jorunal of Photo Geography(Sajin Chiri), 20(4), pp.259-267. (in Korean)

Suren, A.M., G.M. Smart, R.A. Smith, and S.L.R. Brown (2000) Drag coefficients of stream bryophytes: experimental determinations and ecological significance. Freshw. Biol., 45(3), pp.309–317.

Suryaningsih, S., S. Sukmaningrum, S.B.I. Simanjuntak, and Kusbiyanto (2018) Diversity and longitudinal distribution of freshwater fish in Klawing River, Central Java, Indonesia. BIODIVERSITAS, 19(1), pp.85-92 .

Suslow, T.V. (2004) Oxidation-reduction potential for water disinfection monitoring, control, and documentation. University of California Davis.

Suzuki, S., S. Abe, Y. NakaMura, and Y. Murakami (2017) A review of vegetation classification system of Japanese forests : Fraxino-Ulmetalia SUZ-TOK. 1966; 2017 Edition. ECO-HABITAT, 24(1), pp.27-34. (in Japanese)

Suzuki, W., K. Osumi, T. Masaki, K. Takahashi, H. Daimaru, and K. Hoshizaki (2002) Disturbance regimes and community structures of a riparian and an adjacent terrace stand in the Kanumazawa Riparian Research Forest, northern Japan. Forest Ecology and Management, vol.157, pp.285-301.

Swift, M.J. and P.A. Sanchez (1984) Biological management of tropical soil fertility for sustainable productivity. Nature and Resources, 20(4), pp.1-10.

Szigyártó, I.L., K. Buczkó, I. Rákossy, Z. May, I. Urák, and A.R. Zsigmond (2017) Contrasting diatom diversity in lentic and lotic habitats of Romanian peat bogs and the relation to environmental variables. Fundamental and Applied Limnology, 189(2), pp.137-151.

Szmeja, J. and A. Galka (2013) Survival and reproduction of the aquatic fern *Salvinia natans* (L.) All. during expansion in the Vistula Delta, south Baltic Sea coast. Journal of Freshwater Ecology, 28(1), pp.113-123.

Tabacchi, E., A.M. Planty-Tabacchi, M.J. Salinas, and H. DÉCamps (1996) Landscape structure and diversity in riparian plant communities : A longitudinal comparative study. Regul. River, vol.12, pp.367–390.

Tabacchi, E., A.N. Planty-Tabacchi, and O. Decamps (1990) Continuity and discontinuity of the riparian vegetation along afluvial corridor. Landscape Ecol., vol.5, pp.9–20.

Taiz, L. and E. Zeiger (2006) Plant physiology (4th edn.). Sunderland, MA: Sinauer Associates Inc Publishers.

Takahashi, H., S. Kopriva, M. Giordano, K. Saito, and R. Hell (2011) Sulfur assimilation in photosynthetic organisms : Molecular functions and regulations of transporters and assimilatory enzymes. Annual Review of Plant Biology, 62(1), pp.157-184.

Takehara, A. (1989) Flowering size, flowering age and sex ratio of willow population about the Hirose River, northeast Japan. Ecological Review, vol.21, pp.265-275.

Takenaka, A., I. Washitani, N. Kuramoto, and K. Inoue (1996) Life history and demographic features of *Aster kantoensis*, an endangered local endemic of floodplains. Biological Conservation, 78(3), pp.345-352.

Takhajan, A. (1986) Floristic regions of the world. University of California Press. California.

Tamura, S. and G. Kudo(2000) Wind pollination and insect pollination of two temperate willow species, *Salix abeana* and *Salix sachalinensis*. Plant Ecology, 147(2), pp.185-193.

Tamura, T. (2008) 2. Occurrence of hillslope processes affecting riparian vegetation in upstream watersheds of Japan. In: T. Sakio and T. Tamura (eds.). Ecology of riparian forests in Japan: Disturbance, life history, and regeneration. Springer, pp.13-30.

Tanaka, N., T. Asaeda, A. Hasegawa, and K. Tanimoto (2004) Modelling of the long-term competition between *Typha angustifolia* and *Typha latifolia* in shallow water - Effects of eutrophication, latitude and initial advantage of belowground organs. Aquatic Botany, 79(4), pp.295-310.

Thakore, J.N., W.T. Haller, and D.G. Shilling (1997) Short-day exposure period for subterranean turion formation in dioecious *Hydrilla*. J. Aquat. Plant Manage., vol.35, pp.60-63.

Thor, K. (2019) Calcium : Nutrient and messenger. Frontiers in Plant Science, 10(440), pp.1-10.

Tilman, D. (1982) Resource competition and community structure. Monogr. Pop. Biol., vol.17, Princeton University Press, Princeton, N.J. 296p.

Tiner, R.W. (1991) The concept of a hydrophyte for wetland identification. BioScience, 41(4), pp.236-247.

Tiner, R.W. (1999) Wetland indicators : A guide to wetland identification, delineation, classification, and mapping. Lewis Publishers. Boca Raton, London, New York. and Washington D.C. 392p.

Tiner, R.W. (2012) Defining hydrophytes for wetland identification and delineation. U.S. Army Corps of Engineers, U.S. Fish and Wildlife Service National Wetlands Inventory Program, ERDC/CRREL CR-12-, Washington, DC.

Tiner, R.W. (2016) Plant indicators of wetlands and their characteristic from: Wetland indicators, a guide to wetland formation, identification, delineation, classification, and mapping. CRC Press.

Titus, J.E. and D.T. Hoover (1991) Toward predicting reproductive success in submersed freshwater angiosperms. Aquatic Botany, 41(1–3), pp.111-136.

Tobiessen, P. and P.D. Snow (1984) Temperature and light effects on the growth of *Potamogeton crispus* in Collins Lake, New York State. Canadian Journal of Botany, 62(12), pp.2822-2826.

Tomlinson, P.B. (2016) The botany of mangroves. Cambridge University Press, Cambridge, United Kingdom, 432p.

Tonina, D. and J. Buffington (2009) Hyporheic exchange in mountain rivers. I : Mechanics and environmental effects. Geogr. Compass, 3/3, pp.1063–1086.

Tornbjerg, T., M. Bendix, and H. Brix (1994) Internal gas transport in *Typha latifolia* L. and *Typha angustifolia* L. 2. Convective throughflow pathways and ecological significance. Aquatic Botany, 49(2/3), pp.91-105.

Totland, O. and M. Sottocornola (2001) Pollen limitation of reproductive success in two sympatric alpine willows (Salicaceae) with contrasting pollination strategies. American Journal of Botany, 88(6), pp.1011–1015.

Townsend, A.M. (1975) Crossability patterns and morphological variation among elm species and hybrids. Sylvae Genetica, 24(1), pp.18–23.

Turesson, G. (1925) The plant species in relation to habitat and climate. Hereditas, 6(2), pp.147–236.

Turrill, W.B. (1946) The ecotype concept: A consideration with appreciation and criticism, especially oe recent trends. New Phytologist, 45(1), pp.34-43.

Tungalag, R., T. Jamsran, B. Boldgiv, and D. Lkhagvasuren (2012) A field guide to the trees and shrubs of Mongolia. Munkhiin Useg, Ulaanbaatar, 255p.

Undersander, D.J., N.J. Ehlke, A.R. Kaminski, J.D. Doll, and K.A. Kelling (2015) Alternative field crops manual : Hairy vetch. Wisconsin, USA: University of Wisconsin, University of Minnesota, (https://www.hort.purdue.edu/newcrop/afcm/vetch.html).

Uraguchi, S., I. Watanabe, K. Kuno, Y. Hoshino, and Y. Fujii (2003) Allelopathy of floodplain vegetation species in the middlecourse of Tama River. Journal of Weed Science and Technology, 48(3), pp.117-129. (in Japanese)

USDA (1998) Stream corrridor restoration: Principles, process,m and practies. USDA, Washington.

USDA-NRCS (2012) The PLANTS Database. Greensboro, North Carolina, USA: National Plant Data Team, (https://plants.sc.egov.usda.gov).

USDA Soil Survey Staff (1998) Keys to soil taxonomy (8th edn.). Pocahontas Press: Blacksburg, Virginia.

USGS (2022) Water temperatre and BOD relationship. USGS Homepge(https://www.usgs.gov/), Retrieved 2022-6-20.

USEPA(U.S. Environmental Protection Agency) (1988) Design manual : Constructed wetlands and aquatic plant systems for municipal wastewater treatment. pp.47-76.

USEPA(U.S. Environmental Protection Agency) (2021) Wetland functions and values. WATERSHED ACADEMY WEB(https://www.epa.gov/watershedacademy), Retrieved 2021-9-24.

USFWS(U.S. Fish and Wildlife Service) (1997) A system for mapping riparian areas in the western United States. U.S. Fish and Wildlife Service.

Uva, R.H., J.C. Neal, and J.M. Ditomaso (1997) Weeds of The Northeast. Ithaca, NY: Cornell University Press, 487p.

van der Maarel (eds.) (2005) Vegetation ecology. Blackwell Science. Australia. 395p.

van der Valk, A.G. (1994) Effects of prolonged flooding on the distribution and biomass of emergent species along a freshwater wetland coenocline. Vegetatio, 110(2), pp.185-196.

van der Valk, A.G. (2006) The biology of freshwater wetlands. Oxford University Press, 174p.

van der Valk, A.G., S.D. Swanson, and R.F. Nuss (1983) The response of plant species to burial in three types of Alaskan wetlands. Canadian Journal of Botany, 61(4), pp.1150-1164.

van der Valk, A.G. Swanson, and R. Nuss (2011) The response of plant species to burial in three types of Alaskan wetlands. Canadian Journal of Botany, vol.61, pp.1150-1164.

van der Velder, G., T.G. Giesen, and L. van der Heijden (1979) Structure, biomass and seasonal changes in biomass of *Nymphoides peltata* (Gmel.) O. Kuntze (Menyanthaceae), a preliminary study. Aquatic Botany, vol.7, pp.279–399.

van der Voo, E.E. and V. Westhoff (1961) An autecological study of some limnophytes and helophytes in the area of the large rivers. Wentia, vol.5, pp.163–258.

van Groenendael, J.M., L. Klimeš, J. Klimešová, and R.J.J Hendriks (1996) Comparative ecology of clonal plants. Philosophical Transactions of The Royal Society B, Biological Sciences, vol.351, pp.1331-1339.

VanLooy, J.A., and C.W. Martin (2005) Channel and vegetation change on the Cimarron River, Southwestern Kansa, 1953-2001. Annals of the Association of american Geographers, 95(4), pp.718-739.

Vannote, R.L., G.W. Minshall, K.W. Cummins, J.R. Sedell, and C.E. Cushing (1980) The river continuum concept. Canadian Journal of Fisheries and Aquatic Sciences, vol.37, pp.130-137.

van Splunder, I., H. Coops, L.A.C.J. Voesenek, and C.W.P.M. Blom (1995) Establishment of alluvial forest species in floodplains : The role of dispersal timing, germination characteristics and water level fluctuations. Acta Botanica Neerlandica, 44(3), pp.269-278.

van Strien, A.J. and C.P. Melman (1987) Effects of drainage on the botanical richness of peat grassland. Netherlands Journal of Agricultural Science, 35(2), pp.103-111.

Vashisht, D., A. Hesselink, R. Pierik, J.M.H. Ammerlaan, J. Bailey–Serres, E.J.W. Visser, O. Pedersen, M. van Zanten, D. Vreugdenhil, D.C.L. Jamar, L.A.C.J. Voesenek, and R. Sasidharan (2011) Natural variation of submergence tolerance among Arabidopsis thaliana accessions. New Phytologist, vol.190, pp.299–310.

Vepraskas, M.J. (1995) Redoximorphic features for identifying aquic conditions. North Carolina Agricultural Research Service, Technical Bulletin 301, North Carolina State University, Raleigh, NC. 33p.

Verhoeven, J.T.A, W. Koerselman, and B. Beltman (1988) The vegetation of fens in relation to their hydrology and nutrient dynamics : A case study. In: J.J. Symoens (eds.). The vegetation of inland waters. Kluwer Academic Publishers, Dordrecht, Handbook of Vegetation Science, 15(1), pp.249-282.

Vermont Agency of Natural Resources (2005) River management program. River dynamics 101, Fact Sheet(2005-6-14).

Villa, J.A. and B. Bernal (2018) Carbon sequestration in wetlands, from science to practice : An overview of the biogeochemical process, measurement methods, and policy framework. Ecological Engineering, vol.114, pp.115-128.

Villamagna, A.M. and B.R. Murphy (2010) Ecological and socio-economic impacts of invasive water hyacinth (*Eichhornia crassipes*) : A review. Freshwater Biology, vol.55, pp.282–298.

Visser, E., G. Bögemann, H. Steeg, R. Pierik, and C. Blom (2000) Flooding tolerance of *Carex* species in relation to field distribution and aerenchyma formation. New Phytologist, 148(1), pp.93-103.

Voesenek, L.A.C.J., J.H.G.M. Rijnders, A.J.M Peeters, H.M. van de Steeg, and H. de Kroon (2004) Plant hormones regulate fast shoot elongation under water: from genes to communities. Ecology, 85(1), pp.16–27.

Voesenek, L.A.C.J., M. Banga, J. Rijnders, E. Visser, and C.W.P.M. Blom (1996) Hormone sensitivity and plant adaptations to flooding. Folia Geobotanica & Phytotaxonomica, 31(1), pp.47-66.

von Fircks, H.A. (1992) Frost hardiness of dormant *Salix* shoots. Scandinavian Journal of Forest Research, 7(1-4), pp.317-323.

Vries, J.D. and J.M. Archibald (2018) Plant evolution : Landmarks on the path to terrestrial life. New Phytologist, 217(4), pp.1428–1434.

Wagner, G.H. and D.C. Wolf (1999) Carbon transformations and soil organic matter formation. In: D.M. Sylvia, J.J. Fuhrmann, P.G. Hartel, D.A. Zuberer (eds.). Principles and applications of soil microbiology. Prentice Hall, NJ, pp.218–258.

Wakita, H. (1959) Study on the fresh water plants in Nagoya and north-eastern part of Owari province; including ecological study of *Euryale ferox* Salisbury. Chubunihon shizen kagaku chosadan hokoku, vol.3, pp.5-7. (in Japanese)

Walbridge, M.R. (1993) Functions and values of forested wetlands in the southern United States. Journal of Forestry, 91(5), pp.15-19.

Walker, L.R., J.C. Zasada, and F.S. Chapin III, F. Stuart (1986) The role of life history processes in primary succession on an Alaskan floodplain. Ecology, 67(5), pp.1243-1253.

WAMIS (국가수자원관리종합시스템) (2021) 하천명칭 및 유래, 유역특성(하천차수 분석). 홈페이지(http://www.wamis.go.kr:8081/WKR/IF_RIVNAME.ASPX), Retrieved 2021-2-3.

Wang, J., Y. Song, and G. Wang (2017) Causes of large *Potamogeton crispus* L. population increase in Xuanwu Lake. Environ Sci Pollut Res., vol.24, pp.5144–5151.

Wang, M., Q. Zheng, Q. Shen, and S. Guo (2013) The critical role of potassium in plant stress response. International journal of molecular sciences, 14(4), pp.7370-7390.

Wang, W., and J. Messing (2012) Analysis of ADP-glucose pyrophosphorylase expression during turion formation induced by abscisic acid in *Spirodela polyrhiza* (greater duckweed). BMC Plant Biology, 12(1), 5.

Ward, J.V. (1989) The four-dimensional nature of lotic ecosystems.

Journal of the North American Benthological Society, 8(1), pp.2-8.

Ward, J.V. (1998) Riverine landscapes : Biodiversity patterns, disturbance regimes, and aquatic conservation. Biological Conservation, 83(3), pp.269-278.

Ward, J.V., K. Tockner, D.B. Arscott, and C. Claret (2002) Riverine landscape diversity. Freshwater Biology, 47(4), pp.517-539.

Warming, E. (1909) Oecology of plants. An introduction to the study of plant communities. Oxford. Clarendon Press n(updated English translation of 1886 text).

Warwick, N. and M. Brock (2003) Plant reproduction in temporary wetlands : The effects of seasonal timing, depth, and duration of flooding. Aquatic Botany, vol.77, pp.153-167.

Washitani, I., A. Takenaka, N. Kuramoto, and K. Inoue (1997) Aster kantoensis Kitam., an endangered flood plain endemic plant in Japan : Its ability to form persistent soil seed banks. Biological Conservation, 82(1), pp.67-72.

Watkinson, A., and J. White (1986) Some life-history consequences of modular construction in plants. Philos. Trans. R. Soc. B., 313(1159), pp.31–51.

Watson, S.B., C. Miller, G. Arhonditsis, G.L. Boyer, W. Carmichael, and M.N. Charlton (2016) The re-eutrophication of Lake Erie : Harmful algal blooms and hypoxia. Harmful Algae, vol.56, pp.44–66.

Watts, J.F.D. and G.D. Watts (1990) Seasonal change in aquatic vegetation and its effect on river channel flow. In: J.B. Thornes(eds.). Vegetation and erosion. John Wiley and Sons, New York, USA, pp.257–267.

Weber, J.A. (1972) The importance of turions in the propagation of Myriophyllum exalbescens (Haloragidaceae) in Douglas Lake, Michigan. Mich. Bot., vol.11, pp.115-121.

Weber, J.A. and L.D. Noodén (1976) Environmental and hormonal control of turion germination in Myriophyllum verticillatum. Botany, 63(7), pp.936-944.

Webster, J.R. and E.F. Benfield (1986) Vascular plant breakdown in freshwater ecosystems. Annual Review of Ecology and Systematics, vol.17, pp.567-594.

WEIS(Water Environment Information System)(물환경정보시스템) (2021) 청미천 자료(하천단면, 수위)와 한강 관측지점별 수위변동. 홈페이지(http://water.nier.go.kr/).

Weisner, S.E.B. (1993) Long-term competitive displacement of Typha latifolia by Typha angustifolia in a eutrophic lake. Oecologia, 94(3), pp.451-456.

Welch, P.S. (1952) Limnology. New York, McGraw-Hill Book Co., 538p.

Wells, C. and M. Pigliucci (2000) Adaptive phenotypic plasticity : The case of heterophylly in aquatic plants. Perspectives in Plant Ecology, Evolution and Systematics, vol.3, pp.1-18.

Wentworth, C.K. (1922) A scale of grade and class terms for clastic sediments. J. Geology, vol.30, pp.377-392.

Werner, P.A. (1975) Predictions of fate from rosette size in teasel (Dipsacus fullonum L.). Oecologia, 20(3), pp.197–201.

Wetzel, R.G. (1975) Limnology. W.B. Saunders Co., Philadelphia, London, and Toronto, 743p.

Wetzel, R.G. (2001) 18. Land–water interfaces : Larger plants. In: R.G. Wetzel (eds.). Limnology (Third Edition). Academic Press, pp.527-575.

White, P. (1979) Pattern, process, and natural disturbance in vegetation. The Botanical Review, vol.45, pp.229-299.

Whitehead, D. (1983) Wind pollination: some ecological and evolutionary perspectives. In: L. Real (eds.). Pollination biology. Orlando, Academic Press, pp.97-108.

Whittaker, J.G. (1987) Sediment transport in step-pool streams. In: C.R. Thorne, J.C. Bathurst, and R.D. Hey (eds.). Sediment transport in gravel-bed rivers. Chichester, Wiley, pp.545-79.

Whittaker, R.H. (1972) Evolution and measurement of species diversity. Taxon, vol.21, pp.213-251.

Wiegleb, G. and Y. Kadono (1989) Growth and development of Potamogeton distinctus in an irrigation pond in SW Japan. Nordic Journal of Botany, 9(3), pp.241-249.

Wikipedia (2001d) The river continuum concept. Homepage(https://en.wikipedia.org/), Retrieved 2021-1-20.

Wikipedia (2021a) Aquatic plant. Homepage(https://en.wikipedia.org/), Retrieved 2021-8-30.

Wikipedia (2021b) Definition of cayon. Homepage(https://en.wikipedia.org/), Retrieved 2021-10-3.

Wikipedia (2021c) List of rivers by length. Homepage(https://en.wikipedia.org/), Retrieved 2021-2-3

Wikipedia (2021d) River continuum concept. Homepage(https://en.wikipedia.org/), Retrieved 2022-6-2.

Wikipedia (2021e) 식물생리학 : 식물체의 성분. Homepage(https://en.wikipedia.org/).Retrieved 2021-1-21.

Wikipedia (2021f) 한반도의 큰강. Homepage(https://kor.wikipedia.org/), Retrieved 2021-10-3.

Wikipedia (2021g) 단풍잎돼지풀. Homepage(https://kor.wikipedia.org/), Retrieved 2021-10-3.

Williams, G.P. and M.G. Wolman (1984) Downstream effects of dams on alluvial rivers. USGS Professional Paper, 1286, US Government Printing Office, Washington D.C.

Willson, M.F (1983) Plant Reproductive Ecology. New York, NY: John Wiley & Sons.

Wilson, J.B. and W.G. Lee (1989) Infiltration invasion. Functional Ecology, vol.3, pp.379-380.

WISET (2008) 유기산의 일종인 부식산과 풀빅산 관련 내용. WISE 주니어 과학논문집, 1(1), Retrieved 2021-8-30.

Won, D.H., C.H. Lee, I.N. Kim, J.H. Kim, D.Y. Yang, Y.C. Chun, J.H. Joo, S.C. Han, B.R. Hong, and I.C. Whang (2012) 수생태계 훼손하구 건강성 개선을 위한 시범복원 대상하구 선정 연구. 생태조사단 부설 두희생태연구소, 환경부, 세종, 297p.

Won, D.H., Y.C. Jun, S.J. Kwon, S.J. Hwang, K.G. Ahn, and J.K. Lee (2006) Development of Korean Saprobic Index using benthic macroinvertebrates and its application to biological stream environment assessment. Journal of Korean Society on Water Environment, 22(5), pp.768-783. (in Korean)

Won, J.K. (1988) 대암산 고층습원의 지형 및 지질. In: 환경청. 대암산 자연생태계 조사보고서, 과천, pp.23-43.

Woo, B.M. and H.H. Lee (1989) Effects of forest fire on the forest vegetation and soil(IV). Journal of Korean Forest Society, 78(3), pp.302-313. (in Korean)

Woo, B.M. and T.H. Kwon (1983) Effects of forest fire on the forest vegetation and soil (I) - The first year's results after fire at Mt. Gwanag. Journal of Korean Forest Society, 62(1), pp.43-52. (in Korean)

Woo, H.S. (2008) White river, green river? Magazine of Korea Water Resources Association, 41(12), pp.38-47.

Woo, H.S., M.H. Park, K.H. Cho, H.J. Cho, and S.J. Jeong (2010) Recruitment and succession of riparian vegetation in alluvial river regulated by upstream dams : Focused on the Nakdong River downstream Andong and Imha Dams. Journal of Korea Water Resources Association, 43(5), pp.455–469. (in Korean)

World Rivers (2023) Sediment-transport. Homepage(https://worldrivers.net/2020/03/31/sediment-transport/), Retrieved 2023-01-29.

Wright, J.O. (1907) Swamp and overflowed lands in the United States. Circular 76, Washington, DC: U.S. Department of Agriculture, Office of Experiment Stations, GovernmentPrinting Office.

WSSA (2021) Potamogeton distinctus. Homepage(https://wssa.net/wp-content/uploads/Potamogeton-distinctus.pdf).

Xiao, K., D. Yu, and Z. Wu (2007) Differential effects of water depth and sediment type on clonal growth of the submersed macrophyte Vallisneria natans. Hydrobiologia, vol.589, pp.265–272.

Xie, D., D. Yu, C. Xia, and W. You (2014) Stay dormant or escape sprouting? Turion buoyancy and sprouting abilities of the submerged macrophyte Potamogeton crispus L. Hydrobiologia, vol.726, pp.43–51.

Xie, Y., S. An, B. Wu, and W. Wang (2006) Density-dependent root morphology and root distribution in the submerged plant Vallisneria natans. Environmental and Experimental Botany, 57(1–2), pp.195-200.

Xie, Y., S. An, X. Yao, K. Xiao, and C. Zhang (2005) Short-time response in root morphology of Vallisneria natans to sediment type and water-column nutrient. Aquatic Botany, 81(1), pp.85-96.

Xu, X., P.E. Thornton, and W.M. Pos (2013) A global analysis of soil microbial biomass carbon, nitrogen, and phosphorus in terrestrial ecosystems. Global Ecol. Biogeogr., 22(6), pp.737–749.

Yamamoto, K. (1988) Channel specific analysis. Public Works Research Institute Report 2662, pp.56-64. (in Japanese).

Yamamoto, K. (2004) Structural fluviology. Sankaidou, Tokyo, pp.126-137. (in Japanese).

Yamasaki, S. (1984) Role of plant aeration in zonation of Zizania latifolia and Phragmites australis. Aquatic Botany, 18(3), pp.287-297.

Yang, C., Z. Yu, Z. Hao, Z. Lin, and H. Wang (2013) Effects of vegetation cover on hydrological processes in a large region : Huaihe River basin, China. Journal of Hydrologic Engineering, vol.18, pp.1477-1483.

Yang, C.T. (1971) Formation of riffles and pools. Water Resour. Res., 7(6), pp.1567–1574.

Yang, H.K. (1997) Bar development in gravel-bed river - 골지천을 사례로. Journal of the Korean Geographical Society, 32(4), 435-444. (in Korean)

Yang, H.K. (2001) The classification of mountain streams based on natural and anthropogenic influence in channel morphology : Case studies on Sudong, Suip, Jojong, and Gapyeong streams in Kyeonggi-do, Korea. Ph.D. Dissertation, Seoul National Univ., Seoul. (in Korean)

Yang, H.K. (2008) 수문환경. In: 김종욱, 이민부, 공우석, 김태호, 강철성, 박경, 박병익, 박희두, 성효현, 손명원, 양해근, 이승호, 최영은. 한국의 자연지리. 서울대학교출판문화원, 서울, pp.251-270.

Yang, H.K. and J.I. Kim (2004) The change of water balance due to urbanization in Gwangju River basin. Journal of the Korean Association of Regional Geographers, 10(1), pp.192-205. (in Korean)

Yang, H.K. and O.K. Kim (1992) Environmental factors influencing on tuber germination in Scirpus maritimus L. Journal of Ecology and Environment, 15(2), pp.127-135. (in Korean)

Yang, H.K. and T.B. Choi (2009) Management considering water balance of Jangdo Island high moor. Journal of the korean geomorphological association, 16(4), pp.61-71. (in Korean)

Yang, H.M. (2012) Phosphorous removal in a free water surface wetland constructed on the Gwangju Stream floodplain. Journal of the Korean Institute of Landscape Architecture

149, 40(1), pp.100-109. (in Korean)

Yang, H.S. (1993) 일발처리 제초제로도 방제가 어려운 피 올 방개 벗풀 나도겨풀. 생활과 농약(Agrochemical news magazine), 14(6), pp.20-24.

Yang, S.C., S.K. Yang, J.H. Lee, W.Y. Jung, and K.H. Ko (2015) Flood discharge analysis on land use changes in Han Stream, Jeju Island. Journal of Environmental Science International, 24(4), pp.425-435. (in Korean)

Yang, S.Y. (1998) 지질학사전. 교학연구사, 1111p.

Ye, X.H., F.H. Yu, and M. Dong (2006) A trade-off between guerrilla and phalanx growth forms in Leymus secalinus under different nutrient supplies. Annals of botany, 98(1), pp.187–191.

Yim, Y.J. and S.D. Baek (1985) 천연보호구역 설악산의 식생. 중앙대학교출판부. 서울.

Yoichi, W., I. Kawamata, Y. Matsuki, Y. Suyama, K. Uehara, and M. Ito (2018) Phylogeographic analysis suggests two origins for the riparian azalea Rhododendron indicum (L.) Sweet. Heredity, 121(6), pp.594-604.

Yoon, D.J. (2015) 식물의 고염(high salt) 스트레스 신호전달에 관한 최근 연구동향. 분자세포생물학뉴스레터 10월. 5p.

Yoon, I.B., D.S. Kong, and J.K. Ryu (1992) Studies on the biological evaluation of water quality by benthic macroinvertebrates (1) : Saprobic valency and indicative value. Korean Society of Environmental Biology, 10(1), pp.24-49. (in Korean)

Yoon, J.D. and M.H. Jang (2009) Migration patterns of Brachymystax lenok tsinlingensis using radio tags in the upper part of the Nakdong River. Korean J. Limnol., 42 (1), pp.58-66. (in Korean)

Yoon, S.A., J.W. Lee, and K.H. Oh (1994) 남강주변 습지의 식 물군락 구조와 토양환경. 경상대학교 환경보전연구소보, vol.2, pp.85-98.

Yoon, S.O., M.J. Kim, and S.I. Hwang (2014) The climatic change during the historical age inferred from vegetation environment in alpine moors in the Korean Peninsula. Journal of The Korean Geomorphological Association, 21(4), pp.69–83. (in Korean)

Yoshimura, Y., S. Tomizono and K. Matsuo (2016) Seed production of wild Brassica juncea on riversides in Japan. Japan Agricultural Research Quarterly: JARQ, 50(4), pp.335-343.

You, C.S., C.H. Kim, H.C. Lee, Y.E. Choi, N.S. Lee, H.E. Doo, and Y.B. Park (2017) A study on the vegetation of habitat for Cicuta virosa in Korea. Proceedings of the Korean Society of Environment and Ecology Conference, 2017(1), pp.14-15. (in Korean)

You, Y.H. (2013) 습지의 생태, In: 국립습지센터. 습지 이해. 창 녕, pp.41-60.

You, Y.H., J. NamGung, Y.Y. Lee, J.H. Kim, J.Y. Lee, and H.T. Mun

(2000) Mass loss and nutrients dynamics during the litter decomposition in Kwangnung Experimental Forest. Journal of Korean Forest Society, 89(1), pp.41-48. (in Korean)

You, Y.H. and H.R. Kim (2010) Key factors causing the Euryale ferox endangered hydrophyte in Korea and management strategies for conservation. Journal of Wetlands Research, 12(3), pp.49-56. (in Korean)

Yruela, I. (2008) Copper in plants : Acquisition, transport and interactions. Functional Plant Biology, 36(5), pp.409-430.

Yu, H., L. Wang, C. Liu, D. Yu, and J. Qu (2020) Effects of a spatially heterogeneous nutrient distribution on the growth of clonal wetland plants. BMC Ecol., 20(59), 8pages.

Yu, H., N. Shen, X. Guan, S. Yu, D. Yu, and C. Liu (2019) Influence of soil nutrient heterogeneity and competition on sprouting and ramets growth of Alternanthera philoxeroides. CLEAN–Soil Air Water, 47(2), 1800182.

Zahran H.H. (1999) Rhizobium-legume symbiosis and nitrogen fixation under severe conditions and in an arid climate. Microbiology and molecular biology reviews : MMBR, 63(4), pp.968–989.

Zavoianu, I. (1978) Morphometry of drainage basins. Elsivier, Amsterdam.

Zellweger, G.W., R.J. Avanzino, and K.E. Bencala (1989) Comparison of tracer-dilution and current-meter discharge measurements in a small gravel-bed stream, Little Lost Man Creek, California. U.S. Geol. Surv. Water Resour. Invest. Rep., pp.89–4150.

Zhang, J., S.Y. Yang, Y.J. Huang, and S.B. Zhou (2015) The tolerance and accumulation of Miscanthus sacchariflorus (maxim.) Benth., an energy plant species, to cadmium. International Journal of Phytoremediation, 17(6), pp.538-545.

Zhang, X., K. Guo, C. Lu, R.M. Awais, Y. Jia, L. Zhong, P. Liu, R. Dong, D. Liu, W. Zeng, G. Lei, and L. Wen (2020) Effects of origin and water depth on morphology and reproductive modes of the submerged plant Vallisneria natans. Global Ecology and Conservation, vol.24, e01330.

Zhang, Y., Q. Zhao, Z. Cao, and S. Ding (2019) Inhibiting effects of vegetation on the characteristics of runoff and sediment yield on riparian slope along the lower Yellow River. Sustainability, 11(13), pp.1-16.

Zhao, F.J., M. Tausz, and L. De Kok (2008) Role of sulfur for plant production in agricultural and natural ecosystems. 10.1007/978-1-4020-6863-8_21.

Ziemer, R.R. (1981) Streamflow response to road building and partial cutting in small streams of northern California. Water Resources Research, vol.17, pp.907-917.

Zimmer, W. and R. Mendel (1999) Molybdenum metabolism in

plants. Plant biol. vol.1, pp160-168.

Zonneveld, I.S. and R.T.T. Forman(eds.) (1990) Changing landscapes : An ecological perspective. Springer-Verlag, New York. 285p.

Zope, P.E., T.I. Eldho, and V. Jothiprakash (2016) Impacts of land use–land cover change and urbanization on flooding : A case study of Oshiwara River Basin in Mumbai, India. CATENA, vol. 145, pp.142-154.

Zutshi, D.P., and K.K. Vass (1971) Ecology and production of *Salvinia natans* Hoffim in Kashmir. Hydrobiologia, vol.38, pp.303–320.

北村四郎, 村田源 (1981) 原色日本植物圖鑑 : 木本 II. 保育社. 東京.

奥田重俊, 佐々木寧 (編) (1996) 河川環境と水邊植物 : 植生の保全と管理. ソフトサイエンス社, 東京.

宮脇昭(編) (1985) 日本植生誌 : 中部. 至文堂. 東京.

宮脇昭(編) (1987) 日本植生誌 : 東北. 至文堂. 東京.

宮脇昭, 奥田重俊(編) (1990) 日本植物群落図. 至文堂, 東京.

宮脇昭, 奥田重俊, 望月陵夫 (1978) 日本植生便覧. 至文堂, 東京.

小林貞一 (1931) 韓半島地形發達史と近世代との關係に就いての一考察. 地理學評論, vol.7, pp.523-550, 628-648, 708-732.

崎尾均, 中村太士, 大島康行 (1995) 河畔林·溪畔林究の現状と課題. 日本生態學會誌, vol.45, pp.291-294.

崎尾均, 山本福寿 (2002) 水辺林の生態学. 東京大学出版会, 東京.

新山擊 (1987) 石狩川に沿ったヤナギ科植物の分布と生育地の土壌の土性. 日本生態学会誌, vol.37, pp.163-174.

新庄久志, 辻井達一, 宮地直道 (1995) 釧路濕原におけるハンノキ林 IV(ヌマオロ濕原). 釧路市立博物館紀要, vol.19, pp.31-38.

木村有香 (1989) 日本の野生殖物 : ヤナギ科. 佐竹義輔, 原寬, 亘理俊次,富成忠夫(編). 平凡社, 東京, pp.31-51.

水野信彦, 御勢久右衛門 (1993) 河川の生態學. 築地書館. 東京. 247p.

沼田真 (1983) 生態学辞典増補改訂版. 築地書館, 東京.

矢野悟道, 波田善夫, 竹中則夫, 大川(徹) (1983) 日本の植生園鑑 : II. 人里草原. 保育社, 東京, pp.85-104.

菊地慶四郎, 須藤志成幸 (1996) 永遠の尾瀬, 自然とその保護. 上毛新聞, 前橋市, 235p.

鈴木静夫 (1994) 水遷の科墨-湖川温原から環境を考える. 内田老鶴園, 東京, 257p.

배후습지의 식물들(합천군, 정양지, 2005.5.15). 배후습지에는 다양한 습지식물들이 생육하고 있으며, 버드나무류, 물억새, 갈풀, 갈대, 줄, 애기부들, 마름, 가시연 등 생활형도 매우 다양한다.

부 록

Appendix

Choung et al.(2020, 2021)에 의해 구분된 우리나라에 서식하는 전체식물종 4,145종 중에서 습지에 생육하는 습지식물(절대습지식물, 임의습지식물) 729종을 추출하여 제시하였다.

부록 표-1. 유형분류에 대한 약어에 대한 세부 설명

구분	약어	유형 분류	세부 설명
선호도	OBW	절대습지식물 (obligate wetland plant)	자연상태에서는 거의 항상 습지에서만 출현하는 식물, 습지 출현빈도 >98% 추정
	FACW	임의습지식물 (facultative wetland plant)	대부분 습지에서 출현하나 낮은 빈도로 육상에서도 출현하는 식물, 습지 출현빈도 71~98% 추정
	FAC	양생식물 (facultative plant)	습지나 육상에서 비슷한 빈도로 출현하는 식물, 습지 출현빈도 31~70% 추정
	FACU	임의육상식물 (facultative upland plant)	대부분 육상에서 출현하나 습지에서도 낮은 빈도로 출현하는 식물, 습지 출현빈도 3~30% 추정
	OBU	절대육상식물 (obligate upland plant)	자연상태에서는 거의 항상 육상에서만 출현하고 습지에서는 거의 출현하지 않는 식물, 습지 출현빈도 <3% 추정
수생형	Macro^{Emer}	수생식물-정수식물 (aquatic emergent macrophyte)	지상부의 대부분 또는 일부가 공기 중에 노출되고 뿌리는 저토에 고정된 수생식물, 연중 대부분 기간에 수위가 지표 위인 생육지에 적응한 식물
	Macro^{Fllf}	수생식물-부엽식물 (aquatic floatingleaf macrophyte)	뿌리는 저토에 고정되고 잎과 꽃은 수면 위에 뜨는 수생식물
	Macro^{Float}	수생식물-부유식물 (aquatic floating macrophyte)	물 위나 물속에서 떠다니는 식물로서 줄기나 잎이 수면 아래에 있고 뿌리가 없거나 빈약하게 발달하는 수생식물
	Macro^{Sub}	수생식물-침수식물 (aquatic submerged macrophyte)	식물 전체가 물속에 있지만 수중엽의 일부나 꽃이 때로는 물 위에 뜨기도 하는 수생식물
	Hygro	습생식물(Hygrophyte)	습원이나 수변 등과 같이 지하 수위가 지표 가까이에 형성되어 거의 항상 물로 포화되지만 일시적인 경우를 제외하고 수위가 지표보다 높지 않은 생육지에 적응한 식물
생육지	Aquatic	수중(aquatic environment)	수중환경에 적응한 수생식물이 주 구성원이며 개방수면이 있는 생육지
	WetMd	습한 초지(wet meadow)	경관상으로 '개방지'와 비슷하지만 초본이 주 구성원이며 습원, 수변, 하구 등의 습한 생육지임, 지표 가까이에 지하수위가 형성되어 대체로 물로 포화되나 일시적인 경우를 제외하고 수위가 지표보다 높지 않은 생육지
	Md&Shrub	개방지 (Meadow and shrubland)	식생의 높이가 약 3m 이하이며 관목이나 초본이 주 구성원인 초원, 고원, 산야, 고산지, 들판, 농경지, 과수원 등의 생육지임, 일시적인 경우를 제외하고 대체로 건조한 생육지
	Forest	숲(forest)	높이 약 3m 이상인 나무들이 무성하게 모여 나는 산지나 수변 등의 생육지
생장형	Tree	교목(tree)	식물의 키가 대체로 8m 이상 자라는 나무
	Subtree	소교목(subtree)	식물의 키가 대체로 3~8 m로 교목과 관목 사이인 나무
	Shrub	관목(shrub)	키가 대체로 3 m 이하이고 밑동에서 가지가 많이 갈라지는 나무
	Vine	덩굴 및 포복성 목본 (vine and prostrate woody plant)	덩굴성이거나 포복성 등 줄기가 직립하지 않는 나무
	Subshrub	반목본(subshrub)	지상부 줄기 하부는 목질성이나 상부는 초본성인 나무, 흔히 관목보다 키가 작고 수명도 짧은 나무
	Herb	초본(herb)	목질화되지 않은 풀
	Climb	덩굴성 초본 (climbing herb)	지상부나 줄기가 직립하지 않으며 다른 식물이나 물체를 감거나 기거나 덩굴성인 풀

부록 표-2. 국내 관속식물 중 습지식물 목록(Choung et al. 2020에서 추출)

한글명	학명	과명	선호도	수생형	생육지	생장형
가는가래	*Potamogeton cristatus*	가래과	OBW	Macro[Fl-lf]	Aquatic	Herb[Peren]
가는갯능쟁이	*Atriplex gmelinii*	명아주과	FACW	Hygro	WetMd	Herb[Ann]
가는독미나리	*Cicuta virosa* var. *stricta*	미나리과	OBW	Macro[Emer]	Aquatic	Herb[Peren]
가는돌피	*Echinochloa crus-galli* var. *austrojaponensis*	벼과	FACW	Hygro	WetMd	Herb[Ann]
가는동자꽃	*Lychnis kiusiana*	석죽과	FACW	Hygro	WetMd	Herb[Peren]
가는마디꽃	*Rotala mexicana*	부처꽃과	OBW	Macro[Emer]	Aquatic	Herb[Ann]
가는물달개비	*Monochoria vaginalis* var. *angustifoli*	물옥잠과	OBW	Macro[Emer]	Aquatic	Herb[Ann]
가는미국외풀	*Lindernia anagallidea*	현삼과	FACW	Hygro	WetMd	Herb[Ann]
가는사초	*Carex disperma*	사초과	OBW	Hygro	WetMd	Herb[Peren]
가는오이풀	*Sanguisorba tenuifolia*	장미과	FACW	Hygro	WetMd	Herb[Peren]
가는잎곡정초	*Eriocaulon tenuissimum*	곡정초과	OBW	Hygro	WetMd	Herb[Ann]
가는잎모새달	*Phacelurus latifolius* var. *angustifolius*	벼과	OBW	Hygro	WetMd	Herb[Peren]
가는잎한련초	*Eclipta alba*	국화과	FACW	Hygro	WetMd	Herb[Ann]
가는흑삼릉	*Sparganium subglobosum*	흑삼릉과	OBW	Macro[Emer]	Aquatic	Herb[Peren]
가는흰사초	*Carex alopecuroides*	사초과	FACW	Hygro	WetMd	Herb[Peren]
가래	*Potamogeton distinctus*	가래과	OBW	Macro[Fl-lf]	Aquatic	Herb[Peren]
가막사리	*Bidens tripartita*	국화과	FACW	Hygro	WetMd	Herb[Ann]
가새잎개갓냉이	*Rorippa sylvestris*	십자화과	FACW	Hygro	WetMd	Herb[Peren]
가시개올미	*Scleria rugosa*	사초과	FACW	Hygro	WetMd	Herb[Ann]
가시박	*Sicyos angulatus*	박과	FACW	Hygro	WetMd	Climb[Ann]
가시연	*Euryale ferox*	수련과	OBW	Macro[Fl-lf]	Aquatic	Herb[Ann]
가시파대가리	*Kyllinga brevifolia*	사초과	FACW	Hygro	WetMd	Herb[Peren]
가야물봉선	*Impatiens atrosanguinea*	봉선화과	FACW	Hygro	WetMd	Herb[Ann]
가지곡정초	*Eriocaulon setaceum*	곡정초과	OBW	Hygro	WetMd	Herb[Ann]
가지괭이눈	*Chrysosplenium ramosum*	범의귀과	FACW	Hygro	WetMd	Herb[Peren]
가지돌피	*Echinochloa crus-galli* var. *mitis*	벼과	FACW	Hygro	WetMd	Herb[Ann]
각시미꾸리광이	*Puccinellia chinampoensis*	벼과	FACW	Hygro	WetMd	Herb[Peren]
각시수련	*Nymphaea tetragona* var. *minima*	수련과	OBW	Macro[Fl-lf]	Aquatic	Herb[Peren]
갈대	*Phragmites australis*	벼과	OBW	Macro[Emer]	Aquatic	Herb[Peren]
갈방동사니	*Cyperus fuscus*	사초과	FACW	Hygro	WetMd	Herb[Ann]
갈풀	*Phalaris arundinacea*	벼과	FACW	Hygro	WetMd	Herb[Peren]
감자개발나물	*Sium ninsi*	미나리과	OBW	Hygro	WetMd	Herb[Peren]
강계큰물통이	*Pilea oligantha*	쐐기풀과	FACW	Hygro	WetMd	Herb[Ann]
강활	*Angelica reflexa*	미나리과	FACW	Hygro	WetMd	Herb[Peren]
개구리갓	*Ranunculus extorris*	미나리아재비과	FACW	Hygro	WetMd	Herb[Peren]
개구리미나리	*Ranunculus tachiroei*	미나리아재비과	FACW	Hygro	WetMd	Herb[Bien]
개구리밥	*Spirodela polyrhiza*	개구리밥과	OBW	Macro[Float]	Aquatic	Herb[Peren]

한글명	학명	과명	선호도	수생형	생육지	생장형
개구리자리	*Ranunculus sceleratus*	미나리아재비과	OBW	Hygro	WetMd	Herb$^{Ann(win)}$
개꽃마리	*Myosotis laxa*	지치과	FACW	Hygro	WetMd	Herb^{Peren}
개대황	*Rumex longifolius*	마디풀과	FACW	Hygro	WetMd	Herb^{Peren}
개바늘사초	*Carex uda*	사초과	FACW	Hygro	Forest	Herb^{Peren}
개발나물	*Sium suave*	미나리과	OBW	Hygro	WetMd	Herb^{Peren}
개석잠풀	*Stachys baicalensis var. hispidula*	꿀풀과	FACW	Hygro	WetMd	Herb^{Peren}
개쇠뜨기	*Equisetum palustre*	속새과	FACW	Hygro	WetMd	Herb^{Peren}
개수양버들	*Salix dependens*	버드나무과	FACW	Hygro	WetMd	Tree^{Br}
개수염	*Eriocaulon miquelianum*	곡정초과	OBW	Hygro	WetMd	Herb^{Ann}
개쉽싸리	*Lycopus ramosissimus*	꿀풀과	OBW	Hygro	WetMd	Herb^{Peren}
개연꽃	*Nuphar japonicum*	수련과	OBW	Macro^{Emer}	Aquatic	Herb^{Peren}
개잠자리난초	*Habenaria cruciformis*	난초과	FACW	Hygro	WetMd	Herb^{Peren}
개키버들	*Salix integra*	버드나무과	FACW	Hygro	WetMd	Shrub^{Br}
개통발	*Utricularia intermedia*	통발과	OBW	Macro^{Float}	Aquatic	Herb^{Peren}
개피	*Beckmannia syzigachne*	벼과	FACW	Hygro	WetMd	Herb$^{Ann(win)}$
갯개미자리	*Spergularia marina*	석죽과	FACW	Hygro	WetMd	Herb$^{Ann(win)}$
갯개미취	*Aster tripolium*	국화과	OBW	Hygro	WetMd	Herb^{Bien}
갯겨이삭	*Puccinellia coreensis*	벼과	FACW	Hygro	WetMd	Herb^{Peren}
갯골풀	*Juncus haenkei*	골풀과	OBW	Hygro	WetMd	Herb^{Peren}
갯길경	*Limonium tetragonum*	갯길경과	OBW	Hygro	WetMd	Herb^{Bien}
갯꾸러미풀	*Puccinellia nipponica*	벼과	FACW	Hygro	WetMd	Herb^{Peren}
갯능쟁이	*Atriplex subcordata*	명아주과	OBW	Hygro	WetMd	Herb^{Ann}
갯바늘골	*Eleocharis parvula*	사초과	OBW	Macro^{Emer}	Aquatic	Herb^{Peren}
갯바랭이	*Dimeria ornithopoda subsp. subrobusta*	벼과	FACW	Hygro	WetMd	Herb^{Ann}
갯버들	*Salix gracilistyla*	버드나무과	FACW	Hygro	WetMd	Shrub^{Br}
갯봄맞이꽃	*Glaux maritima var. obtusifolia*	앵초과	OBW	Hygro	WetMd	Herb^{Peren}
갯사상자	*Cnidium japonicum*	미나리과	OBW	Hygro	WetMd	Herb^{Bien}
갯쇠돌피	*Polypogon monspeliensis*	벼과	FACW	Hygro	WetMd	Herb^{Ann}
갯율무	*Crypsis aculeata*	벼과	FACW	Hygro	WetMd	Herb^{Ann}
갯잔디	*Zoysia sinica*	벼과	FACW	Hygro	WetMd	Herb^{Peren}
갯조풀	*Calamagrostis pseudophragmites*	벼과	FACW	Hygro	WetMd	Herb^{Peren}
갯줄풀	*Spartina alterniflora*	벼과	OBW	Macro^{Emer}	Aquatic	Herb^{Peren}
갯하늘지기	*Fimbristylis sieboldii*	사초과	FACW	Hygro	WetMd	Herb^{Peren}
거머리말	*Zostera marina*	거머리말과	OBW	Macro^{Sub}	Aquatic	Herb^{Peren}
검은개수염	*Eriocaulon parvum*	곡정초과	OBW	Hygro	WetMd	Herb^{Ann}
검은겨이삭	*Agrostis canina*	벼과	FACW	Hygro	WetMd	Herb^{Peren}
검은꼬리사초	*Carex tarumensis*	사초과	FACW	Hygro	WetMd	Herb^{Peren}
검은도루박이	*Scirpus orientalis*	사초과	OBW	Macro^{Emer}	Aquatic	Herb^{Peren}

한글명	학명	과명	선호도	수생형	생육지	생장형
검은드렁방동사니	*Cyperus flavidus* var. *nilagiricus*	사초과	FACW	Hygro	WetMd	Herb[Ann]
검은별고사리	*Cyclosorus interruptus*	처녀고사리과	OBW	Hygro	WetMd	Herb[Peren]
검정곡정초	*Eriocaulon atrum*	곡정초과	OBW	Hygro	WetMd	Herb[Ann]
검정납작골풀	*Juncus fauriei*	골풀과	OBW	Hygro	WetMd	Herb[Peren]
검정말	*Hydrilla verticillata*	자라풀과	OBW	Macro[Sub]	Aquatic	Herb[Peren]
검정방동사니	*Fuirena ciliaris*	사초과	OBW	Hygro	WetMd	Herb[Peren]
검정사초	*Carex cespitosa* var. *minuta*	사초과	OBW	Hygro	WetMd	Herb[Peren]
검정진들피	*Glyceria triflora*	벼과	OBW	Hygro	WetMd	Herb[Peren]
검정하늘지기	*Fimbristylis diphylloides*	사초과	OBW	Hygro	WetMd	Herb[Ann]
게바다말	*Phyllospadix japonica*	거머리말과	OBW	Macro[Sub]	Aquatic	Herb[Peren]
겨이삭여뀌	*Persicaria taquetii*	마디풀과	OBW	Hygro	WetMd	Herb[Ann]
겨풀	*Leersia sayanuka*	벼과	OBW	Hygro	WetMd	Herb[Peren]
고마리	*Persicaria thunbergii*	마디풀과	OBW	Hygro	WetMd	Herb[Ann]
고사리새	*Catapodium rigidum*	벼과	FACW	Hygro	WetMd	Herb[Ann]
고산제비란	*Platanthera chorisiana*	난초과	FACW	Hygro	WetMd	Herb[Peren]
고양이수염	*Rhynchospora chinensis*	사초과	OBW	Hygro	WetMd	Herb[Peren]
고창고랭이	*Schoenoplectiella* × *uzenensis*	사초과	OBW	Macro[Emer]	Aquatic	Herb[Peren]
고추냉이	*Eutrema japonicum*	십자화과	OBW	Hygro	WetMd	Herb[Peren]
곡정초	*Eriocaulon cinereum*	곡정초과	OBW	Hygro	WetMd	Herb[Ann]
곤달비	*Ligularia stenocephala*	국화과	FACW	Hygro	WetMd	Herb[Peren]
곧은이삭사초	*Carex atherodes*	사초과	FACW	Hygro	WetMd	Herb[Peren]
골등골나물	*Eupatorium lindleyanum*	국화과	FACW	Hygro	WetMd	Herb[Peren]
골풀	*Juncus decipiens*	골풀과	OBW	Hygro	WetMd	Herb[Peren]
골풀아재비	*Rhynchospora faberi*	사초과	OBW	Hygro	WetMd	Herb[Peren]
곱슬사초	*Carex glabrescens*	사초과	FACW	Hygro	WetMd	Herb[Peren]
광릉골	*Schoenoplectiella komarovii*	사초과	OBW	Macro[Emer]	Aquatic	Herb[Peren]
괭이눈	*Chrysosplenium grayanum*	범의귀과	FACW	Hygro	WetMd	Herb[Peren]
구름골풀	*Juncus triglumis*	골풀과	OBW	Hygro	WetMd	Herb[Peren]
구릿대	*Angelica dahurica*	미나리과	FACW	Hygro	WetMd	Herb[Bien]
구슬사초	*Carex tegulata*	사초과	FACW	Hygro	WetMd	Herb[Peren]
구와가막사리	*Bidens radiata* var. *pinnatifida*	국화과	FACW	Hygro	WetMd	Herb[Ann]
구와말	*Limnophila sessiliflora*	현삼과	OBW	Macro[Emer]	Aquatic	Herb[Peren]
궁궁이	*Angelica polymorpha*	미나리과	FACW	Hygro	WetMd	Herb[Peren]
금강산뚝사초	*Carex forficula* var. *scabrida*	사초과	FACW	Hygro	WetMd	Herb[Peren]
금괭이눈	*Chrysosplenium valdepilosum*	범의귀과	FACW	Hygro	WetMd	Herb[Peren]
금방동사니	*Cyperus microiria*	사초과	FACW	Hygro	WetMd	Herb[Ann]
금소리쟁이	*Rumex maritimus*	마디풀과	FACW	Hygro	WetMd	Herb[Bien]
기는괭이눈	*Chrysosplenium epigealum*	범의귀과	FACW	Hygro	WetMd	Herb[Peren]

한글명	학명	과명	선호도	수생형	생육지	생장형
기생꽃	*Trientalis europaea* subsp. *arctica*	앵초과	FACW	Hygro	WetMd	Herb^{Peren}
기수초	*Suaeda malacosperma*	명아주과	OBW	Macro^{Emer}	Aquatic	Herb^{Ann}
기장대풀	*Isachne globosa*	벼과	OBW	Macro^{Emer}	Aquatic	Herb^{Peren}
긴네모골	*Eleocharis* × *yezoensis*	사초과	OBW	Macro^{Emer}	Aquatic	Herb^{Peren}
긴동아물수세미	*Myriophyllum oguraense*	개미탑과	OBW	Macro^{Sub}	Aquatic	Herb^{Peren}
긴미꾸리낚시	*Persicaria hastatosagittata*	마디풀과	FACW	Hygro	WetMd	Herb^{Ann}
긴쇠털골	*Eleocharis acicularis* subsp. *yokoscensis*	사초과	OBW	Macro^{Emer}	Aquatic	Herb^{Ann}
긴잎끈끈이주걱	*Drosera anglica*	끈끈이귀개과	OBW	Hygro	WetMd	Herb^{Peren}
긴잎별꽃	*Stellaria longifolia*	석죽과	FACW	Hygro	WetMd	Herb^{Peren}
긴잔솔잎사초	*Carex capillacea* var. *sachalinensis*	사초과	FACW	Hygro	WetMd	Herb^{Peren}
긴진들피	*Glyceria arundinacea*	벼과	FACW	Hygro	WetMd	Herb^{Peren}
긴흑삼릉	*Sparganium japonicum*	흑삼릉과	OBW	Macro^{Emer}	Aquatic	Herb^{Peren}
김의골풀	*Juncus baekdusanensis*	골풀과	OBW	Hygro	WetMd	Herb^{Peren}
까락골	*Eleocharis valleculosa* var. *setosa*	사초과	OBW	Macro^{Emer}	Aquatic	Herb^{Peren}
껄끔방동사니	*Cyperus diaphanus*	사초과	FACW	Hygro	WetMd	Herb^{Ann}
께묵	*Hololeion maximowiczii*	국화과	FACW	Hygro	WetMd	Herb^{Peren}
꼬리조팝나무	*Spiraea salicifolia*	장미과	FACW	Hygro	WetMd	Shrub^{Br}
꼬마부들	*Typha laxmannii*	부들과	OBW	Macro^{Emer}	Aquatic	Herb^{Peren}
꼬마수련	*Nymphaea pygmaea*	수련과	OBW	Macro^{Fl-lf}	Aquatic	Herb^{Peren}
꼴하늘지기	*Fimbristylis tristachya* var. *subbispicata*	사초과	FACW	Hygro	WetMd	Herb^{Peren}
꽃버들	*Salix stipularis*	버드나무과	FACW	Hygro	WetMd	^{Sub}tree^{Br}
꽃여뀌	*Persicaria conspicua*	마디풀과	FACW	Hygro	WetMd	Herb^{Peren}
꽃창포	*Iris ensata*	붓꽃과	OBW	Hygro	WetMd	Herb^{Peren}
꿩고비	*Osmunda cinnamomea*	고비과	FACW	Hygro	WetMd	Herb^{Peren}
끈끈이귀개	*Drosera peltata* var. *nipponica*	끈끈이귀개과	OBW	Hygro	WetMd	Herb^{Peren}
끈끈이주걱	*Drosera rotundifolia*	끈끈이귀개과	OBW	Hygro	WetMd	Herb^{Peren}
끈적털갯개미자리	*Spergularia bocconei*	석죽과	FACW	Hygro	WetMd	Herb$^{Ann(win)}$
나도겨풀	*Leersia japonica*	벼과	OBW	Macro^{Emer}	Aquatic	Herb^{Peren}
나도고사리삼	*Ophioderma vulgatum*	고사리삼과	FACW	Hygro	WetMd	Herb^{Peren}
나도논피	*Echinochloa oryzoides*	벼과	FACW	Hygro	WetMd	Herb^{Ann}
나도딸기광이	*Cinna latifolia*	벼과	FACW	Hygro	Forest	Herb^{Peren}
나도미꾸리낚시	*Persicaria maackiana*	마디풀과	FACW	Hygro	WetMd	Herb^{Ann}
나도범의귀	*Mitella nuda*	범의귀과	FACW	Hygro	WetMd	Herb^{Peren}
나도송이고랭이	*Schoenoplectiella* × *trapezoidea*	사초과	OBW	Macro^{Emer}	Aquatic	Herb^{Peren}
나도좀개구리밥	*Lemna minor*	개구리밥과	OBW	Macro^{Float}	Aquatic	Herb^{Peren}
나사말	*Vallisneria natans*	자라풀과	OBW	Macro^{Sub}	Aquatic	Herb^{Peren}
나사줄말	*Ruppia cirrhosa*	줄말과	OBW	Macro^{Sub}	Aquatic	Herb^{Peren}
나자스말	*Najas graminea*	나자스말과	OBW	Macro^{Sub}	Aquatic	Herb^{Ann}

한글명	학명	과명	선호도	수생형	생육지	생장형
낙동나사말	*Vallisneria spinulosa*	자라풀과	OBW	Macro^{Sub}	Aquatic	Herb^{Peren}
낙지다리	*Penthorum chinense*	돌나물과	OBW	Hygro	WetMd	Herb^{Peren}
난쟁이사초	*Carex sedakovii*	사초과	FACW	Hygro	WetMd	Herb^{Peren}
날개골풀	*Juncus alatus*	골풀과	OBW	Hygro	WetMd	Herb^{Peren}
남개구리밥	*Wolffia globosa*	개구리밥과	OBW	Macro^{Float}	Aquatic	Herb^{Peren}
남개연	*Nuphar pumila var. ozeense*	수련과	OBW	Macro^{Fl-lf}	Aquatic	Herb^{Peren}
남방개	*Eleocharis dulcis*	사초과	OBW	Macro^{Emer}	Aquatic	Herb^{Peren}
남포분취	*Saussurea chinnampoensis*	국화과	FACW	Hygro	WetMd	Herb^{Bien}
남하늘지기	*Fimbristylis dichotoma f. floribunda*	사초과	OBW	Hygro	WetMd	Herb^{Ann}
남흑삼릉	*Sparganium fallax*	흑삼릉과	OBW	Macro^{Emer}	Aquatic	Herb^{Peren}
내버들	*Salix gilgiana*	버드나무과	FACW	Hygro	WetMd	Sub tree^{Br}
냇사초	*Carex bohemica*	사초과	FACW	Hygro	WetMd	Herb^{Peren}
너도고랭이	*Scleria parvula*	사초과	FACW	Hygro	WetMd	Herb^{Peren}
너도방동사니	*Cyperus serotinus*	사초과	FACW	Hygro	WetMd	Herb^{Peren}
넌출월귤	*Vaccinium oxycoccus*	진달래과	OBW	Hygro	WetMd	Shrub^{Br}
넓은잎개수염	*Eriocaulon alpestre*	곡정초과	OBW	Hygro	WetMd	Herb^{Ann}
넓은잎말	*Potamogeton perfoliatus*	가래과	OBW	Macro^{Sub}	Aquatic	Herb^{Peren}
넓은잎미꾸리낚시	*Persicaria muricata*	마디풀과	FACW	Hygro	WetMd	Herb^{Ann}
네가래	*Marsilea quadrifolia*	네가래과	OBW	Macro^{Fl-lf}	Aquatic	Herb^{Peren}
네마름	*Trapa natans*	마름과	OBW	Macro^{Fl-lf}	Aquatic	Herb^{Ann}
네모골	*Eleocharis tetraquetra*	사초과	OBW	Macro^{Emer}	Aquatic	Herb^{Peren}
노랑꽃창포	*Iris pseudacorus*	붓꽃과	OBW	Macro^{Emer}	Aquatic	Herb^{Peren}
노랑물봉선	*Impatiens nolitangere*	봉선화과	FACW	Hygro	WetMd	Herb^{Ann}
노랑어리연	*Nymphoides peltata*	조름나물과	OBW	Macro^{Fl-lf}	Aquatic	Herb^{Peren}
논냉이	*Cardamine lyrata*	십자화과	OBW	Macro^{Emer}	Aquatic	Herb^{Peren}
논피	*Echinochloa oryzicola*	벼과	FACW	Hygro	WetMd	Herb^{Ann}
누른괭이눈	*Chrysosplenium flaviflorum*	범의귀과	FACW	Hygro	WetMd	Herb^{Peren}
누운기장대풀	*Isachne nipponensis*	벼과	OBW	Hygro	WetMd	Herb^{Peren}
눈가막사리	*Bidens tripartita var. repens*	국화과	FACW	Hygro	WetMd	Herb^{Ann}
눈갯버들	*Salix graciliglans*	버드나무과	FACW	Hygro	WetMd	Shrub^{Br}
눈비녀골풀	*Juncus wallichianus*	골풀과	OBW	Hygro	Aquatic	Herb^{Peren}
눈썹황새풀	*Eriophorum russeolum*	사초과	OBW	Hygro	WetMd	Herb^{Peren}
눈여뀌바늘	*Ludwigia ovalis*	바늘꽃과	OBW	Macro^{Emer}	Aquatic	Herb^{Peren}
눈포아풀	*Poa palustris*	벼과	FACW	Hygro	WetMd	Herb^{Peren}
는쟁이냉이	*Cardamine komarovii*	십자화과	FACW	Hygro	WetMd	Herb^{Peren}
능수버들	*Salix pseudolasiogyne*	버드나무과	FACW	Hygro	Forest	Tree^{Br}
능수쇠뜨기	*Equisetum sylvaticum*	속새과	FACW	Hygro	WetMd	Herb^{Peren}
늪사초	*Carex buxbaumii*	사초과	OBW	Hygro	WetMd	Herb^{Peren}

한글명	학명	과명	선호도	수생형	생육지	생장형
닥장버들	*Salix brachypoda*	버드나무과	FACW	Hygro	WetMd	Shrub[Br]
단양쑥부쟁이	*Aster altaicus* var. *uchiyamae*	국화과	FACW	Hygro	WetMd	Herb[Bien]
달뿌리풀	*Phragmites japonica*	벼과	OBW	Macro[Emer]	Aquatic	Herb[Peren]
닭의난초	*Epipactis thunbergii*	난초과	OBW	Hygro	WetMd	Herb[Peren]
당버들	*Populus simonii*	버드나무과	FACW	Hygro	Forest	Tree[Br]
당키버들	*Salix purpurea* var. *smithiana*	버드나무과	FACW	Hygro	WetMd	Shrub[Br]
대가래	*Potamogeton wrightii*	가래과	OBW	Macro[Sub]	Aquatic	Herb[Peren]
대구돌나물	*Tillaea aquatica*	돌나물과	OBW	Hygro	WetMd	Herb[Ann]
대동여뀌	*Persicaria koreensis*	마디풀과	FACW	Hygro	WetMd	Herb[Ann]
대만피	*Echinochloa glabrescens*	벼과	FACW	Hygro	WetMd	Herb[Ann]
대송이풀	*Pedicularis sceptrum-carolinum*	현삼과	OBW	Hygro	WetMd	Herb[Peren]
대암사초	*Carex chordorrhiza*	사초과	OBW	Hygro	WetMd	Herb[Peren]
대택광이	*Glyceria spiculosa*	벼과	OBW	Hygro	WetMd	Herb[Peren]
대택보풀	*Sagittaria natans*	택사과	OBW	Macro[Fl-lf]	Aquatic	Herb[Peren]
대택비녀골풀	*Juncus stygius*	골풀과	OBW	Hygro	WetMd	Herb[Peren]
대택사초	*Carex limosa*	사초과	OBW	Hygro	WetMd	Herb[Peren]
덕산풀	*Scleria rugosa* var. *onoei*	사초과	FACW	Hygro	WetMd	Herb[Ann]
덩굴닭의장풀	*Streptolirion volubile*	닭의장풀과	FACW	Hygro	WetMd	Climb[Ann]
덩굴미나리아재비	*Halerpestes cymbalaria*	미나리아재비과	OBW	Macro[Emer]	Aquatic	Herb[Peren]
덩굴사초	*Carex pseudocuraica*	사초과	OBW	Hygro	WetMd	Herb[Peren]
도깨비사초	*Carex dickinsii*	사초과	OBW	Hygro	WetMd	Herb[Peren]
도랭이사초	*Carex nubigena* var. *albata*	사초과	FACW	Hygro	WetMd	Herb[Peren]
도루박이	*Scirpus radicans*	사초과	OBW	Macro[Emer]	Aquatic	Herb[Peren]
독미나리	*Cicuta virosa*	미나리과	OBW	Macro[Emer]	Aquatic	Herb[Peren]
돌바늘꽃	*Epilobium amurense* subsp. *cephalostigma*	바늘꽃과	FACW	Hygro	WetMd	Herb[Peren]
돌피	*Echinochloa crus-galli*	벼과	FACW	Hygro	WetMd	Herb[Ann]
동아나자스말	*Najas orientalis*	나자스말과	OBW	Macro[Sub]	Aquatic	Herb[Ann]
동의나물	*Caltha palustris*	미나리아재비과	OBW	Hygro	WetMd	Herb[Peren]
두메미꾸리광이	*Glyceria alnasteretum*	벼과	FACW	Hygro	WetMd	Herb[Peren]
두메황새풀	*Eriophorum japonicum*	사초과	OBW	Hygro	WetMd	Herb[Peren]
둥근검바늘골	*Eleocharis ovata*	사초과	OBW	Macro[Emer]	Aquatic	Herb[Peren]
둥근잎고추풀	*Deinostema adenocaula*	현삼과	OBW	Hygro	WetMd	Herb[Ann]
둥근잎택사	*Caldesia parnassifolia*	택사과	OBW	Macro[Emer]	Aquatic	Herb[Peren]
드렁방동사니	*Cyperus flavidus*	사초과	FACW	Hygro	WetMd	Herb[Ann]
들개미자리	*Spergula arvensis*	석죽과	FACW	Hygro	WetMd	Herb[Ann]
들통발	*Utricularia pilosa*	통발과	OBW	Macro[Float]	Aquatic	Herb[Ann]
등에풀	*Dopatrium junceum*	현삼과	OBW	Macro[Emer]	Aquatic	Herb[Ann]
등포잎가래	*Potamogeton octandrus* var. *miduhikimo*	가래과	OBW	Macro[Fl-lf]	Aquatic	Herb[Peren]

한글명	학명	과명	선호도	수생형	생육지	생장형
등포풀	*Limosella aquatica*	현삼과	OBW	Hygro	WetMd	Herb[Ann]
땅귀개	*Utricularia bifida*	통발과	OBW	Hygro	WetMd	Herb[Peren]
떡버들	*Salix hallaisanensis*	버드나무과	FACW	Hygro	WetMd	Shrub[Br]
뚜껑덩굴	*Actinostemma lobatum*	박과	OBW	Hygro	WetMd	Climb[Ann]
뚝사초	*Carex thunbergii* var. *appendiculata*	사초과	OBW	Hygro	WetMd	Herb[Peren]
뚝새풀	*Alopecurus aequalis*	벼과	OBW	Hygro	WetMd	Herb[Ann(win)]
레만사초	*Carex lehmannii*	사초과	FACW	Hygro	Forest	Herb[Peren]
마디꽃	*Rotala indica*	부처꽃과	OBW	Macro[Emer]	Aquatic	Herb[Ann]
마름	*Trapa japonica*	마름과	OBW	Macro[Fl-lf]	Aquatic	Herb[Ann]
만주겨이삭여뀌	*Persicaria foliosa*	마디풀과	FACW	Hygro	WetMd	Herb[Ann]
만주애기마름	*Trapa maximowiczii*	마름과	OBW	Macro[Fl-lf]	Aquatic	Herb[Ann]
말즘	*Potamogeton crispus*	가래과	OBW	Macro[Sub]	Aquatic	Herb[Peren]
매자기	*Bolboschoenus maritimus*	사초과	OBW	Macro[Emer]	Aquatic	Herb[Peren]
매화마름	*Ranunculus trichophyllus* var. *kadzusensis*	미나리아재비과	OBW	Macro[Sub]	Aquatic	Herb[Bien]
모기방동사니	*Cyperus haspan*	사초과	FACW	Hygro	WetMd	Herb[Peren]
모래사초	*Carex drymophila* var. *pilifera*	사초과	FACW	Hygro	WetMd	Herb[Peren]
모새달	*Phacelurus latifolius*	벼과	OBW	Hygro	WetMd	Herb[Peren]
모시물통이	*Pilea mongolica*	쐐기풀과	FACW	Hygro	WetMd	Herb[Ann]
무늬사초	*Carex maculata*	사초과	FACW	Hygro	WetMd	Herb[Peren]
무화피올방개아재비	*Eleocharis kamtschatica* f. *reducta*	사초과	OBW	Macro[Emer]	Aquatic	Herb[Peren]
묵밭소리쟁이	*Rumex conglomeratus*	마디풀과	FACW	Hygro	WetMd	Herb[Peren]
문모초	*Veronica peregrina*	현삼과	OBW	Hygro	WetMd	Herb[Ann(win)]
물개구리밥	*Azolla imbricata*	물개구리밥과	OBW	Macro[Float]	Aquatic	Herb[Peren]
물개발나물	*Sium suave* var. *nipponicum*	미나리과	OBW	Hygro	WetMd	Herb[Peren]
물고랭이	*Schoenoplectus nipponicus*	사초과	OBW	Macro[Emer]	Aquatic	Herb[Peren]
물고사리	*Ceratopteris thalictroides*	물고사리과	OBW	Macro[Emer]	Aquatic	Herb[Ann]
물고추나물	*Triadenum japonicum*	물레나물과	OBW	Hygro	WetMd	Herb[Peren]
물골풀	*Juncus gracillimus*	골풀과	OBW	Hygro	WetMd	Herb[Peren]
물그령	*Eragrostis aquatica*	벼과	OBW	Hygro	WetMd	Herb[Peren]
물까치수염	*Lysimachia leucantha*	앵초과	OBW	Hygro	WetMd	Herb[Peren]
물꼬리사초	*Carex aequialta*	사초과	FACW	Hygro	WetMd	Herb[Peren]
물꼬리풀	*Dysophylla stellata*	꿀풀과	OBW	Hygro	WetMd	Herb[Ann]
물꼬챙이골	*Eleocharis ussuriensis*	사초과	OBW	Macro[Emer]	Aquatic	Herb[Peren]
물꽈리아재비	*Mimulus nepalensis*	현삼과	OBW	Hygro	WetMd	Herb[Peren]
물냉이	*Nasturtium officinale*	십자화과	OBW	Macro[Emer]	Aquatic	Herb[Peren]
물달개비	*Monochoria vaginalis*	물옥잠과	OBW	Macro[Emer]	Aquatic	Herb[Ann]
물대	*Arundo donax*	벼과	FACW	Hygro	WetMd	Herb[Peren]
물뚝새	*Sacciolepis indica* var. *oryzetorum*	벼과	FACW	Hygro	WetMd	Herb[Ann]

한글명	학명	과명	선호도	수생형	생육지	생장형
물마디꽃	*Rotala rosea*	부처꽃과	OBW	Macro^{Emer}	Aquatic	Herb^{Ann}
물매화	*Parnassia palustris* var. *multiseta*	물매화과	FACW	Hygro	WetMd	Herb^{Peren}
물머위	*Adenostemma lavenia*	국화과	FACW	Hygro	WetMd	Herb^{Peren}
물미나리아재비	*Ranunculus gmelinii*	미나리아재비과	OBW	Hygro	WetMd	Herb^{Peren}
물방동사니	*Cyperus glomeratus*	사초과	FACW	Hygro	WetMd	Herb^{Ann}
물벼룩이자리	*Elatine triandra*	물별과	OBW	Macro^{Emer}	Aquatic	Herb^{Ann}
물별	*Elatine triandra* var. *pedicellata*	물별과	OBW	Macro^{Emer}	Aquatic	Herb^{Ann}
물별이끼	*Callitriche palustris*	별이끼과	OBW	Macro^{Fl-lf}	Aquatic	Herb^{Ann}
물봉선	*Impatiens textori*	봉선화과	FACW	Hygro	WetMd	Herb^{Ann}
물부추	*Isoetes japonica*	물부추과	OBW	Macro^{Emer}	Aquatic	Herb^{Peren}
물사초	*Carex rotundata*	사초과	OBW	Hygro	WetMd	Herb^{Peren}
물삿갓사초	*Carex rostrata* var. *borealis*	사초과	OBW	Hygro	WetMd	Herb^{Peren}
물석송	*Lycopodiella cernua*	석송과	FACW	Hygro	WetMd	Herb^{Peren}
물속새	*Equisetum fluviatile*	속새과	OBW	Macro^{Emer}	Aquatic	Herb^{Peren}
물솜방망이	*Tephroseris pseudosonchus*	국화과	FACW	Hygro	WetMd	Herb^{Peren}
물쇠뜨기	*Equisetum pratense*	속새과	FACW	Hygro	WetMd	Herb^{Peren}
물수세미	*Myriophyllum verticillatum*	개미탑과	OBW	Macro^{Sub}	Aquatic	Herb^{Peren}
물쑥	*Artemisia selengensis*	국화과	FACW	Hygro	WetMd	Herb^{Peren}
물억새	*Miscanthus sacchariflorus*	벼과	FACW	Hygro	WetMd	Herb^{Peren}
물여뀌	*Persicaria amphibia*	마디풀과	OBW	Macro^{Fl-lf}	Aquatic	Herb^{Peren}
물여뀌바늘	*Ludwigia peploides*	바늘꽃과	OBW	Macro^{Emer}	Aquatic	Herb^{Peren}
물옥잠	*Monochoria korsakowii*	물옥잠과	OBW	Macro^{Emer}	Aquatic	Herb^{Ann}
물잎풀	*Hygrophila ringens*	쥐꼬리망초과	OBW	Hygro	WetMd	Herb^{Peren}
물잔디	*Pseudoraphis sordida*	벼과	OBW	Macro^{Emer}	Aquatic	Herb^{Peren}
물지채	*Triglochin palustris*	지채과	OBW	Hygro	WetMd	Herb^{Peren}
물질경이	*Ottelia alismoides*	자라풀과	OBW	Macro^{Sub}	Aquatic	Herb^{Ann}
물참새피	*Paspalum distichum*	벼과	OBW	Hygro	WetMd	Herb^{Peren}
물칭개나물	*Veronica undulata*	현삼과	OBW	Hygro	WetMd	Herb^{Bien}
물통이	*Pilea peploides*	쐐기풀과	FACW	Hygro	WetMd	Herb^{Ann}
물피	*Echinochloa caudata*	벼과	FACW	Hygro	WetMd	Herb^{Ann}
물하늘지기	*Fimbristylis drizae*	사초과	OBW	Hygro	WetMd	Herb^{Peren}
물황철나무	*Populus koreana*	버드나무과	FACW	Hygro	Forest	Tree^{Br}
미국가막사리	*Bidens frondosa*	국화과	FACW	Hygro	WetMd	Herb^{Ann}
미국물칭개나물	*Veronica americana*	현삼과	OBW	Hygro	WetMd	Herb^{Peren}
미국외풀	*Lindernia dubia*	현삼과	OBW	Hygro	WetMd	Herb^{Ann}
미국좀부처꽃	*Ammannia coccinea*	부처꽃과	OBW	Hygro	WetMd	Herb^{Ann}
미국큰고추풀	*Gratiola neglecta*	현삼과	OBW	Hygro	WetMd	Herb^{Ann}
미꾸리낚시	*Persicaria sagittata* var. *sieboldii*	마디풀과	FACW	Hygro	WetMd	Herb^{Ann}

한글명	학명	과명	선호도	수생형	생육지	생장형
미나리	*Oenanthe javanica*	미나리과	OBW	Macro[Emer]	Aquatic	Herb[Peren]
미나리냉이	*Cardamine leucantha*	십자화과	FACW	Hygro	WetMd	Herb[Peren]
미색물봉선	*Impatiens nolitangere* var. *pallescens*	봉선화과	FACW	Hygro	WetMd	Herb[Ann]
민구와말	*Limnophila indica*	현삼과	OBW	Macro[Emer]	Aquatic	Herb[Peren]
민까락골	*Eleocharis valleculosa*	사초과	OBW	Macro[Emer]	Aquatic	Herb[Peren]
민나자스말	*Najas marina*	나자스말과	OBW	Macro[Sub]	Aquatic	Herb[Ann]
민뚝사초	*Carex sadoensis*	사초과	OBW	Hygro	WetMd	Herb[Peren]
민숲이삭사초	*Carex drymophila* var. *abbreviata*	사초과	OBW	Hygro	WetMd	Herb[Peren]
민하늘지기	*Fimbristylis squarrosa*	사초과	FACW	Hygro	WetMd	Herb[Ann]
바늘골	*Eleocharis congesta* var. *japonica*	사초과	OBW	Macro[Emer]	Aquatic	Herb[Ann]
바늘꽃	*Epilobium pyrricholophum*	바늘꽃과	FACW	Hygro	WetMd	Herb[Peren]
바늘사초	*Carex onoei*	사초과	FACW	Hygro	Forest	Herb[Peren]
바람하늘지기	*Fimbristylis littoralis*	사초과	FACW	Hygro	WetMd	Herb[Peren]
바랭이사초	*Carex incisa*	사초과	FACW	Hygro	WetMd	Herb[Peren]
바보여뀌	*Persicaria pubescens*	마디풀과	FACW	Hygro	WetMd	Herb[Ann]
바위사초	*Carex lithophila*	사초과	FACW	Hygro	WetMd	Herb[Peren]
박하	*Mentha canadensis*	꿀풀과	FACW	Hygro	WetMd	Herb[Peren]
반짝버들	*Salix pseudopentandra*	버드나무과	FACW	Hygro	WetMd	Shrub[Br]
발톱꿩의다리	*Thalictrum sparsiflorum*	미나리아재비과	FACW	Hygro	WetMd	Herb[Peren]
방동사니대가리	*Cyperus sanguinolentus*	사초과	FACW	Hygro	WetMd	Herb[Ann]
방석나물	*Suaeda australis*	명아주과	FACW	Hygro	WetMd	Herb[Ann]
방울고랭이	*Scirpus wichurae*	사초과	OBW	Macro[Emer]	Aquatic	Herb[Peren]
방울새란	*Pogonia minor*	난초과	FACW	Hygro	WetMd	Herb[Peren]
밭둑외풀	*Lindernia procumbens*	현삼과	FACW	Hygro	WetMd	Herb[Ann]
밭하늘지기	*Fimbristylis stauntonii*	사초과	FACW	Hygro	WetMd	Herb[Ann]
백두실골풀	*Juncus potaninii*	골풀과	OBW	Hygro	WetMd	Herb[Peren]
뱀톱	*Huperzia serrata*	석송과	FACW	Hygro	WetMd	Herb[Peren]
버드나무	*Salix pierotii*	버드나무과	FACW	Hygro	Forest	Tree[Br]
버들겨이삭여뀌	*Persicaria foliosa* var. *paludicola*	마디풀과	FACW	Hygro	WetMd	Herb[Ann]
버들까치수염	*Lysimachia thyrsiflora*	앵초과	FACW	Hygro	WetMd	Herb[Peren]
버들말즘	*Potamogeton oxyphyllus*	가래과	OBW	Macro[Sub]	Aquatic	Herb[Peren]
버들바늘꽃	*Epilobium palustre*	바늘꽃과	OBW	Hygro	Aquatic	Herb[Peren]
벌레먹이말	*Aldrovanda vesiculosa*	끈끈이귀개과	OBW	Macro[Sub]	Aquatic	Herb[Peren]
벌레잡이제비꽃	*Pinguicula vulgaris* var. *macroceras*	통발과	OBW	Hygro	WetMd	Herb[Peren]
벌사초	*Carex lasiocarpa* var. *occultans*	사초과	OBW	Hygro	WetMd	Herb[Peren]
벗풀	*Sagittaria trifolia*	택사과	OBW	Macro[Emer]	Aquatic	Herb[Peren]
별날개골풀	*Juncus diastrophanthus*	골풀과	OBW	Hygro	WetMd	Herb[Peren]
별사초	*Carex tenuiflora*	사초과	OBW	Hygro	WetMd	Herb[Peren]

한글명	학명	과명	선호도	수생형	생육지	생장형
별이끼	*Callitriche japonica*	별이끼과	OBW	Hygro	WetMd	Herb^{Ann}
별풍경사초	*Carex maximowiczii var. levisaccus*	사초과	FACW	Hygro	WetMd	Herb^{Peren}
병아리다리	*Salomonia oblongifolia*	원지과	FACW	Hygro	WetMd	Herb^{Ann}
병아리방동사니	*Cyperus hakonensis*	사초과	FACW	Hygro	WetMd	Herb^{Ann}
보풀	*Sagittaria aginashi*	택사과	OBW	Macro^{Emer}	Aquatic	Herb^{Peren}
봄구슬붕이	*Gentiana thunbergii*	용담과	FACW	Hygro	WetMd	Herb$^{Ann(win)}$
부들	*Typha orientalis*	부들과	OBW	Macro^{Emer}	Aquatic	Herb^{Peren}
부령소리쟁이	*Rumex patientia*	마디풀과	FACW	Hygro	WetMd	Herb^{Peren}
부전송이풀	*Pedicularis palustris*	현삼과	OBW	Hygro	WetMd	Herb^{Peren}
부전자작나무	*Betula ovalifolia*	자작나무과	FACW	Hygro	WetMd	Shrub^{Br}
부채붓꽃	*Iris setosa*	붓꽃과	FACW	Hygro	WetMd	Herb^{Peren}
부처꽃	*Lythrum anceps*	부처꽃과	OBW	Hygro	WetMd	Herb^{Peren}
북미나리아재비	*Ranunculus natans*	미나리아재비과	FACW	Hygro	WetMd	Herb^{Peren}
북사초	*Carex augustinowiczii*	사초과	FACW	Hygro	WetMd	Herb^{Peren}
북통발	*Utricularia × ochroleuca*	통발과	OBW	Macro^{Float}	Aquatic	Herb^{Peren}
분개구리밥	*Wolffia arrhiza*	개구리밥과	OBW	Macro^{Float}	Aquatic	Herb^{Peren}
분버들	*Salix rorida*	버드나무과	FACW	Hygro	Forest	Tree^{Br}
붉은골풀아재비	*Rhynchospora rubra*	사초과	FACW	Hygro	WetMd	Herb^{Peren}
붕어마름	*Ceratophyllum d^{Emer}sum*	붕어마름과	OBW	Macro^{Sub}	Aquatic	Herb^{Peren}
비녀골풀	*Juncus krameri*	골풀과	OBW	Hygro	WetMd	Herb^{Peren}
비늘사초	*Carex phacota*	사초과	FACW	Hygro	WetMd	Herb^{Peren}
비로용담	*Gentiana jamesii*	용담과	FACW	Hygro	WetMd	Herb^{Peren}
비쑥	*Artemisia scoparia*	국화과	OBW	Hygro	WetMd	Herb^{Bien}
비짜루국화	*Aster subulatus*	국화과	FACW	Hygro	WetMd	Herb^{Ann}
뿔고사리	*Cornopteris decurrenti-alata*	개고사리과	FACW	Hygro	Forest	Herb^{Peren}
뿔말	*Zannichellia palustris*	뿔말과	OBW	Macro^{Sub}	Aquatic	Herb^{Peren}
사마귀풀	*Murdannia keisak*	닭의장풀과	OBW	Macro^{Emer}	Aquatic	Herb^{Ann}
사상자	*Torilis japonica*	미나리과	FACW	Hygro	WetMd	Herb^{Bien}
산괭이눈	*Chrysosplenium japonicum*	범의귀과	FACW	Hygro	WetMd	Herb^{Peren}
산괭이사초	*Carex leiorhyncha*	사초과	FACW	Hygro	WetMd	Herb^{Peren}
산꼬리사초	*Carex shimidzensis*	사초과	OBW	Hygro	WetMd	Herb^{Peren}
산냉이	*Cardamine prorepens*	십자화과	FACW	Hygro	WetMd	Herb^{Peren}
산뚝사초	*Carex forficula*	사초과	FACW	Hygro	WetMd	Herb^{Peren}
산물통이	*Pilea japonica*	쐐기풀과	FACW	Hygro	Forest	Herb^{Ann}
산바늘사초	*Carex pauciflora*	사초과	OBW	Hygro	WetMd	Herb^{Peren}
산부채	*Calla palustris*	천남성과	OBW	Hygro	WetMd	Herb^{Peren}
산비늘사초	*Carex heterolepis*	사초과	OBW	Hygro	WetMd	Herb^{Peren}
산사초	*Carex canescens*	사초과	OBW	Hygro	WetMd	Herb^{Peren}

한글명	학명	과명	선호도	수생형	생육지	생장형
산쉽싸리	*Lycopus charkeviczii*	꿀풀과	OBW	Hygro	WetMd	Herb[Peren]
산이삭사초	*Carex lyngbyei*	사초과	OBW	Hygro	WetMd	Herb[Peren]
삼백초	*Saururus chinensis*	삼백초과	FACW	Hygro	WetMd	Herb[Peren]
삼잎구와가막사리	*Bidens radiata*	국화과	FACW	Hygro	WetMd	Herb[Ann]
삼쥐손이풀	*Geranium soboliferum*	쥐손이풀과	FACW	Hygro	WetMd	Herb[Peren]
삿갓사초	*Carex dispalata*	사초과	OBW	Hygro	WetMd	Herb[Peren]
새박	*Melothria japonica*	박과	FACW	Hygro	WetMd	Climb[Ann]
새방울사초	*Carex vesicaria*	사초과	OBW	Hygro	WetMd	Herb[Peren]
새섬매자기	*Bolboschoenus planiculmis*	사초과	OBW	Macro[Emer]	Aquatic	Herb[Peren]
새양버들	*Chosenia arbutifolia*	버드나무과	FACW	Hygro	Forest	Tree[Br]
새우가래	*Potamogeton maackianus*	가래과	OBW	Macro[Sub]	Aquatic	Herb[Peren]
새우말	*Phyllospadix iwatensis*	거머리말과	OBW	Macro[Sub]	Aquatic	Herb[Peren]
생이가래	*Salvinia natans*	생이가래과	OBW	Macro[Float]	Aquatic	Herb[Ann]
서수라사초	*Carex kirganica*	사초과	OBW	Hygro	WetMd	Herb[Peren]
서울개발나물	*Pterygopleurum neurophyllum*	미나리과	OBW	Hygro	WetMd	Herb[Peren]
서울방동사니	*Cyperus pacificus*	사초과	FACW	Hygro	WetMd	Herb[Ann]
석창포	*Acorus gramineus*	창포과	OBW	Macro[Emer]	Aquatic	Herb[Peren]
선가래	*Potamogeton fryeri*	가래과	OBW	Macro[Fl-lf]	Aquatic	Herb[Peren]
선팽이눈	*Chrysosplenium pseudofauriei*	범의귀과	FACW	Hygro	WetMd	Herb[Peren]
선물수세미	*Myriophyllum ussuriense*	개미탑과	OBW	Macro[Sub]	Aquatic	Herb[Peren]
선버들	*Salix triandra* subsp. *nipponica*	버드나무과	FACW	Hygro	WetMd	Sub tree[Br]
선제비꽃	*Viola raddeana*	제비꽃과	FACW	Hygro	WetMd	Herb[Peren]
설령골풀	*Juncus triceps*	골풀과	OBW	Hygro	WetMd	Herb[Peren]
설령황새풀	*Eriophorum brachyantherum*	사초과	OBW	Hygro	WetMd	Herb[Peren]
섬고사리	*Athyrium acutipinnulum*	개고사리과	FACW	Hygro	WetMd	Herb[Peren]
섬까치수염	*Lysimachia acroadenia*	앵초과	FACW	Hygro	Forest	Herb[Peren]
세대가리	*Lipocarpha microcephala*	사초과	FACW	Hygro	WetMd	Herb[Ann]
세모고랭이	*Schoenoplectus triqueter*	사초과	OBW	Macro[Emer]	Aquatic	Herb[Peren]
세수염마름	*Trapella sinensis*	참깨과	OBW	Macro[Fl-lf]	Aquatic	Herb[Peren]
세잎개발나물	*Sium ternifolium*	미나리과	OBW	Hygro	WetMd	Herb[Peren]
소귀나물	*Sagittaria trifolia* var. *edulis*	택사과	OBW	Macro[Emer]	Aquatic	Herb[Peren]
소엽풀	*Limnophila aromatica*	현삼과	OBW	Hygro	WetMd	Herb[Ann]
속새	*Equisetum hyemale*	속새과	FACW	Hygro	WetMd	Herb[Peren]
속속이풀	*Rorippa palustris*	십자화과	FACW	Hygro	WetMd	Herb[Ann(win)]
손바닥난초	*Gymnadenia conopsea*	난초과	FACW	Hygro	WetMd	Herb[Peren]
솔방울고랭이	*Scirpus karuizawensis*	사초과	OBW	Macro[Emer]	Aquatic	Herb[Peren]
솔방울골	*Scirpus mitsukurianus*	사초과	OBW	Macro[Emer]	Aquatic	Herb[Peren]
솔잎가래	*Potamogeton pectinatus*	가래과	OBW	Macro[Sub]	Aquatic	Herb[Peren]

한글명	학명	과명	선호도	수생형	생육지	생장형
솔잎사초	*Carex biwensis*	사초과	OBW	Hygro	WetMd	Herb^{Peren}
솜쑥방망이	*Tephroseris pierotii*	국화과	FACW	Hygro	WetMd	Herb^{Peren}
송이고랭이	*Schoenoplectiella triangulata*	사초과	OBW	Macro^{Emer}	Aquatic	Herb^{Peren}
쇠낚시사초	*Carex papulosa*	사초과	FACW	Hygro	Forest	Herb^{Peren}
쇠돌피	*Polypogon fugax*	벼과	FACW	Hygro	WetMd	Herb^{Ann(win)}
쇠뜨기말풀	*Hippuris vulgaris*	쇠뜨기말풀과	OBW	Macro^{Sub}	Aquatic	Herb^{Peren}
쇠바늘골	*Eleocharis congesta* var. *thermalis*	사초과	OBW	Macro^{Emer}	Aquatic	Herb^{Peren}
쇠방동사니	*Cyperus orthostachyus*	사초과	FACW	Hygro	WetMd	Herb^{Ann}
쇠치기풀	*Hemarthria sibirica*	벼과	FACW	Hygro	WetMd	Herb^{Peren}
쇠털골	*Eleocharis acicularis*	사초과	OBW	Macro^{Emer}	Aquatic	Herb^{Ann}
쇠풍경사초	*Carex maximowiczii* var. *suifunensis*	사초과	FACW	Hygro	WetMd	Herb^{Peren}
수거머리말	*Zostera caulescens*	거머리말과	OBW	Macro^{Sub}	Aquatic	Herb^{Peren}
수련	*Nymphaea tetragona*	수련과	OBW	Macro^{Fl-lf}	Aquatic	Herb^{Peren}
수염가래꽃	*Lobelia chinensis*	초롱꽃과	OBW	Hygro	WetMd	Herb^{Peren}
수염마름	*Trapella sinensis* var. *antennifera*	참깨과	OBW	Macro^{Fl-lf}	Aquatic	Herb^{Peren}
수원고랭이	*Schoenoplectiella wallichii*	사초과	OBW	Macro^{Emer}	Aquatic	Herb^{Peren}
수원사초	*Carex omiana*	사초과	OBW	Hygro	WetMd	Herb^{Peren}
순채	*Brasenia schreberi*	어항마름과	OBW	Macro^{Fl-lf}	Aquatic	Herb^{Peren}
숫잔대	*Lobelia sessilifolia*	초롱꽃과	OBW	Hygro	WetMd	Herb^{Peren}
숲이삭사초	*Carex drymophila*	사초과	FACW	Hygro	WetMd	Herb^{Peren}
쉽싸리	*Lycopus lucidus*	꿀풀과	OBW	Hygro	WetMd	Herb^{Peren}
시베리아괭이눈	*Chrysosplenium serreanum*	범의귀과	FACW	Hygro	WetMd	Herb^{Peren}
실나자스말	*Najas gracillima*	나자스말과	OBW	Macro^{Sub}	Aquatic	Herb^{Ann}
실말	*Potamogeton pusillus*	가래과	OBW	Macro^{Sub}	Aquatic	Herb^{Peren}
실별꽃	*Stellaria filicaulis*	석죽과	FACW	Hygro	WetMd	Herb^{Peren}
실비녀골풀	*Juncus maximowiczii*	골풀과	OBW	Hygro	WetMd	Herb^{Peren}
실이삭사초	*Carex laxa*	사초과	OBW	Hygro	WetMd	Herb^{Peren}
실통발	*Utricularia minor*	통발과	OBW	Macro^{Float}	Aquatic	Herb^{Peren}
쌀사초	*Carex glauciformis*	사초과	FACW	Hygro	WetMd	Herb^{Peren}
아욱제비꽃	*Viola hondoensis*	제비꽃과	FACW	Hygro	Forest	Herb^{Peren}
앉은가래	*Potamogeton heterophyllus*	가래과	OBW	Macro^{Fl-lf}	Aquatic	Herb^{Peren}
알방동사니	*Cyperus difformis*	사초과	OBW	Hygro	WetMd	Herb^{Ann}
암하늘지기	*Fimbristylis squarrosa* var. *esquarrosa*	사초과	FACW	Hygro	WetMd	Herb^{Ann}
애기가래	*Potamogeton octandrus*	가래과	OBW	Macro^{Fl-lf}	Aquatic	Herb^{Peren}
애기개올미	*Scleria caricina*	사초과	OBW	Macro^{Emer}	Aquatic	Herb^{Ann}
애기거머리말	*Zostera japonica*	거머리말과	OBW	Macro^{Sub}	Aquatic	Herb^{Peren}
애기고추나물	*Hypericum japonicum*	물레나물과	FACW	Hygro	WetMd	Herb^{Ann}
애기곡정초	*Eriocaulon sphagnicolum*	곡정초과	OBW	Hygro	WetMd	Herb^{Ann}

한글명	학명	과명	선호도	수생형	생육지	생장형
애기골무꽃	*Scutellaria dependens*	꿀풀과	FACW	Hygro	WetMd	Herb[Peren]
애기골풀	*Juncus bufonius*	골풀과	OBW	Hygro	WetMd	Herb[Ann]
애기괭이눈	*Chrysosplenium flagelliferum*	범의귀과	FACW	Hygro	WetMd	Herb[Peren]
애기덕산풀	*Scleria pergracilis*	사초과	FACW	Hygro	WetMd	Herb[Ann]
애기마름	*Trapa incisa*	마름과	OBW	Macro[Fl-lf]	Aquatic	Herb[Ann]
애기물꽈리아재비	*Mimulus tenellus*	현삼과	OBW	Hygro	WetMd	Herb[Peren]
애기물매화	*Parnassia alpicola*	물매화과	FACW	Hygro	WetMd	Herb[Peren]
애기바늘사초	*Carex hakonensis*	사초과	OBW	Hygro	WetMd	Herb[Peren]
애기방동사니	*Cyperus pygmaeus*	사초과	FACW	Hygro	WetMd	Herb[Ann]
애기봄맞이	*Androsace filiformis*	앵초과	FACW	Hygro	WetMd	Herb[Ann]
애기부들	*Typha angustifolia*	부들과	OBW	Macro[Emer]	Aquatic	Herb[Peren]
애기비쑥	*Artemisia fauriei*	국화과	OBW	Hygro	WetMd	Herb[Bien]
애기쉽싸리	*Lycopus maackianus*	꿀풀과	OBW	Hygro	WetMd	Herb[Peren]
애기어리연	*Nymphoides coreana*	조름나물과	OBW	Macro[Fl-lf]	Aquatic	Herb[Peren]
애기염주사초	*Carex macroglossa*	사초과	FACW	Hygro	WetMd	Herb[Peren]
애기월귤	*Vaccinium microcarpum*	진달래과	OBW	Hygro	WetMd	Shrub[Br]
애기천일사초	*Carex subspathacea*	사초과	OBW	Hygro	WetMd	Herb[Peren]
애기하늘지기	*Fimbristylis autumnalis*	사초과	FACW	Hygro	WetMd	Herb[Ann]
애기황새풀	*Trichophorum alpinum*	사초과	OBW	Hygro	WetMd	Herb[Peren]
앵무새깃물수세미	*Myriophyllum aquaticum*	개미탑과	OBW	Macro[Sub]	Aquatic	Herb[Peren]
야지피	*Calamagrostis neglecta* var. *aculeolata*	벼과	OBW	Hygro	WetMd	Herb[Peren]
양덕사초	*Carex stipata*	사초과	OBW	Hygro	WetMd	Herb[Peren]
양뿔사초	*Carex capricornis*	사초과	FACW	Hygro	WetMd	Herb[Peren]
어른지기	*Fimbristylis complanata* var. *exaltata*	사초과	FACW	Hygro	WetMd	Herb[Peren]
어리연	*Nymphoides indica*	조름나물과	OBW	Macro[Fl-lf]	Aquatic	Herb[Peren]
엉성겨이삭	*Agrostis divaricatissima*	벼과	FACW	Hygro	WetMd	Herb[Peren]
여뀌	*Persicaria hydropiper*	마디풀과	FACW	Hygro	WetMd	Herb[Ann]
여뀌바늘	*Ludwigia epilobioides*	바늘꽃과	OBW	Macro[Emer]	Aquatic	Herb[Ann]
연	*Nelumbo nucifera*	연과	OBW	Macro[Emer]	Aquatic	Herb[Peren]
열대방동사니	*Cyperus eragrostis*	사초과	FACW	Hygro	WetMd	Herb[Peren]
열대피	*Echinochloa colona*	벼과	FACW	Hygro	WetMd	Herb[Ann]
엷은갈미사초	*Carex eleusinoides*	사초과	FACW	Hygro	WetMd	Herb[Peren]
엷은잎제비꽃	*Viola blandiformis*	제비꽃과	FACW	Hygro	WetMd	Herb[Peren]
염낭사초	*Carex mollissima*	사초과	OBW	Hygro	WetMd	Herb[Peren]
영국갯끈풀	*Spartina anglica*	벼과	OBW	Macro[Emer]	Aquatic	Herb[Peren]
오리나무	*Alnus japonica*	자작나무과	FACW	Hygro	Forest	Tree[Br]
오성붕어마름	*Ceratophyllum demersum* var. *quadrispinum*	붕어마름과	OBW	Macro[Sub]	Aquatic	Herb[Peren]
올미	*Sagittaria pygmaea*	택사과	OBW	Macro[Emer]	Aquatic	Herb[Peren]

한글명	학명	과명	선호도	수생형	생육지	생장형
올방개	*Eleocharis kuroguwai*	사초과	OBW	Macro^{Emer}	Aquatic	Herb^{Peren}
올방개아재비	*Eleocharis kamtschatica*	사초과	OBW	Macro^{Emer}	Aquatic	Herb^{Peren}
올챙이고랭이	*Schoenoplectiella juncoides*	사초과	OBW	Macro^{Emer}	Aquatic	Herb^{Peren}
올챙이솔	*Blyxa japonica*	자라풀과	OBW	Macro^{Sub}	Aquatic	Herb^{Ann}
올챙이자리	*Blyxa aubertii*	자라풀과	OBW	Macro^{Sub}	Aquatic	Herb^{Ann}
올챙이풀	*Blyxa echinosperma*	자라풀과	OBW	Macro^{Sub}	Aquatic	Herb^{Ann}
왕거머리말	*Zostera asiatica*	거머리말과	OBW	Macro^{Sub}	Aquatic	Herb^{Peren}
왕미꾸리광이	*Glyceria leptolepis*	벼과	OBW	Hygro	WetMd	Herb^{Peren}
왕버들	*Salix chaenomeloides*	버드나무과	FACW	Hygro	Forest	Tree^{Br}
왕비늘사초	*Carex maximowiczii*	사초과	FACW	Hygro	WetMd	Herb^{Peren}
왕삿갓사초	*Carex rhynchophysa*	사초과	OBW	Hygro	WetMd	Herb^{Peren}
왕제비꽃	*Viola websteri*	제비꽃과	FACW	Hygro	WetMd	Herb^{Peren}
왜개연	*Nuphar pumila*	수련과	OBW	Macro^{Fl-lf}	Aquatic	Herb^{Peren}
왜떡쑥	*Gnaphalium uliginosum*	국화과	FACW	Hygro	WetMd	Herb^{Ann}
우단석잠풀	*Stachys oblongifolia*	꿀풀과	FACW	Hygro	WetMd	Herb^{Peren}
우산방동사니	*Cyperus tenuispica*	사초과	FACW	Hygro	WetMd	Herb^{Ann}
울릉바늘꽃	*Epilobium ulleungensis*	바늘꽃과	FACW	Hygro	Forest	Herb^{Peren}
원산바늘골	*Eleocharis maximowiczii*	사초과	OBW	Macro^{Emer}	Aquatic	Herb^{Peren}
유럽미나리아재비	*Ranunculus muricatus*	미나리아재비과	FACW	Hygro	WetMd	Herb^{Ann}
유럽육절보리풀	*Glyceria declinata*	벼과	FACW	Hygro	WetMd	Herb^{Peren}
유럽큰고추풀	*Gratiola officinalis*	현삼과	OBW	Hygro	WetMd	Herb^{Peren}
유전마름	*Trapa bicornis*	마름과	OBW	Macro^{Fl-lf}	Aquatic	Herb^{Ann}
육절보리풀	*Glyceria acutiflora*	벼과	OBW	Macro^{Emer}	Aquatic	Herb^{Peren}
육지꽃버들	*Salix viminalis*	버드나무과	FACW	Hygro	WetMd	^{Sub}tree^{Br}
융단사초	*Carex miyabei*	사초과	OBW	Hygro	WetMd	Herb^{Peren}
음양고비	*Osmunda claytoniana*	고비과	FACW	Hygro	WetMd	Herb^{Peren}
이삭귀개	*Utricularia racemosa*	통발과	OBW	Hygro	WetMd	Herb^{Peren}
이삭물수세미	*Myriophyllum spicatum*	개미탑과	OBW	Macro^{Sub}	Aquatic	Herb^{Peren}
이삭사초	*Carex dimorpholepis*	사초과	OBW	Hygro	WetMd	Herb^{Peren}
이삭송이풀	*Pedicularis spicata*	현삼과	FACW	Hygro	WetMd	Herb^{Peren}
자귀풀	*Aeschynomene indica*	콩과	FACW	Hygro	WetMd	Herb^{Ann}
자라풀	*Hydrocharis dubia*	자라풀과	OBW	Macro^{Fl-lf}	Aquatic	Herb^{Peren}
자주가는오이풀	*Sanguisorba tenuifolia* var. *purpurea*	장미과	FACW	Hygro	WetMd	Herb^{Peren}
자주땅귀개	*Utricularia yakusimensis*	통발과	OBW	Hygro	WetMd	Herb^{Ann}
작은황새풀	*Eriophorum gracile*	사초과	OBW	Hygro	WetMd	Herb^{Peren}
잔솔잎사초	*Carex capillacea*	사초과	FACW	Hygro	WetMd	Herb^{Peren}
잔잎바디	*Angelica czernaevia*	미나리과	FACW	Hygro	WetMd	Herb^{Peren}
잠자리난초	*Habenaria linearifolia*	난초과	FACW	Hygro	WetMd	Herb^{Peren}

한글명	학명	과명	선호도	수생형	생육지	생장형
장성사초	*Carex kujuzana*	사초과	OBW	Hygro	WetMd	Herb^{Peren}
장지석남	*Andromeda polifolia*	진달래과	OBW	Hygro	WetMd	Shrub^{Br}
장지채	*Scheuchzeria palustris*	장지채과	OBW	Hygro	WetMd	Herb^{Peren}
장흥개수염	*Eriocaulon buergerianum*	곡정초과	OBW	Hygro	WetMd	Herb^{Ann}
전주물꼬리풀	*Dysophylla yatabeana*	꿀풀과	OBW	Hygro	WetMd	Herb^{Peren}
점개구리밥	*Spirodela punctata*	개구리밥과	OBW	Macro^{Float}	Aquatic	Herb^{Peren}
정족산고추나물	*Hypericum jeongjocksanense*	물레나물과	FACW	Hygro	WetMd	Herb^{Ann}
제비동자꽃	*Lychnis wilfordii*	석죽과	FACW	Hygro	WetMd	Herb^{Peren}
제비붓꽃	*Iris laevigata*	붓꽃과	OBW	Hygro	WetMd	Herb^{Peren}
제주검정곡정초	*Eriocaulon glaberrimum var. platypetalum*	곡정초과	OBW	Hygro	WetMd	Herb^{Ann}
제주고사리삼	*Mankyua chejuense*	고사리삼과	FACW	Hygro	Forest	Herb^{Peren}
제주물부추	*Isoetes jejuensis*	물부추과	OBW	Macro^{Emer}	Aquatic	Herb^{Peren}
제주올챙이골	*Schoenoplectiella lineolata*	사초과	OBW	Macro^{Emer}	Aquatic	Herb^{Peren}
제주큰물통이	*Pilea taquetii*	쐐기풀과	FACW	Hygro	Forest	Herb^{Ann}
제주하늘지기	*Fimbristylis schoenoides*	사초과	FACW	Hygro	WetMd	Herb^{Peren}
조개풀	*Arthraxon hispidus*	벼과	FACW	Hygro	WetMd	Herb^{Ann}
조름나물	*Menyanthes trifoliata*	조름나물과	OBW	Macro^{Emer}	Aquatic	Herb^{Peren}
조선사초	*Carex chosenica*	사초과	OBW	Hygro	WetMd	Herb^{Peren}
조선흑삼릉	*Sparganium coreanum*	흑삼릉과	OBW	Macro^{Emer}	Aquatic	Herb^{Peren}
좀가래	*Potamogeton gramineus*	가래과	OBW	Macro^{Fl-lf}	Aquatic	Herb^{Peren}
좀개구리밥	*Lemna perpusilla*	개구리밥과	OBW	Macro^{Float}	Aquatic	Herb^{Peren}
좀개미취	*Aster maackii*	국화과	FACW	Hygro	WetMd	Herb^{Peren}
좀개수염	*Eriocaulon decemflorum*	곡정초과	OBW	Hygro	WetMd	Herb^{Ann}
좀겨풀	*Leersia oryzoides*	벼과	OBW	Macro^{Emer}	Aquatic	Herb^{Peren}
좀고양이수염	*Rhynchospora fujiiana*	사초과	OBW	Hygro	WetMd	Herb^{Peren}
좀고추나물	*Hypericum laxum*	물레나물과	FACW	Hygro	WetMd	Herb^{Ann}
좀께묵	*Hololeion maximowiczii var. fauriei*	국화과	FACW	Hygro	WetMd	Herb^{Bien}
좀네모골	*Eleocharis wichurae*	사초과	OBW	Macro^{Emer}	Aquatic	Herb^{Peren}
좀도깨비사초	*Carex idzuroei*	사초과	OBW	Hygro	WetMd	Herb^{Peren}
좀돌피	*Echinochloa crus-galli var. praticola*	벼과	FACW	Hygro	WetMd	Herb^{Ann}
좀마디거머리말	*Zostera geojeensis*	거머리말과	OBW	Macro^{Sub}	Aquatic	Herb^{Peren}
좀마디꽃	*Rotala elatinomorpha*	부처꽃과	OBW	Macro^{Emer}	Aquatic	Herb^{Ann}
좀물뚝새	*Sacciolepis indica*	벼과	FACW	Hygro	WetMd	Herb^{Ann}
좀미꾸리꽝이	*Torreyochloa pallida*	벼과	OBW	Macro^{Emer}	Aquatic	Herb^{Peren}
좀민하늘지기	*Fimbristylis aestivalis*	사초과	FACW	Hygro	WetMd	Herb^{Ann}
좀바늘사초	*Kobresia myosuroides*	사초과	FACW	Hygro	WetMd	Herb^{Peren}
좀부처꽃	*Ammannia multiflora*	부처꽃과	OBW	Hygro	WetMd	Herb^{Ann}
좀분버들	*Salix roridaeformis*	버드나무과	FACW	Hygro	Forest	Tree^{Br}

한글명	학명	과명	선호도	수생형	생육지	생장형
좀설앵초	*Primula sachalinensis*	앵초과	FACW	Hygro	WetMd	Herb[Peren]
좀솔방울고랭이	*Scirpus fuirenoides*	사초과	OBW	Macro[Emer]	Aquatic	Herb[Peren]
좀송이고랭이	*Schoenoplectiella mucronata*	사초과	OBW	Macro[Emer]	Aquatic	Herb[Peren]
좀올챙이골	*Schoenoplectiella hotarui*	사초과	OBW	Macro[Emer]	Aquatic	Herb[Peren]
좀자작나무	*Betula fruticosa*	자작나무과	FACW	Hygro	Forest	Shrub[Br]
좀조개풀	*Coelachne japonica*	벼과	FACW	Hygro	WetMd	Herb[Ann]
좁쌀사초	*Carex micrantha*	사초과	FACW	Hygro	WetMd	Herb[Peren]
좁쌀풀	*Lysimachia davurica*	앵초과	FACW	Hygro	WetMd	Herb[Peren]
좁은잎가막사리	*Bidens cernua*	국화과	OBW	Hygro	WetMd	Herb[Ann]
좁은잎말	*Potamogeton alpinus*	가래과	OBW	Macro[Sub]	Aquatic	Herb[Peren]
좁은잎미꾸리낚시	*Persicaria praetermissa*	마디풀과	FACW	Hygro	WetMd	Herb[Ann]
좁은잎흑삼릉	*Sparganium hyperboreum*	흑삼릉과	OBW	Macro[Emer]	Aquatic	Herb[Peren]
좁은해홍나물	*Suaeda heteroptera*	명아주과	OBW	Macro[Emer]	Aquatic	Herb[Ann]
주걱끈끈이주걱	*Drosera spathulata*	끈끈이귀개과	OBW	Hygro	WetMd	Herb[Peren]
주름사초	*Carex rugulosa var. graciliculmis*	사초과	OBW	Hygro	WetMd	Herb[Peren]
줄	*Zizania latifolia*	벼과	OBW	Macro[Emer]	Aquatic	Herb[Peren]
줄말	*Ruppia maritima*	줄말과	OBW	Macro[Sub]	Aquatic	Herb[Peren]
줄바늘꽃	*Epilobium ciliatum*	바늘꽃과	FACW	Hygro	WetMd	Herb[Peren]
중삿갓사초	*Carex tuminensis*	사초과	FACW	Hygro	WetMd	Herb[Peren]
지채	*Triglochin maritimum*	지채과	OBW	Hygro	WetMd	Herb[Peren]
진도하늘지기	*Fimbristylis jindoensis*	사초과	FACW	Hygro	WetMd	Herb[Peren]
진들검정사초	*Carex meyeriana*	사초과	OBW	Hygro	WetMd	Herb[Peren]
진들딸기	*Rubus chamaemorus*	장미과	FACW	Hygro	WetMd	Herb[Peren]
진들사초	*Carex globularis*	사초과	OBW	Hygro	WetMd	Herb[Peren]
진들피	*Glyceria ischyroneura*	벼과	OBW	Hygro	WetMd	Herb[Peren]
진땅고추풀	*Deinostema violacea*	현삼과	OBW	Hygro	WetMd	Herb[Ann]
진주고추나물	*Hypericum oliganthum*	물레나물과	FACW	Hygro	WetMd	Herb[Peren]
진퍼리고사리	*Leptogramma pozoi subsp. mollissima*	처녀고사리과	FACW	Hygro	WetMd	Herb[Peren]
진퍼리까치수염	*Lysimachia fortunei*	앵초과	FACW	Hygro	WetMd	Herb[Peren]
진퍼리꽃나무	*Chamaedaphne calyculata*	진달래과	OBW	Hygro	WetMd	Shrub[Br]
진퍼리버들	*Salix myrtilloides var. manshurica*	버드나무과	FACW	Hygro	WetMd	Shrub[Br]
진퍼리사초	*Carex arenicola*	사초과	FACW	Hygro	WetMd	Herb[Peren]
진퍼리새	*Molinia japonica*	벼과	FACW	Hygro	WetMd	Herb[Peren]
진퍼리용담	*Gentiana scabra f. stenophylla*	용담과	FACW	Hygro	WetMd	Herb[Peren]
진퍼리잔대	*Adenophora palustris*	초롱꽃과	OBW	Hygro	WetMd	Herb[Peren]
진퍼리현호색	*Corydalis buschii*	현호색과	FACW	Hygro	WetMd	Herb[Peren]
진흙풀	*Microcarpaea minima*	현삼과	OBW	Hygro	WetMd	Herb[Ann]
질경이택사	*Alisma orientale*	택사과	OBW	Macro[Emer]	Aquatic	Herb[Peren]

한글명	학명	과명	선호도	수생형	생육지	생장형
짧은비늘사초	*Carex phacota var. gracilispica*	사초과	FACW	Hygro	WetMd	Herb[Peren]
참골풀	*Juncus brachyspathus*	골풀과	OBW	Hygro	WetMd	Herb[Peren]
참뚝사초	*Carex schmidtii*	사초과	OBW	Hygro	WetMd	Herb[Peren]
참물부추	*Isoetes coreana*	물부추과	OBW	Macro[Emer]	Aquatic	Herb[Peren]
참바늘골	*Eleocharis attenuata f. laeviseta*	사초과	OBW	Macro[Emer]	Aquatic	Herb[Ann]
참비녀골풀	*Juncus prismatocarpus subsp. leschenaultii*	골풀과	OBW	Hygro	WetMd	Herb[Peren]
참삿갓사초	*Carex jaluensis*	사초과	OBW	Hygro	WetMd	Herb[Peren]
참새외풀	*Lindernia antipoda*	현삼과	FACW	Hygro	WetMd	Herb[Ann]
참오글잎버들	*Salix siuzevii*	버드나무과	FACW	Hygro	WetMd	Shrub[Br]
참좁쌀풀	*Lysimachia coreana*	앵초과	FACW	Hygro	WetMd	Herb[Peren]
참통발	*Utricularia tenuicaulis*	통발과	OBW	Macro[Float]	Aquatic	Herb[Peren]
참황새풀	*Eriophorum angustifolium*	사초과	OBW	Hygro	WetMd	Herb[Peren]
창골무꽃	*Scutellaria barbata*	꿀풀과	FACW	Hygro	WetMd	Herb[Peren]
창포	*Acorus calamus*	창포과	OBW	Macro[Emer]	Aquatic	Herb[Peren]
처녀고사리	*Thelypteris palustris*	처녀고사리과	FACW	Hygro	WetMd	Herb[Peren]
처진물봉선	*Impatiens furcillata*	봉선화과	FACW	Hygro	WetMd	Herb[Ann]
천도미꾸리광이	*Puccinellia pumila*	벼과	FACW	Hygro	WetMd	Herb[Peren]
천일사초	*Carex scabrifolia*	사초과	OBW	Hygro	WetMd	Herb[Peren]
청비녀골풀	*Juncus papillosus*	골풀과	OBW	Hygro	WetMd	Herb[Peren]
초석잠풀	*Stachys sieboldii*	꿀풀과	FACW	Hygro	WetMd	Herb[Peren]
총천광이	*Glyceria lithuanica*	벼과	OBW	Hygro	Forest	Herb[Peren]
층실사초	*Carex remotiuscula*	사초과	FACW	Hygro	Forest	Herb[Peren]
층층고랭이	*Cladium chinense*	사초과	FACW	Hygro	WetMd	Herb[Peren]
칠면초	*Suaeda japonica*	명아주과	OBW	Macro[Emer]	Aquatic	Herb[Ann]
큰가래	*Potamogeton natans*	가래과	OBW	Macro[Fl-lf]	Aquatic	Herb[Peren]
큰개수염	*Eriocaulon hondoense*	곡정초과	OBW	Hygro	WetMd	Herb[Ann]
큰고랭이	*Schoenoplectus tabernaemontani*	사초과	OBW	Macro[Emer]	Aquatic	Herb[Peren]
큰고양이수염	*Rhynchospora fauriei*	사초과	OBW	Hygro	WetMd	Herb[Peren]
큰고추풀	*Gratiola japonica*	현삼과	OBW	Hygro	WetMd	Herb[Ann]
큰괭이눈	*Chrysosplenium sphaerospermum*	범의귀과	FACW	Hygro	WetMd	Herb[Peren]
큰달뿌리풀	*Phragmites karka*	벼과	OBW	Macro[Emer]	Aquatic	Herb[Peren]
큰닭의장풀	*Commelina diffusa*	닭의장풀과	FACW	Hygro	WetMd	Herb[Ann]
큰뚝사초	*Carex humbertiana*	사초과	OBW	Hygro	WetMd	Herb[Peren]
큰마름	*Trapa bispinosa*	마름과	OBW	Macro[Fl-lf]	Aquatic	Herb[Ann]
큰매자기	*Bolboschoenus fluviatilis*	사초과	OBW	Macro[Emer]	Aquatic	Herb[Peren]
큰물개구리밥	*Azolla japonica*	물개구리밥과	OBW	Macro[Float]	Aquatic	Herb[Peren]
큰물삿갓사초	*Carex rostrata*	사초과	OBW	Hygro	WetMd	Herb[Peren]
큰물칭개나물	*Veronica anagallis-aquatica*	현삼과	OBW	Hygro	WetMd	Herb[Bien]

한글명	학명	과명	선호도	수생형	생육지	생장형
큰물통이	*Pilea pumila*	쐐기풀과	FACW	Hygro	WetMd	Herb^{Ann}
큰미나리냉이	*Cardamine macrophylla*	십자화과	FACW	Hygro	Forest	Herb^{Peren}
큰바늘꽃	*Epilobium hirsutum*	바늘꽃과	FACW	Hygro	WetMd	Herb^{Peren}
큰방울새란	*Pogonia japonica*	난초과	OBW	Hygro	WetMd	Herb^{Peren}
큰비쑥	*Artemisia fukudo*	국화과	OBW	Hygro	WetMd	Herb^{Bien}
큰비짜루국화	*Aster subulatus var. sandwicensis*	국화과	FACW	Hygro	WetMd	Herb^{Ann}
큰사상자	*Torilis scabra*	미나리과	FACW	Hygro	WetMd	Herb^{Peren}
큰산사초	*Carex mackenziei*	사초과	FACW	Hygro	WetMd	Herb^{Peren}
큰송이풀	*Pedicularis grandiflora*	현삼과	OBW	Hygro	WetMd	Herb^{Peren}
큰숲이삭사초	*Carex drymophila var. akanensis*	사초과	FACW	Hygro	WetMd	Herb^{Peren}
큰쉽싸리	*Lycopus lucidus var. hirtus*	꿀풀과	OBW	Hygro	WetMd	Herb^{Peren}
큰잎부들	*Typha latifolia*	부들과	OBW	Macro^{Emer}	Aquatic	Herb^{Peren}
큰천일사초	*Carex rugulosa*	사초과	OBW	Hygro	WetMd	Herb^{Peren}
큰톱니나자스말	*Najas oguraensis*	나자스말과	OBW	Macro^{Sub}	Aquatic	Herb^{Ann}
큰하늘지기	*Fimbristylis longispica*	사초과	OBW	Hygro	WetMd	Herb^{Peren}
큰황새냉이	*Cardamine scutata*	십자화과	FACW	Hygro	WetMd	Herb^{Peren}
큰황새풀	*Eriophorum latifolium*	사초과	OBW	Hygro	WetMd	Herb^{Peren}
키다리처녀고사리	*Thelypteris nipponica*	처녀고사리과	FACW	Hygro	WetMd	Herb^{Peren}
키버들	*Salix koriyanagi*	버드나무과	FACW	Hygro	WetMd	Shrub^{Br}
키큰산국	*Leucanthemella linearis*	국화과	OBW	Hygro	WetMd	Herb^{Peren}
타래사초	*Carex maackii*	사초과	FACW	Hygro	WetMd	Herb^{Peren}
택사	*Alisma canaliculatum*	택사과	OBW	Macro^{Emer}	Aquatic	Herb^{Peren}
털개구리미나리	*Ranunculus cantoniensis*	미나리아재비과	FACW	Hygro	WetMd	Herb^{Peren}
털괭이눈	*Chrysosplenium pilosum*	범의귀과	FACW	Hygro	WetMd	Herb^{Peren}
털뚝새풀	*Alopecurus japonicus*	벼과	OBW	Hygro	WetMd	Herb^{Ann}
털물참새피	*Paspalum distichum var. indutum*	벼과	OBW	Hygro	WetMd	Herb^{Peren}
털부처꽃	*Lythrum salicaria*	부처꽃과	OBW	Hygro	WetMd	Herb^{Peren}
털석잠풀	*Stachys baicalensis*	꿀풀과	FACW	Hygro	WetMd	Herb^{Peren}
털쉽싸리	*Lycopus uniflorus*	꿀풀과	OBW	Hygro	WetMd	Herb^{Peren}
털연리초	*Lathyrus palustris subsp. pilosus*	콩과	FACW	Hygro	WetMd	Herb^{Peren}
털왕버들	*Salix chaenomeloides var. pilosa*	버드나무과	FACW	Hygro	Forest	Tree^{Br}
털잎사초	*Carex latisquamea*	사초과	FACW	Hygro	Forest	Herb^{Peren}
털잡이제비꽃	*Pinguicula villosa*	통발과	OBW	Hygro	WetMd	Herb^{Peren}
토대황	*Rumex aquaticus*	마디풀과	FACW	Hygro	WetMd	Herb^{Peren}
톱니나자스말	*Najas minor*	나자스말과	OBW	Macro^{Sub}	Aquatic	Herb^{Ann}
통발	*Utricularia japonica*	통발과	OBW	Macro^{Float}	Aquatic	Herb^{Peren}
통통마디	*Salicornia europaea*	명아주과	OBW	Macro^{Emer}	Aquatic	Herb^{Ann}
파대가리	*Kyllinga brevifolia var. leiolepis*	사초과	FACW	Hygro	WetMd	Herb^{Peren}

한글명	학명	과명	선호도	수생형	생육지	생장형
파드득나물	*Cryptotaenia japonica*	미나리과	FACW	Hygro	Forest	Herb^{Peren}
포기거머리말	*Zostera caespitosa*	거머리말과	OBW	Macro^{Sub}	Aquatic	Herb^{Peren}
포기사초	*Carex caespitosa*	사초과	OBW	Hygro	WetMd	Herb^{Peren}
폭이사초	*Carex teinogyna*	사초과	FACW	Hygro	WetMd	Herb^{Peren}
푸른갯골풀	*Juncus setchuensis var. effusoides*	골풀과	OBW	Hygro	WetMd	Herb^{Peren}
푸른방동사니	*Cyperus nipponicus*	사초과	FACW	Hygro	WetMd	Herb^{Ann}
푸른하늘지기	*Fimbristylis dipsacea*	사초과	FACW	Hygro	WetMd	Herb^{Ann}
피	*Echinochloa esculenta*	벼과	FACW	Hygro	WetMd	Herb^{Ann}
하늘지기	*Fimbristylis dichotoma*	사초과	FACW	Hygro	WetMd	Herb^{Ann}
한라골풀아재비	*Rhynchospora malasica*	사초과	OBW	Hygro	WetMd	Herb^{Peren}
한라물부추	*Isoetes hallasanensis*	물부추과	OBW	Macro^{Emer}	Aquatic	Herb^{Peren}
한련초	*Eclipta prostrata*	국화과	FACW	Hygro	WetMd	Herb^{Ann}
한석사초	*Carex scoparia*	사초과	FACW	Hygro	WetMd	Herb^{Peren}
함경딸기	*Rubus arcticus*	장미과	FACW	Hygro	WetMd	Sub shrub^{Br}
함북사초	*Carex echinata*	사초과	FACW	Hygro	WetMd	Herb^{Peren}
해오라비난초	*Habenaria radiata*	난초과	OBW	Hygro	WetMd	Herb^{Peren}
해호말	*Halophila nipponica*	자라풀과	OBW	Macro^{Sub}	Aquatic	Herb^{Peren}
해홍나물	*Suaeda maritima*	명아주과	OBW	Macro^{Emer}	Aquatic	Herb^{Ann}
햇사초	*Carex pseudochinensis*	사초과	OBW	Hygro	WetMd	Herb^{Peren}
호대황	*Rumex gmelinii*	마디풀과	FACW	Hygro	WetMd	Herb^{Peren}
호밀사초	*Carex loliacea*	사초과	FACW	Hygro	WetMd	Herb^{Peren}
호바늘꽃	*Epilobium amurense*	바늘꽃과	FACW	Hygro	WetMd	Herb^{Peren}
화산곱슬사초	*Carex raddei*	사초과	FACW	Hygro	WetMd	Herb^{Peren}
화살사초	*Carex transversa*	사초과	FACW	Hygro	WetMd	Herb^{Peren}
황새고랭이	*Scirpus maximowiczii*	사초과	OBW	Macro^{Emer}	Aquatic	Herb^{Peren}
황새풀	*Eriophorum vaginatum*	사초과	OBW	Hygro	WetMd	Herb^{Peren}
황철나무	*Populus maximowiczii*	버드나무과	FACW	Hygro	Forest	Tree^{Br}
회령바늘꽃	*Epilobium fastigiatoramosum*	바늘꽃과	FACW	Hygro	WetMd	Herb^{Peren}
회색사초	*Carex cinerascens*	사초과	OBW	Hygro	WetMd	Herb^{Peren}
홀라벨라타사초	*Carex flabellata*	사초과	OBW	Hygro	WetMd	Herb^{Peren}
흑삼릉	*Sparganium erectum*	흑삼릉과	OBW	Macro^{Emer}	Aquatic	Herb^{Peren}
흰개수염	*Eriocaulon sikokianum*	곡정초과	OBW	Hygro	WetMd	Herb^{Ann}
흰고양이수염	*Rhynchospora alba*	사초과	OBW	Hygro	WetMd	Herb^{Peren}
흰그늘용담	*Gentiana chosenica*	용담과	FACW	Hygro	WetMd	Herb^{Bien}
흰꼬리사초	*Carex brownii*	사초과	FACW	Hygro	WetMd	Herb^{Peren}
흰꽃동의나물	*Caltha natans*	미나리아재비과	OBW	Hygro	WetMd	Herb^{Peren}
흰꽃물고추나물	*Triadenum breviflorum*	물레나물과	OBW	Hygro	WetMd	Herb^{Peren}
흰꽃여뀌	*Persicaria japonica*	마디풀과	FACW	Hygro	WetMd	Herb^{Ann}

한글명	학명	과명	선호도	수생형	생육지	생장형
흰물봉선	*Impatiens textori var. koreana*	봉선화과	FACW	Hygro	WetMd	Herb^{Ann}
흰바늘골	*Eleocharis margaritacea*	사초과	OBW	Macro^{Emer}	Aquatic	Herb^{Peren}
흰사초	*Carex doniana*	사초과	FACW	Hygro	WetMd	Herb^{Peren}
흰이삭사초	*Carex metallica*	사초과	FACW	Hygro	WetMd	Herb^{Peren}
흰제비꽃	*Viola patrinii*	제비꽃과	FACW	Hygro	WetMd	Herb^{Peren}
흰제비란	*Platanthera hologlottis*	난초과	FACW	Hygro	WetMd	Herb^{Peren}
흰털괭이눈	*Chrysosplenium barbatum*	범의귀과	FACW	Hygro	WetMd	Herb^{Peren}
흰털부처꽃	*Lythrum salicaria f. albiflora*	부처꽃과	FACW	Hygro	WetMd	Herb^{Peren}

한반도 지형(영월군, 평창강, 2009.8.20). 매우 역동적인 하천은 측방침식과 하방침식에 의해 비대칭형의 물굽이가 일어나는데, 많이 굽은 사행하천에서는 한반도 지형을 닮은 우수한 경관을 창출하기도 한다.

찾아보기(색인)

하천과 습지, 식물의 역동적인 적응과 생태
Dynamic Adaptation and Ecology of Plants in Stream and Wetland

| 발행일 | 2023년 4월 15일

| 지은이 | 이율경(Lee, Youl-Kyong) | 백현민(Baek, Hyun-Min)

| 펴낸곳 | ㈜참생태연구소

| 편 집 | ㈜참생태연구소

| 연락처 | 경기도 안양시 동안구 시민대로 260, 안양금융센터(AFC) 614호 (우)14067

전화 031-360-2135 | http://chameco.co.kr | chamecology@gmail.com

이율경 ecorism@gmail.com | 백현민 cozym@naver.com

| I S B N | 979-11-982459-0-8 (93480)